Excel VBA
编程开发

下 册

刘永富◎著

中国水利水电出版社
www.waterpub.com.cn
·北京·

内 容 提 要

《Excel VBA 编程开发（下册）》立足于中高级 VBA 编程人员，详细讲述了利用 Excel VBA 语言实施自动化程序开发需要的知识，以及 Office、VBE 外接程序的封装和打包方法。

全书分为五篇，共 20 章，第一篇介绍 VBA 窗体中添加和使用的第三方控件，第二篇介绍 API 函数的理论基础和分类应用，第三篇介绍微软用于 RPA 自动化方面的 MSAA 和 UI Automation 自动化技术，第四篇介绍 VBA 调用其他编程语言、VBA 中处理 JSON、WMI 系统管理技术、类型库反射技术、Selenium 网页自动化技术，第五篇介绍面向 Office 组件 COM 加载项的制作和打包技术。

为了让不同层次的读者更好地理解和消化本书内容，本书配备了 20 集视频教程和教学 PPT 课件。

本书内容丰富、难点突出、论点独特、佐证充分，适合具备 VBA 中级水平以上的开发人员学习和参考使用。从事各种程序自动化、VBE 外接程序插件、游戏外挂等方面的开发人员，以及应用型高校计算机相关专业、培训机构的讲师和学员，均可选择本书学习。

图书在版编目（CIP）数据

Excel VBA 编程开发（下册）/ 刘永富著 . -- 北京：
中国水利水电出版社 , 2022.9 (2023.5重印)

ISBN 978-7-5226-0281-3

Ⅰ . ① E… Ⅱ . ①刘… Ⅲ . ①表处理软件－程序设计
Ⅳ . ① TP391.13

中国版本图书馆 CIP 数据核字 (2021) 第 251228 号

书 名	Excel VBA 编程开发（下册） Excel VBA BIANCHENG KAIFA
作 者	刘永富 著
出版发行	中国水利水电出版社 （北京市海淀区玉渊潭南路 1 号 D 座　100038） 网址：www.waterpub.com.cn E-mail：zhiboshangshu@163.com 电话：（010）62572966-2205/2266/2201（营销中心）
经 售	北京科水图书销售有限公司 电话：（010）68545874、63202643 全国各地新华书店和相关出版物销售网点
排 版	北京智博尚书文化传媒有限公司
印 刷	北京富博印刷有限公司
规 格	190mm×235mm　16 开本　35.75 印张　910 千字
版 次	2022 年 9 月第 1 版　2023 年 5 月第 2 次印刷
印 数	3001 — 6000册
定 价	108.00 元

凡购买我社图书，如有缺页、倒页、脱页的，本社营销中心负责调换

前　言

Preface

VBA 是一门简单而强大的、用于扩展 Office 应用程序的编程语言。简单是因为它以 Visual Basic 为语法基础，是一门容易接受的语言。强大是因为它的可扩展性。一个 Excel VBA 工程通常情况下具有 VBA 和 Excel 两个内置引用，也就是说，只能用 VBA 库中的功能来操作 Excel，其他功能是没有的。VBA 程序可以通过以下 4 个途径进行功能的扩展。

- 调用第三方控件。
- 添加外部引用以调用动态链接库。
- 声明和使用 API 函数。
- 调用其他编程语言。

在 Windows 系统中，COM 组件的来源是一些 ocx、dll 等类库文件，这些文件的内部包含一些函数。向 VBA 工程中添加某个 COM 组件的引用之后，通过对象浏览器可以看到该组件中所有可用的函数，当然通过后期绑定的方式，即使不添加引用，也可以使用 COM 组件的功能。例如，在 Excel VBA 中操作 Outlook、使用正则表达式等都可以通过添加外部引用的方式实现。VBA 能够使用的引用数不胜数，每个引用的功能和侧重点不同，本书主要讲述了以下 5 个重要的引用。

- Accessibility：用于 MSAA 自动化技术。
- UI AutomationClient：用于 UI Automation 技术，操作其他进程的窗口和控件。
- Windows Script Host Object Model：脚本宿主对象模型，用于调用其他应用程序。
- Microsoft HTML Object Library：用于模拟浏览器执行 JavaScript 代码和函数。
- Microsoft WMI Scripting V1.2 Library：用于访问系统和远程服务器中的信息和资源。
- TypeLib Information（TLI）：用于类型库信息提取，访问类型库中的类和成员信息。

Windows API 函数是来源于 Windows 系统文件中的函数，从不同的角度可以分为几十个类别。API 函数是一种底层的、灵活且强大的函数，可以在很多编程语言中使用，开发高级功能的程序都离不开 API 函数。在 VBA 中声明和使用 API 函数，与声明和使用自定义函数（UDF）存在很大差异。例如，数据类型、参数传递、返回值和错误机制等处理不能用常规的 VBA 思路去实现，对此，本书都给出了具体的解决方案。

随着越来越多的人开始使用 64 位 Office，在 64 位环境中，对打开的 VBA 程序中的 API 函数的写法必须做出相应的调整。本书讲述了如何判断 VBA 的版本和位数，在不同的环境中，哪些写法是支持的、哪些写法是有问题的，都进行了详尽的解释说明。

在 Windows 系统中，可以运行很多种编程语言的程序。例如，DOS 命令和 bat 脚本、PowerShell 和 VBS 脚本都是非常方便且强大的语言。根据业务的特点选用恰当的编程语言可以迅速解决问题。VBA 中的内置函数 Shell 或 API 函数中的 ShellExecute 均可调用外部可执行文件，但是这两个函数并不支持标准输入和输出。本书讲述了使用 WshShell 对象调用 PowerShell、Python、VBS 等语言的方法。既可以把 Excel 和 VBA 中的数据当作参数传递给外部语言，还可以把外部语言的执行结果返回到 Excel 和 VBA 中，当外部语言运行出错时，也可以把标准错误信息返回到 VBA 中进行后续分析，从而实现了将外部进程合并到 VBA 中的目的。

在互联网和大数据时代，很多业务是通过浏览器和网页进行传输的。VBA 不仅可以处理磁盘上的本地数据，还可以自动操作网页，把本地数据上传到网上，也可以把网页中的数据下载下来。JSON 是一种常见的数据格式。JavaScript 语言中的数组、字典对象被引号包围起来的字符串就是 JSON。JSON 的解析就是把字符串再变成对象的过程。本书讲述了在 VBA 中使用 HTMLDocument 对象运行 JavaScript 代码、解析 JSON 的方法。

本书内容和组织结构

全书分为 5 部分，共 20 章。

第一篇　ActiveX 控件部分（第 1 章）

第 1 章讲述 VBA 编程中条形码、二维码控件，ListView、TreeView 等控件的使用技术。

第二篇　API 函数部分（第 2～7 章）

Windows API（Application Programming Interface）函数是定义在操作系统的动态链接库中的函数，在 VBA 程序中不能通过引用来访问其中的函数，而是使用 Declare 关键字来声明。

第 2 章讲述 API 函数、自定义类型和常数的声明格式，并且对 API 函数的参数说明、返回值意义和 API 函数的错误捕获进行了详细讲解。

API 函数从功能上可以分为 61 个类别，其中窗口和句柄是最常用的一类。

第 3 章讲述窗口和控件的句柄的概念，以及如何查找和定位窗口和控件、如何获取窗口和控件的类名和标题等核心内容。同时讲述了如何利用窗口中的 API 函数对其他软件的窗口进行读取和修改、显示和隐藏、启动和关闭、置顶和置底等高级操作。

Windows 系统的窗口和控件都基于消息机制。当外界（例如，通过鼠标或键盘）向一个窗口发送通知时，该窗口就会有相应的动作。

第 4 章讲述 PostMessage 和 SendMessage 两个消息函数的区别和联系、4 个参数的含义及其指定方法、通过消息函数自动单击其他进程的按钮、勾选复选框和切换选项卡等高级 API 应用。

鼠标和键盘是用户与计算机交互最主要的硬件设备。

第 5 章讲述使用 API 函数移动鼠标、单击鼠标、判断键盘按键是否按下、自动按键等内容。

菜单是一个软件界面的重要组成部分。使用 API 函数不仅能自动单击其他进程的菜单按钮，而且还能自动给某个窗口设计全新的菜单系统。

第 6 章讲述菜单系统的构成、利用 API 函数创建和修改菜单等内容。

从 Office 2010 开始，微软公司推出了 64 位 Office 软件，在 VBA 编程方面与 32 位有很大区别。

第 7 章首先讲述 Office VBA 的版本和位数判断、64 位 Office VBA 新增的数据类型和关键字，然后讲述条件编译的用法、API 函数在不同环境下的声明和使用方式。

第三篇　界面自动化部分（第 8～9 章）

MSAA 是微软公司早期推出的 UI Automation 技术，该技术把屏幕上出现的各种窗口和控件都当成一个 IAccessible 对象暴露给客户端程序访问。

第 8 章讲述自动化对象树的概念、VBA 程序中引用 MSAA 技术的方法、遍历和获取子对象、利用对象的属性和方法等知识。本章是 API 函数与面向对象相结合的编程技术。

UI Automation 是微软公司推出的基于 .NET Framework 框架下的一种用于自动化测试的技术，该技术把各种窗口和控件都看成一个 AutomationElement 对象来处理。

第 9 章讲述 UI Automation 命名空间中的主要对象、自动化元素树的概念、属性条件的创建和自动化元素的查找技术、模式的分类应用、自动化事件的订阅和移除的核心内容。

第四篇　网页和系统数据操作部分（第 10 ～ 15 章）

世界上之所以存在各种各样的编程语言，是因为每种语言都有各自的长处。在 VBA 编程的过程中难免遇到不适合用 VBA 语言来解决的问题和环节，如果能够把其他编程语言的功能融合到 VBA 程序中，将会大大降低开发难度和时间。

第 10 章讲述利用 WshShell 对象实现标准输入、标准输出和标准错误的重定向，调用 bat、C#、Python、PowerShell、vbs 等语言，从 VBA 中提供参数，把执行结果返回给 VBA 等知识。

JavaScript 是基于网页的脚本语言，在 VBA 中不能用常规的方法来调用它。

第 11 章讲述 JavaScript 在 HTML 网页中的执行方法、JavaScript 中变量的声明和使用、函数、数组、对象等入门知识，作为学习第 12 章的铺垫。

JSON（JavaScript Object Notation）是常见的数据格式。编程过程中经常需要把 JSON 格式的数据提交到网站，或者将从网站下载的 JSON 格式的数据经过解析导出到 Excel 中。

第 12 章讲述利用 HTMLDocument 对象调用 JavaScript，实现在 VBA 环境中运行 JavaScript、对 JSON 进行全方位读写访问。

WMI（Windows Management Instrumentation）是 Windows 操作系统中管理数据和操作的基础模块。可以通过 WMI 脚本或者应用程序来管理本地或者远程计算机上的资源。可以访问远程计算机上的磁盘数据、文件和注册表、进程和服务等系统资源。

第 13 章讲述在 WMI 编程之前的 Windows 安全设置、返回 SWbem 对象的属性、WQL 查询语言，以获取另一台计算机中的文件和路径、读写注册表。

TLI（TypeLib Information）是一种能获取其他 COM 组件类型库信息的技术。使用 TLI 技术可以获取其他类型库中全部的类、函数和枚举常量等信息。对于从事图书写作、程序语言课件制作、剖析动态链接库构成的人来说，这项技术非常实用。

第 14 章讲述如何获取类型库、类，以及每个类中的函数、每个函数中的每个参数的返回方式。

Selenium 技术是一个用于 Web 应用程序测试的工具。使用 Selenium 可以自动启动浏览器、自动读写网页内容。

第 15 章首先讲述 Selenium 开发环境的配置。具体包括浏览器的安装、驱动文件的下载、SeleniumBasic 的部署，然后讲述在 VBA 中添加引用、创建对象、定位网页元素等编程知识。

第五篇　COM 封装和打包部分（第 16 ～ 20 章）

VBA 的代码安全性较差，发布给用户的 VBA 工具，其代码很容易被用户查看和修改。封装技术可以把 VBA 工程中的各种代码元素（类、函数、窗体等）编译成动态链接库文件，在丝毫不影响运行效果的前提下极大提高了代码的安全性和复用性。

第 16 章讲述如何把 VBA 中的自定义函数封装为 DLL（Dynamic Link Library）文件。

微软公司的 Office 程序允许把其他编程语言开发的动态链接库文件以 COM 加载项的方式运行于 Office 应用程序中。通过开发 COM 加载项，可以实现自定义 Office 界面、利用 Office 的事件等功能。

第 17 章讲述面向 Office 的 COM 加载项的开发步骤、相应的注册表设置、自定义功能区和自定义任务窗格等内容。

随着 VBA 用户的日益增多，用于代码编写的编程插件也受到更多人的关注。VBIDE 外接程序是一类提高编程效率、专门面向 VBA 的 COM 加载项，本质上也是动态链接库与相应的注册表。

第 18 章讲述 VBIDE 外接程序项目的创建、自定义菜单和工具栏、自定义工具窗口的编程方法。

开发完成的软件要在其他计算机上正常打开和运行，必须具备两个条件：一是软件所需的文件；二是软件所需的注册表设置。对于计算机之间文件的复制，使用 U 盘等存储设备或者电子邮件的形式就可以简单完成。但是，如果要把开发计算机中的注册表设置映射到其他计算机，则不适合让一般的用户去完成。

软件打包技术可以完美地实现以上两个目的：文件复制和注册表修改。

第 19 章讲述 Inno Setup 打包软件的基本用法，打包完成的软件安装和卸载的过程分析，iss 脚本的构成等内容。

Inno Setup 是一款功能强大、免费的打包工具。通过编写 iss 脚本就可以对目标软件进行全方位的自定义。使用 Inno Setup 创建脚本时，很多选项都会采用默认设置，从而造成不同人制作的安装包的界面大同小异。

第 20 章讲述 iss 脚本中各节的高级自定义方法。

本书特色

- ✓ 章节目录编排合理、背景知识讲解充分。
- ✓ 论点独特、讲解有深度。
- ✓ 实例具有代表性、知识点突出。
- ✓ 配套资源齐全，源代码、教学课件、视频课程完整。

读者服务

- ✓ 本书答疑专用 QQ 群：720432908，请使用手机 QQ 扫码加群，或搜索群号加群。

读者交流群

- ✓ 作者的编程技术专栏：博客园网址 https://www.cnblogs.com/ryueifu-VBA/。
- ✓ 问题反馈联系邮箱：在本书阅读过程中，如果发现内容欠妥或错别字等情况，请发邮件到 zhiboshangshu@163.com，我们会尽快解决和改正。

配套资源的下载

本书除了文字内容以外，配套资源还有：
- ✓ 章后习题及答案。
- ✓ 实例源文件及代码。
- ✓ 讲解过程中用到的软件和工具、各类安装包。
- ✓ 教学 PPT。
- ✓ 视频课程。

读者使用手机微信扫一扫下面的二维码，或者在微信公众号中搜索"人人都是程序猿"，关注后输入 VBA0281 至公众号后台，获取本书的资源下载链接。将该链接复制到计算机浏览器的地址栏中，根据提示进行下载。

人人都是程序猿

致谢

本书从创作立意到交稿历时两年有余，书中很多章节找不到现成的参考资料，尤其是 MSAA 和 UI Automation 技术用于 VBA 语言中的实例几乎没有，作者参考了大量国外的资料，经过反复调试和验证，终于总结出了比较完善的对象模型和实施方法。

在本书的编写过程中，得到了来自家人和朋友的支持和帮助，刘行、刘远、齐泽文、崔进霞、俞珊珊、杜全才、谭信章、刘喜兰、章小桦、李懿、潘淳、王宇虹、刘三明、宋洋、申建华、刘喜兰等，在此表示衷心的感谢。

在本书的出版过程中，得到了中国水利水电出版社智博分社的刘利民和王传芳老师的大力支持和配合，本书的编审和发行人员也付出了辛勤劳动，在此一并致谢。最后祝愿广大读者能从本书中受益。

作　者

目　录

Contents

第一篇　ActiveX 控件部分

第二篇　API 函数部分

第三篇 界面自动化部分

第四篇　网页和系统数据操作部分

第五篇　COM 封装和打包部分

第一篇　ActiveX 控件部分

在《Excel VBA 编程开发（上册）》中已经讲述过 VBA 用户窗体方面的知识，可以向用户窗体添加的控件约有 15 种（基础控件 TextBox、CommandButton、ListBox 等）。用户窗体和控件的类型定义位于 "Microsoft Forms 2.0 Object Library" 这个引用中，其对象类型库位置是 "C:\WINDOWS\System32\FM20.DLL" 这个文件。

本书 ActiveX 控件部分将向读者讲述如何向窗体上添加控件工具箱中看不到的第三方 ActiveX 控件的方法。

ActiveX 控件的来源之一是 Windows 系统安装时就存在于系统文件夹中的动态链接库文件，例如 WebBrowser 控件可以实现在用户窗体中浏览网页，其来源是系统文件夹下的 ieframe.dll。另一个来源是别人用 VB6 等语言开发的自定义控件。这些第三方控件均可用于 VBA 的用户窗体上，从而丰富窗体的功能。

这部分的主要知识点如下所示。

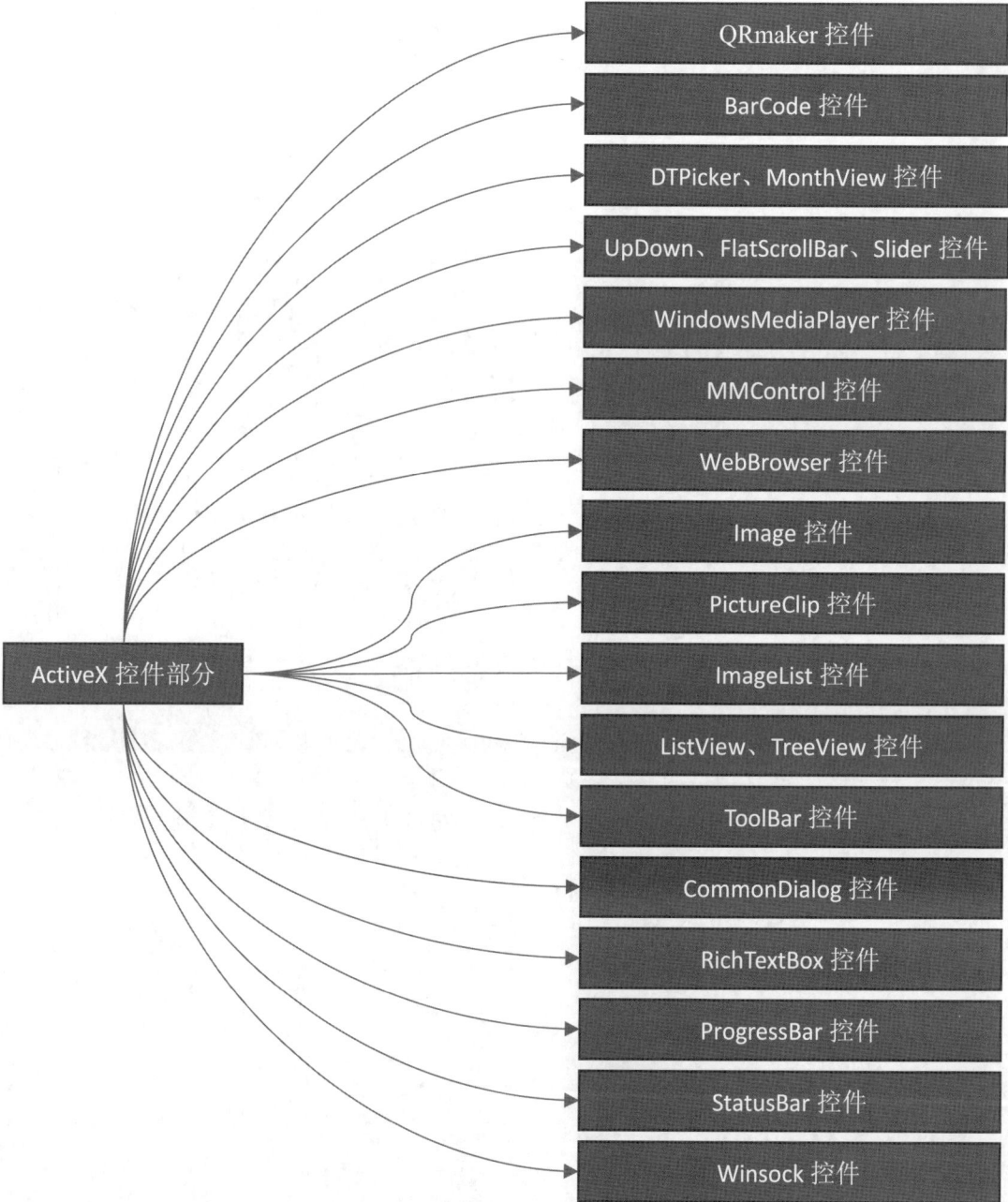

```
                                                    QRmaker 控件

                                                    BarCode 控件

                                                    DTPicker、MonthView 控件

                                                    UpDown、FlatScrollBar、Slider 控件

                                                    WindowsMediaPlayer 控件

                                                    MMControl 控件

                                                    WebBrowser 控件

                                                    Image 控件

                                                    PictureClip 控件

    ActiveX 控件部分                                   ImageList 控件

                                                    ListView、TreeView 控件

                                                    ToolBar 控件

                                                    CommonDialog 控件

                                                    RichTextBox 控件

                                                    ProgressBar 控件

                                                    StatusBar 控件

                                                    Winsock 控件
```

第1章　ActiveX 控件

扫一扫，看视频

ActiveX 是 Microsoft 公司对于一系列策略性面向对象程序技术和工具的总称。与 VBA 用户窗体的内置控件相比，ActiveX 控件功能更加丰富、界面更加美观专业。

本章主要讲解比较常用的 ActiveX 控件的基本用法。

1.1　ActiveX 控件的基本用法

ActiveX 控件通常具有界面，可以插入到 Office 文档（Excel 工作表、PowerPoint 幻灯片、Word 文档）中，也可以添加到 VBA 的用户窗体中使用。

下面分别进行介绍。

1.1.1　在 Office 文档中使用 ActiveX 控件

在 Office 文档中插入 ActiveX 控件分为设计模式和运行模式两个阶段。下面分别以在 Excel、Word、PowerPoint 中插入 Windows Media Player 控件播放音频文件为例进行介绍。

首先看一下这三个 Office 组件的"开发工具"选项卡的区别，如图 1-1～图 1-3 所示。

图 1-1　Excel 的设计模式

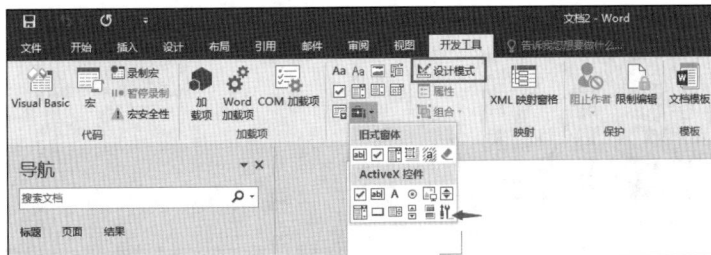

图 1-2　Word 的设计模式

图 1-3　PowerPoint 没有设计模式

可以看到三者均有 ActiveX 控件的图标，但是 Excel 和 Word 中有一个"设计模式"按钮，而 PowerPoint 中没有。这是因为 PowerPoint 的演示文稿具有编辑模式和放映模式，编辑演示文稿就相当于设计模式，在放映幻灯片时 ActiveX 控件自动进入运行模式。

在设计模式下，单击 ActiveX 控件图标，弹出"其他控件"对话框，如图 1-4 所示。

在列表中找到并选择 Microsoft Media Player 选项，单击"确定"按钮，即可把该控件加入到文档中，并且自动进入"设计模式"。

然后单击功能区中的"属性"按钮，弹出该控件的属性表，在其 URL 中输入一首歌的路径，如图 1-5 所示。

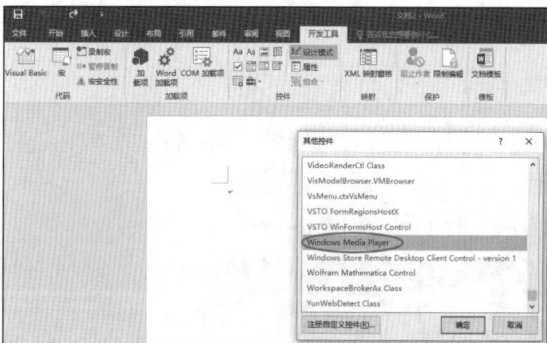

图 1-4　其他控件

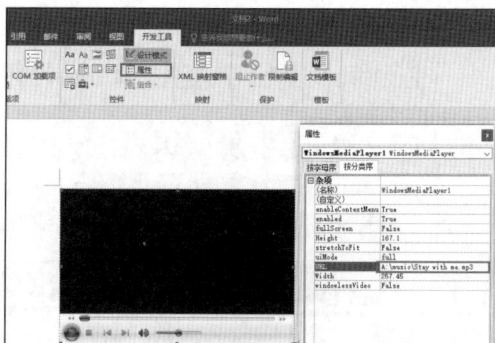

图 1-5　设置控件的 URL 属性

最后，再单击一次"设计模式"按钮退出设计模式。此时可以看到该控件可以正常播放，如图 1-6 所示。

在 PowerPoint 中插入 ActiveX 控件的方法与上述相同，如图 1-7 所示。

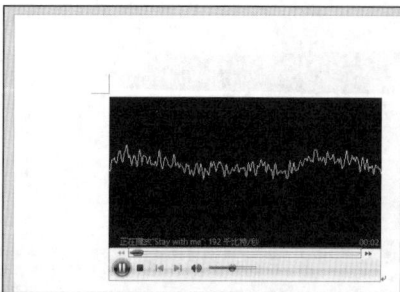

图 1-6　在文档中使用控件

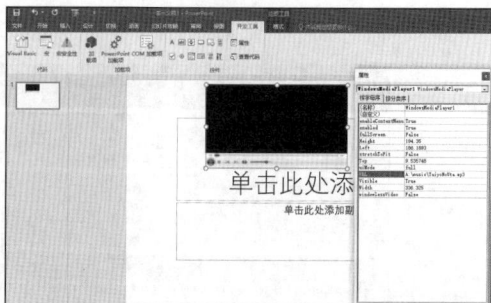

图 1-7　在 PowerPoint 幻灯片中插入控件

但是要进入运行模式，必须先进入幻灯片的放映模式，并且放映到添加了控件的那张幻灯片时才能看到该控件。

1.1.2 在用户窗体中使用 ActiveX 控件

众所周知，只能从工具箱中拖曳控件放到用户窗体中，VBA 的工具箱默认只有"控件"选项卡，其中包含不到 20 个内置的基本控件，如图 1-8 所示。

要在窗体中添加更多的 ActiveX 控件，可以先向基本控件页面中加入其他控件，也可以另外创建新页面专门放置其他控件。在工具箱中的"控件"选项卡的空白处右击，在右键菜单中选择"新建页"选项，如图 1-9 所示。

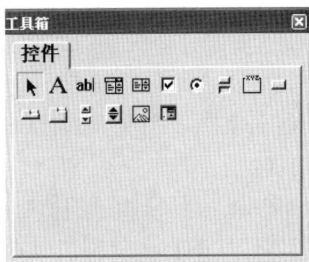

图 1-8 VBA 的控件工具箱   图 1-9 新建页

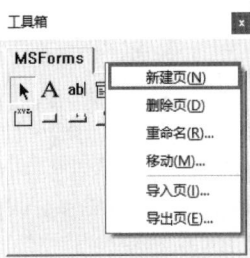

在新建页的空白处右击，在右键菜单中选择"附加控件"选项，如图 1-10 所示。

"附加控件"对话框中列出了所有可用的 ActiveX 控件，前面勾选的表示已经加入到工具箱中。找到 Windows Media Player 这一项，在前面勾选，单击"确定"按钮，如图 1-11 所示。

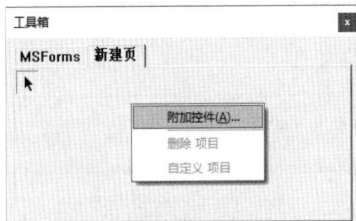

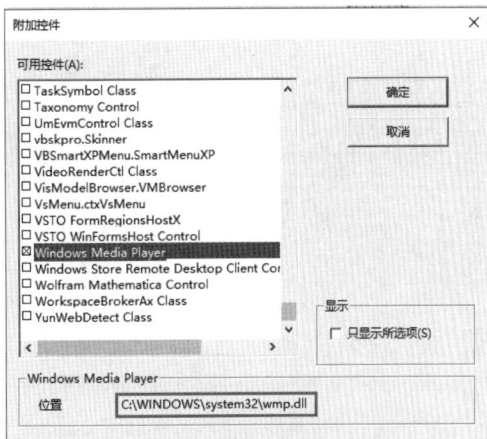

图 1-10 附加控件   图 1-11 选择一个 ActiveX 控件

此时，在工具箱的"新建页"中已经出现了该控件的图标，根据需要可以将其拖放到用户窗体中使用，如图 1-12 所示。

为了便于使用，可以一次性把经常用到的控件都加入到工具箱中，如图 1-13 所示。

图 1-12　添加了 Windows Media Player 控件

图 1-13　添加多个 ActiveX 控件到工具箱

1.1.3　自动添加的引用

把一个 ActiveX 控件插入 Office 文档中，或者放置到用户窗体上，不仅增加了控件，而且在其 VBA 工程中也会添加相应的引用。

假设在 UserForm 上添加一个 Windows Media Player 控件，打开该 VBA 工程的引用对话框，可以看到多了一个 Windows Media Player 引用，如图 1-14 所示。

按快捷键【F2】打开对象浏览器，可以看到 WMPLib 命名空间下的所有成员，如图 1-15 所示。

也就是说，在 VBA 工程中使用控件的同时，把该控件的对象模型也引入了。

反过来，如果把刚刚添加的控件删除，这个引用将不会随之移除。如果不需要，可以从引用列表中手动移除。

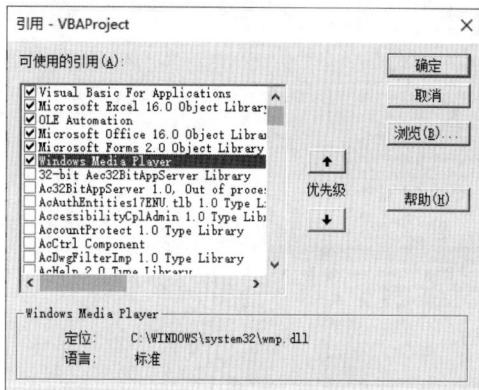

图 1-14　自动添加的引用

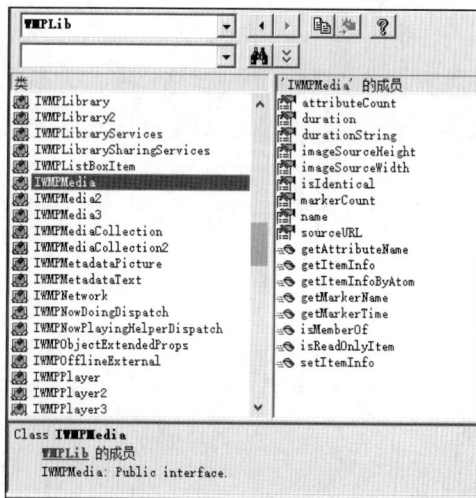

1-15　对象浏览器

1.1.4　常用的 ActiveX 控件

ActiveX 控件的来源是系统中的一些扩展名为 .ocx 的文件。常用的 ActiveX 控件及其文件名称见表 1-1 所示。

表 1-1　常用的 ActiveX 控件及其文件名称

控件名称	全　称	文件位置
BarCode	Microsoft BarCode Control 16.0	–
CommonDialog	Microsoft Common Dialog Control, version 6.0	comdlg32.ocx
WebBrowser	Microsoft Web Browser	ieframe.dll
DTPicker	Microsoft Date and Time Picker Control, version 6.0	MSCOMCT2.ocx
FlatScrollBar	Microsoft Flat ScrollBar Control, version 6.0	
MonthView	Microsoft MonthView Control, version 6.0	
UpDown	Microsoft UpDown Control, version 6.0	
ImageList	Microsoft ImageList Control, version 6.0	MSCOMCTL.ocx
ListView	Microsoft ListView Control, version 6.0	
ProgressBar	Microsoft ProgressBar Control, version 6.0	
Slider	Microsoft Slider Control, version 6.0	
StatusBar	Microsoft StatusBar Control, version 6.0	
Toolbar	Microsoft Toolbar Control, version 6.0	
TreeView	Microsoft TreeView Control, version 6.0	
Winsock	Microsoft WinSock Control, version 6.0	MSWINSCK.ocx
PictureClip	Microsoft PictureClip Control, version 6.0	PICCLP32.ocx
QRmaker	QRmaker Control	QRmaker.ocx
RichTextbox	Microsoft Rich TextBox Control, version 6.0	Richtx32.ocx
WindowsMediaPlayer	Windows Media Player	wmp.dll

1.2　使用 QRmaker 制作二维码

　　QR 二维码是日本丰田子公司 Denso Wave 于 1994 年发明并开始使用的一种矩阵二维码符号。

　　二维码不仅信息容量大、可靠性高、成本低，还可以表示汉字及图像等多种信息，保密防伪性强，使用非常方便。

　　二维码和手机摄像头配合将产生多种多样的应用。例如，微信、支付宝的收付款，购书课件的下载均可以通过二维码传递信息。

　　那么二维码从何而来呢？很多情况下需要自己制作。例如，要为自己的网站做广告，必须把网址生成相应的二维码才行。本节介绍使用免费的 QRmaker 控件制作二维码的方法。

1.2.1　QRmaker.ocx 控件的注册

　　下载 QRmaker.ocx V1.31，在文件夹中有 5 个文件。打开 QRmaker.ocx 文件的属性窗口，可以看到版本是 1.31.0.0，如图 1-16 所示。

图 1-16　QRmaker.ocx 的文件属性

然后以管理员身份启动命令提示符窗口。如果是 32 位系统，则默认工作目录是 C:\Windows\System32。如果是 64 位系统，则需要使用 cd C:\Windows\Syswow64 切换目录。

接着执行 regsvr32.exe QRmaker.ocx 的路径，提示注册成功，如图 1-17 所示。

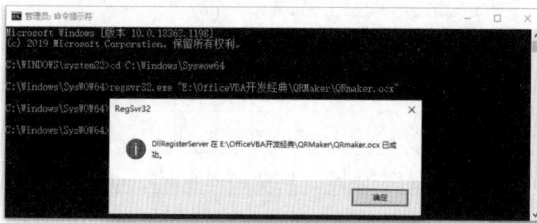

图 1-17　注册控件

QRmaker 控件既可以直接插入工作表或 Word 文档中，也可以在 VBA 用户窗体中使用。

1.2.2　生成二维码

在 Word 文档中切换至"开发工具"选项卡，选择"控件""ActiveX 控件"右下角的图标，如图 1-18 所示。

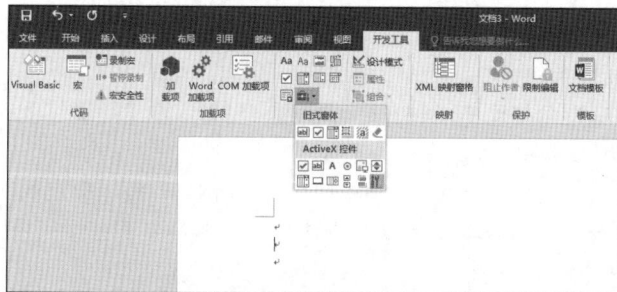

图 1-18　在 Word 文档中插入 ActiveX 控件

在列表中找到 QRmaker Control 选项，单击"确定"按钮，如图 1-19 所示。

在文档中插入一个二维码控件，同时自动进入设计模式，如图 1-20 所示。

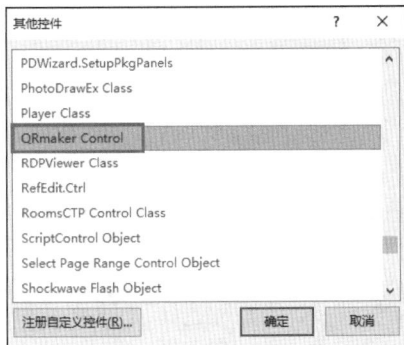

图 1-19　"其他控件"对话框

图 1-20　二维码控件

嵌入文档中的控件必须退出设计模式才能看到运行效果，因此单击"设计模式"按钮。接下来打开 Word VBA 编程界面。

运行如下过程：

```
Sub Test1()
    With Me.QRmaker1
        .AboutBox
    End With
End Sub
```

由于该控件直接插入到当前文档中，因此可以用 ThisDocument 对象 Me 来引出该控件。

弹出一个关于对话框，如图 1-21 所示。

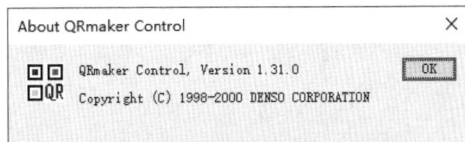

图 1-21　控件的关于对话框

QRmaker 控件具有很多属性和方法。例如，CellPitch 属性用于设置二维码中块之间的距离，InputData 是最重要的属性，用于指定生成二维码的文字。

```
Sub Test2()
    With Me.QRmaker1
        .AutoRedraw = ArOn        ' 打开自动绘制模式
        .CellPitch = 15           ' 设置块之间的距离
        .CellUnit = 203
        .QuietZone = 0
        .Refresh
        .InputData = "https://www.cnblogs.com/ryueifu-VBA/"
    End With
    Me.Paragraphs.Item(1).Range.Text = " 刘永富的博客园 "
End Sub
```

运行上述程序，Word 文档中的二维码将自动更新，如图 1-22 所示。

📣 **注意：**

二维码的内容以及风格并不是必须用 VBA 代码在运行时指定的，也可以在设计期间通过属性窗口手动设置。

在 Word 的"开发工具"选项卡中单击"设计模式"按钮，然后单击下面的"属性"按钮，弹出一个属性窗格。在属性窗格顶部的组合框中切换至 QRmaker1 就可以设置各种属性了，如图 1-23 所示。

图 1-22　二维码效果

图 1-23　设置二维码控件的属性

1.2.3　二维码的导出

在使用二维码程序的过程中，可能需要把二维码图片复制到剪贴板，或者在批量生成二维码的同时保存为本地图片文件。

在 Excel VBA 中插入一个用户窗体，由于工具箱中看不到 QRmaker 这个控件，所以在工具箱中的"控件"选项卡上右击，在右键菜单中选择"附加控件"选项，如图 1-24 所示。

在附加控件列表中找到该控件，勾选并单击"确定"按钮，如图 1-25 所示。

然后从工具箱中拖曳 QRmaker 控件到用户窗体上。根据需要再拖曳两个按钮控件，第一个按钮用于把二维码图片粘贴到工作表中。

图 1-24　在用户窗体中使用二维码控件

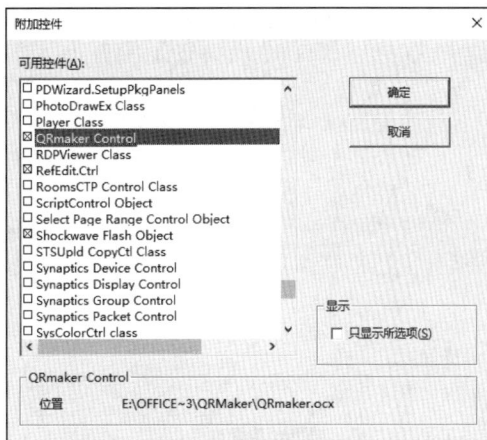

图 1-25　添加二维码控件到工具箱

```vba
Private Sub CommandButton1_Click()
    With Me.QRmaker1
        '预设
        .CellPitch = 10
        .AutoRedraw = ArOn
        .Refresh
    End With

    Sheet1.Shapes.SelectAll
    Selection.Delete                                        '删除工作表中的所有图形
    For i = 1 To 3
        Me.QRmaker1.InputData = Sheet1.Range("B" & i).Value '循环修改文本
        Me.QRmaker1.QrImageCopy 1                           '复制到剪贴板
        Sheet1.Range("B" & i * 6).Select
        Sheet1.Paste                                        '粘贴到工作表
    Next i
End Sub
```

启动窗体，单击"插入到工作表"按钮，程序会自动把工作表中的数据转换为二维码，并且粘贴到工作表中，如图 1-26 所示。

另外，也可以把二维码直接导出为图片文件。

```vba
Private Sub CommandButton2_Click()
    With Me.QRmaker1
        '预设
        .CellPitch = 10
        .AutoRedraw = ArOn
        .Refresh
```

```
    End With
    ChDir ThisWorkbook.Path
    For i = 1 To 3
        Me.QRmaker1.InputData = Sheet1.Range("B" & i).Value        ' 循环修改文本
        Me.QRmaker1.CreateQrMetaFile 1, Sheet1.Range("A" & i).Value & ".bmp", 2
    Next i
End Sub
```

运行上述程序，批量生成了二维码，同时自动生成为磁盘文件，如图 1-27 所示。

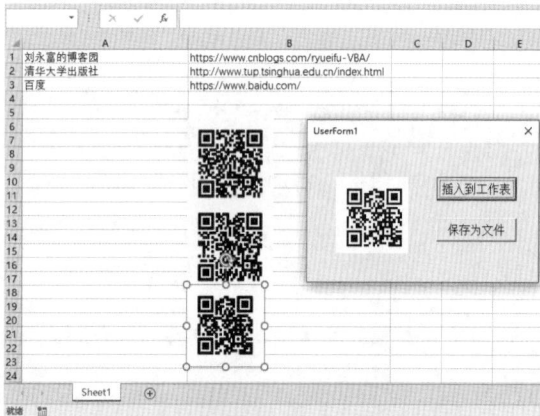

图 1-26　在工作表中插入二维码

图 1-27　将二维码导出为图片文件

1.2.4　使用 API 函数生成二维码

QRmaker 控件用法简单，但是不能用在 64 位 Office VBA 中。

下面介绍不使用控件，完全用代码生成二维码的方法。示例在 VBA 工程中包含 4 个模块，只要运行主程序中的 Main 过程，就可以生成二维码并将其粘贴到工作表中，如图 1-28 所示。

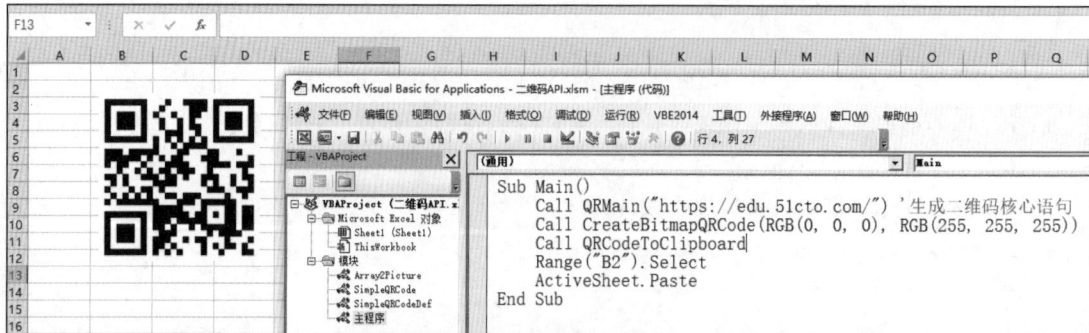

图 1-28　使用 API 函数生成二维码

1.3 使用 BarCode 生成条形码

条形码（barcode）是将宽度不等的多个黑条和空白按照一定的编码规则排列，用以表达一组信息的图形标识符。常见的条形码是由反射率相差很大的黑条（简称条）和白条（简称空）排成的平行线图案。条形码可以标出物品的生产国、制造厂家、商品名称、生产日期、图书分类号、邮件起止地点、类别、日期等许多信息，因而在商品流通、图书管理、邮政管理、银行系统等许多领域中都得到广泛的应用。通常在图书的封底显示该书的 ISBN 编号对应的条形码。

BarCode 控件属于微软公司的产品，在 VBA 编程中可以直接使用，无须下载和注册。

BarCode 控件既可以用于 Office 文档中，也可以显示在用户窗体中。

1.3.1 在用户窗体中显示条形码

在 VBA 工程中插入一个用户窗体，在工具箱的"控件"选项卡中弹出"附加控件"对话框。勾选"Microsoft BarCode Control 16.0"复选框，如图 1-29 所示。

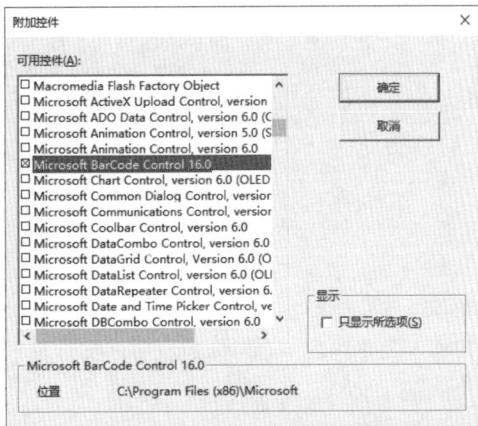

图 1-29 添加 BarCode 控件

从"控件"选项卡中拖曳一个条形码到用户窗体中，如图 1-30 所示。

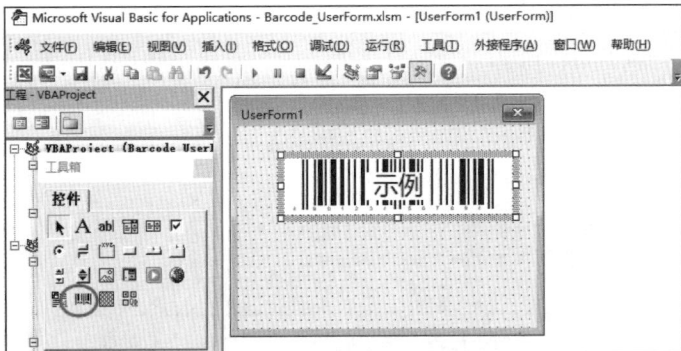

图 1-30 BarCode 控件

注意：

一旦窗体上插入了一个以上的这种控件，再次打开工程的引用对话框，即可看到增加了一个 Microsoft Access BarCode Control 14.0 的引用，如图 1-31 所示。

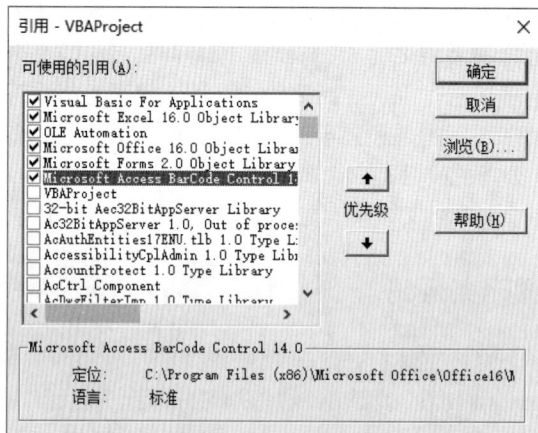

图 1-31　自动添加的引用

接下来，在用户窗体的启动或单击事件中对 BarCode 控件进行初始化设置。

```
Private Sub UserForm_Initialize()
    With Me.BarCodeCtrl1
        .Style = 7          '条形码样式
        .AboutBox
    End With
End Sub
```

添加一个文本框，用于用户输入文本内容，在输入过程中，实时更新条形码。文本修改事件代码：

```
Private Sub TextBox1_Change()
    With Me.BarCodeCtrl1
        .LineWeight = 20
        .Value = Me.TextBox1.Value
        .Refresh
        .Width = Me.TextBox1.Width
    End With
End Sub
```

启动窗体，弹出一个关于对话框，如图 1-32 所示。

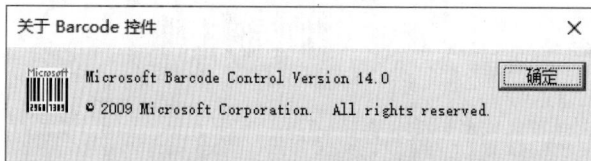

图 1-32　条形码的关于对话框

在文本框中输入一些内容，条形码立即更新，如图1-33所示。

🔊 **注意：**

该控件 Style（样式）的默认属性值是 2。要想显示出条形码，必须在属性窗口或运行时将其样式修改为 7。

另外，当样式修改为 11-QR Code 时，显示的是二维码。在用户窗体的设计视图中选中该控件，在属性窗口中单击"自定义"后面的三个点，弹出一个对话框，如图1-34所示。

如果样式选择的是 11，那么显示的是二维码，如图1-35所示。

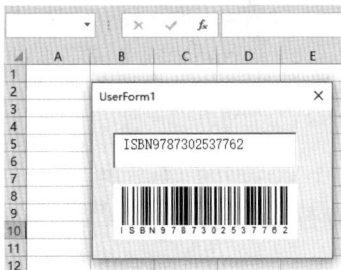

图 1-33　在窗体中显示条形码

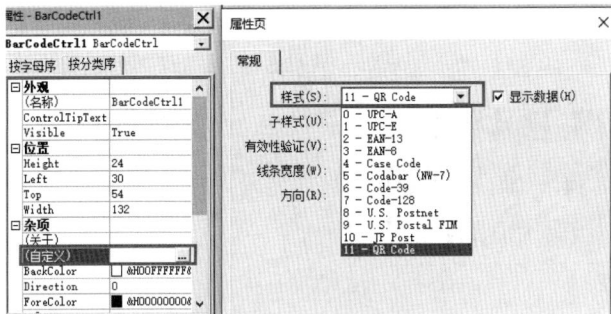

图 1-34　BarCode 控件的属性页

图 1-35　BarCode 也可以显示二维码

1.3.2　在工作表中显示条形码

在 Word 文档、Excel 工作表中可以添加 ActiveX 控件，如 BarCode。工作表中的 BarCode 控件还可以链接到单元格，当单元格的值发生改变时，条形码会自动随之刷新。

如果要在工作表中插入大量的条形码，手动操作会很烦琐。下面的代码可以在循环中连续创建多个条形码。

新建一个工作簿，首先在工作表中插入一个 CommandButton 控件，然后在 Sheet1 的事件模块中书写代码：

```vba
Private Sub CommandButton1_Click()
    Dim OLE As Excel.OLEObject
    Dim BCC As BARCODELib.BarCodeCtrl
    Dim i As Integer
    For i = 2 To 4
        Set OLE = Me.OLEObjects.Add(ClassType:="BARCODE.BarCodeCtrl.1", _
Link:=False, DisplayAsIcon:=False, Left:=Range("B2").Left + 1, Top:=Range("B" & _
i).Top + 1, Width:=Range("B2").Width - 2, Height:=Range("B2").Height - 2)
        OLE.Name = "BCC_" & i
        OLE.LinkedCell = "A" & i
        Set BCC = OLE.Object
        BCC.Style = 7
    Next i
End Sub
```

最后为 VBA 工程添加引用 Microsoft Access BarCode Control 14.0。

上述代码中的 BCC 指的就是条形码控件。OLE.LinkedCell = "A" & i 表示该控件链接到 A 列中对应的单元格。

写完代码后，单击该按钮，即在 B 列中增加了多个条形码。

在 A 列中修改单元格的内容，可以看到右侧的条形码自动发生变化。任意选择一个条形码，在其属性窗口中可以看到 LinkedCell 对应的 A 列单元格，如图 1-36 所示。

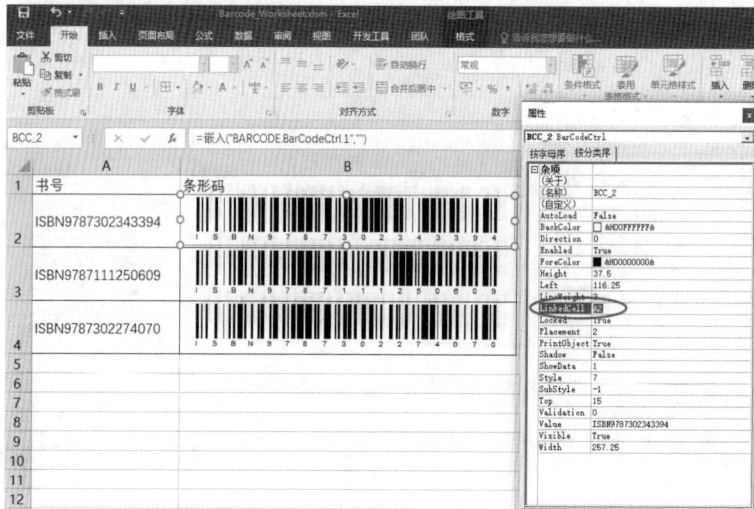

图 1-36　条形码与单元格联动

1.4　日期时间类控件

常用的日期时间类控件有 DTPicker、MonthView。

1.4.1　DTPicker 控件

DTPicker 控件可以设置显示格式，允许用户通过鼠标或键盘选择和修改日期、时间。

从附加控件列表中找到 "Microsoft Date and Time Picker Control, version 6.0"，并将其添加到工具箱中。

从工具箱中拖曳一个 DTPicker 控件到窗体上，该控件默认的格式是 dtpShortDate，也就是只显示日期，不含时间。

然而在现实生活中经常需要细化到几点几分，因此需要在属性窗口中将该控件的格式修改为 3- dtpCustom，然后在自定义格式中输入 yyyy-MM-dd HH:mm:ss。其中，HH 表示 24 小时制，如 15 点就显示为 15，而不是 03，如图 1-37 所示。

DTPicker 控件的默认属性是 Value，修改事件是 Change。当用户设置了日期或时间时，会触发 Change 事件，利用 Value 属性可以获取到现在的值。

图 1-37　DTPicker 控件的格式设定

```
Private Sub DTPicker1_Change()
    Dim dt As Date
    dt = Me.DTPicker1.Value
    Me.Caption = "选择的送货时间是: " & dt
End Sub
```

　　启动窗体，单击该控件右侧的组合框，弹出一个日历，从中选择日期。可以看到窗体的标题同步更新为所选的日期和时间，如图 1-38 所示。

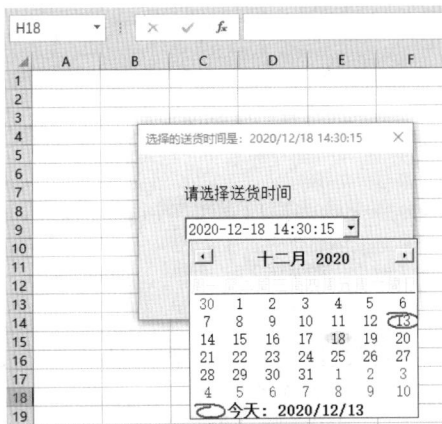

图 1-38　使用 DTPicker 控件选择日期

1.4.2　MonthView 控件

MonthView 是月历视图控件，它与 DTPicker 控件的不同之处是不能收缩，月历一直全部显示在窗体中。

在附加控件列表中勾选"Microsoft MonthView Control, version 6.0"复选框，就可以把它添加到窗体中了。

该控件的默认事件是 DateClick，用户选择某个日期就可触发该事件。

```
Private Sub MonthView1_DateClick(ByVal DateClicked As Date)
    Me.Caption = DateClicked
End Sub
```

启动窗体，选择任何一个日期，窗体标题都将同步更新，如图 1-39 所示。

图 1-39　使用 MonthView 控件

1.5　数值调节类控件

这类控件用于对数值进行增减操作，常用的有 UpDown、FlatScrollBar、Slider 等控件。

1.5.1　UpDown 控件

UpDown 控件允许用户以单击向上和向下两个箭头的方式修改控件的值。

在附加控件列表中勾选"Microsoft UpDown Control, version 6.0"复选框即可使用。

该控件在设计期间允许指定最小值、最大值、增幅。在运行期间只显示上下两个箭头，因此，通常情况下它都与其他控件配合使用，让其他控件利用它的数值即可。

下面的实例在用户窗体中添加一个 TextBox 控件、一个 UpDown 控件，这两个控件挨在一起，将高度和位置调整一致。

Updown 控件的 Change 事件代码如下：

```
Private Sub UpDown1_Change()
    Me.TextBox1.Value = Me.UpDown1.Value & "%"
End Sub
```

启动窗体，单击 UpDown 控件，可看到文本框中的值发生了改变，如图 1-40 所示。

该控件默认垂直显示两个箭头，在属性窗口中也可以修改方向为横向。

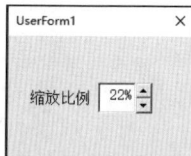

图 1-40　UpDown 控件

1.5.2　FlatScrollBar 控件

FlatScrollBar 控件以滚动条形式呈现给用户，用户可以拖动滚动条中间的滑块，也可以单击左右两侧的箭头，还可以单击滑块与箭头之间的空白来修改数值。

该控件默认最小值是 0，最大值是 32767，增幅是 1。默认方向是水平方向。

在附加控件列表中勾选 Microsoft Flat ScrollBar Control, version 6.0 复选框就可以将其添加到窗体中使用了。

在窗体中放置两个 FlatScrollBar 控件，第二个控件的方向设置为垂直，其余属性与第一个控件相同。在 Change 事件中，让两个控件的值永远相同。

```
Private Sub FlatScrollBar1_Change()
    Me.FlatScrollBar2.Value = Me.FlatScrollBar1.Value
End Sub
```

启动窗体，更改水平滚动条的值，看到垂直滚动条的值同步自动修改，如图 1-41 所示。

图 1-41　FlatScrollBar 控件

1.5.3　Slider 控件

Slider 控件是滑块控件，与滚动条控件的用法基本相同。

在附加控件列表中勾选"Microsoft Slider Control, version 6.0"复选框就可以将其应用于窗体了。

在该控件的属性窗口中，找到"自定义"选项，在弹出的"属性页"对话框中可以进行自定义，如更改方向，如图 1-42 所示。

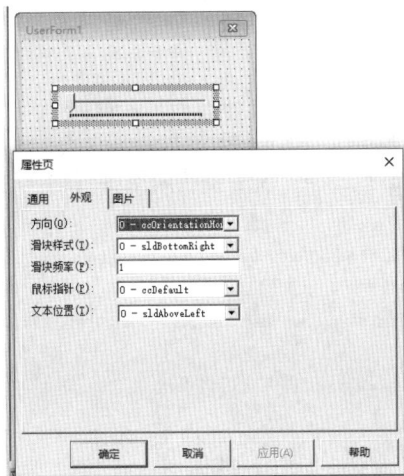

图 1-42　Slider 控件的属性设定

默认事件也是 Change，默认属性是 Value。

```
Private Sub Slider1_Change()
    Me.Caption = Me.Slider1.Value
End Sub
```

1.6　视频音频播放类控件

计算机中常见的视频文件扩展名为 .mp4，音频文件为 .mp3、.wav 等。本节讲解 VBA 中利用

WindowsMediaPlayer、MMControl 控件播放视频和音频文件的方法。

1.6.1　WindowsMediaPlayer 控件

WindowsMediaPlayer 是微软公司出品的一款免费的播放器，属于 Microsoft Windows 的一个组件，通常简称 WMP，支持通过插件增强功能。

该控件可以播放扩展名为 .mp3、.mp4 等格式的音频、视频文件。

从附加控件列表中勾选 WindowsMediaPlayer 复选框就可以将其应用于窗体了。

该控件最简单的用法就是播放网络或本地的视频、音频文件。在该控件的对象模型中，使用 URL 属性设置要播放的文件路径；使用 Controls 下面的 play、pause、stop 等方法对播放器进行播放、暂停和停止操作；使用 settings 对音量进行控制。

在窗体中添加一个 WindowsMediaPlayer 控件，然后在窗体的 Initialize 事件中预先设置该控件的播放文件路径。

```
Private Sub UserForm_Initialize()
    With Me.WindowsMediaPlayer1
        .URL = "A:\music\少年张三丰.mp4"
        .Controls.Play            '播放
        .settings.volume = 50     '音量50%
    End With
End Sub
```

启动窗体，自动开始播放该视频，如图 1-43 所示。

在窗体的 Click 事件中书写如下过程，用于播放网络的音频文件。

```
Private Sub UserForm_Click()
    With Me.WindowsMediaPlayer1
        .Controls.stop            '停止
        .URL = "http://portable-recording-kyushu.2-d.jp/3-zr/komorie-1n.mp3"
        .Controls.Play
    End With
End Sub
```

单击窗体，该控件开始播放音频，如图 1-44 所示。

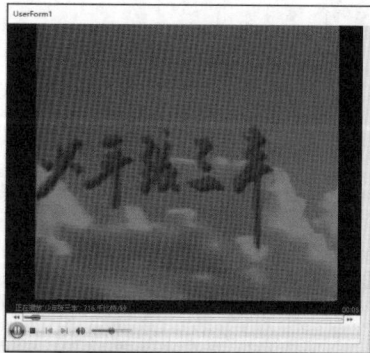

图 1-43　使用 WindowsMediaPlayer 控件播放视频　　　图 1-44　播放音频

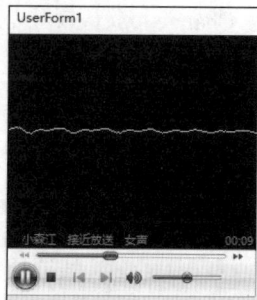

1.6.2　处理播放媒体的时长和播放位置

播放媒体，是指控件中正在播放的歌曲。在 VBA 中用 IWMPMedia 对象表示一个播放媒体，该对象具有时长、时长字符串等属性。假设一首歌的总长度是 3 分钟，时长就是 180 秒，时长字符串是 3:00。

另外，在 WindowsMediaPlayer 控件中还可以通过 Controls.currentPosition 获取和设置当前的播放位置。

下面的程序用于获取和设置播放进度。

```
Private Sub CommandButton1_Click()
    Dim cM As WMPLib.IWMPMedia
    With Me.WindowsMediaPlayer1
        .URL = ThisWorkbook.Path &             "\ 滚滚长江东逝水 .mp3"
        .Controls.Play                         ' 播放
        Do Until .playState = wmppsPlaying     ' 等到进入播放状态
            DoEvents
        Loop
        Set cM = .currentMedia                 ' 当前播放媒体
        Debug.Print cM.Duration                ' 总时长，单位是秒
        Debug.Print cM.durationString          ' 时长字符串，格式为 nn:ss
        Debug.Print .Controls.currentPosition  ' 打印当前的播放位置
        .Controls.currentPosition = 120        ' 从 120 秒处开始播放
    End With
End Sub
```

1.6.3　创建播放列表

在现实中经常需要使用 WindowsMediaPlayer 控件循环播放多个文件，下面讲述如何为 WindowsMediaPlayer 控件创建播放列表和添加媒体的方法。

WindowsMediaPlayer 控件可以按照某个列表中的歌曲自动循环播放，因此创建列表并添加媒体这个操作可以由 VBA 来完成。

下面的实例给 WindowsMediaPlayer 控件创建了名为 zh 和 en 的两个播放列表。其中在 zh 列表中添加了 3 首中文歌曲的路径。

在用户窗体上拖曳一个 WindowsMediaPlayer 控件和两个按钮，第一个按钮的代码如下：

```
Private Sub CommandButton1_Click()
    Dim zh As IWMPPlaylist
    Dim en As IWMPPlaylist
    Dim song As IWMPMedia
    ' 创建中文歌曲列表
    Set zh = Me.WindowsMediaPlayer1.playlistCollection.newPlaylist("zh")
    Set song = Me.WindowsMediaPlayer1.newMedia("A:\music\ 神奇的九寨 .mp3")
    zh.appendItem song
    Set song = Me.WindowsMediaPlayer1.newMedia("A:\music\ 生日歌 .mp3")
```

```
    zh.appendItem song
    Set song = Me.WindowsMediaPlayer1.newMedia("A:\music\ 盛夏的果实 .mp3")
    zh.appendItem song
    '创建英文歌曲列表
    Set en = Me.WindowsMediaPlayer1.playlistCollection.newPlaylist("en")
    Set song = Me.WindowsMediaPlayer1.newMedia("A:\music\love me tender.mp3")
    en.appendItem song
    Set song = Me.WindowsMediaPlayer1.newMedia("A:\music\Sakura.mp3")
    en.appendItem song
    Me.WindowsMediaPlayer1.currentPlaylist = zh
End Sub
```

启动窗体，单击"创建列表并播放"按钮，可以看到播放中文列表的第一首歌曲，如图 1-45 所示。

第二个按钮的代码如下：

```
Private Sub CommandButton2_Click()
    Dim PL As IWMPPlaylist
    Dim i As Integer
    Dim song As IWMPMedia
    '创建中文歌曲列表
    Set PL = Me.WindowsMediaPlayer1.currentPlaylist
    For i = 0 To PL.Count - 1
        Set song = PL.Item(i)
        Debug.Print song.Name, song.SourceUrl, song.durationString
    Next i
End Sub
```

上述代码用于获取当前播放列表中的播放媒体。

在立即窗口中输出了这些歌曲的歌名、路径、时长，如图 1-46 所示。

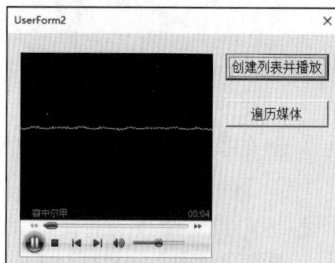

图 1-45　创建播放列表

图 1-46　遍历播放列表中的歌曲

1.6.4　MMControl 控件

MMControl 控件包含一组高层次的、独立于设备的命令，通过这些命令可以控制音频和视频等外围设备，包括 CD、VCD、WAV、MIDI、AVI 等。

在附加控件列表中勾选"Microsoft Multimedia Control, version 6.0"复选框即可将其拖曳到窗

体中。

在下面的实例中演示了如何使用 MMControl 控件播放 mp3 文件，并且使用命令自动打开和播放文件。

窗体的 Click 事件如下：

```
Private Sub UserForm_Click()
    With Me.MMControl1
        .Filename = Me.TextBox1.Value
        .Command = "open"
        .Command = "play"
    End With
End Sub
```

在文本框中输入一首歌的路径，然后单击窗体的任意位置，将开始播放该歌曲，如图 1-47 所示。

用户可以单击该控件的各个按钮进行暂停、快进等操作。

图 1-47　MMControl 控件

1.7　网页类控件 WebBrowser

一般情况下，用户可以在系统安装的浏览器中输入网址 URL 来浏览互联网中的网页。在 VBA 中，还可以向 Office 文档或者用户窗体中插入一个网页控件 WebBrowser，相当于在 VBA 中嵌入网页。通过代码可以自动设置网址、后退、刷新、前进等操作。

WebBrowser 控件可以在应用程序中承载网页以及支持浏览器的其他文档。例如，在程序作品中展示网页、XML 文档、gif 动态图，都可以使用 WebBrowser 控件。

在附加控件列表中勾选"Microsoft Web Browser"复选框即可从工具箱中拖曳该控件到窗体上。

在下面的实例中演示了如何在该控件上显示网页和动态图等。

在用户窗体中放置一个 WebBrowser 控件和 4 个按钮。

窗体的初始化代码如下：

```
Private Sub UserForm_Initialize()
    Me.WebBrowser1.Silent = True
End Sub
```

以上代码的作用是在网页发生脚本错误时不弹出警告窗口。

4 个按钮的代码如下：

```
Private Sub CommandButton1_Click()
    Me.WebBrowser1.Navigate2 ThisWorkbook.Path & "\ 行政区县 .xml"
End Sub

Private Sub CommandButton2_Click()
    Me.WebBrowser1.Navigate2 "http://club.excelhome.net/"
End Sub

Private Sub CommandButton3_Click()
```

```
        Me.WebBrowser1.Navigate2 "about:blank"
        Me.WebBrowser1.Document.write "<h1 style='width:100%;text-align:center'> 一级
标题 </h1></br><h2> 二级标题 </h2>"
        Debug.Print Me.WebBrowser1.Document.body.outerhtml
        Debug.Print Me.WebBrowser1.Document.body.innerText
    End Sub

    Private Sub CommandButton4_Click()
        Me.WebBrowser1.Navigate2 ThisWorkbook.Path & "\blackwhite.gif"
    End Sub
```

可以看出，该控件的主要方法是 Navigate2，用于导航到指定的页面。其中，CommandButton3_
Click 中的代码直接向 WebBrowser 的文档中注入 HTML 代码。

启动窗体，当单击第三个按钮时，在 WebBrowser 控件中显示两个标题，在立即窗口中输出相
应的 HTML 代码和内部文本，如图 1-48 所示。

需要注意：WebBrowser 控件支持非常多的事件。例如，用户在该控件的网页中点击了一
个超链接，有可能会启动计算机默认的浏览器在新窗口中打开，但是很多场合下希望继续在
WebBrowser 中打开新窗口。因此利用如下事件：

```
Private Sub WebBrowser1_NewWindow2(ppDisp As Object, Cancel As Boolean)
    Cancel = True
    Me.WebBrowser1.Navigate
    Me.WebBrowser1.Document.ActiveElement.GetAttribute("href")
End Sub
```

加上以上事件以后，在控件中点击超链接，都会在 WebBrowser 中发生跳转，如图 1-49 所示。

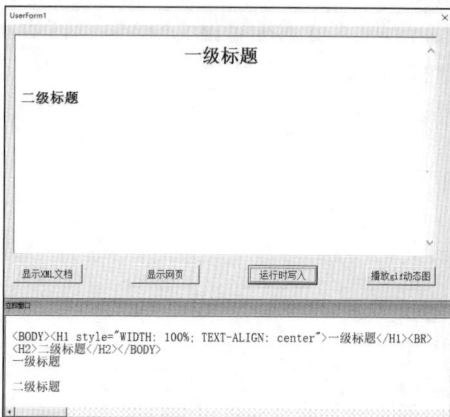

图 1-48　WebBrowser 控件的多种用途

图 1-49　在网页内部跳转

1.8　图像类控件

在 VBA 编程中，对图片的处理需要了解以下三个概念。

- IPictureDisp 对象：是一种把图像显示在控件上的 COM 接口。
- LoadPicture 方法：装载本地图片，形成 IPictureDisp 对象。
- SavePicture 方法：把 IPictureDisp 对象保存为本地图片，功能与 LoadPicture 方法相反。

它们都位于 stdole 命名空间中，因为 VBA 工程默认包含 OLE Automation 这个引用，如图 1-50 所示。

下面首先通过常用的 Image 控件来说明上述三个概念的具体实施方法。

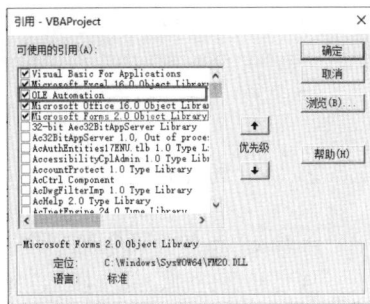

图 1-50　OLE Automation 引用

1.8.1　Image 控件

Image 控件属于 MSForms 中用于显示图像的控件，该控件的默认属性是 Picture。下面的实例演示了如何把本地的一个 jpg 图片显示在 Image 控件上，然后把 Image 控件的图像另存为一个文件。

在窗体中放置一个 Image 控件和两个 CommandButton 控件，按钮的 Click 事件如下：

```
Private Sub CommandButton1_Click()
    Dim P As stdole.IPictureDisp
    Set P = stdole.LoadPicture(Filename:="E:\Picture\Fruit\ 西瓜 .jpg")
    Set Me.Image1.Picture = P
    Debug.Print FileLen("E:\Picture\Fruit\ 西瓜 .jpg")
End Sub

Private Sub CommandButton2_Click()
    Dim P As stdole.IPictureDisp
    Set P = Me.Image1.Picture
    Call stdole.SavePicture(Picture:=P, Filename:="E:\Picture\Fruit\watermelon.bmp")
    Debug.Print FileLen("E:\Picture\Fruit\watermelon.bmp")
End Sub
```

以上程序使用了中间变量 P 来传递，当然也可以直接用 Set Me.Image1.Picture = LoadPicture 的写法为控件设置图像。

启动窗体，单击"载入图片"按钮，在 Image 控件中显示西瓜，如图 1-51 所示。

单击"另存图片"按钮，文件夹中产生了一个 bmp 位图。

LoadPicture 可以读入 bmp、jpg、gif 等格式的图片，但 SavePicture 只能输出 bmp 格式的图片。因此，以上操作执行后，生成的 bmp 图片比原图文件大。

图 1-51　装载图片到 Image 控件

此外，IPictureDisp 对象还可以直接用 "=" 进行比较。例如，比较两个控件中的图像是否完全相同，可以使用 Msgbox Me.Image1.Picture = Me.Image2.Picture。

如果要清空 Image 控件中的图像，可以使用 LoadPicture ("") 或 Nothing 两种方式。例如：

```
Set Me.Image1.Picture = LoadPicture("")
MsgBox Me.Image1.Picture Is Nothing
Set Me.Image1.Picture = Nothing
```

1.8.2 PictureClip 控件

PictureClip 控件可以把一个 IPictureDisp 对象按照指定的行数、列数等分为多个 IPictureDisp 对象，从而起到分割、裁剪图片的作用。

在附加控件列表中勾选"Microsoft PictureClip Control, version 6.0"复选框即可使用。

该控件添加到窗体中以后，窗体运行时并不显示出来。在窗体设计期间，可以设置该控件的图片路径、行数、列数。

下面的实例演示了使用 PictureClip 控件从一个大图片得到 15 张小图片的过程。

在用户窗体中放置一个 PictureClip 控件和一个 CommandButton 控件。按钮的 Click 事件代码如下：

```
Private Sub CommandButton1_Click()
    Dim i As Integer
    Dim P(0 To 14) As stdole.IPictureDisp
    With Me.PictureClip1
        .Picture = LoadPicture("E:\Picture\ 龟兔赛跑 .jpg")    ' 大图
        .Rows = 3                                              ' 指定行数
        .Cols = 5                                              ' 指定列数
    End With
    For i = 0 To 14
        Set P(i) = Me.PictureClip1.GraphicCell(i)              ' 返回
        SavePicture P(i), "E:\Picture\" & i & ".bmp"           ' 保存
    Next i
End Sub
```

启动窗体，单击该按钮，文件夹中生成了 15 个子图，如图 1-52 所示。

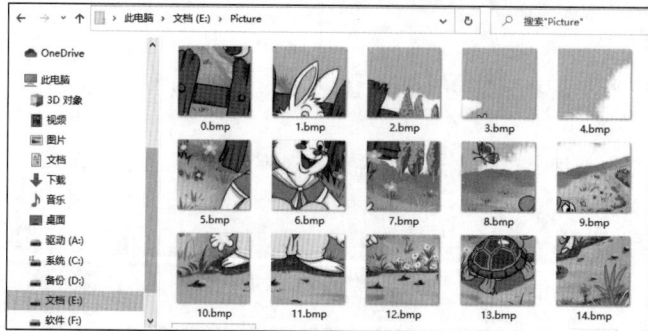

图 1-52 切割图片

注意：

使用 PictureClip 控件的 GraphicCell (i) 返回第 i 个子图，i 从 0 开始，从左到右、从上到下。假设要读取第 2 行第 3 列的子图，需要使用 GraphicCell (7) 来访问。

根据这个特点，PictureClip 控件还可以结合 Image 控件制作拼图游戏，如图 1-53 所示。

图 1-53　拼图游戏

1.8.3　ImageList 控件

ImageList 是一个用于管理多个图片的控件。该控件本身并不显示出来，其他需要显示图像的控件通过 ImageList 控件获取图像。

在附加控件列表中勾选 "Microsoft ImageList Control, version 6.0" 复选框，就可以把该控件放入工具箱中。

使用 ImageList 控件时，首先需要为该控件添加一个以上的图片或图标，然后在程序中可以通过访问该控件的 ListImages 集合遍历其中的每一个图片资源。

在下面的实例中，演示了为用户窗体中的按钮设置图片的技术和方法。

通常情况下，命令按钮上显示普通文本，也可以设置其 Picture 属性，使按钮的外观更加美观形象。

在用户窗体中放置 1 个 ImageList 控件和 4 个 CommandButton 控件。①选中 ImageList 控件；②单击属性窗口中的 "自定义" 选项调出 "属性页" 对话框，如图 1-54 所示；③在 "属性页" 对

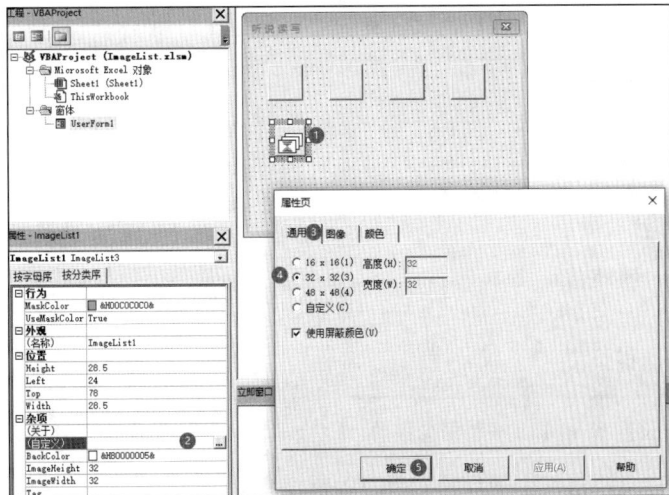

图 1-54　ImageList 控件的属性页

话框中切换到"通用"选项卡；④选择 32×32 大小。

然后切换到"图像"选项卡，单击"插入图片"按钮，浏览到计算机中预先准备好的 4 个扩展名是 .ico 的图片文件，依次设置每个图片的索引、关键字、标记，如图 1-55 所示。

其中，索引和关键字用来在程序代码中定位图片。

接着，把用户窗体中的 4 个命令按钮的 Caption 属性设置为空，按钮的宽度和高度修改为 32，Picture 属性选择 12-fmPicturePositionCenter。

窗体的 Initialize 事件代码如下：

```
Private Sub UserForm_Initialize()
    Dim Images As MSComctlLib.ListImages
    Dim Image As MSComctlLib.ListImage
    Set Images = Me.ImageList1.ListImages
    For Each Image In Images
    Debug.Print Image.Index, Image.Key, Image.Tag      ' 遍历每个 Image 的索引、关键字、标记
    Next Image
    Set Image = Me.ImageList1.ListImages.Item(1)        ' 利用索引定位
    Me.CommandButton1.Picture = Image.Picture
    Set Image = Me.ImageList1.ListImages.Item("Speak")  ' 利用关键字定位
    Me.CommandButton2.Picture = Image.Picture
    Set Image = Me.ImageList1.ListImages.Item("Read")
    Me.CommandButton3.Picture = Image.Picture
    Set Image = Me.ImageList1.ListImages.Item(4)
    Me.CommandButton4.Picture = Image.Picture
End Sub
```

代码分析：

装载到 ImageList 控件中的所有图片构成了一个 ListImages 集合，通过索引或关键字可以定位到某一个图片，然后通过 ListImage 对象的 Picture 属性返回 IPictureDisp 对象，就可以提供图像给其他控件。

启动窗体，所有按钮显示的是图标，而不是文字，如图 1-56 所示。

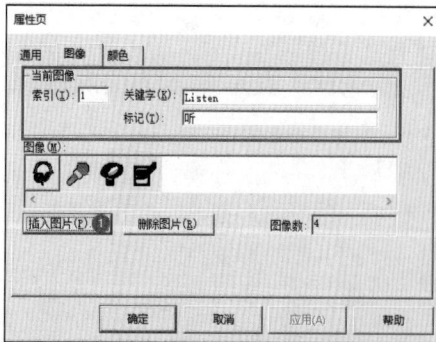

图 1-55　设置 ImageList 中的每个图片　　　图 1-56　在按钮上显示图标

同时，在立即窗口中输出每个图片的索引、关键字和标记。

以上实例介绍了用 ImageList 控件管理多个图片的方法和原理。

1.9　数据呈现类控件

用于显示数据的控件有 DataGrid、ListView、TreeView 等，本节主要介绍最常用的 ListView 和 TreeView 控件在 VBA 中的用法。

1.9.1　ListView 控件

ListView 控件用于显示表格类数据，该控件具有以下 4 种视图。

- lvwIcon：大图标视图，只显示列表项。
- lvwSmallIcon：小图标视图，只显示列表项。
- lvwReport：报表视图，同时显示列标题、列表项、内容子项。
- lvwList：纵向显示列表项。

上述 4 种视图的效果如图 1-57～图 1-60 所示。

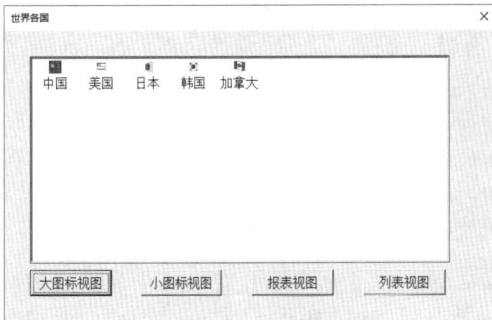

图 1-57　大图标视图

图 1-58　小图标视图

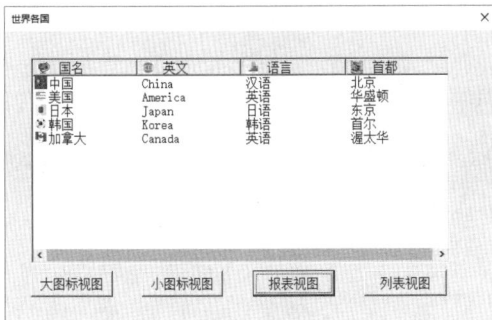

图 1-59　报表视图

图 1-60　列表视图

可以看出，报表视图以表格的形式显示最完整的信息。其中，列标题（ColumnHeaders）指的是该控件最上面一行（国名、英文、语言、首都），列表项（ListItems）指的是最左侧的列（中国、美国等），内容子项（SubItems）指的是列表项后面各列（也就是表格中第二列以后）。

下面介绍在 ListView 控件中以报表视图呈现表格数据，并且在列标题和列表项中显示图标的方法。

在用户窗体中插入 2 个 ImageList 控件、1 个 ListView 控件和 4 个 CommandButton 控件。其中，ImageList1 为表格控件的列标题提供图标，ImageList2 为列表项提供图标。这两个 ImageList 控件均设置为 16×16，插入若干必要的图片。

ListView 控件的诸多属性可以在属性窗口中预先设置，不过为了便于讲解，这里直接在窗体的 Initialize 事件中预设各个属性。

```
Private Sub UserForm_Initialize()
    Dim Column As MSComctlLib.ColumnHeader
    Dim LI As MSComctlLib.ListItem
    With Me.ListView1
        .View = lvwReport
        .ColumnHeaderIcons = Me.ImageList1
        .ColumnHeaders.Clear
        Set Column = .ColumnHeaders.Add(Text:=" 国名 ", Width:=100, Icon:=1)
        Set Column = .ColumnHeaders.Add(Text:=" 英文 ", Width:=100, Icon:=2)
        Set Column = .ColumnHeaders.Add(Text:=" 语言 ", Width:=100, Icon:=3)
        Set Column = .ColumnHeaders.Add(Text:=" 首都 ", Width:=100, Icon:=4)
        .Icons = Me.ImageList2
        .SmallIcons = Me.ImageList2
        .ListItems.Clear
        Set LI = .ListItems.Add(Text:=" 中国 ", Icon:=1)
        LI.SmallIcon = 1
        LI.SubItems(1) = "China": LI.SubItems(2) = "9600000": LI.SubItems(3) = " 北京 "
        Set LI = .ListItems.Add(Text:=" 美国 ", Icon:=2)
        LI.SmallIcon = 2
        LI.SubItems(1) = "America": LI.SubItems(2) = "9370000": LI.SubItems(3) = " 华盛顿 "
        Set LI = .ListItems.Add(Text:=" 日本 ", Icon:=3)
        LI.SmallIcon = 3
        LI.SubItems(1) = "Japan": LI.SubItems(2) = "377800": LI.SubItems(3) = " 东京 "
        Set LI = .ListItems.Add(Text:=" 韩国 ", Icon:=4)
        LI.SmallIcon = 4
        LI.SubItems(1) = "Korea": LI.SubItems(2) = "99237": LI.SubItems(3) = " 首尔 "
        Set LI = .ListItems.Add(Text:=" 加拿大 ", Icon:=5)
        LI.SmallIcon = 5
        LI.SubItems(1) = "Canada": LI.SubItems(2) = "9970610": LI.SubItems(3) = " 渥太华 "
        .FullRowSelect = True          ' 选取整行
        .AllowColumnReorder = True     ' 允许列排序
    End With
End Sub
```

代码分析：

呈现数据的步骤是，先构造列标题再添加列表项，最后为每个列表项增加子项。代码中的变量 Column 表示每个列标题，变量 LI 表示每个列表项。

构造列标题以及添加列表项的同时，可以设置其图标。

通过下面两行代码进行说明。

```
ColumnHeaderIcons = Me.ImageList1
Set Column = .ColumnHeaders.Add(Text:=" 英文 ", Width:=100, Icon:=2)
```

以上代码表示 ListView 控件的列标题的图标来源于 ImageList1 中的图片，Icon:=2 表示这一列使用第 2 个图片。

4 个按钮的功能是切换 ListView 控件的显示方式。代码如下：

```
Private Sub CommandButton1_Click()
    Me.ListView1.View = lvwIcon
End Sub

Private Sub CommandButton2_Click()
    Me.ListView1.View = lvwSmallIcon
End Sub

Private Sub CommandButton3_Click()
    Me.ListView1.View = lvwReport
End Sub

Private Sub CommandButton4_Click()
    Me.ListView1.View = lvwList
End Sub
```

此外，还需要留意 ListView 控件的重要事件。例如，用户单击或选中了其中某一行，将会触发 ItemClick 事件。代码如下：

```
Private Sub ListView1_ItemClick(ByVal Item As MSComctlLib.ListItem)
    Me.Caption = Item.Text & Item.SubItems(1)
    Debug.Print Item Is Me.ListView1.SelectedItem
End Sub
```

1.9.2　TreeView 控件

在现实世界中，很多数据只有采用树形结构才能描述清楚，如家谱图、文件夹与文件列表、注册表键值、XML 文档等。

TreeView 控件从一个根节点出发，节点下面可以包含一个以上的子节点，子子孙孙无穷无尽。TreeView 控件是由多个节点（MSComctlLib.Nodes 对象）构成的，节点通常显示为文字，根据需要也可以同时显示为图标。节点可以被添加、移除、修改文字和图标，还可以被遍历。对于包含了其他子节点的节点还可以被展开、折叠。

构成节点树的数据通常来源于实际存在的数据，如公司的组织结构和员工信息、文件系统等。具体的形式可以是 Excel 数据、XML 文档等。为了便于讲解，在下面的实例中直接使用 VBA 中的字符串添加节点所用的数据。

从工具箱中找到 TreeView 控件的图标，将其拖放到用户窗体中，就添加了一个控件 TreeView1，如图 1-61 所示。

使用该控件之前，最好先通过属性窗口进行属性的预设。在"属性页"对话框中的"通用"选项卡中，样式一般选择 7（同时显示节点的文本和图标），0 表示只显示文本，1 表示只显示图标，如图 1-62 所示。

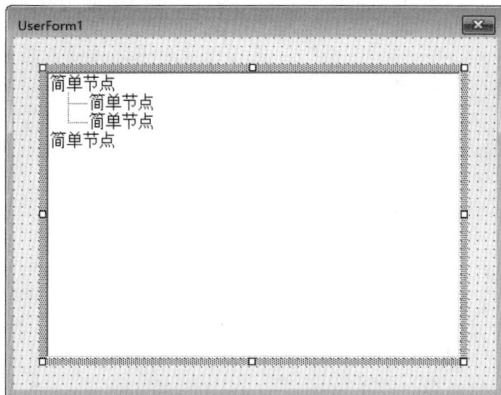

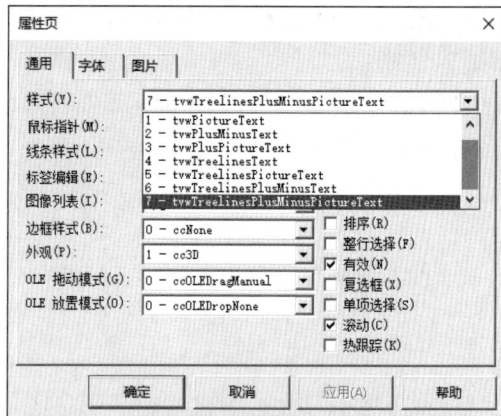

图 1-61　TreeView 控件的设计视图　　　　图 1-62　TreeView 控件的属性页

此外，TreeView 控件还有很多丰富的选项。例如，是否显示节点前面的勾选、是否支持整行选择、在运行状态下是否可以编辑节点文本。可以直接预设，也可以在运行时通过代码切换。

向 TreeView 控件添加节点和子节点都是通过 Add 方法实现的，语法如下：

```
TreeView1.Nodes.Add ([Relative], [Relationship], [Key], [Text], [Image],
[SelectedImage]) As Node
```

以下是各参数的说明。

● Relative：与即将添加的节点相对的，已有节点的 Key（添加根节点时此参数忽略）。

● Relationship：关系。可以是 MSComctlLib.TreeRelationshipConstants 下面的 5 个常量之一。

　　◆ tvwChild：该节点成为 Relative 规定的节点的子节点。

　　◆ tvwFirst：该节点成为 Relative 规定的节点的第一个兄节点。

　　◆ tvwLast：该节点成为 Relative 规定的节点的最后一个弟节点。

　　◆ tvwPrevious：该节点成为 Relative 规定的节点的前一个节点。

　　◆ tvwNext：该节点成为 Relative 规定的节点的后一个节点。

也就是说，使用 tvwChild 添加的节点是已有节点的子节点，而使用其余 4 个时，将成为当前节点的兄弟节点。

● Key：节点的关键字，不可重复的一个字符串。

● Text：节点的文本。

● Image：节点的图标。

● SelectedImage：节点被选中时的图标。

以上所有参数均为可选参数，也就是说，使用 Add 方法时，仅使用其中一部分参数。

在窗体的 Initialize 事件中输入如下代码：

```
Private Sub UserForm_Initialize()
    Dim Nd As MSComctlLib.Node
    With Me.TreeView1
        .LineStyle = tvwRootLines
        .FullRowSelect = True
```

```
            .CheckBoxes = False
        End With
        Set Nd = Me.TreeView1.Nodes.Add(Key:="World", Text:=" 世界各国 ")
        With Nd
            .ForeColor = vbRed
            .Tag = .Text
        End With
        Set Nd = Me.TreeView1.Nodes.Add(Relative:="World", RelationShip:=tvwChild,
Key:="Asia", Text:=" 亚洲 ")
        Set Nd = Me.TreeView1.Nodes.Add(Relative:="World", RelationShip:=tvwChild,
Key:="Europe", Text:=" 欧洲 ")
        Set Nd = Me.TreeView1.Nodes.Add(Relative:="World", RelationShip:=tvwChild,
Key:="Africa", Text:=" 非洲 ")
        Set Nd = Me.TreeView1.Nodes.Add(Relative:="Europe", RelationShip:
=tvwPrevious, Key:="Oceania", Text:=" 大洋洲 ")
        Set Nd = Me.TreeView1.Nodes.Add(Relative:="Africa", RelationShip:=tvwNext,
Key: ="NorthAmerica", Text:=" 北美洲 ")
        Set Nd = Me.TreeView1.Nodes.Add(Relative:="Africa", RelationShip:=tvwLast,
Key:="SouthAmerica", Text:=" 南美洲 ")
        Set Nd = Me.TreeView1.Nodes.Add(Relative:="Asia", RelationShip:=tvwChild,
Key:="China", Text:=" 中国 ")
        Nd.EnsureVisible
        Me.TreeView1.Nodes.Item("World").Expanded = True
    End Sub
```

代码分析:

TreeView 控件中的任何一个控件必定有唯一的 Key。例如,"世界各国"的 Key 是 World。

```
        Set Nd = Me.TreeView1.Nodes.Add(Relative:="World", RelationShip:=tvwChild,
    Key:="Asia", Text:=" 亚洲 ")
```

这句代码表示添加一个节点,该节点是 World 的儿子,并且,该节点的 Key 是 Asia,文本是亚洲。

```
        Set Nd = Me.TreeView1.Nodes.Add(Relative:="Europe", RelationShip:=
    tvwPrevious, Key:="Oceania", Text:=" 大洋洲 ")
```

这句代码是相对于"欧洲",在它之前添加一个新节点"大洋洲"。

所有节点添加完成后,使用 EnsureVisible 方法保证某节点处于视线范围内,使用 Expanded=True 保证节点被展开。

启动窗体,可以看到树形结构,如图 1-63 所示。

下面继续讲述在节点中显示图标的方法。

首先应确保 TreeView 控件的样式中带有 Picture 字样,否则只显示纯文本。然后在用户窗体中插入一个 ImageList 控件,在"属性页"中设置图片大小为 32×32,把事先准备好的 7 个 .ico 文件添加到该控件中,如图 1-64 所示。

要想在 TreeView 的节点上显示图标,需要进行以下两个重要设置:一是设置 TreeView 的 ImageList 属性为 ImageList1,这样就建立了两个控件的关联;二是在添加节点时,或者在运行时设置 Node 的 Image 或 SelectedImage 属性为图片的序号。例如,"五星红旗"图片的序号是 3。SelectedImage 是该节点处于选中状态时显示的图标。

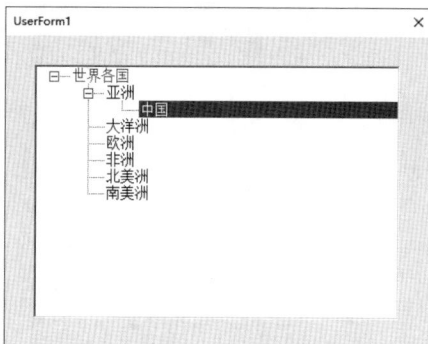

图 1-63　树形结构

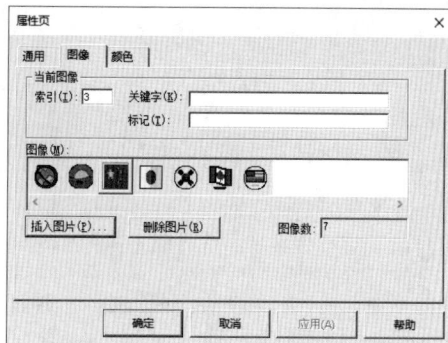

图 1-64　在 ImageList 中添加图标

窗体的 Initialize 事件代码如下：

```vba
Private Sub UserForm_Initialize()
    Dim Nd As MSComctlLib.Node
    With Me.TreeView1
        .LineStyle = tvwTreeLines
        .FullRowSelect = True
        .CheckBoxes = False
        .ImageList = Me.ImageList1        '设置该控件的图片来源
    End With
    Set Nd = Me.TreeView1.Nodes.Add(Key:="World", Text:=" 世界各国 ", Image:=1)
                                          '引用第 1 个图片
    With Nd
        .ForeColor = vbRed
        .Tag =.Text
    End With
    Set Nd = Me.TreeView1.Nodes.Add(Relative:="World", RelationShip:=tvwChild,
Key:="Asia", Text:=" 亚洲 ", Image:=2)
    Set Nd = Me.TreeView1.Nodes.Add(Relative:="World", RelationShip:=tvwChild,
Key:="Europe", Text:=" 欧洲 ", Image:=2)
    Set Nd = Me.TreeView1.Nodes.Add(Relative:="World", RelationShip:=tvwChild,
Key:="Africa", Text:=" 非洲 ", Image:=2)
    Set Nd = Me.TreeView1.Nodes.Add(Relative:="Europe", RelationShip:=tvwPrevious,
Key:="Oceania", Text:=" 大洋洲 ", Image:=2)
    Set Nd = Me.TreeView1.Nodes.Add(Relative:="Africa", RelationShip:=tvwNext,
Key:="NorthAmerica", Text:=" 北美洲 ", Image:=2)
    Set Nd = Me.TreeView1.Nodes.Add(Relative:="Africa", RelationShip:=tvwLast,
Key:="SouthAmerica", Text:=" 南美洲 ", Image:=2)
    Set Nd = Me.TreeView1.Nodes.Add(Relative:="Asia", RelationShip:=tvwChild,
Key:="China", Text:=" 中国 ", Image:=3)
    Set Nd = Me.TreeView1.Nodes.Add(Relative:="Asia", RelationShip:=tvwChild,
Key:="Japan", Text:=" 日本 ", Image:=4)
    Set Nd = Me.TreeView1.Nodes.Add(Relative:="Asia", RelationShip:=tvwChild,
Key:="Korea", Text:=" 韩国 ", Image:=5)
```

```
    Set Nd = Me.TreeView1.Nodes.Add(Relative:="NorthAmerica", RelationShip:=
tvwChild, Key:="Canada", Text:="加拿大", Image:=6)
    Set Nd = Me.TreeView1.Nodes.Add(Relative:="NorthAmerica", RelationShip:=
tvwChild, Key:="USA", Text:="美国", Image:=7)
    For Each Nd In Me.TreeView1.Nodes
        Nd.SelectedImage = 1
    Next Nd
    Me.TreeView1.Nodes.Item("World").Expanded = True
End Sub
```

另外，TreeView 控件具有很多事件，在事件代码的组合框中选择 TreeView1，在右侧组合框中将列出很多事件名称，如图 1-65 所示。

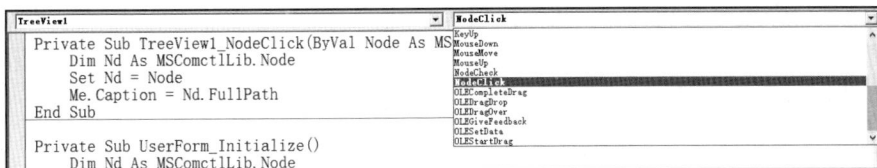

图 1-65　TreeView 控件的事件列表

其中 NodeClick 事件是最重要的一个事件，表示节点被选中时触发。

```
Private Sub TreeView1_NodeClick(ByVal Node As MSComctlLib.Node)
    Dim Nd As MSComctlLib.Node
    Set Nd = Node
    Me.Caption = Nd.FullPath
End Sub
```

上述代码中的 FullPath 表示一个节点的完整路径，用反斜杠隔开。

启动窗体，可以看到所有节点都显示了图标。选中其中一个节点，该节点的图标序号变为 1，并且在窗体的标题中显示完整路径，如图 1-66 所示。

TreeView 控件的 Node 对象具有 Parent 属性，可以返回节点的父级节点。

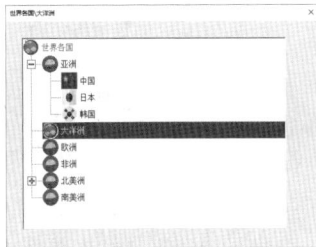

图 1-66　选择节点时触发的事件

1.9.3　ToolBar 控件

ToolBar 是工具栏控件，可以在窗体上显示一个工具条。工具条可以理解为是多个按钮的组合体。在 ToolBar 中可以添加一个以上的按钮，也可以设置按钮菜单（或者称为分裂按钮）。如果要让 ToolBar 上的按钮显示图标，需要联合使用 ImageList 控件。

在用户窗体中放置一个 ToolBar 控件和一个 ImageList 控件，如图 1-67 所示。

在 ImageList 控件的"属性页"对话框中插入 4 个图片，关键字分别设置为 Open、Save、Info、Share，如图 1-68 所示。

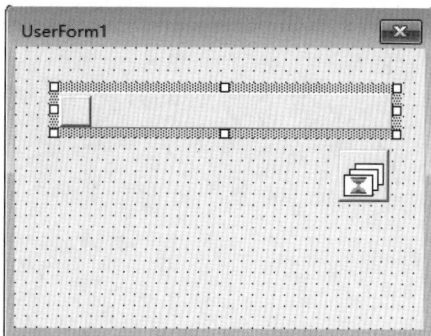

图 1-67　ToolBar 控件和 ImageList 控件

图 1-68　在 ImageList 中添加图标

选中控件 ToolBar1，在"属性页"对话框中切换到"按钮"选项卡，单击"插入按钮"按钮可以看到索引为 1，按钮的样式可以从 0 到 5 选择，0 是默认的按钮，5 是按钮菜单，如图 1-69 所示。

重复上述动作，连续插入 4 个按钮，为每个按钮设置标题、描述、关键字等信息，然后将后两个按钮的样式选择为 5 – tbrDropDown，如图 1-70 所示。

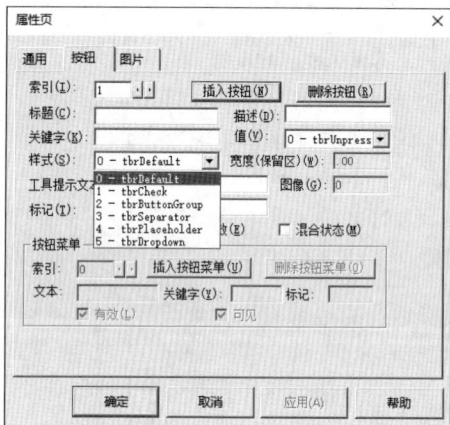

图 1-69　ToolBar 控件的属性页

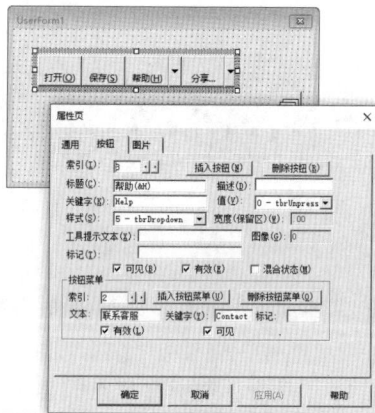

图 1-70　ToolBar 控件的属性页

为"帮助"按钮菜单插入 3 个按钮菜单。切换到"分享"按钮菜单，再插入 2 个按钮菜单。为了能在工具栏上显示图标，还需要通过代码与 ImageList 控件相关联。

```vba
Private Sub UserForm_Initialize()
    Dim B As MSComctlLib.Button
    Dim BM As MSComctlLib.ButtonMenu
    With Me.Toolbar1
        .Left = 0
        .Top = 0
        .Wrappable = False        '只显示一行
        .ImageList = Me.ImageList1
    End With
    Set B = Me.Toolbar1.Buttons.Item(1)
    B.Image = 1                    '使用 ImageList 的第 1 个图片
```

```
        Set B = Me.Toolbar1.Buttons.Item(2)
        B.Image = 2
        Set B = Me.Toolbar1.Buttons.Item(3)
        B.Image = 3
        Set B = Me.Toolbar1.Buttons.Item(4)
        B.Image = 4
        Set BM = B.ButtonMenus.Item(1)
        Debug.Print BM.Text
    End Sub
```

代码分析:

ToolBar 控件可分为 Button 和 ButtonMenu 两类对象,本实例共插入了 4 个 Button、5 个 ButtonMenu。

启动窗体,窗体上的工具栏正常显示了文本与图标。单击"帮助"按钮还可以进一步弹出下拉菜单,如图 1-71 所示。

ToolBar 控件还可以设置按钮文本的显示位置,默认为 tbrTextAlignBottom,也就是文本显示在图标下方。

也可以在设计期间或者运行时更改为 tbrTextAlignRight。再次启动窗体,文本显示在右侧,如图 1-72 所示。

以上是工具栏的界面设计部分,为了让用户单击各个按钮响应具体的代码,还需要了解 ToolBar 控件的事件。ToolBar 控件通过 ButtonClick 事件统一管理所有按钮的单击事件,通过 ButtonMenuClick 事件统一管理所有按钮菜单的单击事件。代码如下:

```
Private Sub Toolbar1_ButtonClick(ByVal Button As MSComctlLib.Button)
    Me.Caption = "按钮: " & Button.Caption
End Sub

Private Sub Toolbar1_ButtonMenuClick(ByVal ButtonMenu As MSComctlLib.ButtonMenu)
    Me.Caption = "按钮菜单: " & ButtonMenu.Text
End Sub
```

当单击菜单"联系客服"时,触发了上述 ButtonMenuClick 事件,窗体标题发生相应变化,如图 1-73 所示。

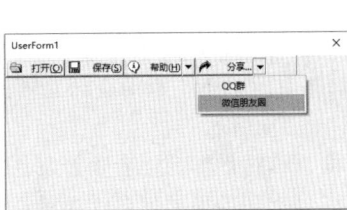

图 1-71　工具栏效果　　　　图 1-72　图标显示在文字左侧　　　图 1-73　单击菜单"联系客服"时窗体标题的变化

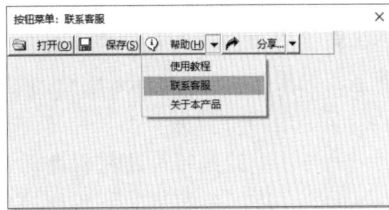

1.10　对话框类控件

在程序的界面设计中,经常遇到各种类型的对话框。在 VBA 的用户窗体中,只需添加一个

CommonDialog 控件，就可以弹出多种不同类型的与用户交互的对话框。

1.10.1　CommonDialog 控件

CommonDialog 是通用对话框控件，在窗体上使用该控件可以显示以下 5 种不同功能的对话框。

● 打开：通过 ShowOpen 方法显示对话框。FileName 属性返回用户所选的路径。
● 另存为：通过 ShowSave 方法显示对话框。FileName 属性返回用户所选的路径。
● 颜色：通过 ShowColor 方法显示对话框。Color 属性返回用户所选的颜色。
● 字体：通过 ShowFont 方法显示对话框。
　Font 属性返回用户所选的字体。
● 打印：通过 ShowPrinter 方法显示对话框。

在附加控件列表中勾选"Microsoft Common Dialog Control, version 6.0"复选框，就可以把该控件拖曳到窗体上。在设计期间对话框控件只显示为一个图标，选中该图标可以在属性窗口中预设属性，也可以单击"自定义"选项弹出更详细的设定画面，如图 1-74 所示。

窗体运行后，CommonDialog 控件是自动隐藏的，不会向用户呈现任何画面。只有在代码中运行了 Show 开头的方法时，才显示相应的对话框。

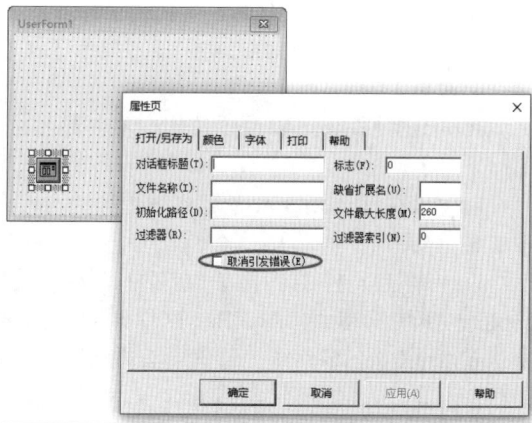

图 1-74　CommonDialog 控件的属性页

1.10.2　打开和另存为对话框

打开对话框的功能是弹出一个选择文件的对话框，用户选择了路径以后，返回一个路径字符串。保存对话框与打开对话框功能完全一样，只不过对话框下面的按钮显示为"保存"。

该控件的一个重要属性是 CancelError（取消按钮引发错误），这个属性的默认值为 False，意思是如果用户单击了对话框右下角的"取消"按钮，不引发运行时错误，仍然能够返回路径字符串。反之，如果把 CancelError 预设为 True，用户单击"取消"按钮时会引发程序错误，这种场合需要用错误处理。

另外，无论是打开还是保存对话框，该对话框都不会执行真正的打开和保存操作，只是向程序中返回一个路径字符串。利用该控件可以实现各种扩展名文件的选择。例如，想让用户选择图片类的文件，就需要事先设置该控件的扩展名过滤器。

在下面的实例中，在窗体中放置两个按钮、一个文本框和一个 CommonDialog 控件，当用户单击"打开文件"按钮时，将弹出一个对话框，选择一个文本文件后把该文件的内容显示在文本框中。

当用户单击"另存文件"按钮时，程序把文本框中的文字另存为另一个文件。

代码如下：

```
Private Sub UserForm_Initialize()
    With Me.CommonDialog1
        .CancelError = True
        .Filter = "所有文件|*.*| 文本文件|*.txt|Excel 文件|.xlsx"
        .FilterIndex = 2
    End With
End Sub

Private Sub CommandButton1_Click()
    On Error GoTo Err1
    Dim s As String
    Dim path As String
    With Me.CommonDialog1
        .ShowOpen
        path = .Filename
        Open path For Input As #1
            Line Input #1, s
        Close #1
        Me.TextBox1.Text = s
    End With
    Exit Sub
Err1:
    MsgBox "没有选择路径! ", vbCritical
End Sub

Private Sub CommandButton2_Click()
    On Error GoTo Err1
    Dim s As String
    Dim path As String
    With Me.CommonDialog1
        .ShowSave
        path = .Filename
        s = Me.TextBox1.Text
        Open path For Output As #1
            Print #1, s
        Close #1
    End With
    Exit Sub
Err1:
    MsgBox "没有选择路径! ", vbCritical
End Sub
```

在上述代码中，首先在窗体的 Initialize 事件中进行属性预设，为 CommonDialog 控件设置了 3 个过滤器，默认使用第 2 个。

启动窗体，单击"打开文件"按钮，如图 1-75 所示。

弹出"打开"对话框，选择任意一个文本文件，如图 1-76 所示。

然后在窗体的文本框中显示所选文件的内容。

如果单击窗体上的"另存文件"按钮，弹出"另存为"对话框，可以选择一个现有文件，也可以手动输入一个文件名，如图 1-77 所示。

图 1-75　窗体的运行

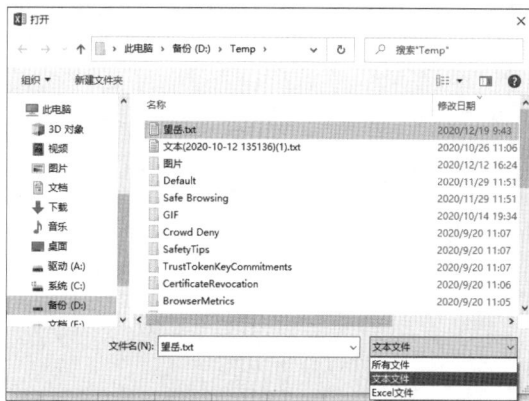

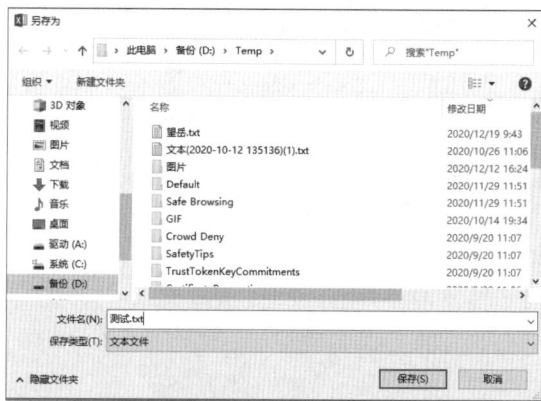

图 1-76　用 CommonDialog 实现的"打开"对话框　　图 1-77　用 CommonDialog 实现的"另存为"对话框

1.10.3　颜色对话框

当调用 CommonDialog 控件的 ShowColor 方法时，弹出一个颜色选择面板，用户选择了一种颜色以后，在代码中可以访问 CommonDialog 控件的 Color 属性来获取到这个颜色。Color 属性是一个长整型数字。例如，用户选择了面板中的黑色，那么 Color 等于 16777215，这个数字与 VBA 中的 vbBlack、RGB (255, 255, 255) 都是等价的。

```
Private Sub CommandButton1_Click()
    Dim MyColor As stdole.OLE_COLOR
    With Me.CommonDialog1
        .CancelError = True
        .Flags = mscomdlg.ColorConstants.cdlCCRGBInit
        .ShowColor
        MyColor = .Color
        Debug.Print MyColor
        Me.BackColor = MyColor
    End With
End Sub
```

在以上程序中演示了弹出"颜色"对话框后，用户任选一种颜色，关闭对话框后可以看到窗体的背景色变成了所选的颜色，如图 1-78 所示。

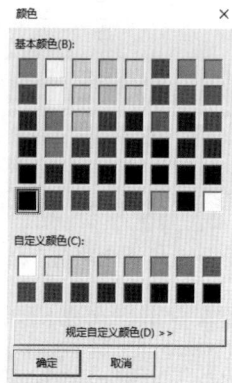

图 1-78　"颜色"对话框

1.10.4　字体对话框

使用 CommonDialog 控件的 ShowFont 方法弹出一个"字体"对话框，用户选择了字体名称、字体大小以后，该控件的 FontName、FontSize 等属性用于返回用户的选择，在后续代码中使用。

在下面的实例中演示了用户选择字体后，窗体中的文本框字体发生了相应变化。

```
Private Sub CommandButton1_Click()
    With Me.CommonDialog1
        .CancelError = True
        .Flags = mscomdlg.FontsConstants.cdlCFBoth
        .ShowFont
    End With
    Me.TextBox1.Font.Bold = Me.CommonDialog1.FontBold              '是否粗体
    Me.TextBox1.Font.Italic = Me.CommonDialog1.FontItalic          '是否斜体
    Me.TextBox1.Font.Name = Me.CommonDialog1.FontName              '字体名称
    Me.TextBox1.Font.Size = Me.CommonDialog1.FontSize              '字体大小
    Me.TextBox1.Font.Strikethrough = Me.CommonDialog1.FontStrikethru'是否删除线
    Me.TextBox1.Font.Underline = Me.CommonDialog1.FontUnderline    '是否下划线
End Sub
```

启动窗体，当执行到 ShowFont 时，弹出"字体"对话框，如图 1-79 所示。

选择字体后，用户窗体的文本框字体相应发生改变，如图 1-80 所示。

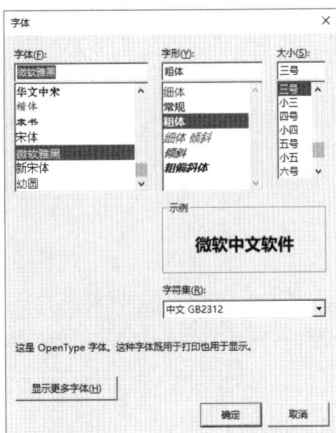

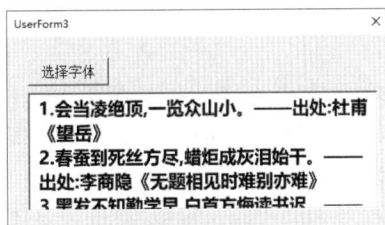

图 1-79 "字体"对话框   图 1-80 利用"字体"对话框设置文本框字体

1.11 文本框类控件

RichTextBox 控件在允许用户输入和编辑文本的同时提供了比普通的 TextBox 控件更高级的格式特征。RichTextBox 控件提供了几个有用的特色功能，可以在控件中安排文本的格式。

RichTextBox 控件可以打开和保存 RTF 文件或普通的 ASCII 文本文件，在程序代码中可以使用控件的 LoadFile 方法和 SaveFile 方法直接读写文件。

1.11.1 RichTextBox 控件

众所周知，常用的文本框控件是 TextBox，但是 TextBox 控件只能显示纯文本。

RichTextBox 控件几乎支持 TextBox 控件所有的属性、方法和事件，而且支持 RTF 格式。RTF格式，又称多文本格式，是由微软公司开发的跨平台文档格式。大多数的文字处理软件都能读取和保存 RTF 文档。例如，Word、写字板都可以另存为 RTF 文档。

使用 RichTextBox 控件装载和保存文档时，必须规定文件格式参数，该参数可以是 rtfText 和 rtfRTF 两个常数。如果要显示或保存为 RTF 格式文件时，必须使用 rtfRTF。

在附加控件列表中勾选"Microsoft Rich TextBox Control, version 6.0"复选框，就可以向窗体中添加该控件了。

在窗体中放置两个 Button 和一个 RichTextBox，两个 Button 的 Click 事件如下：

```
Private Sub CommandButton1_Click()
    With Me.RichTextBox1
        .LoadFile "D:\Temp\ 望岳 .txt", richtextlib.LoadSaveConstants.rtfText
    End With
End Sub

Private Sub CommandButton2_Click()
    With Me.RichTextBox1
        .SaveFile "D:\Temp\ 望岳 .rtf", richtextlib.LoadSaveConstants.rtfRTF
    End With
End Sub
```

启动窗体，单击"打开文件"按钮，在 RichTextBox 控件中显示纯文本，从 Word 或网页上复制图片到该文本框中，然后单击"保存文件"按钮，就可以与图片一起另存为 RTF 文档，如图 1-81 所示。

1.11.2 文本属性

RichTextBox 控件具有 Text 属性和 TextRTF 属性。Text 属性只返回纯文本，TextRTF 属性返回 RTF 代码，如果要把一个 RichTextBox 中的全部内容赋给另一个 RichTextBox，就应该使用 TextRTF 属性来传递。

在窗体中放置 3 个 RichTextBox 控件，窗体初始化代码如下：

```
Private Sub UserForm_Initialize()
    Me.RichTextBox1.LoadFile "D:\Temp\ 望岳 .rtf", richtextlib.LoadSaveConstants.rtfRTF
    Me.RichTextBox2.Text = Me.RichTextBox1.Text
    Me.RichTextBox3.TextRTF = Me.RichTextBox1.TextRTF
End Sub
```

窗体启动后，可以看到第 3 个 RichTextBox 与第 1 个 RichTextBox 的内容完全相同，第 2 个 RichTextBox 中只显示了纯文本，如图 1-82 所示。

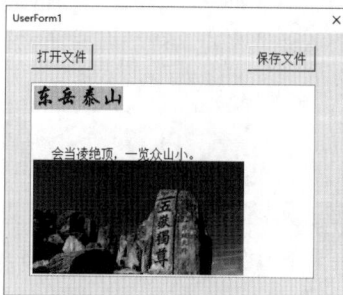

图 1-81　RichTextBox 控件

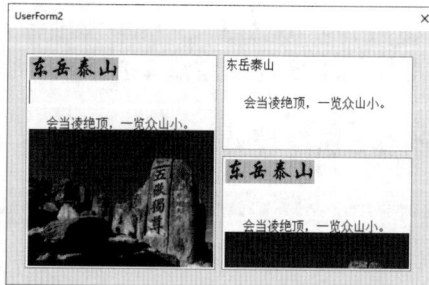

图 1-82　Text 和 TextRTF 属性的区别

1.12　状态指示类控件

在软件开发过程中，经常需要把程序中变量的值显示在界面上。本节讲解进度条（ProgressBar）控件和状态栏（StatusBar）控件的用法。

1.12.1　ProgressBar 控件

ProgressBar 是进度条控件。在设计和运行期间可以更改该控件的最小值、最大值，默认是从 0 到 100。该控件最重要的属性是 Value。

在附加控件列表中勾选"Microsoft ProgressBar Control, version 6.0"复选框，即可向窗体中添加进度条控件。

在窗体中放置两个 ProgressBar 控件，方向分别设置为水平和垂直。按钮的代码如下：

```
Private Sub CommandButton1_Click()
    Dim r As Integer
    Dim c As Integer
    Dim v As Integer
    v = 0
    For r = 1 To 100
        Me.ProgressBar1.Value = r
        Application.Wait Rnd * 2
        For c = 1 To 100
            Me.ProgressBar2.Value = c
            Application.Wait Rnd * 2
            v = v + 1
            Sheet1.Cells(r, c).Value = v
        Next c
    Next r
End Sub
```

启动窗体，单击该按钮，可以看到一边向单元格中写入数据，一边在窗体上显示进度，如图 1-83 所示。

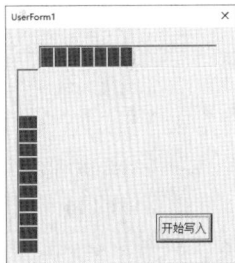

图 1-83　进度条的效果

1.12.2　StatusBar 控件

StatusBar 控件通常显示在窗体底部，用于显示文字信息。在附加控件列表中勾选"Microsoft StatusBar Control, version 6.0"复选框，即可在窗体中添加 StatusBar 控件，如图 1-84 所示。

在 StatusBar1 的属性窗口中，选择"自定义"选项，弹出"属性页"对话框，然后进行更详细的设定。在一个状态栏中可以插入多个窗格，在"属性页"的"窗格"选项卡中，单击"插入窗格"或"删除窗格"按钮可以增删窗格，在"索引"右侧的文本框中，可以选择第几个窗格。比较重要的属性是样式，状态栏的窗格有 8 种样式，默认样式是 0 – sbrText，也就是显示普通文本，如图 1-85 所示。

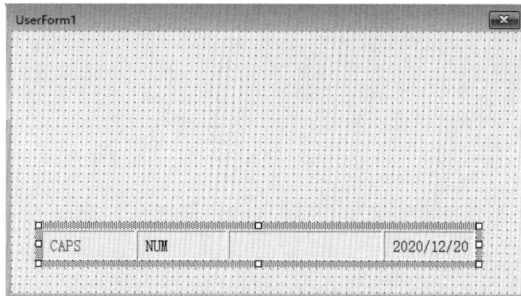

图 1-84　StatusBar 控件

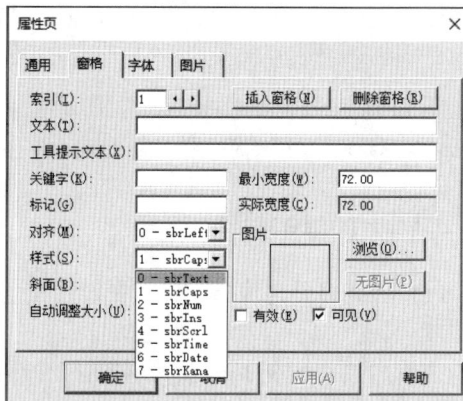

图 1-85　StatusBar 控件的属性页

下面的实例共使用了 4 个窗格，分别设定为以下样式。

● sbrCaps：同步指示大写锁定键。

● sbrNum：数字键盘开启键的状态。

● sbrText：普通文本。

● sbrDate：当前日期。

此外，每个窗格具有自动调整大小的功能，可以选择以下 3 个常量之一。

● 0-sbrNoAutoSize：不自动调整宽度。

● 1-sbrSpring：根据状态栏总体长度自动扩充。

● 2-sbrContents：根据内容调整宽度。

通常情况下，状态栏的总体宽度等于窗体的宽度，如果其他 3 个窗格的宽度固定，那么剩下的窗格宽度应该等于状态栏宽度减去前面 3 个窗格的宽度总和。因此切换到第 3 个窗格，自动将大小设置为 1-sbrSpring，如图 1-86 所示。

在窗体的 Initialize 事件中写入如下代码：

```
Private Sub UserForm_Initialize()
    Me.StatusBar1.Left = 0
    Me.StatusBar1.Width = Me.InsideWidth
    Me.StatusBar1.Top = Me.InsideHeight - Me.StatusBar1.Height
    Dim P As MSComctlLib.Panel
    Set P = Me.StatusBar1.Panels.Item(3)
    P.Text = Application.UserName & ", 欢迎你! "
End Sub
```

代码分析：

状态栏的位置和大小不会自动适应窗体，因此，需要在窗体启动时设置状态栏的 Left 为 0，Width 等于窗体的内部宽度，Top 应等于窗体内部高度减去状态栏自身高度。所谓内部宽度和高度，指的是去掉标题栏和边框的窗体宽度和高度。

启动窗体，可以看到底部的状态栏有 4 个窗格，其中，第 3 个窗格的宽度是可变的，它的宽度取决于其他 3 个窗格的宽度，如图 1-87 所示。

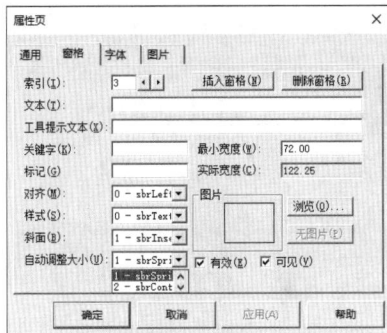

图 1-86　设置第 3 个窗格的属性　　　　图 1-87　自动分配窗格宽度

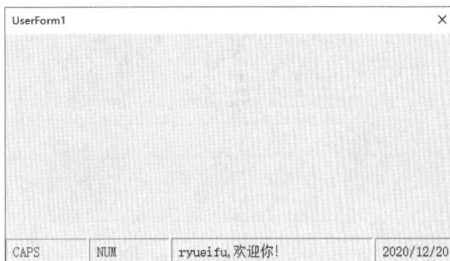

1.13　通信类控件

Winsock 控件是一个专门用于 Windows 的网络编程，且与 Sockets 完全兼容的 ActiveX 控件，它提供了访问 TCP 和 UDP 网络服务的方便途径。

1.13.1　Winsock 控件

Winsock 控件可以与远程计算机建立连接，并通过用户数据文报协议（UDP）或者传输控制协议（TCP）进行数据交换。这两种协议都可以创建客户与服务器应用程序。

TCP 协议控件是基于连接的协议，可以将它同电话系统相比。在开始数据传输之前，用户必须先建立连接。

UDP 协议是一种无连接协议，两台计算机之间的传输类似于传递邮件，消息从一台计算机发送到另一台计算机，但是两者之间没有明确的连接。下面主要以 UDP 协议为例，介绍通过 Winsock 控件实现两台远程计算机数据的传输技术。

在附加控件列表中勾选"Microsoft WinSock Control, version 6.0"复选框，即可将其添加到工具箱中。Winsock 控件添加到用户窗体后显示为一个图标，在运行时是不可见的。

下面制作一种使用 VBA 窗体实现文字聊天的软件。

1.13.2　第一台计算机的设置

在第一台计算机的 VBA 工程中插入一个用户窗体，在窗体中放置一个 ListBox、一个 TextBox 和一个 Winsock 控件，如图 1-88 所示。

ListBox 控件用于容纳聊天记录，自己发出的信息和收到的对方信息都加入到列表框中，TextBox 控件用于输入文字，按 Enter 键就会把文本框中的内容发送给对方，发出以后自动把文本框清空，便于下次输入。

选中 Winsock 控件，在其"属性页"对话框中选择协议为 sckUDPProtocol。然后输入对方计算机的主机名称或 IP 地址，远程端口和本地端口可以设置为任意的四位数，如图 1-89 所示。

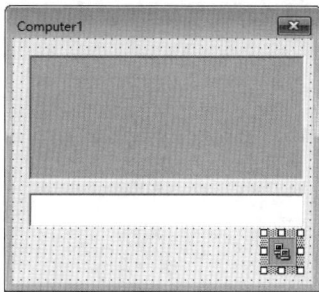

图 1-88　Winsock 控件　　　　图 1-89　　Winsock 控件的属性页

以上设置也可以在窗体的 Initialize 事件中通过代码设置。

```
Private Sub UserForm_Initialize()
    With Me.Winsock1
        .RemoteHost = "196.128.31.128"
        .RemotePort = "5678"
        .LocalPort = "1234"
    End With
End Sub
```

接下来讲解如何进行 Winsock 控件数据的发出和接收。在程序的任何位置运行 Winsock1. SendData 都可以把内容发出去，至于发给了谁，取决于 Winsock 控件的远程 IP 和端口设置。数据的接收与对方有关，对方发消息过来时会触发我方 Winsock 控件的 DataArrival 事件，在该事件中通过 Winsock1.GetData 方法得到消息内容。

具体代码如下：

```
Private Sub TextBox1_KeyDown(ByVal KeyCode As MSForms.ReturnInteger, ByVal Shift As Integer)
    If KeyCode = vbKeyReturn Then
        Me.Winsock1.SendData Me.TextBox1.Text
        Me.ListBox1.AddItem "我说： " & Me.TextBox1.Text
        Me.TextBox1.Text = ""            '清空
    End If
End Sub

Private Sub Winsock1_DataArrival(ByVal bytesTotal As Long)
    Dim Data As String
    Me.Winsock1.GetData Data
    Me.ListBox1.AddItem "对方说： " & Data
End Sub
```

另外，Winsock 控件的 LocalIP 是一个只读属性，通过该属性可以方便地知道我方计算机的 IP 地址。

```
Private Sub UserForm_Initialize()
    With Me.Winsock1
        Me.Caption = .LocalIP
    End With
End Sub
```

以上就是第一台计算机 Winsock 编程的全部内容。

当启动窗体时，弹出一个警告对话框，如图 1-90 所示。

单击"确定"按钮即可允许 Winsock 运行。

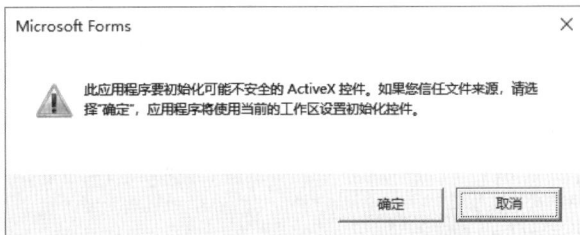

图 1-90　警告对话框

1.13.3　第二台计算机的设置

第二台计算机同样需要在 VBA 窗体中插入 Winsock 控件，编程过程与第一台计算机完全相同，各种设置与第一台计算机形成对称即可。

Winsock 控件的设置要与第一台计算机恰好相反，如图 1-91 所示。

两台计算机的所有设置见表 1-2 所示。

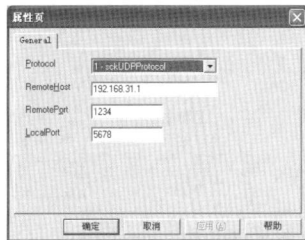

图 1-91　Winsock 控件的属性页

表 1-2　两台计算机的端口设置

第一台计算机		第二台计算机	
本机 IP	192.168.31.1	本机 IP	192.168.31.128
远程 IP	192.168.31.128	远程 IP	192.168.31.1
远程端口	5678	远程端口	1234
本机端口	1234	本机端口	5678

1.13.4　联机测试

在两台计算机中分别打开 Winsock1.xlsm 和 Winsock2.xlsm 文件，启动各自的窗体，在文本框中输入内容按 Enter 键，对方就可以收到信息，如图 1-92 和图 1-93 所示。

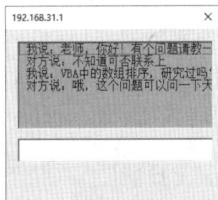

图 1-92　利用 Winsock 控件实现的聊天　　图 1-93　第二台计算机中的聊天窗口

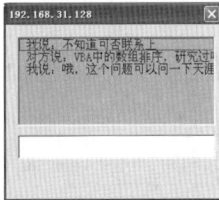

1.13.5 深入探讨 SendData 方法和 GetData 方法

Winsock 控件的 SendData 方法和 GetData 方法通常用于发送和接收字符串，那么能不能传输文件呢？其实，通过 Winsock 控件可以传输任何形式的数据，只要能够转换为字节数组就可以传输。

SendData 方法可以发送一个字节数组，假设向对方计算机中发送一个图片文件，就需要用 Open…For Binary 读出文件赋给的字节数组。

还是以 1.13.4 小节的界面为例，在文本框中输入文件路径 D:\Temp\bky.png 按 Enter 键。

```vba
Private Sub TextBox1_KeyDown(ByVal KeyCode As MSForms.ReturnInteger, ByVal Shift As Integer)
    Dim bt() As Byte
    Dim filename As String
    If KeyCode = vbKeyReturn Then
        filename = Trim(Me.TextBox1.Text)
        Open filename For Binary Access Read As #1      '二进制方式读出文件
            ReDim bt(0 To LOF(1) - 1)                   '重新分配数组长度
            Get #1, , bt                                '将文件内容载入数组
        Close #1
        Me.Winsock1.SendData bt                         '发送数组
    End If
End Sub
```

在上述代码中，变量 bt 就是文件转换后的字节数组。

在接收端的程序中，DataArrival 事件的回传参数 bytesTotal 表示收到的数据的长度，也需要事先声明一个动态数组，根据收到的数据长度重新定义数组大小，最后使用 GetData 方法把收到的数据存入数组，再把字节数组写入文件中。

```vba
Private Sub Winsock2_DataArrival(ByVal bytesTotal As Long)
    Dim bt() As Byte
    ReDim bt(0 To bytesTotal - 1)
    Me.Winsock2.GetData Data:=bt, Type:=vbArray + vbByte, maxlen:=bytesTotal
    Open "E:\2003PIA\bky.png" For Binary Access Write As #1
        Put #1, , bt
    Close #1
End Sub
```

这样就可以在对方计算机上收到一个与发送方完全相同的图片文件，如图 1-94 所示。

以上代码适用于文件大小为 8KB（8192B）以内的文件。因为 Winsock 控件每次收发是有容量限制的，如果被发送的文件超过 8KB，则上述代码将产生以下错误，如图 1-95 所示。

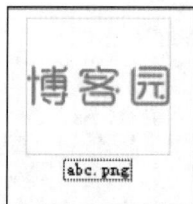

图 1-94 使用 Winsock 控件传输图片

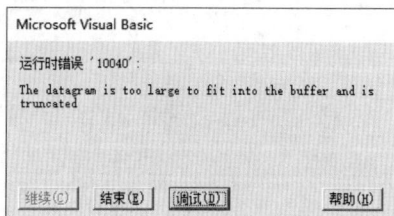

Microsoft Visual Basic

运行时错误 '10040'：

The datagram is too large to fit into the buffer and is truncated

继续(C)   结束(E)   调试(D)   帮助(H)

图 1-95 运行时的错误

对于大的文件，需要分割发送，对方分割接收，最后合并为原始文件，读者可以自行研究。

1.14 本章习题

1. RichTextbox 控件位于哪个文件中？（   ）

A. RichTextbox.ocx   B. MSRDC20.ocx

C. RICHTX32.ocx   D. FM20.dll

2. MSCOMCTL.ocx 中不包含哪个控件？（   ）

A. CommonDialog 控件   B. ListView 控件

C. ProgressBar 控件   D. Treeview 控件

3. WebBrowser 控件不具有的功能是（   ）。

A. 显示网页   B. 显示 XML 文档内容

C. 播放 MP4 视频内容   D. 显示 GIF 动态图

第二篇　API 函数部分

　　API 函数是定义于 Windows 系统的文件夹下特定的动态链接库文件中的函数，API 函数是一些底层函数，使用 API 函数可以访问系统中各个方面的内容。Excel VBA 本来是访问、读取 Excel 软件中的数据，但是引入 API 函数以后，VBA 还可以操作到 Excel 之外的、其他应用程序或窗口。

　　API 函数也具有函数名称、参数列表和返回值这几个范畴，不过在使用细节方面需要注意的地方比较多。

　　这部分的主要知识点如下所示。

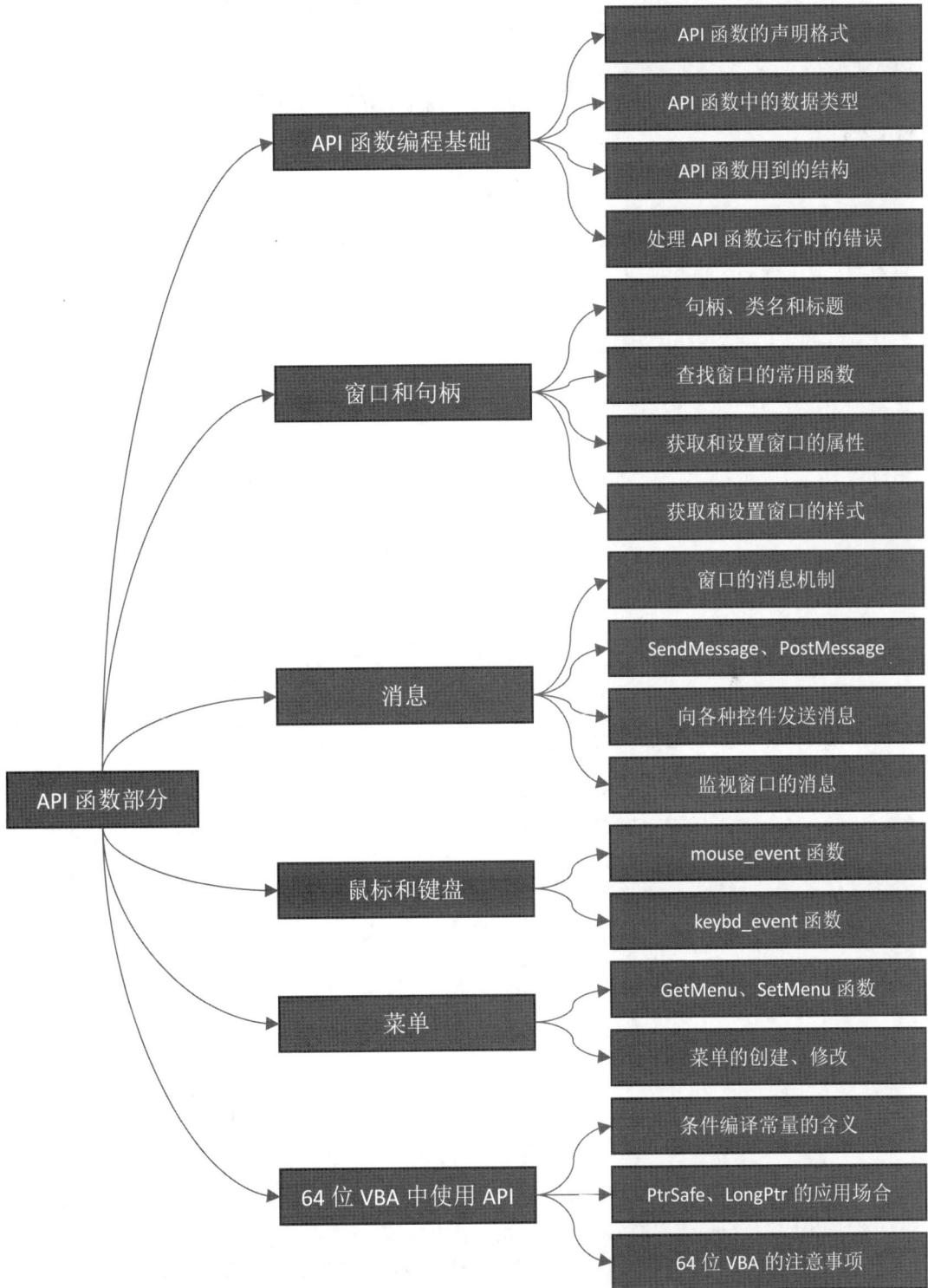

```mermaid
graph LR
    A[API 函数部分] --> B[API 函数编程基础]
    A --> C[窗口和句柄]
    A --> D[消息]
    A --> E[鼠标和键盘]
    A --> F[菜单]
    A --> G[64 位 VBA 中使用 API]

    B --> B1[API 函数的声明格式]
    B --> B2[API 函数中的数据类型]
    B --> B3[API 函数用到的结构]
    B --> B4[处理 API 函数运行时的错误]

    C --> C1[句柄、类名和标题]
    C --> C2[查找窗口的常用函数]
    C --> C3[获取和设置窗口的属性]
    C --> C4[获取和设置窗口的样式]

    D --> D1[窗口的消息机制]
    D --> D2[SendMessage、PostMessage]
    D --> D3[向各种控件发送消息]
    D --> D4[监视窗口的消息]

    E --> E1[mouse_event 函数]
    E --> E2[keybd_event 函数]

    F --> F1[GetMenu、SetMenu 函数]
    F --> F2[菜单的创建、修改]

    G --> G1[条件编译常量的含义]
    G --> G2[PtrSafe、LongPtr 的应用场合]
    G --> G3[64 位 VBA 的注意事项]
```

第 2 章　API 函数编程基础

　　API（Application Programming Interface，应用程序编程接口）是一些预先定义的函数，目的是提供应用程序与开发人员基于某软件或硬件得以访问一组例程的能力，而又无须访问源代码或理解内部工作机制的细节。

　　从 API 的定义可以看出，通过 API 函数可以访问代码所在的进程之外的内容。例如，在 Excel VBA 中不仅能操作 Office 方面的对象，还能对计算机中打开的其他程序和软件进行访问，从而大大提高程序和代码的可操作范围。

　　本章讲解用于 VBA 语言的 API 函数查询方式、使用 API 函数的帮助功能辅助学习、API 函数使用过程中的三大类别（函数、常量、自定义类型）、API 函数的错误处理等内容。

2.1　API 函数的来源

　　API 函数定义在系统路径下的动态链接库文件中。在 C:\Windows\System32 路径下，可以看到很多扩展名是 .dll 的文件，API 函数的原始定义就位于这些文件中，如图 2-1 所示。

　　对于 Windows 系统，每台计算机都有这些文件。因此，在一台计算机上使用 API 函数编写的程序可以在其他计算机上直接运行。

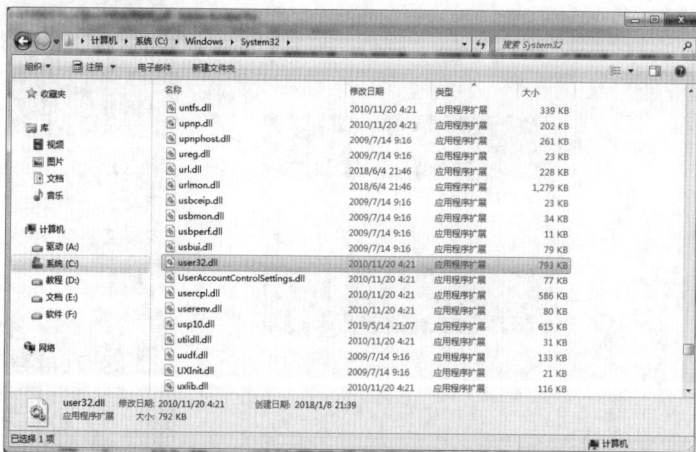

图 2-1　API 函数的相关文件

　　例如，用于操作窗口方面的 API 函数大部分在 user32.dll 中。

　　因此，API 函数是 Windows 操作系统中自带的函数，没有安装和卸载的概念。API 函数可以被各种编程语言调用。

2.2　VBA 中 API 的声明和使用

API 不是对象，没有属性、方法、事件的概念，但是分为函数（Function）、常量（Const）、自定义类型（Type）三个类别。其中，函数是主体，常量和自定义类型用来配合函数。

通过某个 API 函数来实现一个特定的功能，必须事先搜集函数以及其必需的常量和自定义类型的声明。

查找 API 的声明，既可以在网上搜索别人的代码，也可以利用一些工具进行查找。例如，作者开发的 VBE2019 中就有 API 查询的功能，如图 2-2 所示。

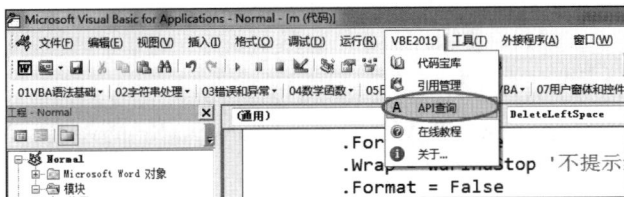

图 2-2　API 查询

单击菜单 VBE2019 中的 API 查询，VBA 窗口中出现一个窗格，在搜索框中输入一个关键字如 GetWindow，就可以列出包含该关键字的所有 API 函数的声明，如图 2-3 所示。

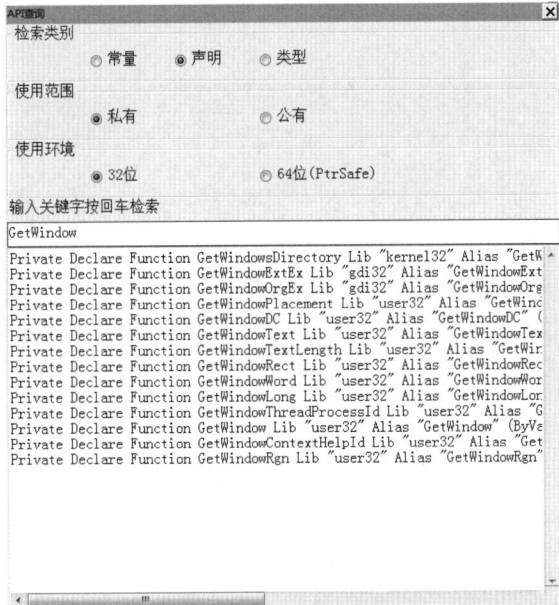

图 2-3　查询 API 函数

2.2.1　API 函数的声明和使用

Windows API 没有提供类型库，因此不能通过引用的方式调用其中的函数。要调用 Windows

API 中的函数，必须在模块的声明部分使用 Declare 声明 API 函数。

下面以常用的 FindWindow 函数进行举例说明。

```
Public Declare Function FindWindow Lib "user32" Alias "FindWindowA" (ByVal
lpClassName As String, ByVal lpWindowName As String) As Long
```

把上述函数分解为 8 个部分，以理解 API 函数的构成。

- Public：指定 API 函数的作用范围，如果改成 Private，则只能在当前模块调用。
- Declare：声明 API 函数的必需关键字，加在 Function 或 Sub 之前。
- Function：声明有返回值的 API 函数，如果是 Sub，则没有返回值。
- FindWindow：函数的名称，可以任意指定。
- Lib "user32"：指明了 API 函数的来源是 user32.dll。
- Alias "FindWindowA"：动态链接库中函数的原始名称。
- (ByVal lpClassName As String, ByVal lpWindowName As String)：函数的参数列表。
- As Long：指明了函数的返回值的类型。

下面介绍该函数的具体使用方法。首先在 VBA 的模块中声明该函数。

```
Public Declare Function FindWindow Lib "user32" Alias "FindWindowA" (ByVal
lpClassName As String, ByVal lpWindowName As String) As Long
```

然后创建一个过程。

```
Sub 获取记事本的句柄 ()
    Dim hNotepad As Long
    hNotepad = FindWindow(lpClassName:="Notepad", lpWindowName:=vbNullString)
    Debug.Print hNotepad
End Sub
```

接着手动打开记事本，运行上述过程"获取记事本的句柄"，在立即窗口中可以看到输出一个整数，这就获取了记事本窗口的句柄。

另外，函数的名称和函数的来源也可以改写成其他形式。例如，下面的 3 种写法都调用了user32.dll 中的 FindWindowA 函数。

```
Private Declare Function FindWindow1 Lib "user32" Alias "FindWindowA" (ByVal
lpClassName As String, ByVal lpWindowName As String) As Long
    Private Declare Function FindWindow2 Lib "user32.dll" Alias "FindWindowA" (ByVal
lpClassName As String, ByVal lpWindowName As String) As Long
    Private Declare Function FindWindow3 Lib "C:\Windows\System32\user32.dll" Alias
"FindWindowA" (ByVal lpClassName As String, ByVal lpWindowName As String) As Long
```

运行如下代码，将会输出 3 个相同的结果。

```
Sub 获取记事本的句柄 ()
    Debug.Print FindWindow1(lpClassName:="Notepad", lpWindowName:=vbNullString)
    Debug.Print FindWindow2(lpClassName:="Notepad", lpWindowName:=vbNullString)
    Debug.Print FindWindow3(lpClassName:="Notepad", lpWindowName:=vbNullString)
End Sub
```

在上述写法中，FindWindowA 是该函数在 user32.dll 中的原始函数名称，Findwindow1、

FindWindow2、FindWindow3 是开发人员起的自定义名称。Alias 关键字后面的原始文件名不能随意更改，而且严格区分大小写，假设写成 Alias "findwindowA" 会提示找不到这个函数。

另外，当开发人员起的自定义名称与 Alias 后面的原始名称完全相同时，Alias 部分可省略。例如：

```
    Private Declare Function FindWindowA Lib "user32" (ByVal lpClassName As String,
ByVal lpWindowName As String) As Long
```

如果函数的原始名称是以下划线开头的，则必须使用另一个自定义名称。例如：

```
    Private Declare Function lopen Lib "kernel32" Alias "_lopen" (ByVal lpPathName
As String, ByVal iReadWrite As Long) As Long
```

2.2.2 API 常量的声明和使用

很多 API 函数所要求的参数必须是指定的常数之一。例如：ShowWindow 函数可以设置窗口的显示状态，声明如下：

```
    Private Declare Function ShowWindow Lib "user32" (ByVal hwnd As Long, ByVal
nCmdShow As Long) As Long
```

该函数需要的第 1 个参数 hwnd 是窗口的句柄，第 2 个参数 nCmdShow 必须是以下常量之一。

```
    Private Const SW_SHOWNORMAL As Long = 1          '显示并为正常窗口
    Private Const SW_NORMAL As Long = 1              '正常窗口
    Private Const SW_SHOWMINIMIZED As Long = 2
    Private Const SW_MINIMIZE As Long = 6
    Private Const SW_SHOWMAXIMIZED  As Long = 3
    Private Const SW_MAXIMIZE As Long = 3
```

使用不同的常量，ShowWindow 函数将发挥不同的作用。例如：

```
ShowWindow hNotepad, SW_SHOWMAXIMIZED
```

可以让记事本窗口自动最大化。

当然，常量的声明不是必需的，只要向 API 函数传递正确的数值，就可以发挥 API 函数的作用。例如，改写为"ShowWindow hNotepad, 3"也可以让窗口最大化。

常量的命名有一定规则，下划线左侧的部分通常是对应 API 函数名称单词的各个首字母。例如，ShowWindow 函数用的常量均以"SW_"开头，MessageBox 函数用的常量均以"MB_"开头。

2.2.3 API 自定义类型的声明和使用

有一部分 API 函数中的参数类型不是基本数据类型，而是自定义类型（也可以称为自定义结构）。例如，GetWindowRect 函数用于返回一个窗口在屏幕上的矩形，而一个矩形需要用 4 个数字（左上角坐标、右下角坐标）来描述。返回的矩形会传递给第 2 个参数 lpRect，该参数的类型是 RECT，因此在声明 GetWindowRect 函数的同时，必须连同 RECT 结构类型一起声明。

```
    Private Type RECT
        Left As Long
        Top As Long
        Right As Long
        Bottom As Long
    End Type
    Private Declare Function GetWindowRect Lib "user32" (ByVal hwnd As Long, lpRect
As RECT) As Long
```

📢 注意：

在同一个模块中声明的自定义类型和函数，自定义类型应该写在上面先声明。

运行下面的程序，就可以得到记事本窗口矩形的左上角坐标和右下角坐标。

```
    Sub 获取记事本的窗口矩形()
        Dim hNotepad As Long
        Dim R As RECT
        hNotepad = FindWindow("Notepad", vbNullString)
        GetWindowRect hNotepad, R
        Debug.Print R.Left, R.Top, R.Right, R.Bottom
    End Sub
```

API 函数参数中的自定义类型都是按引用传递的，也就是说 lpRect 前面不需要加 ByVal。

2.2.4 使用后缀方式

在 VBA 中可以使用后缀代替类型关键字。例如，Long 的后缀是 &，String 的后缀是 $。在声明 API 的函数和类型时，遇到 As Long 可以换成 &，遇到 As String 可以换成 $。

```
    Private Declare Function FindWindow& Lib "user32" Alias "FindWindowA" (ByVal
lpClassName$, ByVal lpWindowName$)
    Private Type RECT
        Left As Long
        Top As Long
        Right As Long
        Bottom As Long
    End Type
    Private Declare Function GetWindowRect& Lib "user32" (ByVal hwnd&, lpRect As RECT)
```

下面的程序采用后缀方式声明若干变量，同样得到了记事本窗口的矩形信息。

```
    Sub 获取记事本的窗口矩形()
        Dim hNotepad&
        Dim Caption$
        Dim Result&
        Dim R As RECT
        Caption = "无标题 - 记事本"
        hNotepad = FindWindow("Notepad", Caption)
        Result = GetWindowRect(hNotepad, R)
        Debug.Print R.Left, R.Top, R.Right, R.Bottom
    End Sub
```

2.3　获取 API 函数的帮助

一个 API 函数完整的说明文档应包括以下几项：

- 函数的功能说明。
- 函数的声明格式。
- 各个参数的类型和作用。
- 返回值的类型和含义。
- 示例代码。

假设你想使用 API 函数删除计算机中指定的文件，但是不知道 DeleteFile 函数的声明和用法，下面就以该函数为例说明如何从多种渠道获取 API 函数的帮助信息。

2.3.1　微软公司的 Win32 API 参考

在浏览器中打开网址：https://docs.microsoft.com/en-us/windows/win32/api/，进入微软公司的 API 函数参考中心，然后在左侧的搜索框中输入 DeleteFile，并选择 Search for "DeleteFile" in all Desktop documentation 选项，如图 2-4 所示。

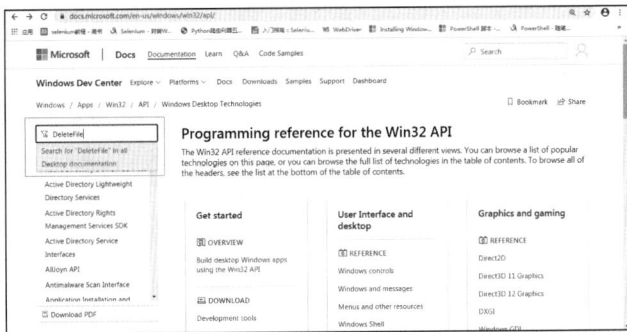

图 2-4　微软公司的 MSDN

在多个搜索结果中，单击第一个搜索结果，如图 2-5 所示。

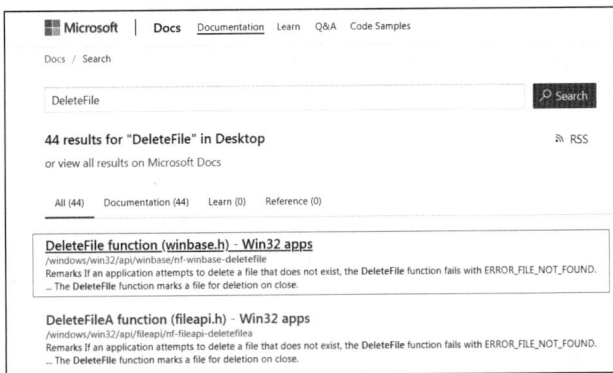

图 2-5　帮助的搜索结果

打开的页面如图 2-6 所示。可以看到该函数的如下项目。

- 功能描述：删除一个已存在的文件。
- 语法：用 C++ 语言编写。
- 参数：lpFileName 表示被删除的文件路径。

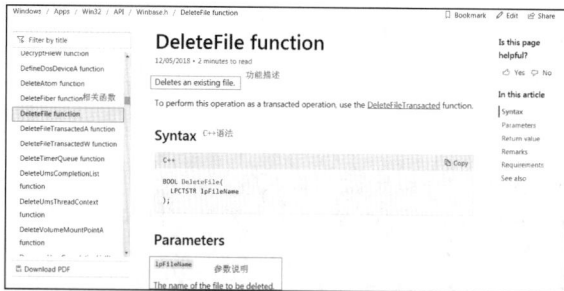

图 2-6　API 函数的说明

继续向下滚动窗口，可以看到返回值的说明：如果执行成功，则返回非零值。如果执行失败，则返回 0，如图 2-7 所示。

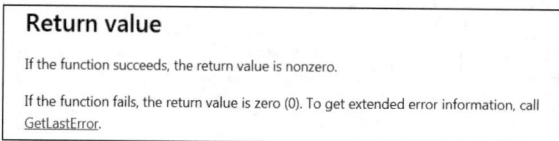

图 2-7　函数的返回值

虽然微软公司 MSDN 并没有提供 VBA 版本的 API 帮助文档，但是这里的帮助信息是最权威的。

2.3.2　Win32API.txt

如果计算机中安装了 Visual Basic 6.0（简称 BV6），定位到如下路径：C:\Program Files\Microsoft Visual Studio\Common\Tools\Winapi\WIN32API.TXT，这个 Win32API.txt 文本文件就是用于 VB6 和 32 位 Office VBA 的。其中包括了大部分常用的 API 函数、自定义类型、常量的定义，在记事本中查找即可，如图 2-8 所示。

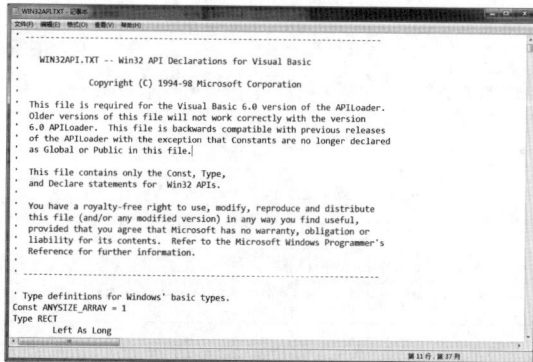

图 2-8　API 函数的文本文件

2.3.3 分类帮助

还有一些是个人整理的、用于 VB/VBA 编程的中文 API 帮助文档。例如，下面这个 chm 文件，在左侧的目录树中选择"文件处理函数"→ DeleteFile，即可在右侧看到该函数的声明、功能说明、参数和返回值，如图 2-9 所示。

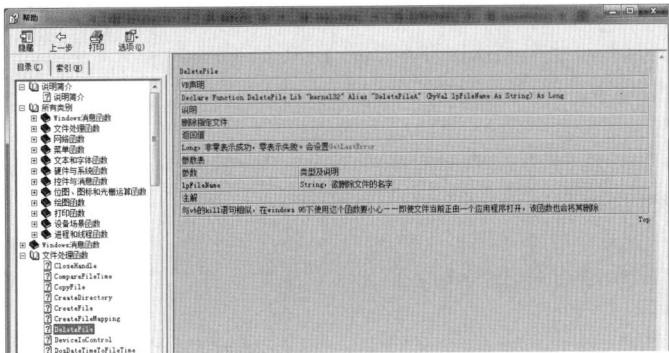

图 2-9 chm 格式的 API 函数帮助

2.3.4 Win32API_PtrSafe.TXT

微软公司推出 32 位和 64 位的 Office 2010 以后，在官网上提供了使用 PtrSafe 关键字同时兼容 32 和 64 位 VBA 的 API 文档，如图 2-10 所示。

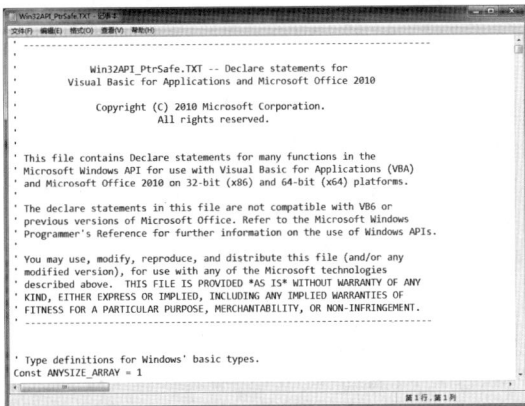

图 2-10 支持 PtrSafe 关键字的 API 文档

2.4 使用 API 函数的注意事项

API 函数的声明方式决定了它的使用方式。因此，在使用之前需要确定如何声明。

2.4.1　作用范围

API 的函数、常量、自定义类型的范围，与 VBA 中一般的变量、常量范围是一致的，如果是用 Public 声明的，在其他模块中也可以访问。如果是用 Private 声明的，只能在该模块内部访问，其他模块要使用这个 API，必须另外声明。

例如，在标准模块 Module1 中使用 Public 声明了 GetWindowRect 函数和自定义类型 RECT，那么在其他模块中可以使用 Module1.GetWindowRect 共享该函数，如图 2-11 所示。

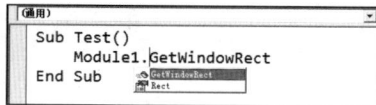

图 2-11　API 函数的作用范围

2.4.2　函数的名称

声明 API 函数时必须正确地指明原始名称。所谓原始名称，就是 API 函数在 dll 中的内部名称。例如：

```
Private Declare Function SetWindowText Lib "user32" Alias "SetWindowTextA" (ByVal
hwnd As Long, ByVal lpString As String) As Long
```

上述函数的原始名称是 SetWindowTextA，外部名称是 SetWindowText。一个 API 函数能否被正常调用主要取决于原始名称的写法，而外部名称则可以由用户任意定义。

假设把上述声明中的 Alias 部分删掉，或者把 SetWindowTextA 修改成其他，调用该函数时，提示"指定的 DLL 函数未找到"，如图 2-12 所示。

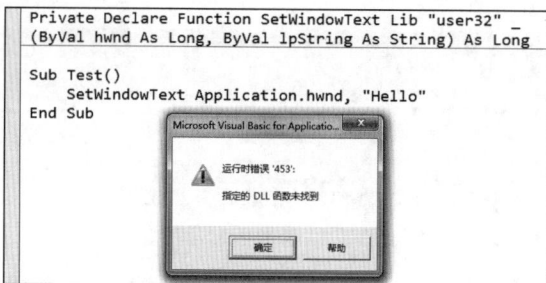

图 2-12　运行时错误

这是因为 user32.dll 中确实没有 SetWindowText 这个函数，但是有 SetWindowTextA。

在出现以上错误时，可以采用以下两种方式来修复错误。

● 加上 Alias "SetWindowTextA"，外部名称可以任意指定。
● 把外部名称修改成原始名称，这种情况下 Alias 部分可以省略。

例如：

```
Private Declare Function SetWindowTextA Lib "user32" (ByVal hwnd As Long, ByVal
lpString As String) As Long
Private Declare Function SWT Lib "user32" Alias "SetWindowTextA" (ByVal hwnd As
Long, ByVal lpString As String) As Long
```

以下两种写法都能成功地修改 Excel 窗口的标题。

```
Sub Test()
    SetWindowTextA Application.hwnd, "one"
    SWT Application.hwnd, "two"
End Sub
```

可以看出，外部名称与原始名称相同时，不必书写 Alias 部分。

2.4.3 函数的返回值

大多数的 API 函数是用 Function 声明的，而且返回的类型一般是 Long。但是很多情况下，API 函数返回的结果并不是用户需要的，这就需要搞清楚 API 函数的运行机制了。

例如，GetCursorPos 函数可以返回当前光标在屏幕上的坐标。

```
Private Type POINTAPI
    x As Long
    y As Long
End Type
Private Declare Function GetCursorPos Lib "user32" (lpPoint As POINTAPI) As Long
```

以下程序调用了 GetCursorPos 函数。

```
Sub Test1()
    Dim p As POINTAPI
    Dim Result As Long
    Result = GetCursorPos(p)
    Debug.Print Result, p.x, p.y
End Sub
```

可以看到变量 p 作为 GetCursorPos 函数的参数传递进去，调用完该函数后光标的位置就保存到变量 p 了。而函数的返回值 Result 只是用来告诉用户函数的调用是否正常，正常返回非 0 值，失败则返回 0。

上面的例子说明用户想要的结果在参数中，而不在返回值中。不过还有一类是比较容易理解和掌握的函数。例如，GetParent 用于返回指定窗口的父窗口，返回值就是父窗口的句柄。

另外，有一些 API 函数是用 Sub 声明的一个过程，没有返回值。例如：

```
Private Declare Sub Sleep Lib "kernel32" Alias "Sleep" (ByVal dwMilliseconds As Long)
```

调用时使用 Call Sleep(3000) 可以休眠 3 秒。

2.5 处理 API 函数的错误

在 VBA 程序中调用 API 函数发生的运行时错误不同于 VBA 程序一般的运行时错误，既没有错误消息框显示，而且 Err.Number 不会发生变化，也没有引起 VBA 代码的中断，还不能使用常规的 On Error Goto ... 之类的方法来处理 API 函数的错误。

例如，使用 API 函数删除不存在的文件夹或文件、播放格式不兼容的音乐文件、操作访问不存在的窗口句柄等，都会引起内部运行时错误。

Windows API 中的一些函数存储运行时错误的信息。如果使用 C/C++ 编程，可以使用 GetLastError 函数获取发生的最后一次错误的信息。然而，在 VBA 中，GetLastError 函数可能返回不确切的结果。要从 VBA 中获得关于 DLL 错误的信息，可以使用 VBA 的 Err 对象的 LastDLLError 属性。LastDLLError 属性返回发生的错误号。

2.5.1 获取 API 函数的错误号

删除一个文件引起错误的常见原因有：
● 被删除的文件在其他程序中处于打开状态。
● 被删除的文件路径不存在。
● 被删除的文件权限很高。

在 VBA 语言中虽然可以使用 Kill 语句直接删除文件，但是此处为了演示 API 函数，所以把这两个用法放在一起对比学习。

使用 DeleteFile 和 Kill 语句删除同一个文件，当该文件不存在时，只有 Kill 语句报错。无论哪一种原因，DeleteFile 函数都不会在 VBA 中表现出错误，如图 2-13 所示。

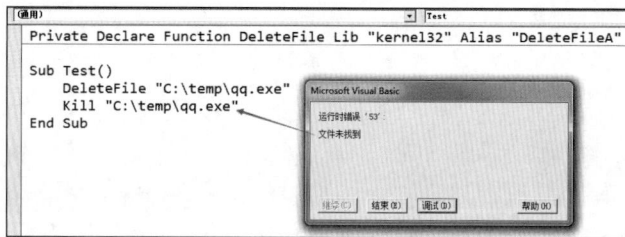

图 2-13　Kill 语句出现运行时错误

根据 API 函数帮助文档的说明，DeleteFile 执行失败时，其返回值是 0。为此，可以改写成如下代码：

```
 Private Declare Function DeleteFile Lib "kernel32" Alias "DeleteFileA" (ByVal
lpFileName As String) As Long
    Sub 获取错误号 ()
        Dim ErrorNumber As Long
        Dim Result As Long
        Result = DeleteFile("C:\temp\qq.exe")
        If Result = 0 Then
            ErrorNumber = Err.LastDllError
            MsgBox "删除操作失败！错误号：" & ErrorNumber, vbInformation
        Else
            MsgBox "删除操作成功！ ", vbInformation
        End If
    End Sub
```

代码分析：当 Result 为 0 时说明 DeleteFile 执行失败，具体失败的原因需要根据 Err.LastDllError 返回值得到。

运行上述程序，结果如图 2-14 所示。

可以看到错误号是 2，那么这个数字代表的是什么含义呢？这就需要用 FormatMessage 函数把错误号转换成对应的描述。

图 2-14　API 函数运行出错

2.5.2　FormatMessage 函数

要使用该函数，需要在 VBA 中插入该函数的声明，以及两个常量的定义。

```
Private Declare Function FormatMessage Lib "kernel32" Alias "FormatMessageA"
(ByVal dwFlags As Long, lpSource As Any, ByVal dwMessageId As Long, ByVal
dwLanguageId As Long, ByVal lpBuffer As String, ByVal nSize As Long, Arguments As
Long) As Long
    Private Const FORMAT_MESSAGE_FROM_SYSTEM = &H1000
    Private Const FORMAT_MESSAGE_IGNORE_INSERTS = &H200
```

然后编写如下将错误号转成文本的自定义函数。

```
Private Function GetErrorDescription(ErrID As Long) As String
    Dim Result As Long
    Dim buffer As String
    buffer = Space$(256)
    Result = FormatMessage(FORMAT_MESSAGE_FROM_SYSTEM Or FORMAT_MESSAGE_IGNORE_
INSERTS, 0&, ErrID, 0&, buffer, Len(buffer), ByVal 0)
    If Result > 0 Then
        GetErrorDescription = Left(buffer , Result)
    End If
End Function
```

以上程序就可以把 ErrID 传递进去得到描述文本。

在其他使用 API 函数的代码中就可以使用该函数的功能了。例如，将上一个删除文件的范例改为以下写法。

```
MsgBox "删除操作失败！错误描述：" & GetErrorDescrip
tion(ErrorNumber), vbInformation
```

弹出的对话框如图 2-15 所示。

实际上，API 函数在使用过程中，可能发生将近一万个不同的错误号，为了便于查询，下面采用循环的方式打印常见的错误号和描述。

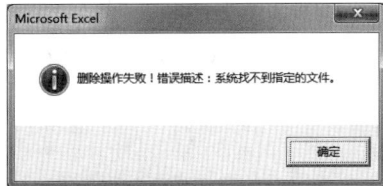

图 2-15　容易理解的错误描述

```
Sub 所有错误号和描述对应()
    Dim i As Long
    For i = 0 To 8191
        Debug.Print i, GetErrorDescription(i)
    Next i
End Sub
```

一部分输出结果如图 2-16 所示。

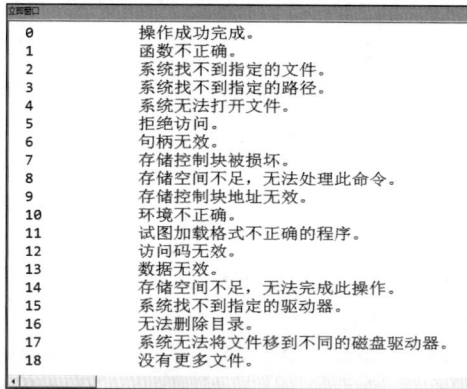

图 2-16　API 函数错误号与对应错误描述

2.5.3　SetLastError 函数

SetLastError 函数可以把 API 函数发生的内部错误号设置成指定的数字。

假设要用 GetWindowRect 函数获取某窗口在屏幕上的位置，如果传递的句柄是一个不存在的窗口，GetWindowRect 函数的返回结果是 0，此时 Err.LastDllError 一定不是 0。

然后用 SetLastError 函数修改错误号，修改后再次打印 Err.LastDllError，结果发生了变化。

```
Private Type RECT
    Left As Long
    Top As Long
    Right As Long
    Bottom As Long
End Type

Private Declare Function GetWindowRect Lib "user32" (ByVal hwnd As Long, lpRect
As RECT) As Long
    Private Declare Sub SetLastError Lib "kernel32" (ByVal dwErrCode As Long)
Sub 修改错误号()
    Dim R As RECT
    Dim Result As Long
    Result = GetWindowRect(123456, R)
    If Result = 0 Then
        Debug.Print Err.LastDllError '1400 = Invalid window handle
        SetLastError 20
        Debug.Print Err.LastDllError
    Else
        Debug.Print R.Left, R.Top
    End If
End Sub
```

运行上述代码，在立即窗口中的输出结果为：

```
140
20
```

2.6　本章习题

1. SystemParametersInfo 函数用于查询和设置系统参数。请通过 API 查询工具找到该函数的声明，并且查询出所有以"SPI_"开头的常量。

2. FlashWindow 函数可以让窗口在任务栏中产生闪烁的效果。下面 4 种声明格式中，哪一种是错误的？（　　　）

A. Declare Function FlashWindow Lib "user32.dll" (ByVal hwnd As Long, ByVal bInvert As Long) As Long

B. Public Declare Function FlashWindow Lib "user32.dll" (ByVal hwnd As Long, ByVal bInvert As Long) As Long

C. Dim Declare Function FlashWindow Lib "user32.dll" (ByVal hwnd As Long, ByVal bInvert As Long) As Long

D. Private Declare Function FlashWindow Lib "user32.dll" (ByVal hwnd As Long, ByVal bInvert As Long) As Long

3. 一个文本框有水平和垂直两个滚动条，ShowScrollBar 函数可以显示和隐藏滚动条。请查询该函数的声明，以及用到的常数的声明，然后编写程序用于隐藏记事本文本编辑区域的滚动条。

正常情况下记事本的文本区域显示水平和垂直滚动条，如图 2-17 所示。要达到的效果如图 2-18 所示。

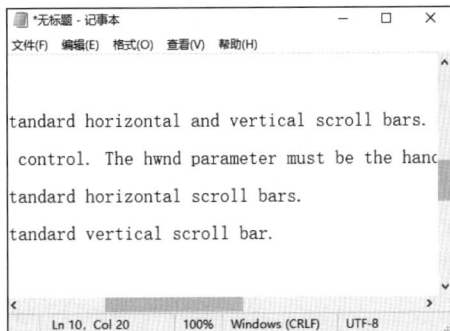

图 2-17　显示滚动条

图 2-18　隐藏滚动条

第 3 章　窗口和句柄

Windows 操作系统以桌面为背景，用户打开的各种窗口、对话框都会显示在桌面上。每当桌面上出现新的窗口，系统会自动为窗口，以及该窗口中的各个控件分配一个数字作为 ID，也就是窗口句柄。不过对于不写代码的用户感觉不到句柄的存在。

有了窗口句柄，就可以通过 API 函数来访问窗口及其控件。

本章讲述窗口的句柄、类名、标题的概念，以及查找和定位窗口的方法。

3.1　窗口的基本概念

在 API 函数中，经常遇到 Window 这个单词，指的就是桌面上看到的各种窗口、对话框、控件。也就是说，书中以后谈到的窗口，指的不仅是独立的窗口，也包括其中的控件，控件也是窗口。

- 顶级窗口。顶级窗口是指没有父窗口的窗口，或者父窗口是桌面的窗口。例如，桌面上打开的计算器、记事本、浏览器窗口、Windows 任务管理器都是顶级窗口。
- 窗口关系分析。在使用 API 函数自动操作窗口和控件的过程中，需要先对要操作的对象进行窗口分析。例如，要获取 Windows 任务管理器窗口中"结束任务"按钮的所在位置，如图 3-1 所示。如果要自动单击该按钮，必须先获取该按钮的句柄。

然而，包含在顶级窗口中的控件，不能直接获取它的句柄，需要先分析该控件与其他控件的层级关系。

图 3-1　Windows 任务管理器

3.1.1　Spy 工具

Spy 是用来查看 Windows 桌面软件窗口结构的编程辅助工具，开发人员可以通过该工具了解一个窗口中包含多少控件，每个控件的句柄、标题是什么。下载本书配套资源中的 APITools.rar 即可使用作者开发的 Spy 工具。

在 Spy 工具中捕捉 Windows 任务管理器的窗口结构，如图 3-2 所示。

图 3-2　在 Spy 中查看 "Windows 任务管理器" 的句柄树

从窗口结构图可以得出以下结论：

● Windows 任务管理器的句柄是 722296，标题是 "Windows 任务管理器"，类名是 #32770。

● 句柄 722296 的第一个子窗口是 132554。

● 句柄 132554 的第一个子窗口是 132556。

● 句柄 132556 的弟窗口是 198268。

因此，句柄 132556 与句柄 198268 是兄弟关系，它们的父窗口是 132554，它们的祖先窗口是 722296。

如果能够梳理清楚上述关系，就能看清楚窗口中任意一个控件所处的位置。

一个窗口有很多属性，如窗口的位置和大小、可见性和可用性等，最常用的窗口三大属性为句柄、类名和标题。

3.1.2　句柄

Windows 系统桌面上打开的每一个窗口，以及窗口中包含的控件，都有一个整数作为窗口的标识符，这个整数就称为窗口的句柄（Handle）。

例如，"运行"对话框本身有句柄，同时，对话框中包含的"确定""取消"等控件也有各自的句柄，如图 3-3 所示。

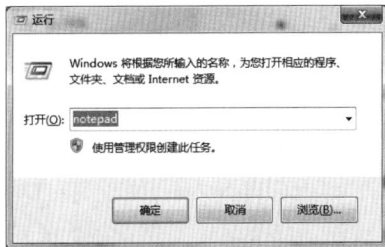

图 3-3　"运行"对话框

句柄，对于一般的计算机用户来说没什么作用，但是在使用 API 函数对窗口或控件进行自动化操作时，获取句柄就非常有必要了。因为很多 API 函数的参数中包含 hwnd 这个参数，其作用是告诉 API 函数要操作的窗口是哪一个。

查看句柄，可以使用 Spy 之类的工具，也可以使用后面讲到的 FindWindow 等 API 函数。在 Spy 中查看"运行"对话框的句柄树，如图 3-4 所示。

图 3-4   在 Spy 中查看"运行"对话框的句柄树

从获取结果可以看出，"运行"对话框的句柄是 263422，"取消"按钮的句柄是 132356 等。

对于特定的一个程序或软件，启动后窗口和各个控件的句柄值不会发生变化。但是，程序或软件重新启动后，所有句柄值会重新划分，即句柄是动态变化的。

在 API 函数中，有的函数的参数是句柄，有的函数的返回值是句柄，凡是用到句柄的地方一律使用 Long 长整型数据类型。例如，GetParent 函数的参数和返回值都是句柄。

```
Private Declare Function GetParent Lib "user32" (ByVal hwnd As Long) As Long
```

3.1.3   类名

类名（ClassName）用来表示一类窗口或控件的字符串。

对于计算机中安装的软件，其类名是只读的，不可修改。例如，记事本的类名永远是 Notepad，Excel 的类名是 xlmain，按钮的类名通常是 Button，文本框的类名是 Edit，标签之类的静态文本的类名是 Static 等。

类名对于普通用户同样是不可见的，需要通过工具或 API 函数获取。

GetClassName 函数返回指定句柄的窗口或控件的类名。声明如下：

```
 Private Declare Function GetClassName Lib "user32" Alias "GetClassNameA" (ByVal hwnd As Long, ByVal lpClassName As String, ByVal nMaxCount As Long) As Long
```

参数说明如下。

● hwnd：窗口的句柄。

● lpClassName：用于返回类名的字符串。

● nMaxCount：缓冲区长度。

很多以 Get 开头的、用于返回字符串信息的 API 函数的返回结果在字符串参数中。这类函数往往包含一个 String 参数和一个表示长度的 Long 参数。

下面以 GetClassName 函数为例，说明这类函数的用法和特点。

```
Sub 获取类名()
    Dim s As String
    Dim h As Long
    Dim Result As Long
    Dim ClassName As String
    h = Application.hwnd
    s = Space(255)
    Result = GetClassName(hwnd:=h, lpClassName:=s, nMaxCount:=255)
    ClassName = Left(s, InStr(s, vbNullChar) - 1)
    Debug.Print ClassName
End Sub
```

代码分析：

变量 s 是接收类名的一个字符串。变量 h 是指定窗口的句柄，这里以 Excel 窗口为例。变量 Result 是 GetClassName 函数的返回值。变量 ClassName 是最终的类名。

注意变量 s 的变化过程，当执行到 s = Space(255) 时，s 容纳了 255 个连续的空格，如图 3-5 所示。

当执行 Result = GetClassName(hwnd:=h, lpClassName:=s, nMaxCount:=255) 这行代码后，类名占据变量 s 前面的若干位置，剩下的部分一律用空字符填充，图中用 φ 表示空字符。

位置序号	1	2	3	4	5	6	7	8	9	10	11	12	13	14	15	16	17	18	19	20	……	255
分配空间	□	□	□	□	□	□	□	□	□	□	□	□	□	□	□	□	□	□	□	□		□	□
GetClassName	X	L	M	A	I	N	φ	φ	φ	φ	φ	φ	φ	φ	φ	φ	φ	φ	φ	φ		φ	φ

图 3-5　GetClassName 用法示意图

在 VBA 中，空字符的表示方式是 Chr(0) 或 vbNullChar。

执行完 GetClassName 函数以后，变量 s 前面的 6 个字符是获取到的类名，剩下的是一连串空字符。

为了截取前面有效的类名，通常采用 Instr 函数定位首个空字符的位置，然后这个位置减去 1 后再用 Left 函数提取出来。

另外，GetClassName 函数的返回值 Result 就是类名的长度 6，也可以用 ClassName = Left(s, Result) 这种方式提取出来。

以上思路和策略适用于后面讲到的很多 API 函数。例如，GetWindowText、GetSystemDirectory 等都需要通过上述方式获取。

为了便于使用，下面的程序改写为只包含句柄这 1 个参数的类名函数 ClassName。代码如下：

```
Private Function ClassName(hwnd As Long)
    Dim s As String
    Dim Result As Long
    s = Space(255)
    Result = GetClassName(hwnd:=hwnd, lpClassName:=s, nMaxCount:=255)
    ClassName = Left(s, Result)
End Function
```

如果要返回 Excel 应用程序窗口的类名时，执行如下代码：

```
Debug.Print ClassName(Application.hwnd)
```

即可返回类名 XLMAIN。

3.1.4 标题

窗口标题（WindowText）指的是位于顶级窗口左上角的文字内容，或者控件上的文字内容。

GetWindowTextLength 函数用于返回窗口标题文字或控件内容的长度，GetWindowText 函数可以获取一个窗体的标题文字，或者一个控件的内容。这两个 API 函数的声明如下：

```
 Private Declare Function GetWindowText Lib "user32" Alias "GetWindowTextA" (ByVal
hwnd As Long, ByVal lpString As String, ByVal cch As Long) As Long
    Private  Declare  Function  GetWindowTextLength  Lib  "user32"  Alias
"GetWindowTextLengthA" (ByVal hwnd As Long) As Long
```

可以看出 GetWindowTextLength 函数非常简单，只要传递句柄进去，就可以获取这个窗口标题的字符长度。

GetWindowText 函数与前面讲过的 GetClassName 函数的语法规则相同。

为了便于使用，改写为如下只包含句柄参数的 WindowText 函数。代码如下：

```
Private Function WindowText(hwnd As Long)
    Dim s As String
    Dim Result As Long
    s = Space(255)
    Result = GetWindowText(hwnd:=hwnd, lpString:=s, cch:=255)
    WindowText = Left(s, Result)
End Function
```

代码分析：

```
Result = GetWindowText(hwnd:=hwnd, lpString:=s, cch:=255)
```

在以上代码中，变量 s 是真正接收标题的字符串变量，GetWindowText 函数的返回值恰好是标题的长度，因此最后利用 Left 函数截取 s 的左侧部分作为结果。

例如，要返回 Excel 窗口的标题，只需运行以下代码：

```
Debug.Print WindowText(Application.hwnd)
```

得到结果：窗口 .xlsm – Excel。

基于以上探讨，可以看出根据句柄可以进一步得到相应的类名、标题，反过来，当类名和标题已知时，使用 FindWindow 或 FindWindowEx 可以查找到句柄。

3.2　查找窗口句柄

查找窗口句柄有以下几种方法：

- 根据目标窗口的类名和标题的特点查找。
- 根据与目标窗口有相对关系的其他窗口查找。
- 根据目标窗口的特殊性查找。

- 利用枚举类的函数查找。
- 利用其他方法查找。

首先介绍利用窗口的类名和标题返回句柄的函数。

3.2.1　FindWindow 函数

FindWindow 函数用于返回符合指定的类名和标题的第一个顶级窗口的句柄，如果根据类名和标题找不到符合条件的窗口，则返回 0。

FindWindow 函数声明如下：

```
Private Declare Function FindWindow Lib "user32" Alias "FindWindowA" (ByVal
lpClassName As String, ByVal lpWindowName As String) As Long
```

一般情况下，顶级窗口的类名可以从 Spy 工具或以其他手段获得，窗口的标题可以直接看到。当类名或标题二者之一未知时，可以使用 vbNullString 作为参数。

下面的程序可以查找第一个记事本窗口和第一个计算器窗口的句柄。

```
Sub 查找顶级窗口 ()
    Dim hNotepad As Long
    Dim hCalc As Long
    hNotepad = FindWindow(lpClassName:="notepad", lpWindowName:=" 无标题 - 记事本 ")
    hCalc = FindWindow(lpClassName:=vbNullString, lpWindowName:=" 计算器 ")
    Debug.Print hNotepad, hCalc
End Sub
```

代码分析：

FindWindow 函数的两个参数可以忽略大小写，但是必须是完整匹配。例如，

```
FindWindow(lpClassName:="notepad", lpWindowName:=" 无标题 - 记事本 ")
FindWindow(lpClassName:="NOTEPAD", lpWindowName:=" 无标题 - 记事本 ")
```

以上两行代码是等价的。

但是，FindWindow(lpClassName:="note", lpWindowName:=" 记事 ") 只会返回 0，因为类名和标题没有书写完整。

假设桌面上打开了 2 个计算器、3 个记事本窗口，如图 3-6 所示，运行上述程序，在立即窗口中输出查找到的第一个记事本和第一个计算器窗口的句柄。

在使用 FindWindow 函数查找窗口时，尽量同时具体指定类名和标题，使用 vbNullString 表示不把该参数作为搜索条件，这样可能导致找错窗口。

如果有多个相同类名、相同标题的窗口，FindWindow 函数只能得到第一个。

FindWindow 函数只能得到顶级窗口的句柄，不能得到窗口

图 3-6　桌面上的多个窗口

中各个控件的句柄，也就是不能得到子窗口、后代窗口的句柄。

使用 FindWindowEx 函数则可以解决上述问题。

3.2.2 FindWindowEx 函数

FindWindowEx 函数用于查找父窗口中指定位置、指定类名和标题的第一个子窗口。

声明如下：

```
 Private Declare Function FindWindowEx Lib "user32" Alias "FindWindowExA" (ByVal
hWnd1 As Long, ByVal hWnd2 As Long, ByVal lpsz1 As String, ByVal lpsz2 As String) As Long
```

该函数包括 4 个参数。

● hWnd1：用于指定被搜索窗口的父窗口的句柄，默认值是 0。

● hWnd2：用于指定被搜索窗口的兄窗口的句柄，默认值是 0。

● lpsz1：与 FindWindow 函数的 lpClassName 参数相同，用于指定类名。

● lpsz2：与 FindWindow 函数的 lpWindowName 参数相同，用于指定标题。

假设桌面上打开了 3 个类名和标题都相同的记事本窗口，下面的程序可以把这些窗口的句柄都找到。

```
Sub 查找相同类名相同标题的多个窗口()
    Dim h(1 To 3) As Long
    h(1) = FindWindowEx(hWnd1:=0, hWnd2:=0, lpsz1:="Notepad", lpsz2:=" 无标题 - 记
事本 ")
    h(2) = FindWindowEx(hWnd1:=0, hWnd2:=h(1), lpsz1:="Notepad", lpsz2:=" 无标题 -
记事本 ")
    h(3) = FindWindowEx(hWnd1:=0, hWnd2:=h(2), lpsz1:="Notepad", lpsz2:=" 无标题 -
记事本 ")
    Debug.Print h(1), h(2), h(3)
End Sub
```

代码分析：

FindWindowEx 函数的技巧在于第 2 个参数 hWnd2 的设定。上述代码中的 h(1) 是找到的第一个记事本窗口，获取 h(2) 时要把 hWnd2 参数设置为上次找过的窗口句柄 h(1)，这样才能保证 h(1)、h(2)、h(3) 各不相同。

如果不确定桌面中记事本窗口的总数，可以改写成以下迭代形式遍历所有相同类名的窗口：

```
Sub 遍历总数不确定的所有窗口()
    Dim h As Long
    h = 0
    Do
        h = FindWindowEx(hWnd1:=0, hWnd2:=h, lpsz1:="Notepad", lpsz2:=
vbNullString)
        If h = 0 Then
            Exit Do
        Else
            Debug.Print h
        End If
    Loop
End Sub
```

在上述程序中只使用了一个变量 h，在 Do…Loop 循环中的 FindWindowEx 函数中，hWnd2 的参数也是 h，这样就实现了上次找到的句柄是下次查找的条件，一直重复这个操作，直到返回 0 退出循环。

当 FindWindowEx 函数的前两个参数都设置为 0 时，与 FindWindow 函数功效相同。

另外，FindWindowEx 函数可以非常方便地获取窗口中处于各个层级的控件的句柄。

例如，在"运行"对话框中输入 msconfig 按 Enter 键，弹出"系统配置"对话框。下面尝试获取"正常启动""加载所有设备驱动程序和服务"这两个控件的句柄，如图 3-7 所示。

在 Spy 中查看"系统配置"对话框的句柄树，如图 3-8 所示。

图 3-7 "系统配置"对话框

图 3-8 在 Spy 中查看"系统配置"对话框的句柄树

在使用 FindWindowEx 函数之前，需要先对目标控件进行窗口关系分析，从 Spy 的结果可以看出，"系统配置"是一个顶级窗口，"常规"是"系统配置"的第一个子窗口，"启动选择""正常启动""加载所有设备驱动程序和服务"都是"常规"的子窗口。

梳理清楚窗口关系后，可以写出如下代码：

```
Sub 查找控件 ()
    Dim 系统配置 As Long
    Dim 常规 As Long
    Dim 启动选择 As Long
    Dim 正常启动 As Long
    Dim 加载所有 As Long
    系统配置 = FindWindowEx(0, 0, "#32770", " 系统配置 ")
    常规 = FindWindowEx( 系统配置, 0, "#32770", " 常规 ")
    启动选择 = FindWindowEx( 常规, 0, "Button", vbNullString)
    正常启动 = FindWindowEx( 常规, 启动选择, "Button", vbNullString)
    加载所有 = FindWindowEx( 常规, 0, "Static", vbNullString)
    Debug.Print 系统配置, WindowText( 系统配置 )
    Debug.Print 常规, WindowText( 常规 )
    Debug.Print 正常启动, WindowText( 正常启动 )
    Debug.Print 加载所有, WindowText( 加载所有 )
End Sub
```

代码分析：

为了更容易理解，程序中直接使用汉字作为变量名称。上述代码中连续 5 次使用

FindWindowEx 函数，在获取"启动选择"句柄以后，使用

```
正常启动 = FindWindowEx(常规, 启动选择, "Button", vbNullString)
```

继续得到"正常启动"的句柄。这个语句非常具有代表性，第 1 个参数是"常规"，表示在"常规"的子窗口中查找，第 2 个参数是"启动选择"，表示在"启动选择"之后的子窗口中继续查找，于是找到了"正常启动"。

另外，由于"加载所有"是"常规"中的首个类名为 Static 的窗口，因此可以直接使用 FindWindowEx 函数获取。

运行上述程序，在立即窗口中输出结果，如图 3-9 所示。

可以看出与 Spy 中的结果是一致的。

严格来讲，FindWindowEx 函数可以查找到窗口中任意层级的某个控件的句柄。

图 3-9　运行结果

📢 注意：

FindWindow 函数是 FindWindowEx 函数的特殊情形。

例如：

FindWindow ("notepad", "无标题 - 记事本") 与 FindWindowEx (0, 0, "notepad", "无标题 - 记事本") 等价。

如果已经知道了一个窗口的句柄，可以利用 API 函数获取该窗口的父窗口、子窗口、兄弟窗口的句柄。下面介绍以记事本的"字体"对话框为例，查找与之有关的其他窗口的方法，如图 3-10 所示。

在 Spy 中查看"字体"对话框的句柄树，如图 3-11 所示。

图 3-10　"字体"对话框

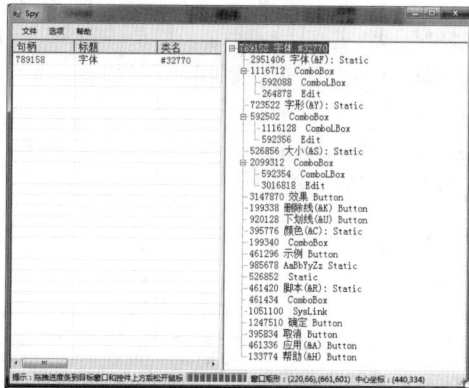

图 3-11　在 Spy 中查看"字体"对话框的句柄树

3.2.3　GetTopWindow 函数

GetTopWindow 函数用于返回指定父窗口中第一个子窗口的句柄，不考虑类名和标题。

```
Private Declare Function GetTopWindow Lib "user32" (ByVal hwnd As Long) As Long
Sub 查找第一个子窗口()
    Dim h0 As Long
```

```
        Dim h1 As Long
        h0 = 789158
        h1 = GetTopWindow(h0)
        Debug.Print h1
        h0 = 592502
        h1 = GetTopWindow(h0)
        Debug.Print h1
    End Sub
```

运行上述程序，输出结果是：

```
2951406
1116128
```

请对照图 3-11 来理解。

3.2.4　GetDesktopWindow 函数

GetDesktopWindow 函数用于返回桌面窗口的句柄。桌面窗口覆盖整个屏幕，是屏幕上打开的所有顶级窗口的父窗口。

下面的程序首先获取桌面窗口的句柄，然后利用 FindWindowEx 函数查找 Excel 窗口的句柄。

```
Private Declare Function GetDesktopWindow Lib "user32" () As Long
Sub 返回桌面句柄()
    Dim hDesktop As Long
    hDesktop = GetDesktopWindow '总是 65552
    Dim hExcel As Long
    hExcel = FindWindowEx(hDesktop, 0, "XLMAIN", vbNullString)
    Debug.Print hExcel = Application.hwnd
End Sub
```

运行上述程序，在立即窗口中输出的结果是：True。

3.2.5　GetParent 函数和 SetParent 函数

GetParent 函数用于返回指定句柄的父窗口，SetParent 函数为窗口指定新的父窗口。

```
Private Declare Function GetParent Lib "user32" (ByVal hwnd As Long) As Long
Private Declare Function SetParent Lib "user32" (ByVal hWndChild As Long, ByVal
hWndNewParent As Long) As Long
Sub 返回父窗口()
    Dim h0 As Long
    Dim h1 As Long
    h1 = 2951406
    h0 = GetParent(h1)
    Debug.Print h0
End Sub
```

运行上述程序，输出结果是：

SetParent 函数通常用来把一个窗口嵌入另一个窗口中。

```
Sub 设置父窗口()
    Dim 系统配置 As Long
    系统配置 = FindWindow(vbNullString, "系统配置")
    SetParent hWndChild:=系统配置, hWndNewParent:=Application.hwnd
End Sub
```

运行上述程序，可以看到系统配置窗口已吸附在 Excel 主窗口中，在任务栏中已找不到"系统配置"窗口了，如图 3-12 所示。

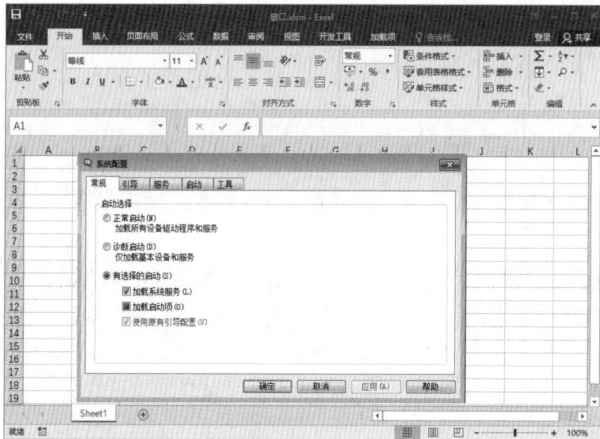

图 3-12　使用 SetParent 函数实现窗口吸附

但是，使用 SetParent 函数更换父窗口的操作比较危险，导致的结果是再使用 FindWindow(vbNullString, "系统配置") 会找不到原先的窗口了。另外，如果在未关闭"系统配置"窗口的情况下，提前关闭 Excel 窗口，会引起异常。

如果要撤销 SetParent 函数的操作，恢复原先的父窗口，可以再使用一次 SetParent 函数。例如：

```
SetParent hWndChild:=1312210, hWndNewParent:=0
```

其中，1312210 是"系统配置"窗口的句柄。

3.2.6　窗口置底

在桌面窗口中包含一个比较特殊的顶级窗口 Program Manager，它的类名是 Program。这个窗口是桌面快捷方式的父窗口。在屏幕上打开的所有顶级窗口中，Program Manager 窗口在叠放次序上处于最底层。

如果利用 SetParent 函数把另一个窗口的父窗口设置为 Program Manager，就可以实现窗口置底的效果。

下面的程序在 VBA 的用户窗体中放置两个命令按钮，然后把 UserForm 的行为设置为非模态。窗体中的代码如下：

```
    Private Declare Function WindowFromAccessibleObject Lib "oleacc.dll" (ByVal pacc
As Object, phwnd As Long) As Long
    Private Declare Function SetParent Lib "user32" (ByVal hWndChild As Long, ByVal
hWndNewParent As Long) As Long
    Private Declare Function FindWindowEx Lib "user32" Alias "FindWindowExA" (ByVal
hWnd1 As Long, ByVal hWnd2 As Long, ByVal lpsz1 As String, ByVal lpsz2 As String) As Long
    Private Declare Function GetDesktopWindow Lib "user32" () As Long

    Private hDesktop As Long
    Private hProgman As Long
    Private hUserForm As Long
    Private Sub CommandButton1_Click()
        WindowFromAccessibleObject Me, hUserForm
        hDesktop = GetDesktopWindow
        hProgman = FindWindowEx(hDesktop, 0, "Progman", "Program Manager")
        SetParent hUserForm, hProgman
    End Sub

    Private Sub CommandButton2_Click()
        WindowFromAccessibleObject Me, hUserForm
        SetParent hUserForm, Application.hwnd
    End Sub
```

代码分析：

注意第一个按钮的代码，首先取得用户窗体的句柄，然后取得 Program Manager 窗口的句柄，最后利用 SetParent 函数改变父窗口。

启动窗体，单击"置底"按钮，可以看到用户窗体吸附到了桌面背景上，其他窗口无法插入到用户窗体的下面，如图 3-13 所示。

图 3-13　窗口置底的效果

3.2.7　GetNextWindow 函数

GetNextWindow 函数用于获取已知窗口同级的兄弟窗口的句柄。声明如下：

```
    Private Declare Function GetNextWindow Lib "user32" Alias "GetWindow" (ByVal
hwnd As Long, ByVal wFlag As Long) As Long
```

参数 wFlag 可以指定为以下 4 个常量之一：

```
    Private Const GW_HWNDFIRST = 0      '第 1 个同级窗口
    Private Const GW_HWNDLAST = 1       '最后 1 个同级窗口
    Private Const GW_HWNDNEXT = 2       '后 1 个同级窗口
    Private Const GW_HWNDPREV = 3       '前 1 个同级窗口

    Sub 查找兄弟窗口 ()
        Dim h As Long
        Dim brother(1 To 4) As Long
        h = 920128
        brother(1) = GetNextWindow(h, GW_HWNDFIRST)
```

```
        brother(2) = GetNextWindow(h, GW_HWNDLAST)
        brother(3) = GetNextWindow(h, GW_HWNDPREV)
        brother(4) = GetNextWindow(h, GW_HWNDNEXT)
        Debug.Print brother(1)
        Debug.Print brother(2)
        Debug.Print brother(3)
        Debug.Print brother(4)
    End Sub
```

上述程序的输出结果是：

```
2951406
133774
199338
395776
```

3.2.8　GetAncestor 函数

GetAncestor 函数用于获取上级、祖先窗口的句柄。声名如下：

```
    Private Declare Function GetAncestor Lib "user32.dll" (ByVal hwnd As Long, ByVal
gaFlags As Long) As Long
```

参数 gaFlags 可以是以下 3 个常量之一。

```
    Private Const GA_PARENT As Long = 1          '父窗口
    Private Const GA_ROOT As Long = 2            '根窗口
    Private Const GA_ROOTOWNER As Long = 3       '拥有者窗口

    Sub 获取祖先窗口()
        Dim h As Long
        Dim ancestor(1 To 3) As Long
        h = 264878
        ancestor(1) = GetAncestor(h, GA_PARENT)
        ancestor(2) = GetAncestor(h, GA_ROOT)
        ancestor(3) = GetAncestor(h, GA_ROOTOWNER)
        Debug.Print ancestor(1)
        Debug.Print ancestor(2)
        Debug.Print ancestor(3)
        Dim hNotepad As Long
        hNotepad = FindWindow("Notepad", vbNullString)
        Debug.Print hNotepad
    End Sub
```

代码分析：

"字体"对话框是从记事本窗口中弹出来的，因此，"字体"对话框本身也是顶级窗口，它是对话框中所有控件的根窗口。而记事本窗口称作"拥有者窗口"，比根窗口的级别还要高。

上述程序的输出结果是：

```
1116712
789158
1705134
1705134
```

可以看到 ancestor(3) 和 hNotepad 都是记事本窗口的句柄。

3.2.9　WindowFromPoint 函数

WindowFromPoint 函数用于返回指定位置的窗口的句柄，不包含隐藏的和不可用的窗口。声明如下：

```
Private Declare Function WindowFromPoint Lib "user32" (ByVal xPoint As Long,
ByVal yPoint As Long) As Long
```

下面的程序可以返回屏幕上位于（200, 200）的窗口的句柄。

```
Sub 由坐标返回窗口 ()
    Debug.Print WindowFromPoint(200, 200)
End Sub
```

如果结合 GetCursorPos 函数，就可以实现自动返回光标所在位置的窗口的句柄。

3.2.10　SetForegroundWindow 函数和 GetForegroundWindow 函数

SetForegroundWindow 函数用于激活指定句柄的窗口或控件，使之成为活动窗口。

GetForegroundWindow 函数用于返回当前处于激活的窗口的句柄。

例如，要在记事本的"替换"对话框中，使用 VBA 的 Sendkeys 方法自动向上面的文本框中输入 x，向下面的文本框中输入 y，在输入之前需要激活相应的控件，如图 3-14 所示。

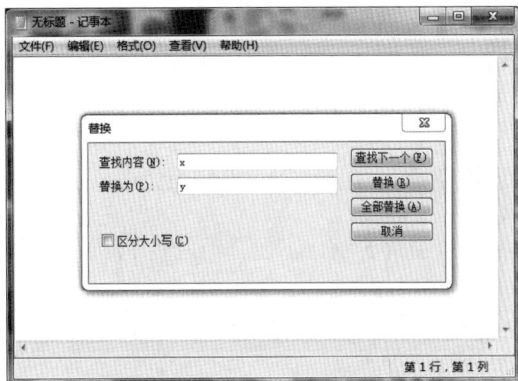

图 3-14　在"替换"对话框中自动输入文字

下面的程序首先激活"替换"对话框，然后分别激活两个文本框，并且输入内容。

代码如下：

```
Private Declare Function GetForegroundWindow Lib "user32" () As Long
Private Declare Function SetForegroundWindow Lib "user32" (ByVal hwnd As Long) As Long

Sub 激活窗口和控件 ()
    Dim 替换 As Long
    Dim Edit1 As Long
```

```
        Dim Edit2 As Long
        替换 = 525340         '"替换"对话框的句柄
        Edit1 = 394266        '上面文本框的句柄
        Edit2 = 197704        '下面文本框的句柄
        Delay 1
        SetForegroundWindow 替换
        Delay 1
        Debug.Print "前景窗口是: ", GetForegroundWindow
        SetForegroundWindow Edit1
        Delay 1
        SendKeys "x"
        Debug.Print "前景窗口是: ", GetForegroundWindow
        Delay 1
        SetForegroundWindow Edit2
        Delay 1
        SendKeys "y"
        Debug.Print "前景窗口是: ", GetForegroundWindow
    End Sub

    Sub Delay(Seconds As Integer)
        Dim Start As Single
        Start = Timer
        While Timer - Start < Seconds
            DoEvents
        Wend
    End Sub
```

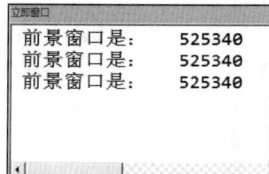

图 3-15　运行结果

运行上述程序，可以看到自动向"替换"对话框中输入了文字。立即窗口中输出 3 个相同的结果，如图 3-15 所示。

3.2.11　EnumWindows 函数和 EnumChildWindows 函数

前面介绍的函数一次返回一个窗口句柄，下面介绍的以 Enum 开头的这两个函数可以返回多个窗口句柄。

EnumWindows 函数用来枚举桌面之下的所有顶级窗口，EnumChildWindows 函数用来枚举某个窗口或控件下面包含的各个后代窗口或控件。

IsWindowVisible 函数用来判断指定句柄的窗口或控件是否可见。

以上 3 个 API 函数的声明如下：

```
    Private Declare Function EnumWindows Lib "user32" (ByVal lpEnumFunc As Long,
ByVal lParam As Long) As Long
    Private Declare Function EnumChildWindows Lib "user32" (ByVal hWndParent As
Long, ByVal lpEnumFunc As Long, ByVal lParam As Long) As Long
    Private Declare Function IsWindowVisible Lib "user32" (ByVal hwnd As Long) As Long
```

使用 EnumWindows 函数时，需要指定一个代理函数，起到遍历所有窗口的作用。例如，下面的程序在代理函数 EnumWindowsProc 中输出所有顶级窗口的句柄、类名、标题。

```
Sub 枚举所有顶级窗口()
    EnumWindows AddressOf EnumWindowsProc, 0
End Sub
Public Function EnumWindowsProc(ByVal hwnd As Long, ByVal lParam As Long) As Boolean
    Debug.Print hwnd, "类名: " & ClassName(hwnd), "标题: " & WindowText(hwnd)
    EnumWindowsProc = True
End Function
```

代码分析：

在遍历的过程中，代理函数的返回值必须是 True 或 1 才能遍历到下一个句柄。

运行上面的"枚举所有顶级窗口"过程，在立即窗口中输出所有顶级窗口的信息，如图 3-16 所示。

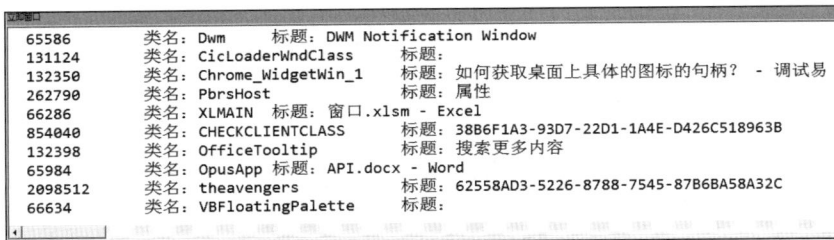

```
65586       类名: Dwm       标题: DWM Notification Window
131124      类名: CicLoaderWndClass      标题:
132350      类名: Chrome_WidgetWin_1     标题: 如何获取桌面上具体的图标的句柄？ - 调试易
262790      类名: PbrsHost    标题: 属性
66286       类名: XLMAIN    标题: 窗口.xlsm - Excel
854040      类名: CHECKCLIENTCLASS    标题: 38B6F1A3-93D7-22D1-1A4E-D426C518963B
132398      类名: OfficeTooltip    标题: 搜索更多内容
65984       类名: OpusApp    标题: API.docx - Word
2098512     类名: theavengers    标题: 62558AD3-5226-8788-7545-87B6BA58A32C
66634       类名: VBFloatingPalette    标题:
```

图 3-16　遍历桌面上所有窗口的句柄

其中，包含很多不可见的句柄。在实际应用中可以根据需要把隐藏的句柄过滤掉，或者当遍历到某个特征的句柄时提前退出遍历。

例如，修改代理函数如下：

```
Public Function EnumWindowsProc(ByVal hwnd As Long, ByVal lParam As Long) As Boolean
    If IsWindowVisible(hwnd) Then
        Debug.Print hwnd, "类名: " & ClassName(hwnd), "标题: " & WindowText(hwnd)
    End If
    If ClassName(hwnd) = "Notepad" Then
        EnumWindowsProc = False
    Else
        EnumWindowsProc = True
    End If
End Function
```

再次运行主程序，只输出可见窗口的信息。而且在遍历到记事本窗口后退出遍历。

如果要遍历窗口中的所有控件，应该使用 EnumChildWindows 函数，该函数可以遍历某个句柄包含的所有后代句柄。用法与 EnumWindows 函数类似，也需要一个代理函数。

在记事本窗口中按快捷键【Ctrl+P】，弹出"打印"对话框，如图 3-17 所示。

在 Spy 中查到该对话框的句柄是 656740，如图 3-18 所示。

图 3-17　"打印"对话框

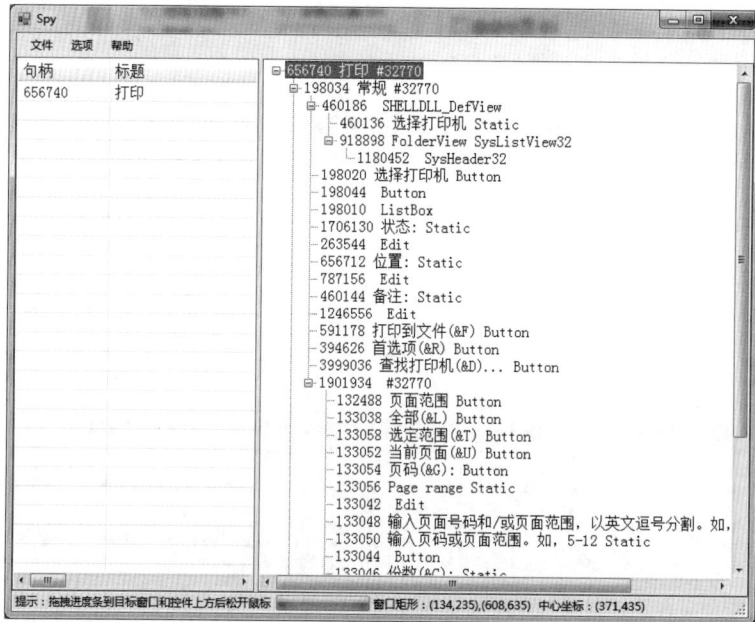

图 3-18　在 Spy 中查找"打印"对话框的句柄树

然后，运行如下程序，就可以遍历到该对话框中的所有控件的句柄。

```
Sub 枚举所有后代窗口()
    EnumChildWindows 656740, AddressOf EnumChildWindowsProc, 0
End Sub
Public Function EnumChildWindowsProc(ByVal hwnd As Long, ByVal lParam As Long)
As Boolean
    Debug.Print hwnd, WindowText(hwnd), ClassName(hwnd)
    EnumChildWindowsProc = True
End Function
```

运行上面的"枚举所有后代窗口"过程，在立即窗口中输出所有控件的句柄、标题、类名，如图 3-19 所示。

图 3-19　"打印"对话框中所有后代窗口的句柄、标题、类名

3.2.12　GetWindowThreadProcessId 函数和 EnumThreadWindows 函数

GetWindowThreadProcessId 函数根据指定的窗口句柄返回该窗口所在进程 ID 和线程 ID。

EnumThreadWindows 函数用来枚举指定线程的子窗口的句柄。

声明如下：

```
Private Declare Function GetWindowThreadProcessId Lib "user32" (ByVal hwnd As
Long, lpdwProcessId As Long) As Long
    Private Declare Function EnumThreadWindows Lib "user32" (ByVal dwThreadId As
Long, ByVal lpfn As Long, ByVal lParam As Long) As Long
```

通过下面的程序首先获取 Excel 的进程 ID 和线程 ID，然后枚举该线程中的所有子窗口句柄。

```
Sub 遍历某线程的所有窗口()
    Dim ThreadID As Long
    Dim ProcessID As Long
    ThreadID = GetWindowThreadProcessId(hwnd:=Application.hwnd, lpdwProcessId:=
ProcessID)
    Debug.Print ProcessID, ThreadID
    Count = 0
    EnumThreadWindows ThreadID, AddressOf Proc, 0
End Sub

Public Function Proc(ByVal hwnd As Long, ByVal lParam As Long) As Boolean
    Debug.Print hwnd, WindowText(hwnd)
    Proc = True
    Count = Count + 1
End Function
```

3.3　获取和设置窗口的属性

窗口的属性很多，如窗口的类名、标题、窗口在屏幕上的位置和大小、窗口的状态，以及可见性和可用性等。

在诸多属性中，有的属性既可以获取也可以修改，如窗口的标题；而有的属性是只读的，不能修改，如类名。

3.3.1　GetWindowText 函数和 SetWindowText 函数

GetWindowText 函数和 SetWindowText 函数分别用于获取和设置窗口的标题。声明如下：

```
Private Declare Function GetWindowText Lib "user32" Alias "GetWindowTextA" (ByVal
hwnd As Long, ByVal lpString As String, ByVal cch As Long) As Long
    Private Declare Function SetWindowText Lib "user32" Alias "SetWindowTextA" (ByVal
hwnd As Long, ByVal lpString As String) As Long
```

例如，下面的程序把"运行"对话框的标题、"确定"按钮的文字进行了修改。

```
Sub 修改窗口标题()
    SetWindowText 1116928, "Run"
    SetWindowText 3409890, "OK"
End Sub
```

代码中的两个数字是相应的句柄，此处略去查找句柄的过程。

运行上述程序，看到"运行"对话框的标题变成了英文，如图 3-20 所示。

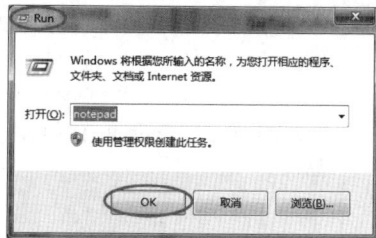

图 3-20　修改窗口的标题

3.3.2　GetWindowRect 函数和 GetClientRect 函数

GetWindowRect 函数用于获得指定句柄的窗口所在的矩形，窗口的边框、标题栏、滚动条及菜单等都在这个矩形内，这个矩形以桌面左上角为零点。同时，也可以使用该函数获取控件的矩形。返回的矩形是一个 RECT 结构类型，通过该结构的 Left、Right、Top、Bottom 4 个值就可以知道窗口的左上角和右下角的坐标。

Right 值减去 Left 值得到窗口的宽度，Bottom 值减去 Top 值得到窗口的高度。

GetClientRect 函数用于返回窗口中客户区的矩形（不包括标题栏、菜单栏），并且该矩形以窗口左上角为零点，因此使用该函数返回的矩形的 Left 值和 Top 值始终为 0。

用到的自定义类型和声明如下：

```
Private Type RECT
    Left As Long
    Top As Long
    Right As Long
    Bottom As Long
End Type
Private Declare Function GetClientRect Lib "user32" (ByVal hwnd As Long, lpRect As RECT) As Long
Private Declare Function GetWindowRect Lib "user32" (ByVal hwnd As Long, lpRect As RECT) As Long
```

下面的程序声明了 3 个矩形变量。其中，R1 用于获取记事本窗口在桌面上的矩形；R2 用于获取记事本中编辑区域的矩形；R3 用于返回记事本窗口的客户区矩形。

```
Sub 获取窗口矩形()
    Dim hNotepad As Long
    Dim hEdit As Long
    Dim R1 As RECT
    Dim R2 As RECT
    Dim R3 As RECT
    hNotepad = FindWindow("Notepad", vbNullString)
    hEdit = FindWindowEx(hNotepad, 0, "Edit", vbNullString)
    GetWindowRect hwnd:=hNotepad, lpRect:=R1
    GetWindowRect hwnd:=hEdit, lpRect:=R2
    GetClientRect hwnd:=hNotepad, lpRect:=R3
```

```
        Debug.Print R1.Left, R1.Top, R1.Right, R1.Bottom
        Debug.Print R2.Left, R2.Top, R2.Right, R2.Bottom
        Debug.Print R3.Left, R3.Top, R3.Right, R3.Bottom
    End Sub
```

预先打开记事本，如图 3-21 所示。

运行上述程序。

在立即窗口中的输出结果是：

图 3-21   记事本

73	178	733	618
81	228	725	610
0	0	644	382

虽然可以获取窗口所在的矩形，但是不能修改。如果要修改窗口的位置和大小，可以使用 MoveWindow 函数或 SetWindowPos 函数。

3.3.3   MoveWindow 函数

MoveWindow 函数用于设置窗口或控件在父级容器中的大小和位置，但是不改变在同级窗口中的叠放次序。

下面的程序以桌面左上角为零点，自动让记事本移动到（200,200）～（500,600），同时把编辑区域移动到以记事本窗口为零点的（30,30）。

```
Private Declare Function MoveWindow Lib "user32"
(ByVal hwnd As Long, ByVal x As Long, ByVal y As Long,
ByVal nWidth As Long, ByVal nHeight As Long, ByVal
bRepaint As Long) As Long
Sub 设置窗口的位置和大小 ()
    Dim hNotepad As Long
    Dim hEdit As Long
    hNotepad = FindWindow("Notepad", vbNullString)
    hEdit = FindWindowEx(hNotepad, 0, "Edit",
vbNullString)
    MoveWindow hwnd:=hNotepad, x:=200, y:=200,
nWidth:=300, nHeight:=400, bRepaint:=True
    MoveWindow hwnd:=hEdit, x:=30, y:=30,
nWidth:=200, nHeight:=200, bRepaint:=True
    End Sub
```

图 3-22   修改编辑框的位置和大小

运行上述程序，记事本窗口的效果如图 3-22 所示。

3.3.4   ShowWindow 函数

ShowWindow 函数用于控制窗口的显示状态。声明如下：

```
Private Declare Function ShowWindow Lib "user32" (ByVal hwnd As Long, ByVal
nCmdShow As Long) As Long
```

其中第 2 个参数 nCmdShow 可以使用的常量如下：

```
Private Const SW_HIDE = 0
Private Const SW_SHOWNORMAL = 1
Private Const SW_NORMAL = 1
Private Const SW_SHOWMINIMIZED = 2
Private Const SW_SHOWMAXIMIZED = 3
Private Const SW_MAXIMIZE = 3
Private Const SW_SHOWNOACTIVATE = 4
Private Const SW_SHOW = 5
Private Const SW_MINIMIZE = 6
Private Const SW_SHOWMINNOACTIVE = 7
Private Const SW_SHOWNA = 8
Private Const SW_RESTORE = 9
Private Const SW_SHOWDEFAULT = 10
Private Const SW_MAX = 10
```

下面的程序可以对记事本窗口进行隐藏、显示、最大化、最小化、还原操作。

```
Sub 更改窗口显示状态()
    Dim hNotepad As Long
    hNotepad = 198068
    ShowWindow hwnd:=hNotepad, nCmdShow:=SW_HIDE           '隐藏窗口
    ShowWindow hwnd:=hNotepad, nCmdShow:=SW_SHOW           '显示窗口
    ShowWindow hwnd:=hNotepad, nCmdShow:=SW_SHOWMAXIMIZED  '最大化窗口
    ShowWindow hwnd:=hNotepad, nCmdShow:=SW_SHOWMINIMIZED  '最小化窗口
    ShowWindow hwnd:=hNotepad, nCmdShow:=SW_NORMAL         '还原窗口
End Sub
```

还要注意 ShowWindow 函数的返回值问题，如果调用该函数之前指定句柄的窗口是隐藏的，那么调用函数之后返回 False，反之返回 True。

Excel 窗口原先是正常显示的，下面的程序共执行了三个动作，分别是隐藏窗口、显示窗口、最大化窗口。

```
Sub 先隐藏后显示()
    Dim B As Boolean
    B = ShowWindow(hwnd:=Application.hwnd, nCmdShow:=0)    '隐藏窗口
    Debug.Print B
    Application.Wait Now + TimeValue("00:00:03")           '等待
    B = ShowWindow(hwnd:=Application.hwnd, nCmdShow:=1)    '显示窗口
    Debug.Print B
    Application.Wait Now + TimeValue("00:00:03")           '等待
    B = ShowWindow(hwnd:=Application.hwnd, nCmdShow:=3)    '最大化窗口
    Debug.Print B
End Sub
```

运行上述程序，在立即窗口中输出的结果是 True、False、True。

3.3.5　SetWindowPos 函数

SetWindowPos 函数用于改变一个窗口的位置、尺寸和 Z 次序。声明如下：

```
        Private Declare Function SetWindowPos Lib "user32" (ByVal hwnd As Long, ByVal
hWndInsertAfter As Long, ByVal X As Long, ByVal Y As Long, ByVal cx As Long, ByVal
cy As Long, ByVal wFlags As Long) As Long
```

通过改变窗口的 Z 次序，可以实现窗口的置顶效果。

下面的程序在 VBA 中插入一个用户窗体，放置两个命令按钮。代码如下：

```
        Private Declare Function WindowFromAccessibleObject Lib "oleacc.dll" (ByVal pacc
As Object, phwnd As Long) As Long
        Private Const HWND_TOPMOST = -1&
        Private Const HWND_NOTOPMOST = -2
        Private Const SWP_NOSIZE = &H1
        Private Const SWP_NOMOVE = &H2
        Private Const SWP_SHOWWINDOW = &H40

        Private hUserForm As Long
        Private Sub CommandButton1_Click()
            WindowFromAccessibleObject Me, hUserForm
            SetWindowPos hUserForm, HWND_TOPMOST, 0, 0, 0, 0, SWP_SHOWWINDOW Or SWP_
NOSIZE Or SWP_NOMOVE
        End Sub

        Private Sub CommandButton2_Click()
            WindowFromAccessibleObject Me, hUserForm
            SetWindowPos hUserForm, HWND_NOTOPMOST, 0, 0, 0, 0, SWP_SHOWWINDOW Or SWP_
NOSIZE Or SWP_NOMOVE
        End Sub
```

代码分析：

SetWindowPos 函数的参数较多，其中，hUserForm 是用户窗体的
句柄；第 2 个参数设置为 HWND_TOPMOST 表示置顶状态；SWP_
NOSIZE Or SWP_NOMOVE 表示不改变窗口尺寸、不移动窗口。

启动窗体，单击"置顶"按钮，无论激活桌面上的哪一个窗口，
都不能把用户窗体压住，如图 3-23 所示。

图 3-23　置顶和取消置顶

3.3.6　IsIconic、IsZoomed、CloseWindow 函数

IsIconic 函数用于判断一个窗口是否处于最小化；IsZoomed 函数用于判断一个窗口是否处于最
大化；CloseWindow 函数用于把一个窗口最小化。声明如下：

```
        Private Declare Function IsIconic Lib "user32" (ByVal hwnd As Long) As Long
        Private Declare Function IsZoomed Lib "user32" (ByVal hwnd As Long) As Long
        Private Declare Function CloseWindow Lib "user32" (ByVal hwnd As Long) As Long
```

下面的程序首先判断记事本窗口是否已经最小化，如果没有，则将其最小化。

```
Sub 判断和设置记事本是否最小化 ()
    Dim hNotepad As Long
    Dim Minimized As Long
    hNotepad = FindWindow("Notepad", vbNullString)
    Minimized = IsIconic(hwnd:=hNotepad)          '判断是否最小化
    If Minimized = 0 Then
        CloseWindow hNotepad                      '进行最小化
    End If
End Sub
```

3.3.7　IsWindowVisible 函数

IsWindowVisible 函数用于判断指定的窗口或控件是否可见。声明如下：

```
Private Declare Function IsWindowVisible Lib "user32" (ByVal hwnd As Long) As Long
```

如果要显示或隐藏一个窗口、子窗口或控件，则需要使用 ShowWindow 函数。

下面的程序首先判断"运行"对话框中的"确定"按钮是否可见，如果可见，则隐藏。

```
Sub 判断和设置窗口中按钮的可见性 ()
    Dim hOK As Long
    hOK = 7866820
    If IsWindowVisible(hwnd:=hOK) Then
        ShowWindow hOK, SW_HIDE
    Else
        ShowWindow hOK, SW_SHOW
    End If
End Sub
```

运行上述程序，发现"确定"按钮看不到了，如图 3-24 所示。

图 3-24　隐藏控件

3.3.8　IsWindowEnabled 函数和 EnableWindow 函数

IsWindowEnabled 函数用于判断窗口或控件是否可用；EnableWindow 函数用于启用或禁用一个窗口或控件。声名如下：

```
Private Declare Function IsWindowEnabled Lib "user32" (ByVal hwnd As Long) As Long
Private Declare Function EnableWindow Lib "user32" (ByVal hwnd As Long, ByVal
fEnable As Long) As Long
```

下面的程序首先判断"取消"按钮是否可用，如果可用，则禁用。

```
Sub 判断和设置窗口中按钮的可用性 ()
    Dim hCancel As Long
    hCancel = 2099452
    If IsWindowEnabled(hwnd:=hCancel) Then
        EnableWindow hwnd:=hCancel, fEnable:=False
```

```
        Else
            EnableWindow hwnd:=hCancel, fEnable:=True
        End If
    End Sub
```

运行上述程序，看到"取消"按钮变得不可用，如图 3-25
所示。

图 3-25　禁用控件

3.3.9　IsChild 函数

IsChild 函数用于判断两个句柄是否为父子窗口关系。

```
 Private Declare Function IsChild Lib "user32" (ByVal hWndParent As Long, ByVal
hwnd As Long) As Long
 Sub 判断是否为父子关系 ()
     Debug.Print IsChild(hWndParent:=321346, hwnd:=7866820)
 End Sub
```

如果两个句柄是父子关系，则返回 1；否则返回 0。

3.3.10　IsWindow 函数

IsWindow 函数用于判断一个数字是否为有效的窗口句柄。如果一个句柄对应的窗口已经被关
闭，这个句柄就是无效的句柄。

```
 Private Declare Function IsWindow Lib "user32" (ByVal hwnd As Long) As Long
 Sub 判断一个数字是否为有效句柄 ()
     Debug.Print IsWindow(hwnd:=123456)
 End Sub
```

如果一个数字是有效句柄，则返回 1；否则返回 0。

3.4　获取和设置窗口的样式

一个窗口拥有很多样式方面的信息，使用 GetWindowLong 函数可以获取窗口的样式信息，使
用 SetWindowLong 函数可以更改和设置窗口的样式信息。

3.4.1　GetWindowLong 函数

GetWindowLong 函数用于获取指定句柄的窗口的样式信息。声明如下：

```
 Private Declare Function GetWindowLong Lib "user32" Alias "GetWindowLongA" (ByVal
hwnd As Long, ByVal nIndex As Long) As Long
```

该函数包括两个参数：hwnd 和 nIndex。参数 nIndex 可以是以下以"GWL_"开头的常量值之一：

```
Private Const GWL_WNDPROC = (-4)              ' 获取窗口消息函数的地址
Private Const GWL_HINSTANCE = (-6)            ' 获取应用实例句柄
Private Const GWL_HWNDPARENT = (-8)           ' 获取所有者窗口的句柄
Private Const GWL_STYLE = (-16)               ' 获取窗口样式
Private Const GWL_EXSTYLE = (-20)             ' 获取窗口的扩展样式
Private Const GWL_USERDATA = (-21)            ' 获取用户设置的 32 位数据
Private Const GWL_ID = (-12)                  ' 获取窗口 ID
```

其中，常量 GWL_STYLE 用于获取窗口样式。窗口有很多样式，具体是哪个方面的样式需要把 GetWindowLong 函数的返回值与 "WS_" 开头的样式名称常量做按位与操作。

```
Private Const WS_OVERLAPPED = &H0&
Private Const WS_POPUP = &H80000000
Private Const WS_CHILD = &H40000000
Private Const WS_MINIMIZE = &H20000000
Private Const WS_VISIBLE = &H10000000
Private Const WS_DISABLED = &H8000000
Private Const WS_CLIPSIBLINGS = &H4000000
Private Const WS_CLIPCHILDREN = &H2000000
Private Const WS_MAXIMIZE = &H1000000
Private Const WS_CAPTION = &HC00000 ' WS_BORDER Or WS_DLGFRAME
Private Const WS_BORDER = &H800000
Private Const WS_DLGFRAME = &H400000
Private Const WS_VSCROLL = &H200000
Private Const WS_HSCROLL = &H100000
Private Const WS_SYSMENU = &H80000
Private Const WS_THICKFRAME = &H40000
Private Const WS_GROUP = &H20000
Private Const WS_TABSTOP = &H10000
Private Const WS_MINIMIZEBOX = &H20000
Private Const WS_MAXIMIZEBOX = &H10000
Private Const WS_TILED = WS_OVERLAPPED
Private Const WS_ICONIC = WS_MINIMIZE
Private Const WS_SIZEBOX = WS_THICKFRAME
Private Const WS_OVERLAPPEDWINDOW = (WS_OVERLAPPED Or WS_CAPTION Or WS_SYSMENU
Or WS_THICKFRAME Or WS_MINIMIZEBOX Or WS_MAXIMIZEBOX)
Private Const WS_TILEDWINDOW = WS_OVERLAPPEDWINDOW
Private Const WS_POPUPWINDOW = (WS_POPUP Or WS_BORDER Or WS_SYSMENU)
Private Const WS_CHILDWINDOW = (WS_CHILD)
```

下面以判断窗口是否具有最小化和最大化按钮为例，说明 GetWindowLong 函数的用法。

```
Sub 判断窗口是否具有最小化和最大化按钮 ()
    Dim hNotepad As Long
    hNotepad = FindWindow("Notepad", vbNullString)
    Dim HasMinBox As Boolean
    Dim HasMaxBox As Boolean
    Dim AllStyles As Long
    AllStyles = GetWindowLong(hwnd:=hNotepad, nIndex:=GWL_STYLE)     ' 返回窗口的所有样式
    HasMinBox = AllStyles And WS_MINIMIZEBOX                         ' 按位与运算
    HasMaxBox = AllStyles And WS_MAXIMIZEBOX
    Debug.Print HasMinBox, HasMaxBox
End Sub
```

在桌面打开记事本窗口，运行上述程序，在立即窗口中输出两个 True，说明记事本窗口有最小化和最大化按钮。

如果 nIndex 参数使用 GWL_EXSTYLE 常量，则返回窗口的所有扩展样式。例如，判断窗口是否置顶，此时要与以 "WS_EX_" 开头的枚举常量进行按位与运算。

```
Private Const WS_EX_DLGMODALFRAME = &H1&
Private Const WS_EX_NOPARENTNOTIFY = &H4&
Private Const WS_EX_TOPMOST = &H8&
Private Const WS_EX_ACCEPTFILES = &H10&
Private Const WS_EX_TRANSPARENT = &H20&
```

下面的程序用于判断记事本窗口是否处于置顶状态。

```
Sub 判断窗口是否置顶()
    Dim hNotepad As Long
    hNotepad = FindWindow("Notepad", vbNullString)
    Dim Topmost As Boolean
    Dim AllExStyles As Long
    AllExStyles = GetWindowLong(hwnd:=hNotepad, nIndex:=GWL_EXSTYLE)
    Topmost = AllExStyles And WS_EX_TOPMOST          '按位与运算
    Debug.Print Topmost
End Sub
```

在用其他方法将窗口置顶后，再运行上述程序，会返回 True。

3.4.2 SetWindowLong 函数

SetWindowLong 函数用于设置窗口的样式和属性。声明如下：

```
Private Declare Function SetWindowLong Lib "user32" Alias "SetWindowLongA" (ByVal hwnd As Long, ByVal nIndex As Long, ByVal dwNewLong As Long) As Long
```

可以看出，前两个参数与 GetWindowLong 函数完全相同，第 3 个参数 dwNewLong 是新的样式，通常是在原有样式的基础上进行增加和移除其他样式而得到的。

在增加一个样式时，需要在原有样式的基础上使用 Or 运算符连接新的样式常量；在移除一个样式时，需要在原有样式的基础上使用 And Not 运算符连接被移除的样式常量。

在 VBA 的用户窗体中无法设置和显示最小化和最大化按钮。下面的程序把最小化按钮和最大化按钮追加到用户窗体上。

```
Private AllStyles As Long
Private hUserForm As Long

Private Sub UserForm_Initialize()
    hUserForm = FindWindow("ThunderDFrame", "UserForm3")
    AllStyles = GetWindowLong(hwnd:=hUserForm, nIndex:=GWL_STYLE) '返回窗口的所有样式
    AllStyles = AllStyles Or WS_THICKFRAME Or WS_MINIMIZEBOX Or WS_MAXIMIZEBOX
                                                '增加最小化和最大化按钮
    SetWindowLong hwnd:=hUserForm, nIndex:=GWL_STYLE, dwNewLong:=AllStyles
```

```
         End Sub

         Private Sub UserForm_QueryClose(Cancel As Integer, CloseMode As Integer)
             AllStyles = AllStyles And (Not WS_THICKFRAME) And (Not WS_MINIMIZEBOX) And
(Not WS_MAXIMIZEBOX)
             SetWindowLong hwnd:=hUserForm, nIndex:=GWL_STYLE, dwNewLong:=AllStyles
             MsgBox "窗体即将关闭，请确认样式。", vbInformation
         End Sub
```

代码分析：

在窗体的 Initialize 事件中为窗体加上最小化、最大化按钮，并且可以自由调整窗口大小。

在窗体的 QueryClose 事件中需要为窗体还原样式，因此在 QueryClose 事件中使用 And Not 运算符依次移除。

启动窗体后，用户窗体具有了最小化和最大化按钮，而且还可以用鼠标拖住窗口边框调整大小，如图 3-26 所示。

在关闭窗体时，会看到最小化和最大化按钮已经消失，如图 3-27 所示。

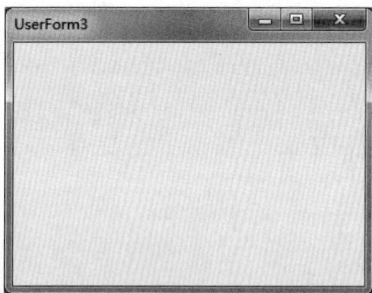

图 3-26　在用户窗体中添加最小化和最大化按钮　　图 3-27　窗体关闭前恢复为默认样式

3.4.3　隐藏用户窗体的关闭按钮和标题栏

VBA 的用户窗体的右上角默认有一个 × 关闭按钮。但是在某些场合下不希望用户单击这个关闭按钮来关闭窗体，可以通过使用 SetWindowLong 函数去掉 WS_SYSMENU 这个样式常量来实现。

需要用到的 API 函数和常量声明如下：

```
 Private Declare Function WindowFromAccessibleObject Lib "oleacc.dll" (ByVal pacc
As Object, phwnd As Long) As Long
 Private Const WS_SYSMENU = &H80000
```

用户窗体的 Initialize 事件：

```
 Private Sub UserForm_Initialize()
     Call WindowFromAccessibleObject(Me, hUserForm)
     AllStyles = GetWindowLong(hWnd:=hUserForm, nIndex:=GWL_STYLE)
     AllStyles = AllStyles And (Not WS_SYSMENU)          '隐藏系统关闭
     SetWindowLong hWnd:=hUserForm, nIndex:=GWL_STYLE, dwNewLong:=AllStyles
 End Sub
```

代码分析：

WindowFromAccessibleObject 函数可以通过 IAccessible 对象返回窗口的句柄。

启动窗体，可以看到标题栏右侧的关闭按钮消失了，如图 3-28 所示。

在某些特殊场合下，不希望用户拖住标题栏移动窗体，可以通过 SetWindowLong 函数去掉样式常量 WS_CAPTION。

需要用到的 API 函数和常量如下：

图 3-28 隐藏右上角的 × 关闭按钮

```
Private Declare Function DrawMenuBar Lib "user32" (ByVal hWnd As Long) As Long
Private Const WS_CAPTION = &HC00000
```

用户窗体的 Initialize 事件：

```
Private Sub UserForm_Initialize()
    Dim H As Single
    H = Me.InsideHeight
    Call WindowFromAccessibleObject(Me, hUserForm)
    AllStyles = GetWindowLong(hWnd:=hUserForm, nIndex:=GWL_STYLE)
    AllStyles = AllStyles And (Not WS_CAPTION)
    SetWindowLong hWnd:=hUserForm, nIndex:=GWL_STYLE, dwNewLong:=AllStyles
    DrawMenuBar hUserForm
    Me.Height = Me.Height - Me.InsideHeight + H
End Sub
```

代码分析：

隐藏标题栏后，窗体的高度应该相应减小，因此变量 H 用于存储去掉标题栏之前的内部高度。

启动窗体，Excel 出现了一个没有标题栏的窗口，只能通过单击"关闭"按钮退出窗体，如图 3-29 所示。

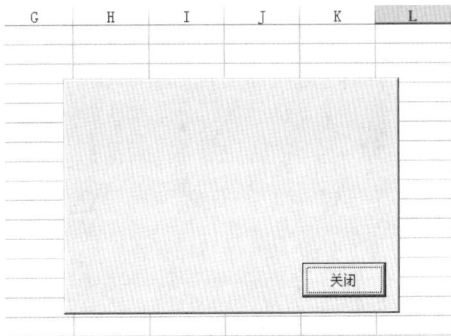

图 3-29 隐藏标题栏

3.4.4 SetLayeredWindowAttributes 函数

SetLayeredWindowAttributes 函数用于为窗口设置透明效果。声明如下：

```
    Private Declare Function SetLayeredWindowAttributes Lib "user32" (ByVal hwnd As
Long, ByVal crKey As Long, ByVal bAlpha As Byte, ByVal dwFlags As Long) As Long
```

用到的常量如下：

```
Private Const WS_EX_LAYERED = &H80000
Private Const LWA_COLORKEY = &H1              '关键颜色（异形窗体）
Private Const LWA_ALPHA = &H2                 '透明度
Private Const LWA_COLORKEY_ALPHA = &H3        '透明 + 异形
```

在 VBA 工程中插入一个用户窗体，输入如下代码：

```
Private AllStyles As Long
Private hUserForm As Long

Private Sub UserForm_Initialize()
    hUserForm = FindWindow("ThunderDFrame", "UserForm4")
    '返回窗口的扩展样式
    AllStyles = GetWindowLong(hwnd:=hUserForm, nIndex:=GWL_EXSTYLE)
    AllStyles = AllStyles Or WS_EX_LAYERED
    SetWindowLong hwnd:=hUserForm, nIndex:=GWL_EXSTYLE, dwNewLong:=AllStyles
    SetLayeredWindowAttributes hUserForm, 0, 127, LWA_ALPHA
End Sub
```

代码分析：

代码中的 127 这个数字介于 0～255 之间，0 表示完全透明，255 表示完全不透明。

启动窗体，看到该窗体是半透明的，如图 3-30 所示。

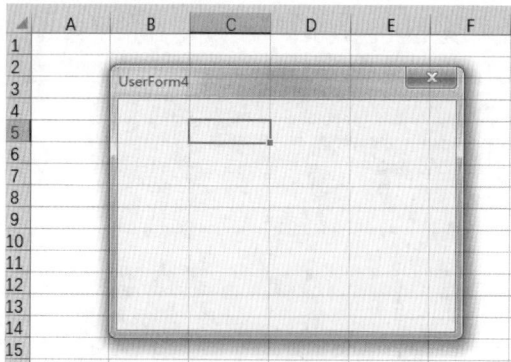

图 3-30　半透明窗体

3.4.5　DragAcceptFiles 函数和 DragQueryFile 函数

DragAcceptFiles 函数可以让指定句柄的控件具有文件拖放的功能。所谓文件拖放，是指从文件资源管理器中拖住一部分文件夹或文件到目标控件中，自动把拖放的所有文件名提取出来。

用户窗体以及窗体上的各种控件都不具备文件拖放的功能，下面通过 API 函数实现。

在 VBA 工程中插入一个用户窗体，再插入一个列表框控件，输入如下代码：

```
Option Explicit
Private Declare Sub DragAcceptFiles Lib "shell32.dll" (ByVal hwnd As Long, ByVal
fAccept As Long)
Private Declare Function SetWindowLong Lib "user32" Alias "SetWindowLongA" (ByVal
hwnd As Long, ByVal nIndex As Long, ByVal dwNewLong As Long) As Long
Private Declare Function WindowFromAccessibleObject Lib "oleacc.dll" (ByVal pacc
As Object, phwnd As Long) As Long
Private Const GWL_WNDPROC = -4&
Private hListBox As Long

Private Sub UserForm_Initialize()
    Call WindowFromAccessibleObject(Me.ListBox1, hListBox)
    Call DragAcceptFiles(hListBox, True)
    lpPrevWndProc = SetWindowLong(hListBox, GWL_WNDPROC, AddressOf Module6.WindowProc)
End Sub

Private Sub UserForm_Terminate()
    Call SetWindowLong(hListBox, GWL_WNDPROC, lpPrevWndProc)
    Call DragAcceptFiles(hListBox, False)
End Sub
```

代码分析:

Call DragAcceptFiles(hListBox, True) 表示启用文件拖放功能, 当用户窗体关闭时去掉文件拖放功能。另外, 还需要插入一个标准模块, 重命名为 Module6, 输入如下代码。

```
Option Explicit
Private Declare Function CallWindowProc Lib "user32" Alias "CallWindowProcA"
(ByVal lpPrevWndFunc As Long, ByVal hwnd As Long, ByVal Msg As Long, ByVal wParam As
Long, ByVal lParam As Long) As Long
Private Declare Function DragQueryFile Lib "shell32.dll" Alias "DragQueryFileA" (ByVal
hDrop As Long, ByVal UINT As Long, ByVal lpStr As String, ByVal ch As Long) As Long
Private Declare Sub DragFinish Lib "shell32.dll" (ByVal hDrop As Long)
Private Const MAX_PATH = 260&
Private Const WM_DROPFILES = &H233
Public lpPrevWndProc As Long
Public Function WindowProc(ByVal hwnd As Long, ByVal Msg As Long, ByVal wParam
As Long, ByVal lParam As Long) As Long
    Dim i As Long
    Dim Cnt As Long
    Dim FileName As String * MAX_PATH
    If Msg = WM_DROPFILES Then
        Cnt = DragQueryFile(wParam, -1&, vbNullString, 0) '
        For i = 0 To Cnt - 1
            Call DragQueryFile(wParam, i, FileName, MAX_PATH)
            FileName = Left(FileName, InStr(FileName, vbNullChar) - 1)
            Debug.Print i, FileName
            UserForm6.ListBox1.AddItem FileName
        Next
        Call DragFinish(wParam)
    End If
    WindowProc = CallWindowProc(lpPrevWndProc, hwnd, Msg, wParam, lParam)
End Function
```

代码分析：

WindowProc 是一个回调函数，当向列表框中拖放文件时，消息等于 WM_DROPFILES，然后利用 DragQueryFile 函数提取拖放的每个文件名。

启动用户窗体，从文件夹中拖放多个文件夹或文件到列表框中，可以看到列表框中自动加入了多个条目，如图 3-31 所示。

图 3-31　允许拖放文件

3.5　本章习题

1. 使用 Spy 工具查看某个窗口的句柄树，如图 3-32 所示。

图 3-32　句柄树

在 VBA 的标准模块中输入如下代码：

```
Private Declare Function FindWindowEx Lib "user32" Alias "FindWindowExA" (ByVal
hWnd1 As Long, ByVal hWnd2 As Long, ByVal lpsz1 As String, ByVal lpsz2 As String) As Long
    Private Declare Function GetParent Lib "user32" (ByVal hwnd As Long) As Long
    Private Declare Function GetNextWindow Lib "user32" Alias "GetWindow" (ByVal
hwnd As Long, ByVal wFlag As Long) As Long
```

```
Private Const GW_HWNDFIRST = 0
Private Const GW_HWNDLAST = 1
Private Const GW_HWNDNEXT = 2
Private Const GW_HWNDPREV = 3

Sub Test()
    Dim h(0 To 10) As Long
    h(0) = 264990
    h(1) = FindWindowEx(h(0), 264988, "Button", vbNullString)
    h(2) = GetParent(h(0))
    h(3) = GetNextWindow(264988, GW_HWNDPREV)
    h(4) = GetNextWindow(264988, GW_HWNDFIRST)
    Debug.Print h(1), h(2), h(3), h(4)
End Sub
```

运行上述 Test 过程，输出的 4 个数字分别是多少？

2. 编写一个程序，用于获得桌面上打开的所有记事本窗口，每个记事本窗口的标题文字分别是什么？

3.（多选）根据窗口的类名和标题返回句柄的函数是哪些？（　　　）

A. WindowFromPoint 函数   B. FindWindow 函数

C. FindWindowEx 函数   D. GetParent 函数

第 4 章 消息函数

消息（Message）是系统定义的一个 32 位的值，向 Windows 发出一个通知，告诉应用程序某个事件发生了。例如，单击鼠标、改变窗口尺寸、按下键盘上的一个键都会使 Windows 发送一个消息给应用程序。例如，用鼠标单击窗口中的某个按钮，相当于发送了一个 BM_Click 事件，或者与鼠标有关的事件；在文本区域中按快捷键【Ctrl+A】会看到文本处于全选状态，这是因为应用程序接收到了这个按键的消息。

本章学习通过 API 函数自动向某个应用程序或窗口发送消息的方法，让目标窗口以为是用户的一个操作，从而实现用代码代替人工操作的目的。

4.1　与消息有关的函数

mouse_event 或 keybd_event 函数用于自动操作鼠标或键盘，然而这些函数与被操作的窗口、控件的句柄无关，只能作用于当前拥有焦点的窗口或控件。换句话说，只有事先把计划操作的窗口或控件激活，再调用上述 API 函数才能成功，属于前台方式。

SendMessage、PostMessage 函数可以向指定句柄的对象发送消息，由于调用这些函数必须传递句柄进去，因此无论目标对象是否被激活都能接收到消息，从而可以利用后台方式实现自动化。

4.1.1　SendMessage 函数

SendMessage 函数可以向指定句柄的窗口发送一个消息。而且，要等到目标窗口把消息处理完毕后再返回。一般声明如下：

```
Private Declare Function SendMessage Lib "user32" Alias "SendMessageA" (ByVal hwnd As Long, ByVal wMsg As Long, ByVal wParam As Long, lParam As Any) As Long
```

SendMessage 函数共包含 4 个参数。
- hwnd：接收消息窗口的句柄。
- wMsg：消息类型，由消息常量决定。
- wParam：附加信息 1。
- lParam：附加信息 2。

如果发送比较简单的消息，后两个参数可以都设置为 0。

下面的实例使用 SendMessage 函数向一个记事本窗口发送 WM_CLOSE 消息，目的是关闭该窗口。

```
Sub 自动关闭一个窗口 ()
    Const WM_CLOSE = &H10
    Dim hNotepad As Long
    hNotepad = 198116
    SendMessage hwnd:=hNotepad, wMsg:=WM_CLOSE, wParam:=0, lParam:=0
End Sub
```

运行上述程序，记事本弹出关闭之前的提示对话框，在对话框未处理完之前，VBA 处于阻塞状态，如图 4-1 所示。

此时，用户需要处理该对话框，只有单击了"不保存"按钮，VBA 中后续的代码才能继续运行。

图 4-1　向记事本窗口发送关闭消息

📢 注意：

SendMessage 函数的声明有多个版本，尤其是后两个参数 wParam、lParam 的传递方式及其类型可以根据场合进行自定义修改。

4.1.2　PostMessage 函数

PostMessage 函数与 SendMessage 函数的参数完全一样，功能也是向指定句柄的窗口或控件发送一个消息。

该函数将一个消息放入与指定窗口创建的线程相联系的消息队列里，不用等待线程处理消息就返回，是异步消息模式。

以自动单击"运行"对话框中的"浏览"按钮为例讲解 PostMessage 与 SendMessage 函数在功能上的不同，如图 4-2 所示。

向按钮发送 BM_Click 消息可以实现自动单击按钮，不过发送该消息之前需要用 SetForegroundWindow 函数把按钮或按钮的父窗口提到最前。

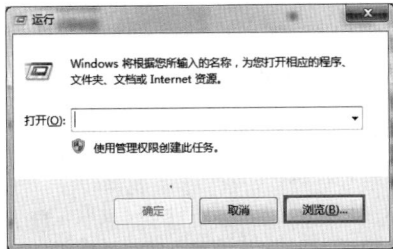

图 4-2　"浏览"按钮

具体代码如下：

```
Public Declare Function SetForegroundWindow Lib "user32" (ByVal hwnd As Long) As Long
Public Declare Function SendMessage Lib "user32" Alias "SendMessageA" (ByVal hwnd As Long, ByVal wMsg As Long, ByVal wParam As Long, lParam As Any) As Long
Public Declare Function PostMessage Lib "user32" Alias "PostMessageA" (ByVal hwnd As Long, ByVal wMsg As Long, ByVal wParam As Long, ByVal lParam As Long) As Long
Public Const BM_Click As Long = &HF5
Sub 自动单击浏览 ()
    Dim hBrowser As Long
    hBrowser = 264292          '浏览按钮的句柄
    SetForegroundWindow hBrowser
    SendMessage hwnd:=hBrowser, wMsg:=BM_Click, wParam:=0, lParam:=0
    Debug.Print Now
End Sub
```

运行上述程序，当程序运行至 SendMessage 语句时，会弹出"浏览"对话框，如图 4-3 所示。

图 4-3　弹出"浏览"对话框

该对话框是一个模态对话框，弹出以后导致"运行"对话框进入阻塞状态，同时，VBA 程序也处于运行中。当用任何方式选择一个文件或者单击"取消"按钮关掉"浏览"对话框时，VBA 程序才能继续向下执行，输出当前时间。

可以看出，SendMessage 是同步方式，当发消息到指定句柄的窗口或控件时，需要等到消息返回。

接下来，把如下代码

```
SendMessage hwnd:=hBrowser, wMsg:=BM_Click, wParam:=0, lParam:=0
```

修改为

```
PostMessage hwnd:=hBrowser, wMsg:=BM_Click, wParam:=0, lParam:=0
```

再次运行上述程序，会发现当"浏览"对话框弹出后，VBA 中会继续执行后续的代码，输出当前时间，并且 Excel 和 VBA 都处于就绪状态。这是因为 PostMessage 是异步方式，发出消息后不负责等待消息的结束。

4.1.3　消息常量

使用 SendMessage 函数或 PostMessage 函数发送消息，发送消息的种类取决于 wMsg 参数的设置，wMsg 必须设置为消息常量。

消息常量非常多，在 API 查询工具中检索以"WM_"开头的常数，可以看到大量与窗口有关的消息常量，每个常量都代表着不同方面的含义，如图 4-4 所示。

通常以"WM_"开头的是窗口方面的消息，以"BM_"开头的是按钮控件方面的消息，以"LB_"开头的是列表框控件方面的消息等。可以借助微软公司的 Spy++ 工具了解消息以及常量。

图 4-4　API 常量

4.1.4 使用 Spy++ 监视消息

Spy++ 是一个基于 Win32 的实用工具，它提供系统的进程、线程、窗口和窗口消息的图形视图。使用 Spy++ 可以执行下列操作：显示系统对象（包括进程、线程和窗口）之间关系的图形树，搜索指定的窗口、线程、进程或消息，查看选定的窗口、线程、进程或消息的属性。

如果在计算机中安装了 VB 6 或 Visual Studio，会在计算机中找到名称为 spyxx.exe 的工具。例如，在安装了 Visual Studio 2017 的计算机中定位到 C:\Program Files\Microsoft Visual Studio 11.0\Common7\Tools 路径下，可以看到 spyxx.exe 工具，如图 4-5 所示。

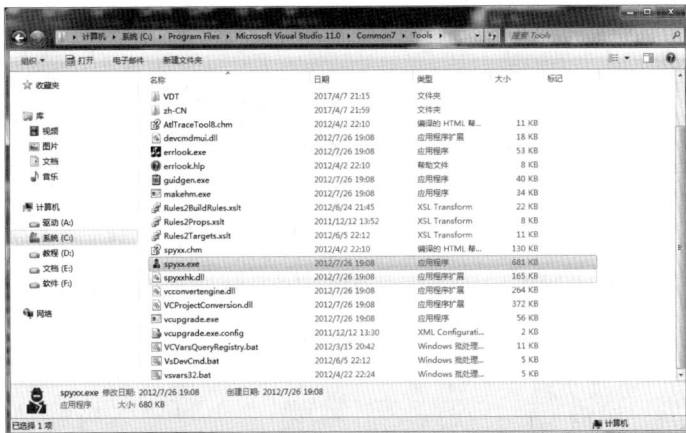

图 4-5 Visual Studio 自带的 Spy++ 工具

双击该文件启动 Spy++ 工具，其中，树形结构显示的是桌面上所有窗口及其后代控件的句柄树，如图 4-6 所示。

图 4-6 所有窗口及其后代控件的句柄树

下面讲解通过 Spy++ 工具监听记事本文本区域的消息的步骤。

（1）启动记事本，然后在 Spy++ 工具中依次单击菜单"监视""日志消息"，或者按快捷键【Ctrl+M】，弹出"消息选项"对话框，如图 4-7 所示。

在"消息选项"对话框中，拖动"查找程序工具"图标到记事本的文本编辑区域，可以看到捕获成功，在"选定的对象"栏中可以看到窗口句柄是 000E07A8，类是 Edit，如图 4-8 所示。

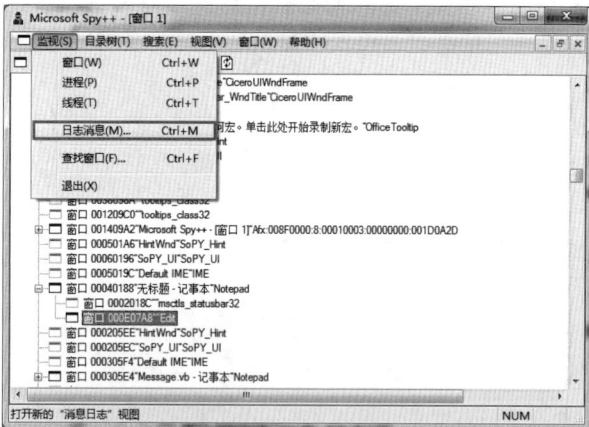

图 4-7 "日志消息"菜单项

图 4-8 捕捉记事本的编辑区域

（2）切换到"消息"选项卡中，单击"全部清除"按钮，使左侧的消息常量列表全部处于未选中的状态，如图 4-9 所示。

如果要监听键盘、鼠标方面的消息，可以勾选右侧"消息组"中的选项，不过这种方式会使键盘、鼠标的所有事件消息都处于监听状态。如果使 WM_MOUSEHOVER、WM_MOUSEMOVE 处于监听状态，移动鼠标时会产生大量的日志。

因此，为了不受到其他消息的干扰，推荐从左侧的消息常量列表中点选消息常量。例如，选中 WM_KEYDOWN、WM_KEYUP，只监听按键的按下和弹起消息，如图 4-10 所示。

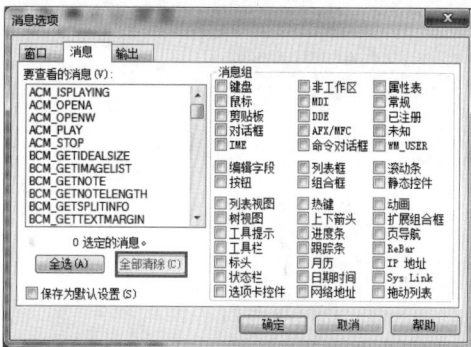

图 4-9 清除选择消息

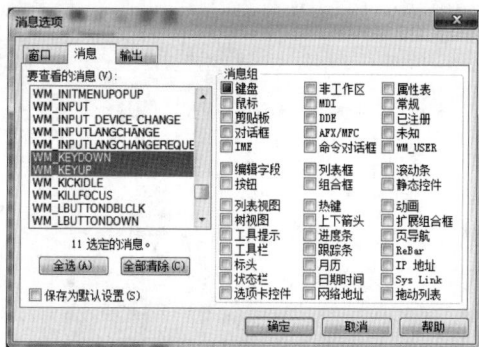

图 4-10 选择部分消息

假设选中的是如下消息。

● WM_KEYDOWN：按键按下。

● WM_KEYUP：按键弹起。

● WM_LBUTTONDBLCLK：双击鼠标左键。

● WM_LBUTTONDOWN：按下鼠标左键。

- WM_LBUTTONUP：弹起鼠标左键。
- WM_MOUSEWHEEL：滚动鼠标滚轮。
- WM_RBUTTONDBLCLK：双击鼠标右键。
- WM_RBUTTONDOWN：按下鼠标右键。
- WM_RBUTTONUP：弹起鼠标右键。
- WM_SYSCOMMAND：系统命令（最小化、最大化、正常大小等）。

（3）单击"消息选项"对话框中的"确定"按钮，Spy++进入消息监听状态。

在记事本中单击鼠标左键，然后输入 api 三个字母，接着按快捷键【Ctrl+A】，最后单击鼠标右键。在消息监听窗口中可以看到自动产生了 14 行消息日志，如图 4-11 所示。

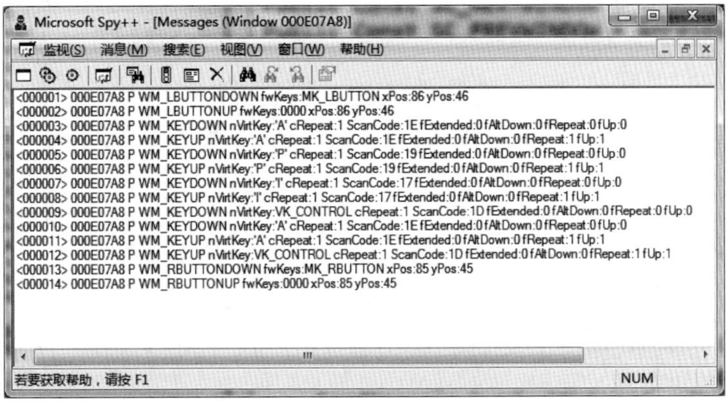

图 4-11　获取的消息日志

下面以前两行日志为例，详细解析日志记录的内容，以及如何利用日志记录产生 SendMessage 函数所需的参数。

```
<000001> 000E07A8 P WM_LBUTTONDOWN fwKeys:MK_LBUTTON xPos:86 yPos:46
```

第 1 行日志中的各部分含义如下。

- <000001>：日志序号。
- 000E07A8：记事本文本框的句柄值。
- P：代表 PostMessage。如果是 S，则代表 SendMessage。
- WM_LBUTTONDOWN：表示 wMsg 参数所需的消息常量，表示按下鼠标左键。
- fwKeys:MK_LBUTTON：表示 wParam 参数所需的常量。
- xPos:86 yPos:46，表示按下左键时的光标位置是 (86,46)，文本框的左上角坐标为 (0,0)。

可以发现，在日志中并未找到 lParam 参数的取值。

在 Spy++ 窗口中选中第 1 条日志，单击工具栏中的"属性"按钮，或者在日志上单击鼠标右键，在弹出的右键菜单中选择"属性…"选项。如图 4-12 所示。

在弹出的"消息属性"对话框中，可以看到句柄值为 000E07A8，消息常量为 WM_LBUTTONDOWN（&H201）；参数 wParam 为 00000001（等于 VBA 中的十六进制数 &H1），参数 lParam 为 002E0056（等于 VBA 中的十六进制数 &H002E0056），如图 4-13 所示。

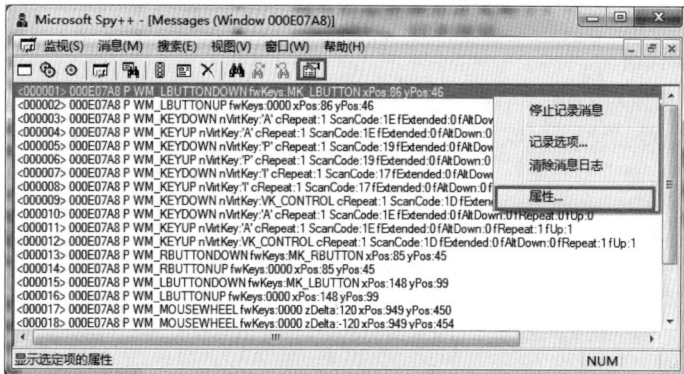

图 4-12 "属性"菜单项

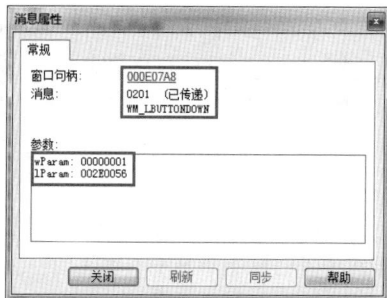

图 4-13 "消息属性"对话框

实际上，参数 lParam 的值是单击左键时的坐标。第 1 条日志中的 xPos:86 yPos:46 转换为十六进制后为（&H56,&H2E），纵坐标的值补足 4 位放在前面，横坐标的值也补足 4 位放在后面，就形成了 &H002E0056。

有了以上理解，相当于拿到了全部 4 个参数，就可以写出在指定位置按下鼠标左键的消息为：

```
PostMessage hwnd:=&HE07A8, wMsg:=WM_LBUTTONDOWN, wParam:=MK_LBUTTON,
lParam:=&H2E0056
```

同理，第 2 条日志的作用是弹起左键，查看属性所需的 4 个参数，如图 4-14 所示。

对应的调用方式为：

```
PostMessage hwnd:=&HE07A8, wMsg:=WM_LBUTTONUP,
wParam:=0, lParam:=&H2E0056
```

把以上两行代码放在一起执行，就完成了一次完整的鼠标单击。如果要换个位置单击鼠标，修改代码中 lParam 参数的值就可以了。

下面分类介绍这些消息的应用。

图 4-14 "消息属性"对话框

4.2　按钮类控件

在用 API 函数处理 Windows 控件时，单选按钮、复选框、普通按钮具有很多共性。

在运行对话框中输入命令 msconfig，可以打开"系统配置"对话框，如图 4-15 所示。

在 Spy 工具中查看该对话框中的控件，可以看到"正常启动""加载系统服务"这些单选按钮、复选框控件的类名都是 Button，如图 4-16 所示。

图 4-15 "系统配置"对话框

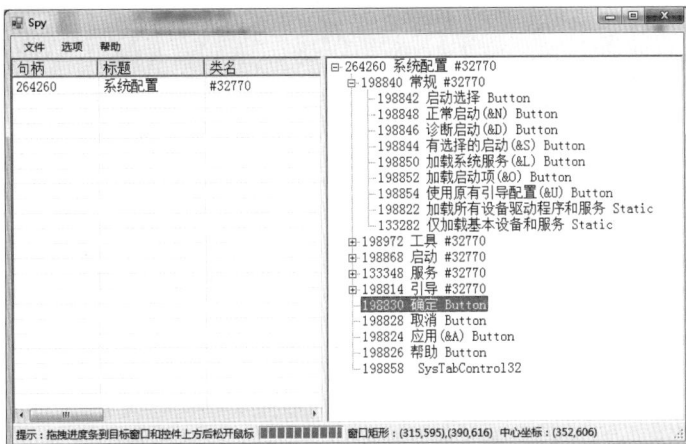

图 4-16 "系统配置"对话框中控件的句柄树

4.2.1 单选按钮

单选按钮，也称为收音机按钮。在同一个组中的多个单选按钮是互斥的，只能有一个处于选中状态。

SendMessage 函数可以判断一个单选按钮是处于选中还是未选中的状态，也可以自动选中或取消选中一个单选按钮。

当发送 BM_GETCHECK 消息时，返回一个值表示单选按钮选中还是未选中。

当发送 BM_SETCHECK 消息且 wParam 参数为 BST_CHECKED 时，单选按钮会自动选中；如果 wParam 参数为 BST_UNCHECKED，会自动取消选中。

以上用法同时适用于单选按钮和复选框。

下面的实例首先判断"有选择的启动"这个单选按钮是否处于选中状态，如果未选中，则选中它，并且取消选中"正常启动"单选按钮。

```
Public Declare Function SendMessage Lib "user32" Alias "SendMessageA" (ByVal
hwnd As Long, ByVal wMsg As Long, ByVal wParam As Long, lParam As Any) As Long
Public Const BM_GETCHECK = &HF0
Public Const BM_SETCHECK = &HF1
Public Const BST_CHECKED = &H1
Public Const BST_UNCHECKED = &H0
Public Const BM_Click = &HF5
Sub 单选按钮()
    Dim 正常启动 As Long
    Dim 有选择的启动 As Long
    Dim Checked As Boolean
    正常启动 = 198848
    有选择的启动 = 198844
    Checked = SendMessage(hwnd:=有选择的启动, wMsg:=BM_GETCHECK, wParam:=0, lParam:=0)
    If Checked = False Then
```

```
            Call SendMessage(hwnd:= 有选择的启动 ,wMsg:=BM_SETCHECK,wParam:=BST_CHECKED,lParam:=0)
            Call SendMessage(hwnd:= 正常启动 ,wMsg:=BM_SETCHECK,wParam:=BST_UNCHECKED,lParam:=0)
        End If
    End Sub
```

代码分析：

在发送 BM_SETCHECK 消息给一个单选按钮时，与该单选按钮同组的其他单选按钮不受影响，也就是说不能自动切换。因此在上述代码的 If 结构中分别给两个单选按钮都发送了消息。

如果只给"有选择的启动"这个单选按钮发送消息，会产生多个单选按钮同时被选中的效果，如图 4-17 所示。

分别发送消息后，虽然正确切换到了"有选择的启动"单选按钮，但是发现下面的三个复选框处于禁用状态，如图 4-18 所示。

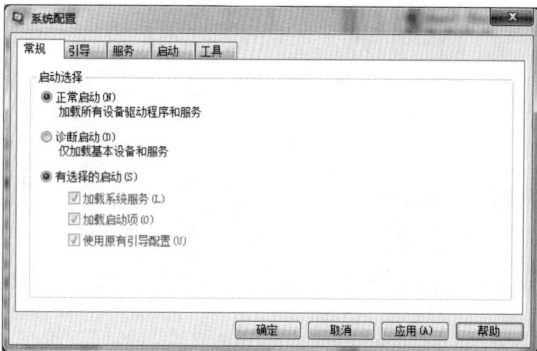

图 4-17　自动选中多个单选按钮

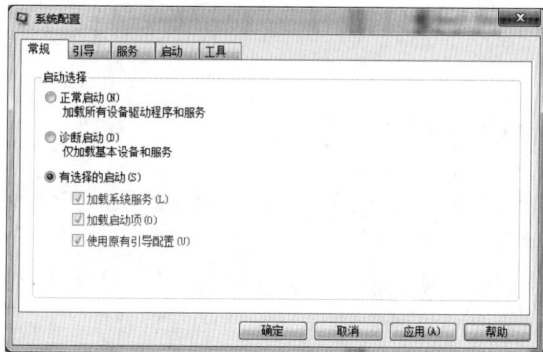

图 4-18　运行结果

以上方法需要事先判断哪一个是当前选中的单选按钮。为了更加简单，可以直接给一个单选按钮发送 BM_Click 消息，完成自动切换。例如：

```
    Call SendMessage(hwnd:= 有选择的启动 , wMsg:=BM_Click, wParam:=0, lParam:=0)
```

执行上述代码，才能取得和手动操作一样的效果，如图 4-19 所示。

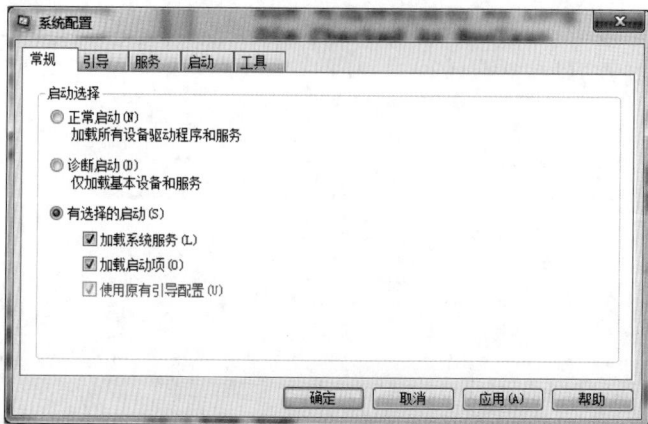

图 4-19　发送 BM_Click 消息后的效果

4.2.2 复选框

操作复选框用到的 API 函数和常量与单选按钮的一样。

下面的程序首先判断"加载系统服务"复选框是否已勾选，如果已勾选，则自动取消勾选。

```
Sub 复选框()
    Dim 加载系统服务 As Long
    Dim Checked As Boolean
    加载系统服务 = 198850
    Checked = SendMessage(hwnd:=加载系统服务, wMsg:=BM_GETCHECK, wParam:=0, lParam:=0)
    If Checked Then
        Call SendMessage(hwnd:=加载系统服务, wMsg:=BM_Click, wParam:=0, lParam:=0)
    End If
End Sub
```

运行上述程序，"系统配置"对话框的效果如图 4-20 所示。

图 4-20　勾选复选框

4.2.3 普通按钮

对于普通按钮，常用的 API 操作是单击按钮，只需发送 BM_Click 消息即可。

下面的程序实现自动单击"系统配置"对话框中的"确定"按钮。

```
Sub 普通按钮()
    Dim 确定 As Long
    确定 = 198830
    Call SetForegroundWindow(hwnd:=确定)
    Call SendMessage(hwnd:=确定, wMsg:=BM_Click, wParam:=0, lParam:=0)
End Sub
```

4.3　编辑框控件

编辑框的类名通常是 Edit，这类控件用于编辑文本，也可以选中文本内容的一部分。

本节讲述如何获取和设置编辑框中的内容，以及如何获取编辑框中选中的文本、自动选中一部分文本的方法。

4.3.1　获取编辑框控件中的文本内容

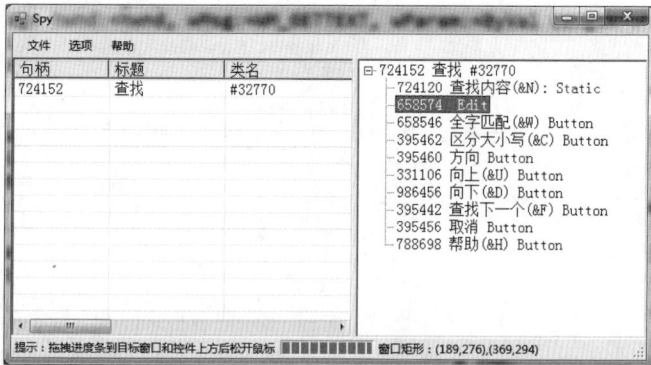

使用 SendMessage 函数向编辑框控件发送 WM_GETTEXTLENGTH 消息，可以返回该控件的文本长度（1 个汉字的长度是 2）。

发送 WM_GETTEXT 消息，可以把控件中的文本内容传递给第 4 个参数 lParam。

例如，在记事本窗口中按快捷键【Ctrl+F】弹出"查找"对话框。该对话框中包含多种类型的控件，包括标签、编辑框、复选框、按钮等，这些控件的文本均可通过 WM_GETTEXT 消息获得。

事先在"查找内容"右侧的编辑框中输入任意单词，如 Excel，如图 4-21 所示。

在 Spy 中查看该对话框，可以看到标签的类名是 Static，编辑框的类名是 Edit，其他控件的类名全是 Button，如图 4-22 所示。

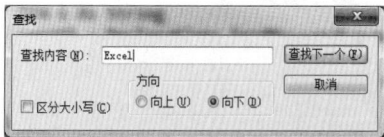

图 4-21　获取编辑框内容　　　　　图 4-22　"查找"对话框中控件的句柄树

下面的程序可以获取各种控件中包含的文本内容。

```
Option Explicit
Public Const WM_GETTEXT = &HD
Public Const WM_SETTEXT = &HC
Public Const WM_GETTEXTLENGTH = &HE
Sub 获取控件的文本()
    '适用于标签、编辑框、单选按钮、复选框、普通按钮等控件
    Dim hwnd As Long
    Dim Length As Long
    Dim Spaces As String
    hwnd = 724120
    Length = SendMessage(hwnd:=hwnd, wMsg:=WM_GETTEXTLENGTH, wParam:=0, lParam:=0)
    Spaces = Space(Length)
    SendMessage hwnd:=hwnd, wMsg:=WM_GETTEXT, wParam:=ByVal Length + 1,
lParam:=ByVal Spaces
    Debug.Print hwnd, Spaces
```

```
        hwnd = 658574
        Length = SendMessage(hwnd:=hwnd, wMsg:=WM_GETTEXTLENGTH, wParam:=0, lParam:=0)
        Spaces = Space(Length)
        SendMessage hwnd:=hwnd, wMsg:=WM_GETTEXT, wParam:=ByVal Length + 1,
lParam:=ByVal Spaces
        Debug.Print hwnd, Spaces
        hwnd = 395442
        Length = SendMessage(hwnd:=hwnd, wMsg:=WM_GETTEXTLENGTH, wParam:=0, lParam:=0)
        Spaces = Space(Length)
        SendMessage hwnd:=hwnd, wMsg:=WM_GETTEXT, wParam:=ByVal Length + 1,
lParam:=ByVal Spaces
        Debug.Print hwnd, Spaces
        hwnd = 395462
        Length = SendMessage(hwnd:=hwnd, wMsg:=WM_GETTEXTLENGTH, wParam:=0, lParam:=0)
        Spaces = Space(Length)
        SendMessage hwnd:=hwnd, wMsg:=WM_GETTEXT, wParam:=ByVal Length + 1,
lParam:=ByVal Spaces
        Debug.Print hwnd, Spaces
    End Sub
```

运行上述程序，在立即窗口中输出每个控件的句柄及其文本内容，如图 4-23 所示。

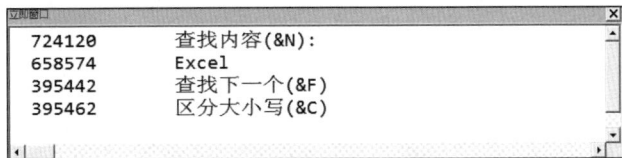

图 4-23　获取控件的内容

4.3.2　设置控件的文本内容

向控件发送 WM_SETTEXT 消息，并且把第 4 个参数 lParam 设置为新的文本字符串，即可修改控件的文本内容。

下面的程序可以把记事本的"查找"对话框中的一部分控件的文本内容修改为英文版。

```
Sub 设置控件的文本()
    Dim hwnd As Long
    Dim text As String
    hwnd = 724120: text = "Keyword:"
    SendMessage hwnd:=hwnd, wMsg:=WM_SETTEXT, wParam:=0, lParam:=ByVal text
    hwnd = 658574: text = "Outlook"
    SendMessage hwnd:=hwnd, wMsg:=WM_SETTEXT, wParam:=0, lParam:=ByVal text
    hwnd = 395442: text = "FindNext"
    SendMessage hwnd:=hwnd, wMsg:=WM_SETTEXT, wParam:=0, lParam:=ByVal text
    hwnd = 395462: text = "IgnoreCase"
    SendMessage hwnd:=hwnd, wMsg:=WM_SETTEXT, wParam:=0, lParam:=ByVal text
End Sub
```

运行上述程序，可以看到"查找"对话框中 4 个控件的文本内容被修改了，如图 4-24 所示。

4.3.3　获取编辑框的选中情况

图 4-24　向编辑框中自动输入内容

在编辑框中允许全选文本、选中部分文本，或者光标置于两个字符之间，一个字符也不选。

向编辑框控件发送 EM_GETSEL 消息，可以获知控件目前选中部分的开始位置和结束位置。例如，在"查找内容"右侧的编辑框中把 Outlook 的后 4 个字符选中，开始位置是 3，结束位置是 7，如图 4-25 所示。

图 4-25　选中部分内容的编辑框

在发送 EM_GETSEL 消息时，会把这两个位置以引用传递的方式分别传递给 wParam 和 lParam，因此需要重新定义 SendMessage 函数，注意在后两个参数前面都加上 ByRef。

```
Private Declare Function SendMessageByRef Lib "user32" Alias "SendMessageA" (ByVal
hwnd As Long, ByVal wMsg As Long, ByRef wParam As Long, ByRef lParam As Long) As Long
Public Const EM_GETSEL = &HB0
Public Const EM_SETSEL = &HB1
```

下面的程序首先声明一个 Long 型数组，发送消息后会自动把开始位置赋给 Pos(0)，结束位置赋给 Pos(1)。

```
Sub 获取编辑框的选中情况 ()
    Dim Pos(0 To 1) As Long
    SendMessageByRef hwnd:= 658574, wMsg:=EM_GETSEL, wParam:=Pos(0), lParam:=Pos(1)
    Debug.Print Pos(0), Pos(1)
End Sub
```

运行上述程序，在立即窗口中输出的结果分别是 3 和 7。

4.3.4　选择编辑框中的部分内容

通过向编辑框控件发送 EM_SETSEL 消息可以自动设置选中部分的起始位置和结束位置。

在 IE 浏览器中打开"Internet 选项"对话框，可以看到设置主页的控件是一个编辑框，默认选中了全部网址，如图 4-26 所示。

发送 EM_SETSEL 消息，在 API 函数的声明中必须把后两个参数按值传递，因此修改为如下的 SendMessageByVal 函数，注意在后两个参数的前面都加上了 ByVal。

```
Private Declare Function SendMessageByVal Lib "user32" Alias "SendMessageA" (ByVal
hwnd As Long, ByVal wMsg As Long, ByVal wParam As Long, ByVal lParam As Long) As Long
Public Const EM_SETSEL = &HB1
Sub 选中编辑框中的部分内容 ()
    SendMessageByVal hwnd:=526416, wMsg:=EM_SETSEL, wParam:=12, lParam:=17
End Sub
```

运行上述程序，会看到自动选中了编辑框中第 12～17 个字符，如图 4-27 所示。

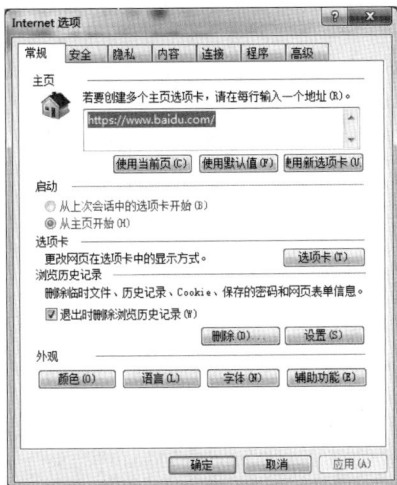

图 4-26　默认选中编辑框中的全部网址　　　　图 4-27　自动选中编辑框中的一部分文字

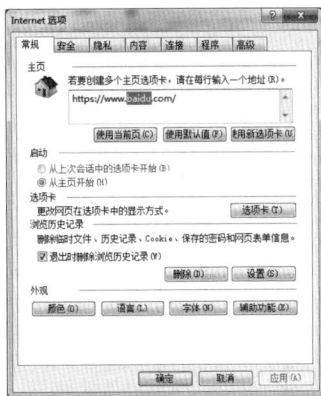

4.4　列表框控件

列表框是指类名为 ListBox 的控件，这类控件通常只有一列，控件中的每条记录称为条目。
例如，打开 IE 浏览器的 "Internet 选项" 对话框，如图 4-28 所示。
单击 "字体" 按钮，弹出 "字体" 对话框，该对话框中有两个列表框控件，如图 4-29 所示。

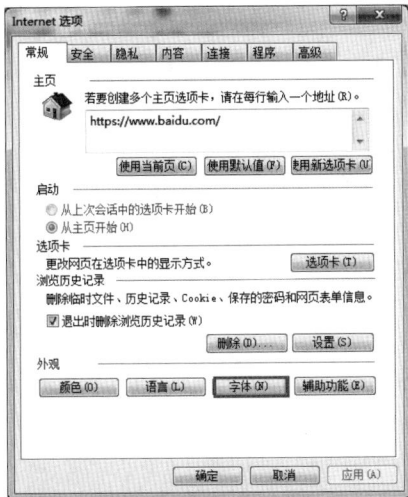

图 4-28　"Internet 选项" 对话框　　　　图 4-29　"字体" 对话框中的列表框控件

使用 API 函数可以获取列表框中条目的总数、每一个条目的内容、现在所选的条目序号等信息。
下面是一些以 "LB-" 开头的、用于配合 SendMessage 函数实现获取和设置列表框的常量。

```
Public Const LB_ADDSTRING = &H180
Public Const LB_INSERTSTRING = &H181
Public Const LB_DELETESTRING = &H182
Public Const LB_SELITEMRANGEEX = &H183
Public Const LB_RESETCONTENT = &H184
Public Const LB_SETSEL = &H185
Public Const LB_SETCURSEL = &H186
Public Const LB_GETSEL = &H187
Public Const LB_GETCURSEL = &H188
Public Const LB_GETTEXT = &H189
Public Const LB_GETTEXTLEN = &H18A
Public Const LB_GETCOUNT = &H18B
Public Const LB_SELECTSTRING = &H18C
Public Const LB_DIR = &H18D
Public Const LB_GETTOPINDEX = &H18E
Public Const LB_FINDSTRING = &H18F
Public Const LB_GETSELCOUNT = &H190
Public Const LB_GETSELITEMS = &H191
Public Const LB_SETTABSTOPS = &H192
Public Const LB_GETHORIZONTALEXTENT = &H193
Public Const LB_SETHORIZONTALEXTENT = &H194
Public Const LB_SETCOLUMNWIDTH = &H195
Public Const LB_ADDFILE = &H196
Public Const LB_SETTOPINDEX = &H197
Public Const LB_GETITEMRECT = &H198
Public Const LB_GETITEMDATA = &H199
Public Const LB_SETITEMDATA = &H19A
Public Const LB_SELITEMRANGE = &H19B
Public Const LB_SETANCHORINDEX = &H19C
Public Const LB_GETANCHORINDEX = &H19D
Public Const LB_SETCARETINDEX = &H19E
Public Const LB_GETCARETINDEX = &H19F
Public Const LB_SETITEMHEIGHT = &H1A0
Public Const LB_GETITEMHEIGHT = &H1A1
Public Const LB_FINDSTRINGEXACT = &H1A2
Public Const LB_SETLOCALE = &H1A5
Public Const LB_GETLOCALE = &H1A6
Public Const LB_SETCOUNT = &H1A7
```

其中，最常用的常量如下。

- LB_GETCOUNT：返回条目总数。
- LB_GETTEXTLEN：返回指定序号的条目的内容长度。
- LB_GETTEXT：返回指定序号的条目的内容。
- LB_GETCURSEL：返回当前所选的条目的序号。
- LB_SETCURSEL：自动选中指定序号的条目。
- LB_FINDSTRINGEXACT：精确查找指定内容的一个条目。
- LB_FINDSTRING：模糊查找指定内容的条目。
- LB_INSERTSTRING：在指定位置插入一个新条目。

- LB_ADDSTRING：在列表框末尾增加一个新条目。
- LB_DELETESTRING：删除指定序号的一个条目。
- LB_RESETCONTENT：清空所有条目。

4.4.1 遍历列表框的每个条目

列表框的所有条目可以看作是一个字符串数组，遍历条目之前需要先获取条目总数。在获取条目的文本内容时，需要先发送 LB_GETTEXTLEN 消息计算出该条目内容的长度。

代码如下：

```
Private Declare Function SendMessageByVal Lib "user32" Alias "SendMessageA" (ByVal
hwnd As Long, ByVal wMsg As Long, ByVal wParam As Long, ByVal lParam As Long) As Long
Private Declare Function SendMessageByString Lib "user32" Alias "SendMessageA" (ByVal
hwnd As Long, ByVal wMsg As Long, ByVal wParam As Long, ByVal lParam As String) As Long


Sub 遍历列表框中的条目 ()
    Dim hwnd As Long
    Dim Length As Long
    Dim ListCount As Long
    Dim i As Long
    Dim text As String
    hwnd = 2165826
    ListCount = SendMessageByVal(hwnd:=hwnd, wMsg:=LB_GETCOUNT, wParam:=ByVal 0,
lParam:=ByVal 0)
    For i = 0 To ListCount - 1
        Length = SendMessageByVal(hwnd:=hwnd, wMsg:=LB_GETTEXTLEN, wParam:=ByVal
i, lParam:=ByVal 0)
        text = Space(255)
        Call SendMessageByString(hwnd:=hwnd, wMsg:=LB_GETTEXT, wParam:=ByVal i,
lParam:=ByVal text)
        Debug.Print i, StrConv(LeftB(StrConv(text, vbFromUnicode), Length), vbUnicode)
    Next i
End Sub
```

代码分析：

变量 i 是循环变量，text 变量用来存储每个条目的文本内容，Length 变量用来保存计算出的每个条目内容的字节长度（1 个汉字的长度是 2），最后需要从长度为 255 的字符串 text 中截取左侧部分作为条目内容。如果条目内容既有英文又有汉字，用 VBA 中的 Left 函数和 LeftB 函数都不能得到正确的条目内容。虽然可以使用 RTrim 函数把 text 右侧多余的空格删掉，但是要考虑列表框的条目本身包含空格的情形。因此，本例使用了双层的 StrConv 函数转换得到正确的结果。

运行上述程序，在立即窗口中输出列表框的每个条目的序号和内容（总共 68 条），如图 4-30 所示。

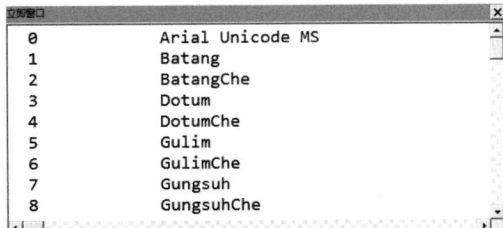

0	Arial Unicode MS
1	Batang
2	BatangChe
3	Dotum
4	DotumChe
5	Gulim
6	GulimChe
7	Gungsuh
8	GungsuhChe

图 4-30 获取的列表框内容

4.4.2 获取和设置列表框选中的条目

向列表框控件发送 LB_GETCURSEL 消息，可以得到当前选中的条目的序号。第一个条目的序号是 0。

向列表框控件发送 LB_SETCURSEL 消息，可以自动选中第 i 个条目，其中序号 i 要写在 wParam 参数中。

```
Sub 获取和设置列表框中选中的条目()
    Dim hwnd As Long
    Dim i As Long
    hwnd = 2165826
    i = SendMessageByVal(hwnd:=hwnd, wMsg:=LB_
GETCURSEL, wParam:=ByVal 0, lParam:=ByVal 0)
    Debug.Print i
    Call SendMessageByVal(hwnd:=hwnd, wMsg:=LB_
SETCURSEL, wParam:=ByVal 67, lParam:=ByVal 0)
End Sub
```

运行上述程序，会看到自动选中了列表框的最后一个条目，如图 4-31 所示。

图 4-31 自动选中列表框的最后一个条目

4.4.3 查找列表框中指定内容的条目

向列表框发送 LB_FINDSTRINGEXACT 消息，可以按照条目内容进行精确查找，函数返回的是查找到的条目序号。如果找不到，则返回 -1。

发送 LB_FINDSTRING 消息可以进行模糊查找。例如，将关键字设置为 Dot，可以查找到以 Dot 开头的条目，如 Dotum。

另外，还可以在 wParam 参数中设置查找的起始序号。当设置为 -1 时，表示从第一个条目向下查找；如果设置为其他数字，表示从该数字以下的条目中进行查找。lParam 参数用于设置查找关键字。

下面的程序用于查找"字体"对话框中内容为 Dotum 的条目，如图 4-32 所示。

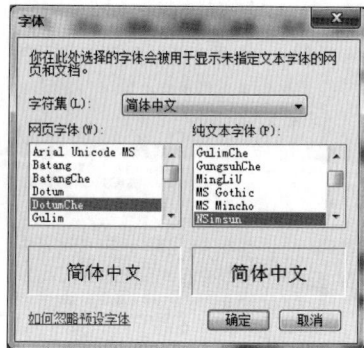

图 4-32 查找指定内容的条目

```
Sub 查找条目()
    Dim hwnd As Long
    Dim i As Long
    Dim text As String
    hwnd = 2165826
    text = "Dotum"
    i = SendMessageByString(hwnd:=hwnd, wMsg:=LB_FINDSTRINGEXACT, wParam:= -1, lParam:=text)
    Debug.Print i
    i = SendMessageByString(hwnd:=hwnd, wMsg:=LB_FINDSTRING, wParam:=3, lParam:=text)
    Debug.Print i
End Sub
```

运行上述程序，两次输出的结果分别是 3 和 4。

4.4.4 插入和增加列表框条目

向列表框控件发送 **LB_INSERTSTRING** 消息，可以在指定位置插入指定内容的新条目。其中，wParam 用于指定序号；lParam 用于指定条目内容。

```
Sub 插入和添加条目()
    Dim hwnd As Long
    hwnd = 2165826
    Call SendMessageByString(hwnd:=hwnd,wMsg:=LB_INSERTSTRING,wParam:=3,lParam:="3thFont")
    Call SendMessageByString(hwnd:=hwnd,wMsg:=LB_ADDSTRING,wParam:=0,lParam:="最新字体")
End Sub
```

运行上述程序，会看到在第 3 个位置插入了新条目，如图 4-33 所示。并且在最后位置增加了一个"最新字体"条目，如图 4-34 所示。

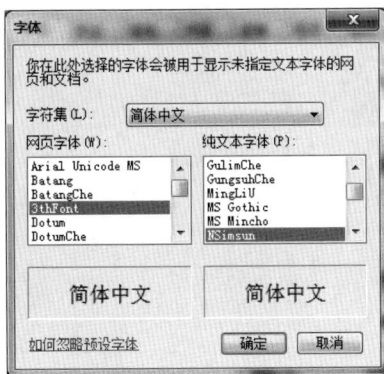

图 4-33 插入新条目

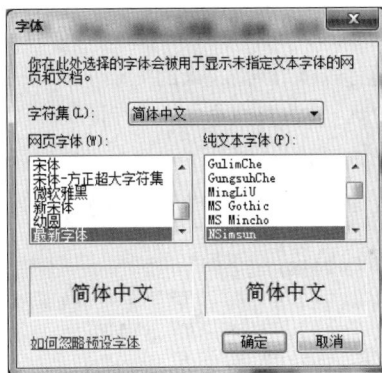

图 4-34 增加条目

4.4.5 移除和清空列表框条目

向列表框控件发送 **LB_DELETESTRING** 可以移除一个条目，wParam 规定被移除的条目序号。
向列表框控件发送 **LB_RESETCONTENT** 可以清空所有条目。

```
Sub 移除和清空条目()
    Dim hwnd As Long
    hwnd = 2165826
    Call SendMessageByString(hwnd:=hwnd, wMsg:=LB_DELETESTRING, wParam:=1, lParam:=0)
    Call SendMessageByString(hwnd:=hwnd, wMsg:=LB_RESETCONTENT, wParam:=0, lParam:=0)
End Sub
```

运行上述程序，首先把列表框中第一个条目（Batang 字体）移除掉了，如图 4-35 所示。然后清空所有条目，如图 4-36 所示。

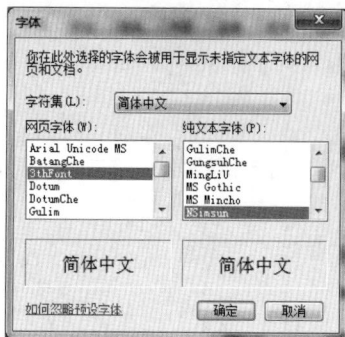

图 4-35　移除第一个条目

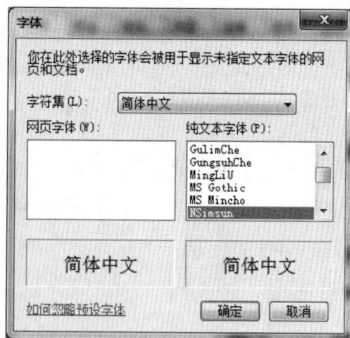

图 4-36　清空所有条目

4.5　组合框控件

组合框控件的类名是 ComboBox，有时也称为下拉列表框。该控件与列表框的功能非常相似，可以看作是能够及时折叠起来的列表框。

利用 API 函数访问组合框，与列表框一样，也是通过 SendMessage 函数发送消息。组合框中的消息常量都以"CB_"开头。

```
Public Const CB_GETEDITSEL = &H140
Public Const CB_LIMITTEXT = &H141
Public Const CB_SETEDITSEL = &H142
Public Const CB_ADDSTRING = &H143
Public Const CB_DELETESTRING = &H144
Public Const CB_DIR = &H145
Public Const CB_GETCOUNT = &H146
Public Const CB_GETCURSEL = &H147
Public Const CB_GETLBTEXT = &H148
Public Const CB_GETLBTEXTLEN = &H149
Public Const CB_INSERTSTRING = &H14A
Public Const CB_RESETCONTENT = &H14B
Public Const CB_FINDSTRING = &H14C
Public Const CB_SELECTSTRING = &H14D
Public Const CB_SETCURSEL = &H14E
Public Const CB_SHOWDROPDOWN = &H14F
Public Const CB_GETITEMDATA = &H150
Public Const CB_SETITEMDATA = &H151
Public Const CB_GETDROPPEDCONTROLRECT = &H152
Public Const CB_SETITEMHEIGHT = &H153
Public Const CB_GETITEMHEIGHT = &H154
Public Const CB_SETEXTENDEDUI = &H155
Public Const CB_GETEXTENDEDUI = &H156
Public Const CB_GETDROPPEDSTATE = &H157
Public Const CB_FINDSTRINGEXACT = &H158
```

组合框也可以利用 API 函数进行遍历条目、获取条目内容、自动选中某个条目、增加和移除条目等操作。代码书写与列表框完全一样，只需把以"LB_"开头的常量换成以"CB_"开头即可。

4.5.1 获取和设置组合框的下拉状态

通过向组合框控件发送 CB_GETDROPPEDSTATE 消息可以获知当前组合框是否处于下拉状态，发送 CB_SHOWDROPDOWN 消息可以自动下拉或收起组合框。

在记事本的"字体"对话框右下角有一个组合框，如图 4-37 所示。

```
Sub 获取组合框的下拉状态()
    Dim hwnd As Long
    Dim state As Long
    hwnd = 657048
    Application.Wait Now + TimeValue("00:00:05")
    state = SendMessage(hwnd:=hwnd, wMsg:=CB_GETDROPPEDSTATE, wParam:=0, lParam:=0)
    Debug.Print state
End Sub
```

运行上述程序，在 5 秒内用鼠标展开该组合框，在立即窗口中可以看到输出结果是 1；如果未展开，则输出结果为 0。

如果要自动展开组合框，需要发送 CB_SHOWDROPDOWN 消息，并且设置 wParam 参数为 1。

```
Sub 设置组合框的下拉状态()
    Dim hwnd As Long
    hwnd = 657048
    Call SendMessage(hwnd:=hwnd, wMsg:=CB_SHOWDROPDOWN, wParam:=1, lParam:=0)
End Sub
```

运行上述程序，看到自动展开了组合框，如图 4-38 所示。

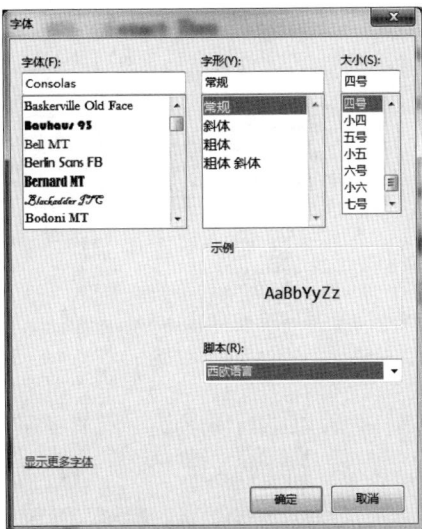

| 图 4-37 "字体"对话框 | 图 4-38 自动展开组合框 |

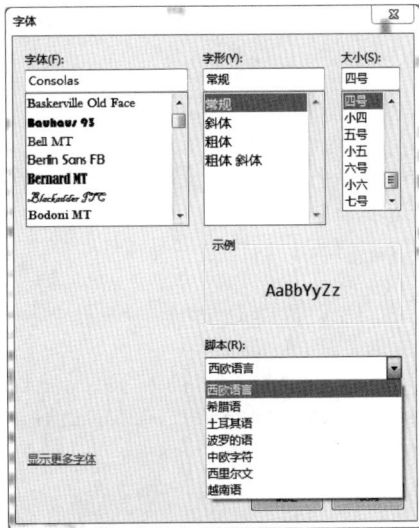

4.5.2　根据内容选中条目

不仅可以通过发送 CB_SETCURSEL 自动选中指定序号的条目，还可以通过发送 CB_SELECTSTRING 自动选中指定内容的条目。

```
Sub 自动选中指定内容的条目()
    Dim hwnd As Long
    hwnd = 657048
    Call SendMessageByString(hwnd:=hwnd, wMsg:=CB_
SELECTSTRING, wParam:=-1, lParam:=" 波罗的语 ")
End Sub
```

运行上述程序，自动选中内容为"波罗的语"的条目，如图 4-39 所示。

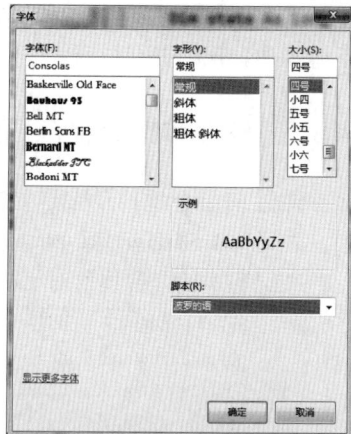

图 4-39　自动选中指定内容的条目

4.6　选项卡控件

选项卡控件的类名一般是 SysTabControl32。

向选项卡控件发送的消息常量都是以"TCM_"开头。

```
Public Const TCM_FIRST As Long = &H1300
Public Const TCM_GETITEMCOUNT As Long = (TCM_FIRST + 4)
Public Const TCM_GETITEMA As Long = (TCM_FIRST + 5)
Public Const TCM_GETCURFOCUS As Long = (TCM_FIRST + 47)
Public Const TCM_SETCURFOCUS As Long = (TCM_FIRST + 48)
Public Const TCM_DELETEITEM As Long = (TCM_FIRST + 8)
Public Const TCM_DELETEALLITEMS As Long = (TCM_FIRST + 9)
Public Const TCM_GETROWCOUNT As Long = (TCM_FIRST + 44)
```

4.6.1　获取选项卡总数

通过向选项卡控件发送 TCM_GETITEMCOUNT 消息可以获取选项卡总数。

```
Sub 获取选项卡总数()
    Dim hwnd As Long
    Dim TabCount As Long
    hwnd = 329092
    TabCount = SendMessage(hwnd:=hwnd,
wMsg:=TCM_GETITEMCOUNT, wParam:=0, lParam:=0)
    Debug.Print TabCount
End Sub
```

打开 Windows 任务管理器，如图 4-40 所示。

运行上述程序，在立即窗口中输出的结果为 6。

图 4-40　Windows 任务管理器

4.6.2　获取和设置活动选项卡

通过向选项卡控件发送 TCM_GETCURFOCUS 消息可以获取当前是第几个选项卡处于活动状态。通过发送 TCM_SETCURFOCUS 消息可以自动激活指定序号的选项卡，wParam 参数用于指定序号。

```
Sub 获取和设置活动选项卡()
    Dim hwnd As Long
    Dim Index As Long
    hwnd = 329092
    Index = SendMessage(hwnd:=hwnd, wMsg:=TCM_GETCURFOCUS, wParam:=0, lParam:=0)
    Debug.Print Index
    Call SendMessage(hwnd:=hwnd, wMsg:=TCM_SETCURFOCUS, wParam:=4, lParam:=0)
End Sub
```

运行上述程序，在立即窗口中输出的结果为 1，然后自动激活第 4 个选项卡（最左边选项卡的序号是 0），如图 4-41 所示。

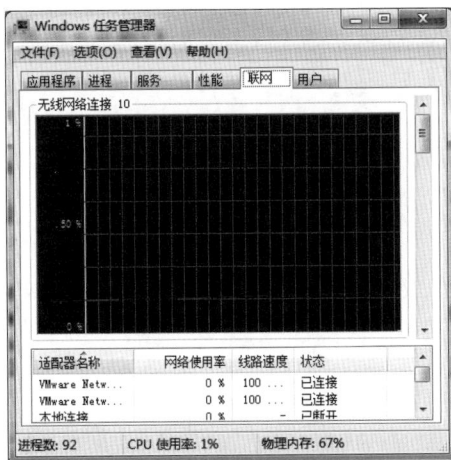

图 4-41　自动激活一个选项卡

4.7　消息函数的高级应用

消息类函数还可以获取和设置窗口风格、监听快捷键、剪贴板变化等功能。

4.7.1　监视窗口的消息

GetWindowLong、SetWindowLong、CallWindowProc 这三个 API 函数可以实现替换窗口的消息函数，从而监听通过各种方法发送的消息。

当将 GetWindowLong 函数的 nIndex 参数设置为 GWL_WNDPROC 时，会返回指定句柄窗口的消息函数的地址。

SetWindowLong 函数则可以把窗口的消息函数地址更改为另一个自定义过程。

在 VB6 中新建一个窗体应用程序工程，在窗体 Form1 中加入两个命令按钮和一个列表框，再加入一个标准模块 Module1，模块中的代码如下：

```vb
Option Explicit
Private Declare Function GetWindowLong Lib "user32" Alias "GetWindowLongA" (ByVal
hwnd As Long, ByVal nIndex As Long) As Long
Private Declare Function SetWindowLong Lib "user32" Alias "SetWindowLongA" (ByVal
hwnd As Long, ByVal nIndex As Long, ByVal dwNewLong As Long) As Long
Private Declare Function CallWindowProc Lib "user32" Alias "CallWindowProcA"
(ByVal lpPrevWndFunc As Long, ByVal hwnd As Long, ByVal Msg As Long, ByVal WParam As
Long, ByVal LParam As Long) As Long

Private Const GWL_WNDPROC = (-4)
Private Const WM_LBUTTONDOWN = &H201
Private Const WM_LBUTTONUP = &H202
Private Const WM_LBUTTONDBLCLK = &H203

Private Const WM_RBUTTONDOWN = &H204
Private Const WM_RBUTTONUP = &H205
Private Const WM_RBUTTONDBLCLK = &H206

Private Const WM_MBUTTONDOWN = &H207
Private Const WM_MBUTTONUP = &H208
Private Const WM_MBUTTONDBLCLK = &H209

Private Const WM_MOVE = &H3
Private Const WM_SIZE = &H5

Private PrevProc As Long
Private hForm As Long
Sub Hook()
    hForm = Form1.hwnd
    PrevProc = GetWindowLong(hForm, GWL_WNDPROC)
    SetWindowLong hForm, GWL_WNDPROC, AddressOf CustomProc
End Sub
Sub UnHook()
    SetWindowLong hForm, GWL_WNDPROC, PrevProc
End Sub
Function CustomProc(ByVal hwnd As Long, ByVal wMsg As Long, ByVal WParam As
Long, ByVal LParam As Long) As Long
    Dim Message As String
    Select Case wMsg
    Case WM_LBUTTONDOWN
        Message = "左键按下"
    Case WM_LBUTTONUP
        Message = "左键弹起"
    Case WM_LBUTTONDBLCLK
        Message = "左键双击"
```

```
        Case WM_RBUTTONDOWN
            Message = " 右键按下 "
        Case WM_RBUTTONUP
            Message = " 右键弹起 "
        Case WM_RBUTTONDBLCLK
            Message = " 右键双击 "
        Case WM_MBUTTONDOWN
            Message = " 中键按下 "
        Case WM_MBUTTONUP
            Message = " 中键弹起 "
        Case WM_MBUTTONDBLCLK
            Message = " 中键双击 "
        Case WM_MOVE
            Message = " 位置移动 "
        Case WM_SIZE
            Message = " 改变大小 "
        Case Else
        End Select
        If Message <> "" Then
            Form1.List1.AddItem Message & vbTab & "&H" & Hex(wMsg) & vbTab & WParam &
vbTab & LParam
        CustomProc = CallWindowProc(PrevProc, hwnd, wMsg, WParam, LParam)
    End Function
```

代码分析：

变量 hForm 是窗体 Form1 的句柄，当然也可以监听其他控件的消息，只要换成控件的句柄即可。变量 PrevProc 用来存储 Form1 原来的消息函数地址。当单击"停止监视"按钮时可以重设为原来的地址。

```
        SetWindowLong hForm, GWL_WNDPROC, AddressOf CustomProc
```

这行是核心代码，表示把 Form1 的消息地址转换成 CustomProc 函数的地址，当消息发来时会自动触发这个函数。该函数内部使用 Select…Case 结构对消息进行分类和过滤。

启动窗体，单击"启动监视"按钮会调用模块中的 Hook 过程，以替换窗体的消息函数地址。然后在窗体空白区域单击鼠标左键、右键，或者移动窗体，修改窗体大小，都会自动接收到消息的详细内容，如图 4-42 所示。

列表框中的 4 列内容分别表示消息种类、消息常量、附加常量 1 和附加常量 2 的值。

图 4-42　接收到的消息

📢 **注意：**

用于监听消息的函数 CustomProc 必须书写在标准模块中。

4.7.2　注册全局快捷键

RegisterHotKey 函数可以为指定句柄的窗口设置全局快捷键。所谓全局快捷键，是指无论当前活动窗口是哪一个，只要按下快捷键，就触发窗口中指定的回调过程。例如，在记事本窗口中按 Insert 键可以自动执行 Excel VBA 中的一个宏。

RegisterHotKey 函数所需参数如下。

- hwnd：注册快捷键的窗口的句柄。
- id：快捷键的序号，一个句柄可以注册多个快捷键。
- fsModifiers：辅助键的组合。
- vk：键码常量，在 VBA 中可以使用 vbKeyA 代表按键 A。

例如，要注册快捷键【Ctrl+Shift+F10】，那么，fsModifiers 应赋值为 MOD_CONTROL Or MOD_Shift，vk 应赋值为 vbKeyF10 或 API 常量 VK_F10。如果没有辅助键，fsModifiers 应赋值为 0。

下面的程序为 Excel 应用程序注册三个全局快捷键。

在 Excel VBA 中插入一个标准模块，写入如下代码：

```
Option Explicit
Private Declare Function GetWindowLong Lib "user32" Alias "GetWindowLongA" (ByVal
hwnd As Long, ByVal nIndex As Long) As Long
Private Declare Function SetWindowLong Lib "user32" Alias "SetWindowLongA" (ByVal
hwnd As Long, ByVal nIndex As Long, ByVal dwNewLong As Long) As Long
Private Declare Function CallWindowProc Lib "user32" Alias "CallWindowProcA"
(ByVal lpPrevWndFunc As Long, ByVal hwnd As Long, ByVal Msg As Long, ByVal WParam As
Long, ByVal LParam As Long) As Long

Private Declare Function RegisterHotKey Lib "user32" (ByVal hwnd As Long, ByVal
id As Long, ByVal fsModifiers As Long, ByVal vk As Long) As Long
Private Declare Function UnregisterHotKey Lib "user32" (ByVal hwnd As Long,
ByVal id As Long) As Long
Private Const GWL_WNDPROC = (-4)
Private Const WM_HOTKEY = &H312

Private Const MOD_ALT = &H1
Private Const MOD_CONTROL = &H2
Private Const MOD_SHIFT = &H4
Private Const MOD_WIN = &H8

Private PrevProc As Long
Private hExcel As Long

Sub Hook()
    Dim Result As Long
    hExcel = Application.hwnd
    PrevProc = GetWindowLong(hExcel, GWL_WNDPROC)
    SetWindowLong hExcel, GWL_WNDPROC, AddressOf CustomProc
    Result = RegisterHotKey(hwnd:=hExcel, id:=1, fsModifiers:=0, vk:=vbKeyInsert) '[Insert]
    Debug.Print Result
    Result = RegisterHotKey(hwnd:=hExcel, id:=2, fsModifiers:=MOD_WIN,
vk:=vbKeyA) '[Win+A]
```

```
        Debug.Print Result
        Result = RegisterHotKey(hwnd:=hExcel, id:=3, fsModifiers:=MOD_CONTROL Or MOD_
SHIFT, vk:=vbKeyF10) '[Ctrl+Shift+F10]
        Debug.Print Result
    End Sub

    Sub UnHook()
        SetWindowLong hExcel, GWL_WNDPROC, PrevProc
        UnregisterHotKey hwnd:=hExcel, id:=1
        UnregisterHotKey hwnd:=hExcel, id:=2
        UnregisterHotKey hwnd:=hExcel, id:=3
    End Sub

    Function CustomProc(ByVal hwnd As Long, ByVal wMsg As Long, ByVal WParam As
Long, ByVal LParam As Long) As Long
        Select Case wMsg
        Case WM_HOTKEY
            Select Case WParam
            Case 1
            ActiveCell.Value = " 有人按下了 Insert"
            Case 2
            ActiveCell.Value = " 有人按下了 Win+A"
            Case 3
            ActiveCell.Value = " 有人按下了 Ctrl+Shift+F10"
            Case Else
            End Select
        Case Else
        End Select
        CustomProc = CallWindowProc(PrevProc, hwnd, wMsg, WParam, LParam)
    End Function
```

在上述代码中，Hook 过程是程序的入口，作用是将 Excel 的消息函数地址更改为 CustomProc 过程，并且设置三个快捷键，当 RegisterHotKey 函数设置快捷键成功时会返回 1。

与 Hook 过程对应的是 UnHook 过程，用于取消已注册的快捷键。

在消息处理函数中，使用了双层嵌套的 Select…Case 结构。其中，外层用于判断消息的种类，内层用于判断快捷键的 id，id 会返回给参数 WParam，辅助键和虚拟键码会返回给参数 LParam。

激活 Excel 以外的任何窗口，按下代码中的三个按键，会看到在 Excel 单元格中自动写入了数据。

4.7.3 使用快捷键激活窗口

向指定句柄的窗口发送 WM_SETHOTKEY 消息，可以为该窗口设置快捷键。当用户在其他窗口中按快捷键时，会自动激活已设置快捷键的窗口。

向窗口发送 WM_GETHOTKEY 消息，可以反向查询窗口已设置了哪个快捷键。

```
        Private Const WM_SETHOTKEY = &H32
        Private Const WM_GETHOTKEY = &H33
        Private Const HOTKEYF_SHIFT = &H1
        Private Const HOTKEYF_CONTROL = &H2
        Private Const HOTKEYF_ALT = &H4
        Private Const HOTKEYF_EXT = &H8
        Private Declare Function FindWindow Lib "user32" Alias "FindWindowA" (ByVal
lpClassName As String, ByVal lpWindowName As String) As Long
```

下面的程序给记事本窗口设置快捷键【Ctrl+Shift+E】。注意 WParam 的构造是把辅助键进行按位或组合，然后乘以 &H100，再加上键码。

```
    Sub 设置快捷键()
        Dim Result As Long
        Result = SendMessage(hwnd:=FindWindow("Notepad", vbNullString), wMsg:=WM_
SETHOTKEY, WParam:=(HOTKEYF_CONTROL Or HOTKEYF_SHIFT) * &H100 + vbKeyE, LParam:=0)
    End Sub
```

运行上述程序后，如果设置成功，Result 会返回 1。当在其他窗口中按快捷键【Ctrl+Shift+E】时，会自动切换到记事本窗口。

如果要取消已设置的快捷键，设置 WParam 参数为 0 即可。

```
    Sub 取消快捷键()
        Dim Result As Long
        Result = SendMessage(hwnd:=FindWindow("Notepad", vbNullString), wMsg:=WM_
SETHOTKEY, WParam:=0, LParam:=0)
    End Sub
```

如果要查询一个窗口的快捷键是哪一个键，可以发送 WM_GETHOTKEY 消息。查询的结果会返回到 SendMessage 的返回值中。

```
    Sub 获取快捷键()
        Dim Result As Long
         Result = SendMessage(hwnd:=FindWindow("Notepad", vbNullString), wMsg:=WM_
GETHOTKEY, WParam:=0, LParam:=0)
        Debug.Print "&H" & Hex(Result), Result \ &H100, Result Mod &H100
    End Sub
```

运行上述程序，变量 Result 就得到了记事本当前的快捷键信息，对 &H100 进行取整和求余运算，就得到了辅助键和键码。在立即窗口中的结果如图 4-43 所示。其中，3 表示 HOTKEYF_CONTROL Or HOTKEYF_SHIFT；69 表示 vbKeyE。

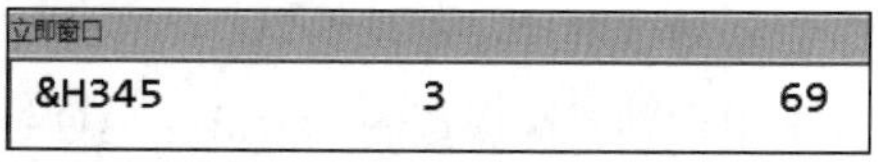

立即窗口		
&H345	3	69

图 4-43　运行结果

4.7.4　监视剪贴板的变化

SetClipboardViewer 函数可以返回剪贴板观察器中的下一个窗口句柄，每当剪贴板的内容发生变化时，就会通知这些窗口。利用这一特点可以实现剪贴板发生变化时自动触发自定义程序。

在 Excel VBA 中插入一个标准模块，写入如下代码：

```
        Option Explicit
        Private Declare Function GetWindowLong Lib "user32" Alias "GetWindowLongA" (ByVal
hwnd As Long, ByVal nIndex As Long) As Long
        Private Declare Function SetWindowLong Lib "user32" Alias "SetWindowLongA" (ByVal
hwnd As Long, ByVal nIndex As Long, ByVal dwNewLong As Long) As Long
        Private Declare Function CallWindowProc Lib "user32" Alias "CallWindowProcA"
(ByVal lpPrevWndFunc As Long, ByVal hwnd As Long, ByVal Msg As Long, ByVal WParam As
Long, ByVal LParam As Long) As Long
        Private Declare Function SetClipboardViewer Lib "user32" (ByVal hwnd As Long)
As Long
        Private Declare Function ChangeClipboardChain Lib "user32" (ByVal hwnd As Long,
ByVal hWndNext As Long) As Long
        Private Const GWL_WNDPROC = (-4)
        Private Const WM_CHANGECBCHAIN = &H30D
        Private Const WM_DRAWCLIPBOARD = &H308
        Private PrevProc As Long
        Private hExcel As Long
        Private NextHwnd As Long
        Sub Hook()
            Dim Result As Long
            hExcel = Application.hwnd
            PrevProc = GetWindowLong(hExcel, GWL_WNDPROC)
            SetWindowLong hExcel, GWL_WNDPROC, AddressOf CustomProc
            NextHwnd = SetClipboardViewer(hExcel)
        End Sub

        Sub UnHook()
            SetWindowLong hExcel, GWL_WNDPROC, PrevProc
            ChangeClipboardChain hwnd:=hExcel, hWndNext:=NextHwnd
            SendMessage hwnd:=NextHwnd, wMsg:=WM_CHANGECBCHAIN, WParam:=hExcel,
LParam:=NextHwnd
        End Sub

        Function CustomProc(ByVal hwnd As Long, ByVal wMsg As Long, ByVal WParam As
Long, ByVal LParam As Long) As Long
            Select Case wMsg
            Case WM_DRAWCLIPBOARD
            Debug.Print Now, " 剪贴板发生变化 "
            End Select
            CustomProc = CallWindowProc(PrevProc, hwnd, wMsg, WParam, LParam)
        End Function
```

在上述程序中，Hook 过程是入口，执行该过程后，在其他任意窗口进行复制、剪切操作，都会在立即窗口中输出剪贴板发生的变化。

执行 UnHook 过程，监视结束。

4.7.5 调节系统音量

下面的程序通过发送 WM_APPCOMMAND 消息实现系统音量的调节。

```
Option Explicit
Private Declare Function SendMessage Lib "user32" Alias "SendMessageA" (ByVal
hwnd As Long, ByVal wMsg As Long, ByVal wParam As Long, ByVal lParam As Long) As Long
Private Const WM_APPCOMMAND As Long = &H319
Private Const APPCOMMAND_VOLUME_UP As Long = 10
Private Const APPCOMMAND_VOLUME_DOWN As Long = 9
Private Const APPCOMMAND_VOLUME_MUTE As Long = 8
```

代码如下：

```
Sub 增大音量()
    SendMessage Application.hwnd, WM_APPCOMMAND, &H30292, APPCOMMAND_VOLUME_UP *
&H10000 '+2%
End Sub
Sub 减小音量()
    SendMessage Application.hwnd, WM_APPCOMMAND, &H30292, APPCOMMAND_VOLUME_DOWN *
&H10000 '-2%
End Sub
Sub 静音()
    SendMessage Application.hwnd, WM_APPCOMMAND, &H200EB0, APPCOMMAND_VOLUME_
MUTE * &H10000
End Sub
```

假设现在系统音量为 70%，运行一次"增大音量"会增加 2%，运行一次"减小音量"将减小 2%，运行"静音"过程则会切换到静音状态，如图 4-44 所示。

图 4-44　音量图标

4.8　本章习题

1. 在某个 VBA 程序中看到如下一行代码：

LineCount = SendMessage(hEdit, EM_GETLINECOUNT, 0, 0)。

这行代码的作用是（　　）。

A. 关闭一个窗口　　　　　　　　B. 获取文本框中文字的行数

C. 勾选一个复选框　　　　　　　D. 返回文本框的句柄

2. 编写一个程序使用 SendMessage 函数实现关闭和开启显示器。

3. PostMessage 函数与 SendMessage 函数的主要区别是（　　）。

A. 两个函数的参数个数不同

B. 两个函数的参数类型不同

C. PostMessage 函数只是把消息放入队列，不管其他程序是否处理都返回，然后继续执行。而 SendMessage 函数必须等待其他程序处理消息后才返回，继续执行

D. PostMessage 函数发送指定消息到窗口，直到窗口程序处理完消息才返回。SendMessage 函数发送消息给线程消息队列并立即返回

第5章 鼠标和键盘函数

　　在使用计算机的过程中，鼠标和键盘是最重要的交互设备。在 VBA 程序中，API 函数可以自动控制鼠标、自动按下和弹起按键，从而实现了用程序代替手动，自动操作屏幕上的各种窗口界面。

　　本章讲述与鼠标和键盘有关的 API 函数。

5.1　与鼠标有关的函数

　　鼠标是计算机的一种外接输入设备，属于计算机的硬件，英文名称是 Mouse，如图 5-1 所示。

　　光标是鼠标在屏幕上的表现，在特定的窗口中对鼠标进行按下、弹起、移动、拖曳时，会呈现不同的光标外观和作用。

　　API 函数可以实现自动操作鼠标，与鼠标有关的 API 函数很多，但功能最全面的是 mouse_event 函数。

图 5-1　鼠标

5.1.1　mouse_event 函数

　　mouse_event 函数可以实现鼠标的移动、单击、滚动等动作。声明如下：

```
 Private Declare Sub mouse_event Lib "user32" (ByVal dwFlags As Long, ByVal dx
As Long, ByVal dy As Long, ByVal cButtons As Long, ByVal dwExtraInfo As Long)
```

　　该函数的参数说明如下。

- dwFlags：最重要的参数，用来指示操作的是鼠标的哪个键，执行何种行为。
- dx、dy：表示鼠标的绝对坐标值，通常设置为 0。如果要移动鼠标，可以使用这两个参数。
- cButtons：通常为 0。如果要利用 MOUSEEVENTF_WHEEL 参数设置滚动鼠标操作，cButtons 参数表示滚动的次数。
- dwExtraInfo：通常为 0。

　　与 mouse_event 函数有关的常量如下：

```
 Private Const MOUSEEVENTF_MOVE = &H1
 Private Const MOUSEEVENTF_ABSOLUTE = &H8000
 Private Const MOUSEEVENTF_LEFTDOWN = &H2
 Private Const MOUSEEVENTF_LEFTUP = &H4
 Private Const MOUSEEVENTF_RIGHTDOWN = &H8
 Private Const MOUSEEVENTF_RIGHTUP = &H10
```

```
Private Const MOUSEEVENTF_MIDDLEDOWN = &H20
Private Const MOUSEEVENTF_MIDDLEUP = &H40
Private Const MOUSEEVENTF_WHEEL = &H800
Private Const WHEEL_DELTA = 120
```

Sleep 函数可以实现在指定时间内按下和弹起鼠标。声明如下：

```
Private Declare Sub Sleep Lib "kernel32" (ByVal dwMilliseconds As Long)
```

在执行按下和弹起鼠标的左、中、右键时，只需规定第一个参数。例如，下面的程序可以在 3 秒后按下鼠标左键，再过 3 秒弹起鼠标左键。如果要按下和弹起中键，则把常量中的 Left 换成 Middle 即可。

```
Sub 按下和弹起左键()
    Sleep 3000
    mouse_event MOUSEEVENTF_LEFTDOWN, 0&, 0&, 0&, 0&
    Sleep 3000
    mouse_event MOUSEEVENTF_LEFTUP, 0&, 0&, 0&, 0&
End Sub
```

如果要实现单击鼠标左键，只要把上述代码中的休眠时间设置更短即可。还可以使用 Or 来组合常量的方式，使用一句代码实现单击鼠标。

```
Sub 单击()
    mouse_event MOUSEEVENTF_LEFTDOWN Or MOUSEEVENTF_LEFTUP, 0&, 0&, 0&, 0&
End Sub
```

如果要自动双击鼠标，可以连续执行两次上述的"单击"过程，中间加上延时 500 毫秒即可。

5.1.2 移动鼠标

如果要使用 mouse_event 函数移动鼠标，就要用到 dx 和 dy 这两个参数。如果第一个参数包含 MOUSEEVENTF_MOVE，则表示要移动鼠标；如果同时指定了参数 MOUSEEVENTF_ABSOLUTE 常量，则表示后面使用绝对坐标值。

dx 和 dy 均以屏幕左上角为坐标原点，dx 以向右为正方向，dy 以向下为正方向。而且无论屏幕有多大，均以（65535,65535）为屏幕右下角的坐标。

下面的程序可以自动把鼠标移动到屏幕的正中央，65535 * 0.5 表示屏幕的一半。

```
Sub 移动鼠标()
    mouse_event MOUSEEVENTF_MOVE Or MOUSEEVENTF_ABSOLUTE,65535*0.5,65535*0.5, 0&,0&
End Sub
```

需要注意的是，可以在按住鼠标的同时移动鼠标。例如，画线或拖放一个文件到另一个文件夹中就是这样的操作。

下面就是综合运用了按下、弹起、移动鼠标的例子。

打开画图板，执行如下过程，在 3 秒内把鼠标移动到画图板窗口中，过一会儿画出一条折线。

```
Sub 自动画线()
    Sleep 3000
    '画水平线
    mouse_event MOUSEEVENTF_MOVE Or MOUSEEVENTF_ABSOLUTE,65535*0.3,65535*0.5, 0&,0&
    Sleep 1000
    mouse_event MOUSEEVENTF_LEFTDOWN, 0&, 0&, 0&, 0&
    Sleep 1000
    mouse_event MOUSEEVENTF_MOVE Or MOUSEEVENTF_ABSOLUTE,65535*0.5,65535*0.5, 0&,0&
    Sleep 1000
    mouse_event MOUSEEVENTF_LEFTUP, 0&, 0&, 0&, 0&
    '画垂直线
    Sleep 1000
    mouse_event MOUSEEVENTF_MOVE Or MOUSEEVENTF_ABSOLUTE,65535*0.5,65535*0.5, 0&,0&
    Sleep 1000
    mouse_event MOUSEEVENTF_LEFTDOWN, 0&, 0&, 0&, 0&
    Sleep 1000
    mouse_event MOUSEEVENTF_MOVE Or MOUSEEVENTF_ABSOLUTE,65535*0.5,65535*0.7, 0&,0&
    Sleep 1000
    mouse_event MOUSEEVENTF_LEFTUP, 0&, 0&, 0&, 0&
End Sub
```

运行上述程序，会看到自动画出一条折线，如图 5-2 所示。

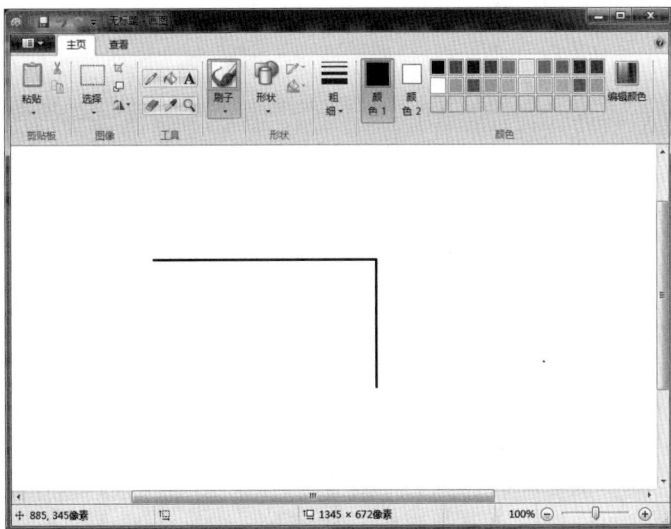

图 5-2　自动画出一条折线

5.1.3　滚动鼠标

如果 mouse_event 函数的第 1 个参数设置为 MOUSEEVENTF_WHEEL（&H800），可以实现自动滚动鼠标滚轮。第 4 个参数应设置为 120 的整数倍。例如，120*2 表示向下滚动鼠标滚轮 2 次，负数表示向上滚动。

```
Sub 滚动鼠标滚轮 ()
    Sleep 3000
    mouse_event MOUSEEVENTF_WHEEL, 0&, 0&, WHEEL_DELTA * 3, 0&   '向下滚动鼠标滚轮 3 次
    Sleep 3000
    mouse_event MOUSEEVENTF_WHEEL, 0&, 0&, WHEEL_DELTA * -2, 0&  '向上滚动鼠标滚轮 2 次
End Sub
```

运行上述程序后，将鼠标移动到支持滚动条的窗口中。例如，把鼠标移动到记事本或 Excel 的窗口中，3 秒后可以看到窗口发生了上下滚动。

5.1.4　GetDoubleClickTime 函数和 SetDoubleClickTime 函数

GetDoubleClickTime 函数和 SetDoubleClickTime 函数用于获取和设置鼠标的双击时间。声明如下：

```
Private Declare Function GetDoubleClickTime Lib "user32" () As Long
Private Declare Function SetDoubleClickTime Lib "user32"(ByVal wCount As Long) As Long
```

一般计算机的默认鼠标的双击时间是 500 毫秒。

以下程序分别返回和设置鼠标的双击时间。

```
Sub 获取鼠标的双击时间 ()
    Debug.Print GetDoubleClickTime
End Sub
Sub 设置鼠标的双击时间 ()
    SetDoubleClickTime 500      '500 毫秒左右正常
End Sub
```

假设执行了 SetDoubleClickTime 3000，如鼠标在某个地方单击了一次，然后在 3 秒后又单击了一次，那么会解释为双击。反之，如果执行了 SetDoubleClickTime 10，那么无论在任何位置双击鼠标，都会解释为单击，从而失去了双击的功能。因此默认双击时间是 500 毫秒。

5.1.5　SwapMouseButton 函数

通过设置中心或控制面板可以设置鼠标选项。一般情况下，鼠标的左键是主按钮，单击左键用来执行命令、选择对象，右击通常用来弹出右键菜单。在 Windows 10 系统的设置中心可以设置主按钮为鼠标的右键，如图 5-3 所示。

设置完成以后，鼠标的左键和右键的功能发生了互换，单击左键会弹出右键菜单。

SwapMouseButton 函数用于设置鼠标左键和右键的互换和恢复。声明如下：

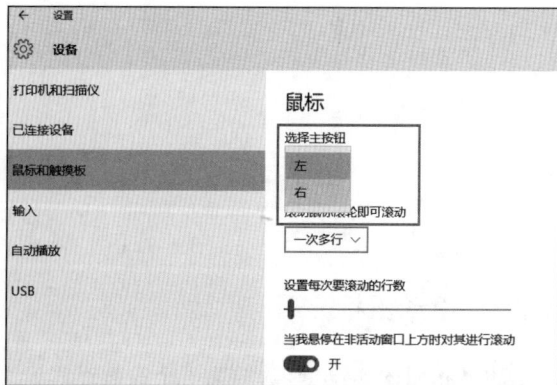

图 5-3　设置鼠标互换左键和右键

```
Private Declare Function SwapMouseButton Lib "user32" (ByVal bSwap As Long) As Long
```

运行下面的程序，鼠标的左键和右键的功能发生交换。将参数 bSwap 设置为 False，则恢复为默认状态。

```
Sub 交换鼠标的左键和右键 ()
    SwapMouseButton bSwap:=True
End Sub
```

5.2　与键盘有关的函数

键盘（Keyboard）是最常用、最主要的输入设备，通过键盘可以将英文字母、数字、标点符号等输入计算机中，从而向计算机发出命令、输入数据等，如图 5-4 所示。

图 5-4　计算机键盘

5.2.1　按键常量

用于操作键盘的 API 函数通常需要传递按键常量作为参数，从而告诉函数要对哪一个键进行操作。按键常量均以"VK_"开头，这些常量与键盘上的键是一一对应的。例如，VK_ADD 与 VBA 中的 VBA.KeyCodeConstants.vbKeyAdd 是等值的，均为 107（&H6B）。

```
Public Const VK_ADD As Long = &H6B
Public Const VK_APPS As Long = &H5D
Public Const VK_BACK As Long = &H8
Public Const VK_CAPITAL As Long = &H14
Public Const VK_CANCEL As Long = &H3
Public Const VK_CONTROL As Long = &H11
Public Const VK_DECIMAL As Long = &H6E
Public Const VK_DELETE As Long = &H2E
Public Const VK_DIVIDE As Long = &H6F
Public Const VK_DOWN As Long = &H28
Public Const VK_END As Long = &H23
Public Const VK_ESCAPE As Long = &H1B
Public Const VK_F1 As Long = &H70
```

```vba
Public Const VK_F10 As Long = &H79
Public Const VK_F11 As Long = &H7A
Public Const VK_F12 As Long = &H7B
Public Const VK_F2 As Long = &H71
Public Const VK_F3 As Long = &H72
Public Const VK_F4 As Long = &H73
Public Const VK_F5 As Long = &H74
Public Const VK_F6 As Long = &H75
Public Const VK_F7 As Long = &H76
Public Const VK_F8 As Long = &H77
Public Const VK_F9 As Long = &H78
Public Const VK_HOME As Long = &H24
Public Const VK_INSERT As Long = &H2D
Public Const VK_LCONTROL As Long = &HA2
Public Const VK_LEFT As Long = &H25
Public Const VK_LMENU As Long = &HA4
Public Const VK_LSHIFT As Long = &HA0
Public Const VK_LWIN As Long = &H5B
Public Const VK_MENU As Long = &H12
Public Const VK_MULTIPLY As Long = &H6A
Public Const VK_NEXT As Long = &H22
Public Const VK_NUMLOCK As Long = &H90
Public Const VK_NUMPAD0 As Long = &H60
Public Const VK_NUMPAD1 As Long = &H61
Public Const VK_NUMPAD2 As Long = &H62
Public Const VK_NUMPAD3 As Long = &H63
Public Const VK_NUMPAD4 As Long = &H64
Public Const VK_NUMPAD5 As Long = &H65
Public Const VK_NUMPAD6 As Long = &H66
Public Const VK_NUMPAD7 As Long = &H67
Public Const VK_NUMPAD8 As Long = &H68
Public Const VK_NUMPAD9 As Long = &H69
Public Const VK_PAUSE As Long = &H13
Public Const VK_PRINT As Long = &H2A
Public Const VK_PRIOR As Long = &H21
Public Const VK_RCONTROL As Long = &HA3
Public Const VK_RETURN As Long = &HD
Public Const VK_RIGHT As Long = &H27
Public Const VK_RMENU As Long = &HA5
Public Const VK_RSHIFT As Long = &HA1
Public Const VK_RWIN As Long = &H5C
Public Const VK_SCROLL As Long = &H91
Public Const VK_SEPARATOR As Long = &H6C
Public Const VK_SHIFT As Long = &H10
Public Const VK_SLEEP As Long = &H5F
Public Const VK_SNAPSHOT As Long = &H2C
Public Const VK_SPACE As Long = &H20
```

```
Public Const VK_SUBTRACT As Long = &H6D
Public Const VK_TAB As Long = &H9
Public Const VK_UP As Long = &H26
Public Const VK_OEM_1 As Long = &HBA
Public Const VK_OEM_2 As Long = &HBF
Public Const VK_OEM_3 As Long = &HC0
Public Const VK_OEM_4 As Long = &HDB
Public Const VK_OEM_5 As Long = &HDC
Public Const VK_OEM_6 As Long = &HDD
Public Const VK_OEM_7 As Long = &HDE
Public Const VK_OEM_COMMA As Long = &HBC
Public Const VK_OEM_MINUS As Long = &HBD
Public Const VK_OEM_PERIOD As Long = &HBE
Public Const VK_OEM_PLUS As Long = &HBB
```

此外，还有三个用于表示鼠标按键的常量。

```
Public Const VK_LBUTTON As Long = &H1（鼠标左键）
Public Const VK_RBUTTON As Long = &H2（鼠标右键）
Public Const VK_MBUTTON As Long = &H4（鼠标中键）
```

5.2.2 keybd_event 函数和 MapVirtualKey 函数

keybd_event 函数用于模拟单个键的按下或弹起。声明如下：

```
Private Declare Sub keybd_event Lib "user32" (ByVal bVk As Byte, ByVal bScan As Byte, ByVal dwFlags As Long, ByVal dwExtraInfo As Long)
```

各个参数说明如下。

- bVk：虚拟键码，使用键盘常量表示。
- bScan：键码的 OEM 扫描码，需通过 MapVirtualKey 函数来计算。
- dwFlags：该参数为 0 时，表示按下按键；该参数等于常量 KEYEVENTF_KEYUP（&H2）时，表示弹起按键。
- dwExtraInfo：通常设置为 0。

MapVirtualKey 函数的声明如下：

```
Private Declare Function MapVirtualKey Lib "user32" Alias "MapVirtualKeyA" (ByVal wCode As Long, ByVal wMapType As Long) As Long
```

下面的程序可以实现首先按下 W 键，然后过 3 秒后松开 W 键。

```
Sub 按下和弹起键盘按键()
    Sleep 3000
    Call keybd_event(bVk:=vbKeyW, bScan:=MapVirtualKey(wCode:=vbKeyW, wMapType:=0), dwFlags:=0, dwExtraInfo:=0)
    Sleep 3000
    Call keybd_event(bVk:=vbKeyW, bScan:=MapVirtualKey(wCode:=vbKeyW, wMapType:=0), dwFlags:=KEYEVENTF_KEYUP, dwExtraInfo:=0)
    End Sub
```

如果要按下或弹起其他按键，可以把上述代码中的 4 个 vbKeyW 统一替换为其他常量。例如，替换为 vbKeyNumLock 可以自动打开数字小键盘；替换为 vbKeyCapital 可以自动开启大写模式；替换为 VK_LWIN 可以自动按下左边 Windows 键。

5.2.3　快捷键

如果要按类似于【Ctrl+V】【Shift+F3】这种快捷键，需要调用 4 次 keybd_event 函数。

例如，按快捷键【Ctrl+V】需要按照 "按下 Ctrl → 按下 V → 弹起 V → 弹起 Ctrl" 这样的顺序。执行下面的程序可以在 3 秒后自动按快捷键【Ctrl+V】。

```
Sub 按下 CtrlV()
    Sleep 3000
    Call keybd_event(bVk:=VK_CONTROL, bScan:=MapVirtualKey(wCode:=VK_CONTROL,
wMapType:=0), dwFlags:=0, dwExtraInfo:=0)
    Sleep 100
    Call keybd_event(bVk:=vbKeyV, bScan:=MapVirtualKey(wCode:=vbKeyV,
wMapType:=0), dwFlags:=0, dwExtraInfo:=0)
    Sleep 100
    Call keybd_event(bVk:=vbKeyV, bScan:=MapVirtualKey(wCode:=vbKeyV,
wMapType:=0), dwFlags:=KEYEVENTF_KEYUP, dwExtraInfo:=0)
    Sleep 100
    Call keybd_event(bVk:=VK_CONTROL, bScan:=MapVirtualKey(wCode:=VK_CONTROL,
wMapType:=0), dwFlags:=KEYEVENTF_KEYUP, dwExtraInfo:=0)
End Sub
```

Alt 键的常量为 VK_MENU。执行下面的程序，在 3 秒后自动按快捷键【Alt+F4】。

```
Sub 按下 AltF4()
    Sleep 3000
    Call keybd_event(bVk:=VK_MENU, bScan:=MapVirtualKey(wCode:=VK_MENU,
wMapType:=0), dwFlags:=0, dwExtraInfo:=0)
    Sleep 100
    Call keybd_event(bVk:=VK_F4, bScan:=MapVirtualKey(wCode:=VK_F4,
wMapType:=0), dwFlags:=0, dwExtraInfo:=0)
    Sleep 100
    Call keybd_event(bVk:=VK_F4, bScan:=MapVirtualKey(wCode:=VK_F4,
wMapType:=0), dwFlags:=KEYEVENTF_KEYUP, dwExtraInfo:=0)
    Sleep 100
    Call keybd_event(bVk:=VK_MENU, bScan:=MapVirtualKey(wCode:=VK_MENU,
wMapType:=0), dwFlags:=KEYEVENTF_KEYUP, dwExtraInfo:=0)
End Sub
```

Windows 键的常量为 VK_LWIN，按下和弹起 Windows 键会弹出开始菜单，按快捷键【Win+D】可以快速显示桌面。

执行下面的程序，将在 3 秒后自动显示桌面。

```
Sub 按下 WinD()
    Sleep 3000
    Call keybd_event(bVk:=VK_LWIN, bScan:=MapVirtualKey(wCode:=VK_LWIN,
wMapType:=0), dwFlags:=0, dwExtraInfo:=0)
    Sleep 100
    Call keybd_event(bVk:=vbKeyD, bScan:=MapVirtualKey(wCode:=vbKeyD,
wMapType:=0), dwFlags:=0, dwExtraInfo:=0)
    Sleep 100
    Call keybd_event(bVk:=vbKeyD, bScan:=MapVirtualKey(wCode:=vbKeyD,
wMapType:=0), dwFlags:=KEYEVENTF_KEYUP, dwExtraInfo:=0)
    Sleep 100
    Call keybd_event(bVk:=VK_LWIN, bScan:=MapVirtualKey(wCode:=VK_LWIN,
wMapType:=0), dwFlags:=KEYEVENTF_KEYUP, dwExtraInfo:=0)
End Sub
```

如果注释上述程序中间的两句 keybd_event 代码，将会弹出开始菜单。

5.2.4 屏幕截图

键盘上的 PrintScreen 键用于屏幕截图，其对应的键盘常量是 vbKeySnapshot。

执行下面的程序，相当于按下了 PrintScreen 键，实现全屏截图。

```
Sub 屏幕截图()
    Call keybd_event(bVk:=vbKeySnapshot, bScan:=0, dwFlags:=0, dwExtraInfo:=0)
    Call keybd_event(bVk:=vbKeySnapshot, bScan:=0, dwFlags:=&H2, dwExtraInfo:=0)
End Sub
```

如果要对当前窗口进行截图，实现类似于按快捷键【Alt+PrintScreen】的效果，只需把上述代码中的 bScan 参数设置为 1 即可。

5.2.5 GetKeyState 函数

键盘上的 CapsLock、NumLock、ScrollLock 这三个键具有打开和关闭两种状态。

GetKeyState 函数可以判断按键处于打开还是关闭状态，返回值为 0 表示关闭，返回值为 1 表示已经打开。

下面的三个程序分别用于判断大写开关、数字键盘开关、ScrollLock 是否已经打开。

```
Private Declare Function GetKeyState Lib "user32" (ByVal nVirtKey As Long) As Integer
Sub CapsLock 是否打开()
    Debug.Print GetKeyState(VBA.KeyCodeConstants.vbKeyCapital)
    Debug.Print GetKeyState(VK_CAPITAL)
End Sub
Sub NumLock 是否打开()
    Debug.Print GetKeyState(VBA.KeyCodeConstants.vbKeyNumlock)
    Debug.Print GetKeyState(VK_NUMLOCK)
End Sub
Sub ScrollLock 是否打开()
    Debug.Print GetKeyState(VK_SCROLL)
End Sub
```

5.2.6　GetAsyncKeyState 函数

GetAsyncKeyState 函数可以判断一个按键是否被按住。

下面的程序可以判断当前 Tab 键是否被按住。

```
Private Declare Function GetAsyncKeyState Lib "user32" (ByVal vKey As Long) As Integer
Sub 判断按下弹起状态 ()
    Dim Pressed As Boolean
    Pressed = GetAsyncKeyState(VK_TAB) And &H8000
    Debug.Print Pressed
End Sub
```

将上述代码中的 VK_TAB 替换为 VK_LBUTTON 就可以判断鼠标左键是否被按住。

5.3　本章习题

1. 在默认情况下，先后单击两次鼠标的时间间隔少于多少被认为是双击，而不是两次单击？
（　　）

A. 100 毫秒

B. 500 毫秒

C. 1 秒

D. 5 秒

2. GetSystemMetrics 函数可以返回屏幕的分辨率，SetCursorPos 函数可以移动光标到指定像素位置。

利用上述两个 API 函数编写一个程序，功能是让鼠标先后到达屏幕的左上角、右上角、中央、左下角、右下角这 5 个位置，移动过程中任何两个位置之间延时 1 秒。

3. 利用 mouse_event 函数和 keybd_event 函数编写一个程序。运行该程序，当桌面上所有窗口最小化时，在桌面上弹出右键菜单，如图 5-5 所示。实现的思路是首先按快捷键【Win+D】，然后单击鼠标右键。

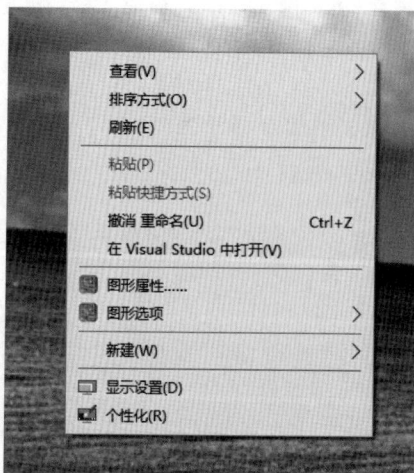

图 5-5　桌面右键菜单

第 6 章　菜单函数

大多数应用软件都有菜单系统，用户可以选择菜单中的命令与软件交互。在 API 函数中有一类菜单函数，使用这些菜单函数可以获取其他软件窗口的菜单系统，还可以自动增加和删除菜单以及其中的菜单命令。

本章首先讲述窗口中菜单系统的构成，然后介绍用于创建菜单、修改菜单、获取菜单信息的几个 API 函数。

6.1　菜单系统的构成

一个顶级窗口最多允许有 1 个主菜单（MainMenu），主菜单下面可以包含 1 个以上的子菜单（SubMenu）。例如，记事本中的"文件""编辑"等就是子菜单，如图 6-1 所示。

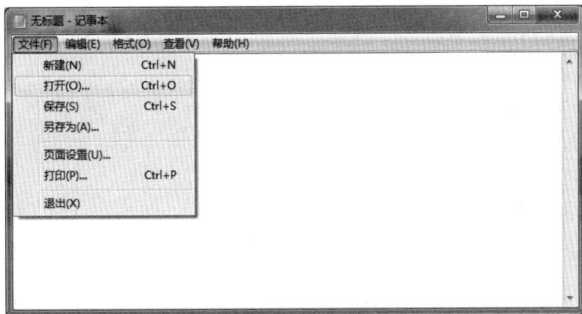

图 6-1　记事本的子菜单系统

子菜单下面通常包含菜单项（MenuItem），菜单项位于菜单系统最末梢。例如，"文件"下面的"新建""打开"都是菜单项。

主菜单是子菜单的容器，子菜单是菜单项的容器，这样就形成了菜单系统的三级结构。

6.2　访问菜单系统的 API 函数

菜单系统中的内容与窗口、控件的访问方式不同，在菜单系统中有菜单句柄的概念。菜单句柄与窗体句柄类似，也是一个整数。

用于访问菜单系统的主菜单的 API 函数如下。

● GetMenu：用于返回指定窗口句柄对应的主菜单的句柄，目标窗口必须是顶级窗口。如果目标窗口没有菜单系统，则返回 0。

- CreateMenu：用于创建一个全新的菜单系统，该函数的返回值就是主菜单的句柄。
- SetMenu：用于把一个主菜单挂载到指定句柄的窗口上。
- CreatePopupMenu：用于创建并返回子菜单的句柄。
- AppendMenu：用于把一个菜单项放到指定的位置，从而形成一个菜单系统。

6.2.1 GetMenu、CreatePopupMenu、AppendMenu 函数

下面的程序首先获取记事本窗口的主菜单句柄，然后在"帮助"子菜单的后面追加一个"转换"子菜单。

```
Option Explicit
Private Declare Function FindWindow Lib "user32" Alias "FindWindowA" (ByVal
lpClassName As String, ByVal lpWindowName As String) As Long
    Private Declare Function GetMenu Lib "user32" (ByVal hwnd As Long) As Long
    Private Declare Function SetMenu Lib "user32" (ByVal hwnd As Long, ByVal hMenu
As Long) As Long
    Private Declare Function CreateMenu Lib "user32" () As Long
    Private Declare Function CreatePopupMenu Lib "user32" () As Long
    Private Declare Function AppendMenu Lib "user32" Alias "AppendMenuA" (ByVal
hMenu As Long, ByVal wFlags As Long, ByVal wIDNewItem As Long, ByVal lpNewItem As
Any) As Long
    Private Declare Function DestroyMenu Lib "user32" (ByVal hMenu As Long) As Long
    Private Declare Function DeleteMenu Lib "user32" (ByVal hMenu As Long, ByVal
nPosition As Long, ByVal wFlags As Long) As Long
    Private Declare Function DrawMenuBar Lib "user32" (ByVal hwnd As Long) As Long

    Private Const MF_STRING = &H0&
    Private Const MF_POPUP = &H10&
    Private Const MF_SEPARATOR = &H800&
    Private Const MF_BYCOMMAND = &H0&
    Private Const MF_BYPOSITION = &H400&

    Private Const MF_ENABLED = &H0&
    Private Const MF_GRAYED = &H1&
    Private Const MF_DISABLED = &H2&
    Private Const MF_UNCHECKED = &H0&
    Private Const MF_CHECKED = &H8&

    Private hNotepad As Long
    Private MainMenu As Long
    Private SubMenuConvert As Long
    Private Result As Long

    Sub 设置菜单()
        hNotepad = FindWindow("Notepad", vbNullString)
        MainMenu = GetMenu(hNotepad)
```

```
        SubMenuConvert = CreatePopupMenu()
        Result = AppendMenu(MainMenu, MF_STRING + MF_POPUP, SubMenuConvert, "转换 (&C)")
        Result = AppendMenu(SubMenuConvert, MF_STRING, 101, "大写 (&U)")
        Result = AppendMenu(SubMenuConvert, MF_STRING, 102, "小写 (&L)")
    End Sub
```

代码分析：

模块级变量 MainMenu 是主菜单的句柄，SubMenuConvert 是"转换"子菜单的句柄。菜单项"大写"和"小写"没有句柄，但是有 ID，代码中的 101 和 102 就是这两个菜单项的 ID。

在记事本打开的情况下，运行"设置菜单"过程，可以看到成功追加了新菜单，如图 6-2 所示。

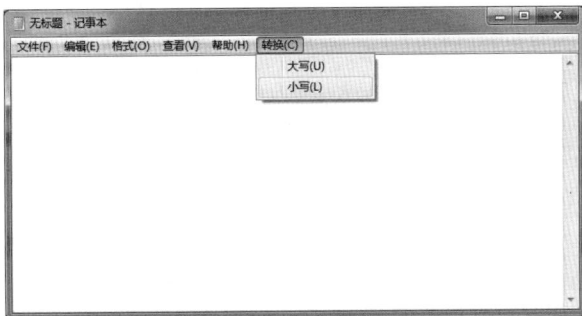

图 6-2　为记事本新增菜单项

6.2.2　DestroyMenu、DeleteMenu、DrawMenuBar 函数

DestroyMenu 函数用于销毁一个菜单句柄，释放内存。

DeleteMenu 函数用于删除一个菜单或子菜单。

DrawMenuBar 函数用于重绘一个窗口的菜单系统。

RemoveMenu 函数不会真的删除菜单项，而是把菜单项与其容器断开关系，与 AppendMenu 函数的功能相反。

下面的程序用于删除 6.2.1 小节中创建的"转换"子菜单。

```
Sub 删除菜单()
    DestroyMenu SubMenuConvert
    DeleteMenu MainMenu, SubMenuConvert, MF_BYCOMMAND
    DrawMenuBar hNotepad
End Sub
```

6.2.3　SetMenu 函数

SetMenu 函数用于把一个主菜单句柄挂载到另一个指定句柄的窗口上。

```
Option Explicit
Private Declare Function FindWindow Lib "user32" Alias "FindWindowA" (ByVal
lpClassName As String, ByVal lpWindowName As String) As Long
```

```
    Private Declare Function GetMenu Lib "user32" (ByVal hwnd As Long) As Long
    Private Declare Function SetMenu Lib "user32" (ByVal hwnd As Long, ByVal hMenu
As Long) As Long
    Private Declare Function DrawMenuBar Lib "user32" (ByVal hwnd As Long) As Long
```

下面的程序在 VBA 工程中插入一个用户窗体 UserForm1，在窗体中放置两个命令按钮。然后输入如下代码：

```
    Private hNotepad As Long
    Private hUserForm As Long
    Private MainMenu As Long
    Private Sub CommandButton1_Click()
        hNotepad = FindWindow("Notepad", vbNullString)
        MainMenu = GetMenu(hNotepad)
        SetMenu hNotepad, 0                 '移除记事本的主菜单
        DrawMenuBar hNotepad
        hUserForm = FindWindow("ThunderDFrame", "UserForm1")
        SetMenu hUserForm, MainMenu
        DrawMenuBar hUserForm
    End Sub

    Private Sub CommandButton2_Click()
        SetMenu hNotepad, MainMenu          '复原记事本的菜单系统
        DrawMenuBar hNotepad
        SetMenu hUserForm, 0                '移除用户窗体的菜单
        DrawMenuBar hUserForm
    End Sub
```

代码分析：

上述代码中的变量 MainMenu 就是记事本菜单系统中的主菜单句柄，使用 SetMenu 函数把主菜单挂载到用户窗体上，同时，还需要使用"SetMenu hNotepad, 0"把记事本窗口的主菜单移除。

在记事本打开的前提下，启动 UserForm1，单击窗体上的第一个按钮，会看到记事本的菜单系统完整地显示在了用户窗体中，如图 6-3 所示。

同时，可以看到记事本的菜单系统消失了，如图 6-4 所示。

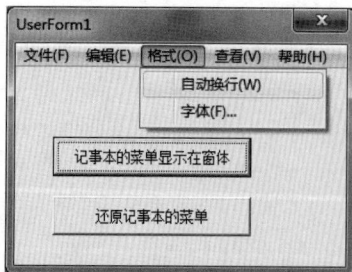

图 6-3　记事本的菜单系统显示在窗体中　　　图 6-4　记事本的菜单系统消失

如果单击第二个按钮，可以复原记事本的菜单系统。

从本例可以看出，菜单系统是一个独立的体系，使用 SetMenu 函数可以把现有菜单系统移动到另一个窗口中。

6.3 创建新的菜单系统

通常情况下，在 VBA 的用户窗体中无法设置菜单，不过使用 API 函数可以创建菜单系统。对于用户窗体中自定义菜单的开发，必须考虑以下几个环节：

- 窗体启动时创建菜单系统。
- 窗体在运行期间用户可以单击各个菜单项，并且有具体的反应。
- 窗体卸载时销毁菜单系统。

由于 VBA 的 UserForm 有属于自己的事件模块，所以创建和销毁菜单的代码，以及相关的 API 声明，都可以直接书写在 UserForm 的事件模块中，但是菜单项的回调函数必须是标准模块中的一个公有函数。

下面为了便于讲解，在用户窗体事件模块中仅书写窗体的 Initialize 和 Terminate 事件代码。

```
Private Sub UserForm_Initialize()
    Call Module1.创建菜单
End Sub

Private Sub UserForm_Terminate()
    Call Module1.销毁菜单
End Sub
```

其他与菜单有关的所有代码都写在标准模块 Module1 中。完整代码如下：

```
Option Explicit
Private Declare Function FindWindow Lib "user32" Alias "FindWindowA" (ByVal
lpClassName As String, ByVal lpWindowName As String) As Long
    Private Declare Function SetMenu Lib "user32" (ByVal hwnd As Long, ByVal hMenu
As Long) As Long
    Private Declare Function CreateMenu Lib "user32" () As Long
    Private Declare Function AppendMenu Lib "user32" Alias "AppendMenuA" (ByVal
hMenu As Long, ByVal wFlags As Long, ByVal wIDNewItem As Long, ByVal lpNewItem As
Any) As Long
    Private Declare Function DestroyMenu Lib "user32" (ByVal hMenu As Long) As Long
    Private Declare Function CreatePopupMenu Lib "user32" () As Long
    Private Declare Function CheckMenuItem Lib "user32" (ByVal hMenu As Long, ByVal
wIDCheckItem As Long, ByVal wCheck As Long) As Long
    Private Declare Function CheckMenuRadioItem Lib "user32" (ByVal hMenu As Long,
ByVal un1 As Long, ByVal un2 As Long, ByVal un3 As Long, ByVal un4 As Long) As Long
    Private Declare Function DeleteMenu Lib "user32" (ByVal hMenu As Long, ByVal
nPosition As Long, ByVal wFlags As Long) As Long
    Private Declare Function CallWindowProc Lib "user32" Alias "CallWindowProcA"
(ByVal lpPrevWndFunc As Long, ByVal hwnd As Long, ByVal Msg As Long, ByVal wParam As
Long, ByVal lParam As Long) As Long
    Private Declare Function EnableMenuItem Lib "user32" (ByVal hMenu As Long, ByVal
wIDEnableItem As Long, ByVal wEnable As Long) As Long
    Private Declare Function GetMenuState Lib "user32" (ByVal hMenu As Long, ByVal
wID As Long, ByVal wFlags As Long) As Long
```

```
        Private Declare Function SetWindowLong Lib "user32" Alias "SetWindowLongA" (ByVal
hwnd As Long, ByVal nIndex As Long, ByVal dwNewLong As Long) As Long
        Private Declare Function GetWindowLong Lib "user32" Alias "GetWindowLongA" (ByVal
hwnd As Long, ByVal nIndex As Long) As Long
        Private Const GWL_WNDPROC = (-4)

        Private Const MF_STRING = &H0&
        Private Const MF_POPUP = &H10&
        Private Const MF_SEPARATOR = &H800&
        Private Const MF_BYCOMMAND = &H0&
        Private Const MF_BYPOSITION = &H400&

        Private Const MF_ENABLED = &H0&
        Private Const MF_GRAYED = &H1&
        Private Const MF_DISABLED = &H2&
        Private Const MF_UNCHECKED = &H0&
        Private Const MF_CHECKED = &H8&

        Private hUserForm As Long
        Private MainMenu As Long
        Private SubMenuFile As Long
        Private SubMenuOption As Long
        Private SubMenuEncoding As Long

        Private Result As Long

        Private PreWinProc As Long
        Sub 创建菜单()
            If Val(Application.Version) < 9 Then
                hUserForm = FindWindow("ThunderXFrame", "UserForm1")
            Else
                hUserForm = FindWindow("ThunderDFrame", "UserForm1")
            End If
            MainMenu = CreateMenu()                                  '创建主菜单
            SubMenuFile = CreatePopupMenu()                          '创建第一个子菜单：文件
            Result = AppendMenu(MainMenu, MF_STRING + MF_POPUP, SubMenuFile, "文件(&F)")
            '子菜单需要加 MF_POPUP 标记
            Result = AppendMenu(SubMenuFile,MF_STRING,101,"打开(&O)")      'ID必须从101开始
            Result = AppendMenu(SubMenuFile,MF_STRING,102,"保存(&S)")      'ID为102
             Result = EnableMenuItem(SubMenuFile, 102, MF_BYCOMMAND Or MF_GRAYED Or MF_
DISABLED)                                                        '禁用保存
            Result = AppendMenu(SubMenuFile, MF_SEPARATOR, 103, "")        '分隔线
            Result = AppendMenu(SubMenuFile, MF_STRING, 104, "退出(&X)")    '退出

            SubMenuOption = CreatePopupMenu()                         '创建第二个子菜单：选项
            Result = AppendMenu(MainMenu, MF_STRING + MF_POPUP, SubMenuOption, "选项(&O)")
            Result = AppendMenu(SubMenuOption,MF_STRING,201,"十进制(&D)")'ID必须从101开始
```

```
        Result = AppendMenu(SubMenuOption,MF_STRING,202,"十六进制(&H)")    'ID为102
        CheckMenuRadioItem SubMenuOption, 201, 202, 202, MF_BYCOMMAND
        Result = AppendMenu(SubMenuOption, MF_SEPARATOR, 203, "")
            SubMenuEncoding = CreatePopupMenu()
            Result = AppendMenu(SubMenuOption,MF_STRING + MF_POPUP,SubMenuEncoding,
"编码(&E)")
            Result = AppendMenu(SubMenuEncoding, MF_STRING, 2041, "ANSI")
            Result = AppendMenu(SubMenuEncoding, MF_STRING, 2042, "Unicode")
            Result = AppendMenu(SubMenuEncoding, MF_STRING, 2043, "UTF-8")
        Result = AppendMenu(SubMenuOption, MF_SEPARATOR, 205, "")
        Result = AppendMenu(SubMenuOption, MF_STRING, 206, "窗口置顶(&T)")
        Result = CheckMenuItem(SubMenuOption, 206, MF_BYCOMMAND Or MF_CHECKED)
                                                        '勾选菜单项


        Result = SetMenu(hUserForm, MainMenu)                '主菜单挂载到用户窗体上
        PreWinProc = GetWindowLong(hUserForm, GWL_WNDPROC)   '记忆前一个窗口样式
        SetWindowLong hUserForm, GWL_WNDPROC, AddressOf MsgProcess   '关联回调函数
    End Sub


    Sub 销毁菜单()
        DestroyMenu MainMenu
        SetWindowLong hUserForm, GWL_WNDPROC, PreWinProc
    End Sub


    Public Function MsgProcess(ByVal hwnd As Long, ByVal Msg As Long, ByVal wParam
As Long, ByVal lParam As Long) As Long
        '单击每一个菜单项，wParam参数表示被选菜单项的ID
        Select Case wParam
            Case 101
                Debug.Print "打开"
            Case 102
                Debug.Print "保存"
            Case 104
                Unload UserForm1
            Case 201 To 202                    '多个单选按钮
                Result = CheckMenuRadioItem(SubMenuOption, 201, 202, wParam, MF_BYCOMMAND)
            Case 206
                Result = GetMenuState(SubMenuOption, 206, MF_BYCOMMAND)
                If Result And MF_CHECKED Then
                        Result = CheckMenuItem(SubMenuOption, 206, MF_BYCOMMAND Or MF_
UNCHECKED)    '去掉勾选
                Else
                        Result = CheckMenuItem(SubMenuOption, 206, MF_BYCOMMAND Or MF_
CHECKED)    '加上勾选
                End If
```

```
        Case 2041 To 2043
            Debug.Print "编码"
        Case Else
            MsgProcess = CallWindowProc(PreWinProc, hwnd, Msg, wParam, lParam)
    End Select
End Function
```

代码分析：

在上述代码中，共包括"创建菜单"、"销毁菜单"、MsgProcess 回调三个函数。当用户窗体启动后自动调用"创建菜单"函数。创建菜单系统的大致步骤如下：

（1）使用 FindWindow 函数获取 UserForm1 窗口句柄。

（2）使用 CreateMenu 函数创建一个空白的主菜单句柄。

（3）使用 CreatePopupMenu 函数创建"文件"子菜单。

（4）使用 AppendMenu 函数把"文件"子菜单附加到主菜单中。

（5）使用 AppendMenu 函数向"文件"子菜单下面添加"打开""保存""分隔线""退出"菜单项。

（6）使用 EnableMenuItem 函数设置"保存"菜单项为禁用状态。

（7）根据上述方式再创建一个"选项"子菜单。

（8）在"选项"子菜单下面添加"十进制""十六进制"两个菜单项，并使用 CheckMenuRadioItem 函数将"十六进制"设置为单选状态。

（9）在"选项"子菜单下面添加二级子菜单"编码"。

（10）在"选项"子菜单中追加"窗口置顶"菜单项，并使用 CheckMenuItem 函数使其处于勾选状态。

（11）使用 SetMenu 函数将主菜单挂载到用户窗体上。

（12）使用 GetWindowLong 函数记忆前一个窗口样式，保存在公有变量 PreWinProc 中。

（13）将 SetWindowLong 函数与回调函数 MsgProcess 建立关联。

下面进行效果测试。

启动窗体，会看到显示出"文件""选项"两个子菜单，如图 6-5 和图 6-6 所示。

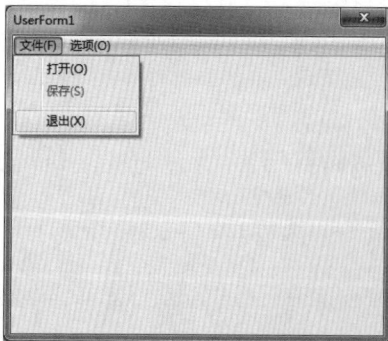

图 6-5 "文件"子菜单　　　　　　　　图 6-6 "选项"子菜单

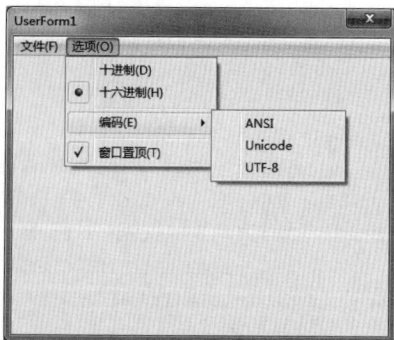

当选择"选项"子菜单下面的各个菜单项时，都有相应的反应。

下面对上述实例中用到的关键 API 函数进行解释说明。

6.3.1 MF_BYCOMMAND 常量和 MF_BYPOSITION 常量的区别

在与菜单项操作有关的 API 函数中，经常看到 MF_BYCOMMAND 常量和 MF_BYPOSITION 常量，这两个常量通常用于配合子菜单句柄或菜单项 ID 来定位菜单项。

- MF_BYCOMMAND：表示前面的数字是句柄或 ID。
- MF_BYPOSITION：表示前面的数字是相对位置序号。

假设"文件"子菜单下面有"打开""保存"两个菜单项，其中"保存"菜单项的 ID 是 102，那么下面这行代码用于禁用这个菜单项。

```
Result = EnableMenuItem(SubMenuFile, 102, MF_BYCOMMAND Or MF_GRAYED Or MF_DISABLED)
```

注意上面代码中用到了 MF_BYCOMMAND 标志位，说明程序 102 是一个 ID 值，而不是第 102 个菜单项。

反之，如果写成下面代码：

```
Result = EnableMenuItem(SubMenuFile, 0, MF_BYPOSITION Or MF_GRAYED Or MF_DISABLED)
```

说明程序 0 是一个位置参数，表示要操作"文件"子菜单下面的首个菜单项，也就是将"打开"菜单项禁用。

以上两个常量频繁出现在与菜单项有关的各个 API 函数中，要注意区别对待。

6.3.2 EnableMenuItem 函数

EnableMenuItem 函数用于将一个子菜单或菜单项设置为有效、无效、灰色。

例如，下面的代码可以把 SubMenuFile 子菜单下面 ID 为 102 的菜单项设为禁用状态。

```
EnableMenuItem(SubMenuFile, 102, MF_BYCOMMAND Or MF_GRAYED Or MF_DISABLED)
```

反之，加入 MF_ENABLED 标志位可以使菜单项有效。

```
EnableMenuItem(SubMenuFile, 102, MF_BYCOMMAND Or MF_ENABLED)
```

6.3.3 CheckMenuItem 函数

CheckMenuItem 函数可以使菜单项处于勾选或者取消勾选状态。

例如，下面的代码可以将 SubMenuOption 子菜单下面 ID 为 206 的菜单项处于勾选状态。

```
CheckMenuItem(SubMenuOption, 206, MF_BYCOMMAND Or MF_CHECKED)
```

如果把 MF_CHECKED 修改为 MF_UNCHECKED 常量，则取消勾选。

6.3.4 CheckMenuRadioItem 函数

CheckMenuRadioItem 函数用于设置多个菜单项之间有且只有一个菜单项处于选中状态，左侧呈现单选按钮。

例如，下面的代码在 SubMenuOption 子菜单下面 ID 范围从 201 到 202 的菜单项中，只把 202 这个菜单项加上单选按钮。

```
CheckMenuRadioItem(SubMenuOption, 201, 202, 202, MF_BYCOMMAND)
```

6.3.5 GetMenuState 函数

GetMenuState 函数用于获取菜单项的状态，包括是否有效、是否勾选。

例如，下面的代码可获取 SubMenuOption 子菜单下面 ID 为 206 的菜单项的状态，并赋给变量 Result。

```
Result = GetMenuState(SubMenuOption, 206, MF_BYCOMMAND)
```

将得到的 Result 与下面 5 个常量之一进行逻辑与运算。

```
Private Const MF_ENABLED = &H0&
Private Const MF_GRAYED = &H1&
Private Const MF_DISABLED = &H2&
Private Const MF_UNCHECKED = &H0&
Private Const MF_CHECKED = &H8&
```

如果 Result And MF_CHECKED 成立，说明菜单项处于勾选状态。

6.4   获取菜单信息

开发人员不仅可以创建菜单系统，还可以对其他进程的已有菜单系统进行访问。例如，可以获取记事本菜单系统中有多少个子菜单以及每个子菜单的名称是什么。

菜单系统包括主菜单句柄、子菜单句柄及其文本、菜单项的 ID 及其文本这三部分内容。

作者开发的 Spy 工具具有查看菜单系统的功能。方法是：在其"选项"子菜单中勾选"菜单"选项，然后把最下方的进度条拖曳到目标窗口中。例如，6.3 节在用户窗体中制作的菜单就可以显示在右侧的树形结构中了，如图 6-7 所示。

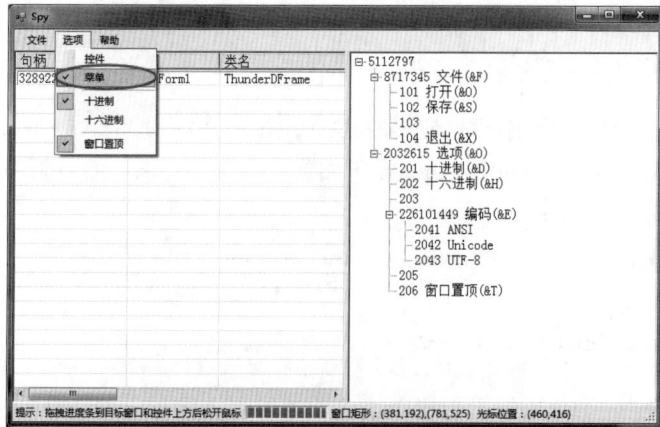

图 6-7   查看菜单的构成

在 Spy 工具的窗口中，左侧的数字 328922 是 UserForm1 的窗口句柄值；右侧顶部数字 5112797

是该窗口对应的主菜单句柄；8717345 是 "文件" 子菜单的句柄；101、102 是菜单项的 ID。

📣 **注意：**

对于同一个应用程序或窗口，每次启动后各种菜单的句柄都会发生变化，但是菜单项的 ID 值不变。

以上是用 Spy 工具查看的方式了解一个菜单系统，本节讲解如何使用 API 函数了解菜单信息。

下面的程序演示了如何获取记事本菜单系统中所有子菜单的信息。

```
    Private Declare Function GetSubMenu Lib "user32" (ByVal hMenu As Long, ByVal
nPos As Long) As Long
    Private Declare Function GetMenuString Lib "user32" Alias "GetMenuStringA" (ByVal
hMenu As Long, ByVal wIDItem As Long, ByVal lpString As String, ByVal nMaxCount As
Long, ByVal wFlag As Long) As Long
    Private Declare Function GetMenuState Lib "user32" (ByVal hMenu As Long, ByVal
wID As Long, ByVal wFlags As Long) As Long
    Private Declare Function GetMenuItemID Lib "user32" (ByVal hMenu As Long, ByVal
nPos As Long) As Long
    Private Declare Function GetMenuItemCount Lib "user32" (ByVal hMenu As Long) As Long
    Private Declare Function GetMenu Lib "user32" (ByVal hwnd As Long) As Long
    Private Declare Function FindWindow Lib "user32" Alias "FindWindowA" (ByVal
lpClassName As String, ByVal lpWindowName As String) As Long
    Private Const MF_BYCOMMAND = &H0&
    Sub 遍历子菜单()
        Dim hNotepad As Long
        hNotepad = FindWindow("Notepad", "无标题 - 记事本")
        Dim hMainMenu As Long
        hMainMenu = GetMenu(hNotepad)                    '主菜单句柄
        Dim Count As Long
        Count = GetMenuItemCount(hMainMenu)              '主菜单下所有子菜单或菜单项的总数
        Debug.Print Count
        Dim i As Long
        Dim ID As Long
        For i = 0 To Count - 1
            ID = GetSubMenu(hMainMenu, i)                '第 i 个子菜单的句柄
            If ID > 0 Then
            Else                                         '如果 ID 结果为 0，按菜单项处理
                ID = GetMenuItemID(hMainMenu, i)         '得到菜单项的 ID
            End If
            Debug.Print ID, GetMenuCaption(hMainMenu, ID)'打印句柄或 ID，及其文本
        Next i
    End Sub

    Private Function GetMenuCaption(hMenu As Long, ID As Long) As String
        Dim Length As Long
        Dim Caption As String
        Caption = String(255, " ")
        Length = GetMenuString(hMenu, ID, Caption, Len(Caption), MF_BYCOMMAND)
        GetMenuCaption = Left(Caption, Length)
    End Function
```

代码分析：

打开记事本后再运行上述程序，在立即窗口中输出记事本菜单系统的信息。

```
5
   92145169          文件 (&F)
   394707            编辑 (&E)
   96338607          格式 (&O)
   49218685          查看 (&V)
   35456401          帮助 (&H)
```

可以看到记事本菜单系统是由 5 个子菜单构成。这个结果与在 Spy 工具中看到的一致，如图 6-8 所示。

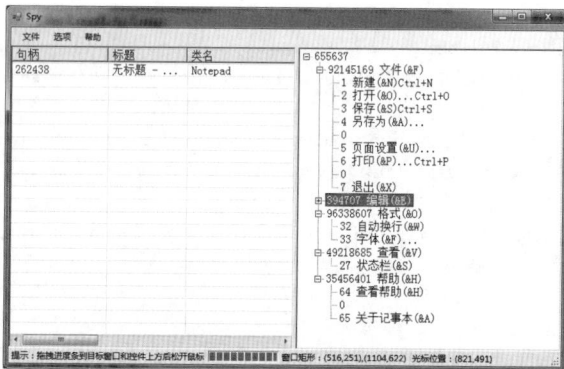

图 6-8　用 API 函数获取记事本菜单项内容

下面对用到的主要 API 函数进行讲解。

6.4.1　GetSubMenu 函数和 GetMenuItemID 函数

在菜单系统中，主菜单或子菜单的下面可以继续包含子菜单，也可以包含菜单项。

GetSubMenu(hMainMenu, i) 用于返回菜单 hMainMenu 下面第 i 个子菜单的句柄。如果第 i 个不是子菜单而是菜单项，那么该函数返回 0，而且需要立即改用 GetMenuItemID(hMainMenu, i) 来获取第 i 个菜单项的 ID 值。

其中整数 i 从 0 开始，最大值是 GetMenuItemCount 函数得到的结果减 1。

6.4.2　GetMenuString 函数

GetMenuString 函数用于返回子菜单或菜单项的文本。

例如，下面的程序用于得到 hMenu 菜单下 ID 为 102 的菜单项的文本。hMenu 和 102 是父子关系。Caption 是一个 String 变量，用来接收菜单项文本。

```
GetMenuString(hMenu, 102 , Caption, Len(Caption), MF_BYCOMMAND)
```

由于菜单系统是无限层级联形式的，只要知道父级容器的句柄，就可以遍历到子级的文本。例如，把 6.4 节中的程序代码 hMainMenu = GetMenu(hNotepad) 修改成

```
        hMainMenu = 92145169
```

再次执行程序，就输出"文件"子菜单下所有菜单项的 ID 和文本。

```
1               新建 (&N)      Ctrl+N
2               打开 (&O)... Ctrl+O
3               保存 (&S)      Ctrl+S
4               另存为 (&A)...
0
5               页面设置 (&U)...
6               打印 (&P)... Ctrl+P
0
7               退出 (&X)
```

6.5　设置和修改菜单

在编程开发过程中，有时需要对现有菜单系统进行维护修改。例如，修改某个子菜单或菜单项的标题文本、切换勾选状态、启用和禁用等。

还有一些场合需要在现有菜单系统的基础上增加和移除新项。本节将详细介绍这方面的 API 函数。

6.5.1　ModifyMenu 函数

ModifyMenu 函数用于修改一个已有子菜单或菜单项的内容、外观、行为等。声明如下：

```
Private Declare Function ModifyMenu Lib "user32" Alias "ModifyMenuA" (ByVal
hMenu As Long, ByVal nPosition As Long, ByVal wFlags As Long, ByVal wIDNewItem As
Long, ByVal lpString As Any) As Long
```

函数中的 5 个参数说明如下。
- hMenu：父级菜单的句柄。
- nPosition：被修改子菜单的句柄或菜单项的 ID，或者相对位置序号。
- wFlags：标志组合，必须包含 MF_BYCOMMAND 或 MF_BYPOSITION 之一，另外还需要规定修改哪个方面。
- wIDNewItem：指定的新 ID，该参数通常设置为与 nPosition 参数同样的值。
- lpString：如果要修改菜单项的文本，则设置为目标文本；如果是修改其他方面，该参数为 CLng(0)。

其中参数 wFlags 不允许的标志位组合如下：
- MF_BYCOMMAND、MF_BYPOSITION 一起使用。
- MF_DISABLED、MF_ENABLED、MF_GRAYED 一起使用。
- MF_BITMAP、MF_STRING、MF_OWNERDRAW、MF_SEPARATOR 一起使用。
- MF_MENUBARBREAK、MF_MENUBREAK 一起使用。
- MF_CHECKED、MF_UNCHECKED 一起使用。

即互斥的常量不要出现在同一行语句中。

下面的程序用于修改记事本菜单系统。将"文件"子菜单的文本修改为 File、"另存为"菜单项的文本修改为 Save as。

```
Sub 修改菜单()
    Dim hNotepad As Long
    Dim hMainMenu As Long
    Dim hFile As Long
    Dim hSaveasID As Long
    Dim Result As Long
    hNotepad = FindWindow("Notepad", "无标题 - 记事本")
    hMainMenu = GetMenu(hNotepad)
    hFile = GetSubMenu(hMainMenu, 0)            '文件 子菜单
    Result = ModifyMenu(hMainMenu, hFile, MF_BYCOMMAND Or MF_STRING, hFile, "File")
    If Result = 0 Then
        Debug.Print "修改失败。", Err.LastDllError
    Else
        Debug.Print "修改成功"
    End If
    hSaveasID = GetMenuItemID(hFile, 3)         '另存为菜单项的相对位置是 3
    Result = ModifyMenu(hFile,hSaveasID,MF_BYCOMMAND Or MF_STRING,
hSaveasID,"Save as")
    If Result = 0 Then
        Debug.Print "修改失败。", Err.LastDllError
    Else
        Debug.Print "修改成功"
    End If
End Sub
```

运行上述程序，在记事本中可以看到两处变化。"文件"变成了 File，"另存为"变成了 Save as，如图 6-9 所示。

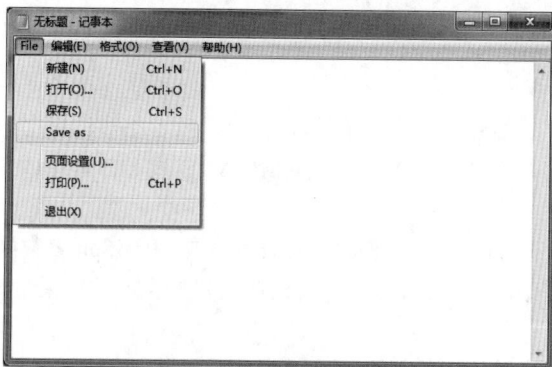

图 6-9　修改菜单文本

6.5.2　DeleteMenu 函数和 RemoveMenu 函数

DeleteMenu 函数用于彻底删除一个已有的子菜单或菜单项，而且被删除后不能再用在其他地方。

RemoveMenu 函数用于把一个已有的子菜单或菜单项从它的父级对象中移除，但是可以通过 AppendMenu 或 InsertMenu 函数将其添加到其他地方。

这两个函数的声明如下：

```
    Private Declare Function DeleteMenu Lib "user32" (ByVal hMenu As Long, ByVal
nPosition As Long, ByVal wFlags As Long) As Long
    Private Declare Function RemoveMenu Lib "user32" (ByVal hMenu As Long, ByVal
nPosition As Long, ByVal wFlags As Long) As Long
```

在记事本窗口的菜单系统中，"格式"子菜单原来位于第 2 个位置，下面的程序使用 RemoveMenu 函数将它从主菜单中移除，然后再用 AppendMenu 函数把它添加到"帮助"菜单的右侧。代码如下：

```
Sub 移除和添加菜单()
    Dim hNotepad As Long
    Dim hMainMenu As Long
    Dim hFormat As Long
    Dim hSaveasID As Long
    Dim Result As Long
    hNotepad = FindWindow("Notepad", "无标题 - 记事本")
    hMainMenu = GetMenu(hNotepad)
    hFormat = GetSubMenu(hMainMenu, 2)          '格式子菜单
    Result = RemoveMenu(hMainMenu, hFormat, MF_BYCOMMAND)
    Result = DrawMenuBar(hNotepad)
    Result = AppendMenu(hMainMenu, MF_STRING + MF_POPUP, hFormat, "格式(&F)")
    If Result = 0 Then
        Debug.Print "追加失败。", Err.LastDllError
    Else
        Debug.Print "追加成功"
    End If
End Sub
```

代码分析：

Result = RemoveMenu(hMainMenu, hFormat, MF_BYCOMMAND) 根据句柄值或 ID 定位，也可以改写成使用位置定位的方式。

```
Result = RemoveMenu(hMainMenu, 2, MF_BYPOSITION)
```

运行上述程序，可以看到"格式"子菜单被移到了最右边，如图 6-10 所示。

如果把上述代码中的 RemoveMenu 函数换成 DeleteMenu 函数，则菜单被删除之后就无法再添加到其他位置。

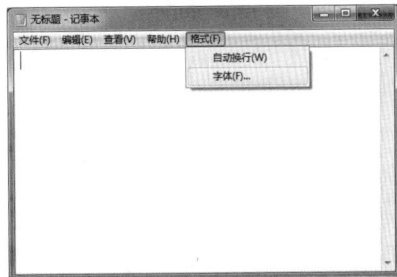

图 6-10　移除和添加菜单的效果

6.5.3　发送 WM_COMMAND 消息

在编程过程中，经常需要实现自动单击菜单项、自动勾选菜单项这些操作。使用 PostMessage

或 SendMessage 函数发送 WM_COMMAND 消息，可以实现自动单击菜单项的功能。

下面的程序首先定位到记事本的"文件"子菜单下面的"页面设置"菜单项，然后发送消息，让其自动弹出"页面设置"对话框。

```
Option Explicit
Private Declare Function GetMenu Lib "user32" (ByVal hwnd As Long) As Long
Private Declare Function FindWindow Lib "user32" Alias "FindWindowA" (ByVal
lpClassName As String, ByVal lpWindowName As String) As Long
Private Declare Function GetSubMenu Lib "user32" (ByVal hMenu As Long, ByVal
nPos As Long) As Long
Private Declare Function GetMenuItemID Lib "user32" (ByVal hMenu As Long, ByVal
nPos As Long) As Long

Private Const WM_COMMAND = &H111
Private Declare Function PostMessage Lib "user32" Alias "PostMessageA" (ByVal
hwnd As Long, ByVal wMsg As Long, ByVal wParam As Long, ByVal lParam As Long) As Long
Private Declare Function SendMessage Lib "user32" Alias "SendMessageA" (ByVal
hwnd As Long, ByVal wMsg As Long, ByVal wParam As Long, lParam As Any) As Long
Sub 单击菜单项()
    Dim hNotepad As Long
    hNotepad = FindWindow("Notepad", vbNullString)
    Dim hMainMenu As Long
    Dim hFile As Long
    Dim hPageSetup As Long
    hMainMenu = GetMenu(hNotepad)
    hFile = GetSubMenu(hMainMenu, 0)             '文件子菜单
    hPageSetup = GetMenuItemID(hFile, 5)         '页面设置菜单项
    Call SendMessage(hwnd:=hNotepad, wMsg:=WM_COMMAND, wParam:=hPageSetup,
lParam:=0)
    End Sub
```

代码分析：

注意如下这行代码。

```
    Call SendMessage(hwnd:=hNotepad, wMsg:=WM_COMMAND, wParam:=hPageSetup,
lParam:=0)
```

第 1 个参数是记事本的窗口句柄，第 3 个参数是页面设置菜单项的句柄。

运行上述程序，弹出"页面设置"对话框，并且 VBA 进入阻塞状态，必须手动关闭"页面设置"对话框，Excel 和 VBA 才能正常使用，如图 6-11 所示。

另外，也可以使用 PostMessage 函数发送异步消息，当"页面设置"对话框弹出来后，还可以使用 VBA 自动设置对话框中的输入项。

图 6-11　向记事本的"页面设置"对话框发送消息

6.6　创建右键菜单

VBA 的用户窗体及其上面的控件本身没有右键菜单，但是很多情况下需要显示右键菜单来增强程序的交互。

利用 TrackPopupMenu 函数以及响应鼠标右键的有关事件，可以在用户窗体上弹出右键菜单。具体的实现步骤如下：

（1）窗体启动时使用 CreatePopupMenu 函数创建弹出式菜单，并且添加必要的菜单项。

（2）在窗体或控件上单击鼠标右键时，使用 TrackPopupMenu 函数弹出右键菜单。

（3）窗体卸载时使用 DestroyMenu 销毁菜单。

6.6.1　TrackPopupMenu 函数

TrackPopupMenu 函数可以在指定位置显示右键菜单，并跟踪菜单项的选择。右键菜单可以出现在屏幕的任何位置。声明如下：

```
    Private Declare Function TrackPopupMenu Lib "user32" (ByVal hMenu As Long, ByVal
wFlags As Long, ByVal X As Long, ByVal Y As Long, ByVal nReserved As Long, ByVal
hwnd As Long, lprc As RECT) As Long
```

在众多参数中，hMenu 需要指定为事先创建的弹出式菜单；X 和 Y 用于指定右键菜单出现在屏幕上的坐标。为了能恰好出现在鼠标所在的位置，还需要借助 GetCursorPos 函数和 POINTAPI 自定义类型。

hwnd 需要设置为右键菜单所在窗口的句柄，一般用 GetFocus 函数返回。

弹出右键菜单后，如果用户单击某个菜单项，那么该函数的返回值就是被单击的菜单项的 ID。

下面的程序用于实现在 VBA 的用户窗体中弹出右键菜单。

```
    Private hFocus As Long
    Private ID As Long
    Private hPopup As Long
    Private Result As Long
    Private Sub TextBox1_MouseUp(ByVal Button As Integer, ByVal Shift As Integer,
ByVal X As Single, ByVal Y As Single)
        Dim R As RECT
        Dim Pt As POINTAPI
        If Button = 2 Then
            hFocus = GetFocus()
            GetCursorPos Pt
            ID = 0
            ID = TrackPopupMenu(hPopup, TPM_TOPALIGN Or TPM_LEFTALIGN Or TPM_
NONOTIFY Or TPM_RETURNCMD Or TPM_LEFTBUTTON, Pt.X, Pt.Y, 0, hFocus, R)
            Select Case ID
            Case 0

            Case 101
```

```
                Me.TextBox1.Text = "检查元素"
            Case 1021 To 1023
                Me.TextBox1.Text = "编码"
            Case 103
            Case Else
            End Select
        End If
End Sub

Private Sub UserForm_Initialize()
    Dim hEncoding As Long
    hPopup = CreatePopupMenu()
    Result = AppendMenu(hPopup, MF_STRING, 101, "检查元素")
    hEncoding = CreatePopupMenu()
    Result = AppendMenu(hPopup, MF_STRING + MF_POPUP, hEncoding, "编码")
    Result = AppendMenu(hEncoding, MF_STRING, 1021, "自动选择")
    Result = AppendMenu(hEncoding, MF_STRING, 1022, "简体中文(GB2312)")
    Result = AppendMenu(hEncoding, MF_STRING, 1023, "其他")
    Result = AppendMenu(hPopup, MF_SEPARATOR, 103, "")
    Result = AppendMenu(hPopup, MF_STRING, 104, "打印")
End Sub

Private Sub UserForm_Terminate()
    DestroyMenu hPopup
End Sub
```

代码分析：

代码中的变量 hPopup 就是弹出式菜单的句柄，hEncoding 是二级子菜单，变量 ID 用于跟踪用户最终单击了哪一个菜单项。当用户在文本框中单击右键菜单时会触发 TextBox1_MouseUp 事件中的代码。

启动窗体，在文本框中单击鼠标右键，弹出右键菜单，如图 6-12 所示。

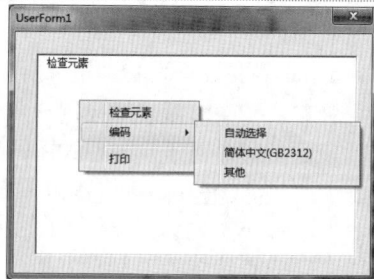

图 6-12　用户窗体中文本框的右键菜单

6.6.2　在工作表中实现自定义右键菜单

6.6.1 小节中的程序是通过触发文本框的 MouseUp 事件实现的效果。同样道理，通过触发工作表的 BeforeRightClick 事件，可以实现在工作表中单击鼠标右键时，弹出自定义的右键菜单。

把 6.6.1 小节用户窗体中的代码修改如下。

```
Private Sub Worksheet_BeforeRightClick(ByVal Target As Range, Cancel As Boolean)
    Cancel = True
    Dim R As RECT
    Dim Pt As POINTAPI
    If Target.Count = 1 Then
        hFocus = GetFocus()
        GetCursorPos Pt
        ID = 0
```

```
        ID = TrackPopupMenu(hPopup, TPM_TOPALIGN Or TPM_LEFTALIGN Or TPM_
NONOTIFY Or TPM_RETURNCMD Or TPM_LEFTBUTTON, Pt.X, Pt.Y, 0, hFocus, R)
        Select Case ID
        Case 0

        Case 101
            Target.Value = " 检查元素 "
        Case 1021 To 1023
            Target.Value = " 编码 "
        Case 103
        Case Else
        End Select
    End If
End Sub

Private Sub Worksheet_Activate()
    Dim hEncoding As Long
    hPopup = CreatePopupMenu()
    Result = AppendMenu(hPopup, MF_STRING, 101, " 检查元素 ")
    hEncoding = CreatePopupMenu()
    Result = AppendMenu(hPopup, MF_STRING + MF_POPUP, hEncoding, " 编码 ")
    Result = AppendMenu(hEncoding, MF_STRING, 1021, " 自动选择 ")
    Result = AppendMenu(hEncoding, MF_STRING, 1022, " 简体中文 (GB2312)")
    Result = AppendMenu(hEncoding, MF_STRING, 1023, " 其他 ")
    Result = AppendMenu(hPopup, MF_SEPARATOR, 103, "")
    Result = AppendMenu(hPopup, MF_STRING, 104, " 打印 ")
End Sub

Private Sub Worksheet_Deactivate()
    DestroyMenu hPopup
End Sub
```

代码分析：

当激活 Sheet 时，自动触发 Worksheet_Activate 事件创建弹出式菜单，当工作表失去焦点时销毁菜单。在工作表中单击右键时，屏蔽本身的内置菜单，显示自定义右键菜单，如图 6-13 所示。

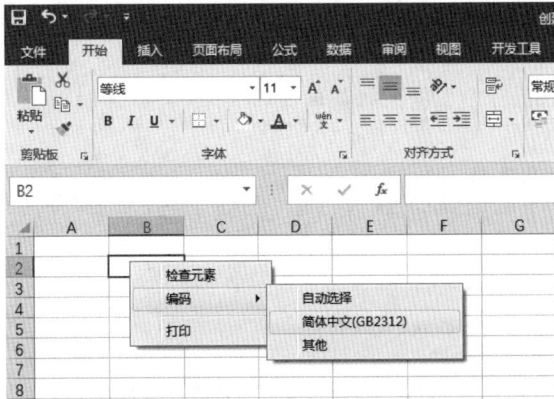

图 6-13　单击单元格右键显示自定义右键菜单

6.7　访问系统菜单

系统菜单是指鼠标在窗口标题栏中单击右键时弹出的菜单，如图 6-14 所示。

图 6-14　系统菜单

系统菜单通常包含 6 个菜单项：还原、移动、大小、最小化、最大化、关闭。

这 6 个菜单项的 ID 是固定不变的，与以下常量对应：

```
Private Const SC_SIZE = &HF000&          '大小
Private Const SC_MOVE = &HF010&          '移动
Private Const SC_MINIMIZE = &HF020&      '最小化
Private Const SC_MAXIMIZE = &HF030&      '最大化
Private Const SC_CLOSE = &HF060&         '关闭
Private Const SC_RESTORE = &HF120&       '还原
```

6.7.1　GetSystemMenu 函数

GetSystemMenu 函数用于返回指定窗口的系统菜单的句柄。声明如下：

```
Private Declare Function GetSystemMenu Lib "user32" (ByVal hwnd As Long, ByVal bRevert As Long) As Long
```

下面的程序用于返回 Excel 窗口的系统菜单的句柄。

```
Private hSystemMenu As Long
Private Sub 获取系统菜单()
    hSystemMenu = GetSystemMenu(Application.hwnd, 0&)
End Sub
```

6.7.2　遍历系统菜单的各项

遍历系统菜单的各项与遍历一般菜单的方法基本相同。下面的程序用于遍历 Excel 窗口的系统菜单中各项的 ID 和标题。

```
Private hSystemMenu As Long
Private Sub 遍历系统菜单中各项的 ID 和标题 ()
    hSystemMenu = GetSystemMenu(Application.hwnd, 0&)          '系统菜单句柄
    Dim Count As Long
    Count = GetMenuItemCount(hSystemMenu)
    Debug.Print Count
    Dim i As Long
    Dim ID As Long
    For i = 0 To Count - 1
        ID = GetMenuItemID(hSystemMenu, i)                    '得到菜单项的 ID
        Debug.Print "&H" & Hex(ID) & "&", GetMenuCaption(hSystemMenu, ID)
                                                '打印句柄或 ID，及其文本

    Next i
End Sub

Private Function GetMenuCaption(hMenu As Long, ID As Long) As String
    Dim Length As Long
    Dim Caption As String
    Caption = String(255, " ")
    Length = GetMenuString(hMenu, ID, Caption, Len(Caption), MF_BYCOMMAND)
    GetMenuCaption = Left(Caption, Length)
End Function
```

运行上述程序，在立即窗口中输出每一项的 ID 和标题，如图 6-15 所示。

```
立即窗口
 7
&HF120&          还原(&R)
&HF010&          移动(&M)
&HF000&          大小(&S)
&HF020&          最小化(&N)
&HF030&          最大化(&X)
&H0&
&HF060&          关闭(&C)        Alt+F4
```

图 6-15　遍历系统菜单的每一项

6.7.3　发送 WM_SYSCOMMAND 消息

通过发送 WM_SYSCOMMAND 消息可以执行系统菜单中某一菜单项的命令，无须弹出系统菜单就能执行其中的命令。例如，下面的程序可以自动执行 Excel 的最大化命令。

```
Private Sub 执行菜单项 ()
    SendMessage Application.hwnd, WM_SYSCOMMAND, SC_MAXIMIZE, 0&        '最大化 Excel
End Sub
```

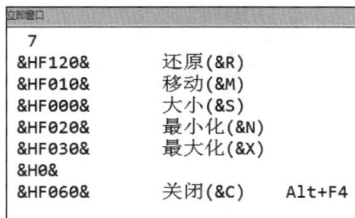

6.7.4　修改和显示系统菜单

通常情况下，只有用鼠标在窗口的标题栏中单击右键时才能弹出系统菜单，但是利用 TrackPopupMenu 函数可以在屏幕上的任何位置弹出系统菜单。

另外，在默认的系统菜单中，使用 AppendMenu 函数可以增加一个分隔线和一个"关于"按钮。然后使用 SetWindowLong 函数和 GWL_WNDPROC 索引替换窗口过程，使用户在单击"关于"按钮时能够通过回调函数 WindowProc 进行处理。

在 VBA 中插入一个标准模块，输入如下代码：

```
    Option Explicit
    Private Declare Function GetSystemMenu Lib "user32" (ByVal hwnd As Long, ByVal
bRevert As Long) As Long
    Private Declare Function AppendMenu Lib "user32" Alias "AppendMenuA" (ByVal
hMenu As Long, ByVal wFlags As Long, ByVal wIDNewItem As Long, ByVal lpNewItem As
String) As Long
    Private Const MF_SEPARATOR = &H800&
    Private Const MF_STRING = &H0&
    Private Declare Function CallWindowProc Lib "user32" Alias "CallWindowProcA"
(ByVal lpPrevWndFunc As Long, ByVal hwnd As Long, ByVal Msg As Long, ByVal wParam As
Long, ByVal lParam As Long) As Long
    Private Const WM_SYSCOMMAND = &H112
    Private Const WM_COMMAND = &H111

    Public ProcOld As Long
    Public hExcel As Long
    Public hSystemMenu As Long
    Public Const ID_About As Long = 107

    Private Declare Function SetWindowLong Lib "user32" Alias "SetWindowLongA" (ByVal
hwnd As Long, ByVal nIndex As Long, ByVal dwNewLong As Long) As Long
    Private Const GWL_WNDPROC = (-4)

    Private Declare Function DeleteMenu Lib "user32" (ByVal hMenu As Long, ByVal
nPosition As Long, ByVal wFlags As Long) As Long
    Private Const MF_BYCOMMAND = &H0&
    Private Const MF_BYPOSITION = &H400&
    Private Declare Function DrawMenuBar Lib "user32" (ByVal hwnd As Long) As Long

    Public Function WindowProc(ByVal hwnd As Long, ByVal iMsg As Long, ByVal wParam
As Long, ByVal lParam As Long) As Long
        Select Case iMsg
        Case WM_SYSCOMMAND
            If wParam = ID_About Then
                MsgBox "Hello! " & Application.UserName, vbInformation, "关于"
                Exit Function
            End If
        Case WM_COMMAND
            If wParam = ID_About Then
                MsgBox "Hello! " & Application.UserName, vbInformation, "关于"
                Exit Function
            Else
                CallWindowProc ProcOld, hwnd, WM_SYSCOMMAND, wParam, lParam
                WindowProc = 0
                Exit Function
            End If
        End Select
```

```
        WindowProc = CallWindowProc(ProcOld, hwnd, iMsg, wParam, lParam)
    End Function

    Sub Initialize()
        Dim Result As Long
        hExcel = Application.hwnd
        hSystemMenu = GetSystemMenu(hExcel, False)
        Result = AppendMenu(hSystemMenu, MF_SEPARATOR, 0&, vbNullString)
        Result = AppendMenu(hSystemMenu, MF_STRING, ID_About, "关于 ...")
        ProcOld = SetWindowLong(hExcel, GWL_WNDPROC, AddressOf WindowProc)
    End Sub

    Sub Terminate()
        Dim Result As Long
        Result = DeleteMenu(hSystemMenu, ID_About, MF_BYCOMMAND)
        Result = DeleteMenu(hSystemMenu, 7, MF_BYPOSITION)
        DrawMenuBar hExcel
        SetWindowLong hExcel, GWL_WNDPROC, ProcOld
    End Sub
```

代码分析:

以上代码包括三个过程。其中 WindowProc 是回调函数。Initialize 是初始化过程，用于获取 Excel 的系统菜单句柄，并且追加新的菜单项，设置窗口的回调函数等。Terminate 用于删除新增的菜单项，恢复默认菜单，并且断开回调函数。

在工作表 Sheet1 的事件模块中输入如下代码:

```
    Private Type POINTAPI
        X As Long
        Y As Long
    End Type
    Private Type RECT
        Left As Long
        Top As Long
        Right As Long
        Bottom As Long
    End Type
    Private Declare Function TrackPopupMenu Lib "user32" (ByVal hMenu As Long, ByVal
wFlags As Long, ByVal X As Long, ByVal Y As Long, ByVal nReserved As Long, ByVal
hwnd As Long, lprc As RECT) As Long
    Private Declare Function GetCursorPos Lib "user32" (lpPoint As POINTAPI) As Long

    Private P As POINTAPI
    Private R As RECT
    Private Sub Worksheet_BeforeRightClick(ByVal Target As Range, Cancel As Boolean)
        GetCursorPos P
        If Target.Column = 3 Then
            Cancel = True
            TrackPopupMenu hSystemMenu, 0, P.X, P.Y, 0, hExcel, R
        End If
    End Sub
```

06

代码分析：

本例借助工作表的右键事件，使用鼠标在 C 列单击右键时弹出系统菜单。

首先手动运行模块中的 Initialize 过程，然后在工作表的 C 列中单击右键，可以看到弹出了系统菜单，而且下面有一个"关于"菜单项，如图 6-16 所示。

选择"关于"选项，弹出一个对话框，如图 6-17 所示。

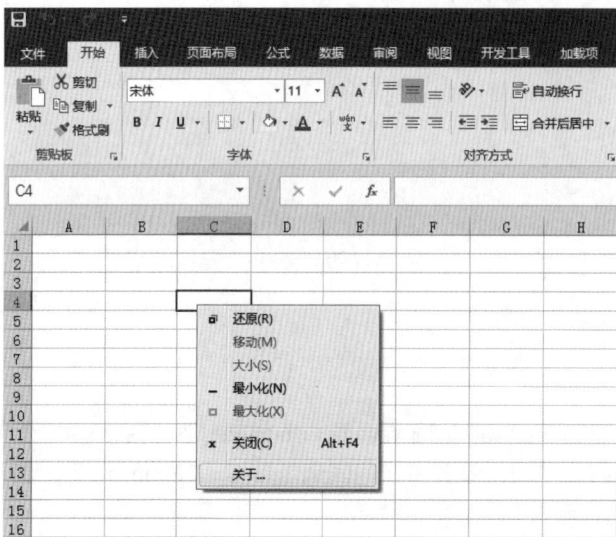

图 6-16　在系统菜单中增加一项

图 6-17　"关于"对话框

最后，运行 Terminate 过程，可以看到"关于"菜单项被删除。

6.8　本章习题

1. 在一个没有菜单的窗口中使用 GetMenu 函数会返回什么？（　　　）

A. 0　　　　　　　　　　　　　　　　B. 窗口的句柄

C. 该窗口系统菜单的句柄　　　　　　　D. 引起"运行时错误"

2. TrackPopupMenu 函数的功能是（　　　）。

A. 在指定的位置弹出一个右键菜单，并且返回所选择的菜单项。右键菜单只能出现在指定窗口的矩形内部

B. 在指定的位置弹出一个右键菜单，并且返回所选择的菜单项。右键菜单可以出现在屏幕的任何位置

C. 将一个菜单条目设置为默认条目

D. 判断指定的句柄是否为一个菜单的句柄

3. 把一个菜单系统显示在另一个窗口上，最关键的函数是哪一个？（　　　）

A. GetMenu　　　　　　　　　　　　B. GetSystemMenu

C. SetMenu　　　　　　　　　　　　D. DrawMenuBar

第 7 章　64 位 Office VBA 编程要点

微软公司自 Office 2010 版本以后，同时有 32 位和 64 位两个版本。随着越来越多的人开始使用 Windows 10 的 64 位系统，相应地也会安装和使用 64 位 Office。64 位 Office 对应的 VBA 环境就是 64 位 VBA。

然而，如果将原先在 32 位 VBA 中编写的 API 代码粘贴到 64 位 VBA 中，代码并不能正常使用，或者把包含 32 位 VBA 代码的 Office 文档发送到 64 位 Office 中并打开，也会弹出编译错误，提示必须使用 PtrSafe 关键字，如图 7-1 所示。

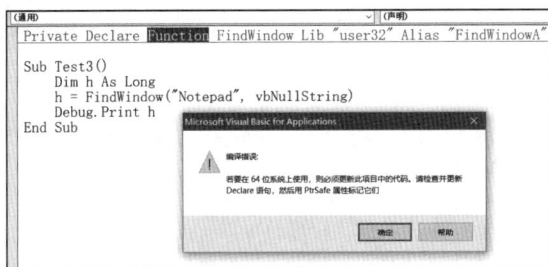

图 7-1　编译错误

实际上，32 位和 64 位 VBA 代码的差别不止于此，本章详细讲述 64 位 Office VBA 编程需要注意的事项。

7.1　Office 版本升级引起的 VBA 变化

随着大数据时代的来临，微软公司同时推出了 32 位和 64 位的 Office 2010，之后的 Office 2013、Office 2016、Office 365 都具有 32 位和 64 位两个版本。而 Office 2003、Office 2007 这些早期版本只有 32 位版本。

而且，自 Office 2010 以后的所有版本对应的 VBA 版本从 6 升级为 7，因此 Office 2010 这个版本是一个分水岭，与早期版本有很多不同之处。

7.1.1　VBA7 的新特性

Office 2003 和 Office 2007 的 VBA 环境的版本是 6，下面介绍几种确认版本的方法。

方法 1，在立即窗口中输入：?Application.VBE.Version。

可以看到结果是 6.05。

方法 2，在 VBA 窗口中单击菜单"帮助""关于 Microsoft Visual Basic"，可以看到对话框中显示 Microsoft Visual Basic 6.5，如图 7-2 所示。

同样，在 Office 2016 这些高级版本的 VBA 中，看到的结果是 Microsoft Visual Basic for Applications 7.1，如图 7-3 所示。

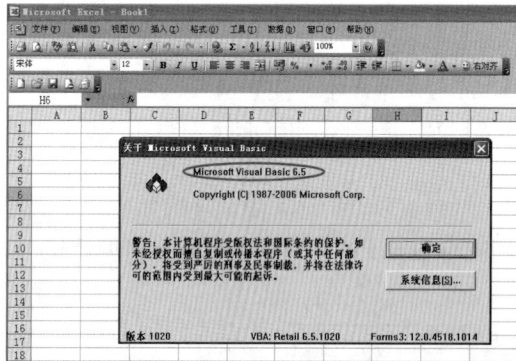

图 7-2　查看 VBA 的版本

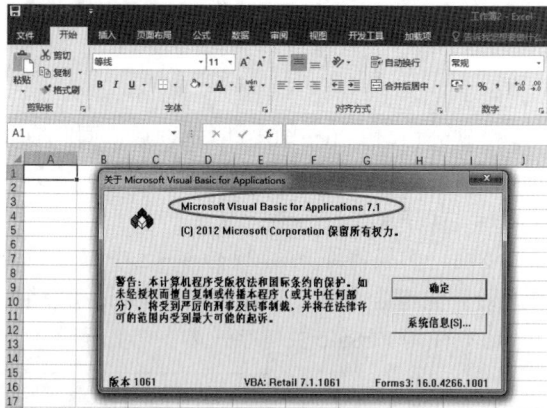

图 7-3　VBA 7.1

也就是说，低级版本的 Office 对应的是 VBA6；高级版本的 Office 对应的是 VBA7。

在代码中可以通过条件编译进行判断。

```
Sub 判断 VBA 版本 ()
    #If VBA7 Then
        MsgBox "是 VBA7"
    #ElseIf VBA6 Then
        MsgBox "是 VBA6"
    #Else
        MsgBox "其他 "
    #End If
End Sub
```

图 7-4　运行结果

如果在 Office 2010 及其以上版本中运行上述过程，对话框中弹出"是 VBA7"，如图 7-4 所示。

在 VBA7 中新增了 PtrSafe 关键字和 LongPtr 关键字。

将 PtrSafe 关键字添加在 Declare 之后、Function 或 Sub 之前，用于表示在 64 位中安全运行。例如：

```
Private Declare PtrSafe Function FindWindow Lib "user32" Alias "FindWindowA"
(ByVal lpClassName As String, ByVal lpWindowName As String) As LongPtr
```

在 32 位 VBA7 中，PtrSafe 是可选的，不添加也可以。而在 64 位 VBA7 中必须添加 PtrSafe 关键字。

在早期 Office 版本的 VBA 中，没有真正的指针数据类型，从 VBA7 开始新增了 LongPtr 这一可变类型。实际解析为哪一种数据类型取决于它在什么环境中运行，在 32 位 VBA7 中，LongPtr 解析为 Long，在 64 位 VBA7 中，LongPtr 解析为 LongLong。

在 API 函数的代码中，LongPtr 关键字主要用于指针和句柄中。

7.1.2　64 位 VBA 的新特性

64 位 VBA 指的是安装了 64 位 Office 以后相对应的 VBA 环境。是不是 64 位 VBA，只需查看 Office 的位数即可。

在 Office 任一组件的"账户"信息中，单击"关于 Excel"按钮，如图 7-5 所示。

图 7-5　"关于 Excel"

在弹出的 Excel 的"关于"对话框中可以看到是 64 位，如图 7-6 所示。

图 7-6　Excel 的"关于"对话框

此外，还可以利用条件编译常量来判断 Office 的位数。

```
Sub 判断 Office 的位数 ()
    #If Win64 Then
        MsgBox "64 位 Office VBA"
    #ElseIf Win32 Then
        MsgBox "32 位 Office VBA"
    #End If
End Sub
```

如果在 32 位 VBA 中运行上述代码，在对话框中弹出"32 位 Office VBA"，如图 7-7 所示。

图 7-7　运行结果

🔊 注意：

条件编译常量 Win64 和 Win32 用于判断 Office 的位数，并不是判断系统位数。

在上述条件编译结构中，必须把 Win64 放在前面先判断，否则结果与预期不符。如果改写成以下形式，那么在 64 位 VBA 中运行以下代码，就会在弹出的对话框中显示"32 位 Office VBA"，因为在 64 位 VBA 环境中 Win32 条件常量也是成立的。

```
Sub 判断 Office 的位数 ()
    #If Win32 Then
        MsgBox "32 位 Office VBA"
    #ElseIf Win64 Then
        MsgBox "64 位 Office VBA"
    #End If
End Sub
```

同理，在判断 VBA 的版本时，也应该先判断 VBA7 常量，高版本的放在前面。因为在 VBA7 环境中 VBA6 这个条件常量也成立。

7.1.3　LongLong 数据类型

32 位 VBA 中长整型的类型是 Long，其有效范围是 $-2^{31} \sim 2^{31}-1$。

在 64 位 VBA7 中，不仅增加了 LongPtr 类型，而且还增加了一个 LongLong 类型，用于表示 64 位整数，其有效范围是 $-2^{63} \sim 2^{63}-1$。在 VBA 中输入 As Long 按空格键，可以看到与长整型有关的三个类型：Long、LongLong、LongPtr，如图 7-8 所示。

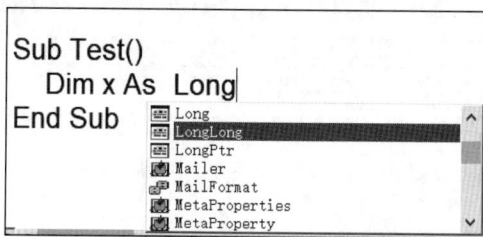

图 7-8　64 位 VBA 中的 LongLong 类型

在 32 位 VBA 的 API 函数声明中，函数的参数以及返回值的类型通常是 Long。在 64 位 VBA 的 API 函数声明中，凡是与指针和句柄有关的都需要改写为 LongLong 或 LongPtr，其他的可以继续使用 Long。

例如，GetWindowRect 函数用于返回窗口矩形，在 32 位 VBA 中声明如下：

```
Private Declare Function GetWindowRect Lib "user32" Alias "GetWindowRect" (ByVal hwnd As Long, lpRect As RECT) As Long
```

改写为 64 位 VBA 的形式为：

```
Private Declare PtrSafe Function GetWindowRect Lib "user32" Alias
"GetWindowRect" (ByVal hwnd As LongLong, lpRect As RECT) As Long
```

由于参数 hwnd 是一个句柄，所以改成 LongLong。该函数的返回值只用于判断运行是否成功，与指针和句柄无关，因此不需要修改，继续使用 As Long。

7.1.4 新增的转换函数

在 64 位 VBA 中，Long、LongLong、LongPtr 三者可以互相转换。CLng、CLngLng、CLngPtr 这三个函数可以把其他数据转换为 Long、LongLong、LongPtr。

下面的程序实现了三种数据类型的转换。

```
Sub 类型转换 ()
    Dim L As Long
    Dim LL As LongLong
    Dim LP As LongPtr
    L = 123456
    LL = CLngLng(L)
    LP = CLngPtr(LL)
    L = CLng(LP)
    Debug.Print L, LL, LP
End Sub
```

上述程序运行后，在立即窗口中输出三个 123456。

7.2 API 函数在不同编程环境中的声明方式

由于 VBA7 和 64 位 Office 的出现，即使访问同一个 API 函数，写法上也必须做相应的调整，否则会出错。

本节讲述在编程环境（VBA、Office 版本）已经确定的场合下，API 函数的写法要点。

7.2.1 各种关键字的应用场合

根据前面的讨论，VBA 编程环境分为三大类：32 位 VBA6、32 位 VBA7、64 位 VBA7。

每一类版本对应的 Office 版本、条件编译常量、新增关键字见表 7-1 所示。

表 7-1 API 函数方面的重要关键字

VBA 版本	Office 版本	条件编译常量	PtrSafe	Long	LongLong	LongPtr
32 位 VBA6	Office 2003、2007	VBA6、Win32	×	√	×	×
32 位 VBA7	Office 2010 以上	VBA7、Win32	△	△	×	△
64 位 VBA7	Office 2010 以上	VBA7、Win64	√	×	△	△

表 7-1 中的 √ 表示必须使用；× 表示不可使用；△ 表示可选。

PtrSafe 关键字在 32 位 VBA6 中不能使用，在 32 位 VBA7 中可以用也可以不用，在 64 位 VBA7 中必须使用，即只有在 VBA7 环境中能使用 PtrSafe 关键字。

LongLong 类型只有在 64 位 VBA7 中才能使用。

LongPtr 类型不能用于 32 位 VBA6，只有在 VBA7 环境中才能使用。

7.2.2 各种声明方式的适用范围

下面以 GetWindowRect 函数的三种声明方式为例，说明种种声明方式的适用范围。

（1）方式 A。

```
 Private Declare Function GetWindowRect Lib "user32" (ByVal hwnd As Long, lpRect
As RECT) As Long
```

（2）方式 B。

```
 Private Declare PtrSafe Function GetWindowRect Lib "user32" (ByVal hwnd As
LongPtr, lpRect As RECT) As Long
```

（3）方式 C。

```
 Private Declare PtrSafe Function GetWindowRect Lib "user32" (ByVal hwnd As
Longlong, lpRect As RECT) As Long
```

在上述三种方式中，方式 A 是传统的写法，适用于 VB6、Office 2007 以下版本的 VBA 以及 32 位 Office 2010 的 VBA 中。也可以理解为只要是 32 位的 Office 都能使用方式 A。

在方式 B 中引入了 PtrSafe 关键字和 LongPtr 类型，只要是 VBA7（Office 2010 以上）都可以使用这种方式。

方式 C 仅适用于 64 位 VBA7 中，这种写法的应用范围最小。

为便于记忆，把各种方式的适用场景进行归纳，见表 7-2 所示。

表 7-2 方式 A、方式 B、方式 C 的编程环境

编程环境	Win32（32 位 Office）	Win64（64 位 Office）
VBA6	Office 2003、Office 2007 只能使用方式 A	无
VBA7	Office 2010 及其以上可以使用方式 A 和方式 B	Office 2010 及其以上可以使用方式 B 和方式 C

7.3 同时兼容的写法

一般情况下，要在 64 位 VBA7 环境中使用 API 函数，需要把 32 位版本的 API 进行改写，改写后的代码只适用于 64 位。

下面介绍使用条件编译选择性地根据环境声明 API 函数，从而实现一种代码可以同时满足多种运行环境。

根据前面的讨论可以看出，VBA6 与 VBA7 最大的区别是 PtrSafe 关键字和 LongPtr 类型。因此，根据 VBA 的不同版本分别进行声明。另外，在与 API 函数有关的自定义类型、回调函数中，如果也有指针和句柄方面的参数，则需要分别处理。

7.3.1 以 VBA 版本分界声明

条件编译常量 VBA7 表示 Office 2010 及其以上版本的 VBA 环境，包括 32 位 VBA7 和 64 位 VBA7 两种情形。VBA6 表示 Office 2010 以下版本的 VBA 环境。

条件编译常量 Win64 表示 64 位 Office VBA，也就是 64 位 VBA7 这种情形。

下面的程序用于查找记事本窗口的句柄并返回窗口矩形。声明如下：

```
Private Type RECT
    Left As Long
    Top As Long
    Right As Long
    Bottom As Long
End Type
#If VBA7 Then
    Private Declare PtrSafe Function FindWindow Lib "user32" Alias "FindWindowA"
(ByVal lpClassName As String, ByVal lpWindowName As String) As LongPtr
    Private Declare PtrSafe Function GetWindowRect Lib "user32" (ByVal hwnd As
LongPtr, lpRect As RECT) As Long
#ElseIf VBA6 Then
    Private Declare Function FindWindow Lib "user32" Alias "FindWindowA" (ByVal
lpClassName As String, ByVal lpWindowName As String) As Long
    Private Declare Function GetWindowRect Lib "user32" (ByVal hwnd As Long,
lpRect As RECT) As Long
#End If
```

在下面的过程中，利用条件编译声明不同类型的变量来接收查找到的句柄。

```
Sub 兼容的代码()
    Dim R As RECT
    Dim Result As Long
    #If VBA7 Then
        Dim hNotepad As LongPtr
        hNotepad = FindWindow("Notepad", vbNullString)
        Result = GetWindowRect(hNotepad, R)
    #ElseIf VBA6 Then
        Dim hNotepad As Long
        hNotepad = FindWindow("Notepad", vbNullString)
        Result = GetWindowRect(hNotepad, R)
    #End If
    Debug.Print R.Left, R.Top
End Sub
```

以上代码无论复制到 32 位还是 64 位 VBA 环境中，都能正常运行。

7.3.2 回调函数的分别书写

在 API 函数中有很多以 Enum 开头的函数，这些函数大都需要相应的回调函数配合才能完成任务。

例如，32 位 VBA 中 EnumWindows 函数的声明如下：

```
Private Declare Function EnumWindows Lib "user32" (ByVal lpEnumFunc As Long,
ByVal lParam As Long) As Long
```

相应的回调函数如下：

```
Public Function Proc(ByVal hwnd As Long, ByVal lParam As Long) As Boolean
    Debug.Print hwnd
    Proc = True
End Function
```

调用上述两个函数的代码为：

```
Sub 枚举窗口()
    EnumWindows AddressOf Proc, 0
End Sub
```

上述代码中的 AddressOf Proc 可以返回回调函数的地址，该地址对应于 EnumWindows 函数中的 lpEnumFunc 参数。

然而，在 64 位 VBA 中，AddressOf 的返回值是 LongPtr，如果要把上述代码改写成在 64 位中也能使用的格式，需要 EnumWindows 函数和 Proc 函数都有相应的 64 位版本。为此，把上述 Proc 函数分写成 Proc32 和 Proc64 两个函数，在条件编译中根据环境调用。

EnumWindows 函数改写为：

```
#If Win64 Then
        Private Declare PtrSafe Function EnumWindows Lib "user32" (ByVal lpEnumFunc
As LongPtr, ByVal lParam As LongPtr) As Long
    #ElseIf Win32 Then
        Private Declare Function EnumWindows Lib "user32" (ByVal lpEnumFunc As Long,
ByVal lParam As Long) As Long
    #End If
```

回调函数分写为：

```
Public Function Proc64(ByVal hwnd As LongPtr, ByVal lParam As LongPtr) As Boolean
    Debug.Print hwnd
    Proc64 = True
End Function

Public Function Proc32(ByVal hwnd As Long, ByVal lParam As Long) As Boolean
    Debug.Print hwnd
    Proc32 = True
End Function
```

主程序改写为：

```
Sub 枚举窗口()
    #If Win64 Then
        EnumWindows AddressOf Proc64, 0
    #ElseIf Win32 Then
        EnumWindows AddressOf Proc32, 0
    #End If
End Sub
```

以上代码无论放在哪一个环境中都能正常运行。

另外，自定义函数的定义也可以使用条件编译来区分，下面书写一个回调函数 Proc6432，注意函数的声明部分放在了条件编译中。

```
#If Win64 Then
Public Function Proc6432(ByVal hwnd As LongPtr, ByVal lParam As LongPtr) As Boolean
#Else
Public Function Proc6432(ByVal hwnd As Long, ByVal lParam As Long) As Boolean
#End If
    Debug.Print hwnd
    Proc6432 = True
End Function
```

在其他地方调用上述函数时，则用不着条件编译了。例如：

```
Sub 枚举窗口2()
    EnumWindows AddressOf Proc6432, 0
End Sub
```

7.4 本章习题

1. 分析下面 API 函数的声明：

```
 Private Declare PtrSafe Function GetMenu Lib "user32" Alias "GetMenu" (ByVal
hwnd As LongPtr) As LongPtr
```

下面说法中正确的是（　　）。

A. 这种声明方式在任何版本的 Office 中都可以正常使用

B. 这种声明方式只能用于 32 位 VBA 中

C. 这种声明方式可以用于 32 位或 64 位的 Office 2010 及其以上版本

D. 这种声明方式只能用于 64 位的 Office 2010 及其以上版本

2. 下面关于操作系统与 Office 位数的说法正确的是（　　）。

A. Office 位数与操作系统无关　　　　　　　B. 32 位 Office 只能安装在 32 位系统中

C. 32 位 Office 可以安装在 64 位系统中　　　D. 64 位 Office 可以安装在 32 位系统中

3. 在某台计算机的 VBA 环境中运行以下程序：

```
Sub Test()
    #If Win64 Then
```

```
        #If VBA7 Then
            Debug.Print "a"
        #Else
            Debug.Print "b"
        #End If
    #Else
        #If VBA7 Then
            Debug.Print "c"
        #Else
            Debug.Print "d"
        #End If
    #End If
End Sub
```

在立即窗口中显示一个字母 c，那么这台计算机安装的 Office 可能是（　　）。

A. 32 位 Office 2013　　　　　　　　　　B. 32 位 Office 2003

C. 64 位 Office 2010　　　　　　　　　　D. 64 位 Office 2016

第三篇　界面自动化部分

　　MSAA 是微软早期推出的 UI 自动化编程技术，该技术把屏幕上出现的各种窗口和控件都当成一个 IAccessible 对象暴露给客户端程序访问。

　　一个窗口与其中的各种控件构成了一棵庞大的自动化树，每个节点都是一个 IAccessible 对象，可以访问该对象的属性，也可以执行该对象的方法。

　　根据一个已知的 IAccessible 对象可以访问到它的父级、子级对象。

　　UI Automation 是微软公司推出的基于 .NET Framework 框架下的一种用于自动化测试的技术，该技术把各种窗口和控件都作为一个 AutomationElement 对象来处理。

　　UI Automation 技术中认为桌面上所有的内容都是桌面根元素的子元素，从一个自动化元素可以定位到它的下级对象，FindFirst 和 FindAll 方法需要提供属性条件作为查找基准。

　　对于查找到的自动化元素，既可以访问它的属性，也可以调用它支持的模式来执行某些特定的操作。

　　MSAA 和 UIAutomation 技术可以实现 API 函数不能完成的任务，特别是处理没有句柄的桌面控件。

　　这部分的主要知识点如下所示。

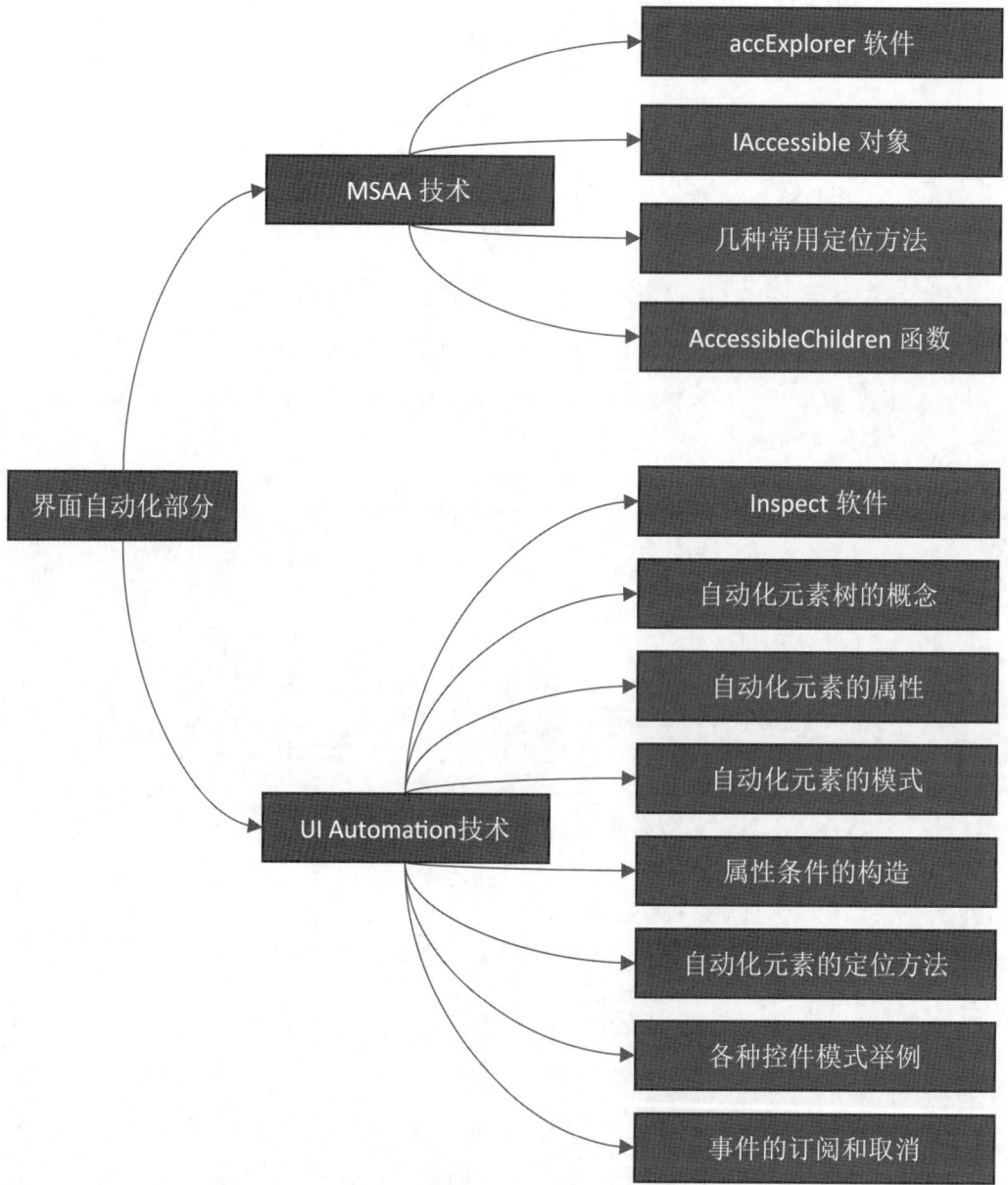

```
                                                    ┌─────────────────────┐
                                              ┌────→│    accExplorer 软件    │
                                              │     └─────────────────────┘
                                              │     ┌─────────────────────┐
                                              ├────→│   IAccessible 对象     │
                          ┌──────────────┐    │     └─────────────────────┘
                    ┌────→│   MSAA 技术    │────┤     ┌─────────────────────┐
                    │     └──────────────┘    ├────→│    几种常用定位方法      │
                    │                         │     └─────────────────────┘
                    │                         │     ┌─────────────────────┐
                    │                         └────→│ AccessibleChildren 函数 │
                    │                               └─────────────────────┘
    ┌──────────────┐│
    │   界面自动化部分  ├┤
    └──────────────┘│
                    │                               ┌─────────────────────┐
                    │                         ┌────→│    Inspect 软件       │
                    │                         │     └─────────────────────┘
                    │                         │     ┌─────────────────────┐
                    │                         ├────→│    自动化元素树的概念    │
                    │                         │     └─────────────────────┘
                    │                         │     ┌─────────────────────┐
                    │                         ├────→│    自动化元素的属性      │
                    │                         │     └─────────────────────┘
                    │     ┌──────────────────┐│     ┌─────────────────────┐
                    └────→│ UI Automation技术  ├┼────→│    自动化元素的模式      │
                          └──────────────────┘│     └─────────────────────┘
                                              │     ┌─────────────────────┐
                                              ├────→│    属性条件的构造       │
                                              │     └─────────────────────┘
                                              │     ┌─────────────────────┐
                                              ├────→│   自动化元素的定位方法    │
                                              │     └─────────────────────┘
                                              │     ┌─────────────────────┐
                                              ├────→│    各种控件模式举例      │
                                              │     └─────────────────────┘
                                              │     ┌─────────────────────┐
                                              └────→│    事件的订阅和取消      │
                                                    └─────────────────────┘
```

第 8 章　MSAA 技术

MSAA 的全称是 Microsoft Active Accessibility，它基于 COM，用于提高访问 Windows 应用程序的性能。UI 程序可以暴露出一个 Interface，以便于另一个程序对其进行控制访问。

本章讲述在 VBA 中创建 MSAA 项目，识别各种窗口中的控件信息，自动执行控件的默认行为等知识。

本章用到的外部引用和重要对象如下：

➢ Accessibility 引用。

➢ IAccessible 对象。

8.1　MSAA 的基本概念

MSAA 的提供者是位于系统路径下的 oleacc.dll，该动态链接库提供了 COM 对象模型和一些 API 函数。

在 COM 对象模型中向开发人员暴露了 IAccessible 对象，MSAA 把屏幕上的一切 UI 元素都当作一个 IAccessible 对象，任何 IAccessible 对象都具有相同数量的属性和方法。

此外，oleacc.dll 还提供了几个 API 函数。例如，AccessibleObjectFromWindow 函数用于从一个窗口句柄返回 IAccessible 对象；AccessibleChildren 函数用于从一个已知的 IAccessible 对象获取它包含的所有子级对象。

8.1.1　使用 accExplorer

MSAA 技术把屏幕上的各种窗口、窗口中的各种控件都当作一个 IAccessible 对象。然而这些对象并非孤立存在的，而是由最顶级的"桌面"对象开始形成的一棵庞大的对象树。

在本书配套资源中下载 accExplorer.exe，使用该工具可以清楚地看到对象树的构成。该工具分为左侧树形结构和右侧的表格控件两部分。单击菜单 File、Update，或者按快捷键【F6】，左侧树形结构将呈现出桌面上所有顶级窗口对象。

接下来，在任意一个顶级窗口节点上双击，就可以进一步展开该对象包含的所有后代对象树，如图 8-1 所示。

单击选中树形结构的任何一个节点，右侧的表格控件将自动显示该对象的属性。

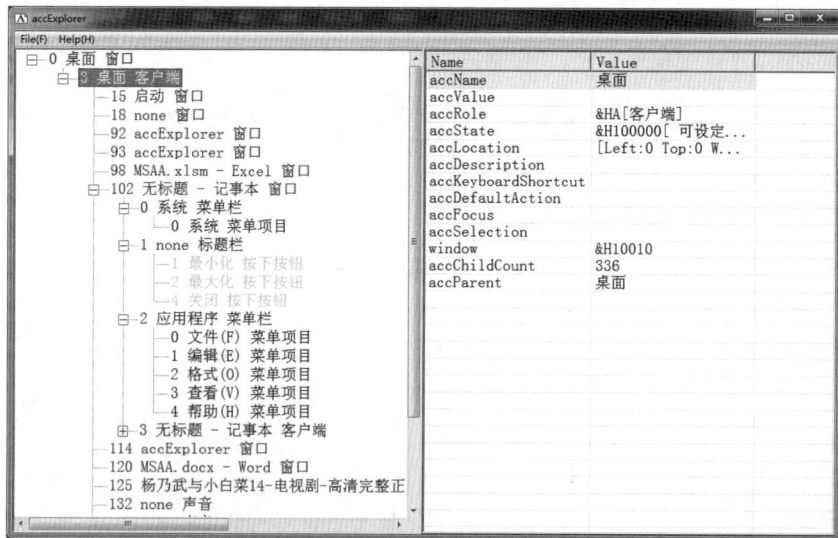

图 8-1   accExplorer

8.1.2   IAccessible 对象和简易元素

一般来说，在 accExplorer 中看到的每个节点都是 IAccessible 对象，可以直接访问这些对象的属性、执行它们的方法。例如，A1.accName（CHILDID_SELF）可以读出 A1 的名称。

然而还有一类简易元素（Simple Elements），所谓简易元素，就是不支持 IAccessible 对象的控件，此时需要用其父级对象结合 ChildID 来访问它们。这些简易元素在 accExplorer 中显示为绿色节点，通常处于对象树的末梢。

假设对象 A1 下面有三个简易元素，A1.accName(2) 可以读出 A1 下面第 2 个简易元素的名称，A1.accDoDefaultAction(3) 可以执行 A1 下面第 3 个简易元素的默认行为。

8.2   MSAA 编程准备

MSAA 是一种 COM 对象和 API 函数相结合的编程技术。作为初学者可以先尝试获取简单的窗口，了解 IAccessible 对象的特性以后，再进一步获取深层次的控件。

8.2.1   添加引用

在 VBA 中使用 MSAA 技术需要进行两方面设定：Accessibility 引用的添加和相关 API 函数的声明。

在 VBA 的"引用"对话框中，勾选 Accessibility 复选框即可，如图 8-2 所示。

如果在引用列表中看不到这一项，就需要单击"浏览"按钮，定位到 C:\Windows\System32\oleacc.dll，引用即可。

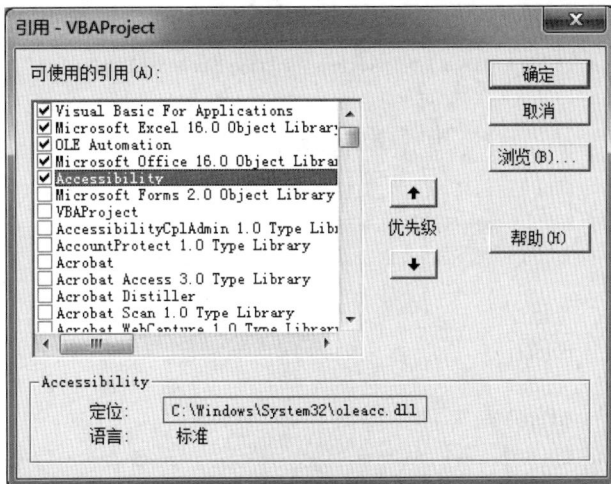

图 8-2　添加 Accessibility 引用

8.2.2　显示隐含成员

添加引用后，默认情况下不显示 IAccessible 有关的成员。为了编程方便，按下【F2】键打开对象浏览器，切换至 Accessibility 命名空间，在右侧窗格中右击，在右键菜单中勾选"显示隐含成员"复选框，如图 8-3 所示。

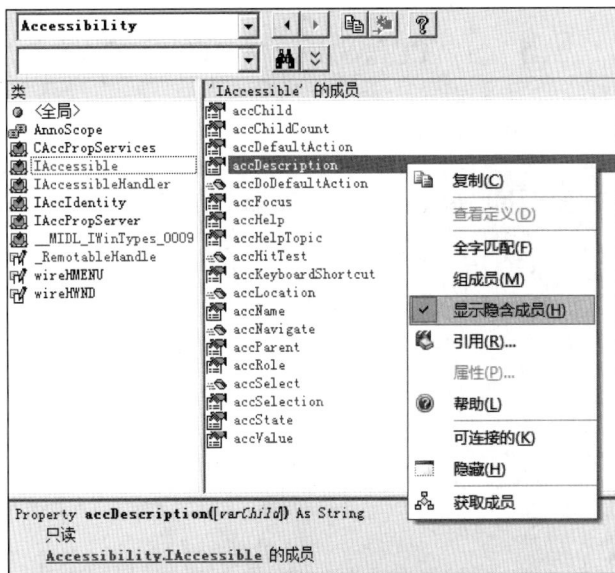

图 8-3　显示隐含成员

这样就可以看到灰色显示的 IAccessible，以及该对象的所有成员（均以 acc 开头）。

另外，显示隐含成员以后，当在 VBA 中书写有关代码时，可以自动弹出成员列表，如图 8-4 所示。

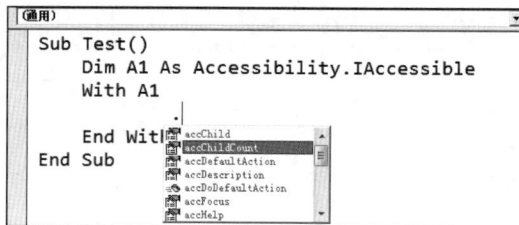

图 8-4　IAccessible 对象的主要成员

8.2.3　声明有关 API 函数

MSAA 编程最常用的 API 函数如下。

- AccessibleObjectFromWindow：从一个已知句柄返回 IAccessible 对象。
- AccessibleObjectFromPoint：从坐标返回 IAccessible 对象。
- AccessibleObjectFromEvent：从事件返回 IAccessible 对象。
- AccessibleChildren：获取 IAccessible 对象下面包含的所有子对象或 ID。
- WindowFromAccessibleObject：从 IAccessible 对象返回句柄。
- IIDFromString：从字符串生成 ID，用于配合 AccessibleObjectFromWindow 函数。
- GetRoleText：根据指定的控件类型 ID 返回文本描述。
- GetStateText：根据指定的控件状态返回文本描述。

8.3　IAccessible 对象的获取

本节介绍几种返回 IAccessible 对象的方法。

8.3.1　利用 Office 对象返回 IAccessible 对象

Office 中的 CommandBar、CommandBarControl 以及用户窗体可以直接返回 IAccessible 对象。下面的程序用于返回工具栏和用户窗体的自动化元素。

```
Sub Test1()
    Dim A1 As Accessibility.IAccessible
    Set A1 = Application.CommandBars("Ribbon")
    With A1
        Debug.Print.accName
    End With
    UserForm1.Show vbModeless
    UserForm1.Caption = "Test"
    Set A1 = UserForm1
    With A1
        Debug.Print.accName
    End With
End Sub
```

运行上述程序，在立即窗口中输出的结果是：

```
Ribbon
Test
```

8.3.2 AccessibleObjectFromWindow 函数

AccessibleObjectFromWindow 函数用于根据指定窗口的句柄返回 IAccessible 对象。声明如下：

```
Private Declare Function AccessibleObjectFromWindow1 Lib "oleacc.dll" Alias
"AccessibleObjectFromWindow" (ByVal hwnd As Long, ByVal dwObjectID As Long, ByRef
riid As UUID, ByRef ppvObject As Any) As Long
```

函数中的参数说明如下。

- hwnd：窗口的句柄。
- dwObjectID：标准类型识别符之一，是以"OBJID_"开头的常量之一。
- riid：是一个自定义类型 UUID，需要事先构造。
- ppvObject：获取的 IAccessible 对象。

当 AccessibleObjectFromWindow 执行成功时，返回值等于常量 S_OK。

下面的程序根据记事本窗口的句柄，得到一个记事本窗口的 IAccessible 对象。

```
Private Type UUID
    Data1 As Long
    Data2 As Integer
    Data3 As Integer
    Data4(7) As Byte
End Type

Private MyUUID As UUID

Private Const S_OK As Long = &H0
Private Declare Function AccessibleObjectFromWindow1 Lib "oleacc.dll" Alias
"AccessibleObjectFromWindow" (ByVal hwnd As Long, ByVal dwObjectID As Long, ByRef
riid As UUID, ByRef ppvObject As Any) As Long
Private Declare Function AccessibleObjectFromWindow2 Lib "oleacc.dll" Alias
"AccessibleObjectFromWindow" (ByVal hwnd As Long, ByVal dwId As Long, ByRef riid As
Any, ByRef ppvObject As IAccessible) As Long
Private Const OBJID_WINDOW = &H0&
Private Const OBJID_SYSMENU = &HFFFFFFFF
Private Const OBJID_TITLEBAR = &HFFFFFFFE
Private Const OBJID_MENU = &HFFFFFFFD
Private Const OBJID_CLIENT = &HFFFFFFFC
Private Const OBJID_VSCROLL = &HFFFFFFFB
Private Const OBJID_HSCROLL = &HFFFFFFFA
Private Const OBJID_SIZEGRIP = &HFFFFFFF9
Private Const OBJID_CARET = &HFFFFFFF8
Private Const OBJID_CURSOR = &HFFFFFFF7
```

```
        Private Const OBJID_ALERT = &HFFFFFFF6
        Private Const OBJID_SOUND = &HFFFFFFF5
        Private Const OBJID_QUERYCLASSNAMEIDX = &HFFFFFFF4
        Private Const OBJID_NATIVEOM = &HFFFFFFF0

        Private Declare Function FindWindow Lib "user32" Alias "FindWindowA" (ByVal
    lpClassName As String, ByVal lpWindowName As String) As Long

        Private Sub 构造UUID()
            With MyUUID
                .Data1 = &H618736E0
                .Data2 = &H3C3D
                .Data3 = &H11CF
                .Data4(0) = &H81
                .Data4(1) = &HC
                .Data4(2) = &H0
                .Data4(3) = &HAA
                .Data4(4) = &H0
                .Data4(5) = &H38
                .Data4(6) = &H9B
                .Data4(7) = &H71
            End With
        End Sub

        Private Sub 从句柄返回IAccessible对象1()
            Dim A1 As IAccessible
            Dim hNotepad As Long
            Dim Result As Long
            hNotepad = FindWindow("Notepad", vbNullString)
            Result = AccessibleObjectFromWindow1(hNotepad, OBJID_WINDOW, MyUUID, A1)
            If Result = S_OK Then
                Debug.Print A1.accName
            End If
        End Sub
```

代码分析：

上述程序中包含两个过程，首先运行"构造UUID"过程，从而让MyUUID初始化，之后就可以作为AccessibleObjectFromWindow参数使用。然后再运行"从句柄返回IAccessible对象1"过程，在立即窗口中输出的结果是：

无标题 – 记事本

8.3.3　IIDFromString 函数

除了上述使用UUID自定义类型的方法之外，还可以借助IIDFromString函数生成ID数组，但是需要改写AccessibleObjectFromWindow函数。

相关声明如下：

```
Private Declare Function AccessibleObjectFromWindow2 Lib "oleacc.dll" Alias
"AccessibleObjectFromWindow" (ByVal hwnd As Long, ByVal dwId As Long, ByRef riid As
Any, ByRef ppvObject As IAccessible) As Long

Private Declare Function IIDFromString Lib "ole32" (ByVal lpsz As Long, lpiid
As Any) As Long
```

另外，需要声明一个 Long 数组 YourID：

```
Private YourID(0 To 3) As Long

Private Sub 生成 ID()
    Call IIDFromString(StrPtr("{618736E0-3C3D-11CF-810C-00AA00389B71}"), YourID(0))
End Sub

Private Sub 从句柄返回 IAccessible 对象 2()
    Dim A1 As IAccessible
    Dim hExcel As Long
    Dim Result As Long
    hExcel = Application.hwnd
    Result = AccessibleObjectFromWindow2(hExcel, OBJID_WINDOW, YourID(0), A1)
    If Result = S_OK Then
        Debug.Print A1.accName
    End If
End Sub
```

代码分析：

"生成 ID" 过程中的 GUID 来自注册表中的路径为：

HKEY_CLASSES_ROOT\Interface\{618736E0-3C3D-11CF-810C-00AA00389B71}。

在注册表编辑器中找到该路径，可以看到一个 IAccessible 对象，如图 8-5 所示。

图 8-5　注册表编辑器

运行"生成 ID"和"从句柄返回 IAccessible 对象 2"这两个过程，在立即窗口中输出了 Excel 窗口的标题。

8.3.4　AccessibleObjectFromPoint 函数

AccessibleObjectFromPoint 函数可以返回屏幕上指定坐标处的 IAccessible 对象。声明如下：

```
 Private Declare Function AccessibleObjectFromPoint Lib "oleacc.dll" (ByVal lX
As Long, ByVal lY As Long, ppacc As IAccessible, pvarChild As Variant) As Long
```

其中，前两个参数是横坐标和纵坐标，参数 ppacc 是返回的 IAccessible 对象，参数 pvarChild 一般设置为 0。

下面的程序为了演示当鼠标在屏幕上移动时，自动打印光标处的 IAccessible 对象的信息，还需要声明 GetCursorPos 函数。

```
Private Type POINTAPI
    x As Long
    y As Long
End Type

Private Declare Function GetCursorPos Lib "user32.dll" (lpPoint As POINTAPI) As Long
Private Const CHILDID_SELF As Long = 0&

Private Sub 从坐标返回 IAccessible 对象 ()
    Dim P As POINTAPI
    Dim Result As Long
    Dim A1 As Accessibility.IAccessible
    Do
        Application.Wait Now + TimeValue("00:00:01")
        GetCursorPos P
        Result = AccessibleObjectFromPoint(P.x, P.y, A1, 0)
        If Result = S_OK Then
            Debug.Print Time, A1.accName(CHILDID_SELF)
        End If
    Loop
End Sub
```

运行上面的程序，鼠标在屏幕任意位置移动的同时，在立即窗口中输出当前元素的名称，如图 8-6 所示。

综上所述，只要知道一个窗口或控件的句柄，或者根据一个坐标就可以得到一个 IAccessible 对象。

图 8-6　返回鼠标附近的元素

8.4　IAccessible 对象的常用属性和方法

从一个 IAccessible 对象可以获知窗口或控件的信息，如窗口的标题、控件的类型。也可以执行相关的方法以自动操作窗口或控件。

常用属性如下。

- accChildCount：IAccessible 对象包含的子对象的总数。
- accDefaultAction：默认的操作名称。
- accDescription：描述文本。
- accFocus：是否具有输入焦点。
- accKeyboardShortCut：快捷键。
- accName：名称属性。
- accParent：返回父级 IAccessible 对象。
- accRole：控件类型。
- accSelection：ListBox 控件中选中的索引值。
- accState：状态值的组合。
- accValue：文本框中的值。

常用的方法如下。

- accDoDefaultAction：执行默认操作。
- accLocation：返回位置和大小。

下面以获取记事本窗口的相关属性举例。

打开记事本后，启动 accExplorer，双击"无标题 – 记事本 窗口"节点，展开该窗口的树形结构，如图 8-7 所示。

图 8-7　IAccessible 对象树

下面的程序利用句柄得到了记事本窗口对应的 IAccessible 对象。

```
Private Sub 返回 IAccessible 对象的属性()
    Dim A1 As IAccessible
```

```
            Dim hNotepad As Long
            Dim Result As Long
            hNotepad = FindWindow("Notepad", vbNullString)
            Result = AccessibleObjectFromWindow1(hNotepad, OBJID_WINDOW, MyUUID, A1)
            If Result = S_OK Then
                Debug.Print "Name:", A1.accName(CHILDID_SELF)
                Debug.Print "Value:", A1.accValue(CHILDID_SELF)
                Debug.Print "Role:", "&H" & Hex(A1.accRole(CHILDID_SELF))
                Debug.Print "State:", "&H" & Hex(A1.accState(CHILDID_SELF))
                Debug.Print "Description:", A1.accDescription(CHILDID_SELF)
                Debug.Print "KeyboardShortcut:", A1.accKeyboardShortcut(CHILDID_SELF)
                Debug.Print "DefaultAction:", A1.accDefaultAction(CHILDID_SELF)
                Debug.Print "Focus:", A1.accFocus
                Debug.Print "Selection:", A1.accSelection
                Debug.Print "ChildCount:", A1.accChildCount
                Debug.Print "Parent:", A1.accParent.accName
            End If
        End Sub
```

代码分析：

大多数的属性均可加一个可选参数 CHILDID_SELF，表示获取的是 IAccessible 对象自身的属性。

运行上述程序，在立即窗口中的结果如图 8-8 所示。

可以看到有很多属性是空的，这是因为根据窗口和控件类型的不同，可以访问的属性也不同。例如，一个目标窗口不具有焦点，则其 accFocus 属性是空值。写代码时可以用 IsEmpty 函数来判断。

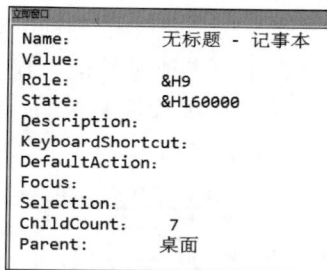

图 8-8　运行结果

```
If IsEmpty(A1.accFocus) = False Then
    Debug.Print "Focus: ", A1.accFocus
End If
```

另外，在输出结果中可以看到 accRole 和 accState 的结果是两个十六进制数，代表什么含义呢？下面逐一进行讲解。

8.4.1　GetRoleText 函数

IAccessible 对象的 accRole 属性用来标识窗口或控件的具体类型，在 oleacc.h 头文件中定义了从 1 到 63 不同类型的整型常量。

GetRoleText 函数可以从一个数字常量得到对应的、容易理解的文本。得到的文本内容与系统语言有关系。例如，中文系统中数字 9 对应的文本是"窗口"，同样的代码在英文系统中得到 Window。

```
Private Declare Function GetRoleText Lib "oleacc.dll" Alias "GetRoleTextA" (ByVal
dwRole As Long, ByVal szRole As String, ByVal cchRoleMax As Integer) As Long
```

下面的程序通过循环调用 GetRoleText 函数，得到对应的文本。

```
Private Sub 返回类型文本()
    Dim RoleText As String
    Dim Result As Long
    Dim i As Long
    For i = 1 To 63
        RoleText = Space(255)
        Result = GetRoleText(i, RoleText, 255)
        RoleText = VBA.Left$(RoleText, InStr(RoleText,
vbNullChar) - 1)
        Debug.Print i, RoleText
    Next i
End Sub
```

运行上述程序，在立即窗口中输出数字对应的控件类型描述，如图 8-9 所示。

以下是 accRole 常量及其描述。

1	标题栏
2	菜单栏
3	滚动条
...	
62	拆分按钮
63	IP 地址

图 8-9　运行结果

```
Private Const ROLE_SYSTEM_TITLEBAR As Long = 1        '标题栏
Private Const ROLE_SYSTEM_MENUBAR As Long = 2         '菜单栏
Private Const ROLE_SYSTEM_SCROLLBAR As Long = 3       '滚动条
Private Const ROLE_SYSTEM_GRIP As Long = 4            '底框
Private Const ROLE_SYSTEM_SOUND As Long = 5           '声音
Private Const ROLE_SYSTEM_CURSOR As Long = 6          '光标
Private Const ROLE_SYSTEM_CARET As Long = 7           '插入点
Private Const ROLE_SYSTEM_ALERT As Long = 8           '警报
Private Const ROLE_SYSTEM_WINDOW As Long = 9          '窗口
Private Const ROLE_SYSTEM_CLIENT As Long = 10         '客户端
Private Const ROLE_SYSTEM_MENUPOPUP As Long = 11      '弹出式菜单
Private Const ROLE_SYSTEM_MENUITEM As Long = 12       '菜单项目
Private Const ROLE_SYSTEM_TOOLTIP As Long = 13        '工具提示
Private Const ROLE_SYSTEM_APPLICATION As Long = 14    '应用程序
Private Const ROLE_SYSTEM_DOCUMENT As Long = 15       '文档
Private Const ROLE_SYSTEM_PANE As Long = 16           '窗格
Private Const ROLE_SYSTEM_CHART As Long = 17          '图表
Private Const ROLE_SYSTEM_DIALOG As Long = 18         '对话框
Private Const ROLE_SYSTEM_BORDER As Long = 19         '边框
Private Const ROLE_SYSTEM_GROUPING As Long = 20       '分组
Private Const ROLE_SYSTEM_SEPARATOR As Long = 21      '分隔符
Private Const ROLE_SYSTEM_TOOLBAR As Long = 22        '工具栏
Private Const ROLE_SYSTEM_STATUSBAR As Long = 23      '状态栏
Private Const ROLE_SYSTEM_TABLE As Long = 24          '表格
Private Const ROLE_SYSTEM_COLUMNHEADER As Long = 25   '列标题
Private Const ROLE_SYSTEM_ROWHEADER As Long = 26      '行标题
Private Const ROLE_SYSTEM_COLUMN As Long = 27         '列
Private Const ROLE_SYSTEM_ROW As Long = 28            '行
Private Const ROLE_SYSTEM_CELL As Long = 29           '单元格
```

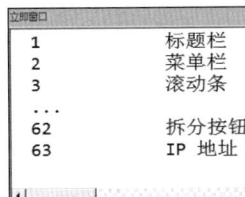

```
    Private Const ROLE_SYSTEM_LINK As Long = 30              '链接
    Private Const ROLE_SYSTEM_HELPBALLOON As Long = 31       '帮助气球
    Private Const ROLE_SYSTEM_CHARACTER As Long = 32         '字符
    Private Const ROLE_SYSTEM_LIST As Long = 33              '列表
    Private Const ROLE_SYSTEM_LISTITEM As Long = 34          '列表项目
    Private Const ROLE_SYSTEM_OUTLINE As Long = 35           '框线
    Private Const ROLE_SYSTEM_OUTLINEITEM As Long = 36       '框线项目
    Private Const ROLE_SYSTEM_PAGETAB As Long = 37           '选项卡
    Private Const ROLE_SYSTEM_PROPERTYPAGE As Long = 38      '属性页
    Private Const ROLE_SYSTEM_INDICATOR As Long = 39         '指示器
    Private Const ROLE_SYSTEM_GRAPHIC As Long = 40           '图形
    Private Const ROLE_SYSTEM_STATICTEXT As Long = 41        '文字
    Private Const ROLE_SYSTEM_TEXT As Long = 42              '可编辑文本
    Private Const ROLE_SYSTEM_PUSHBUTTON As Long = 43        '按下按钮
    Private Const ROLE_SYSTEM_CHECKBUTTON As Long = 44       '复选框
    Private Const ROLE_SYSTEM_RADIOBUTTON As Long = 45       '单选按钮
    Private Const ROLE_SYSTEM_COMBOBOX As Long = 46          '组合框
    Private Const ROLE_SYSTEM_DROPLIST As Long = 47          '下拉
    Private Const ROLE_SYSTEM_PROGRESSBAR As Long = 48       '进度栏
    Private Const ROLE_SYSTEM_DIAL As Long = 49              '表盘
    Private Const ROLE_SYSTEM_HOTKEYFIELD As Long = 50       '快捷键域
    Private Const ROLE_SYSTEM_SLIDER As Long = 51            '滑块
    Private Const ROLE_SYSTEM_SPINBUTTON As Long = 52        '数字显示框
    Private Const ROLE_SYSTEM_DIAGRAM As Long = 53           '图表
    Private Const ROLE_SYSTEM_ANIMATION As Long = 54         '动画
    Private Const ROLE_SYSTEM_EQUATION As Long = 55          '方程式
    Private Const ROLE_SYSTEM_BUTTONDROPDOWN As Long = 56    '下拉按钮
    Private Const ROLE_SYSTEM_BUTTONMENU As Long = 57        '菜单按钮
    Private Const ROLE_SYSTEM_BUTTONDROPDOWNGRID As Long = 58 '格线下拉按钮
    Private Const ROLE_SYSTEM_WHITESPACE As Long = 59        '空白区域
    Private Const ROLE_SYSTEM_PAGETABLIST As Long = 60       '选项卡列表
    Private Const ROLE_SYSTEM_CLOCK As Long = 61             '时钟
    Private Const ROLE_SYSTEM_SPLITBUTTON As Long = 62       '拆分按钮
    Private Const ROLE_SYSTEM_IPADDRESS As Long = 63         'IP 地址
```

8.4.2　GetStateText 函数

IAccessible 对象的 accState 属性用来表示窗口或控件目前的状态，它是多个层面的组合值。
在 oleacc.h 头文件中定义了 32 个用于表示状态的常量。

GetStateText 函数用于从整型常量返回对应的文本描述。声明如下：

```
    Private Declare Function GetStateText Lib "oleacc.dll" Alias "GetStateTextA"
(ByVal dwStateBit As Long, ByVal szState As String, ByVal cchStateBitMax As Integer)
As Long
```

下面的程序返回其中一个常量对应的文本。

```
Private Sub 返回状态文本()
    Dim StateText As String
    Dim Result As Long
    StateText = Space(255)
    Result = GetStateText(STATE_SYSTEM_UNAVAILABLE, StateText, 255)
    StateText = VBA.Left$(StateText, InStr(StateText, vbNullChar) - 1)
    Debug.Print StateText
End Sub
```

运行上述程序，在立即窗口中输出的结果是"不可用"。

以下是 32 个常量的定义。

```
Private Const STATE_SYSTEM_NORMAL As Long = &H0&              ' 正常
Private Const STATE_SYSTEM_UNAVAILABLE As Long = &H1&         ' 不可用
Private Const STATE_SYSTEM_SELECTED As Long = &H2&            ' 已选择
Private Const STATE_SYSTEM_FOCUSED As Long = &H4&             ' 已设定焦点
Private Const STATE_SYSTEM_PRESSED As Long = &H8&             ' 已按下
Private Const STATE_SYSTEM_CHECKED As Long = &H10&            ' 已选择
Private Const STATE_SYSTEM_MIXED As Long = &H20&              ' 混合
Private Const STATE_SYSTEM_READONLY As Long = &H40&           ' 只读
Private Const STATE_SYSTEM_HOTTRACKED As Long = &H80&         ' 热跟踪
Private Const STATE_SYSTEM_DEFAULT As Long = &H100&           ' 默认
Private Const STATE_SYSTEM_EXPANDED As Long = &H200&          ' 已扩展
Private Const STATE_SYSTEM_COLLAPSED As Long = &H400&         ' 已折叠
Private Const STATE_SYSTEM_BUSY As Long = &H800&              ' 忙
Private Const STATE_SYSTEM_FLOATING As Long = &H1000&         ' 浮动
Private Const STATE_SYSTEM_MARQUEED As Long = &H2000&         ' 打字幕
Private Const STATE_SYSTEM_ANIMATED As Long = &H4000&         ' 动画
Private Const STATE_SYSTEM_INVISIBLE As Long = &H8000&        ' 不可见
Private Const STATE_SYSTEM_OFFSCREEN As Long = &H10000        ' 屏幕外
Private Const STATE_SYSTEM_SIZEABLE As Long = &H20000         ' 可调大小
Private Const STATE_SYSTEM_MOVEABLE As Long = &H40000         ' 可移动
Private Const STATE_SYSTEM_SELFVOICING As Long = &H80000      ' 自行发声
Private Const STATE_SYSTEM_FOCUSABLE As Long = &H100000       ' 可设定焦点
Private Const STATE_SYSTEM_SELECTABLE As Long = &H200000      ' 可选择
Private Const STATE_SYSTEM_LINKED As Long = &H400000          ' 已链接
Private Const STATE_SYSTEM_TRAVERSED As Long = &H800000       ' 已遍历
Private Const STATE_SYSTEM_MULTISELECTABLE As Long = &H1000000 ' 多个可选项
Private Const STATE_SYSTEM_EXTSELECTABLE As Long = &H2000000  ' 扩展的可选项
Private Const STATE_SYSTEM_ALERT_LOW As Long = &H4000000      ' 低级警报
Private Const STATE_SYSTEM_ALERT_MEDIUM As Long = &H8000000   ' 中级警报
Private Const STATE_SYSTEM_ALERT_HIGH As Long = &H10000000    ' 高级警报
Private Const STATE_SYSTEM_HASPOPUP As Long = &H40000000      ' 有弹出菜单
```

对于同一个 IAccessible 对象，它的 accState 是以上多个常量的组合，在理解含义之前需要进行拆分。例如，某个对象的 accState 为 &H160000，拆分为以下三个常量：

```
Private Const STATE_SYSTEM_SIZEABLE As Long = &H20000        ' 可调大小
Private Const STATE_SYSTEM_MOVEABLE As Long = &H40000        ' 可移动
Private Const STATE_SYSTEM_FOCUSABLE As Long = &H100000      ' 可设定焦点
```

就可以获知该对象是否可以移动，是否可以调整尺寸。

另外，也可以用状态值与一个常量进行 And 逻辑运算。例如，下面的程序可以判断复选框是否处于勾选状态。

```
If A1.accState And STATE_SYSTEM_CHECKED Then
    Debug.Print " 勾选 "
Else
    Debug.Print " 未勾选 "
End If
```

8.4.3　返回 IAccessible 对象的位置和大小

IAccessible 对象的 accLocation 方法用来返回对象的左上角坐标、宽度和高度。

通过下面的程序可以得到记事本窗口在屏幕上的位置。

```
Private Sub 返回 IAccessible 对象的位置和大小 ()
    Dim A1 As IAccessible
    Dim hNotepad As Long
    Dim Result As Long
    Dim Left As Long, Top As Long, Width As Long, Height As Long
    hNotepad = FindWindow("Notepad", vbNullString)
    Result = AccessibleObjectFromWindow1(hNotepad, OBJID_WINDOW, MyUUID, A1)
    If Result = S_OK Then
        Call A1.accLocation(Left, Top, Width, Height)
        Debug.Print Left, Top
        Debug.Print Width, Height
    End If
End Sub
```

8.4.4　WindowFromAccessibleObject 函数

WindowFromAccessibleObject 函数可以返回 IAccessible 对象的句柄。声明如下：

```
Private Declare Function WindowFromAccessibleObject Lib "oleacc.dll" (ByVal pacc As Object, phwnd As Long) As Long
```

在 VBA 工程中插入一个用户窗体，然后运行以下程序：

```
Sub 返回 IAccessible 对象的窗口句柄 ()
    Dim A1 As IAccessible
    Dim hUserForm As Long
    Dim Result As Long
    UserForm1.Show vbModeless
    UserForm1.Caption = "Test"
```

```
         Set A1 = UserForm1
         Call WindowFromAccessibleObject(A1, hUserForm)
         Debug.Print hUserForm
         Debug.Print FindWindow("ThunderDFrame", "Test")
         'Unload UserForm1
     End Sub
```

为了对比，本例还使用 FindWindow 函数返回一个句柄。

运行结果显示，两个输出结果是相同的。

8.5 遍历 IAccessible 对象

前面讲过的返回 IAccessible 对象都是顶级窗口。为了能够操作访问窗口内部包含的各种控件，需要理解如何从父级 IAccessible 对象定位和获取子级 IAccessible 对象的方法。

8.5.1 IAccessible 对象树

在任何时候，屏幕上打开的各种窗口都会形成一个以"桌面 窗口"为顶级节点的对象树，在 accExplorer 工具中可以看到，如图 8-10 所示。

桌面的句柄可以使用 GetDesktopWindow 函数得到，一般等于 65552(&H10010)，所以得到顶级 IAccessible 对象非常容易。

图 8-10 桌面的 IAccessible 对象树

下面的程序用于返回桌面的 IAccessible 对象。

```
 Private Declare Function GetDesktopWindow Lib"user32"Alias"GetDesktopWindow"()
As Long
     Private Sub 返回桌面对象()
```

```
        Dim A1 As IAccessible
        Dim hDesktop As Long
        Dim Result As Long
        hDesktop = GetDesktopWindow()
        Result = AccessibleObjectFromWindow1(hDesktop, OBJID_WINDOW, MyUUID, A1)
        If Result = S_OK Then
            Debug.Print hDesktop, A1.accName(CHILDID_SELF)
        End If
    End Sub
```

代码分析：

如果把代码中的常量 OBJID_WINDOW 换成 OBJID_CLIENT，将返回"桌面 客户端"元素。

运行上述程序，在立即窗口中输出的结果是：

```
65552           桌面
```

对象树中的其他节点都是桌面的后代对象。通过子级 IAccessible 对象的 accParent 可以直接得到它的父级 IAccessible 对象。由于桌面是顶级节点，因此没有父级对象。

相反，通过 AccessibleChildren 函数可以得到一个父级对象下面的所有子级对象。

8.5.2 AccessibleChildren 函数

AccessibleChildren 函数可以返回指定 IAccessible 对象下面的所有子对象。声明如下：

```
Private Declare Function AccessibleChildren Lib "oleacc.dll" (ByVal
paccContainer As Accessibility.IAccessible, ByVal iChildStart As Long, ByVal
cChildren As Long, ByRef rgvarChildren As Variant, ByRef pcObtained As Long) As Long
```

以下是 AccessibleChildren 函数的参数说明。

- paccContainer：父级 IAccessible 对象。
- iChildStart：从第几个开始遍历，默认设置为 0。
- cChildren：计划获取到的子元素个数，一般用 accChildCount。
- rgvarChildren：最重要的参数，用于返回多个子级对象，需要声明 Variant 数组。
- pcObtained：实际返回的子级对象个数。

利用 AccessibleChildren 函数只能返回 IAccessible 对象的直属子级对象。如果要获取多级的后代对象，就需要反复多次调用该函数。

下面以分析记事本窗口为例，使用该函数进一步操作"最大化"按钮。

记事本窗口由系统菜单、标题栏、应用程序 菜单栏、客户端等部分构成，如图 8-11 所示。

在 accExplorer 中可以看到"记事本 窗口"的子元素总数是 7。在结构树中可以看到"0 系统 菜单栏""1 none 标题栏"等 4 个子级元素，如图 8-12 所示。

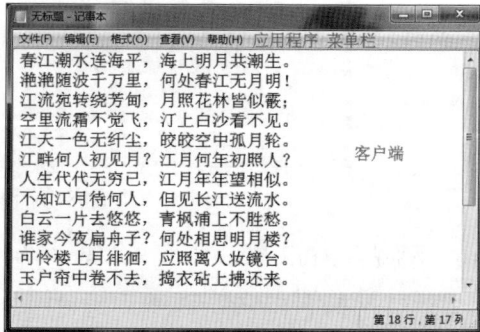

图 8-11　记事本窗口的构成

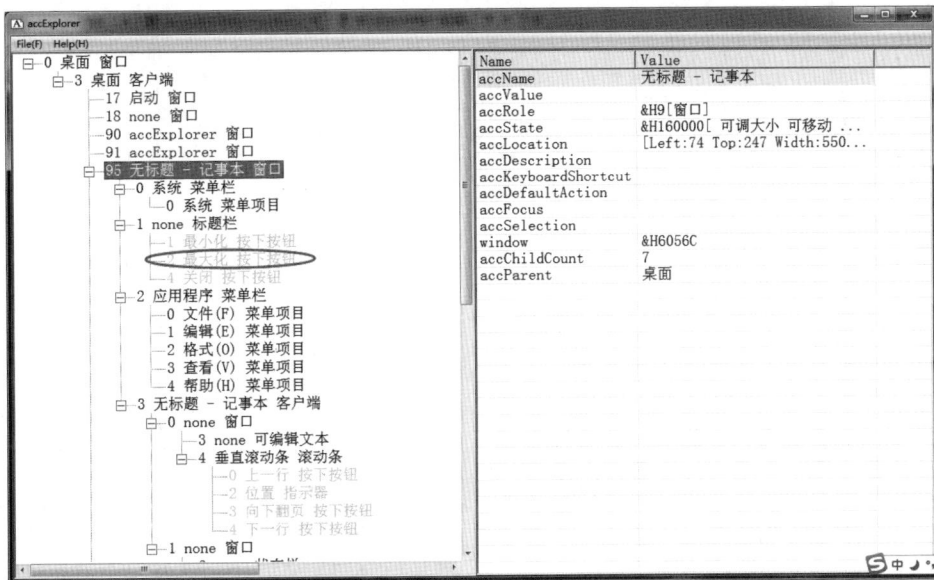

图 8-12　记事本的系统菜单项目

　　具体实现的步骤是，首先根据记事本窗口的句柄得到"记事本　窗口"的 IAccessible 对象，然后获取"1 none 标题栏"，再获取"2 最大化 按下按钮"，最后执行默认方法自动最大化。

　　下面的程序用于遍历记事本窗口中的所有 IAccessible 对象。

```
Sub 遍历子级 IAccessible()
    Dim A1 As IAccessible
    Dim hNotepad As Long
    Dim Result As Long
    hNotepad = FindWindow("Notepad", vbNullString)
    Result = AccessibleObjectFromWindow1(hNotepad, OBJID_WINDOW, MyUUID, A1)
    Dim Child As Accessibility.IAccessible
    Dim ChildCount As Long
    Dim Children() As Variant
    Dim Got As Long
    Dim i As Long
    ChildCount = A1.accChildCount
    If ChildCount > 0 Then
        ReDim Children(ChildCount - 1)
        Call AccessibleChildren(A1, 0, ChildCount, Children(0), Got)
        For i = 0 To Got - 1
            If TypeOf Children(i) Is Accessibility.IAccessible Then
                Set Child = Children(i)
                Debug.Print i, Child.accName(CHILDID_SELF)
            ElseIf VarType(Children(i)) = VBA.VbVarType.vbLong Then
                Debug.Print i, A1.accName(Children(i))
            End If
        Next i
```

```
        Set Child = Children(1)                                      '得到 1 none 标题栏
        ChildCount = Child.accChildCount
        ReDim Children(ChildCount - 1)
        Call AccessibleChildren(Child, 0, ChildCount, Children(0), Got)
        For i = 0 To Child.accChildCount - 1
            Debug.Print i, Child.accName(Children(i))
        Next i
        Call Child.accDoDefaultAction(Children(2))              '执行最大化
    End If
End Sub
```

代码分析：

代码中的 Children ( ) 是一个变体型数组，用来容纳所有子级对象。在执行完 AccessibleChildren 函数之后必须判断返回的具体是什么类型。一般分为两种类型：IAccessible 类型和 Long 类型。Long 类型的值不能赋给 IAccessible 变量，而是用于父级对象访问。例如，Child.accName (Children(i)) 读取的并不是 Child 自身的名称，而是 Child 下面的某个子对象的名称。

accExplorer 中显示为绿色节点的类型是 Long。

执行 Call Child.accDoDefaultAction (Children(2)) 代码后，可以看到记事本窗口自动最大化了。

8.5.3 返回父对象

利用 IAccessible 对象的 accParent 可以返回其父对象。如果反复迭代使用该方法，可以一直向上遍历到桌面对象，桌面对象的父对象是 Nothing。

在 VBA 的用户窗体中先放入一个框架控件 Frame1，然后在该框架控件中放入一个复选框 CheckBox1、一个列表框 ListBox1、一个命令按钮 CommandButton1。其中，列表框用于显示每级对象的名称。

命令按钮的 Click 事件用于从 CheckBox1 控件开始依次遍历父级对象，一直遍历到桌面为止。代码如下：

```
Private Const CHILDID_SELF = 0&
Private Sub CommandButton1_Click()
    Dim A1 As Accessibility.IAccessible
    Set A1 = Me.CheckBox1
    Me.ListBox1.Clear
    Do
        If A1 Is Nothing Then
            Exit Do
        Else
            Me.ListBox1.AddItem A1.accName(CHILDID_SELF), 0
            Set A1 = A1.accParent
        End If
    Loop
End Sub
```

代码分析：

Set A1 = A1.accParent 这句代码是关键，运用的是迭代算法。

启动窗体，单击"向上遍历"按钮，在列表框中显示了具有父子关系的对象名称列表，如图 8-13 所示。

8.5.4 自动切换 IE 选项卡

图 8-13 示例窗口

在 IE 浏览器窗口中，虽然可以同时打开多个选项卡，但是每个选项卡并没有句柄，使用通常的方法无法切换和关闭指定的一个选项卡。

下面使用 MSAA 技术来实现。

首先，在 IE 浏览器中任意打开几个网页，如图 8-14 所示。

图 8-14 IE 浏览器

然后，在 accExplorer 中查看，可以看到包含很多层级。为了便于讲解，在上面的若干层级都具有窗口句柄，使用 FindWindowEx 函数就可以得到。本例从选定的"3 none 客户端"节点开始向下定位，如图 8-15 所示。

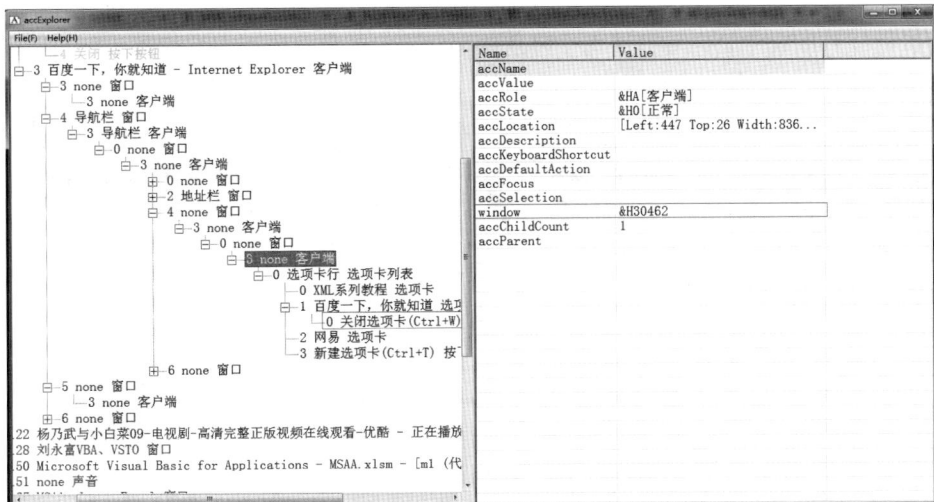

图 8-15 IE 浏览器中的 IAccessible 对象树

该节点的句柄是 &H30462，在代码中直接使用这一数值。接下来需要依次定位以下对象："0 选项卡行 选项卡列表""1 百度一下，你就知道 选项卡""0 关闭选项卡 (Ctrl+W) 按下按钮"。

下面的程序利用 MSAA 技术切换 IE 选项卡。

```
Sub 切换 IE 选项卡()
    Dim A1 As IAccessible
    Dim hIE As Long
    Dim Result As Long
    hIE = &H30462
    Result = AccessibleObjectFromWindow1(hIE, OBJID_CLIENT, MyUUID, A1)
    Dim Child As Accessibility.IAccessible
    Dim ChildCount As Long
    Dim Children() As Variant

    ChildCount = A1.accChildCount
    ReDim Children(ChildCount - 1)
    Call AccessibleChildren(A1, 0, ChildCount, Children(0), Got)
    Set Child = Children(0)                        '得到 0 选项卡行  选项卡列表

    ChildCount = Child.accChildCount
    ReDim Children(ChildCount - 1)
    Call AccessibleChildren(Child, 0, ChildCount, Children(0), Got)
    Set Child = Children(1)                        '得到 1 百度一下，你就知道  选项卡
    Call Child.accDoDefaultAction(CHILDID_SELF)    '切换到  百度一下

    ChildCount = Child.accChildCount
    ReDim Children(ChildCount - 1)
    Call AccessibleChildren(Child, 0, ChildCount, Children(0), Got)
    Set Child = Children(0)                        '得到 0 关闭选项卡 (Ctrl+W) 按下按钮
    Call Child.accDoDefaultAction(CHILDID_SELF)    '执行关闭选项卡
End Sub
```

由于在 accExplorer 中已经看到了每个节点前面的数字编号，所以在执行 AccessibleChildren 函数后，不需要使用 For 循环，而是直接用数字下标就可取得每个 IAccessible 对象。

运行上述程序，自动切换到"百度一下"选项卡，并且自动关闭了该选项卡，如图 8-16 所示。

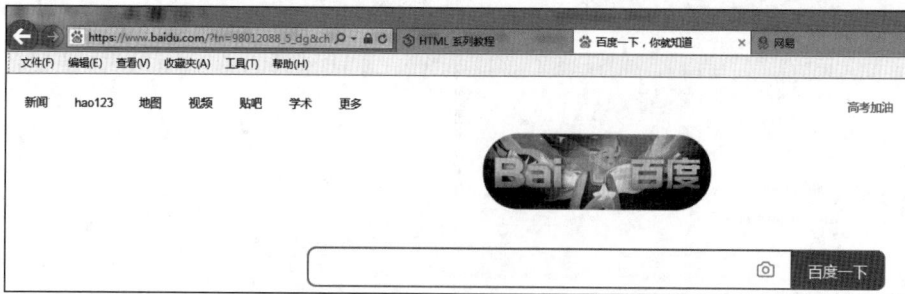

图 8-16　自动切换 IE 浏览器的选项卡

8.5.5　自动切换 Word 中的选项卡

在 Office 的顶部都是 Ribbon 功能区界面。例如，Word 2016 的常用功能区由"开始""插入""邮件""开发工具"等选项卡构成，如图 8-17 所示。

图 8-17　Word 2016 的功能区界面

同样，每个选项卡都没有各自的句柄，Excel VBA 无法直接对 Word 选项卡进行操作。前面讲过功能区是一个特殊的 Commandbar 对象，也可以从 IAccessible 对象的角度来访问，因此在 accExplorer 中查看 Word 的功能区。

其中，选定的节点"3 Ribbon 工具栏"就是 CommandBars ("Ribbon") 对应的 IAccessible 对象，如图 8-18 所示。

图 8-18　Word 窗口的 IAccessible 对象树

要想实现切换选项卡，就需要定位到每个选项卡，然后执行其默认操作。所以要定位到"开始""插入"这些选项卡，需要多次反复调用 AccessibleChildren 函数。

本例只需写一次 AccessibleChildren 函数，就可以遍历整条路径上的每个节点。

首先把要访问的每个节点前面的数字编号放入一个数组，然后在 For 循环中遍历这个数组，迭代使用 AccessibleChildren 函数就可以逐步深入到"0 none 客户端"这个子级。

下面的程序用于切换 Word 中的选项卡。

```
Sub 切换 Word 中的选项卡()
    Dim Child As Accessibility.IAccessible
    Dim ChildCount As Long
    Dim Children() As Variant
    Dim Index As Variant
    Set Child = GetObject(, "Word.Application").CommandBars.Item("Ribbon")
    For Each Index In Array(0, 3, 0, 3, 0, 3, 8, 0, 7)
        ChildCount = Child.accChildCount
        ReDim Children(ChildCount - 1)
        Call AccessibleChildren(Child, 0, ChildCount, Children(0), Got)
        Set Child = Children(Index)
        Debug.Print Index, Child.accName(CHILDID_SELF)
    Next Index
    ' 此时 Children 是"0 none 客户端"下面的所有子对象
    ' 此时 Child 是"开始"选项卡
    Dim i As Integer
    For i = 8 To 15
    ' 从"插入"选项卡到"开发工具"选项卡依次遍历
        Set Child = Children(i)
        Call Child.accDoDefaultAction(CHILDID_SELF)
        Application.Wait Now + TimeValue("00:00:03")
    Next i
End Sub
```

首先打开 Word 2013 或 Word 2016，然后启动上述程序，可以看到每隔 3 秒，从"插入"选项卡依次激活到"开发工具"选项卡，如图 8-19 所示。

图 8-19 自动激活 Word 中的选项卡

8.6 利用事件获取 IAccessible 对象

MSAA 程序可以接收 IAccessible 对象引起的事件，接收事件之前需要用 SetWinEventHook 函数注册一个 WinEventProc 回调函数。

在调用 SetWinEventHook 函数时，需要指定是接收所有事件还是接收一部分指定的事件；接收所有线程的事件还是接收指定线程的事件。

8.6.1　SetWinEventHook 函数和 UnhookWinEvent 函数

SetWinEventHook 函数用于向指定线程的窗口设置一定范围内的事件的钩子函数。设置钩子函数以后，用户在窗口中执行有关操作时，这些操作会反映到程序中进一步处理。

SetWinEventHook 函数的返回值可以提供给 UnhookWinEvent 函数作为参数使用，从而达到去掉钩子的目的。

以上两个函数的声明如下：

```
    Private Declare Function SetWinEventHook Lib "user32" (ByVal eventMin As Long,
ByVal eventMax As Long, ByVal hmodWinEventProc As Long, ByVal lpfnWinEventProc As
Long, ByVal idProcess As Long, ByVal idThread As Long, ByVal dwflags As Long) As Long
    Private Declare Function UnhookWinEvent Lib "user32" (ByVal hWinEventHook As
Long) As Long
```

以下是 SetWinEventHook 函数的参数说明。

- eventMin 和 eventMax：要监控的事件类型的最低值和最高值。
- hmodWinEventProc：默认设置为 0。
- lpfnWinEventProc：回调函数的地址。
- idProcess 和 idThread：要监控的目标窗口的进程和线程 ID。
- dwflags："WINEVENT_" 开头的常量组合。

其中，eventMin 和 eventMax 的取值是 "EVENT_ 开头" 的常量。例如，EVENT_SYSTEM_MENUPOPUPSTART 用于将监控的菜单弹出。

idProcess 和 idThread 参数，需要先用 GetWindowThreadProcessId 函数获取另一个窗口的进程和线程 ID。也可以用 GetCurrentThreadId 获取程序所在的线程 ID。

相关声明如下：

```
    Private Declare Function GetWindowThreadProcessId Lib "user32" (ByVal hwnd As
Long, lpdwProcessId As Long) As Long
    Private Declare Function FindWindow Lib "user32" Alias "FindWindowA" (ByVal
lpClassName As String, ByVal lpWindowName As String) As Long
    Private Declare Function GetCurrentThreadId Lib "kernel32" () As Long
```

8.6.2　AccessibleObjectFromEvent 函数

AccessibleObjectFromEvent 函数通常在 SetWinEventHook 的回调函数中使用，用于返回监控到的 IAccessible 对象。声明如下：

```
    Private Declare Function AccessibleObjectFromEvent Lib "oleacc" (ByVal hwnd As
Long, ByVal dwObjectID As Long, ByVal dwChildID As Long, ppacc As Accessibility.
IAccessible, pvarChild As Variant) As Long
```

下面的程序用于监视记事本窗口的菜单系统。

```
Private Const CHILDID_SELF = 0&
Private Const EVENT_SYSTEM_MENUPOPUPSTART = &H6
Private Const WINEVENT_OUTOFCONTEXT = &H0

Private hEventHook As Long

Public Sub StartEventHook()
    Dim ThreadID As Long
    Dim ProcessID As Long
    Dim hNotepad As Long
    Shell "Notepad.exe", vbNormalFocus
    Application.Wait Now + TimeValue("00:00:01")
    hNotepad = FindWindow("Notepad", vbNullString)
    If hEventHook <> 0& Then Exit Sub
    ThreadID = GetWindowThreadProcessId(hwnd:=hNotepad, lpdwProcessId:=ProcessID)
    hEventHook = SetWinEventHook(EVENT_SYSTEM_MENUPOPUPSTART, EVENT_SYSTEM_
MENUPOPUPSTART, 0&, AddressOf WinEventProc, ProcessID, ThreadID, WINEVENT_
OUTOFCONTEXT)
    End Sub

Public Sub EndEventHook()
    If hEventHook = 0& Then Exit Sub
    Call UnhookWinEvent(hEventHook)
    hEventHook = 0&
    End Sub

Public Sub WinEventProc(ByVal hWinEventHook As Long, ByVal levent As Long, ByVal
hwnd As Long, ByVal idObject As Long, ByVal idChild As Long, ByVal dwEventThread As
Long, ByVal dwmsEventTime As Long)
    Dim myAcc As Accessibility.IAccessible
    Dim v As Variant
    If AccessibleObjectFromEvent(hwnd, idObject, idChild, myAcc, v) = 0& Then
        On Error Resume Next
        Debug.Print myAcc.accParent.accName(CHILDID_SELF)
    End If
    End Sub
```

代码分析：

上述代码分为 StartEventHook、EndEventHook、WinEventProc 三个过程，其中，WinEventProc 是回调过程，必须写在标准模块中。

变量 myAcc 就是监控到的 IAccessible 对象。

运行 StartEventHook 过程，然后在记事本窗口中任意单击一个菜单或右键菜单，如图 8-20 所示。

在立即窗口中自动输出该菜单的名称，如图 8-21 所示。

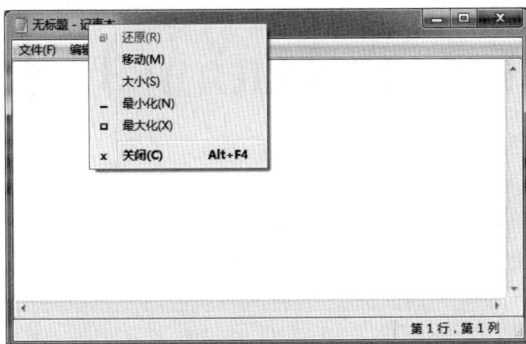

图 8-20　在记事本窗口中弹出的右键菜单　　图 8-21　运行结果

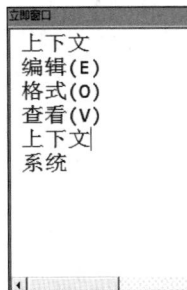

8.7　本章习题

1. 下面哪一个方法可以返回 IAccessible 的父对象？（　　）

A. accChild   B. accChildCount

C. accParent   D. accRole

2. 下面哪一个函数用来返回 IAccessible 的所有子对象？（　　）

A. AccessibleChildren   B. AccessibleObjectFromEvent

C. AccessibleObjectFromPoint   D. AccessibleObjectFromWindow

3. 利用 MSAA 技术获取"运行"对话框的组合框中的文字，如图 8-22 所示。

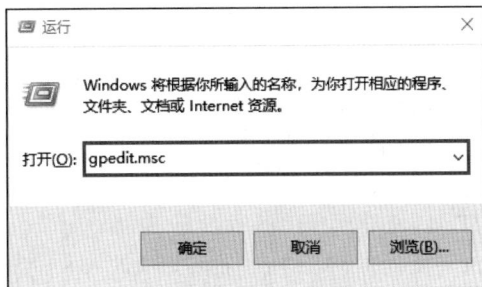

图 8-22　"运行"对话框

第 9 章　UI Automation 技术

UI Automation（UIA）是基于 Microsoft .NET 框架下提供的一种用于自动化测试的技术。UIA 提供对桌面上大多数用户界面元素的编程访问功能，从而可以让终端用户利用程序操作界面，而不是手动接触界面。

本章用到的外部引用和重要对象如下：

➢ UIAutomationClient 引用。

➢ CUIAutomation 对象。

➢ IUIAutomationElement 对象。

9.1　UIA 概述

Windows 系统提供给用户的是显示在屏幕上的窗口、对话框，以及容纳在窗口中的各个控件。这些窗口和控件，最初用途的是让用户通过鼠标、键盘设备与之交互。然而，通过自动化技术编程可以替代大部分的手动操作，从而大幅度降低人力和时间成本。

UIA 技术可以把窗口中的所有控件都视作自动化元素，即使没有句柄的控件也是一个自动化对象。从而让编程人员能够访问到更多的控件，进一步为自动化程序的开发提供便利。

9.1.1　UIA 与 MSAA 的比较

MSAA 是早期访问应用程序的解决方案，UIA 是一种新的访问 Windows 应用程序的技术，与 MSAA 相比，UIA 在很多方面得到了改进。

在程序语言方面，前者基于 COM 对象，可以用 C++、VB 创建客户端程序；后者是用托管代码编写的，使用 C# 或 VB.NET 可以轻松访问。

事实上，无论是 VBA/VB6，还是 C#/VB.NET 都可以编写 MSAA 和 UIA 的客户端程序。

WPF（Windows Presentation Foundation）是创建应用程序界面的一种新模型。不支持 MSAA，但是支持 UIA。

在树结构中导航变得容易。MSAA 需要用 AccessibleChildren 函数取得子对象；UIA 可以用 FindFirst 和 FindAll 借助属性条件取得后代元素，也可以用 TreeWalker 进行上下级、同级之间的导航。

根据控件类型的对应关系，MSAA 使用 accRole 返回 IAccessible 对象的控件类型；UIA 使用 ControlType 属性返回类型。

9.1.2 自动化元素与树结构

UIA 把每一个窗口、控件都看作一个 AutomatonElement 对象,所有元素都包含在一个树结构中,这个树结构以桌面为根节点。

假设启动 Excel、启动记事本、打开"运行"窗口,那么屏幕上会出现 3 个窗口,这样就形成了一个自动化元素的树结构,如图 9-1 所示。

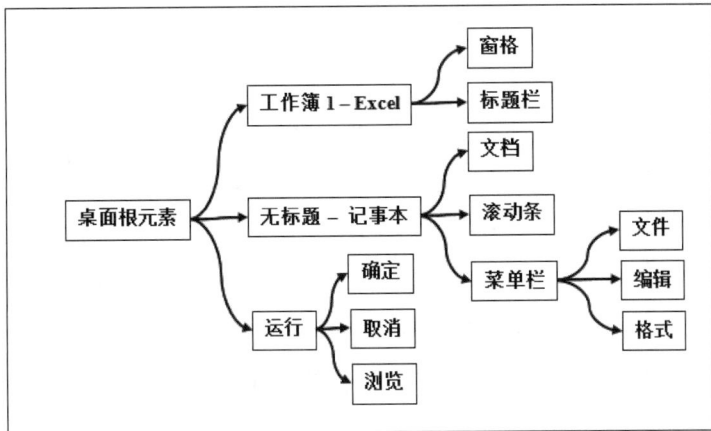

图 9-1 桌面各个窗口构成的自动化树示意图

进行 UIA 编程之前,需要下载本书配套资源中的 Inspect。使用该工具可以查看所有自动化元素的信息。下面介绍该工具的使用方法。

首先打开需要研究的一个窗口。例如,按快捷键【Win+R】,屏幕中将会弹出"运行"对话框,如图 9-2 所示。

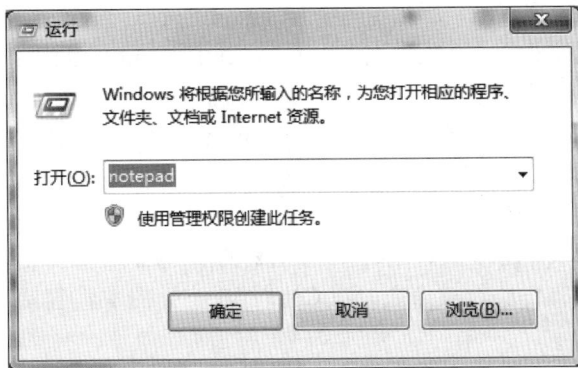

图 9-2 "运行"对话框

然后双击 Inspect.exe,启动该工具,单击菜单 File、Update,或者按快捷键【F6】,可以看到屏幕上所有打开的窗口列表。

该工具分为左侧的树形结构和右侧的属性列表两部分,在左侧找到"运行"对话框节点并双击,会自动展开该窗口中包含的所有元素,如图 9-3 所示。

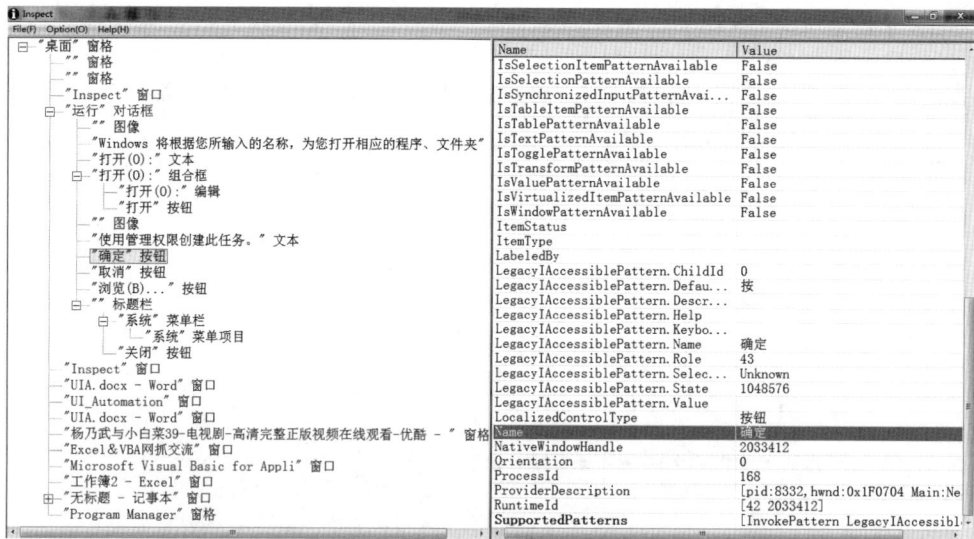

图 9-3 "运行"对话框的自动化树

在左侧的树形结构中任意选中一个节点，右侧的属性列表会同步发生变化。如图 9-3 所示，"确定"按钮的 Name 属性是确定，控件类型是按钮，句柄是 2033412。

此外，在右侧的属性列表的底端还可以看到 SupportedPatterns，代表的是该自动化元素支持的 Pattern。

9.1.3　自动化树的三种视图

自动化树有以下三种视图。

● RawView：原始视图。

● ControlView：控件视图，是原始视图中 IsControlElement 属性为 True 的元素形成的子集。

● ContentView：内容视图，是控件视图中 IsContentElement 属性为 True 的元素形成的子集。

RawView 是显示所有元素的视图。

自动化元素具有 IsControlElement 和 IsContentElement 属性，属性值均为布尔值。一般控件的 IsControlElement 属性都为 True，但是对于一些不包含文本内容的控件，如滚动条、最小化按钮等不包含任何文字，其 IsContentElement 属性为 False。

ControlView 是 RawView 的子集，当自动化元素的 IsControlElement 属性为 True 时，该元素才能显示在 ControlView 视图中。换言之，在 ControlView 视图中不包括 IsControlElement 属性为 False 的元素。

ContentView 是 ControlView 视图的子集，当自动化元素的 IsContentElement 属性为 True 时，该元素才能显示在 ContentView 视图中。换言之，IsControlElement 和 IsContentElement 属性均为 True 时才能显示在 ContentView 视图中。

以上三种视图的关系如图 9-4 所示。

Inspect 工具默认的视图是 RawView，显示所有元素。

使用 TreeWalker 定位元素时，会用到视图的概念。

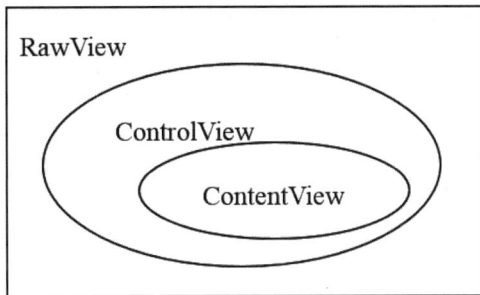

图 9-4　三种视图的关系示意图

9.1.4　自动化元素的主要方面

自动化元素主要包含属性（Property）、模式（Pattern）和事件（Event）。

AutomationElement 对象暴露了自动化元素的一些普通的属性。例如，ControlType 就是属性之一，该属性指示这个自动化元素是什么类型的控件。

另外还暴露了自动化元素支持的模式，不同类型的自动化元素支持的模式也不一样。例如，Button 控件支持 InvokePattern。通过模式可以执行自动化元素的方法。例如，使用 InvokePattern 可以实现自动单击按钮。

但是，控件类型与模式并非一一对应关系，一种控件可能具有多个可以利用的模式，每个模式体现了控件的某一方面。

UIA 也支持通过事件来操作访问自动化元素。例如，当屏幕上弹出一个窗口或对话框时，将引起树结构发生变化，从而触发一个过程。

9.2　在 VBA 中使用 UI Automation

扫一扫，看视频

本节介绍如何在 VBA 中实施 UIA 编程、返回自动化元素的基本方法等知识。

在 VBA 中使用 UIA，必须事先添加 UI AutomationClient 的引用才能使用其中的对象、常量。

9.2.1　添加 UI AutomationClient 引用

在 VBA 编程环境中，依次单击菜单"工具""引用"，如图 9-5 所示。

在"引用"对话框中找到 UIAutomationClient 复选框，并且勾选，如图 9-6 所示。

一般情况下，通过上面的操作就可以成功添加引用。但是在某些计算机中可能手动添加无效，可以尝试使用如下代码自动添加该引用。

```
Sub 添加 UIA 引用 ()
    ThisWorkbook.VBProject.References.AddFromFile Filename:="UIAutomationCore.dll"
End Sub
```

运行上述过程，再次打开"引用"对话框，可以看到添加成功，如图 9-7 所示。

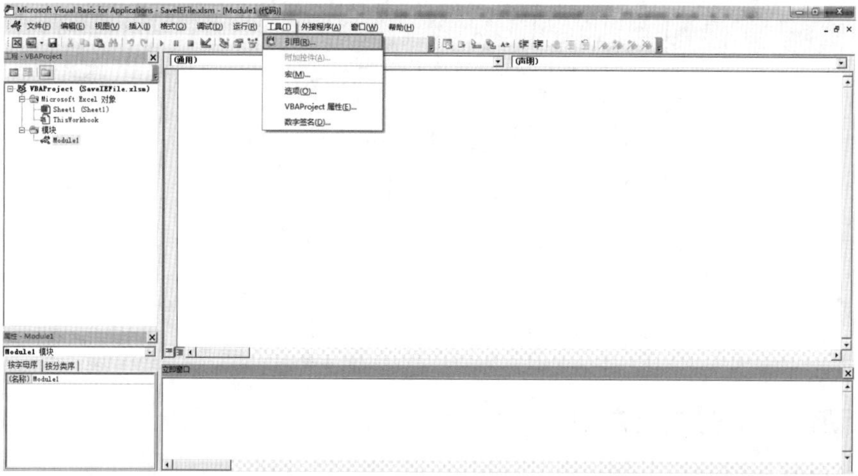

图 9-5　引用

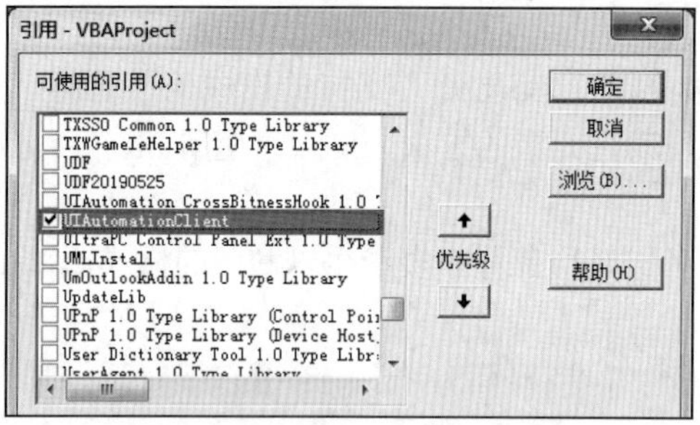

图 9-6　引用 UIAutomationClient

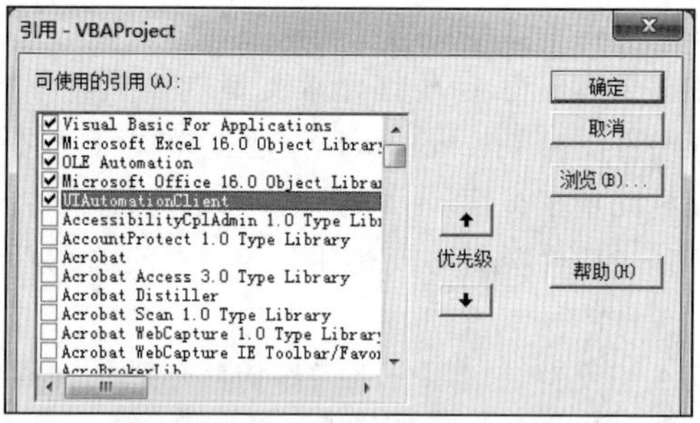

图 9-7　使用代码自动添加引用

　　在 VBA 中按【F2】键，打开对象浏览器。在对象浏览器的组合框中选择 UIAutomationClient
选项，可以看到这个引用包含的所有类及其成员，如图 9-8 所示。

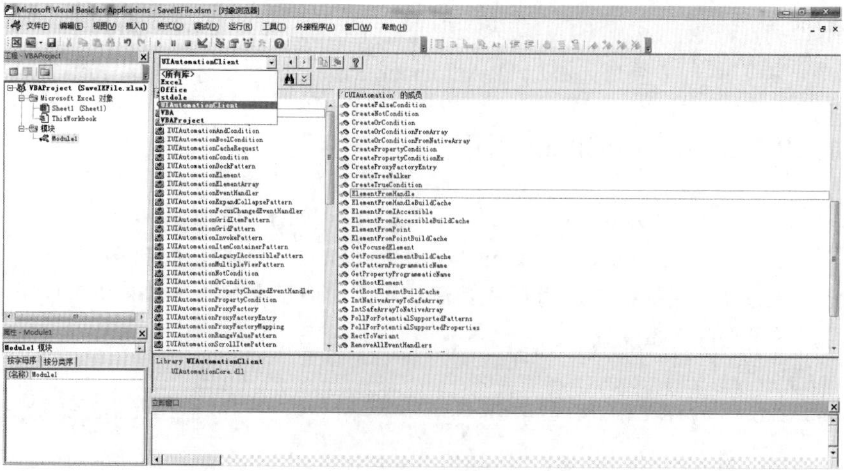

图 9-8　UIAutomationClient 包含的类及其成员

9.2.2　UIA 的主要编程对象和类型

在 VBA 工程中添加 UIAutomationClient 引用后，就可以使用该类型库中的各种对象和类型了。其中的主要对象划分为以下几类。

- CUIAutomation 对象：是 UIA 编程的入口。包括创建属性条件、创建 TreeWalker 对象等功能。
- IUIAutomationElement 对象：UIA 自动化元素。属性和模式都围绕该对象展开。
- IUIAutomationElementArray 对象：多个自动化元素形成的集合。
- 以 Condition 结尾的对象：声明属性条件、布尔条件。
- 以 Pattern 结尾的对象：声明一个模式。
- 以 EventHandler 结尾的对象：声明一个事件。

此外，还有以下枚举常量。

- TreeScope：用于 FindFirst 或 FindAll 方法中，指示在什么范围中进行查找。其中包含 TreeScope_Children 等多个成员。
- WindowVisualState：用于获取或设置窗口的状态。其中包含 WindowVisualState_Maximized 等多个成员。

9.2.3　自动化标识符

UIA 在很多场合中采用自动化标识符（Automation Identifiers）来描述一些属性。所谓自动化标识符，就是在 UI AutomationClient 命名空间中规定的一些枚举常量。常用的枚举常量有以下五类。

- UIA_ControlTypeIds：控件类型标识符。
- UIA_EventIds：事件类型标识符。
- UIA_PatternIds：模式标识符。
- UIA_PropertyIds：属性标识符。
- UIA_TextAttributeIds：文本属性标识符。

在对象浏览器窗口中选中 UIA_ControlTypeIds，在右侧窗格中显示很多成员，选中 UIA_ButtonControlTypeId 以后，底端自动显示该成员对应的整数值：Const UIA_ButtonControlTypeId = 50000 (&HC350)，如图 9-9 所示。

也就是说，在 VBA 代码中使用 UIAutomationClient.UIA_ControlTypeIds.UIA_ButtonControlTypeId 这样的三级写法表示控件的类型是"按钮"。当然在程序中也可以直接使用整数值 50000 或十六进制形式 &HC350。

这些枚举常量在微软公司的 MSDN 上也可以查到，如图 9-10 所示。

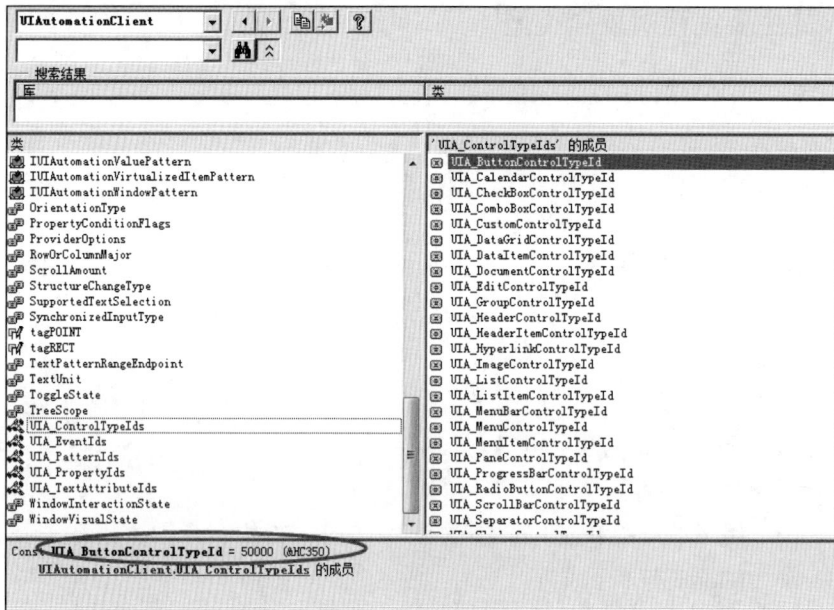

图 9-9　控件类型常数

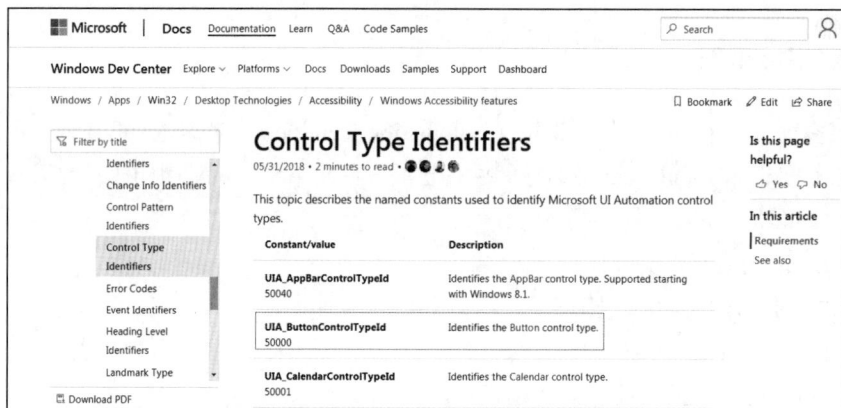

图 9-10　控件类型标识符

9.2.4　第一个 UIA 程序

自动化元素的树结构始于桌面根元素，要通过程序的方式访问某个自动化元素，必须事先定位到桌面根元素。

可以根据相对关系从一个已知的自动化元素定位与之相关的其他元素，也可以利用 CUIAutomation 对象根据窗口或控件的某些特征返回一个自动化元素。

CUIAutomation 对象是 VBA 中使用 UI Automation 技术的唯一入口，需要用 New 关键字创建实例。

在 VBA 中插入一个标准模块，在该模块顶部声明如下的全局变量：

```
Public UIA As New UIAutomationClient.CUIAutomation
```

这样就可以在整个 VBA 工程的任何地方使用自动化对象 UIA，如图 9-11 所示。

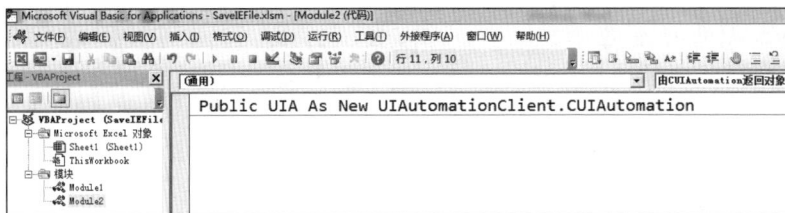

图 9-11　声明全局变量 UIA

通过 UIA 对象可以返回桌面根元素、创建属性条件、创建布尔条件、创建 TreeWalker 导航器等。

下面以"运行"对话框为例，使用 UIA 技术自动输入命令 Notepad.exe，并且自动单击"确定"按钮，如图 9-12 所示。

首先在 Inspect 中查看该对话框的自动化树结构。可以看到"运行"对话框是桌面的子元素，"打开"组合框以及"确定"按钮都是"运行"对话框的子元素，如图 9-13 所示。

图 9-12　"运行"对话框

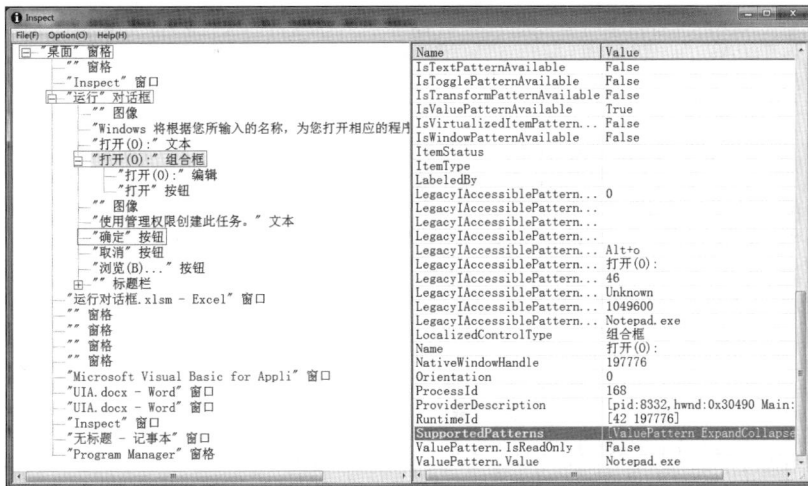

图 9-13　"运行"对话框中的若干控件

另外，"打开（0）："组合框支持的模式包括 ValuePattern，说明可以自动向组合框中输入内容。"确定"按钮支持的模式是 InvokePattern，说明可以实现自动单击。

查找和定位元素，需要先创建属性条件，然后利用 FindFirst 或 FindAll 方法根据属性条件查找其他元素。

下面的程序利用 UIA 技术操作"运行"对话框。

```
Public UIA As UIAutomationClient.CUIAutomation

Sub 操作运行对话框()
    Dim AE1 As UIAutomationClient.IUIAutomationElement
    Dim AE2 As UIAutomationClient.IUIAutomationElement
    Dim AE3 As UIAutomationClient.IUIAutomationElement
    Dim PC1 As UIAutomationClient.IUIAutomationPropertyCondition
    Dim PC2 As UIAutomationClient.IUIAutomationPropertyCondition
    Dim PC3 As UIAutomationClient.IUIAutomationPropertyCondition
    Set UIA = New UIAutomationClient.CUIAutomation

    Set PC1 = UIA.CreatePropertyCondition(propertyId:=UIAutomationClient.UIA_
PropertyIds.UIA_NamePropertyId, Value:=" 运行 ")
    Set AE1 = UIA.GetRootElement.FindFirst(scope:=TreeScope_Children,
Condition:=PC1)
    Debug.Print AE1.CurrentName

    Set PC2 = UIA.CreatePropertyCondition(propertyId:=UIAutomationClient.UIA_
PropertyIds.UIA_ControlTypePropertyId, Value:=UIAutomationClient.UIA_ControlTypeIds.
UIA_ComboBoxControlTypeId)
    Set AE2 = AE1.FindFirst(scope:=TreeScope_Children, Condition:=PC2)
    Debug.Print AE2.CurrentName

    Dim VP As UIAutomationClient.IUIAutomationValuePattern
    Set VP = AE2.GetCurrentPattern(PatternId:=UIAutomationClient.UIA_PatternIds.
UIA_ValuePatternId)
    VP.SetValue "regedit.exe"

    Set PC3 = UIA.CreatePropertyCondition(propertyId:=UIAutomationClient.UIA_
PropertyIds.UIA_NamePropertyId, Value:=" 确定 ")
    Set AE3 = AE1.FindFirst(scope:=TreeScope_Children, Condition:=PC3)
    Dim IP As UIAutomationClient.IUIAutomationInvokePattern
    Set IP = AE3.GetCurrentPattern(PatternId:=UIAutomationClient.UIA_PatternIds.
UIA_InvokePatternId)
    IP.Invoke
End Sub
```

代码分析：

UIA.GetRootElement 用于返回自动化元素树结构的最顶端，也就是桌面根元素。属性条件的构造可以利用自动化元素最明显、独特的属性作为条件。在以上程序中利用名称属性构造 PC1、PC3，利用控件类型构造 PC2，因为"打开"是一个组合框。

代码中的变量 AE1、AE2、AE3 分别代表"运行"对话框、"打开"组合框、"确定"按钮。

定位到每个元素之后，利用 Pattern 执行有关方法。

手动启动"运行"对话框后，运行上述程序，可以看到自动输入了新的命令，并且自动单击了"确定"按钮，注册表编辑器被启动，如图 9-14 所示。

图 9-14　自动输入命令

以上是一个比较综合的实例，应用了属性条件、查找元素、模式执行等概念。

9.3　自动化元素的属性

扫一扫，看视频

自动化元素拥有众多的属性。例如，名称、类名、控件类型都是常用的属性。自动化元素的属性通常是只读的，通过属性可以获取控件中的内容或其他的信息，也可以通过属性构造属性条件从而定位到自动化元素。例如，"运行"窗口本身是一个自动化元素，它的名称属性是"运行"，控件类型是 Window。

在 UIA 编程中，通过属性可以返回控件中的信息，也可以利用属性作为条件定位某个元素。

获取自动化元素的属性的方法有两种：显式和隐式。

9.3.1　显式返回属性

IUIAutomationElement 对象中有很多以 Current 开头的成员，如 CurrentName 返回名称属性。

下面的程序首先利用 Excel 的类名获取 Excel 窗口的自动化元素，然后获取若干属性。

```
Sub 显式返回元素属性()
    Dim AE1 As UIAutomationClient.IUIAutomationElement
    Dim PC1 As UIAutomationClient.IUIAutomationPropertyCondition
    Set UIA = New UIAutomationClient.CUIAutomation
    Set PC1 = UIA.CreatePropertyCondition(propertyId:=UIAutomationClient.UIA_
PropertyIds.UIA_ClassNamePropertyId, Value:="XLMAIN")
    Set AE1 = UIA.GetRootElement.FindFirst(scope:=TreeScope_Children,
Condition:=PC1)
    Debug.Print "名称", AE1.CurrentName
    Debug.Print "类名", AE1.CurrentClassName
    Debug.Print "进程 ID", AE1.CurrentProcessId
End Sub
```

运行上述程序，在立即窗口中输出的结果为：

```
名称         工作簿 1.xlsm - Excel
类名         XLMAIN
进程 ID       4872
```

然而，并非所有属性都能使用上述方式返回。例如，以下代码试图得到句柄：

```
Debug.Print "句柄", AE1.
CurrentNativeWindowHandle
```

返回了编译错误，如图 9-15 所示。

也就是说，显式的方法是有局限性的。

图 9-15　编译错误

9.3.2　隐式返回属性

隐式是指利用 IUIAutomationElement 对象的 GetCurrentPropertyValue 方法返回指定 propertyId 的属性值。其中，propertyId 的取值是 UIAutomationClient.UIA_PropertyIds 枚举常量的成员之一。

下面的程序用于返回 Excel 窗口的名称、类名、句柄等信息。

```
Sub 隐式返回元素属性()
    Dim AE1 As UIAutomationClient.IUIAutomationElement
    Dim PC1 As UIAutomationClient.IUIAutomationPropertyCondition
    Set UIA = New UIAutomationClient.CUIAutomation
    Set PC1 = UIA.CreatePropertyCondition(propertyId:=UIAutomationClient.UIA_
PropertyIds.UIA_ClassNamePropertyId, Value:="XLMAIN")
    Set AE1 = UIA.GetRootElement.FindFirst(scope:=TreeScope_Children,
Condition:=PC1)
    Debug.Print "名称", AE1.GetCurrentPropertyValue(propertyId:=UIAutomationClient.
UIA_PropertyIds.UIA_NamePropertyId)
    Debug.Print "类名", AE1.GetCurrentPropertyValue(propertyId:=UIAutomationClient.
UIA_PropertyIds.UIA_ClassNamePropertyId)
    Debug.Print "句柄", AE1.GetCurrentPropertyValue(propertyId:=UIAutomationClient.
UIA_PropertyIds.UIA_NativeWindowHandlePropertyId)
    End Sub
```

运行上述程序，在立即窗口中输出的结果为：

```
名称        运行对话框.xlsm - Excel
类名        XLMAIN
句柄         721932
```

9.3.3　遍历支持的属性对

IUIAutomationElement 对象的 PollForPotentialSupportedProperties 方法可以把一个自动化元素的所有属性 ID 和属性名称返回给两个数组。

下面的程序用于对桌面根元素支持的属性 ID 及其名称进行遍历。

```
Sub 自动化元素支持的属性对()
    Dim AE1 As UIAutomationClient.IUIAutomationElement
    Dim IDs() As Long
    Dim Names() As String
```

```
        Dim i As Integer
        Set UIA = New UIAutomationClient.CUIAutomation
        Set AE1 = UIA.GetRootElement
        Call UIA.PollForPotentialSupportedProperties(pElement:=AE1, PropertyIDs:=
IDs, PropertyNames:=Names)
        Debug.Print "ID", "PropertyName"
        For i = LBound(IDs) To UBound(IDs)
            Debug.Print IDs(i), Names(i)
        Next i
    End Sub
```

上述程序中的数组 IDs 用于容纳属性 ID 常量，Names 用于容纳名称。

运行上述程序，在立即窗口中输出两列结果，这些结果实际上恰好是 UIAutomationClient.UIA_PropertyIds 枚举常量中的一部分，如图 9-16 所示。

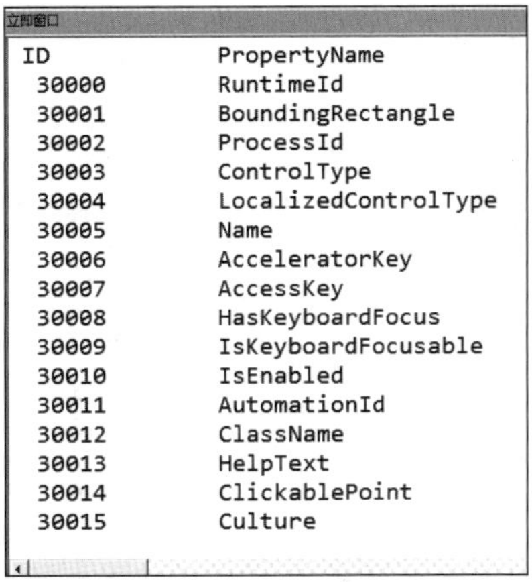

另外，还可以基于上述程序，输出相应的属性值。不过，利用 GetCurrentPropertyValue 返回属性值时，某些属性值并不是简单的数据。例如，RuntimeId、BoundingRectangle 属性结果是一个数组，无法直接输出到立即窗口，还有一些属性是 Nothing 和 Unknown，这些特例需要排除在外。

下面的程序在遍历到 ID 和名称的基础上，将属性值也一起输出。

ID	PropertyName
30000	RuntimeId
30001	BoundingRectangle
30002	ProcessId
30003	ControlType
30004	LocalizedControlType
30005	Name
30006	AcceleratorKey
30007	AccessKey
30008	HasKeyboardFocus
30009	IsKeyboardFocusable
30010	IsEnabled
30011	AutomationId
30012	ClassName
30013	HelpText
30014	ClickablePoint
30015	Culture

图 9-16　属性 ID 与属性名称

```
Sub 自动化元素支持的属性对及其值()
    Dim AE1 As UIAutomationClient.IUIAutomationElement
    Dim IDs() As Long
    Dim Names() As String
    Dim i As Integer
    Dim p As Variant
    Set UIA = New UIAutomationClient.CUIAutomation
    Set AE1 = UIA.GetRootElement
    Call UIA.PollForPotentialSupportedProperties(pElement:=AE1, PropertyIDs:=
IDs, PropertyNames:=Names)
    Debug.Print "ID", "PropertyName", "PropertyValue"
    For i = LBound(IDs) To UBound(IDs)
        If TypeName(AE1.GetCurrentPropertyValue(propertyId:=IDs(i))) = "Nothing" Then
            p = "Nothing"
    ElseIf TypeName(AE1.GetCurrentPropertyValue(propertyId:=IDs(i))) = "Unknown" Then
            p = "Unknown"
        Else
            p = AE1.GetCurrentPropertyValue(propertyId:=IDs(i))
            If IsArray(p) Then
```

```
                    p = "Array"
            End If
        End If
        Debug.Print IDs(i), Names(i), CStr(p)
    Next i
End Sub
```

运行上述程序，在立即窗口中输出三列数据，如图 9-17 所示。

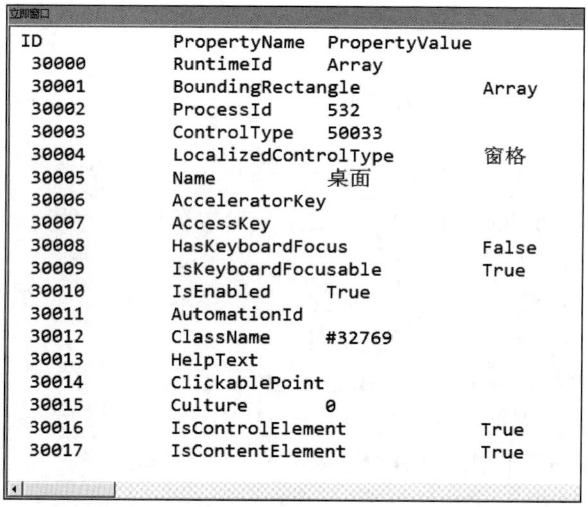

图 9-17　属性 ID、PropertyName、PropertyValue

另外，通过属性 ID 也可以返回该属性的文本字符串。

```
Sub 根据属性 ID 返回属性文本 ()
    Set UIA = New UIAutomationClient.CUIAutomation
    Debug.Print  UIA.GetPropertyProgrammaticName(UIAutomationClient.UIA_
PropertyIds.UIA_IsEnabledPropertyId)
    Debug.Print UIA.GetPropertyProgrammaticName(30010)
End Sub
```

上述程序运行后，在立即窗口中输出两行相同的内容：

```
IsEnabled
IsEnabled
```

9.3.4　属性含义解释

每个自动化元素都具有数量不等的诸多属性，那么这些属性分别代表什么含义呢？下面介绍几个最常用的属性。

● Name 属性：通常指的是窗口或按钮的标题文字，当自动化元素是列表框或组合框中的条目时，Name 属性也代表条目的内容。Name 属性是最常用的、用户从界面上可以直接看到的属性之一，经常作为定位元素的依据。

- ClassName 属性：控件的类名，与 API 函数类名的概念一致。对于特定的窗口和控件，类名一般不发生变化，是一个比较恒定的属性。例如，组合框的类名是 ComboBox，按钮的类名是 Button，Excel 窗口的类名是 XLMAIN，记事本的类名是 Notepad。类名也是定位元素的重要属性之一。

- NativeWindowHandle 属性：控件的句柄，与 API 函数中的句柄的概念一致。如果已经知道了窗口或控件的句柄，可以通过 UIA.ElementFromHandle 快速返回一个自动化元素，而无须从顶级元素逐一定位。

- ControlType 和 LocalizedControlType 属性：ControlType 属性表示控件类型，该属性返回的是一个枚举常量 UIA_ControlTypeIds 的值。LocalizedControlType 返回的是一个容易看懂的字符串，但是该属性与系统语言有关系，如果是一个按钮，中文系统返回"按钮"，日文系统返回"ボタン"，英文系统返回 Button。

下面的程序用于判断自动化元素是什么类型的控件。

```
Sub 自动化元素的控件类型()
    Dim AE1 As UIAutomationClient.IUIAutomationElement
    Set UIA = New UIAutomationClient.CUIAutomation
    Set AE1 = UIA.GetRootElement                      '桌面根元素
    Debug.Print AE1.CurrentControlType, AE1.CurrentLocalizedControlType
    Select Case AE1.CurrentControlType
        Case UIAutomationClient.UIA_ControlTypeIds.UIA_ButtonControlTypeId
        Debug.Print "是一个按钮"
        Case UIAutomationClient.UIA_ControlTypeIds.UIA_PaneControlTypeId
        Debug.Print "是一个窗格"
        Case Else
        Debug.Print "是其他控件"
    End Select
End Sub
```

以上代码中的 AE1 是桌面根元素。

运行上述程序后，在立即窗口中的输出结果为：

```
50033           窗格
是一个窗格
```

ControlType 是定位元素的重要属性之一。

- BoundingRectangle 属性：返回一个自动化元素在屏幕上的矩形信息，与 API 函数中的 GetWindowRect 的功能相似。

下面的程序首先获取 Excel 窗口的自动化元素，然后打印所在矩形的左上角坐标和右下角坐标。

```
Sub 自动化元素的边界矩形()
    Dim AE1 As UIAutomationClient.IUIAutomationElement
    Dim Rect As UIAutomationClient.tagRECT
    Set UIA = New UIAutomationClient.CUIAutomation
    Set AE1 = UIA.ElementFromHandle(ByVal Application.Hwnd)        'Excel 窗口
    Rect = AE1.CurrentBoundingRectangle
    Debug.Print Rect.Left, Rect.Top, Rect.Right, Rect.bottom
End Sub
```

运行上述程序，在立即窗口中输出 4 个数字。如果 Excel 处于最小化状态，这 4 个分量均为 0。

9.4　自动化元素的定位

自动化元素的获取和定位是 UIA 编程最重要的一个环节，只有返回自动化元素对象才能进一步获取属性和使用模式。

UI Automation 提供了多种定位元素的方式，可以分为如下三大类：

- 利用 CUIAutomation 对象。
- 利用 IUIAutomationElement 对象的 FindFirst、FindAll 结合属性条件定位子元素及后代元素。
- 利用 TreeWalker 获取自动化元素的父子、兄弟元素。

下面分别进行讲解。

9.4.1　利用 CUIAutomation 对象返回自动化元素

通过 CUIAutomation 对象可以返回指定句柄的自动化元素、具有焦点的自动化元素、桌面根元素等。

```
Sub 由 UIA 返回自动化元素 ()
    Dim AE1 As UIAutomationClient.IUIAutomationElement
    Dim AE2 As UIAutomationClient.IUIAutomationElement
    Dim AE3 As UIAutomationClient.IUIAutomationElement
    Set UIA = New UIAutomationClient.CUIAutomation
    With UIA
        Set AE1 = .ElementFromHandle(Hwnd:=ByVal Application.Hwnd)    '从句柄返回元素
        Set AE2 = .GetFocusedElement                                  '返回具有焦点的元素
        Set AE3 = .GetRootElement                                     '返回桌面根元素
    End With
    Debug.Print AE1.CurrentName
    Debug.Print AE2.CurrentName
    Debug.Print AE3.CurrentName
End Sub
```

另外，CUIAutomation 对象还具有 ElementFromPoint 和 ElementFromIAccessible 两个方法，分别用于返回指定坐标处的自动化元素、IAccessible 对象对应的自动化元素。不过前一个方法在 VBA 中不能使用。

如果要返回指定坐标或者光标所在位置的自动化元素，可以使用 API 函数 GetCursorPos 和 MSAA 技术得到一个 IAccessible 对象，然后再用 UIA 的 ElementFromIAccessible 得到。

下面的程序演示从 Ribbon 功能区返回一个自动化元素的方法。

```
Sub 由 IAccessible 对象返回 IUIAutomationElement()
    Const CHILDID_SELF As Long = 0&
```

```
        Dim A1 As UIAutomationClient.IAccessible
        Dim AE1 As UIAutomationClient.IUIAutomationElement
        Set UIA = New UIAutomationClient.CUIAutomation
        Set A1 = Application.CommandBars.Item("Ribbon")
        Set AE1 = UIA.ElementFromIAccessible(A1, CHILDID_SELF)
        Debug.Print AE1.CurrentClassName
End Sub
```

运行上述程序，在立即窗口中输出的结果是 MsoCommandBar。

如果从桌面根元素开始查找元素，UIA 会遍历所有元素才能找到目标元素，这样可能导致堆栈溢出。

可取的方法是，先找到应用程序窗口，再从这个窗口中继续查找想要的元素。例如，要定位记事本窗口中的滚动条或状态栏，可以先用 API 函数 FindWindow 得到记事本窗口的句柄，然后用 ElementFromHandle 得到自动化元素，这样就避免了在其他应用程序窗口中进行没有作用的查找。

9.4.2 属性条件的构造和使用

在 UIA 编程过程中，经常需要定位没有句柄的控件，这种场合可以使用 IUIAutomationElement 对象的 FindFirst 方法与 FindAll 方法结合属性条件定位子元素及后代元素。

使用 FindFirst 方法和 FindAll 方法之前，必须要有一个已知的上级元素以及定位条件。定位条件必须是布尔条件、属性条件，或者多个条件的组合。

FindFrist 方法的语法如下：

```
 B = A.FindFirst(scope,condition)
```

其功能是在自动化元素 A 中的 scope 范围内查找符合条件 condition 的第一个元素，如果找到，则把自动化元素赋给变量 B。

FindAll 方法用于查找符合条件的所有子元素或后代元素。语法如下：

```
 C = A.FindAll(scope,condition)
```

该方法把符合条件的所有自动化元素放在一个 IUIAutomationElementArray 集合中，赋给变量 C。

以上两种方法必须通过 scope 参数指定搜索范围，该参数取值可以是 TreeScope 枚举常量之一。

● TreeScope.Children：在子元素中查找。
● TreeScope.Descendants：在所有后代元素中查找（包括子元素）。

属性条件（PropertyCondition）是一种对象，这种对象由属性 Id 和属性值成对构成。属性条件由 CUIAutomation 对象的 CreatePropertyCondition 方法来创建，创建以后提供给 FindFirst 或 FindAll 方法来使用。

假设要构造一个 ControlType 属性为 ComboBox 的属性条件，声明和赋值的代码如下：

```
 Dim PC1 As UIAutomationClient.IUIAutomationPropertyCondition
 Set PC1 = UIA.CreatePropertyCondition(propertyId:=UIAutomationClient.UIA_
PropertyIds.UIA_ControlTypePropertyId, Value:=UIAutomationClient.UIA_ControlTypeIds.
UIA_ComboBoxControlTypeId)
```

可以看到 CreatePropertyCondition 方法包含 propertyId 和 Value 两个参数，propertyId 可以选择任何一种属性，最具代表性的一个属性，Value 是其相应的值。

构造了一个属性条件，就可以把它放到 FindFirst 或 FindAll 方法中执行定位了。

下面的程序利用属性条件定位"运行"对话框以及该窗口中的所有按钮控件。

```vba
Sub 定位运行对话框()
    Dim AE0 As UIAutomationClient.IUIAutomationElement
    Dim AE1 As UIAutomationClient.IUIAutomationElement
    Dim AEA As UIAutomationClient.IUIAutomationElementArray
    Dim AE As UIAutomationClient.IUIAutomationElement
    Dim PC1 As UIAutomationClient.IUIAutomationPropertyCondition
    Dim PC2 As UIAutomationClient.IUIAutomationPropertyCondition
    Set UIA = New UIAutomationClient.CUIAutomation
    Set PC1 = UIA.CreatePropertyCondition(propertyId:=UIAutomationClient.UIA_
PropertyIds.UIA_NamePropertyId, Value:="运行")
    Set AE0 = UIA.GetRootElement
    Set AE1 = AE0.FindFirst(scope:=TreeScope_Children, Condition:=PC1)

    Set PC2 = UIA.CreatePropertyCondition(propertyId:=UIAutomationClient.UIA_
PropertyIds.UIA_ControlTypePropertyId, Value:=UIAutomationClient.UIA_ControlTypeIds.
UIA_ButtonControlTypeId)
    Set AEA = AE1.FindAll(scope:=TreeScope_Children, Condition:=PC2)
    Debug.Print AEA.Length
    Dim i As Integer
    For i = 0 To AEA.Length - 1
        Set AE = AEA.GetElement(Index:=i)
        Debug.Print AE.CurrentName
    Next i
End Sub
```

代码分析：

由于对话框的标题是"运行"，所以根据 Name 属性的特点构造了一个属性条件 PC1，进而利用它从桌面根元素中得到准确定位。由于该对话框中有"确定""取消""浏览"多个按钮，既然都是按钮，就利用 ControlType 属性再构造一个属性条件 PC2，然后用 FindAll 方法进行定位，返回一个集合。

最后，遍历这个集合，利用 GetElement 方法取出每个自动化元素，并且打印其名称。

手动打开"运行"对话框以后，运行上述程序，在立即窗口中的输出结果为：

```
3
确定
取消
浏览(B)...
```

9.4.3　布尔条件的构造和使用

在 UIA 中有两个布尔条件：TrueCondition 和 FalseCondition。TrueCondition 是恒真条件，表示

不以任何属性作为定位条件，如果要查找一个窗口中所有类型的控件，使用恒真条件代替是比较合适的。相反，FalseCondition 是恒假条件，如果把该条件用于 FindFirst 方法或 FindAll 方法中，将会查找不到任何元素。

以上两个条件可以由 CUIAutomation 来创建。同时，UIA 还提供了三个用于组合布尔条件的方法，也就是布尔条件的与、或、非运算。

示例代码如下：

```
Sub 声明和创建布尔条件 ()
    Dim FC As UIAutomationClient.IUIAutomationBoolCondition
    Dim TC As UIAutomationClient.IUIAutomationBoolCondition
    Set UIA = New UIAutomationClient.CUIAutomation
    Set FC = UIA.CreateFalseCondition                          '创建 false 条件
    Set TC = UIA.CreateTrueCondition                           '创建 true 条件
    Dim AC As UIAutomationClient.IUIAutomationAndCondition
    Set AC = UIA.CreateAndCondition(Condition1:=FC, Condition2:=TC)'与
    Dim OC As UIAutomationClient.IUIAutomationOrCondition
    Set OC = UIA.CreateOrCondition(Condition1:=FC, Condition2:=TC) '或
    Dim NC As UIAutomationClient.IUIAutomationNotCondition
    Set NC = UIA.CreateNotCondition(Condition:=FC)             '非
End Sub
```

上述代码中的 5 个变量 FC、TC、AC、OC、NC 都可以作为定位条件使用。

9.4.4 多个属性条件的组合

在庞大的自动化树中定位具有某种特征的自动化元素，只靠一个条件往往不准确。因为经常存在标题一样或者控件类型相同的多个自动化元素。

UI Automation 提供了以下三个用来把多个条件组合起来使用的方法。

- AndCondition：同时满足多个条件。
- OrCondition：满足其中一个条件即可。
- NotCondition：不满足某个条件，与已有条件相反。

下面演示如何获取 IE 浏览器窗口以及右上角的"收藏夹"按钮，如图 9-18 所示。

图 9-18　IE 浏览器的"收藏夹"按钮

手动启动浏览器后，在 Inspect 中查看树结构。可以看到 IE 的类名是 IEFrame，ControlType 属性是 50032。同时，"收藏夹"按钮是其后代元素，不是直属子元素，如图 9-19 所示。

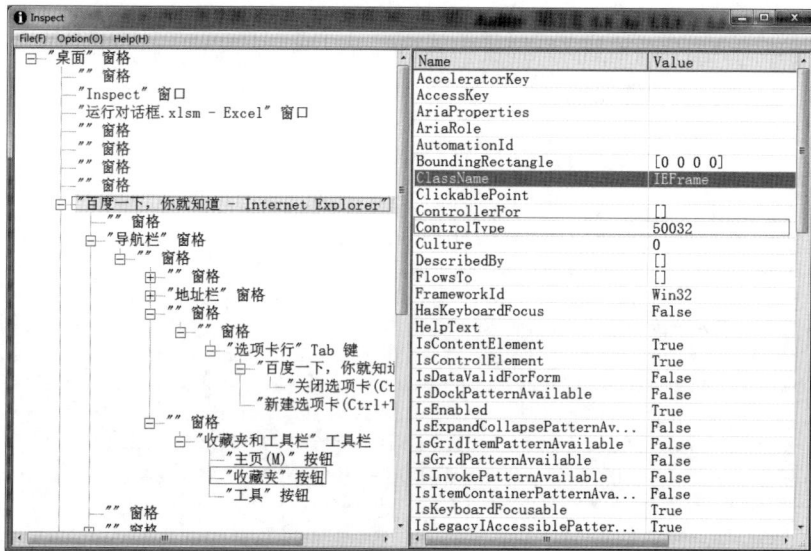

图 9-19　自定义元素树

下面的程序用于定位 IE"收藏夹"按钮。

```vba
Sub 定位 IE 收藏夹()
    Dim AE0 As UIAutomationClient.IUIAutomationElement
    Dim AE1 As UIAutomationClient.IUIAutomationElement
    Dim AE2 As UIAutomationClient.IUIAutomationElement
    Dim PC1 As UIAutomationClient.IUIAutomationPropertyCondition
    Dim PC2 As UIAutomationClient.IUIAutomationPropertyCondition
    Dim AC As UIAutomationClient.IUIAutomationAndCondition
    Set UIA = New UIAutomationClient.CUIAutomation
    Set PC1 = UIA.CreatePropertyCondition(propertyId:=UIAutomationClient.UIA_
PropertyIds.UIA_ClassNamePropertyId, Value:="IEFrame")
    Set PC2 = UIA.CreatePropertyCondition(propertyId:=UIAutomationClient.UIA_
PropertyIds.UIA_ControlTypePropertyId, Value:=UIAutomationClient.UIA_ControlTypeIds.
UIA_WindowControlTypeId)
    Set AC = UIA.CreateAndCondition(Condition1:=PC1, Condition2:=PC2)
    Set AE0 = UIA.GetRootElement
    Set AE1 = AE0.FindFirst(scope:=TreeScope_Children, Condition:=AC)
    Debug.Print AE1.CurrentName

    Set PC1 = UIA.CreatePropertyCondition(propertyId:=UIAutomationClient.UIA_
PropertyIds.UIA_NamePropertyId, Value:=" 收藏夹 ")
    Set PC2 = UIA.CreatePropertyCondition(propertyId:=UIAutomationClient.UIA_
PropertyIds.UIA_ControlTypePropertyId, Value:=UIAutomationClient.UIA_ControlTypeIds.
UIA_ButtonControlTypeId)
```

```
        Set AC = UIA.CreateAndCondition(Condition1:=PC1, Condition2:=PC2)
        Set AE2 = AE1.FindFirst(scope:=TreeScope_Descendants, Condition:=AC)
        If AE2 Is Nothing Then
            Debug.Print "未找到指定条件的元素"
        Else
            Debug.Print AE2.CurrentName
        End If
    End Sub
```

代码分析：

以上程序分为两个步骤。

（1）创建类名属性条件和一个 ControlType 条件，组合起来后查找到 IE 主窗口。

（2）创建一个名称属性条件和一个 ControlType 条件，组合起来查找到收藏夹按钮。

📢 **注意：**

第二次使用 FindFirst 方法时，使用的参数是 TreeScope_Descendants，表示在后代元素中查找。

运行上述程序，在立即窗口中的输出结果为：

```
百度一下，你就知道 - Internet Explorer
收藏夹
```

结果表明定位是成功的。

9.4.5 比较两个自动化元素

在 UIA 编程过程中，同一个程序经常有多个自动化元素变量，某些场合下需要知道两个变量是否指向了同一个自动化元素。

CUIAutomation 对象的 CompareElements 方法可以解决这一问题。该方法返回 1 表示指向同一个元素，返回 0 表示指向不同元素。

```
Sub 比较两个自动化元素()
    Dim AE1 As UIAutomationClient.IUIAutomationElement
    Dim AE2 As UIAutomationClient.IUIAutomationElement
    Dim AE3 As UIAutomationClient.IUIAutomationElement
    Set UIA = New UIAutomationClient.CUIAutomation
    With UIA
        Set AE1 = .ElementFromHandle(Hwnd:=ByVal Application.Hwnd)
        Set AE2 = .GetFocusedElement
    End With
    If UIA.CompareElements(AE1, AE2) = 1 Then
        Debug.Print "是同一个自动化元素"
    Else
        Debug.Print "不同"
    End If
End Sub
```

9.4.6 TreeWalker 的创建和使用

使用 FindFirst 和 FindAll 只能向下查找，不能向上查找，即不能从一个自动化元素中找到它的父级和祖先元素。

IUIAutomationTreeWalker 对象可以从一个自动化元素中找到该元素的兄弟元素、父子元素。UIA 可以创建以下三个 TreeWalker 导航器。

- RawViewWalker：在原始视图中导航。
- ControlViewWalker：在控件视图中导航。
- ContentViewWalker：在内容控件视图中导航。

创建导航器时，既可以直接使用 UIA.RawViewCondition 作为一个原始视图导航器，也可以使用 UIA.CreateTreeWalker（condition）创建一个带条件的导航器。condition 可以是属性条件，也可以是布尔条件，还可以是视图条件。

一旦创建了 IUIAutomationTreeWalker 对象，就可以使用以下五种方法进行导航。

- GetFirstChild：第一个子元素。
- GetLastChild：最后一个子元素。
- GetNextSlibing：弟元素。
- GetPreviousSlibing：兄元素。
- GetParent：父元素。

下面的程序用于创建一个 RawViewWalker。其中，变量 RVC 是一个原始视图条件；RVW 是原始视图导航器。

```
Sub 创建 RawviewWalker()
    Dim RVC As UIAutomationClient.IUIAutomationCondition
    Dim RVW As UIAutomationClient.IUIAutomationTreeWalker
    Set UIA = New UIAutomationClient.CUIAutomation
    Set RVC = UIA.RawViewCondition
    Set RVW = UIA.RawViewWalker
    Set RVW = UIA.CreateTreeWalker(RVC)
End Sub
```

通过下面的程序创建一个内容视图导航器。

```
Sub 创建 ContentViewWalker()
    Dim CVC As UIAutomationClient.IUIAutomationCondition
    Dim CVW As UIAutomationClient.IUIAutomationTreeWalker
    Set UIA = New UIAutomationClient.CUIAutomation
    Set CVC = UIA.ContentViewCondition
    Set CVW = UIA.ContentViewWalker
    Set CVW = UIA.CreateTreeWalker(CVC)
End Sub
```

记事本窗口的自动化元素树结构如图 9-20 所示。

从树结构中可以看出，"无标题 – 记事本"的最后一个子元素是"应用程序"，"应用程序"的第一个子元素是"文件"，"文件"的后一个弟元素是"编辑（E）"。

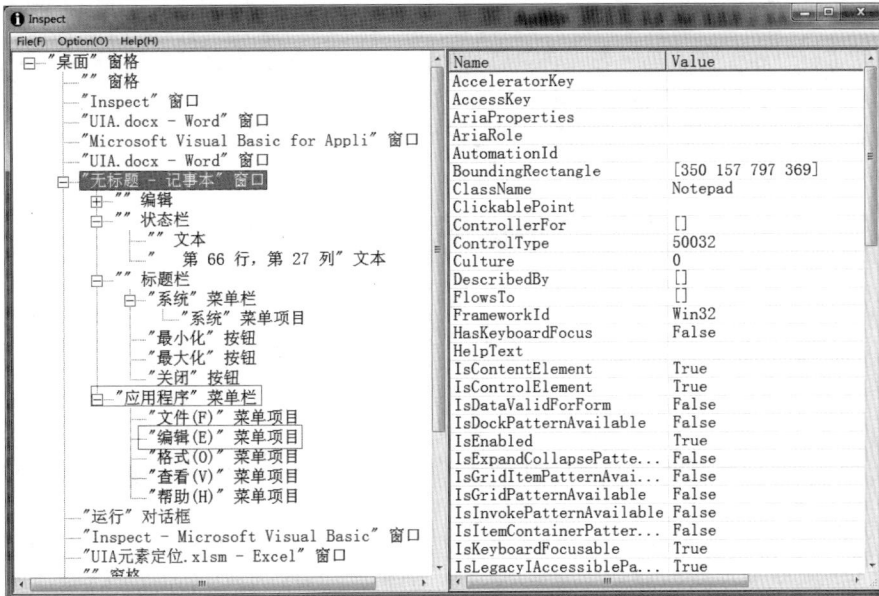

图 9-20　自动化元素树

下面的程序首先从记事本向下遍历，一直找到"编辑"，然后再向上遍历到桌面根元素。

```vb
Sub 定位记事本的编辑菜单 ()
    Dim AE(1 To 4) As UIAutomationClient.IUIAutomationElement
    Dim RVC As UIAutomationClient.IUIAutomationCondition
    Dim PC1 As UIAutomationClient.IUIAutomationPropertyCondition
    Dim RVW As UIAutomationClient.IUIAutomationTreeWalker
    Set UIA = New UIAutomationClient.CUIAutomation
    Set PC1 = UIA.CreatePropertyCondition(propertyId:=UIAutomationClient.UIA_
PropertyIds.UIA_NamePropertyId, Value:=" 无标题 – 记事本 ")
    Set RVC = UIA.RawViewCondition
    Set RVW = UIA.RawViewWalker

    Set AE(1) = UIA.GetRootElement.FindFirst(TreeScope_Children, PC1)
    Set AE(2) = RVW.GetLastChildElement(AE(1))        ' 定位到 "应用程序" 菜单栏
    Set AE(3) = RVW.GetFirstChildElement(AE(2))       ' 定位到 "文件"
    Set AE(4) = RVW.GetNextSiblingElement(AE(3))      ' 定位到 "编辑"
    Debug.Print AE(1).CurrentName
    Debug.Print AE(2).CurrentName
    Debug.Print AE(3).CurrentName
    Debug.Print AE(4).CurrentName
    Debug.Print "=== 向上遍历 ==="
    Dim AnyElement As UIAutomationClient.IUIAutomationElement
    Set AnyElement = AE(4)
    Do Until AnyElement Is Nothing
        Debug.Print AnyElement.CurrentName
        Set AnyElement = RVW.GetParentElement(AnyElement)
    Loop
End Sub
```

代码分析：

在最后的 Do…Loop 循环中，对同一个自动化元素反复获取其父元素，产生了迭代的效果，当获取到桌面根元素时，不存在父元素，从而跳出循环。

运行上述程序，立即窗口中的结果如图 9-21 所示。

图 9-21　运行结果

9.5　自动化元素的模式

所谓模式，指的是 UIA 技术暴露出的自动化元素某个特定方面的信息。有的自动化元素不支持任何模式，而有的自动化元素支持很多模式，支持模式的多少主要取决于控件类型。对于按钮，一般只支持 InvokePattern 这一种模式，通过该模式可以实现自动单击按钮。对于窗口，一般支持 WindowPattern 和 TransformPattern 两种模式，通过 WindowPattern 可以获知窗口现在是最大化还是正常大小，也可以自动设置窗口最大化、最小化。通过 TransformPattern 则可以移动或改变窗口的大小。

综上所述，模式的作用有两个：一是获取自动化元素某一方面的属性信息；二是自动执行某一方面的操作。

本节讲解各种控件支持的模式，以及如何利用这些模式实现自动化的目的。

9.5.1　常见控件支持的模式

在 Windows 窗体上有各种控件，这些控件表现出来的行为也各不相同。例如，文本框可以接收焦点，并且可以通过键盘输入文字；复选框可以被勾选和取消勾选等。这样就形成每种控件都有特定的一些模式。

常见控件类型及其支持的模式见表 9-1 所示。

表 9-1　常见控件类型及其支持的模式

控件类型	必须支持	条件支持
AppBar	ExpandCollapse、Toggle	
Button		ExpandCollapse、Invoke、Toggle
Calendar	Grid、Table	Scroll、Selection
CheckBox	Toggle	
ComboBox	ExpandCollapse	Selection、Value
DataGrid	Grid	Scroll、Selection、Table
DataItem	SelectionItem	CustomNavigation、ExpandCollapse、GridItem、ScrollItem、TableItem、Toggle、Value
Document	Text	Scroll、Value
Edit		RangeValue、Text、Value
Group		ExpandCollapse
Header		Transform

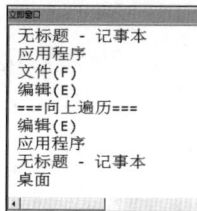

控件类型	必须支持	条件支持
HeaderItem		CustomNavigation、Invoke、Transform
Hyperlink	Invoke	Value
Image		GridItem、TableItem
List		Grid、MultipleView、Scroll、Selection
ListItem	SelectionItem	CustomNavigation、ExpandCollapse、GridItem、Invoke、ScrollItem、Toggle、Value
Menu		
MenuBar		Dock、ExpandCollapse、Transform
MenuItem		ExpandCollapse、Invoke、SelectionItem、Toggle
Pane		Dock、Scroll、Transform
ProgressBar		RangeValue、Value
RadioButton	SelectionItem	
ScrollBar		RangeValue
SemanticZoom	Toggle	
Separator		
Slider		RangeValue、Selection、Value
Spinner		RangeValue、Selection、Value
SplitButton	ExpandCollapse、Invoke	
StatusBar		Grid
Tab	Selection	Scroll
TabItem	SelectionItem	
Table	Grid、GridItem、Table、TableItem	
Text		GridItem、TableItem、Text
Thumb	Transform	
TitleBar		
ToolBar		Dock、ExpandCollapse、Transform
ToolTip		Text、Window
Tree		Scroll、Selection
TreeItem	ExpandCollapse	Invoke、ScrollItem、SelectionItem、Toggle
Window	Transform、Window	Dock

表 9-1 中的"条件支持"列表示自动化元素可能支持这些模式。

在实际开发过程中，使用 Inspect 工具不仅可以知道控件的类型，还可以知道该控件支持多少个模式。

以"运行"对话框为例，在右侧属性列表中找到 SupportedPatterns 这一项，可以看到对应的值是 [WindowPattern TransformPattern]。

而且，上面有一些 Is...PatternAvailable 的属性，可以看到 IsTransformPatternAvailable 与 IsWindowPatternAvailable 是可用的，其他模式均为 False，如图 9-22 所示。

图 9-22　自动化元素支持的模式

9.5.2　获取自动化元素支持的模式

除了通过 Inspect 工具查看可用的模式以外，还可以通过代码的方式获取。

下面的程序通过 CUIAutomation 对象的 PollForPotentialSupportedPatterns 方法可以把指定自动化元素支持的模式 ID 和模式名称放置在两个数组中。

```
Option Explicit
Public UIA As UIAutomationClient.CUIAutomation

Sub 获取支持的模式()
    Dim IDs() As Long
    Dim Names() As String
    Dim i As Integer
    Dim AE1 As UIAutomationClient.IUIAutomationElement
    Dim PC1 As UIAutomationClient.IUIAutomationPropertyCondition
    Set UIA = New UIAutomationClient.CUIAutomation
    Set PC1 = UIA.CreatePropertyCondition(propertyId:=UIAutomationClient.UIA_
PropertyIds.UIA_NamePropertyId, Value:=" 运行 ")
    Set AE1 = UIA.GetRootElement.FindFirst(scope:=TreeScope_Children,
Condition:=PC1)
    Debug.Print AE1.CurrentName
```

```
        Call UIA.PollForPotentialSupportedPatterns(pElement:=AE1, patternIDs:=IDs,
patternNames:=Names)
        Debug.Print "PatternId", "PatternName"
        For i = LBound(IDs) To UBound(IDs)
            Debug.Print IDs(i), Names(i)
        Next i
    End Sub
```

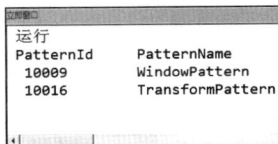

运行上述程序，在立即窗口中输出两列数据，分别是 PatternId 和 PatternName，如图 9-23 所示。

图 9-23 返回自动化元素支持的模式

另外，也可以判断一个自动化元素是否支持某一指定的模式。例如，下面的两行代码可以判断 AE1 是否支持 InvokePattern 或 WindowPattern。

```
    Debug.Print AE1.GetCurrentPropertyValue(UIAutomationClient.UIA_PropertyIds.UIA_
IsInvokePatternAvailablePropertyId)
    Debug.Print AE1.GetCurrentPropertyValue(UIAutomationClient.UIA_PropertyIds.UIA_
IsWindowPatternAvailablePropertyId)
```

根据指定的 PatternId 也可以直接得到对应的模式文本。

```
Sub 根据 PatternId 返回模式文本 ()
    Set UIA = New UIAutomationClient.CUIAutomation
    Debug.Print UIA.GetPatternProgrammaticName(UIAutomationClient.UIA_
PatternIds.UIA_ExpandCollapsePatternId)
    Debug.Print UIA.GetPatternProgrammaticName(10005)
End Sub
```

上述程序运行后，在立即窗口中输出两行相同的内容：

```
ExpandCollapsePattern
ExpandCollapsePattern
```

9.6　常用模式应用举例

扫一扫，看视频

了解一个自动化元素支持的模式以后，该如何使用这些模式？通过模式能够实现哪些目的？本节挑选一些最常用的控件类型和对应的模式进行实例讲解。

9.6.1　ExpandCollapsePattern 模式

ExpandCollapsePattern 通 常 是 ComboBox、Treeview 控 件的节点 TreeItem 支持的一种模式，该模式可以获取组合框或节点现在处于折叠还是展开状态，也可以自动折叠和展开。

例如，"运行"对话框中的"打开"选项的右侧就是一个组合框，如图 9-24 所示。

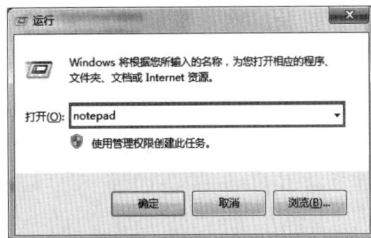

图 9-24 "打开"组合框

下面的程序可以识别组合框现在的状态，并且可以自动展开组合框。

```
Option Explicit
Public UIA As UIAutomationClient.CUIAutomation

Sub 使用组合框的ExpandCollapsePattern()
    Dim AE1 As UIAutomationClient.IUIAutomationElement
    Dim AE2 As UIAutomationClient.IUIAutomationElement
    Dim PC1 As UIAutomationClient.IUIAutomationPropertyCondition
    Dim PC2 As UIAutomationClient.IUIAutomationPropertyCondition
    Set UIA = New UIAutomationClient.CUIAutomation

    Set PC1 = UIA.CreatePropertyCondition(propertyId:=UIAutomationClient.UIA_
PropertyIds.UIA_NamePropertyId, Value:=" 运行 ")
    Set AE1 = UIA.GetRootElement.FindFirst(scope:=TreeScope_Children, Condition:=PC1)

    Set PC2 = UIA.CreatePropertyCondition(propertyId:=UIAutomationClient.UIA_
PropertyIds.UIA_ControlTypePropertyId, Value:=UIAutomationClient.UIA_ControlTypeIds.
UIA_ComboBoxControlTypeId)
    Set AE2 = AE1.FindFirst(scope:=TreeScope_Children, Condition:=PC2)

    Dim ECP As UIAutomationClient.IUIAutomationExpandCollapsePattern
    Set ECP = AE2.GetCurrentPattern(PatternId:=UIAutomationClient.UIA_
PatternIds.UIA_ExpandCollapsePatternId)
    If ECP.CurrentExpandCollapseState = UIAutomationClient.ExpandCollapseState.
ExpandCollapseState_Expanded Then
        ECP.Collapse
    Else
        ECP.Expand
    End If
End Sub
```

手动打开"运行"对话框后，运行上述程序，可以看到组合框自动展开了，如图 9-25 所示。

另外，ExpandCollapsePattern 模式也可以用于树形结构控件（TreeView）的节点，通过该模式可以判断某个节点目前处于折叠还是展开状态，还可以自动展开或折叠一个节点。

例如，在"运行"对话框中输入 REGEDIT，启动注册表编辑器，如图 9-26 所示。

下面设计一个程序，能够自动折叠和展开子键 HKEY_CURRENT_USER。

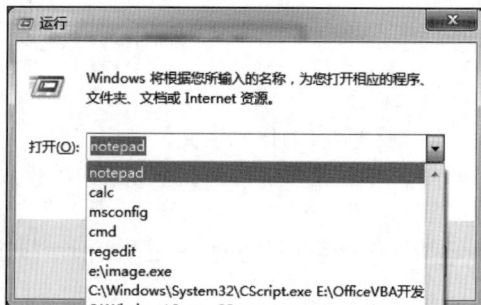

图 9-25　组合框自动展开

首先在 Inspect 中查看，可以看到主窗口的名称是"注册表编辑器"，目标元素 HKEY_CURRENT_USER 是主窗口的一个后代元素，类型是"树项目"，也就是 TreeView 控件中的一个节点 TreeItem，如图 9-27 所示。

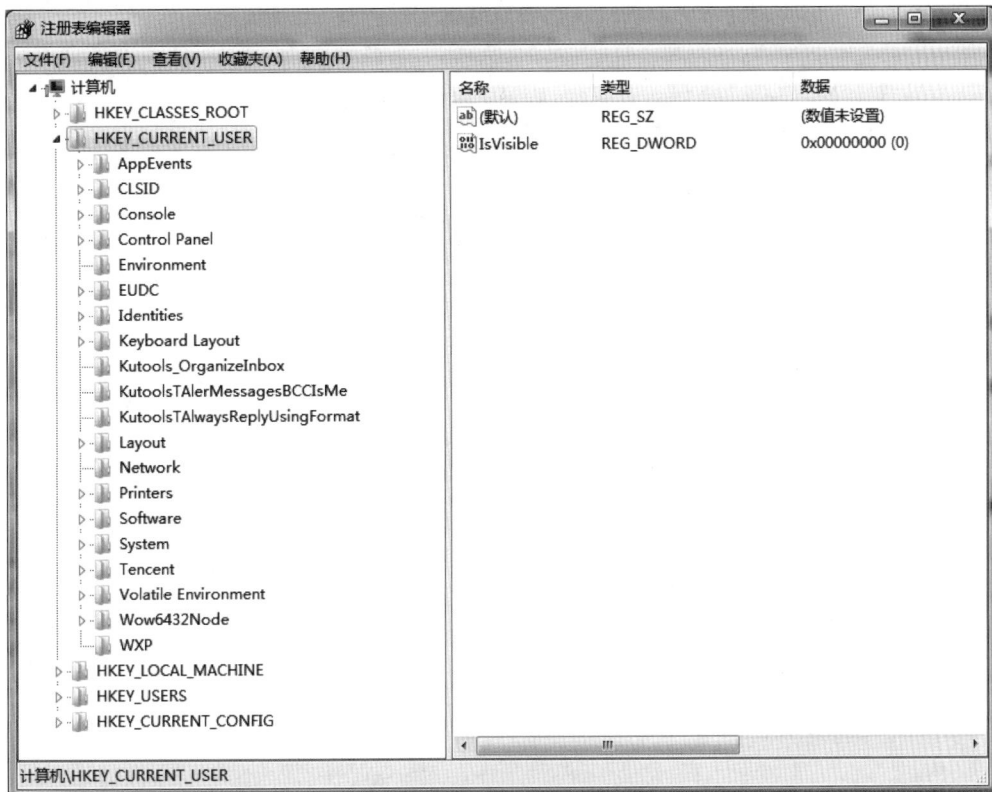

图 9-26　注册表编辑器

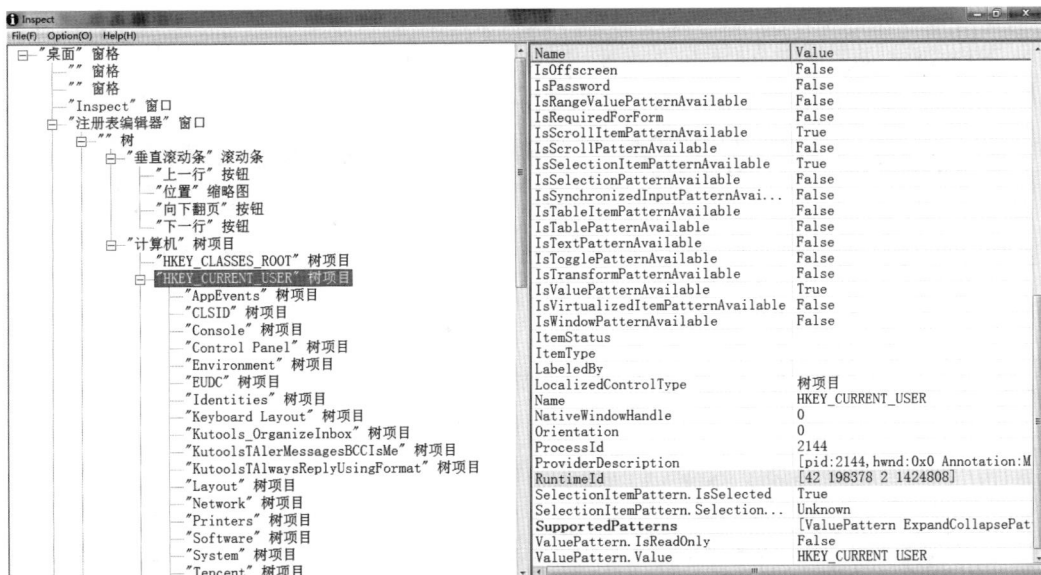

图 9-27　自动化元素树

下面的程序用于展开和合并注册表编辑器中的节点。

```
Sub 使用 TreeView 的 ExpandCollapsePattern()
    Dim AE1 As UIAutomationClient.IUIAutomationElement
    Dim AE2 As UIAutomationClient.IUIAutomationElement
    Dim PC1 As UIAutomationClient.IUIAutomationPropertyCondition
    Dim PC2 As UIAutomationClient.IUIAutomationPropertyCondition
    Set UIA = New UIAutomationClient.CUIAutomation

    Set PC1 = UIA.CreatePropertyCondition(propertyId:=UIAutomationClient.UIA_
PropertyIds.UIA_NamePropertyId, Value:=" 注册表编辑器 ")
    Set AE1 = UIA.GetRootElement.FindFirst(scope:=TreeScope_Children, Condition:=PC1)

    Set PC2 = UIA.CreatePropertyCondition(propertyId:=UIAutomationClient.UIA_
PropertyIds.UIA_NamePropertyId, Value:="HKEY_CURRENT_USER")
    Set AE2 = AE1.FindFirst(scope:=TreeScope_Descendants, Condition:=PC2)

    Dim ECP As UIAutomationClient.IUIAutomationExpandCollapsePattern
    Set ECP = AE2.GetCurrentPattern(PatternId:=UIAutomationClient.UIA_
PatternIds.UIA_ExpandCollapsePatternId)
    If ECP.CurrentExpandCollapseState = UIAutomationClient.ExpandCollapseState.
ExpandCollapseState_Expanded Then
        ECP.Collapse
    Else
        ECP.Expand
    End If
End Sub
```

代码分析：

变量 AE2 就是 HKEY_CURRENT_USER 这个节点对应的自动化元素，通过模式变量 ECP 实现了状态的判断，如果原先是折叠的，就展开；如果原先是展开的，就折叠。

手动启动注册表编辑器，然后运行上述程序，可以看到该节点折叠了起来，如图 9-28 所示。

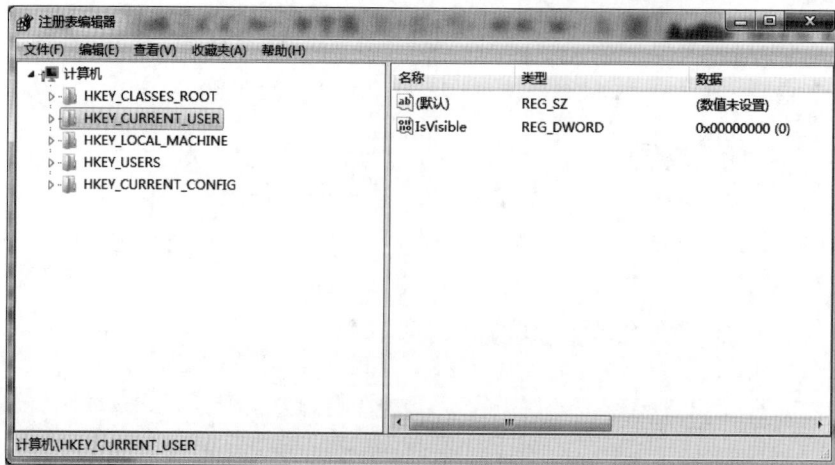

图 9-28　自动折叠节点

9.6.2 GridPattern 模式和 GridItemPattern 模式

GridPattern 通常是 ListView 等列表控件支持的模式，GridItemPattern 是表格类控件中某一个单元格支持的模式。

通过 GridPattern 模式可以获取表格中包含的行数和列数等信息。例如，在文件资源管理器窗口中用于显示文件夹和文件列表的控件是 ListView，如图 9-29 所示。

图 9-29　ListView 控件

下面的程序在定位到列表控件后，可以获取该控件中项目的行数和列数。

```
Sub 使用 ListView 的 GridPattern()
    Dim AE1 As UIAutomationClient.IUIAutomationElement
    Dim AE2 As UIAutomationClient.IUIAutomationElement
    Dim PC1 As UIAutomationClient.IUIAutomationPropertyCondition
    Dim PC2 As UIAutomationClient.IUIAutomationPropertyCondition
    Set UIA = New UIAutomationClient.CUIAutomation

    Set PC1 = UIA.CreatePropertyCondition(propertyId:=UIAutomationClient.UIA_
PropertyIds.UIA_NamePropertyId, Value:="ADOSQLwizard")
    Set AE1 = UIA.GetRootElement.FindFirst(scope:=TreeScope_Children, Condition:=PC1)

    Set PC2 = UIA.CreatePropertyCondition(propertyId:=UIAutomationClient.UIA_
PropertyIds.UIA_ControlTypePropertyId, Value:=UIAutomationClient.UIA_ControlTypeIds.
UIA_ListControlTypeId)
    Set AE2 = AE1.FindFirst(scope:=TreeScope_Descendants, Condition:=PC2)
    Debug.Print AE2.CurrentName
    Dim GP As UIAutomationClient.IUIAutomationGridPattern
    Set GP = AE2.GetCurrentPattern(patternid:=UIAutomationClient.UIA_PatternIds.
UIA_GridPatternId)
    Debug.Print GP.CurrentRowCount, GP.CurrentColumnCount
    Dim Item As UIAutomationClient.IUIAutomationElement
    Set Item = GP.GetItem(Row:=4, Column:=2)
```

```
      Dim VP As UIAutomationClient.IUIAutomationValuePattern
      Set VP = Item.GetCurrentPattern(patternid:=UIAutomationClient.UIA_
PatternIds.UIA_ValuePatternId)
      Debug.Print VP.CurrentValue
   End Sub
```

代码分析：

当定位主窗口时，使用名称 ADOSQLwizard 作为条件，这是因为文件夹窗口的标题是这个单词，也可以用其他更加可靠的属性作为定位条件。

通过 GridPattern 的 GetItem 可以获取列表中指定行号和列号的子元素。GP.GetItem(Row:=4, Column:=2) 表示返回第 5 行第 3 列的元素，然后用 ValuePattern 获取这个元素的值。

运行上述程序，在立即窗口中的输出结果为：

```
项目视图
5                4
TXT 文件
```

9.6.3　InvokePattern 模式

大多数按钮（Button）控件支持 InvokePattern 模式，使用该模式的 Invoke 方法可以自动单击按钮。例如，"运行"对话框中的"确定""取消""浏览"按钮均可使用该模式。但是某些特殊的控件虽然支持 InvokePattern 模式，但不能调用 Invoke 方法。例如，记事本窗口右上角的最大化、关闭按钮。

从 Inspect 中得知，"关闭"按钮支持 InvokePattern 和 LegacyIAccessiblePattern 模式，如图 9-30 所示。

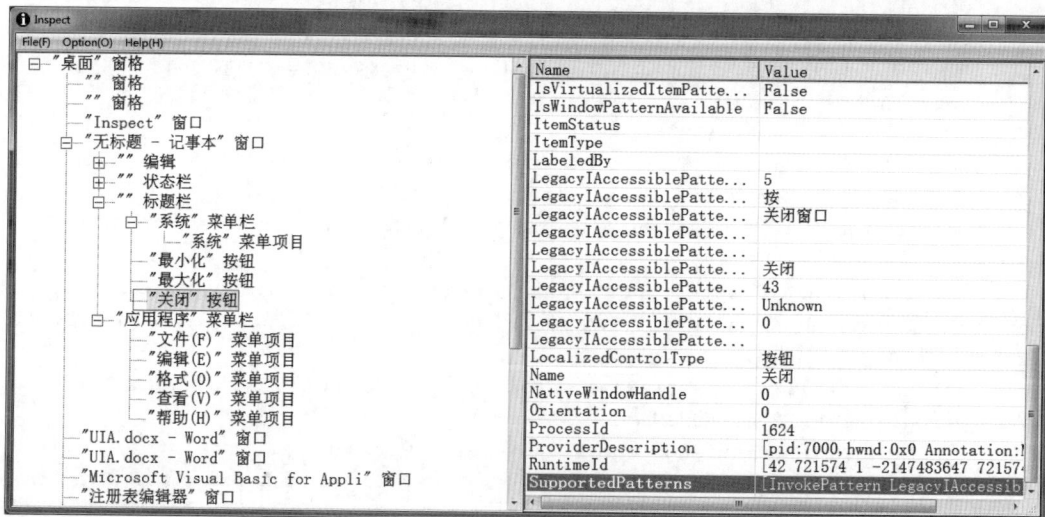

图 9-30　"运行"对话框中的"关闭"按钮的自动化元素

下面的程序用于定位记事本窗口，并且定位"关闭"按钮。

```
Sub 使用按钮的 InvokePattern()
    Dim AE1 As UIAutomationClient.IUIAutomationElement
    Dim AE2 As UIAutomationClient.IUIAutomationElement
    Dim PC1 As UIAutomationClient.IUIAutomationPropertyCondition
    Dim PC2 As UIAutomationClient.IUIAutomationPropertyCondition
    Set UIA = New UIAutomationClient.CUIAutomation

    Set PC1 = UIA.CreatePropertyCondition(propertyId:=UIAutomationClient.UIA_
PropertyIds.UIA_NamePropertyId, Value:="无标题 - 记事本")
    Set AE1 = UIA.GetRootElement.FindFirst(scope:=TreeScope_Children, Condition:=PC1)

    Set PC2 = UIA.CreatePropertyCondition(propertyId:=UIAutomationClient.UIA_
PropertyIds.UIA_NamePropertyId, Value:="关闭")
    Set AE2 = AE1.FindFirst(scope:=TreeScope_Descendants, Condition:=PC2)

    Dim IP As UIAutomationClient.IUIAutomationInvokePattern
    Set IP = AE2.GetCurrentPattern(patternid:=UIAutomationClient.UIA_PatternIds.
UIA_InvokePatternId)
    IP.Invoke                  '这句如果出错，使用 LIP

    Dim LIP As UIAutomationClient.IUIAutomationLegacyIAccessiblePattern
    Set LIP = AE2.GetCurrentPattern(patternid:=UIAutomationClient.UIA_
PatternIds.UIA_LegacyIAccessiblePatternId)
    LIP.DoDefaultAction
End Sub
```

代码分析：

代码运行至 IP.Invoke 时出错，之后改用 LegacyIAccessiblePattern，执行到 LIP.DoDefaultAction 时看到记事本窗口提示关闭，如图 9-31 所示。

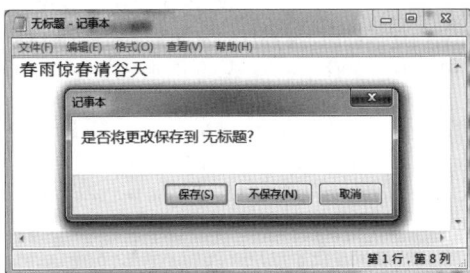

图 9-31 关闭记事本

LegacyIAccessiblePattern 其实属于 MSAA 技术，LIP.DoDefaultAction 表示执行默认操作。

9.6.4 MultipleViewPattern 模式

MultipleViewPattern 是多视图模式，通常用于列表类控件。例如，文件资源管理器可以显示为 "大图标""详细"等多种视图，如图 9-32 所示。

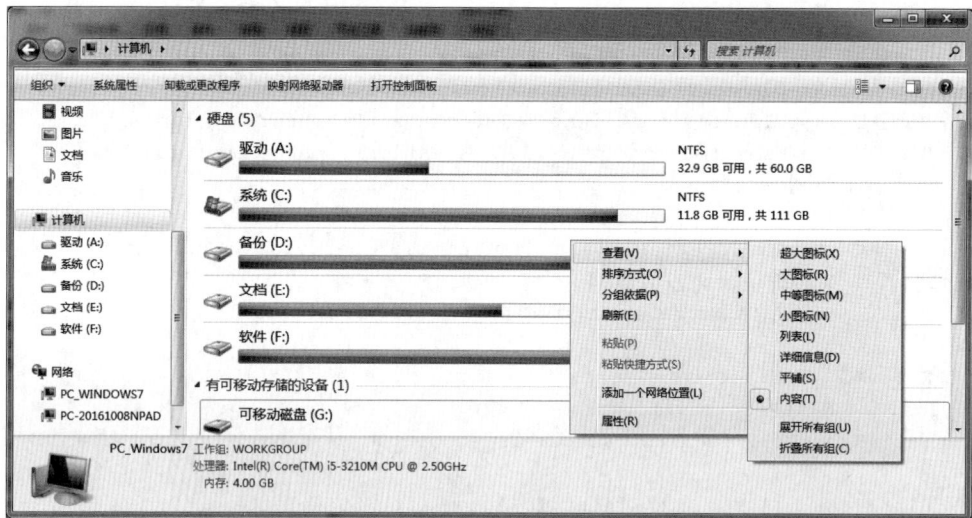

图 9-32　多种视图

MultipleViewPattern 模式对象具有如下 4 个重要的方法。

- GetCurrentSupportedViews：返回自动化元素多视图模式支持的视图 ID。
- GetViewName：由视图 ID 返回视图名称。例如，2 对应"中等图标"。
- CurrentCurrentView：返回目前视图 ID。
- SetCurrentView：设置视图。

下面的程序用于识别文件资源管理器目前是哪一种视图，并且自动更改显示方式。

```vba
Sub 使用ListView的MultipleViewPattern()
    Dim AE1 As UIAutomationClient.IUIAutomationElement
    Dim AE2 As UIAutomationClient.IUIAutomationElement
    Dim PC1 As UIAutomationClient.IUIAutomationPropertyCondition
    Dim PC2 As UIAutomationClient.IUIAutomationPropertyCondition
    Set UIA = New UIAutomationClient.CUIAutomation

    Set PC1 = UIA.CreatePropertyCondition(propertyId:=UIAutomationClient.UIA_
PropertyIds.UIA_NamePropertyId, Value:=" 计算机 ")
    Set AE1 = UIA.GetRootElement.FindFirst(scope:=TreeScope_Children, Condition:=PC1)

    Set PC2 = UIA.CreatePropertyCondition(propertyId:=UIAutomationClient.UIA_
PropertyIds.UIA_ControlTypePropertyId, Value:=UIAutomationClient.UIA_ControlTypeIds.
UIA_ListControlTypeId)
    Set AE2 = AE1.FindFirst(scope:=TreeScope_Descendants, Condition:=PC2)
    Dim MVP As UIAutomationClient.IUIAutomationMultipleViewPattern
    Set MVP = AE2.GetCurrentPattern(patternid:=UIAutomationClient.UIA_
PatternIds.UIA_MultipleViewPatternId)

    Dim Views() As Long
    Dim i As Integer
```

```
            Views = MVP.GetCurrentSupportedViews
            For i = 0 To UBound(Views)
                Debug.Print Views(i), MVP.GetViewName(Views(i))
            Next i
            Debug.Print "当前视图",MVP.CurrentCurrentView,MVP.GetViewName(MVP.CurrentCurrentView)
            MVP.SetCurrentView View:=2              ' 设置为中图标
        End Sub
```

代码分析：

运行上述程序定位到"计算机"窗口，然后根据 ControlType 定位到中央的 ListView，利用 MultipleViewPattern 获取其信息，最后，设置视图显示为"中等图标"。

手动打开文件资源管理器窗口，然后运行上述程序，在立即窗口中的输出结果为：

```
0                    超大图标
1                    大图标
2                    中等图标
3                    小图标
4                    列表
5                    详细信息
6                    平铺
7                    内容
当前视图              7              内容
```

运行到最后一句，该窗口中显示为中图标，如图 9-33 所示。

图 9-33　中图标视图

9.6.5　RangeValuePattern 模式

水平或垂直滚动条、进度条、调节按钮一般都支持 RangeValuePattern 模式，通过该模式可以获取滚动条的最小值和最大值以及当前值，还可以设置新数值。

例如，在计算机的音量控制中的"扬声器　属性"对话框中，有一个调节音量的滑块控件，如图 9-34 所示。从 Inspect 中可以看到该控件是一个 TrackBar，而且有句柄，如图 9-35 所示。

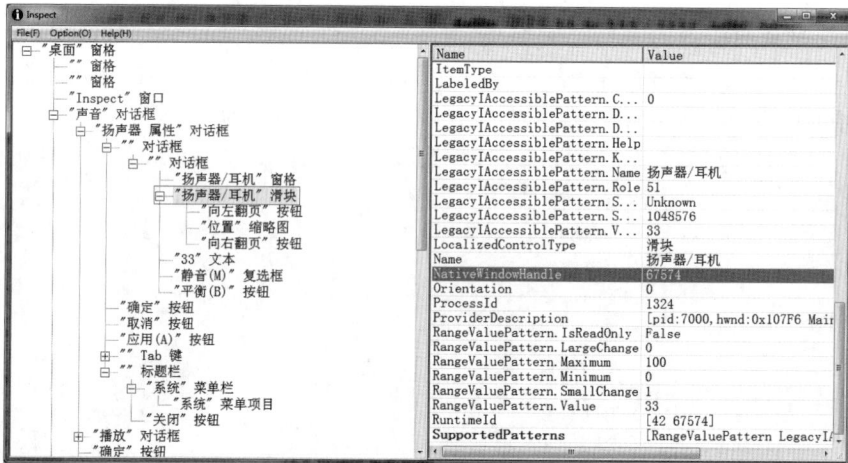

图 9-34　滑块控件　　　　　　　　　　图 9-35　音量的自动化元素

下面的程序用于自动获取当前音量的大小，并且修改了音量。

```
Sub 使用RangeValuePattern()
    Dim AE1 As UIAutomationClient.IUIAutomationElement
    Dim PC1 As UIAutomationClient.IUIAutomationPropertyCondition
    Set UIA = New UIAutomationClient.CUIAutomation
    Set AE1 = UIA.ElementFromHandle(ByVal 67574)      '滑块的句柄
    Dim RVP As UIAutomationClient.IUIAutomationRangeValuePattern
    Set RVP = AE1.GetCurrentPattern(patternid:=UIAutomationClient.UIA_
PatternIds.UIA_RangeValuePatternId)
    With RVP
        Debug.Print "最小值: " & .CurrentMinimum
        Debug.Print "最大值: " & .CurrentMaximum
        Debug.Print "小幅度改变: " & .CurrentSmallChange
        Debug.Print "大幅度改变" & .CurrentLargeChange
        Debug.Print "现在音量: " & .CurrentValue
        .SetValue 50
    End With
End Sub
```

运行上述程序，在立即窗口中输出的结果为：

最小值：0
最大值：100
小幅度改变：1
大幅度改变 0
现在音量：33

上述程序执行完后，可以看到音量变成了 50，如图 9-36 所示。

9.6.6　ScrollPattern 模式和 ScrollItemPattern 模式

ScrollPattern 是用来操作控件的滚动条的模式。支持该模式的
控件有 ListBox、listView、GridView、TreeView 等列表和网格类
控件。

图 9-36　自动改变音量

例如，在"Windows 任务管理器"窗口的"进程"选项卡中，
用于显示进程的列表控件同时具有水平和垂直滚动条，使用该控件的 ScrollPattern 可以获知滚动条
目前的位置，还能自动设置新的滚动位置，如图 9-37 所示。

图 9-37　Windows 任务管理器

下面的程序在定位到任务管理器中的 ListView 表格控件后，获取该控件是否可以水平、垂直
滚动以及现在的滚动位置，最后自动滚动到指定的位置。

```
Sub 使用 ScrollPattern()
    Dim AE1 As UIAutomationClient.IUIAutomationElement
    Dim AE2 As UIAutomationClient.IUIAutomationElement
    Dim PC1 As UIAutomationClient.IUIAutomationPropertyCondition
    Dim PC2 As UIAutomationClient.IUIAutomationPropertyCondition
    Set UIA = New UIAutomationClient.CUIAutomation

    Set PC1 = UIA.CreatePropertyCondition(propertyId:=UIAutomationClient.UIA_
PropertyIds.UIA_NamePropertyId, Value:="Windows 任务管理器")
    Set AE1 = UIA.GetRootElement.FindFirst(scope:=TreeScope_Children, Condition:=PC1)

    Set PC2 = UIA.CreatePropertyCondition(propertyId:=UIAutomationClient.UIA_
PropertyIds.UIA_ControlTypePropertyId, Value:=UIAutomationClient.UIA_ControlTypeIds.
UIA_ListControlTypeId)
    Set AE2 = AE1.FindFirst(scope:=TreeScope_Descendants, Condition:=PC2)
    Dim SP As UIAutomationClient.IUIAutomationScrollPattern
    Set SP = AE2.GetCurrentPattern(patternid:=UIAutomationClient.UIA_PatternIds.
UIA_ScrollPatternId)
    With SP
        Debug.Print "是否可以水平滚动", .CurrentHorizontallyScrollable
        Debug.Print "是否可以垂直滚动", .CurrentVerticallyScrollable
        Debug.Print "水平滚动百分比", .CurrentHorizontalScrollPercent
        Debug.Print "垂直滚动百分比", .CurrentVerticalScrollPercent
        .SetScrollPercent horizontalPercent:=50, verticalPercent:=50
    End With
End Sub
```

运行上述程序后，可以看到水平和垂直滚动条都移动到 50% 的位置，如图 9-38 所示。

ScrollItemPattern 是用于网格或列表控件中的某一条目的模式，该模式只有一个 ScrollIntoView 方法，用于将该条目滚动显示出来。

例如，在进程网格列表中显示了很多进程的信息，其中有一个名称为 explorer.exe 的进程。下面的程序可以自动把该进程显示出来。

图 9-38　Windows 任务管理器

```
Sub 使用 ScrollItemPattern()
    Dim AE1 As UIAutomationClient.
IUIAutomationElement
    Dim AE2 As UIAutomationClient.
IUIAutomationElement
    Dim AE3 As UIAutomationClient.IUIAutomationElement
    Dim PC1 As UIAutomationClient.IUIAutomationPropertyCondition
    Dim PC2 As UIAutomationClient.IUIAutomationPropertyCondition
    Dim PC3 As UIAutomationClient.IUIAutomationPropertyCondition
    Set UIA = New UIAutomationClient.CUIAutomation
```

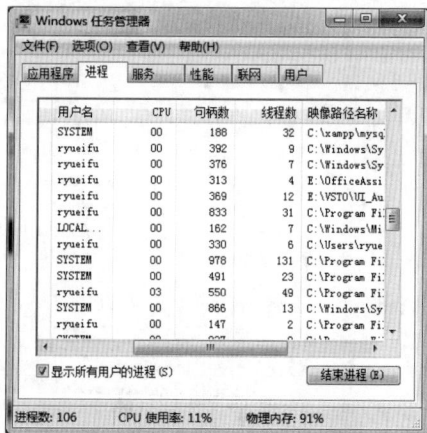

```
        Set PC1 = UIA.CreatePropertyCondition(propertyId:=UIAutomationClient.UIA_
PropertyIds.UIA_NamePropertyId, Value:="Windows 任务管理器")
        Set AE1 = UIA.GetRootElement.FindFirst(scope:=TreeScope_Children, Condition:=PC1)

        Set PC2 = UIA.CreatePropertyCondition(propertyId:=UIAutomationClient.UIA_
PropertyIds.UIA_ControlTypePropertyId, Value:=UIAutomationClient.UIA_ControlTypeIds.
UIA_ListControlTypeId)
        Set AE2 = AE1.FindFirst(scope:=TreeScope_Descendants, Condition:=PC2)

        Set PC3 = UIA.CreatePropertyCondition(propertyId:=UIAutomationClient.UIA_
PropertyIds.UIA_NamePropertyId, Value:="explorer.exe")
        Set AE3 = AE2.FindFirst(scope:=TreeScope_Children, Condition:=PC3)

        Dim SIP As UIAutomationClient.IUIAutomationScrollItemPattern
        Set SIP = AE3.GetCurrentPattern(patternid:=UIAutomationClient.UIA_
PatternIds.UIA_ScrollItemPatternId)
        SIP.ScrollIntoView
    End Sub
```

在上述程序中，首先定位到数据网格控件，然后利用 Name 属性定位到其中一条进程。原先看不到这条进程记录，运行上述程序，自动滚动到该记录，如图 9-39 所示。

9.6.7 SelectionPattern 模式和 SelectionItemPattern 模式

SelectionPattern 模式用于返回网格、列表、选项卡控件当前被选中的条目集合，也能返回是否支持条目的多种选项。

例如，"Windows 任务管理器"窗口的选项卡控件包含"应用程序""进程"等 6 个选项卡。那么当前处于激活状态的选项卡是哪一个呢？如图 9-40 所示。

从 Inspect 中可以看到这些选项卡位于一个 Tab1 的控件中，而且支持 SelectionPattern 模式，如图 9-41 所示。

下面的程序可以从"Windows 任务管理器"窗口中按照控件类型 TabControl 定位到选项卡控件。

```
Sub 使用 SelectionPattern()
    Dim AE1 As UIAutomationClient.
IUIAutomationElement
    Dim AE2 As UIAutomationClient.
IUIAutomationElement
    Dim PC1 As UIAutomationClient.
IUIAutomationPropertyCondition
```

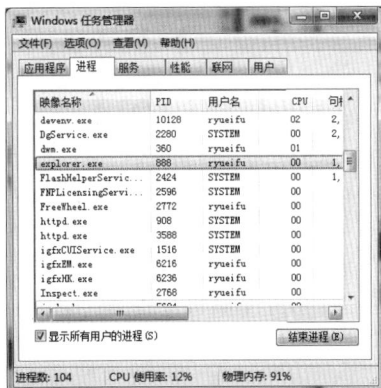

图 9-39　自动滚动到某个条目

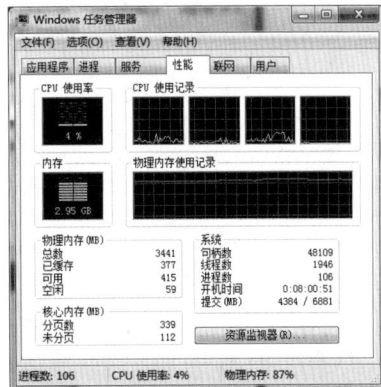

图 9-40　Windows 任务管理器中的 "性能"选项卡

235

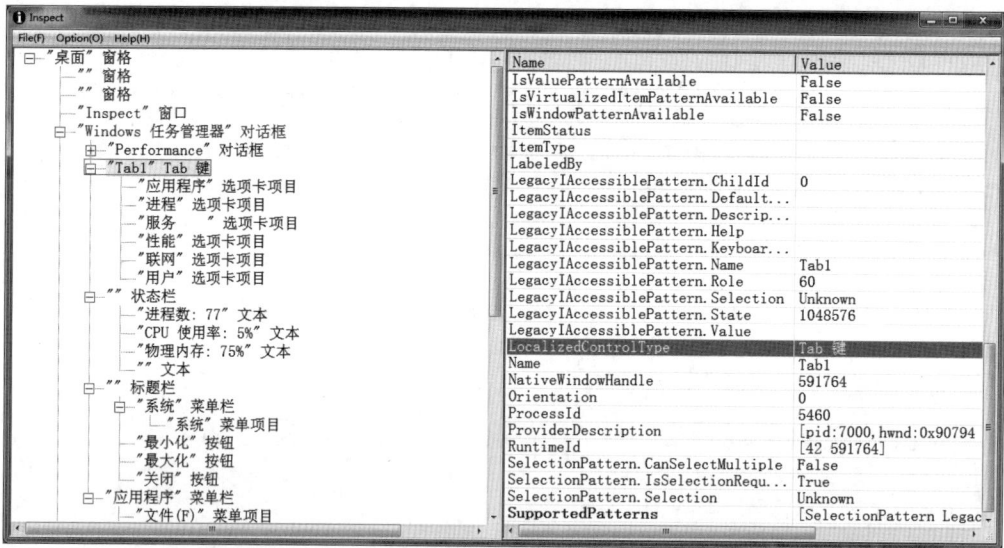

图 9-41 自动化元素树

```
        Dim PC2 As UIAutomationClient.IUIAutomationPropertyCondition
        Set UIA = New UIAutomationClient.CUIAutomation

        Set PC1 = UIA.CreatePropertyCondition(propertyId:=UIAutomationClient.UIA_
PropertyIds.UIA_NamePropertyId, Value:="Windows 任务管理器")
        Set AE1 = UIA.GetRootElement.FindFirst(scope:=TreeScope_Children,
Condition:=PC1)

        Set PC2 = UIA.CreatePropertyCondition(propertyId:=UIAutomationClient.UIA_
PropertyIds.UIA_ControlTypePropertyId, Value:=UIAutomationClient.UIA_ControlTypeIds.
UIA_TabControlTypeId)
        Set AE2 = AE1.FindFirst(scope:=TreeScope_Children, Condition:=PC2)
        Dim SP As UIAutomationClient.IUIAutomationSelectionPattern
        Set SP = AE2.GetCurrentPattern(patternid:=UIAutomationClient.UIA_PatternIds.
UIA_SelectionPatternId)
        Debug.Print "是否支持多选", SP.CurrentCanSelectMultiple
        Dim AEC As UIAutomationClient.IUIAutomationElementArray
        Dim AE As UIAutomationClient.IUIAutomationElement
        Dim i As Integer
        Set AEC = SP.GetCurrentSelection
        For i = 0 To AEC.Length - 1
            Set AE = AEC.GetElement(i)
            Debug.Print "处于选中的是: ", AE.CurrentName
        Next i
    End Sub
```

代码分析：

利用 SelectionPattern 的 GetCurrentSelection 方法返回一个元素集合，里面保存的是处于选中的元素。代码中只能有一个选项卡处于选中状态，因此在立即窗口中输出的结果为：

236

是否支持多选 0
处于选中的是： 性能

SelectionItemPattern 模式通常用于列表、网格类控件或选项卡控件的条目上，通过该模式可以判断某个条目是否处于选中状态，也可以自动选中、取消选中某个条目。

例如，在最常用的文件资源管理器窗口中，用户可以按住 Ctrl 或 Shift 键选中多个文件夹或文件，如图 9-42 所示。

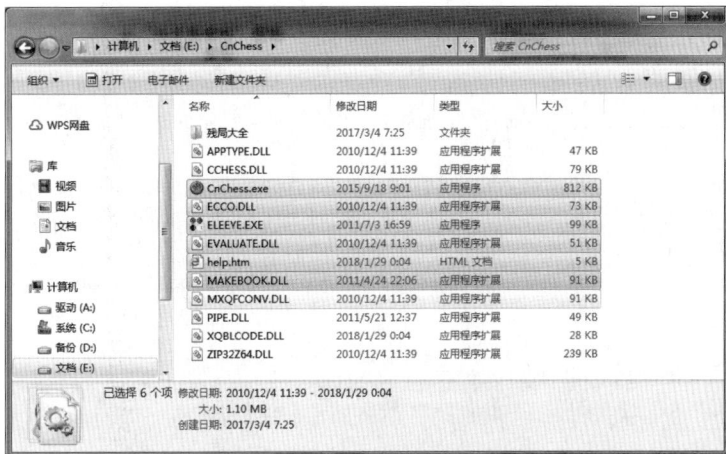

图 9-42　文件资源管理器窗口

从 Inspect 中可以看到这些条目的 ControlType 是 50007，属于 ListItem，并且支持 Selection-ItemPattern，如图 9-43 所示。

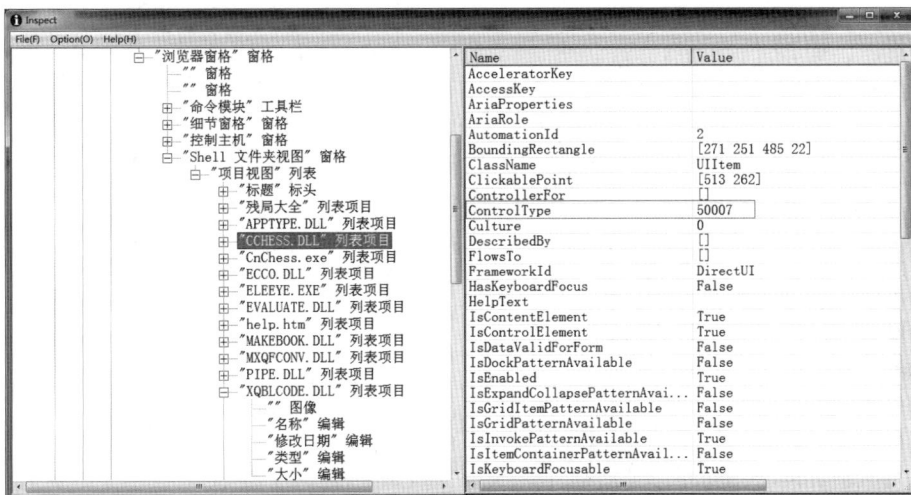

图 9-43　条目对应的自动化元素

下面的程序实现了两个目的：一是能够识别出当前已经选中的条目；二是自动选中特定扩展名的文件。

```
Sub 使用 SelectionItemPattern()
    Dim AE1 As UIAutomationClient.IUIAutomationElement
    Dim AE2 As UIAutomationClient.IUIAutomationElement
    Dim AEC As UIAutomationClient.IUIAutomationElementArray
    Dim AE As UIAutomationClient.IUIAutomationElement
    Dim PC1 As UIAutomationClient.IUIAutomationPropertyCondition
    Dim PC2 As UIAutomationClient.IUIAutomationPropertyCondition
    Set UIA = New UIAutomationClient.CUIAutomation

    Set PC1 = UIA.CreatePropertyCondition(propertyId:=UIAutomationClient.UIA_
PropertyIds.UIA_NamePropertyId, Value:="CnChess")
    Set AE1 = UIA.GetRootElement.FindFirst(scope:=TreeScope_Children, Condition:=PC1)

    Set PC2 = UIA.CreatePropertyCondition(propertyId:=UIAutomationClient.UIA_
PropertyIds.UIA_ControlTypePropertyId, Value:=UIAutomationClient.UIA_ControlTypeIds.
UIA_ListControlTypeId)
    Set AE2 = AE1.FindFirst(scope:=TreeScope_Descendants, Condition:=PC2)

    Set PC2 = UIA.CreatePropertyCondition(propertyId:=UIAutomationClient.UIA_
PropertyIds.UIA_ControlTypePropertyId, Value:=50007)
    Set AEC = AE2.FindAll(scope:=TreeScope_Children, Condition:=PC2)

    Dim SIP As UIAutomationClient.IUIAutomationSelectionItemPattern
    Dim i As Integer
    For i = 0 To AEC.Length - 1
        Set AE = AEC.GetElement(i)
        Set SIP = AE.GetCurrentPattern(patternid:=UIAutomationClient.UIA_
PatternIds.UIA_SelectionItemPatternId)
        Debug.Print AE.CurrentName & " 处于选中？ " & SIP.CurrentIsSelected
    Next i

    For i = 0 To AEC.Length - 1
        Set AE = AEC.GetElement(i)
        Set SIP = AE.GetCurrentPattern(patternid:=UIAutomationClient.UIA_
PatternIds.UIA_SelectionItemPatternId)
        SIP.RemoveFromSelection            '取消选中
        If AE.CurrentName Like "*.DLL" Then
            SIP.AddToSelection             '加入选中队列
        End If
    Next i
End Sub
```

代码分析：

在上述程序中，先后定位了三个自动化元素：文件资源管理器、项目视图、条目。

SelectionItemPattern 的 CurrentIsSelected 属性返回 1 或 0，如果结果是 1，表明现在处于选中状态。在立即窗口中输出的结果为：

残局大全　处于选中？ 0
APPTYPE.DLL　处于选中？ 0
CCHESS.DLL　处于选中？ 0
CnChess.exe　处于选中？ 1
ECCO.DLL　处于选中？ 1
ELEEYE.EXE　处于选中？ 1
EVALUATE.DLL　处于选中？ 1
help.htm　处于选中？ 1
MAKEBOOK.DLL　处于选中？ 1
MXQFCONV.DLL　处于选中？ 0
PIPE.DLL　处于选中？ 0
XQBLCODE.DLL　处于选中？ 0
ZIP32Z64.DLL　处于选中？ 0

当程序运行结束后，扩展名是 .DLL 的文件都处于选中状态，如图 9-44 所示。

图 9-44　选择所有 .DLL 文件

9.6.8　TogglePattern 模式

TogglePattern 模式通常用于复选框（CheckBox）控件。通过该模式可以获取复选框控件目前的勾选状态，也可以自动勾选或取消勾选。

例如，在记事本的"查找"对话框中，"区分大小写"就是一个 CheckBox 控件，它支持 TogglePattern 模式，如图 9-45 所示。

下面的程序首先定位到该复选框，然后判断是否已经勾选，如果未勾选，则自动勾选。

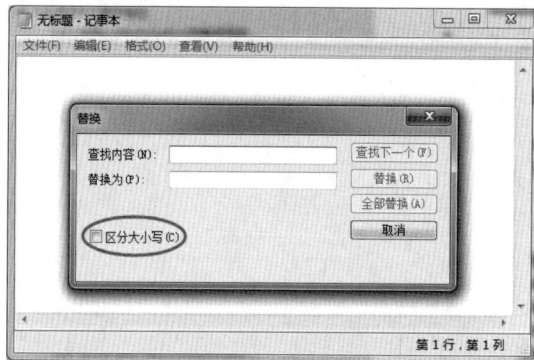

图 9-45　复选框控件

```
Sub 使用复选框的 TogglePattern()
    Dim AE1 As UIAutomationClient.IUIAutomationElement
    Dim AE2 As UIAutomationClient.IUIAutomationElement
    Dim PC1 As UIAutomationClient.IUIAutomationPropertyCondition
    Dim PC2 As UIAutomationClient.IUIAutomationPropertyCondition
    Set UIA = New UIAutomationClient.CUIAutomation

    Set PC1 = UIA.CreatePropertyCondition(propertyId:=UIAutomationClient.UIA_
PropertyIds.UIA_NamePropertyId, Value:=" 无标题 - 记事本 ")
    Set AE1 = UIA.GetRootElement.FindFirst(scope:=TreeScope_Children, Condition:=PC1)

    Set PC2 = UIA.CreatePropertyCondition(propertyId:=UIAutomationClient.UIA_
PropertyIds.UIA_ControlTypePropertyId, Value:=UIAutomationClient.UIA_ControlTypeIds.
UIA_CheckBoxControlTypeId)
    Set AE2 = AE1.FindFirst(scope:=TreeScope_Descendants, Condition:=PC2)

    Dim TP As UIAutomationClient.IUIAutomationTogglePattern
    Set TP = AE2.GetCurrentPattern(patternid:=UIAutomationClient.UIA_PatternIds.
UIA_TogglePatternId)
    If TP.CurrentToggleState = 0 Then
        TP.Toggle            '勾选
    End If
End Sub
```

　　手动打开记事本，并且按快捷键【Ctrl+H】，弹出"替换"对话框，然后执行上述程序，可以看到自动勾选了"区分大小写"复选框，如图 9-46 所示。

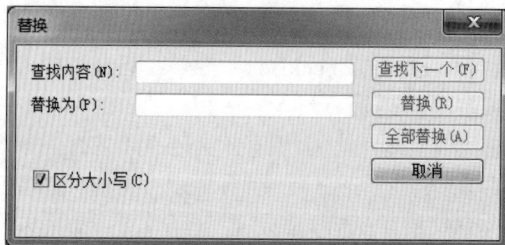

图 9-46　自动勾选"区分大小写"复选框

9.6.9 TransformPattern 模式

顶级窗口一般都支持 TransformPattern 和 WindowPattern 模式。其中，TransformPattern 模式可以获取该窗口是否可以移动、改变大小、旋转等属性，也可以利用该模式改变窗口的大小，或者移动窗口到屏幕上新的位置。

例如，"计算器"窗口的最大化按钮是无效的，该窗口的尺寸是固定的，如图 9-47 所示。

下面的程序首先获取"计算器"窗口是否能移动、改变大小、旋转等属性，然后移动该窗口到新的位置。

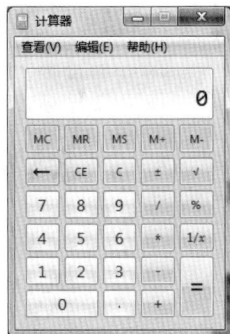

图 9-47　"计算器"窗口

```
Sub 使用 TransformPattern()
    Dim AE1 As UIAutomationClient.IUIAutomationElement
    Dim PC1 As UIAutomationClient.IUIAutomationPropertyCondition
    Set UIA = New UIAutomationClient.CUIAutomation

    Set PC1 = UIA.CreatePropertyCondition(propertyId:=UIAutomationClient.UIA_
PropertyIds.UIA_NamePropertyId, Value:=" 计算器 ")
    Set AE1 = UIA.GetRootElement.FindFirst(scope:=TreeScope_Children,
Condition:=PC1)
    Dim TP As UIAutomationClient.IUIAutomationTransformPattern
    Set TP = AE1.GetCurrentPattern(patternid:=UIAutomationClient.UIA_PatternIds.
UIA_TransformPatternId)
    If TP.CurrentCanResize Then
        TP.Resize Width:=300, Height:=200
    End If
    If TP.CurrentCanMove Then
        TP.Move x:=400, y:=200
    End If
End Sub
```

9.6.10 ValuePattern 模式

ValuePattern 模式通常用于编辑框（Edit）控件，可以获取编辑框当前的内容，以及判断编辑框是否只读，还可以自动设置新的内容。

例如，在 IE 浏览器上方输入网址的编辑框，就是一个编辑框控件，如图 9-48 所示。

在 Inspect 中查看该控件的名称是"地址"，类型是 EditControl，支持 ValuePattern 模式，如图 9-49 所示。

下面的程序首先定位到地址栏，然后读取现在的 url，最后自动修改 url。

```
Sub 使用编辑框的 ValuePattern()
    Dim AE1 As UIAutomationClient.IUIAutomationElement
    Dim AE2 As UIAutomationClient.IUIAutomationElement
    Dim PC1 As UIAutomationClient.IUIAutomationPropertyCondition
```

图 9-48　编辑框

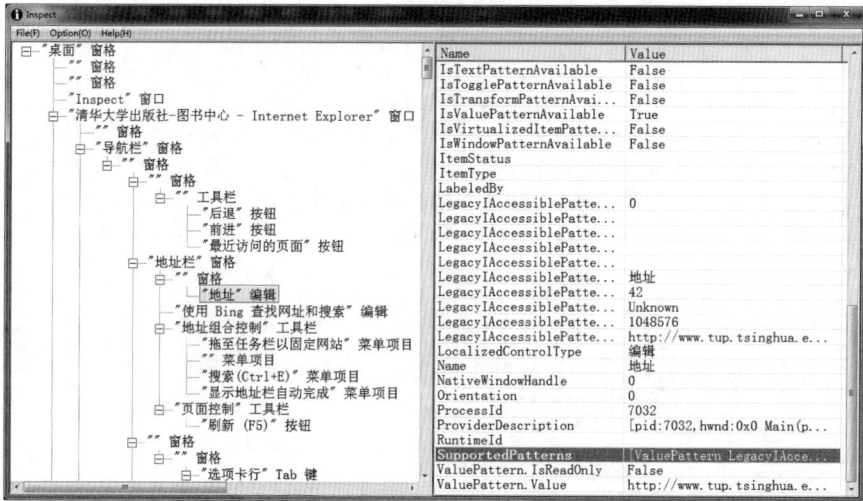

图 9-49　网址编辑框对应的自动化元素

```
Dim PC2 As UIAutomationClient.IUIAutomationPropertyCondition
Set UIA = New UIAutomationClient.CUIAutomation

Set PC1 = UIA.CreatePropertyCondition(propertyId:=UIAutomationClient.UIA_
PropertyIds.UIA_ClassNamePropertyId, Value:="IEFrame")
Set AE1 = UIA.GetRootElement.FindFirst(scope:=TreeScope_Children,
Condition:=PC1)

Set PC1 = UIA.CreatePropertyCondition(propertyId:=UIAutomationClient.UIA_
PropertyIds.UIA_NamePropertyId, Value:=" 地址 ")
Set PC2 = UIA.CreatePropertyCondition(propertyId:=UIAutomationClient.UIA_
PropertyIds.UIA_ControlTypePropertyId, Value:=UIAutomationClient.UIA_ControlTypeIds.
UIA_EditControlTypeId)
```

```
        Dim AC As UIAutomationClient.IUIAutomationAndCondition
        Set AC = UIA.CreateAndCondition(PC1, PC2)
        Set AE2 = AE1.FindFirst(scope:=TreeScope_Descendants, Condition:=AC)
        Debug.Print AE2.CurrentName
        Dim VP As UIAutomationClient.IUIAutomationValuePattern
        Set VP = AE2.GetCurrentPattern(patternid:=UIAutomationClient.UIA_PatternIds.
UIA_ValuePatternId)
        Debug.Print "现在的网址是: ", VP.CurrentValue
        VP.SetValue "https://www.baidu.com/"
    End Sub
```

代码分析：

ValuePattern 的 CurrentValue 用于返回编辑器的内容，利用 SetValue 方法修改内容。

运行上述程序，在立即窗口中输出的结果为：

现在的网址是：http://www.tup.tsinghua.edu.cn/booksCenter/books_index.html

最后可以看到 IE 浏览器的网页地址已修改为百度一下的网址。

9.6.11　WindowPattern 模式

WindowPattern 是用于顶级窗口的常用模式，通过该模式可以获取一个窗口目前的状态信息，也能通过该模式执行关闭窗口、最大化窗口等操作。

下面的程序首先判断记事本窗口当前的状态，然后自动执行最大化和关闭操作。

```
Sub 使用 WindowPattern()
    Dim AE1 As UIAutomationClient.IUIAutomationElement
    Dim PC1 As UIAutomationClient.IUIAutomationPropertyCondition
    Set UIA = New UIAutomationClient.CUIAutomation
    Set PC1 = UIA.CreatePropertyCondition(propertyId:=UIAutomationClient.UIA_
PropertyIds.UIA_ClassNamePropertyId, Value:="Notepad")
    Set AE1 = UIA.GetRootElement.FindFirst(scope:=TreeScope_Children, Condition:=PC1)
    Dim WP As UIAutomationClient.IUIAutomationWindowPattern
    Set WP = AE1.GetCurrentPattern(patternid:=UIAutomationClient.UIA_PatternIds.
UIA_WindowPatternId)
    Debug.Print "可以最大化: ", WP.CurrentCanMaximize
    Debug.Print "可以最小化: ", WP.CurrentCanMinimize
    Debug.Print "是模态窗口: ", WP.CurrentIsModal
    Debug.Print "窗口已置顶: ", WP.CurrentIsTopmost
    Debug.Print "等待用户输入: ", WP.CurrentWindowInteractionState = UIAutomationClient.
WindowInteractionState.WindowInteractionState_ReadyForUserInteraction
    WP.SetWindowVisualState UIAutomationClient.WindowVisualState.
WindowVisualState_Maximized
    WP.Close
End Sub
```

9.7 UIA 事件编程

正常情况下，屏幕上某个窗口的出现、消失或者某个控件的属性发生改变不会对其他程序产生影响，也不会被其他程序感知。

然而，通过 UI Automation 自动化事件技术，可以对特定的自动化元素及其后代元素进行监控，当自动化元素或与之相关的其他自动化元素发生某种变化时，会以代理函数的形式立即通知订阅了该事件的程序。

自动化事件的使用步骤如下：

（1）确定使用事件监控的自动化元素和范围。

（2）确定事件的类型。

（3）订阅事件并书写代理函数。

如果不再继续使用事件功能，可以移除事件。

VBA 可以通过 CUIAutomation 对象的以下四个方法进行事件的订阅。

● AddFocusChangedEventHandler：用于监控自动化元素的焦点改变。

● AddPropertyChangedEventHandler：用于监控自动化元素的属性改变。

● AddStructureChangedEventHandler：用于监控包含自动化元素的树结构变化。

● AddAutomationEventHandler：用于监控按钮被单击、窗口被打开或关闭等多种事件。

把以上四个语句中的 Add 替换为 Remove 即可移除被订阅的事件。上述 4 种事件的取消方法分别是：

● RemoveFocusChangedEventHandler。

● RemovePropertyChangedEventHandler。

● RemoveStructureChangedEventHandler。

● RemoveAutomationEventHandler。

此外，还可以使用 RemoveAllEventHandlers 移除全部订阅的事件。

9.7.1 订阅焦点改变时的事件

当订阅了该事件以后，鼠标选中了新的窗口或控件，在不同的窗口、控件之间的焦点切换都会触发与该事件关联的回调函数，回调函数会通知现在被选中的是哪一个自动化元素。

根据这一特点，可以制作屏幕取词方面的工具。作者利用该事件制作的 TranslatorAndSpeaker 可以实时地把鼠标位置的文字自动翻译为其他语言，并且朗读出来，如图 9-50 所示。

CUIAutomation 对象的 AddFocusChangedEventHandler 方法用于订阅焦点改变时触发的事件。语法如下：

```
UIA.AddFocusChangedEventHandler cacheRequest:=cR, handler:=Instance
```

在上述代码中涉及了三个变量，UIA 是声明为全局的 CUIAutomation 对象。cR 是一个 IUIAutomationCacheRequest 对象，表示自动化缓冲请求对象，可以通过 UIA 创建。Instance 是一个类模块的实例，类模块中必须使用 Implements 关键字实现事件的接口。

下面讲述在 VBA 程序中订阅焦点改变时的事件的操作步骤。

第一步：新建一个工作簿，在 VBA 工程中添加 UiAutomationClient 的引用。

第二步：向 VBA 工程中添加一个类模块，把默认的 Class1 重命名为 ClsFocusChangedEventHandler，并且在属性窗口中把 Instancing 属性由默认的 Private 修改为 2- PublicNotCreatable，如图 9-51 所示。

图 9-50　监视鼠标附近的自动化元素

图 9-51　修改类的 Instancing 属性

第三步：在类模块中输入 Implements UIAutomationClient.IUIAutomationFocusChangedEventHandler，然后在左侧组合框中下拉，找到 IUIAutomationFocusChangedEventHandler，会看到自动创建了一个 Private Sub IUIAutomation... 的事件过程，如图 9-52 所示。

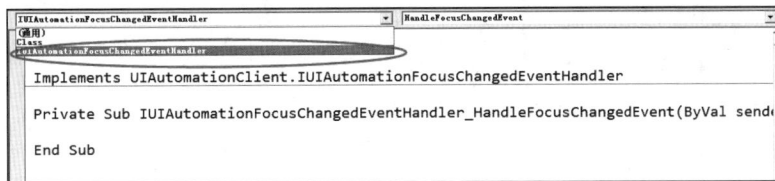

图 9-52　自动创建的事件过程

该过程默认是一个空过程，添加必要的代码后，完整代码如下：

```
Implements UIAutomationClient.IUIAutomationFocusChangedEventHandler
Private Sub IUIAutomationFocusChangedEventHandler_HandleFocusChangedEvent(ByVal
sender As UIAutomationClient.IUIAutomationElement)
    Debug.Print Time, sender.CurrentName
End Sub
```

第四步：在 VBA 工程的其他地方书写订阅事件的代码，此处以标准模块来讲解。插入一个标准模块，重命名为 Module1。

声明一个全局的 UIA 变量和一个类模块的实例 Instance。代码如下：

```
Public UIA As UIAutomationClient.CUIAutomation
Public Instance As ClsFocusChangedEventHandler
Sub 订阅事件()
    Dim cR As UIAutomationClient.IUIAutomationCacheRequest
    Set UIA = New UIAutomationClient.CUIAutomation
    Set cR = UIA.CreateCacheRequest
    Set Instance = New ClsFocusChangedEventHandler
    UIA.AddFocusChangedEventHandler cacheRequest:=cR, handler:=Instance
End Sub
Sub 移除事件()
    UIA.RemoveFocusChangedEventHandler handler:=Instance
    Debug.Print "监听结束"
End Sub
```

代码分析：

上述代码中包括两个过程，用"订阅事件"过程中的 Set Instance = New ClsFocusChanged-EventHandler 创建类模块的实例，然后把该变量放到 AddFocusChangedEventHandler 方法的参数中。

第五步：运行"订阅事件"过程，然后移动鼠标到屏幕上的各个位置，可以看到在立即窗口中同步输出了具有焦点的自动化元素的信息，如图 9-53 所示。

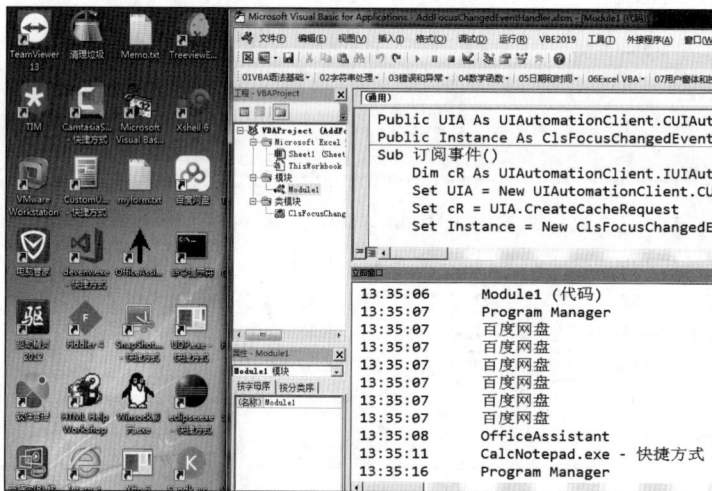

图 9-53　跟踪鼠标附近的自动化元素

最后，一定要记住运行"移除事件"，退出监视状态。

9.7.2　自动化元素属性变化时引发的事件

一个自动化元素有诸多属性，如 NameProperty、ClassProperty 等。对于同一个自动化元素，有些属性是一直不变的，如 NativeWindowHandle，只要一个窗口中途不关闭，句柄值就是不可修改的。但是还有一些属性可以被外界修改，如一个窗口的标题（NameProperty），或者一个按钮的可用性（IsEnabled）都可以被轻易修改。

屏幕上的各种窗口、控件的一些属性由于各种原因发生变化时，可以被 UIA 自动化程序监视到。例如，把记事本窗口最小化或最大化时，会通知到 VBA 程序中。

在 VBA 中不能用 AddPropertyChangedEventHandler 方法，而是用 AddPropertyChangedEventHandlerNativeArray 方法来订阅属性改变时的事件。

该方法的完整声明如下：

```
AddPropertyChangedEventHandlerNativeArray(element As IUIAutomationElement, scope As TreeScope, cacheRequest As IUIAutomationCacheRequest, handler As IUIAutomationPropertyChangedEventHandler, propertyArray As Long, propertyCount As Long)
```

方法中的参数说明如下。

● element：被监视的自动化元素。
● scope：指定监视范围，可以是 TreeScope 枚举常量之一。
● cacheRequest：缓冲请求，可以是 Nothing。
● handler：类模块的实例。
● propertyArray：多个 propertyId 形成的 Long 数组的首个元素。
● propertyCount：Long 数组元素的个数。

可以看出，要订阅该事件必须先构造属性 Id 数组。

下面的程序演示了当屏幕上的窗口位置和大小发生变化、窗口标题被修改、窗口状态发生变化时触发事件的效果。

具体操作步骤如下。

第一步：插入一个类模块，重命名为 ClsPropertyChangedEventHandler，并且设置 Instancing 属性为 2 – PublicNotCreatable。

第二步：在类模块中书写接口实现代码。

```
Implements UIAutomationClient.IUIAutomationPropertyChangedEventHandler

Private Sub IUIAutomationPropertyChangedEventHandler_HandlePropertyChangedEvent
(ByVal sender As UIAutomationClient.IUIAutomationElement, ByVal propertyId As Long,
ByVal newValue As Variant)
    Debug.Print sender.CurrentName, UIA.GetPropertyProgrammaticName(propertyId),
newValue
    End Sub
```

可以看到回调函数中传回了三个参数：sender、propertyId、newValue。其中，sender 就是属性发生变化的自动化元素；propertyId 指明哪一个属性发生了变化，为了容易看明白，使用 GetPropertyProgrammaticName 把数字 Id 转换为文本；newValue 表示属性的新值。

第三步：在标准模块中输入如下代码。

```
Public UIA As UIAutomationClient.CUIAutomation
Public Instance As ClsPropertyChangedEventHandler
```

```
Sub 订阅事件 ()
    Dim P() As Long
    Set UIA = New UIAutomationClient.CUIAutomation
    Set Instance = New ClsPropertyChangedEventHandler
    ReDim P(0 To 3) As Long
    P(0) = UIAutomationClient.UIA_PropertyIds.UIA_NamePropertyId
    P(1) = UIAutomationClient.UIA_PropertyIds.UIA_BoundingRectanglePropertyId
    P(2) = UIAutomationClient.UIA_PropertyIds.UIA_ValueValuePropertyId
    P(3) = UIAutomationClient.UIA_PropertyIds.UIA_WindowWindowVisualStatePropertyId
    UIA.AddPropertyChangedEventHandlerNativeArray element:=UIA.GetRootElement,
scope:=TreeScope.TreeScope_Descendants, cacheRequest:=Nothing, handler:=Instance,
propertyarray:=P(0), propertycount:=4
End Sub
Sub 移除事件 ()
    UIA.RemovePropertyChangedEventHandler element:=UIA.GetRootElement,
handler:=Instance
    Debug.Print " 监听结束 "
End Sub
```

代码分析：

数组 P 用于存储关注的多个属性 Id，本例关注了四个属性：名称、矩形、值、窗口状态。

AddPropertyChangedEventHandlerNativeArray 的后面两个参数传递的是 P(0) 和 4。

第四步：运行"订阅事件"过程，当屏幕上的各种元素属性发生变化时，在立即窗口中都会同步输出，如图 9-54 所示。

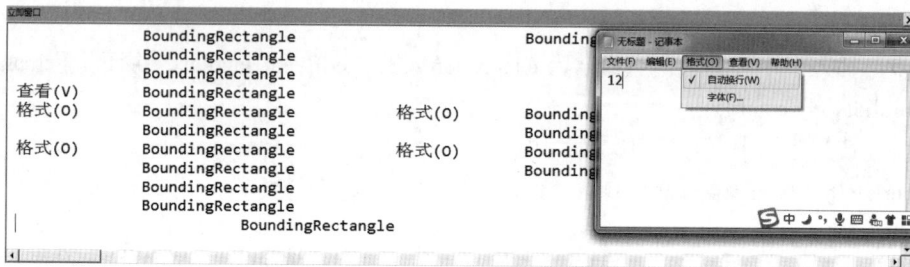

图 9-54　自动化元素属性改变时的事件

9.7.3　同时监听多种类型的事件

通过 AutomationEventHandler 接口可以同时订阅一个以上的事件，订阅事件时必须指定 eventId 参数，该参数的取值是 UIAutomationClient.UIA_EventIds 下面的枚举常量之一。例如：UIA_Window_WindowOpenedEventId 表示窗口被打开时的事件；UIA_MenuClosedEventId 表示菜单被关闭时的事件。

如果要了解所有自动化事件的 Id，在 VBA 的对象浏览器中搜索 UIA_EventIds，在右侧窗格中即可看到所有自动化事件的 Id，如图 9-55 所示。

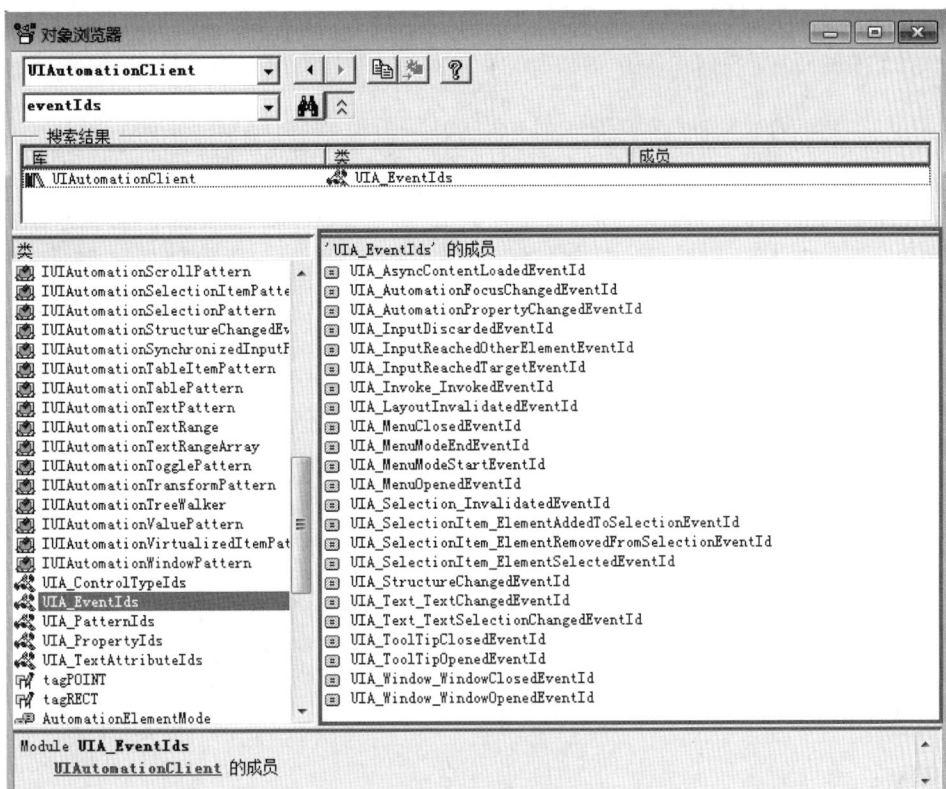

图 9-55　所有事件的 ID

本实例要实现监听窗口被打开或被关闭时或者菜单被打开或关闭时自动向 VBA 发送通知。

要实现上述四种事件，首先在 VBA 工程中插入一个类模块，重命名为 ClsAutomationEventHandler，然后在类模块中输入如下代码：

```
Implements IUIAutomationEventHandler
Private Sub IUIAutomationEventHandler_HandleAutomationEvent(ByVal sender As
UIAutomationClient.IUIAutomationElement, ByVal eventId As Long)
End Sub
```

上述代理函数中暂时不要写具体代码。

然后，插入一个标准模块，书写"订阅事件"和"移除事件"两个过程，并且在模块顶部声明类模块的实例、自动化对象等变量。具体代码如下：

```
Private Instance As ClsAutomationEventHandler
Private UIA As UIAutomationClient.CUIAutomation
Private AE As UIAutomationClient.IUIAutomationElement
Sub 订阅事件()
    Set UIA = New UIAutomationClient.CUIAutomation
    Set AE = UIA.GetRootElement
    Set Instance = New ClsAutomationEventHandler
```

```
            UIA.AddAutomationEventHandler eventId:=UIAutomationClient.UIA_EventIds.
UIA_Window_WindowClosedEventId, element:=AE, scope:=UIAutomationClient.TreeScope.
TreeScope_Subtree, cacherequest:=Nothing, handler:=Instance
            UIA.AddAutomationEventHandler eventId:=UIAutomationClient.UIA_EventIds.
UIA_Window_WindowOpenedEventId, element:=AE, scope:=UIAutomationClient.TreeScope.
TreeScope_Subtree, cacherequest:=Nothing, handler:=Instance
            UIA.AddAutomationEventHandler eventId:=UIAutomationClient.UIA_EventIds.
UIA_MenuClosedEventId, element:=AE, scope:=UIAutomationClient.TreeScope.TreeScope_
Subtree, cacherequest:=Nothing, handler:=Instance
            UIA.AddAutomationEventHandler eventId:=UIAutomationClient.UIA_EventIds.
UIA_MenuOpenedEventId, element:=AE, scope:=UIAutomationClient.TreeScope.TreeScope_
Subtree, cacherequest:=Nothing, handler:=Instance
    End Sub
    Sub 移除事件()
            UIA.RemoveAutomationEventHandler eventId:=UIAutomationClient.UIA_EventIds.
UIA_Window_WindowClosedEventId, element:=AE, handler:=Instance
            UIA.RemoveAutomationEventHandler eventId:=UIAutomationClient.UIA_EventIds.
UIA_Window_WindowOpenedEventId, element:=AE, handler:=Instance
            UIA.RemoveAutomationEventHandler eventId:=UIAutomationClient.UIA_EventIds.
UIA_MenuClosedEventId, element:=AE, handler:=Instance
            UIA.RemoveAutomationEventHandler eventId:=UIAutomationClient.UIA_EventIds.
UIA_MenuOpenedEventId, element:=AE, handler:=Instance
    End Sub
```

代码分析：

自动化元素变量 AE 表示桌面根元素，在"订阅事件"过程中，连续注册了四种不同的事件。

然后再次打开类模块 Class1，修改其代理函数的代码为：

```
    Implements IUIAutomationEventHandler
    Private Sub IUIAutomationEventHandler_HandleAutomationEvent(ByVal sender As
UIAutomationClient.IUIAutomationElement, ByVal eventId As Long)
        Select Case eventId
        Case UIAutomationClient.UIA_EventIds.UIA_Window_WindowClosedEventId
            Debug.Print Time, "窗口被关闭"
        Case UIAutomationClient.UIA_EventIds.UIA_Window_WindowOpenedEventId
            Debug.Print sender.CurrentName, "窗口被打开"
        Case UIAutomationClient.UIA_EventIds.UIA_MenuClosedEventId
            Debug.Print Time, "菜单被关闭"
        Case UIAutomationClient.UIA_EventIds.UIA_MenuOpenedEventId
            Debug.Print sender.CurrentName, "菜单被打开"
        Case Else
        End Select
    End Sub
```

代码分析：

该过程中采用了 Select Case 结构，用于在窗口或菜单发生打开和关闭行为时，分别处理不同的事件。

需要注意的是，当一个窗口或菜单被关闭，从屏幕上消失时，会自动通知到 VBA 中的代理函数，但由于触发事件的自动化元素已经消失，所以相应的参数 sender 不能使用，本实例使用 Time 代替。而对于打开一个窗口或菜单时，自动化元素存在的，可以使用 sender。

写好代码后，运行 Module1 中的"订阅事件"过程，然后任意打开一个其他窗口，或者在其他位置右击，从而弹出右键菜单，如图 9-56 所示。

在以上各种动作发生时，在 VBA 的立即窗口中都会有相应的记录，如图 9-57 所示。

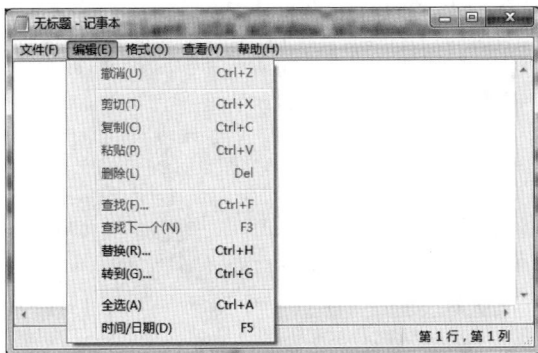

图 9-56　弹出右键菜单

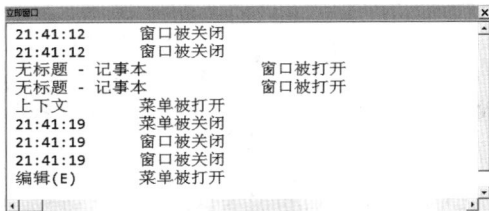

图 9-57　监视菜单的动作

当不需要继续监听时，运行"移除事件"过程即可。

9.8　本章习题

1. 一个自动化元素的 ControlType 为 50010，那么它的 LocalizedControlType 属性为（　　　）。

A. 窗格　　　　　　　　　　　　　　B. 菜单栏

C. 标题栏　　　　　　　　　　　　　D. 按钮

2. RangeValuePattern 模式可以用来（　　　）。

A. 返回或设置编辑框中的内容　　　　B. 返回或设置滚动条的数值

C. 返回或设置窗口的位置　　　　　　D. 返回或设置复选框的勾选状态

3. 编写一个程序，利用 UI Automation 技术返回 Word 功能区中字体组合框的当前内容，如图 9-58 所示。

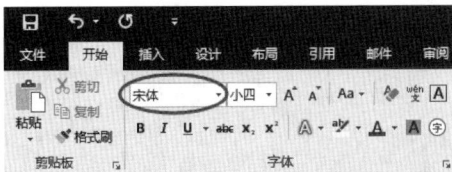

图 9-58　Word 字体组合框

第四篇　网页和系统数据操作部分

　　WshShell 对象可以调用执行其他应用程序，也可以调用编程语言，向目标语言传送输入参数，并且把其他编程语言的执行结果返回到 VBA 中。

　　JSON 是互联网领域经常用到的一种数据格式，语法类似于 XML，JavaScript 语言是处理 JSON 的最佳语言。在 VBA 中创建 HTMLDocument 对象，相当于创建了一个看不见的网页环境，从而可以执行 JavaScript 代码，达到处理 JSON 的目的。

　　WMI 技术是微软用于管理系统的核心，该技术把系统的各个方面分成了各个子类，例如 Win32_Process 是管理进程的子类。通过 WQL 查询语言可以从子类中查找到符合条件的实例对象，对于每个实例对象，具有不同的属性和方法。例如，从所有进程中找到某个名称的进程，就可以访问到该进程的 ID，也可以自动终止进程。

　　TLI 技术是一种访问其他类型库信息的 COM 接口，使用该技术可以知道某个类型库或引用中包含哪些类、哪些方法和函数等成员。具体的访问步骤是：首先创建 TLI Application 应用程序对象，然后获取或返回一个类型库对象 TypelibInfo，接着访问其中的类和枚举等信息。

　　Selenium 是一种浏览器和网页自动化技术，可以通过各种常见的编程语言调用 Selenium。SeleniumBasic 允许在 VBA 中使用 Selenium，从而可以在 VBA 中创建浏览器和读 / 写网页元素。随着 IE 浏览器的渐渐淡出，Selenium 技术会日益受到关注和重视。

　　这部分的主要知识点如下所示。

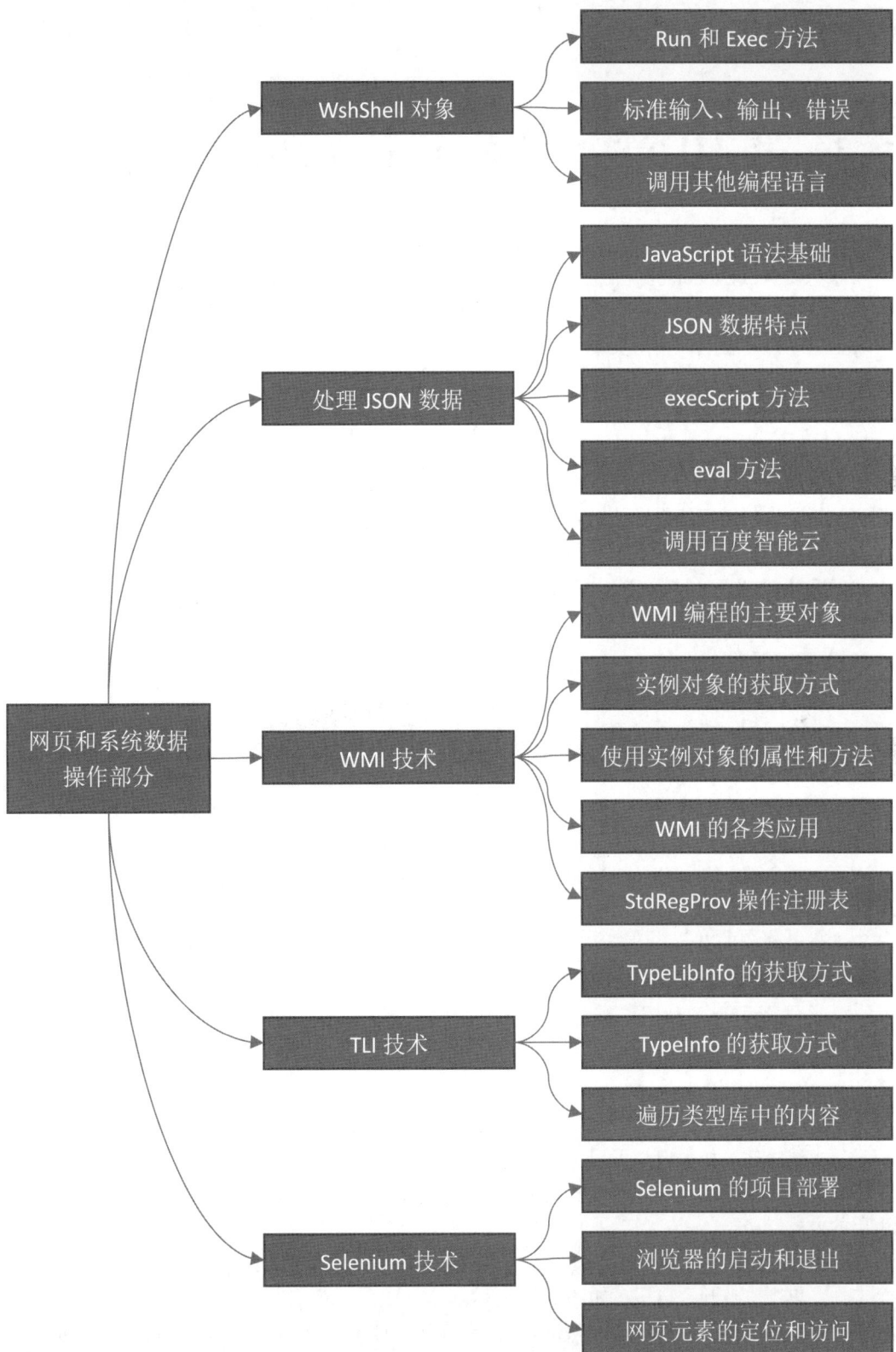

```mermaid
graph LR
    A[网页和系统数据<br>操作部分] --> B[WshShell 对象]
    A --> C[处理 JSON 数据]
    A --> D[WMI 技术]
    A --> E[TLI 技术]
    A --> F[Selenium 技术]

    B --> B1[Run 和 Exec 方法]
    B --> B2[标准输入、输出、错误]
    B --> B3[调用其他编程语言]

    C --> C1[JavaScript 语法基础]
    C --> C2[JSON 数据特点]
    C --> C3[execScript 方法]
    C --> C4[eval 方法]
    C --> C5[调用百度智能云]

    D --> D1[WMI 编程的主要对象]
    D --> D2[实例对象的获取方式]
    D --> D3[使用实例对象的属性和方法]
    D --> D4[WMI 的各类应用]
    D --> D5[StdRegProv 操作注册表]

    E --> E1[TypeLibInfo 的获取方式]
    E --> E2[TypeInfo 的获取方式]
    E --> E3[遍历类型库中的内容]

    F --> F1[Selenium 的项目部署]
    F --> F2[浏览器的启动和退出]
    F --> F3[网页元素的定位和访问]
```

第 10 章　调用可执行应用程序

可执行文件（Executable file）是指扩展名为 .exe 的文件。在 Windows 系统中有非常多的可执行文件，这些文件有的是系统自带的，有的是开发人员制作的。无论是哪个类型的可执行文件，都具有各自的功能和特点，用于实现特定的任务。

一般情况下，用户在特定的场合通过双击可执行文件的图标启动可执行文件，使用完后关闭。但随着自动化程序的日益普及，通过其他的命令或代码来调用可执行文件是更为理想的方法和设计。

本章讲述在 VBA 程序中使用 WshShell 对象调用执行其他可执行文件，向可执行文件传送参数并把可执行文件的运行结果回传给 VBA 的知识和方法。

本章用到的外部引用和重要对象如下：

➢ Windows Script Host Object Model 引用。

➢ WshShell 对象。

➢ WshExec 对象。

10.1　创建 WshShell 对象

Windows Script Host（WSH）是一种系统管理工具。包含的主要功能有注册表的读写、环境变量的获取、打印机的管理、快捷方式的创建、可执行应用程序的调用等。

Windows Script Host Object Model 是其相应的脚本宿主对象模型。在 VBA 中使用该对象的方式分为前期引用和后期绑定。

WshShell 对象的 ProgID 是 WScript.Shell，因此可以使用 CreateObject 创建一个对象。

```
Sub 后期创建()
    Dim WShell As Object
    Set WShell = CreateObject("WScript.Shell")
    WShell.Run "notepad.exe"
    Set WShell = Nothing
End Sub
```

运行上述程序，如果启动了记事本，说明对象创建成功。

不过，利用后期绑定方式声明的所有对象类型都是 Object，书写代码时很不方便。下面介绍前期引用的方式。

在 VBA 的"添加引用"对话框中单击"浏览"按钮，定位到 C:\Windows\system32\wshom.ocx 这个文件，单击"打开"按钮，如图 10-1 所示。

可以看到在引用列表中勾选了 Windows Script Host Object Model 复选框，如图 10-2 所示。

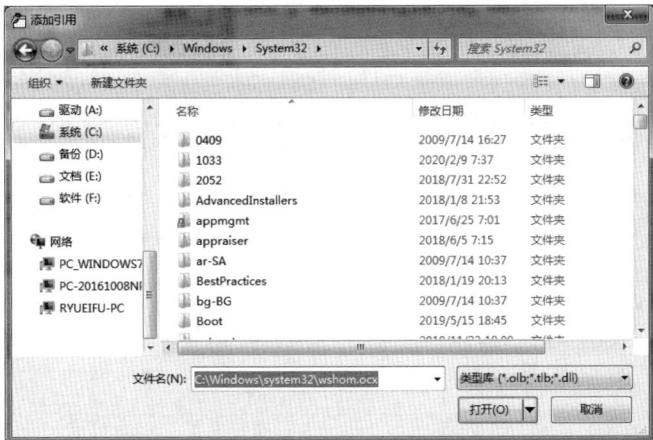

图 10-1 浏览 wshom.ocx 文件

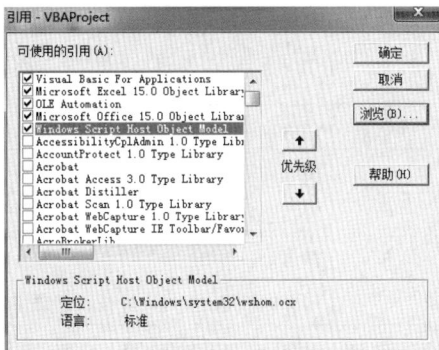

图 10-2 添加引用

添加引用后，在对象浏览器的组合框中选择 IWshRuntimeLibrary 选项，可以看到 WshShell 对象下面的重要成员，如图 10-3 所示。

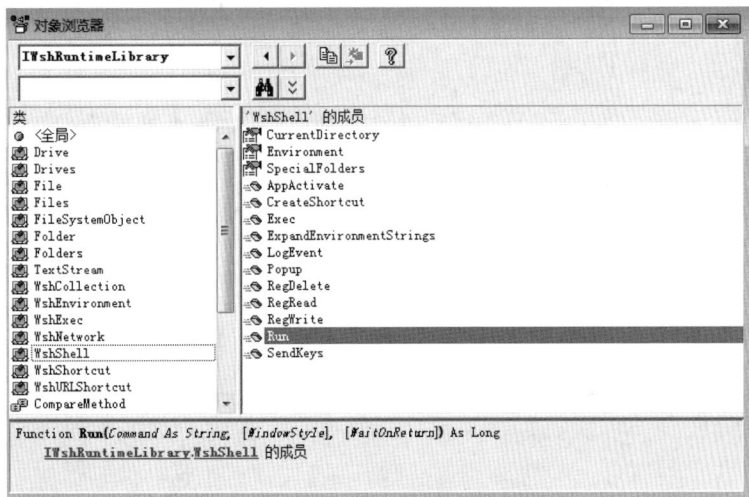

图 10-3 对象浏览器

其中，Exec 和 Run 是用来调用可执行文件的重要方法，本章重点讲述。

10.1.1 WshShell.Run 方法

WshShell.Run 方法用于启动一个可执行文件。共包含三个参数，其中第 1 个参数是必选参数。

● Command：可执行文件的路径，还可以添加命令行参数。
● WindowStyle：窗口样式。用于指定可执行文件启动后的窗口状态，可以设置为 0～10 之间的常数，见表 10-1 所示。
● WaitOnReturn：是否等待可执行运行结束。

表 10-1　WindowStyle 常数

常数	含　义
0	隐藏一个窗口并激活另一个窗口
1	激活并显示窗口。如果窗口处于最小化或最大化状态，则系统将其还原到原始大小和位置。第一次显示该窗口时，应用程序应指定此标志
2	激活窗口并将其显示为最小化窗口
3	激活窗口并将其显示为最大化窗口
4	按最近的窗口大小和位置显示窗口。活动窗口保持活动状态
5	激活窗口并按当前的大小和位置来显示
6	最小化指定的窗口，并按照 Z 顺序激活下一个顶部窗口
7	将窗口显示为最小化窗口。活动窗口保持活动状态
8	将窗口显示为当前状态。活动窗口保持活动状态
9	激活并显示窗口。如果窗口处于最小化或最大化状态，则系统将其还原到原始大小和位置。还原最小化窗口时，应用程序应指定此标志
10	根据启动应用程序的程序状态来设置显示状态

当 Run 方法执行成功时，其返回值为 0。

下面的程序用于启动记事本并打开指定的一个文本文件，记事本窗口最大化。

```
Private WShell As IWshRuntimeLibrary.WshShell
Sub 运行可执行应用程序 ()
    Dim Result As Long
    Set WShell = New IWshRuntimeLibrary.WshShell
    Result = WShell.Run(Command:="Notepad.exe E:\Memo.txt", WindowStyle:=
IWshRuntimeLibrary.WshMaximizedFocus, WaitOnReturn:=True)
    If Result = 0 Then
        Debug.Print "成功执行。"
    End If
End Sub
```

代码分析：

当第 3 个参数设置为 True 时，被调用的可执行文件关闭后，VBA 中后续的代码才能继续执行，否则代码会卡在那行。当设置为 False 时，可执行文件是异步执行的，不会影响到 VBA 的继续执行。

10.1.2　WshShell.Exec 方法

WshShell.Exec 方法同样可以执行一个可执行文件，与 Run 方法不同的是，Exec 方法返回一个 WshExec 对象。通过 WshExec 对象可以获取被执行文件的诸多属性。

下面的程序可以通过调用系统的 cmd 文件，输入命令 ipconfig 查看本机 IP 信息。

```
Private WShell As IWshRuntimeLibrary.WshShell
Private WE As IWshRuntimeLibrary.WshExec
Sub Test1()          ' 调用标准输出
    Set WShell = New IWshRuntimeLibrary.WshShell
    Set WE = WShell.exec("cmd.exe /c ipconfig")
    Do While WE.Status = IWshRuntimeLibrary.WshRunning
        Debug.Print "Waiting"
        DoEvents
    Loop
    Debug.Print WE.StdOut.ReadAll
    WE.Terminate
End Sub
```

代码分析：

变量 WE 是一个 WshExec 对象，WE.StdOut.ReadAll 用于读出标准输出的所有内容并显示到立即窗口中。

运行上述程序，在立即窗口中得到了本机的 IP 信息，实现了在 VBA 中获取另一个进程的输出结果，如图 10-4 所示。

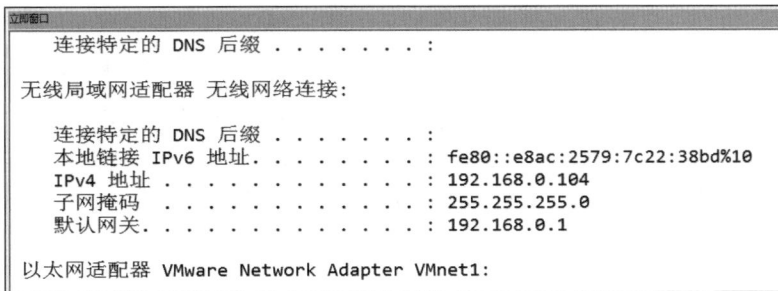

图 10-4　获取 ipconfig 命令的结果

10.2　解析 TextStream 对象

当执行一个命令行时通常会自动打开标准输入文件、标准输出文件和标准错误输出文件三个标准文件。标准输入文件（StdIn）通常对应终端的键盘；标准输出文件（StdOut）和标准错误输出文件（StdErr）对应终端的屏幕。进程将从标准输入文件中得到输入数据，将正常输出数据输出到标准输出文件，而将错误信息送到标准错误文件中，如图 10-5 所示。

例如，DOS 命令 del 用于删除一个文件。在"运行"对话框中输入 cmd.exe 打开命令提示符窗口。

在命令提示符窗口中输入 del 1.txt 并按下 Enter

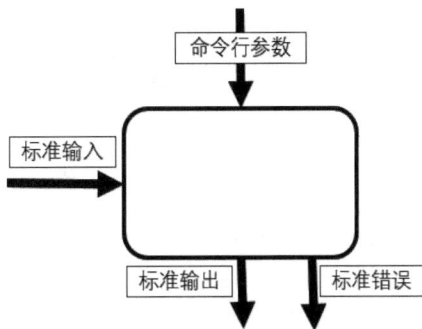

图 10-5　可执行文件的运行机制

键，提示找不到 C:\Windows\system32\1.txt，如图 10-6 所示。

在以上操作中，cmd.exe 是可执行文件的路径，del 1.txt 就是一个标准输入，由于该命令没有执行成功，所以找不到 C:\Windows\system32\1.txt 这个信息就是一个标准错误。

再比如 ping 命令可以测试网络状况，如图 10-7 所示。

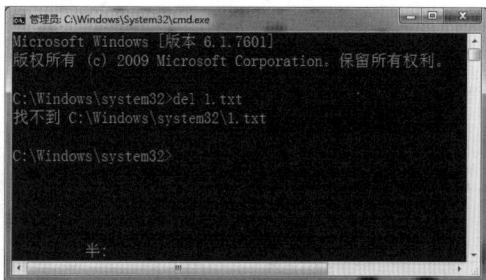

图 10-6　命令提示符窗口

图 10-7　ping 命令

在命令提示符窗口中输出的统计信息，就是一个标准输出。

调用可执行文件的过程中，可执行文件的路径是必须要提供的。命令行参数、标准输入、标准输出和标准错误这几项是可有可无的，具体与可执行文件的类型有关。

WshExec 对象有 StdIn、StdOut、StdErr 三个重要成员，分别用于重定向可执行文件的标准输入、标准输出和标准错误。这三者的类型都是 TextStream，可以用"文本流"的方式进行操作。

10.2.1　StdIn 对象

StdIn 是标准输入对象，通过 Write 或 WriteLine 方法可以代替手动向可执行文件中输入命令。在一个可执行文件的执行过程中，允许多次通过 WriteLine 方法传递输入信息。

下面的程序调用了 cmd.exe，并传入了一行标准输入。

```
Private WShell As IWshRuntimeLibrary.WshShell
Private WE As IWshRuntimeLibrary.WshExec
Sub Test2()        '接收标准输入
    Dim TS1 As IWshRuntimeLibrary.TextStream
    Set WShell = New IWshRuntimeLibrary.WshShell
    Set WE = WShell.exec("cmd.exe/k")
    Set TS1 = WE.StdIn
    TS1.WriteLine Text:="ping 192.168.1.1"
    TS1.Close
    WE.Terminate
    Do While WE.Status = WshRunning
        DoEvents
    Loop
    Debug.Print WE.StdOut.ReadAll
End Sub
```

代码分析：

代码中的变量 TS1 用于表示标准输入。运行上述程序，在立即窗口中输出了 ping 命令的结果。

10.2.2 StdOut 对象

执行一个命令后，有的可执行文件会把执行的结果输送到标准输出中，WshExec 对象的 StdOut 对象可以重定向获取标准输出的内容。

获取标准输入后，通过 Read 方法、ReadLine 方法或 ReadAll 方法返回输出的结果。其中，StdOut 对象的 AtEndOfStream 属性可以判断是否已经读完。

例如，DOS 命令 Dir 可以非常方便、快速地查找指定路径下具有某些特征的文件和目录，如图 10-8 所示。

要想获取 E:\Chess 这个目录中的所有 gif 图片，需要在命令提示符窗口中首先用 cd 命令切换到当前目录，然后再用 Dir 命令执行查找。

下面的程序用 VBA 程序的方式实现上述功能。

```
Private WShell As IWshRuntimeLibrary.WshShell
Private WE As IWshRuntimeLibrary.WshExec
Sub Test3()        ' 标准输出
    Dim TS1 As IWshRuntimeLibrary.TextStream
    Dim TS2 As IWshRuntimeLibrary.TextStream
    Set WShell = New IWshRuntimeLibrary.WshShell
    Set WE = WShell.exec("cmd.exe /k")
    Set TS1 = WE.StdIn
    TS1.WriteLine Text:="cd /d E:\Chess & Dir *.gif /a /b /s"
    TS1.Close
    WE.Terminate
    Do While WE.Status = WshRunning
        DoEvents
    Loop
    Set TS2 = WE.StdOut
    Dim i As Integer
    Do Until TS2.AtEndOfStream
        i = i + 1
        Range("A" & i).Value = TS2.ReadLine
    Loop
    TS2.Close
End Sub
```

代码分析：

标准输入 cd /d E:\Chess & Dir *.gif /a /b /s 中的 & 符号是 DOS 命令中的用法，表示两个命令先后执行。

变量 TS2 就是标准输出，在 Do…Loop 循环结构中循环读取每行，并且把每行的结果发送到 Excel 单元格中。

运行上述程序，在 Excel 单元格中产生了 Dir 命令执行文件查找的结果，如图 10-9 所示。

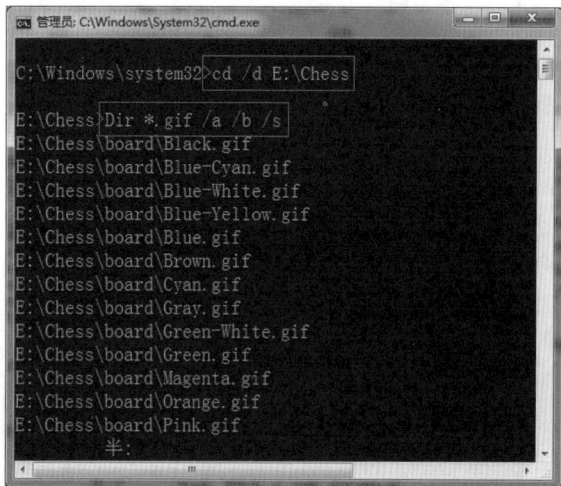

图 10-8　Dir 命令

图 10-9　借助 DOS 的 Dir 命令获取文件名称

Windows 系统的 DOS 命令是个巨大的宝库，很多实用的命令都可以使用 VBA 代码调用。

10.2.3　StdErr 对象

StdErr 是标准错误，当可执行文件中出现异常时，不能用 VBA 的错误处理机制来应对。例如，在被执行的命令中包含不存在的路径，或者执行的命令字符串拼写错误等，都会产生标准错误。如果有标准错误，同样可以用字节流的方式读出。

下面的程序尝试调用 DOS 命令 del 删除一个文件。

```
Private WShell As IWshRuntimeLibrary.WshShell
Private WE As IWshRuntimeLibrary.WshExec
Sub Test4()          ' 调用出错信息
    Dim TS3 As IWshRuntimeLibrary.TextStream
    Set WShell = New IWshRuntimeLibrary.WshShell
    Set WE = WShell.exec("cmd.exe")
    WE.StdIn.WriteLine Text:="del Void.txt"            ' 试图删除文件
    WE.Terminate
    Do While WE.Status = WshRunning
        DoEvents
    Loop
    Dim s As String
    Set TS3 = WE.StdErr
    If TS3.AtEndOfStream Then
        Debug.Print " 没产生错误信息。"
    Else
        Debug.Print " 有错误信息。"
```

```
              Do Until TS3.AtEndOfStream
                  s = TS3.Read(Characters:=3)
                  Debug.Print s
              Loop
          End If
      End Sub
```

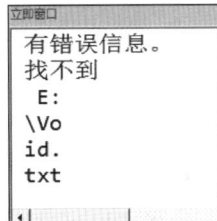

图 10-10　运行结果

由于在当前路径下不存在命令中指定的文件，所以出错。是否出错可以用 AtEndOfStream 属性来判断，如果该属性为 False，则说明有错误信息。

Read 方法允许一次读取一定数量的字符，Read(Characters:=3) 表示每 3 个字符读取一次。

运行上述程序，在立即窗口中输出的结果如图 10-10 所示。

10.3　调用常用编程语言

系统中最常见的可执行文件是 cmd.exe，此外还有一些编程语言的解释文件，也支持标准输入和输出。例如，VBS 语言的解释文件 CScript.exe、Python 语言的 python.exe 等都可以使用 WshShell 对象调用。

使用 VBA 调用这些外部文件之前，不仅要在 cmd 窗口中测试被调用的程序是否能正常运行，还要了解命令行参数和标准输入的传递和接收方法。

10.3.1　调用 bat 批处理文件

bat 文件是 DOS 下的批处理文件。批处理文件是无格式的文本文件，它包含一条或多条命令，文件扩展名通常为 .bat。在命令提示下输入批处理文件的名称，或者双击该批处理文件，系统就会调用 cmd.exe 按照该文件中各个命令出现的顺序逐个运行。

在 bat 文件中使用 %1、%2 的形式接收命令行参数。例如，执行 cmd.exe Sample.bat 5 8，那么代码中的 %1 就是 5，%2 就是 8，以此类推。

在 bat 文件中使用 set /p x=x 的形式接收用户在命令提示符下的标准输入。例如，运行 DOS 命令 set /p x= 请输入 x:，就会提示请输入 x:，如图 10-11 所示。

用户输入一个数字后，变量 x 的值就是用户输入的数字，使用 %x% 可以继续使用这个变量。

在 bat 文件中进行数学计算并赋值的方法是 set /a。例如，set /a x=1+2-3*4 会输出 -9，如图 10-12 所示。

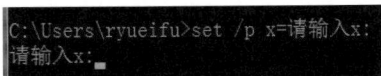

图 10-11　在 DOS 窗口中提示输入

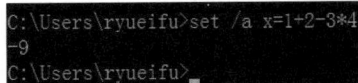

图 10-12　在 DOS 窗口中进行计算

bat 文件中使用 echo 可将结果发送到标准输出。例如，echo %x% 可输出变量 x 的结果。

下面的程序演示了在 bat 文件中对 5 个数字进行相加。文件中代码如图 10-13 所示。

261

代码 set /a result=%1+%2+%c%+%d%+%e% 中，result 是一个变量，用于得到数字之和，%1 和 %2 来自于命令行参数，后面 3 个来自于标准输入。

打开命令提示符窗口，输入命令：C:\dist\Sample.bat 2 3。

在窗口中依次提示输入 c、d、e 的值。

最后输出结果是 20，如图 10-14 所示。

图 10-13　bat 文件的内容

图 10-14　最后结果为 20

以上是在命令提示符窗口中调用了该 bat 文件。

下面的程序在 VBA 中利用 WshShell 调用上述 bat 文件，在命令行参数中传递 3 和 4，标准输入依次为 5、6、7。

```
Private WShell As IWshRuntimeLibrary.WshShell
Private WE As IWshRuntimeLibrary.WshExec

Sub 调用bat()
    Dim TS1 As IWshRuntimeLibrary.TextStream
    Set WShell = New IWshRuntimeLibrary.WshShell
    Set WE = WShell.exec("cmd.exe /c C:\dist\Sample.bat 3 4")
    Set TS1 = WE.StdIn
    TS1.Write 5
    Application.Wait Now + TimeValue("00:00:01")
    TS1.Write 6
    Application.Wait Now + TimeValue("00:00:01")
    TS1.WriteLine 7
    TS1.Close
    Application.Wait Now + TimeValue("00:00:01")
    WE.Terminate
    Do While WE.Status = WshRunning
        DoEvents
    Loop
    Debug.Print "结果是", WE.StdOut.ReadAll
End Sub
```

运行上述程序，在立即窗口中显示 25，如图 10-15 所示。

图 10-15　结果为 25

以上演示了从 VBA 向 bat 文件传递数据，再将计算结果发回到 VBA 中。

10.3.2 调用 VBS 文件

VBS 是微软公司基于 Visual Basic 的脚本语言，语法与 VBA 非常相似。使用记事本就可以编写 VBS 脚本，文件扩展名为 .vbs。

双击 VBS 文件，通常由 wscript.exe 文件解释运行，该文件位于 C:\Windows\System32\wscript.exe。不过，使用 cscript.exe 运行 VBS 脚本可以处理标准输入和输出。

VBS 语法中使用 WScript.Arguments 接收和处理命令行参数。例如，WScript.Arguments(0) 就是第一个参数。

VBS 中使用 WScript.StdIn.ReadLine 接收标准输入，使用 WScript.StdOut.WriteLine 向终端输出结果。

下面编写一个 Sample.vbs 文件，该程序用于计算多个数字之和。其中，前两个参数通过命令行参数传递；后三个参数通过键盘输入，如图 10-16 所示。

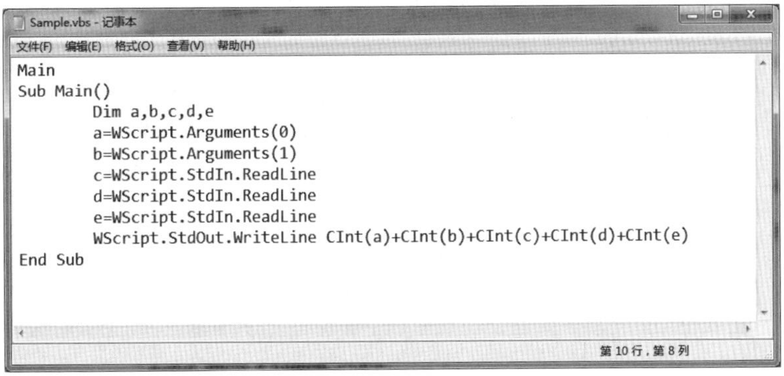

图 10-16 VBS 脚本文件

首先在命令提示符窗口中运行和检验上述程序，输入命令：

C:\Windows\System32\CScript.exe C:\dist\Sample.vbs 1 2

按下 Enter 键后，先后输入 3、4、5 这 3 个数字，看到结果是 15，如图 10-17 所示。

图 10-17 运行结果

下面的程序用于在 VBA 中调用上述 VBS 脚本的代码。

```
Private WShell As IWshRuntimeLibrary.WshShell
Private WE As IWshRuntimeLibrary.WshExec
Sub 调用 VBS()
    Dim TS1 As IWshRuntimeLibrary.TextStream
    Set WShell = New IWshRuntimeLibrary.WshShell
    Set WE = WShell.exec("cscript.exe C:\dist\Sample.vbs 3 4")
    Set TS1 = WE.StdIn
    TS1.WriteLine 5
    TS1.WriteLine 6
    TS1.WriteLine 7
    TS1.Close
    WE.Terminate
    Do While WE.Status = WshRunning
        DoEvents
    Loop
    Debug.Print "结果是 ", WE.StdOut.ReadAll
End Sub
```

运行上述程序，在立即窗口中输出的结果为 25，如图 10-18 所示。

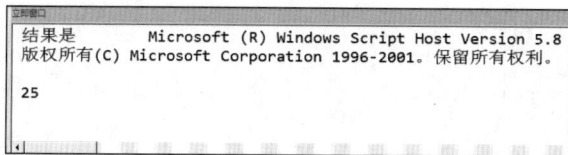

图 10-18　运行结果

10.3.3　调用 Python 代码

Python 代码文件的扩展名通常为 .py，用于解释运行的可执行文件是 python.exe。该文件的路径与安装位置有关，如图 10-19 所示。

图 10-19　Python 的解释文件

在 Python 中使用 sys.argv 处理命令行参数，sys.argv[1] 就是第一个参数。

使用 input 接收用户的输入，使用 print 输出结果。

下面的 Python 代码文件用于计算 5 个数字之和，如图 10-20 所示。

在命令提示符窗口调用上述脚本，输出结果为 15，如图 10-21 所示。

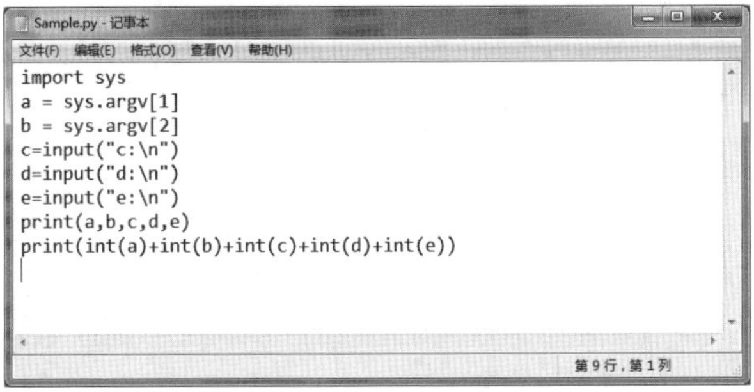

图 10-20 Python 代码

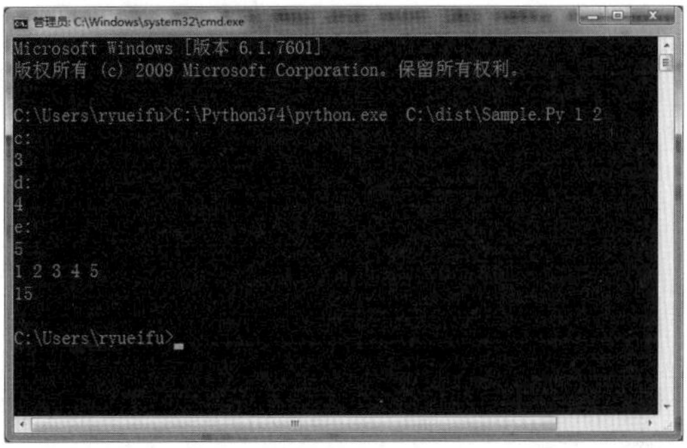

图 10-21 Python 代码的运行结果

下面的程序用于在 VBA 中调用 Python 文件。

```
Private WShell As IWshRuntimeLibrary.WshShell
Private WE As IWshRuntimeLibrary.WshExec

Sub 调用Python()
    Dim TS1 As IWshRuntimeLibrary.TextStream
    Set WShell = New IWshRuntimeLibrary.WshShell
    Set WE = WShell.exec("C:\Python374\python.exe C:\dist\Sample.Py 3 4")
    Set TS1 = WE.StdIn
    TS1.WriteLine 5
    TS1.WriteLine 6
    TS1.WriteLine 7
    TS1.Close
    WE.Terminate
    Do While WE.Status = WshRunning
        DoEvents
    Loop
    Debug.Print "结果是 ", WE.StdOut.ReadAll
End Sub
```

运行上述程序，在立即窗口中输出的结果如图 10-22 所示。

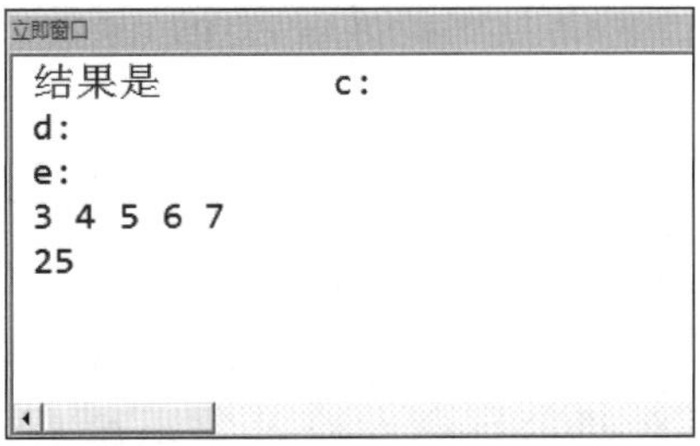

10.3.4 调用 PowerShell 脚本

Windows PowerShell 是一种命令行外壳程序和脚本环境，命令行用户和脚本编写者可以利用 .NET Framework 的强大功能。

图 10-22 在 VBA 中调用 Python 运行后的结果

它引入了很多非常有用的新概念，从而进一步扩展了在 Windows 命令提示符和 Windows Script Host 环境中获得的知识和创建的脚本。

PowerShell 的脚本文件扩展名是 .ps1，可执行文件是 C:\WINDOWS\system32\WindowsPower-Shell\v1.0\powershell.exe，如图 10-23 所示。

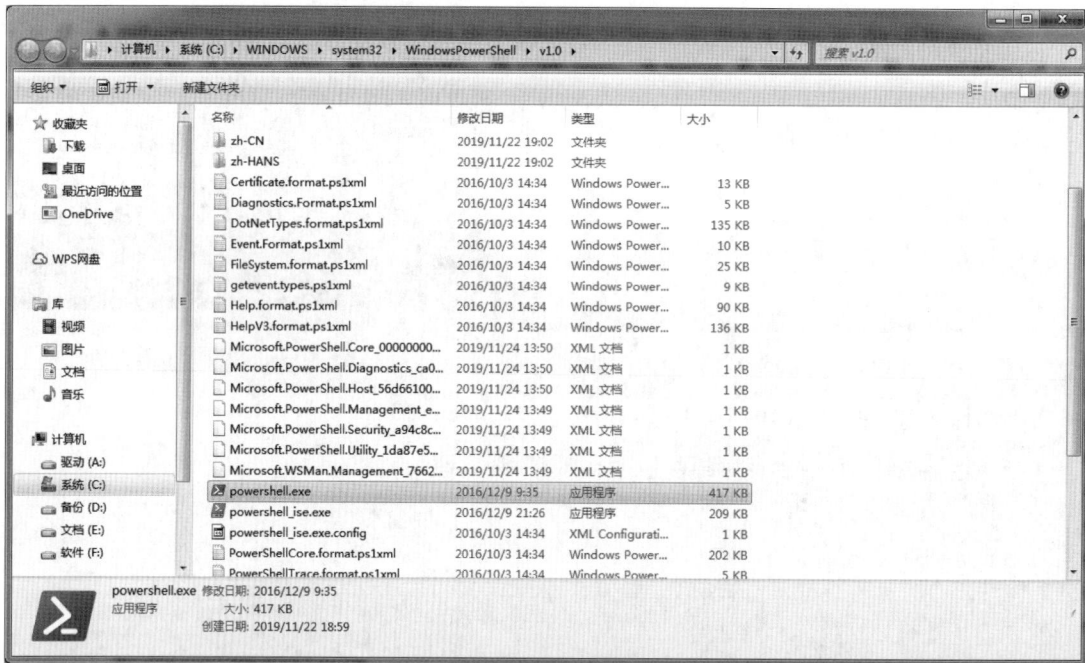

图 10-23　PowerShell 的解释文件

在 PowerShell 语法中，变量的前面需要加上 $。在脚本文件中，使用 $args[0] 接收命令行参数；使用 Read-Host 命令接收标准输入；使用 Write-Host 命令将结果输出到控制台。

例如，下面的 Sample.ps1 文件用于计算 5 个数字之和，如图 10-24 所示。

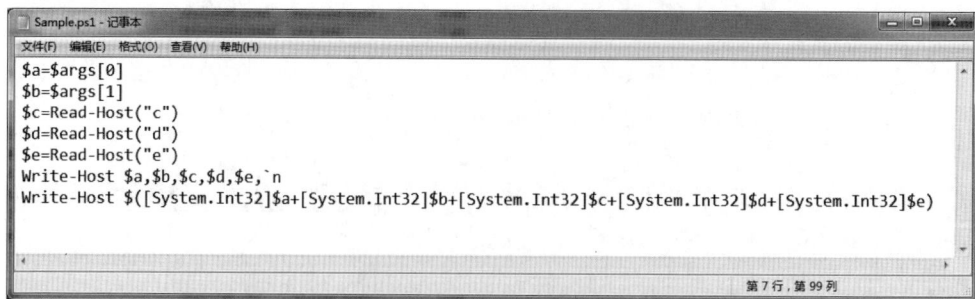

图 10-24　PowerShell 脚本

在命令提示符窗口中执行如下命令：Powershell.exe -NoLogo -ExecutionPolicy RemoteSigned -File C:\dist\Sample.ps1 1 2；可以看到输出结果是 15，如图 10-25 所示。

图 10-25 PowerShell 脚本的运行结果

下面的程序可以在 VBA 中调用上述 PowerShell 脚本的代码。

```
Private WShell As IWshRuntimeLibrary.WshShell
Private WE As IWshRuntimeLibrary.WshExec

Sub 调用 PowerShell()
    Dim TS1 As IWshRuntimeLibrary.TextStream
    Set WShell = New IWshRuntimeLibrary.WshShell
    Set WE = WShell.exec("Powershell.exe  -NoLogo -ExecutionPolicy RemoteSigned
-File C:\dist\Sample.ps1 3 4")
    Set TS1 = WE.StdIn
    TS1.WriteLine 5
    TS1.WriteLine 6
    TS1.WriteLine 7
    TS1.Close
    WE.Terminate
    Do While WE.Status = WshRunning
        DoEvents
    Loop
    Debug.Print "结果是 ", WE.StdOut.ReadAll
End Sub
```

运行上述程序，在立即窗口中输出的结果是 25，如图 10-26 所示。

另外，PowerShell.exe 还可以把一个单独的 cmdLets 命令作为参数来执行。例如，Get-Process 这个命令可以得到所有进程信息。

下面的程序借助 PowerShell 的功能列出了与 Chrome 浏览器有关的进程信息。

```
Sub 运行 cmdLets 命令 ()
    Set WShell = New IWshRuntimeLibrary.WshShell
    Set WE = WShell.exec("Powershell.exe  -NoLogo -ExecutionPolicy RemoteSigned
-Command Get-Process -Name Chrome")
    Do While WE.Status = WshRunning
        DoEvents
    Loop
    Debug.Print WE.StdOut.ReadAll
    WE.Terminate
End Sub
```

运行上述程序，在立即窗口中输出的结果如图 10-27 所示。

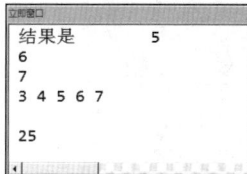

图 10-26　在 VBA 中调用 PowerShell 运行后的结果

图 10-27　运行结果

10.3.5　调用 C# 控制台程序

C# 是由微软公司开发的现代的、通用的、面向对象的编程语言。这门语言基于 Microsoft .NET 平台，有大量的库可以调用，因此功能非常强大、应用范围非常广。

C# 是编译型语言，需要把项目生成可执行文件才能运行。

控制台应用程序可以很好地处理标准输入和输出，下面以这种项目类型为例，讲述 VBA 调用 C# 控制台程序的方法。

在 Visual Studio 中创建一个 C# 的控制台应用项目，项目名称为 ConsoleApp1，如图 10-28 所示。

图 10-28　创建 C# 的控制台应用项目

编写如下代码，用于计算 5 个数字之和。

```
using System;
using System.Collections.Generic;
using System.Linq;
using System.Text;
```

```
namespace ConsoleApp1
{
    class Program
    {
        static void Main(string[] args)
        {
            string a, b, c, d, e;
            a = args[0];
            b = args[1];
            c = Console.ReadLine();
            d = Console.ReadLine();
            e = Console.ReadLine();
            Console.WriteLine(Int32.Parse(a)+ Int32.Parse(b)+ Int32.Parse(c)+
Int32.Parse(d)+ Int32.Parse(e));
        }
    }
}
```

生成项目之后，在 Debug 文件夹中产生可执行文件 ConsoleApp1.exe。

在命令提示符窗口中调用该可执行文件，输出结果为 15，如图 10-29 所示。

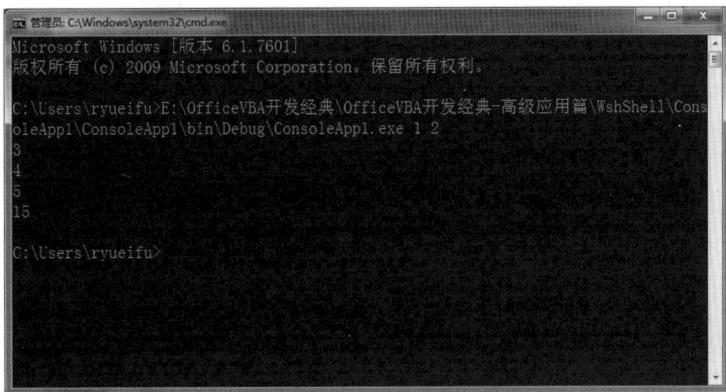

图 10-29　控制台应用程序的运行结果

下面的程序可以在 VBA 中调用 ConsoleApp1.exe。

```
Private WShell As IWshRuntimeLibrary.WshShell
Private WE As IWshRuntimeLibrary.WshExec
Sub 调用CS()
    Dim TS1 As IWshRuntimeLibrary.TextStream
    Set WShell = New IWshRuntimeLibrary.WshShell
    Set WE = WShell.exec("E:\OfficeVBA 开 发 经 典 \OfficeVBA开发经典-高级应用篇
\WshShell\ConsoleApp1\ConsoleApp1\bin\Debug\ConsoleApp1.exe 3 4")
    Set TS1 = WE.StdIn
    TS1.WriteLine 5
    TS1.WriteLine 6
    TS1.WriteLine 7
```

```
        TS1.Close
        WE.Terminate
        Do While WE.Status = WshRunning
            DoEvents
        Loop
        Debug.Print "结果是 ", WE.StdOut.ReadAll
    End Sub
```

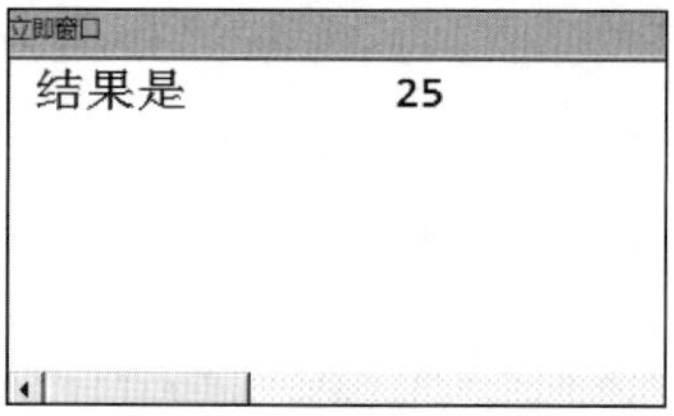

图 10-30　在 VBA 中调用 C#
可执行程序的运行结果

运行上述程序，在立即窗口中输出的结果为 25，如图 10-30
所示。

10.4　本章习题

1. WshShell 对象的 Exec 和 Run 方法都可以用来执行另一个可执行程序，主要区别是（　　　）。

A. Exec 方法可以设置被执行程序的窗口状态

B. Run 方法可以使用标准输入、标准输出、标准错误

C. Exec 方法不能设置被执行程序的窗口状态，但可以使用标准输入、标准输出、标准错误

D. Run 方法只能异步执行一个程序

2. 哪一个 DOS 命令可以显示当前目录下所有的子目录和文件列表？（　　　）

A. ipconfig　　　　　　　　　　B. Dir

C. chcd　　　　　　　　　　　　D. reg

3. 编写一个 VBA 程序，利用 WshShell 对象自动启动 QQ。

第 11 章　JavaScript 入门知识

JavaScript 是一种运行在网页中的、面向对象的解释型脚本语言，广泛用于客户端 Web 开发。

JavaScript 本身和 VBA 语言没有关系，但由于 VBA 能够操作网页、可以向网页服务器发送和接收请求，所以 VBA 代码免不了和 HTML、JavaScript 打交道。

本章通过 HTML 网页 +JavaScript 脚本这种组合学习的方式，体验 JavaScript 的基本用法和语言特点。

11.1　JavaScript 概述

JavaScript（简称 JS）是一种具有函数优先的轻量级、解释型或即时编译型的编程语言，是一种嵌入在网页中的脚本语言。

使用 JavaScript 语言可以读写 HTML 文档和元素，或者在数据提交到服务器之前进行验证等操作。

本节通过制作一个简单的网页，设计一些简单的 JavaScript 函数，来了解 JavaScript 的基本工作流程。

11.1.1　在 HTML 网页中调用 JavaScript

JavaScript 语言可以书写在独立的 .js 文件中，也可以直接嵌入 HTML 网页源代码中。嵌入在网页中的也称为内联的 JavaScript。一个 HTML 网页通常由 <head> 和 <body> 两大部分构成。JavaScript 代码通常书写在 <head> 部分中，如果在 <body> 中定义一个按钮，单击该按钮可以调用 JavaScript 代码中的函数。因此，只需制作一个 HTML 网页就可以体会 JavaScript 脚本的运行方式。

用于编写 HTML 的开发环境非常多，最简单的用记事本就可以完成。为了能够使用代码的智能提示功能，这里介绍使用 Visual Studio 编写带有 JavaScript 的 HTML 网页的方法。

启动 Visual Studio 2017，单击菜单"文件""新建文件"，如图 11-1 所示。

在"新建文件"对话框中找到"HTML 页"选项，单击右下角的"打开"按钮，如图 11-2 所示，即自动创建了一个网页。

图 11-1　新建文件

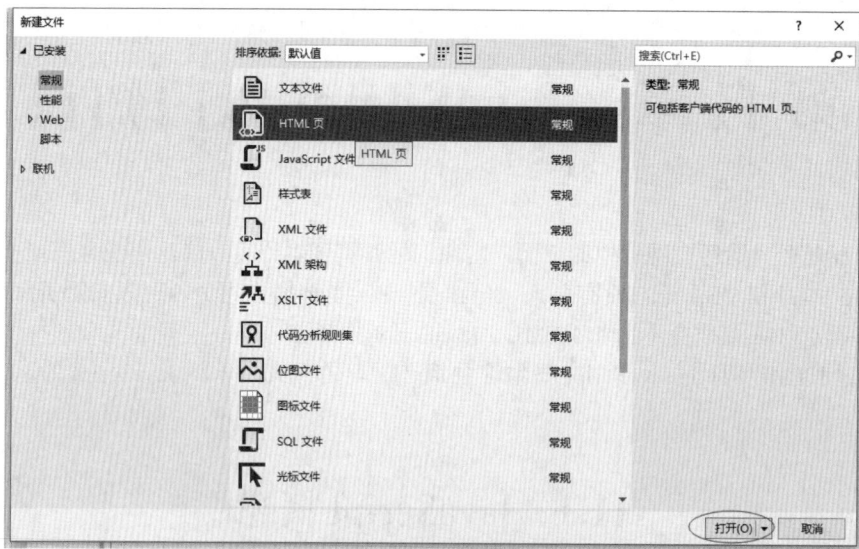

图 11-2　新建网页

下面是一个用于计算两个数字之和的实例。在 HTML 的 <body> 部分中写入两个文本框，再写入一个按钮。目的是通过单击该按钮可以自动计算两个文本框中的数字之和，结果显示在 <div> 标签中。

📢 注意：

按钮的 onClick 事件指定为 Sum()，当用户单击该按钮时可以调用 <head> 中的函数。

完整代码如图 11-3 所示。

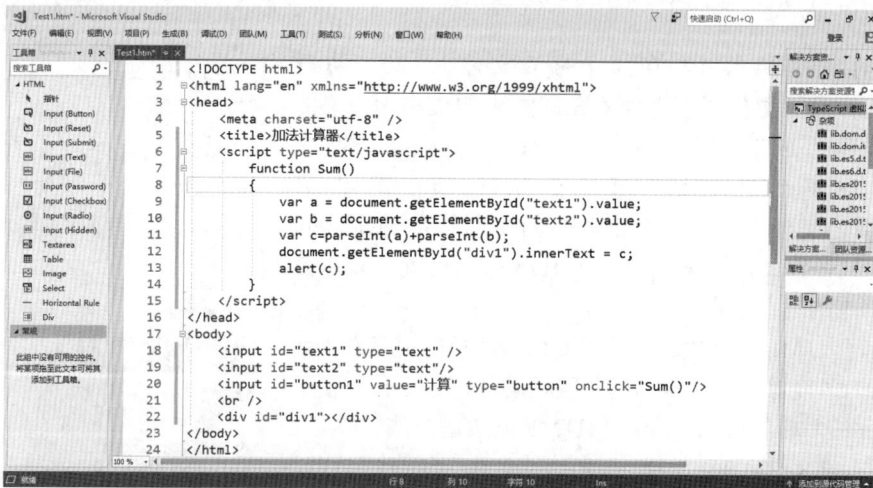

图 11-3　网页中的 HTML 代码

最后把以上代码保存在磁盘文件 Test1.htm 中，然后打开浏览器，在 URL 中输入上述网页的完整路径，按 Enter 键。

在两个文本框中任意输入两个数字，单击"计算"按钮可以看到下面显示 46，同时弹出一个对话框，也显示 46，如图 11-4 所示。

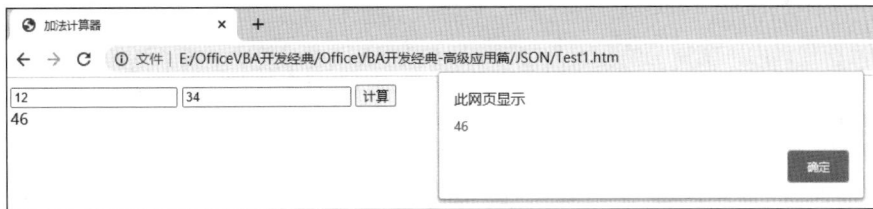

图 11-4　网页上的计算结果

从这个实例可以看出，JavaScript 书写在网页中，只有该网页显示以后才能运行 JavaScript 脚本。同时，JavaScript 还可以访问网页中的所有元素。例如，document.getElementById("text1") 用于获取 DOM 中根据 Id 属性定位的一个元素。

11.1.2　变量与数据类型

JavaScript 是弱类型语言，声明变量时不用指定类型，而且，声明变量时可以直接赋值。变量的类型取决于它的值的类型。

使用 typeof 返回变量或表达式的类型文本。例如，typeof 3.14 返回 number。

下面的程序声明了多个变量，把这些变量的类型文本连接在一起输出到对话框中。

```
function Test()
{
    var a = 10;          // 数字
    var b = false;       // 布尔常量
    var c = 'Hello';     // 字符串
    var d = null;
    var e = undefined;
    var result = typeof a + '\n' + typeof b + '\n' + typeof c + '\n' + typeof d +
'\n' + typeof e;
    alert(result);
}
```

上述程序的运行结果如图 11-5 所示。

图 11-5　JavaScript 脚本的运行结果

另外，还可以用 instanceof 判断变量或表达式是不是某个类型，返回的是布尔值。

```
var x = typeof 3.14
var y = '3.14' instanceof Number;
```

在上述两行代码中，变量 x 的类型是字符串，值是 number；变量 y 的类型是布尔值，值是 false。

11.1.3　区分大小写

JavaScript 严格区分大小写，语言关键字、变量的名称、函数的名称都遵循这一规则。

例如，var x 和 var X 被认为声明了两个互不相干的变量。

还要注意关键字必须正确书写。例如，Var、FUNCTON、Else 这些单词不会被认为是 JavaScript 的关键字。

11.2　函数的创建和调用

一个网页中的脚本代码通常包含多个函数，函数之间可以互相调用。

JavaScript 采用小写的 function 来定义函数，基本语法如下：

```
function 函数名称 ( 参数列表 )
{
    函数体 ;
}
```

在函数体中可以使用 return 关键字返回函数的结果。

另外一种方式是把函数赋给一个变量，这个变量就成了函数。语法如下：

```
const|var 变量 = function ()
{
    函数体
}
```

例如，下面创建计算长方形的周长和面积的两个函数。

```
<script type="text/javascript">
    function zhouchang(length,width)
    {
        return (length + width) * 2;
    }
    var area = function (length, width) { return length * width };
    function Test()
    {
        alert(zhouchang(4, 5));
        alert(area(4,5));
    }
</script>
```

在上述代码中，zhouchang 和 area 都是自定义的函数，尽管写法不相同。

在网页中执行 Test 函数，在对话框中先后弹出 18 和 20。

11.2.1 默认参数

在定义函数时，参数列表中可以为参数赋初值，使之成为默认参数。例如，在定义圆的面积函数时，半径的默认值可以设置为 0，圆周率的默认值为 3.14。

```
function yuan (r = 0 , pi = 3.14)
{
    return pi * r ** 2;
}
```

在有默认值的情况下，调用函数时的实际参数数量可以少于形式参数数量。

例如，下面三行代码都调用了上述函数。

```
alert(yuan());
alert(yuan(1));
alert(yuan(10,3.1415926));
```

三个结果分别是 0、3.14、314.15926。

11.2.2 返回值

JavaScript 中的 function 都拥有返回值，如果函数体中从来没出现过 return 语句，或者没有运行到 return 语句，会返回 undefined。

下面的函数 F 用于判断数字的正负。

```
function F(x)
{
if (x > 0)
    { return "正数" }
else if ( x < 0)
    { return "负数" }
}
```

如果调用上述函数时传递的参数是 0，则运行不到函数体中的 return 语句。

```
alert(F(0)===undefined);
```

这行代码的返回结果是 true。

11.3 数组

数组是多个表达式或对象有序排列后形成的集合，数组仍然是一个对象。JavaScript 的数组下标从 0 开始，到 length-1 结束。

本节讲解数组的创建、修改、遍历等内容。

11.3.1　创建数组

JavaScript 使用 new Array 创建一个数组，也可以使用 [ ] 直接为一个变量赋值使之成为数组。一个数组可以不包含任何元素，称为空数组。

下面的程序创建了四个数组。

```
function CreateArray()
{
    var a1 = [];
    var a2 = [2, true, 'OK', a1];
    var a3 = new Array();
    var a4 = new Array(a3, 'No', false, 3.14);
    alert(a1.length);
    alert(a2.length);
    alert(a3.length);
    alert(a4.length);
}
```

可以看出，数组中的元素可以是任何数据类型，而且数组中的元素还可以是其他数组，数组可以嵌套。

11.3.2　判断数组类型

由于数组也是对象，使用 typeof 判断的结果是 object，所以无法区分数组和字典。

可以使用 instanceof Array 或者 Array.isArray 来判断是否为数组，返回值为布尔值。

```
var a1 = [];
alert(a1 instanceof Array);
alert(Array.isArray(a1));
```

上述代码返回的结果是两个 true。

11.3.3　访问数组元素

创建数组时可以同时进行元素的初始化。数组是可变序列，后期可以对元素进行增加、删除、清空、修改等操作。

数组对象可以用如下四种方法操作数组头部和尾部的元素。

- pop：用于删除最后一个元素。
- push(x)：用于把元素 x 追加到数组的尾部。
- shift：用于删除第一个元素。
- unshift(x)：用于把元素 x 插入数组的头部。

实例程序如下：

```
function Test()
{
    var a1 = ['Wed','Thu','Fri'];
```

```
        a1.pop();
        a1.push('Sat');
        a1.shift();
        a1.unshift('Mon')
        alert(a1.toString());
    }
```

上述程序的结果是：Mon, Thu, Sat

JavaScript 采用方括号读写数组中指定下标的元素。例如，语句 a1[a1.length-1] = 'Sun'，可以对最后一个元素进行修改。

11.3.4　遍历数组

数组是以数字下标作为索引的集合对象，可以理解成键是自然数列的键值对，如图 11-6 所示。

for 或 do 循环都可以遍历数组的全部元素。下面的程序使用两种方式遍历同一个数组。

键	值
0	Sun
1	Mon
2	Tue
3	Wed
4	Thu
5	Fri
6	Sat

图 11-6　数组的示意图

```
function Test()
{
    var a1 = ['Sun','Mon','Tue','Wed','Thu','Fri','Sat'];
    for (var i = 0; i < a1.length; i++)
    {
        alert(a1[i]);
    }
    for (var i in a1)
    {
        alert(i);          // 遍历出来的是索引
    }
}
```

另外，还可以使用数组的 keys、values 对索引和值进行分别遍历。

```
function Test()
{
    var a1 = ['Sun', 'Mon', 'Tue', 'Wed', 'Thu', 'Fri', 'Sat'];
    var i, v;
    for (i of a1.keys())
    {
        alert(i);
    }
    for (v of a1.values())
    {
        alert(v);// 遍历出来的是值
    }
}
```

11.3.5　排序和倒序

数组的 sort 方法可以让数组元素升序排列，reverse 方法可以让数组前后顺序颠倒。这两种方法组合使用，可以让数组实现降序排列。

```
function Test()
{
    var a1 = ['Sun', 'Mon', 'Tue', 'Wed', 'Thu', 'Fri', 'Sat'];
    a1.sort();
    alert(a1.toString());
    a1.reverse();
    alert(a1.toString());
}
```

上述程序运行后，两个对话框的结果如图 11-7 和图 11-8 所示。

图 11-7　排序后的结果

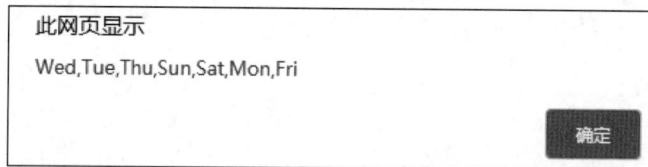

图 11-8　倒序后的结果

11.3.6　数组与字符串的转换

数组的 join 方法可以把所有元素按照指定的字符连成一个长字符串。字符串的 split 方法可以把一个字符串按指定的分隔符转换成字符串数组。

```
function Test()
{
    var a1 = ['Sun', 'Mon', 'Tue', 'Wed', 'Thu', 'Fri', 'Sat'];
    var s1 = a1.join('@@');
    var s2 = '1/20/300/4000';
    var a2 = s2.split('/');
    var total = 0;
    for (let i = 0; i < a2.length; i++)
    {
        total += parseInt(a2[i]);
    }
    alert(s1);
    alert(total);
}
```

上述程序运行后，两个对话框的结果如图 11-9 和图 11-10 所示。

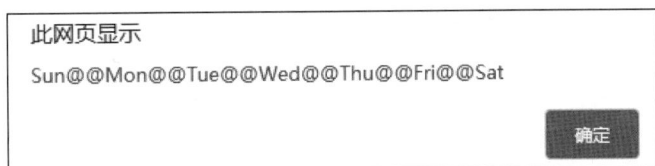

此网页显示
Sun@@Mon@@Tue@@Wed@@Thu@@Fri@@Sat

确定

图 11-9 数组连接为字符串

此网页显示
4321

确定

图 11-10 遍历数组

11.4 字典

字典是一种无序的键值对形成的集合，通过键名来访问值。简单的字典可以想象成具有两列可以查询的数据表格，如图 11-11 所示。

本节讲述字典的创建、键值对的访问和遍历等内容。

键	值
name	张三
age	33
marriaged	TRUE

图 11-11 字典的示意图

11.4.1 创建字典

在 JavaScript 中使用 new Object 创建一个字典，也可用一对花括号直接创建字典。字典的书写规则是：在花括号内部添加键值对；在键后面写一个冒号，然后写上值；键值对之间用逗号隔开。

```
function Test()
{
    var d1 = new Object({'name':'张三','age':33,'marriaged':true});
    var d2 = {0:'Sun',1:'Mon',2:'Tue',3:'Wed',4:'Thu',5:'Fri',6:'Sat'};
    alert(d1.name);
    alert(d1['name'])
    alert(d2[3]);
}
```

访问字典中的项的方法有两个：一是显式访问，如 d1.name；二是隐式访问，如 d1['name']。其中隐式访问与访问数组元素非常相似。一对空的花括号也是字典。

11.4.2 字典的扩展和嵌套

在 JavaScript 的字典中键的类型通常是字符串，但是对应的值可以是任何数据类型。例如，一个键对应的值可以是另一个数组或字典。这样就造成数组里面可能包含字典，字典里面也有可能包含数组。

```
function Test()
{
    var d1 = {'name': '张三 ', 'age': 33, 'hobby': [' 篮球 ',' 象棋 ',' 游泳 ']};
    var d2 = [' 北京 ', ' 上海 ', {' 湖北 ':' 武汉 ',' 湖南 ':' 长沙 '}]
    alert(d1.hobby[1]);
    alert(d2[2]. 湖南 );
}
```

在上述程序中，d1 是字典，d2 是数组。决定类型的是最外层的括号。如果最外层是花括号，就是字典，尽管内部包含着数组。

最后两行代码采用显式访问字典。弹出的对话框分别显示"象棋""长沙"。

为了代码的一致性，使用隐式访问更容易理解。

```
function Test()
{
    var d1 = {'name': '张三 ', 'age': 33, 'hobby': [' 篮球 ',' 象棋 ',' 游泳 ']};
    var d2 = [' 北京 ', ' 上海 ', {' 湖北 ':' 武汉 ',' 湖南 ':' 长沙 '}]
    alert(d1['hobby'][0]+d2[2][' 湖北 ']);
}
```

运行上述程序的结果是"篮球武汉"。

从以上讨论可以看出一个规律：访问字典的元素使用 [' 键名 '] 这种形式；访问数组的元素使用 [数字下标]。

11.4.3 键的唯一性

在一个字典中不能有同名的键。由于 JavaScript 中严格区分大小写，所以字典中允许同时出现 name 和 NAME 这样的键。

如果创建字典时添加了同名键，则会丢弃前面的键，只剩下最后添加的键。

```
function Test()
{
    var d1 = { 'name':'张三 ','age':33,'Name':' 李四 ','age':44,'name':' 王五 ',age:55 };
    for (let key in d1)
    {
        alert(key + '-' + d1[key]);
    }
}
```

在上述程序中，name 共出现了两次，age 出现了三次，只能保留最后一次的那个值。使用 for 循环遍历字典的所有键，然后把键和值用横线连接起来输出到对话框中。弹出三次对话框，分别显示：

```
name- 王五
age-55
Name- 李四
```

也就是说这个字典键值对总数是 3，不是 6。

11.4.4　访问字典的键值对

与数组一样，字典在后期也可以对键值对进行增加、删除、修改操作。

假设要给字典 d1 增加一个地址属性，可以这样：

```
d1['address'] = '武当'
```

如果原先有 address 这个键，这句代码相当于修改对应的值。如果原先不存在该键，则相当于新建一个键值对。

```
function Test()
{
    var d1 = { 'name': '张三', 'age': 33 };
    d1.address = '武当';
    d1['name'] = '张三丰';
    alert(d1.name + d1.address);
}
```

运行上述程序的结果是：张三丰武当。

使用 delete 可以删除键值对。下面的程序可以在删除键值对之前和之后判断是否有 age 这个键。

```
function Test()
{
    var d1 = { 'name': '张三', 'age': 33 };
    alert('age' in d1);
    delete d1.age;
    alert(d1.hasOwnProperty('age'));
}
```

上述程序的两个对话框分别返回 true 和 false。

11.4.5　遍历字典

由于字典是一种无序集合，所以不能用数字下标取出键值对。可以使用 for…in 循环遍历字典，当然也适用于数组。

如果字典中嵌套着其他的字典或数组，可以使用多层 for 循环遍历。

在下面的程序中，d1 是一个比较复杂的对象，本身是一个字典，但是内部又包含字典和数组。首先遍历第一层键值对，如果对应的值是简单类型，则连接到字符串变量 result 上。反之如果对应的值还是一个集合，那么使用内层遍历。

```
function Test()
{
    var result = '';
    var d1 = {
        'name': {
            '中文名': '张三',
            '英文名': 'Zhang san'
            },
```

```
        'address': [' 中国 ', ' 北京 '],
        'age':35
    }
    for (var key in d1)
    {
        if (d1[key] instanceof Object) {
            for (var key2 in d1[key]) {
                result += d1[key][key2] + '\n';
            }
        }
        else
        {
            result += d1[key] + '\n';
        }
    }
    alert(result);
}
```

上述程序的运行结果如图 11-12 所示。

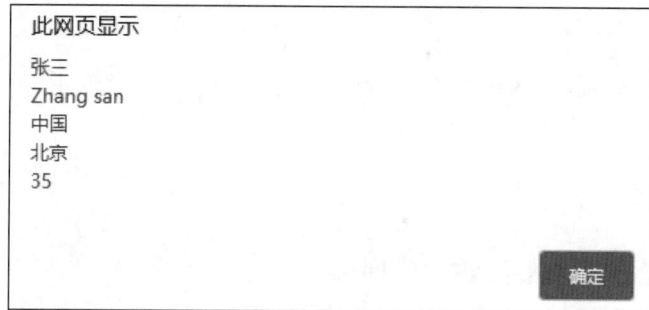

图 11-12　字典的运行结果

11.5　比较与类型转换

编程过程中需要对两个数据或对象进行比较，判断是否相等时，也需要进行类型的转换。例如，"1"和"1"直接相加得到"11"，要实现数学加法必须进行类型转换。

本节讲述常用的比较策略和类型转换方法。

11.5.1　基本数据类型的比较和转换

一个变量或表达式具有两个层面的属性：值（Value）和类型（Type）。例如，"123"的值是 123，类型是 string。

JavaScript 使用两个等号来比较值是否相同，使用三个等号比较值和类型是否均相同。

下面的程序可以两次在对话框中先后弹出 true、false。

```
var v1 = 0;
var v2 = '0';
alert(v1 == v2);
alert(v1 === v2);
```

toString 函数可以将数字转换为字符串，parseInt 或 parseFloat 函数可以把包含数字的字符串转换为数字。

```
function Test()
{
    var i = new Number(100);
    var f = new Number(3.14);
    alert(i.toString() + f.toString());
    var s1 = '100', s2 = '3.14';
    alert(parseFloat(s2) + parseInt(s1));
}
```

上述程序中，在第一个 alert 的括号内进行的是字符串的连接，结果为 1003.14。在第二个 alert 的括号内进行的是数字的相加，结果为 103.14。

11.5.2　数组与字典的转换

字典的每一项都是由键和值组合而成的，而数组只有值没有键。可以把数组理解为键是自然数列，把字典也可以看成是一个特殊的二维数组。

一个字典的所有键可以单独形成一个数组，所有值也可以形成一个数组。反之，两个长度相同的数组可以组合为一个字典。

下面的程序中首先构造一个字典，然后利用 Object.keys 提出所有的键形成数组 k，再利用 Object.values 形成值的数组 v。

接下来，同时遍历数组 k 和数组 v，向空字典 d2 依次添加键值对，从而实现了字典→数组→字典的转换过程。

```
function Test()
{
    var d1 = { '品牌': '华硕', '价格': 6000, '新品': false, '处理器': '酷睿i5' };
    var k = Object.keys(d1);
    var v = Object.values(d1);
    var d2 = {};
    for (var i = 0; i < k.length; i++)
    {
        d2[k[i]] = v[i];
    }
    alert(k + '\n' + v + '\n' + JSON.stringify(d2));
}
```

运行上述程序，看到对话框中分三行显示 k、v、d2 的值，如图 11-13 所示。

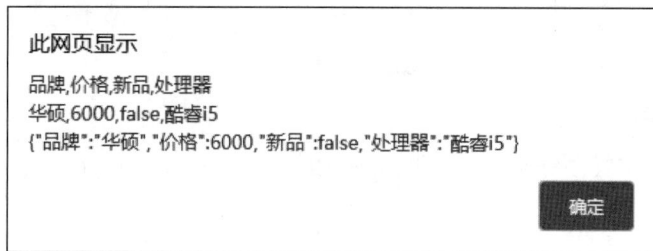

图 11-13　运行结果

11.6　JSON

JSON（JavaScript Object Notation）是一种轻量级的数据交换格式。在结构上 JSON 与 XML 类似，适合存储树形包含结构的数据。

本节讲述 JavaScript 语言中 JSON 的创建和转换等内容。

11.6.1　字符串与对象的相互转换

JSON 数据通常存储在其他的网页中或者本地的 .json 文件中。数据类型是字符串。但是这种字符串的形式必须是 JavaScript 对象。可以理解为 JSON 是把数组或字典塞进了引号之间的字符串。

例如：

'{"name": " 张三 ", "age": 33, "hobby": [" 篮球 "," 象棋 "," 游泳 "]}' 是 JSON 字符串。

{"name": " 张三 ", "age": 33, "hobby": [" 篮球 "," 象棋 "," 游泳 "]} 是 JavaScript 对象。

也就是说 JSON 的本质是 string，但是不能自由地提取其中的键值对等信息。要想从字符串中取出想要的数据，需要事先把 JSON 字符串解析为 JSON 对象。

JSON.parse 方法用于解析 JSON 字符串，反之，JSON.stringify 方法用于把 JavaScript 对象转换为 JSON 字符串。

在下面的程序中，首先把字符串 s1 解析为 JavaScript 对象 j1，然后删除 j1 中的若干属性，最后用 stringify 再把 JavaScript 对象转换为字符串 s2。

```
function Test() {
    var s1 = '{"name": " 张三 ", "age": 33, "hobby": [" 篮球 "," 象棋 "," 游泳 "]}';
    var j1 = JSON.parse(s1);
    delete j1.age;
    j1.hobby.pop();
    var s2 = JSON.stringify(j1);
    alert(s2);
}
```

运行上述程序，对话框弹出的内容如图 11-14 所示。

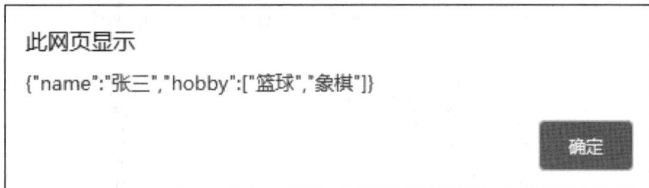

图 11-14　对话框的内容

11.6.2　从复杂的 JSON 中提取信息

实际编程过程中遇到的 JSON 字符串非常长，嵌套层数也非常多。但是，只要将其解析为 JavaScript 对象，就可以使用数组或字典处理方法来对待。

下面的程序在网页中设计一个 textarea 多行文本框，用于从外界粘贴 JSON 字符串。HTML 和 JavaScript 代码如下：

```
<html lang="en" xmlns="http://www.w3.org/1999/xhtml">
<head>
<meta charset="utf-8"/>
    <title></title>
    <script type="text/javascript">
    function Test()
    {
        var s1 = document.getElementById('textarea1').value;
        var j1 = JSON.parse(s1);
        alert(typeof s1);
        alert(typeof j1);
        alert(j1["buses"]["bus"][1]["time"]);
    }
    </script>
</head>
    <body>
        <textarea id="textarea1"></textarea>
        <br/>
        <input id="button1" value=" 计算 " type="button" onclick="Test()"/>
        <div id="div1"></div>
    </body>
</html>
```

代码分析：

注意 j1["buses"]["bus"][1]["time"]，这种写法称为 JPath，从 j1 开始遇到字典的键和数组的下标都用方括号依次书写即可。这句代码的意思是获取第二个汽车的 time 属性值。

打开网页后，把 JSON 字符串粘贴到文本框，单击下面的"计算"按钮，对话框弹出 41，如图 11-15 所示。

← → C ① 文件 | E:/OfficeVBA开发经典/OfficeVBA开发经典-高级应用篇/JSON/Test1.htm

此网页显示

41

确定

```
{
  "buses":
  {"bus":
    [
      {
        "last_foot_dist":"0",
        "time":"37",
        "segments":{
                "segment":[
                      {"line_name":"立珊专线(中南大学学生公寓-长沙火车站)",
                       "foot_dist":"362",
                       "stat_xys":"",
                       "stats":"岳麓山南;湖南师大",
                       "end_stat":"长沙火车站",
                       "start_stat":"岳麓山南"
                      }
                ]
        },
        "foot_dist":"362",
        "dist":"7897"
      },
      {
        "last_foot_dist":"0",
        "time":"41"
        "segments":{
                "segment":[
                      {"line_name":"旅1路(科教新村-长沙火车站)",
                       "foot_dist":"337",
                       "stat_xys":"",
                       "stats":"岳麓山南;湖南师大;二里半",
                       "end_stat":"长沙火车站",
                       "start_stat":"岳麓山南"
                      }
                ]
        },
        "foot_dist":"337",
        "dist":"8159"
      }
    ]
  }
}
```

计算

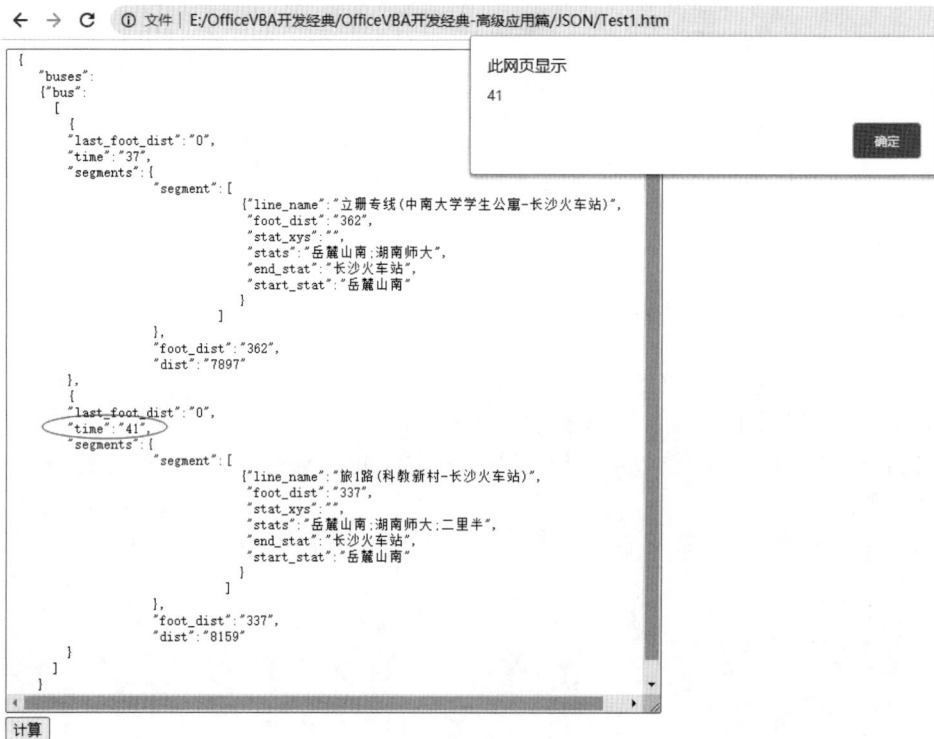

图 11-15　运行结果

11.6.3　stringify 方法

stringify 方法用于把 JavaScript 对象序列化为一个字符串，最多可以设置三个参数，其中最后一个参数用于指定缩进的空格数。

下面的程序在网页上放置了两个文本框，在第一个文本框中粘贴任意一个 JSON 字符串，然后运行下面的程序，先将文框中的内容解析为 JSON 对象，再用 stringify 方法将其转换为缩进两个空格，并且发送到右侧的文本框中。

```
function Test()
{
    var s1 = document.getElementById('textarea1').value;
    var j1 = JSON.parse(s1);
    var s2 = JSON.stringify(j1, null, 2);
    document.getElementById('textarea2').value = s2;
}
```

上述程序的运行结果如图 11-16 所示。

可以看到与左侧相比，右侧的字符串缩进量减小。

```
"buses":
{"bus":
  [
    [
      "last_foot_dist":"0",
      "time":"37",
      "segments":[
          "segment":[
              {"line_name":"立珊专线(中南大学学生公寓-长沙火车站)",
              "foot_dist":"362",
              "stat_xys":"",
              "stats":"岳麓山南;湖南师大",
              "end_stat":"长沙火车站",
              "start_stat":"岳麓山南"
              }
          ]
      ],
      "foot_dist":"362",
      "dist":"7897"
    ],
    [
      "last_foot_dist":"0",
      "time":"41",
      "segments":[
          "segment":[
              {"line_name":"旅1路(科教新村-长沙火车站)",
              "foot_dist":"337",
              "stat_xys":"",
              "stats":"岳麓山南;湖南师大;二里半",
              "end_stat":"长沙火车站",
              "start_stat":"岳麓山南"
              }
          ]
      ],
      "foot_dist":"337",
      "dist":"8159"
    ]
  ]
}
```

```
"buses": {
  "bus": [
    {
      "last_foot_dist": "0",
      "time": "37",
      "segments": [
          {
              "line_name": "立珊专线(中南大学学生公寓-长沙火车站)",
              "foot_dist": "362",
              "stat_xys": "",
              "stats": "岳麓山南;湖南师大",
              "end_stat": "长沙火车站",
              "start_stat": "岳麓山南"
          }
      ],
      "foot_dist": "362",
      "dist": "7897"
    },
    {
      "last_foot_dist": "0",
      "time": "41",
      "segments": [
          {
              "line_name": "旅1路(科教新村-长沙火车站)",
              "foot_dist": "337",
              "stat_xys": "",
              "stats": "岳麓山南;湖南师大;二里半",
              "end_stat": "长沙火车站",
              "start_stat": "岳麓山南"
          }
      ],
      "foot_dist": "337",
      "dist": "8159"
    }
  ]
}
```

图 11-16 将 JSON 对象输出为字符串形式

11.7 内置函数的调用

JavaScript 中有很多实用的内置函数，下面介绍几个常用的内置函数。

11.7.1 eval 方法

eval 方法用于解释运行字符串形式的 JavaScript 代码，并且返回最后一个表达式的结果。

下面的程序用于计算半径为 10 的圆的周长。在第一个 eval 方法中为圆周率和半径赋值，最后一条语句 var r = 10；是赋值语句，不产生返回值，因此 eval 方法不需要赋值给任何变量。

在第二个 evd 方法中，最后一条语句 pi * d 是一个表达式，返回了圆的周长，因此这个结果返回给了外部的变量 area。

```
function Test()
{
    eval('var pi = 3.14; var r = 10;');
    var area = eval('var d = r * 2; pi * d;');
    alert(area);
}
```

上述程序的运行结果如图 11-17 所示。

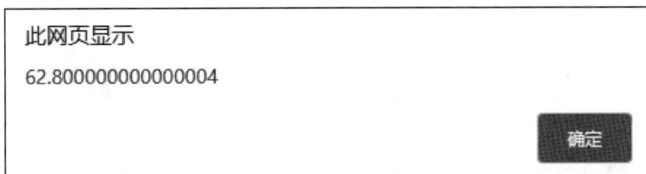

此网页显示

62.800000000000004

确定

图 11-17 eval 方法的使用

287

如果第二行代码删除了后一条表达式，写成如下形式：

```
var area = eval('var d = r * 2;');
```

会造成没有返回值，变量 area 等于 undefined，如图 11-18 所示。

图 11-18　运行结果

eval 方法与 JSON.parse 方法有相同的地方，都用于把字符串转换为 JavaScript 代码，但是侧重点不一样，eval 的特点是执行多条 JavaScript 代码，而 JSON.parse 方法是把一个字符串转换为一个 JavaScript 对象。

但是，eval 方法可以实现 JSON.parse 方法的功能。例如：

```
var a1 =eval('[100,200,{"name":"张三"}]')
alert(a1[2]["name"]);
```

对话框弹出"张三"。

11.7.2　encodeURIComponent 函数和 decodeURIComponent 函数

为了避免服务器收到不可预知的请求，对任何用户输入的作为 URI 部分的内容都需要用 encodeURIComponent 函数进行转义。转义的过程叫作编码。中文字符或空格等都会转换成英文、数字、% 等符号。

编码以后会变成看不懂的字符串，反过来再用 decodeURIComponent 函数进行解码，又可以还原成原来的文字了。

```
function Test()
{
    var s1 = encodeURIComponent("课程 搜索");
    alert(s1);
    var s2 = decodeURIComponent(s1);
    alert(s2);
}
```

在上面的程序中，先编码，再解码。对话框中的变量 s1 的结果如图 11-19 所示。

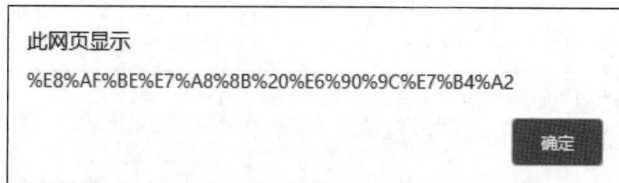

图 11-19　编码后的结果

变量 s2 的结果如图 11-20 所示。

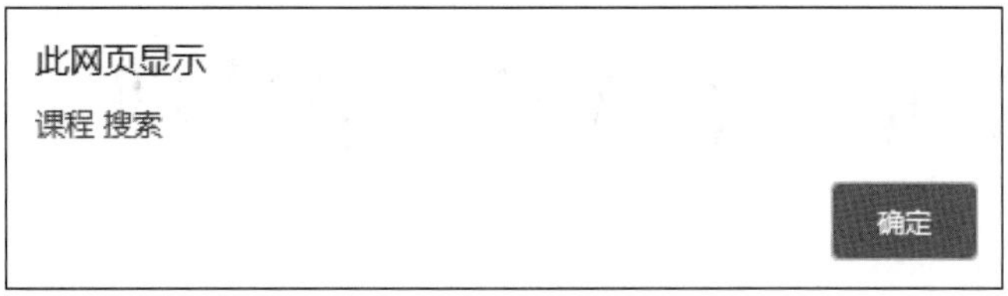

此网页显示

课程 搜索

确定

图 11-20　解码后的结果

可以看到 s2 与原始文本是相同的。

11.8　本章习题

1. 一个网页中的源代码如下：

```
<!DOCTYPE html>
<html lang="en" xmlns="http://www.w3.org/1999/xhtml">
    <head>
    <meta charset="utf-8" />
        <title></title>
        <script type="text/javascript">
        function Test()
        {
            var Now = new Date();
            document.getElementById('******').value = Now.getHours().toString()
+ ":" + Now.getMinutes().toString() + ":" + Now.getSeconds().toString();
        }
        </script>
    </head>
    <body>
        <input id="button1" value=" 显示时间 " type="button" onclick="Test()"/>
    </body>
</html>
```

上述程序的作用是单击网页中的按钮，按钮的文字自动显示为当前时间。

为保证上述程序正常运行，document.getElementById('******').value 这行代码中括号内的内容应该是（　　）。

A. input   B. button1

C. 显示时间   D. Test

2. 使用 JavaScript 编写一个程序，用于计算 10 的阶乘（$1 \times 2 \times \cdots \times 10$）。

3. 一个数字除以 4 余数是 2，除以 7 余数是 3，除以 9 余数是 5。使用 JavaScript 语言编写一个程序，计算出满足上述条件最小的一个自然数。

11

第12章　在 VBA 中处理 JSON

VBA 编程人员经常遇到 JSON 数据、网页方面处理的任务。本来使用 ScriptControl 这个 COM 对象可以方便地执行 JavaScript 脚本，但是这个组件只能用在 VB6、VBS、32 位 VBA 中，不能用于 64 位 VBA。

本章讲述使用 HTMLDocument 对象解析 JSON 的方法。

本章用到的外部引用和重要对象如下：

➢ Microsoft HTML Object Library 引用。

➢ HTMLDocument 对象。

➢ IHTMLWindow2 对象。

12.1　创建 HTMLDocument 对象

VBA 中没有直接处理 JSON 数据的对象模型和组件，由于 JavaScript 是运行在网页中的脚本语言，所以需要在 VBA 中构建一个运行脚本代码的环境。

IHTMLWindow2 接口是 IE 浏览器提供的扩展接口，IE 浏览器内部执行 JavaScript 的操作在本质上应该也是调用这个接口。

12.1.1　添加引用

在 VBA 中，打开"引用"对话框，添加 Microsoft HTML Object Library 引用，如图 12-1 所示。

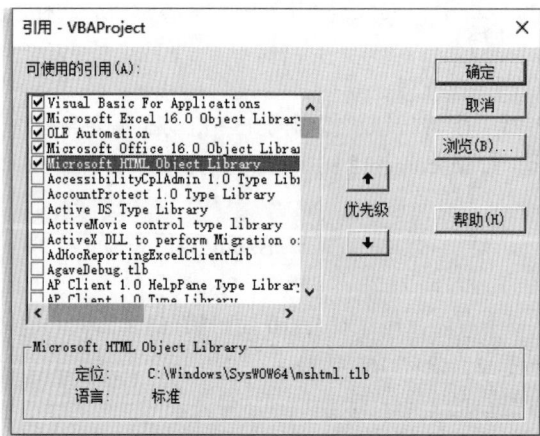

图 12-1　添加引用

然后在模块中输入如下代码：

```
Public HDoc As MSHTML.HTMLDocument
Public pW As MSHTML.IHTMLWindow2

Sub Test()
    Set HDoc = New MSHTML.HTMLDocument
    Set pW = HDoc.parentWindow

End Sub
```

代码中的变量 HDoc 是一个 IE 网页的 HTML DOM 对象，变量 pW 具有很多用于执行和解释 JavaScript 脚本的方法。

12.1.2 后期创建对象

也可以不添加引用，使用 CreateObject 后期创建对象。代码如下：

```
Public HDoc As Object
Public pW As Object

Sub Test1()
    Set HDoc = CreateObject("htmlfile")
    Set pW = HDoc.parentWindow
End Sub
```

12.2 IHTMLWindow2 接口

添加了引用之后，在对象浏览器窗口中选择 MSHTML，找到 IHTMLWindow2，在右侧可以看到很多属性和方法，如图 12-2 所示。

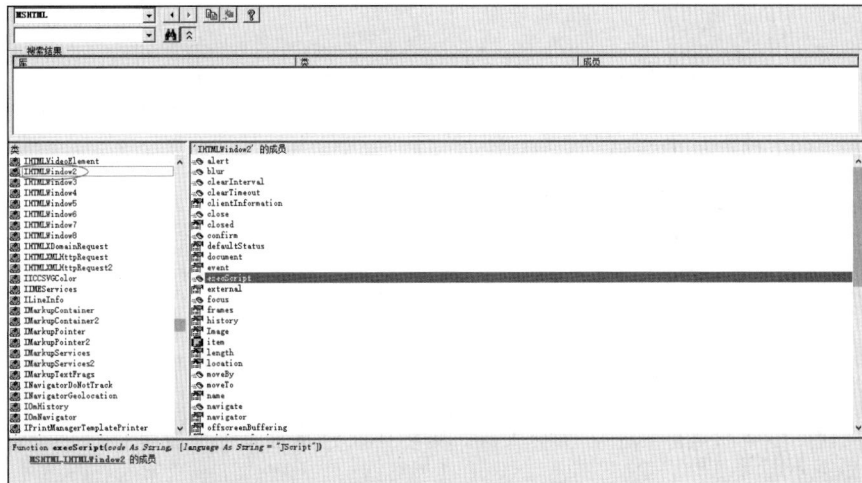

图 12-2 对象浏览器

用于 JavaScript 脚本的执行和 JSON 数据解析的方法有 execScript、eval 等。

12.2.1　execScript 方法

execScript 方法用于执行字符串中的 JavaScript 代码。字符串的来源可以是磁盘的文本文件，也可以是 Excel 单元格，还可以是用户窗体的文本框。为了便于讲解，下面的实例把 JavaScript 代码字符串直接写在了 VBA 代码中，使用变量 pW 可以多次调用 execScript 方法，声明的变量和赋值的数据都位于 pW 这个独立的变量中。

下面的程序在 VBA 中执行 JavaScript 代码。

```
Public HDoc As MSHTML.HTMLDocument
Public pW As MSHTML.IHTMLWindow2

Sub Test1()
    Set HDoc = New MSHTML.HTMLDocument
    Set pW = HDoc.parentWindow
    pW.execScript code:="var pi = 3.14; var r = 10;", Language:="JScript"
    pW.execScript "var d = r * 2; var area = pi * d;"
    Debug.Print " 直径 ", pW.d
    Debug.Print " 周长 ", pW.area
End Sub
```

上述程序用于计算圆的直径和周长。运行结果如图 12-3 所示。

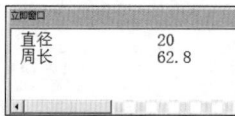

立即窗口	
直径	20
周长	62.8

图 12-3　运行结果

12.2.2　eval 方法

eval 方法也可以执行 JavaScript 代码字符串，不过该方法可以有返回值。例如，下面的程序首先创建一个 JavaScript 数组 d1，用于存储两个人的个人信息；然后用 eval 方法提取两个人的年龄；最后相加。

下面的程序可以调用 JavaScript 的 eval 方法。

```
Sub Test2()
    Set HDoc = New MSHTML.HTMLDocument
    Set pW = HDoc.parentWindow
    Dim v As Variant
    pW.execScript "var d1 = [{'name':' 张三 ','age':33},{'Name':' 李四 ',' 婚否 ': false,
'age':21}];"
    v = pW.eval("d1[0].age+d1[1]['age']")
    Debug.Print v
End Sub
```

上述程序的运行结果是 42。

不过，在代码中首次执行 eval 方法会失败。需要在执行 eval 方法之前先执行 execScript 方法或 HDoc.write 方法。

下面的程序可以获取 JavaScript 脚本代码运行的浏览器版本信息。

```
Sub Test3()
    Dim HDoc As MSHTML.IHTMLDocument
    Dim pW As MSHTML.IHTMLWindow2
    Set HDoc = New MSHTML.HTMLDocument
    Set pW = HDoc.parentWindow
    HDoc.write "<script></script>"
    Debug.Print pW.eval("navigator.userAgent")
End Sub
```

输出结果是:

```
Mozilla/4.0 (compatible; MSIE 7.0; Windows NT 10.0; WOW64; Trident/7.0; .NET4.0C;
.NET4.0E).
```

12.3 JavaScript 数据的提取

VBA 中利用 IHTMLWindow 2 对象既可以执行 JavaScript 代码,也可以获取执行后的变量的信息并返回给 VBA。

数据提取的方式有很多种,重点是要掌握调用 JavaScript 自身功能的技巧。

12.3.1 调用 stringify

JSON.stringify 可以把一个 JSON 字符串按照指定的缩进量美化输出。但是调用这个方法需要在代码中设置浏览器版本。

下面的程序用于调用 stringify。

```
Sub Test4()
    Dim HDoc As MSHTML.IHTMLDocument
    Dim pW As MSHTML.IHTMLWindow2
    Dim s1 As String
    Set HDoc = New MSHTML.HTMLDocument
    HDoc.write "<meta http-equiv='X-UA-Compatible' content='IE=8'/>"
    Set pW = HDoc.parentWindow
    pW.execScript "var d1 = [{'name':['张三','Zhang san'],'age':33},{'Name':'李
四','婚否':false,'age':21}];"
    s1 = pW.eval("JSON.stringify(d1,null,8)")
    Debug.Print s1
End Sub
```

上述程序中的变量 d1 是一个数组,最后用 stringify 方法缩进 8 个空格后输出。

在立即窗口中的输出结果如图 12-4 所示。

如果改写成 JSON.stringify(d1,null,'#'),那么缩进的地方都换成了 # 号,如图 12-5 所示。

图 12-4　将 JSON 输出到立即窗口

图 12-5　# 作为缩进符号

12.3.2　JSON 数据的请求下载和处理

很多网站提供了一些数据请求的 API 接口，获取的数据是 JSON 格式。例如，在浏览器的 URL 中输入 http://www.weather.com.cn/data/sk/101010100.html，就可以得到中国天气网关于北京的天气信息，如图 12-6 所示。

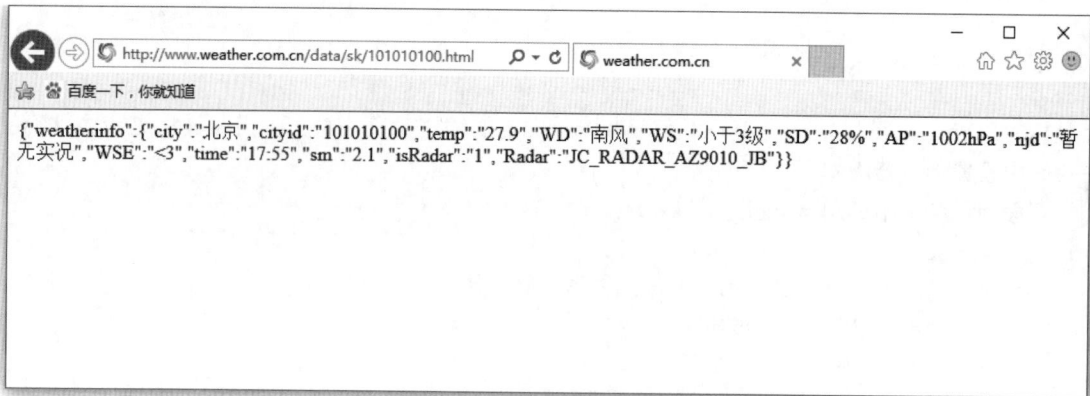

图 12-6　北京的天气数据

这是一个 GET 请求，使用 XMLHTTP 或 WINHTTP 均可轻松获取。现在面临两个问题：一是如何获取其他城市的天气；二是如何将获取的 JSON 数据整理到 Excel 工作表中。

其实，上述 URL 中最后面的数字与城市具有一一对应关系。在浏览器中打开中国天气的主页，然后查看网页源代码，如图 12-7 所示。

在网页源代码中，可以了解城市与编号的对应关系。下面就以获取和处理深圳的天气数据为例来讲解，如图 12-8 所示。

在 VBA 工程中添加 Microsoft XML v6.0 和 Microsoft HTML Object Lirary 这两个引用。

下面的程序首先用 XMLHTTP 获取 JSON 数据；然后用 stringify 方法把这一行数据美化为 JSON 缩进格式；最后遍历变量 d1 中的每一个键值对。以上三个步骤都输出到立即窗口中。

图 12-7　中国天气网

图 12-8　天气数据

```
Sub Test1()
    Dim s1 As String
    Dim X As MSXML2.XMLHTTP60
    Set X = New MSXML2.XMLHTTP60
    With X
        .Open "GET", "http://www.weather.com.cn/data/sk/101280601.html", False
        .setRequestHeader "Content-Type", "application/json;charset=utf-8"
```

```
                .send
                s1 = .responseText
                Debug.Print s1
        End With

        Dim HDoc As MSHTML.IHTMLDocument
        Dim pW As MSHTML.IHTMLWindow2
        Dim s2 As String
        Set HDoc = New MSHTML.HTMLDocument
        HDoc.write "<meta http-equiv='X-UA-Compatible' content='IE=8'/>"
        Set pW = HDoc.parentWindow
        pW.execScript "var d1 =" & s1
        s2 = pW.eval("JSON.stringify(d1,null,2)")
        Debug.Print s2

        Dim keys As String
        Dim values As String
        pW.execScript "var keys="; var values="; for ( var key in d1.weatherinfo )
{keys += key + '\t'; values += d1.weatherinfo[key] + '\t';}"
        keys = pW.eval("keys")
        values = pW.eval("values")
        Debug.Print keys
        Debug.Print values
    End Sub
```

代码分析：

从变量 s2 可以看出，这个 JSON 数据是一个字典，外层只有一个键 weatherinfo，但是它的值又是一个字典。内层字典分为城市名称、气温等多个列。

上述程序的运行结果如图 12-9 所示。

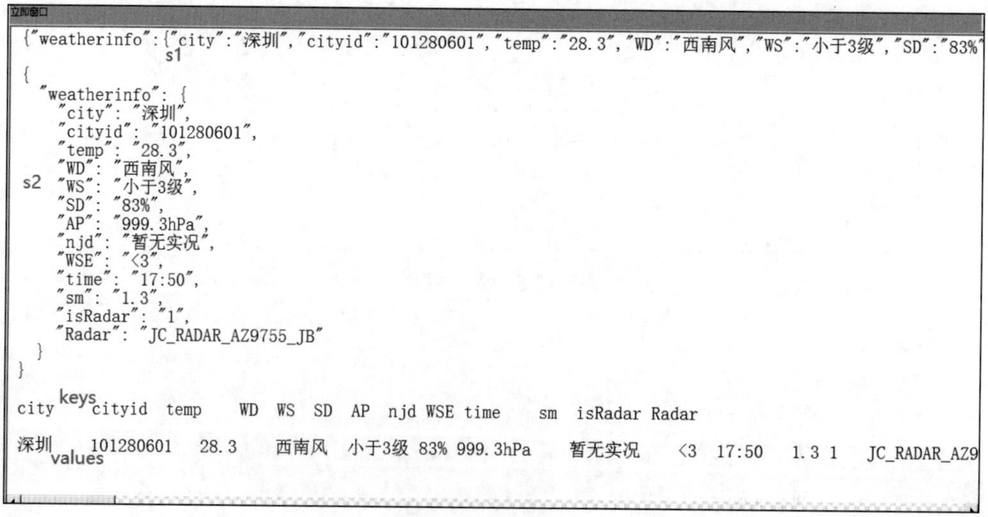

图 12-9　运行结果

12.3.3 将 VBA 对象转换为 JSON

JavaScript 是一门非常强大的语言，如果能把 Office 和 VBA 中的数据构造为 JavaScript 能够处理的数据类型，就能更进一步提高 VBA 调用 JavaScript 的层次。

VBA 语言中的 Collection 是常用的集合，Dictionary 是字典。可以把 VBA 中的数组或集合转换为 JavaScript 的数组，把 VBA 中的字典转换为 JavaScript 中的字典。

下面的程序首先创建一个 VBA 的集合 JiLin，用于存储吉林省的几个城市名称，然后创建一个 VBA 字典 dic，用于存储省份与城市的键值对。

```vba
Sub Test1()
    Dim JiLin As VBA.Collection
    Dim city As Variant
    Set JiLin = New VBA.Collection
    JiLin.Add "四平"
    JiLin.Add "延吉"
    JiLin.Add "长春"

    Dim dic As Scripting.Dictionary
    Set dic = New Scripting.Dictionary
    dic.Add "辽宁", "沈阳"
    dic.Add "吉林", JiLin
    dic.Add "黑龙江", "哈尔滨"

    Dim HDoc As MSHTML.IHTMLDocument
    Dim pW As MSHTML.IHTMLWindow2
    Dim s1 As String
    Set HDoc = New MSHTML.HTMLDocument
    Set pW = HDoc.parentWindow
    HDoc.write "<meta http-equiv='X-UA-Compatible' content='IE=8'/>"
    pW.execScript "var d1 ={};"
    For Each Key In dic.Keys
        If TypeOf dic.Item(Key) Is VBA.Collection Then
            pW.execScript "d1" & "[" & Chr(34) & Key & Chr(34) & "] = []"
            For Each city In JiLin
                pW.execScript "d1" & "[" & Chr(34) & Key & Chr(34) & "].push
(" & Chr(34) & city & Chr(34) & ")"
            Next city
        Else
            pW.execScript "d1" & "[" & Chr(34) & Key & Chr(34) & "] = " & Chr(34) &
dic.Item(Key) & Chr(34)
        End If
    Next Key
    s1 = pW.eval("JSON.stringify(d1,null,2)")
    Debug.Print s1
End Sub
```

代码分析：

上述程序采用的是内外两层循环，外层循环遍历 dic 中的各项，把遍历到的每一项添加到 JavaScript 的字典 d1 中。但是，遇到值的类型是 Collection 的情形，就需要把内层循环添加到 JavaScript 的数组中。

运行上述程序，在立即窗口中输出一个美化后的 JSON 字符串，如图 12-10 所示。

将 VBA 中的数据转换为 JavaScript 对象时，经常用到字符串的拼接操作，这是因为 JavaScript 是一门严格区分大小写的语言，另外，单引号和双引号也是一个问题。例如，VBA 中不允许双引号中再出现双引号。

在很长的字符串拼接中，如何知道拼接是否正确，下面给出一个可靠的验证方法。

在 VBA 中按【F8】键逐步运行代码，当运行至 execScript 方法中的代码时，把要执行的字符串粘贴到立即窗口中，按 Enter 键，看一看要执行的代码在 JavaScript 中是否合法，如图 12-11 所示。

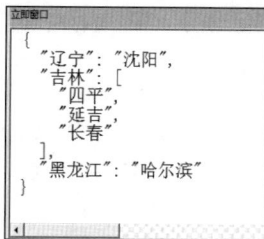

图 12-10　将 VBA 对象转换为 JSON 的结果

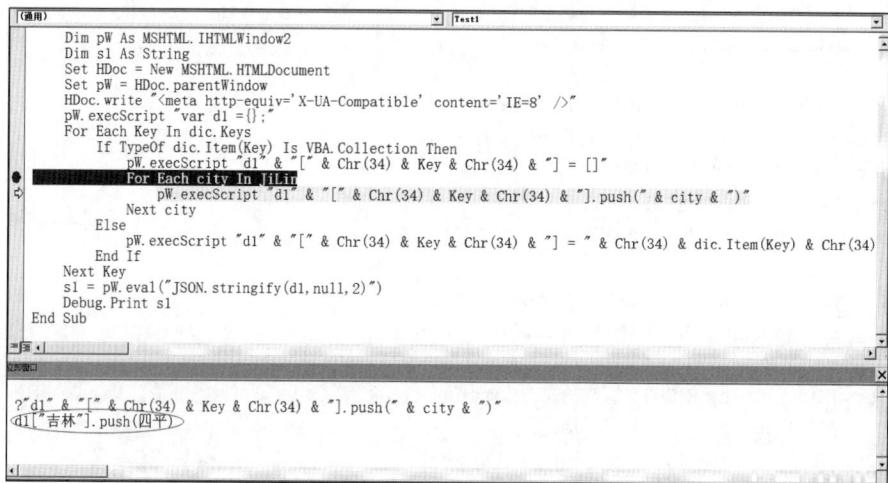

图 12-11　代码的调试

可以看到在立即窗口中的拼接字符串的结果是：

```
d1["吉林"].push(四平)
```

显然，这个写法是不合法的。因为 push 方法用于向数组追加元素，追加的元素是一个字符串，不能没有引号输出。因此，修改代码为：

```
pW.execScript "d1" & "[" & Chr(34) & Key & Chr(34) & "].push(" & Chr(34) & city & Chr(34) & ")"
```

12.4　人工智能技术

人工智能（Artificial Intelligence，AI）是研究、开发用于模拟、延伸和扩展人的智能的理论、方法、技术及应用系统的一门新的技术科学。

人工智能具体的领域包括机器人、语音识别、图像识别、自然语言处理和专家系统等。其目的是利用计算机程序来识别和处理现实世界中的事物和问题，获取与人脑相同甚至超过人脑的处理结果。

众所周知，VBA 与其他计算机语言相似，处理的对象通常是计算机中的文件、文本字符串、数据等。而现实生活中的很多信息、媒体都以图片、视频、音频等形式存在。例如，一堵墙上写的广告文字、不同国家的人说话的声音，通常情况下无法通过计算机语言来识别和解释。随着大数据和人工智能时代的到来，对各种事物和现象的自动化处理技术日益受到重视。但是各个领域的人工智能都有相当复杂的理论体系和程序算法。本节以 VBA 调用百度智能云为例，简单介绍使用人工智能技术解决现实问题的过程。

百度智能云是全球领先的人工智能服务平台，提供文字识别、图像技术、自然语言处理等接口。而且，每个人工智能技术都有详细的技术文档和接口说明。可以调用百度智能云的编程语言主要有 Python、Java、C# 等。但是技术文档中并未提供 VB 系列语言的示例代码，本小节恰好弥补了这一空缺。

12.4.1　了解文字识别

文字识别是计算机自动识别字符的技术，主要目的是通过计算机程序获取图片中包含的文字。例如，可以自动从身份证照片中读取人名、性别等信息。

在浏览器中打开 https://cloud.baidu.com，进入百度智能云的首页，依次单击"产品""OCR 文字识别""通用场景文字识别"，如图 12-12 所示。

图 12-12　百度智能云

跳转到"通用场景文字识别"页面，可以看到页面下方有"立即使用"和"技术文档"两个按钮，如图 12-13 所示。

图 12-13 "通用场景文字识别"页面

如果单击"立即使用"按钮，就会引导到创建应用，分配 AppID、API Key 和密码的界面；如果单击"技术文档"按钮，可以看到使用各种编程语言调用文字识别的示例代码。

12.4.2 创建应用

调用百度智能云的每个功能都需要事先创建应用，因此需要提前准备好自己的百度账号。单击网页上的"立即使用"按钮，使用自己的百度账号登录，如图 12-14 所示。

图 12-14 登录

在左侧的"应用列表"中创建一个新应用，输入"应用名称"，在页面最下面单击"创建"按钮，如图 12-15 所示。

返回应用列表，可以看到刚创建的应用，留意该应用的 API Key 和 Secret Key，在后面的编写代码中要用到这两个信息，如图 12-16 所示。

图 12-15　创建应用

图 12-16　API Key 和 Secret Key

12.4.3　阅读技术文档

在百度智能云的在线技术文档中，通用场景文字识别还可以分为：

- 高精度版（URL：https://aip.baidubce.com/rest/2.0/ocr/v1/accurate_basic）。
- 高精度含位置版（URL：https://aip.baidubce.com/rest/2.0/ocr/v1/accurate）。
- 标准版（URL：https://aip.baidubce.com/rest/2.0/ocr/v1/general_basic）。
- 标准含位置版（URL：https://aip.baidubce.com/rest/2.0/ocr/v1/general_basic）。

在请求说明中写明了请求的方法、URL 和其他重要参数，注意框中的部分，如图 12-17 所示。

无论使用哪一个版本的文字识别，都需要事先把必须用到的参数准备好。利用文字识别功能把计算机中的图片内容转换为文字的基本流程如下：

（1）通过应用的 API Key 和 Secret Key 获取 access_token。

（2）准备好要识别的图片文件，计算出该图片对应的 base64 字符串。

（3）对 base64 字符串进行 utf-8 编码。

图 12-17 请求说明

上述步骤完成后，使用 XMLHttp 或 WinHttp 发送 POST 请求、提交数据，返回 JSON 结果。利用 JSON 处理技术或正则表达式从 JSON 结果中提取出想要的内容即可。

12.4.4 access_token 的获取

access_token 是 API 接口全局访问的唯一调用凭据。在请求的 URL 参数中需要加上 access_token。例如：

https://aip.baidubce.com/rest/2.0/ocr/v1/accurate?access_token=xxxxxx

等号后面的部分，需要把自己创建的应用 API Key 和 Secret Key 发送给百度服务器，服务器再把包含 access_token 的 JSON 返回来。

下面的程序用于获取 access_token。

```vba
Private access_token As String
Sub GetToken()
    Dim XH As New XMLHTTP60
    With XH
        .Open "GET", "https://aip.baidubce.com/oauth/2.0/token?grant_type=
client_credentials&client_id=76KvL2mWQKjxhNjiuvok0ffa&client_secret=1FVh8McfbODRlkLv
Cctuqu3l8BxVWnSH", False
        .send
        Debug.Print .responseText
        access_token = Split(.responseText, "access_token" & Chr(34) & ":" & Chr(34))(1)
        access_token = Split(access_token, Chr(34))(0)
        Debug.Print access_token
    End With
End Sub
```

在上述请求的 URL 中，client_id 和 client_secret 对应于 API Key 和 Secret Key。

运行上述程序，responseText 会得到一个很长的字符串，其中包括 access_token 的部分。采用两次使用 Split 函数截取中间部分的方法，如图 12-18 所示。

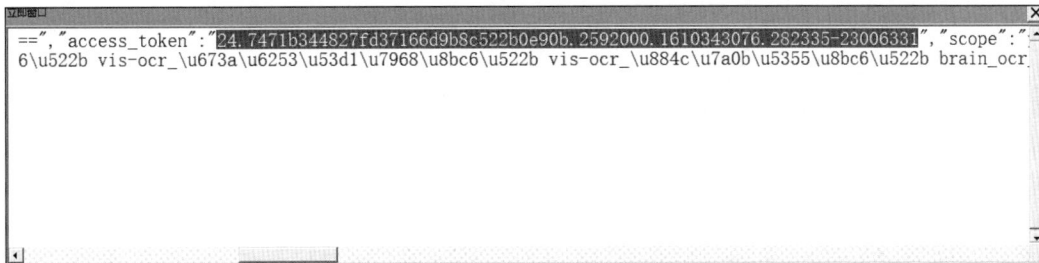

```
立即窗口                                                                            ×
==","access_token":"24.7471b344827fd37166d9b8c522b0e90b.2592000.1610343076.282335-23006331","scope":"
6\u522b vis-ocr_\u673a\u6253\u53d1\u7968\u8bc6\u522b vis-ocr_\u884c\u7a0b\u5355\u8bc6\u522b brain_ocr
```

图 12-18　access_token 的获取

最后得到的 access_token 是 24.7471b344827fd37166d9b8c522b0e90b.2592000.1610343076.282335-23006331。稍后会把这部分拼接到最后的请求中。

12.4.5　将图片转为 base64 字符串

base64 是网络上最常见的用于传输 8 位字节码的编码方式之一。网页请求时不能直接把图片文件提交给网站，需要把图片转换为对应的 base64 字符串。

下面的程序利用 ADODB 的 Stream 和 XML 文档对象，得到图片文件的 base64 字符串。

```
Function Image2Base64(FileName As String) As String
    Dim base64 As String
    Dim Stream1 As ADODB.Stream
    Dim XDoc As MSXML2.DOMDocument60
    Dim Element1 As MSXML2.IXMLDOMElement
    Set Stream1 = New ADODB.Stream
    With Stream1
        .Type = adTypeBinary
        .Open
        .LoadFromFile FileName
        Set XDoc = New MSXML2.DOMDocument60
        Set Element1 = XDoc.createElement(tagName:="Base64Data")
        With Element1
            .DataType = "bin.base64"
            .nodeTypedValue = Stream1.Read()
            base64 = .Text
        End With
        .Close
    End With
    Image2Base64 = base64
End Function
```

下面的程序是上述函数的逆过程，把一个已知的 base64 字符串反向生成一个图片文件。

```
Sub Base642Image(base64 As String, FileName As String)
    Dim Stream1 As ADODB.Stream
    Dim XDoc As MSXML2.DOMDocument60
    Dim Element1 As MSXML2.IXMLDOMElement
    Dim bt() As Byte
    Set XDoc = New MSXML2.DOMDocument60
    Set Element1 = XDoc.createElement(tagName:="Base64Data")
    With Element1
        .DataType = "bin.base64"
        .Text = base64
        bt = .nodeTypedValue
    End With
    Set Stream1 = New ADODB.Stream
    With Stream1
        .Type = adTypeBinary
        .Open
        .Write (bt)
        .SaveToFile FileName, adSaveCreateOverWrite
        .Close
    End With
End Sub
```

在下面的 Test 过程中，得到已有图片的 base64 字符串并输出到立即窗口中，然后利用该字符串又生成了一个新的图片，这两个图片的大小和内容完全相同，如图 12-19 所示。

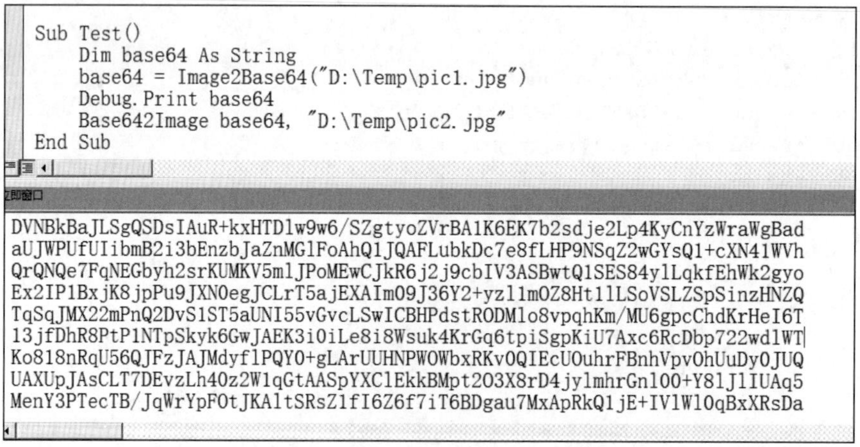

```
Sub Test()
    Dim base64 As String
    base64 = Image2Base64("D:\Temp\pic1.jpg")
    Debug.Print base64
    Base642Image base64, "D:\Temp\pic2.jpg"
End Sub
```

DVNBkBaJLSgQSDsIAuR+kxHTDlw9w6/SZgtyoZVrBA1K6EK7b2sdje2Lp4KyCnYzWraWgBad
aUJWPUfUIibmB2i3bEnzbJaZnMGlFoAhQlJQAFLubkDc7e8fLHP9NSqZ2wGYsQ1+cXN41WVh
QrQNQe7FqNEGbyh2srKUMKV5mlJPoMEwCJkR6j2j9cbIV3ASBwtQ1SES84ylLqkfEhWk2gyo
Ex2IP1BxjK8jpPu9JXNOegJCLrT5ajEXAImO9J36Y2+yzl1mOZ8Ht1lLSoVSLZSpSinzHNZQ
TqSqJMX22mPnQ2DvS1ST5aUNI55vGvcLSwICBHPdstRODMlo8vpqhKm/MU6gpcChdKrHeI6T
13jfDhR8PtP1NTpSkyk6GwJAEK3i0iLe8i8Wsuk4KrGq6tpiSgpKiU7Axc6RcDbp722wdlWT
Ko818nRqU56QJFzJAJMdyflPQYO+gLArUUHNPWOWbxRKvOQIEcUOuhrFBnhVpvOhUuDyOJUQ
UAXUpJAsCLT7DEvzLh4Oz2W1qGtAASpYXClEkkBMpt2O3X8rD4jylmhrGnlOO+Y81JlIUAq5
MenY3PTecTB/JqWrYpFOtJKAltSRsZ1fI6Z6f7iT6BDgau7MxApRkQ1jE+IVlWlOqBxXRsDa

图 12-19   将图片转为 base64 字符串

可以看到，base64 字符串中主要包含数字和字母，另外还有 /、+、= 这三个符号。

12.4.6   URL 编码

使用文字识别还需要把 base64 字符串进行 URL 编码。

下面两个函数通过调用 JavaScript 内置函数实现了编码和解码。

```
Public Function UrlEncode(ByRef szString As String) As String
    Dim HDoc As MSHTML.IHTMLDocument
    Dim pW As MSHTML.IHTMLWindow2
    Set HDoc = New MSHTML.HTMLDocument
    Set pW = HDoc.parentWindow
    HDoc.Write "<script></script>"
    UrlEncode = pW.eval("encodeURIComponent('" & szString & "')")
End Function

Public Function UrlDecode(ByRef szString As String) As String
    Dim HDoc As MSHTML.IHTMLDocument
    Dim pW As MSHTML.IHTMLWindow2
    Set HDoc = New MSHTML.HTMLDocument
    Set pW = HDoc.parentWindow
    HDoc.Write "<script></script>"
    UrlDecode = pW.eval("decodeURIComponent('" & szString & "')")
End Function
```

测试程序如下：

```
Sub Test2()
    Dim x As String, y As String
    x = UrlEncode("文字识别")
    Debug.Print x
    y = UrlDecode(x)
    Debug.Print y
End Sub
```

输出结果是

```
%E6%96%87%E5%AD%97%E8%AF%86%E5%88%AB
文字识别
```

然而，图片的 base64 字符串非常长，一般的加密函数难以求出。但是，在 URL 加密中，英文字母和数字是维持原样的，因此只需把 base64 字符串中的三个符号替换成相应的加密文字即可。例如：

```
base64 = Replace(base64, "/", "%2f")
base64 = Replace(base64, "+", "%2b")
base64 = Replace(base64, "=", "%3d")
```

12.4.7　文字识别的完整范例

利用百度智能云实现文字识别，是通过向百度服务器发送 POST 请求，把图片的字符串提交给服务器，然后返回 JSON 文本的过程。

下面的程序用于图片的文字识别。

```
Sub accurateOCR()
    Dim URL As String
    Dim base64 As String
    Dim XH As MSXML2.XMLHTTP60
    Set XH = New MSXML2.XMLHTTP60
    URL = "https://aip.baidubce.com/rest/2.0/ocr/v1/accurate_basic" & "?access_
token=" & "24.7471b344827fd37166d9b8c522b0e90b.2592000.1610343076.282335-23006331"
    base64 = Image2Base64("D:\Temp\pic1.jpg")
    base64 = Replace(base64, "/", "%2f")
    base64 = Replace(base64, "+", "%2b")
    base64 = Replace(base64, "=", "%3d")
    With XH
        .Open "POST", URL, False
        .setRequestHeader "content-type", "application/x-www-form-urlencoded"
        .send "image=" & base64
        Debug.Print .responseText
    End With
End Sub
```

磁盘上有一个带有文字的图片 pic1.jpg，如图 12-20 所示。

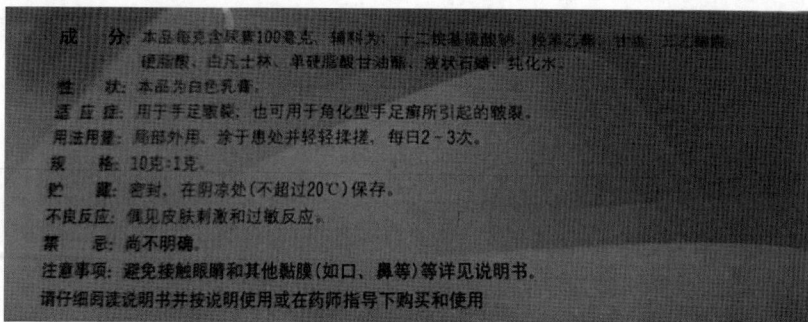

图 12-20　示例图片

运行上述程序，在立即窗口中可以看到如下结果：

{"log_id": 7266171386185216684, "words_result_num": 11, "words_result": [{"words": " 成分：本品每克含尿素 100 毫克，辅料为：十二烷基硫酸钠、羟苯乙酯、甘油、三乙醇胺、"}, {"words": " 硬脂酸、白凡士林、单硬脂酸甘油酯、液状石蜡、纯化水。"}, {"words": " 性状：本品为白色乳膏。"}, {"words": " 适应症：用于手足皲裂；也可用于角化型手足癣所引起的皲裂。"}, {"words": " 用法用量：局部外用，涂于患处并轻轻揉搓，每日 2-3 次。"}, {"words": " 规格：10 克∶1 克。"}, {"words": " 贮藏：密封，在阴凉处（不超过 20℃）保存。"}, {"words": " 不良反应：偶见皮肤刺激和过敏反应。"}, {"words": " 禁忌：尚不明确。"}, {"words": " 注意事项：避免接触眼睛和其他黏膜（如口鼻等）等详见说明书。"}, {"words": " 请仔细阅读说明书并按说明使用或在药师指导下购买和使用 "}]}

结果解析：

对于结果的提取可以采用如下三种方式：

- Split 函数。
- 正则表达式。
- 调用 JavaScript 中 JSON 解析的功能。

从输出结果可以看到一共识别到 11 处文本，每一个 "words" 后面对应的就是一个结果。

12.4.8 添加其他选项

可以看出，在 POST 请求中，被发送的数据主要是图片字符串，其实还可以在后面追加更多的选项。

百度文字识别默认把图片中的文字按照中英文混合来识别，如果图片中是其他语种，识别后可能出现错误的结果。在发送的数据中可以增加很多选项，具体请参考技术文档。

例如，计算机中有一张内容是日文的图片，而且方向旋转了 90°，如图 12-21 所示。

在这种情形下就需要额外增加参数。把要发送的数据写成：

```
.send "image=" & base64 & "&language_type=JAP&detect_direction=true"
```

其中，language_type=JAP 用于告诉服务器图片的内容是日文；detect_direction=true 表示需要检测方向。

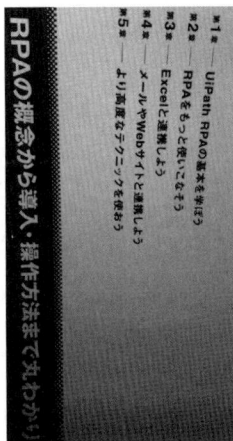

图 12-21　示例图片

再次运行文字识别程序，在立即窗口中输出的结果是：

{"log_id": 4687122230083892620, "direction": 3, "words_result_num": 6, "words_result": [{"words": " 第 1 章 UiPath RPA の基本を学ぼう "}, {"words": " 第 2 章 RPA をもっと使いこなそう "}, {"words": " 第 3 章 Excel と連携しよう "}, {"words": " 第 4 章 メールや Web サイトと連携しよう "}, {"words": " 第 5 章より高度なテクニックを使おう "}, {"words": "RPA の概念から導入？操作方法まで丸わかり "}]}

如果不增加参数，得到的结果将会是乱码。

12.5　本章习题

1. 阅读如下代码：

```
Sub Test4()
    Dim HDoc As MSHTML.IHTMLDocument
    Dim pW As MSHTML.IHTMLWindow2
    Dim s1 As String
    Set HDoc = New MSHTML.HTMLDocument
    HDoc.write "<meta http-equiv='X-UA-Compatible' content='IE=8'/>"
    Set pW = HDoc.parentWindow
    pW.execScript "var d1 = [{'name':[' 张三 ','Zhang san'],'age':33},{'Name':' 李四 ',' 婚否 ':false,'age':21}];"
    s1 = pW.eval(_____)
```

```
        Debug.Print s1
    End Sub
```

如果想返回"李四"，那么代码中的横线部分应填入（　　）。

A. d1.Name 　　　　　　　　　　　B. "d1.Name"

C. d1[1].Name 　　　　　　　　　　D. "d1[1].Name"

2. 假设有如下 JSON 数据：

```
{
    "paramz": {
        "feeds": [{
            "id": 299076,
            "oid": 288340,
            "category": "article",
            "data": {
                "subject": " 荔枝新闻 ",
                "summary": " 江苏广电 ",
                "cover": "/Attachs/Article/288340.JPG",
                "pic": "",
                "format": "txt",
                "changed": "2015-09-22 16:01:41"
            }
        }],
        "PageIndex": 1,
        "PageSize": 20,
        "TotalCount": 53521,
        "TotalPage": 2677
    }
};
```

把上述 JSON 赋值给变量 j，如果要访问其中 category 这一项中的内容 article，访问路径应该是（　　）。

A. alert(j.paramz.category); 　　　　B. alert(j.paramz.article);

C. alert(j.paramz.feeds[0].category); 　D. alert(j.paramz.feeds[0].article);

3. 假设有如下 JSON：

```
{
    "teachers": [{
        "name": " 黄波 ",
        "course": " 网页高级设计 "
    }, {
        "name": " 贺敏 ",
        "course": "Java 程序设计 "
    }, {
        "name": " 毛丽娟 ",
        "course": "JavaScript 程序设计 "
    }],
```

```
    "students": [{
        "name": " 张三 ",
        "age": 20
    }, {
        "name": " 李四 ",
        "age": 21
    }, {
        "name": " 王五 ",
        "age": 28
    }]
}
```

编写一个 VBA 程序，计算上述 JSON 中所有学生的平均年龄。

第 13 章　WMI 系统管理技术

Windows Management Instrumentation（WMI）是基于 Windows 操作系统管理数据和操作的基础结构。可以编写 WMI 脚本或应用程序在远程计算机上自动执行管理任务。

可以在 NET 语言和 PowerShell、VBS 等多种编程语言中调用 WMI，从而实现不需要人工查看远程计算机，通过程序和代码就可以获知和修改远程计算机中的信息。

本章详细讲解在 VBA 中使用 WMI 的编程知识，然后按照功能类别讲解使用 WMI 访问各种系统资源的方法。

本章用到的外部引用和重要对象如下：

➢ Microsoft WMI Scripting V1.2 Library 引用。
➢ SWbemLocator 对象。
➢ SWbemServices 对象。
➢ SWbemObject 对象等。

13.1　WMI 入门知识

WMI 是一个用于管理 Windows 系统的对象，就像 ADO 对象用于数据库操作。利用 WMI 可以管理 Windows 系统中的磁盘、事件日志、文件、文件夹、文件系统、网络组件、操作系统设置、性能数据、打印机、进程、注册表设置、安全性、服务、共享、用户、组等很多方面的系统资源。

本节首先讲解 WMI 的基础架构，然后讲述如何在 VBA 中进行 WMI 编程。

13.1.1　WMI 服务

WMI 基础架构主要包括 WMI 服务（winmgmts）、命名空间、子类、实例对象这 4 个层次的概念。

若要从 WMI 中获取来自本地计算机或远程计算机上的数据，必须连接到特定的命名空间以连接 WMI 服务。

在 VBA 中，使用 GetObject 或 ConnectServer 连接到目标计算机的 WMI 服务，如果连接成功，就可以访问目标计算机中的资源。

例如：

```
GetObject("winmgmts:\\.\root\cimv2")
Locator.ConnectServer(strServer:=".", strNameSpace:="root\cimv2")
```

其中，小数点表示运行代码的本机，root\cimv2 是最常用的命名空间之一。

如果要访问远程计算机，就需要适用于 Windows 防火墙和 DCOM 的正确设置。

13.1.2　命名空间

一台计算机中的 WMI 服务下有多个命名空间（NameSpace），命名空间的路径表示方法是：

```
\\Server\NameSpace
```

其中，Server 是计算机名称；NameSpace 是命名空间的路径。

大多数 WMI 常用类位于 root\cimv2 命名空间之下。

13.1.3　子类

子类（SubClasses）位于命名空间下，子类的命名方式通常以 "CIM_" 或 "Win32_" 开头，后面一个单词表示具体的系统资源类型。例如，CIM_DataFile 表示数据文件类；Win32_Process 表示进程类。

13.1.4　对象集

对象集（SWbemObjectSet）是对子类进行查询后返回的结果。如果在 Win32_Process 子类中进行查询，那么返回的结果是符合查询条件的、由多个进程形成的集合。

例如：

```
Set SOS=Service.ExecQuery(Select*From WIN32_Process Where Caption='Notepad.exe')
```

在所有进程中查询记事本的进程。变量 SOS 就是一个对象集。

13.1.5　实例对象

对象集中的个体对象就是实例对象（SWbemObject）。在 WMI 编程模型中，很多对象名称后面带有 Set，这说明一定有另一个不带 Set 的个体对象。例如，SWbemMethodSet 就是 SWbemMethod 的复数形式。

实例对象往往是 WMI 编程最希望得到的检索结果和操作对象。

如果要结束一个进程，首先要准确地查找到该进程的实例对象；如果要删除一个文件，要先查找到该文件的实例对象。可以在对象集中通过遍历的方式对每个实例对象进行处理，也可以直接获取其中 1 个实例对象。

例如：

```
Set SO = GetObject("winmgmts:\\.\root\cimv2:CIM_DataFile.Name='D:\\Temp\\ 中国城市列表 .xlsx'")
```

上述代码先后用到了 WMI 服务、命名空间、子类、属性名、属性值。变量 SO 就是一个实例对象。

13.1.6 WMI 编程之前的设置

在 VBA 中进行 WMI 编程，需要进行如下两项设定：

● 添加引用 WbemScripting。

● 开启服务 Winmgmt。

在 VBA 工程的"引用"对话框中勾选"Microsoft WMI Scripting V1.2 Library"复选框，如图 13-1 所示。

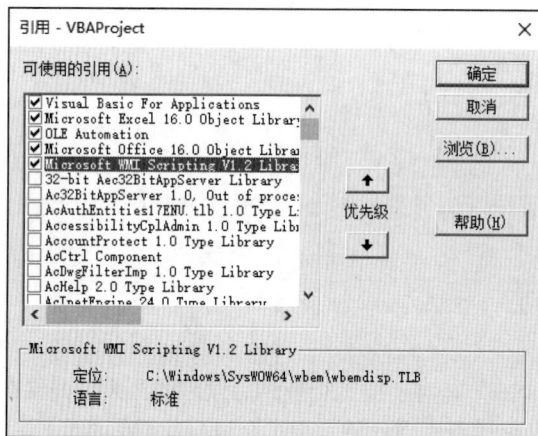

图 13-1 Microsoft WMI Scripting V1.2 Library 引用

然后在"运行"对话框中输入 services.msc，找到名称为 Windows Management Instrumentation 的服务，如图 13-2 所示。

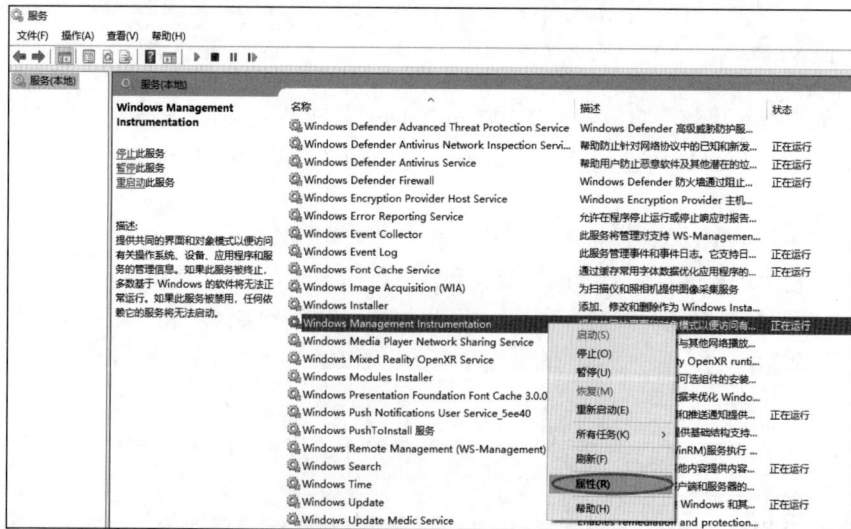

图 13-2 Windows Management Instrumentation 服务

在右键菜单中选择"属性"选项，查看该服务是否处于正在运行中，如图 13-3 所示。

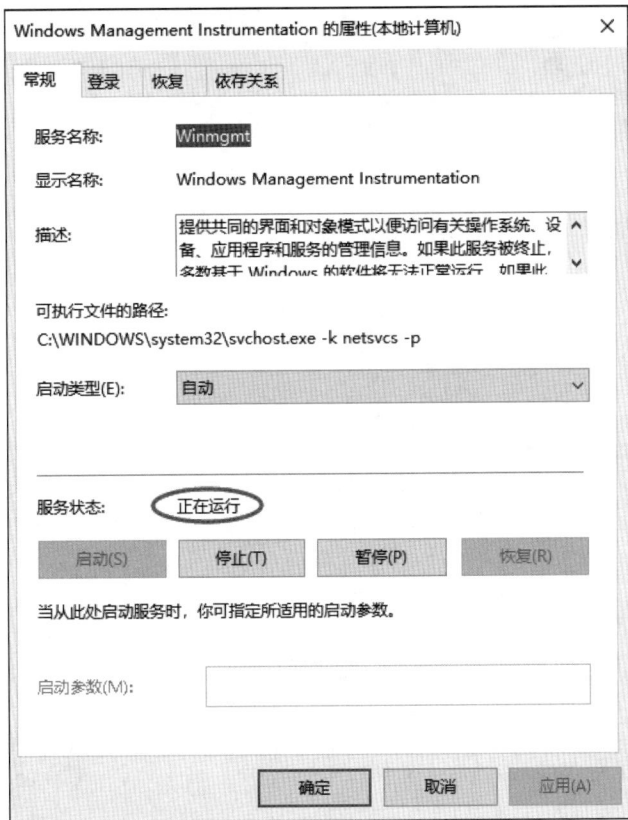

图 13-3　查看 WMI 服务的运行状态

如果已停止，单击"启动"按钮启用该服务。

13.1.7　WMI 对象模型

在 VBA 工程中添加了 WMI 的引用之后，在对象浏览器中可以切换到 WbemScripting 查看该类型库下面的所有类和成员，如图 13-4 所示。

其中，最主要的核心对象有如下 4 个。

● SWbemLocator：该对象表示与本地计算机或远程计算机上的命名空间进行连接。

● SWbemServices：可以对本地主机或远程主机上的命名空间执行操作。

● SWbemObjectSet：在子类中执行查询后得到的实例集。

● SWbemObject：一个实例。

另外，一个实例具有多个属性，这些属性构成属性集，属性集用 SWbemPropertySet 表示，一个属性用 SWbemProperty 表示。同理，实例还具有支持的方法，所有方法用 SWbemMethodSet 表示，一个方法用 SWbemMethod 表示。

这些重要对象的组织结构图如图 13-5 所示。

核心对象是 SWbemObject，也就是实例对象。

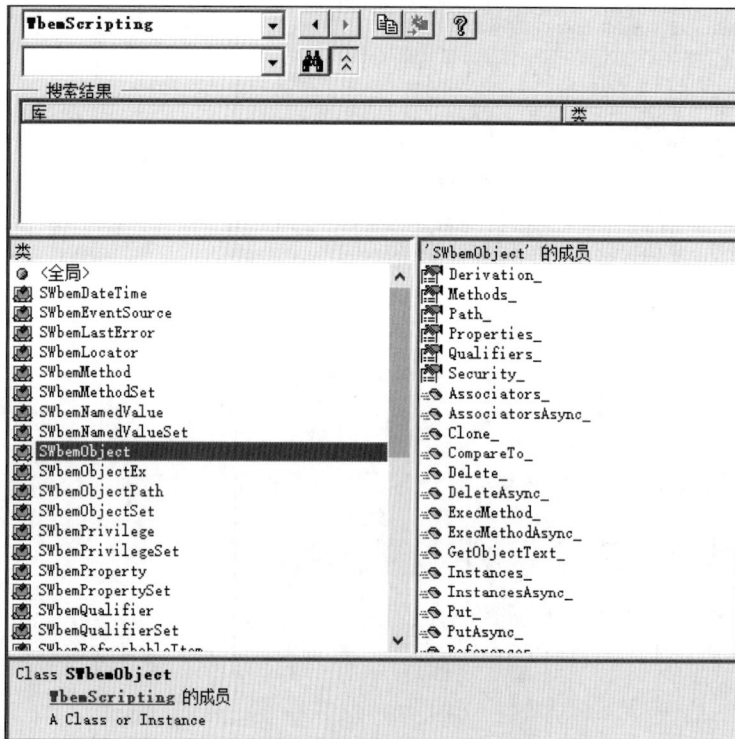

图 13-4　WbemScripting 类型库的内容

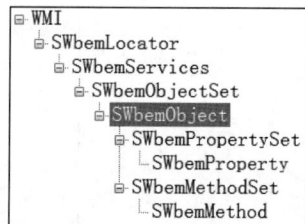

图 13-5　WMI 对象组织结构图

13.1.8　第一个 WMI 入门实例

WMI 对象模型众多，编码方式灵活多变，下面首先介绍一个简短的实例程序，然后从该实例出发，逐步拓展。

进程是 Windows 系统中常见的计算机资源，用于表示计算机中打开的程序或文件，当程序或文件被关闭时，进程也随之消失。使用 WMI 可以轻松获取当时计算机中正在运行的进程。

下面的程序用于遍历进程列表。

```
Sub 遍历进程列表()
    Dim Locator As WbemScripting.SWbemLocator
    Dim Service As WbemScripting.SWbemServices
    Dim SOS As WbemScripting.SWbemObjectSet
    Dim SO As WbemScripting.SWbemObject
    Set Locator = New WbemScripting.SWbemLocator
    Set Service = Locator.ConnectServer()
    Set SOS = Service.ExecQuery("Select * From Win32_Process")
    For Each SO In SOS
        Debug.Print SO.Name, SO.ExecutablePath, SO.commandLine
    Next SO
End Sub
```

13

通过上述程序获取计算机中的所有进程，打印每个进程的名称、可执行文件路径、命令行。

由于 WMI 程序代码中前面 4 行声明变量的代码是固定不变的，本书为了避免重复和节省篇幅，将这几个变量声明为模块级公用变量。模块顶部声明为：

```
Option Explicit
Private Locator As WbemScripting.SWbemLocator
Private Service As WbemScripting.SWbemServices
Private SOS As WbemScripting.SWbemObjectSet
Private SO As WbemScripting.SWbemObject
```

然后，在过程中直接书写实际的代码即可：

```
Sub 遍历进程列表 2()
    Set Locator = New WbemScripting.SWbemLocator
    Set Service = Locator.ConnectServer()
    Set SOS = Service.ExecQuery("Select * From WIN32_Process")
    For Each SO In SOS
        Debug.Print SO.Name, SO.ExecutablePath, SO.commandLine
    Next SO
End Sub
```

可以看出，WMI 编程只有 4 部分核心代码：新建 Locator、连接服务器、执行查询、遍历对象集。

- Set Service = Locator.ConnectServer()：用于连接到本机或服务器的 WMI 命名空间。这行是必须运行的，对返回的 Service 对象可以进行各种操作。
- Set SOS = Service.ExecQuery("Select * From Win32_Process")：执行了一个 WQL 查询，用于查询系统中所有的进程。
- For Each SO In SOS：用于遍历查询到的结果对象集。

13.2 节将逐一展开讨论。

13.2　WMI 基础语法

WMI 编程体系庞大，内容复杂。但是，在编写代码过程中会发现相同或相似的语法非常多，很容易触类旁通。

本节讲解使用 VBA 连接到服务器的 WMI，以及利用 WQL 检索目标计算机中的资源、遍历对象集等核心编程知识。

13.2.1　连接到服务器

SWbemLocator 的 ConnectServer 方法有 8 个参数，语法为：

```
ConnectServer(strServer,strNamespace,strUser,strPassword,strLocale,StrAuthority,
iSecurityFlags,ObjwbemNamedValueSet)
```

该方法的作用是访问一台计算机的命名空间，因此需要指定计算机的名称和命名空间。

如果要访问 VBA 代码所在计算机的资源，可以写为：

```
Set Service = Locator.ConnectServer()
```

或者

```
Set Service = Locator.ConnectServer(strServer:=".",strNamespace:="root\cimv2")
```

其中，小数点表示本机；root\cimv2 是默认的命名空间。

如果要访问远程计算机或服务器中的 WMI 资源，通常需要指定远程计算机的名称或 IP 地址、用户名和密码等信息。

例如：

```
Set Service = Locator.ConnectServer(strServer:="192.168.1.3",
strNameSpace:="root\cimv2", strUser:="Zhangsan", StrPassword:="123456")
```

用于访问 IP 为 192.168.1.3 的 root\cimv2 命名空间。

因此，访问本机和远程计算机只是在 ConnectServer 这行代码中有区别，连接完成后，后面的 WMI 代码是完全相同的。

13.2.2 所有子类

第一个入门实例中用到了 Win32_Process，这个术语是 WMI 命名空间下的一个子类，用于表示系统中所有进程。那么，其他子类还有哪些呢？下面的程序可以使用 SubclassesOf 返回所有子类。

```
Sub 遍历所有子类()
    Set Service = Locator.ConnectServer()
    Set SOS = Service.SubclassesOf()
    For Each SO In SOS
        Debug.Print Split(SO.Path_.Path, ":")(1)
    Next SO
End Sub
```

在打印结果中有大量以"CIM_"或"Win32_"开头的子类名称，其中比较常用的列举如下。

- CIM_DataFile：文件。
- Win32_DiskDrive：硬盘。
- CIM_Directory 或 Win32_Directory：路径、目录。
- CIM_LogicalDisk 或 Win32_LogicalDisk：磁盘驱动器。
- Win32_LogicalMemoryConfiguration：物理内存。
- Win32_NetworkAdapterConfiguration：网卡。
- Win32_Process：进程。
- Win32_Service：服务。

13.2.3 使用 Wbemtest 测试工具

Wbemtest 是 Windows 系统自带的一个用于 WMI 的测试工具。

在"运行"对话框中输入 wbemtest.exe 后按 Enter 键，或者找到如下文件并双击：C:\Windows\System32\wbem\wbemtest.exe，均可启动用于 WMI 测试的一个工具，如图 13-6 所示。

单击右上角的"连接 ..."按钮，弹出"连接"对话框。在命名空间中输入 root\cimv2 或 \\.\root\cimv2（小数点表示本机），然后单击右上角的"连接"按钮，如图 13-7 所示。

图 13-6 Wbemtest 工具界面

图 13-7 连接到计算机

可以看到"Windows Management Instrumentation 测试器"对话框中的各个按钮变得可用。

然后单击"查询"按钮，如图 13-8 所示。

输入 WQL 查询语句，单击"应用"按钮，如图 13-9 所示。

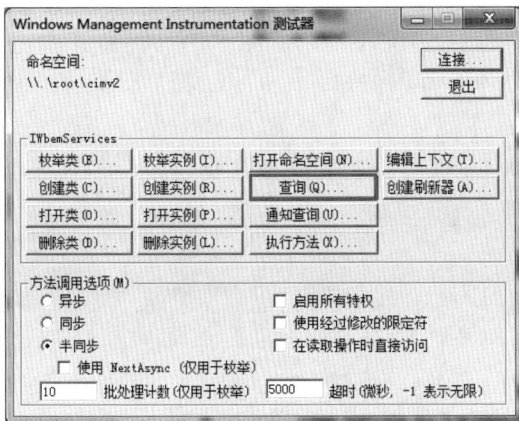

图 13-8 查询

图 13-9 执行 WQL 查询

弹出"查询结果"窗口，可以看到本机共有 6 个磁盘驱动器，如图 13-10 所示。

如果要查询远程计算机的 WMI 对象，就需要设置与远程计算机的连接。在"连接"对话框中把命名空间中的小数点换成远程计算机的 IP 地址或名称，并且在"凭据"栏中输入远程计算机的用户和密码，再次连接即可，如图 13-11 所示。

其他操作与连接本地计算机相同。

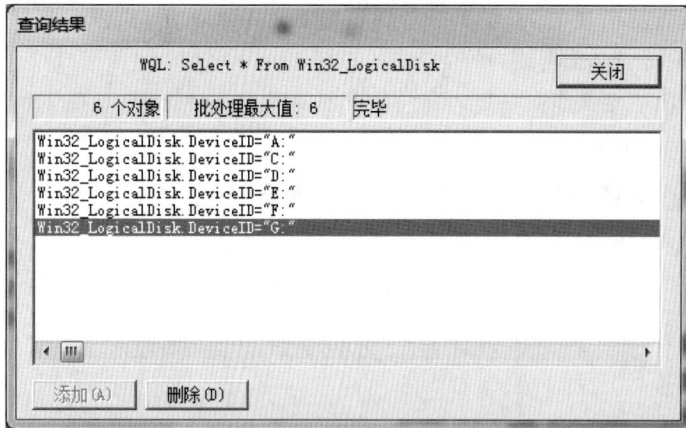

图 13-10　查询结果

图 13-11　连接到远程计算机

13.2.4　实例对象集的获取

WMI 把系统的所有资源都表示为集合 SWbemObjectSet，假设有几十个进程同时运行，那么所有的进程或者具有某些特征的多个进程就构成了实例对象集。获取实例对象集常用的方法有两种：SWbemServices 对象的 InstanceOf 方法和 ExecQuery 方法。

InstanceOf 方法只需要提供子类的名称，例如：

```
Set SOS = .InstancesOf("Win32_Process")
```

就获取了所有进程。功能上与

```
Set SOS = Service.ExecQuery("Select * From Win32_Process")
```

是等价的，但是灵活程度远不如 ExecQuery 方法。

获取到对象集以后，可以把每个实例的信息整理到 Excel 中，如图 13-12 所示。

	A	B	C	D
1	Name	Handle	CommandLine	CreationDate
2	System Idle Process	0		20210614090531.295945+480
3	System	4		20210614090531.295945+480
4	Registry	96		20210614090529.544806+480
5	smss.exe	368		20210614090531.310611+480
6	csrss.exe	520		20210614090537.888553+480
7	wininit.exe	592		20210614090538.219018+480
8	csrss.exe	600		20210614090538.224916+480
9	winlogon.exe	688	winlogon.exe	20210614090538.287423+480
10	services.exe	736		20210614090538.406604+480
11	Notepad.exe	13128	"C:\WINDOWS\system32\NOTEPAD.EXE" D:\Temp\春夜喜雨.txt	20210614134547.113953+480
12	svchost.exe	864	C:\WINDOWS\system32\svchost.exe -k DcomLaunch -p -s PlugP	20210614090538.878901+480
13	svchost.exe	888	C:\WINDOWS\system32\svchost.exe -k DcomLaunch -p	20210614090538.895481+480
14	fontdrvhost.exe	912	"fontdrvhost.exe"	20210614090538.921020+480
15	fontdrvhost.exe	908	"fontdrvhost.exe"	20210614090538.921019+480
16	svchost.exe	1004	C:\WINDOWS\system32\svchost.exe -k RPCSS -p	20210614090539.086500+480
17	svchost.exe	452	C:\WINDOWS\system32\svchost.exe -k DcomLaunch -p -s LSM	20210614090539.131494+480
18	dwm.exe	604	"dwm.exe"	20210614090539.283143+480
19	svchost.exe	1040	C:\WINDOWS\System32\svchost.exe -k NetworkService -s Term	20210614090539.412598+480
20	svchost.exe	1116	C:\WINDOWS\system32\svchost.exe -k LocalServiceNetworkRes	20210614090539.446194+480
21	svchost.exe	1124	C:\WINDOWS\system32\svchost.exe -k LocalSystemNetworkRes	20210614090539.448664+480
22	svchost.exe	1260	C:\WINDOWS\system32\svchost.exe -k LocalSystemNetworkRes	20210614090539.509507+480
23	svchost.exe	1292	C:\WINDOWS\system32\svchost.exe -k LocalSystemNetworkRes	20210614090539.520637+480
24	svchost.exe	1308	C:\WINDOWS\system32\svchost.exe -k netsvcs -p -s ProfSvc	20210614090539.527018+480

图 13-12　每个实例的信息

再比如 Set SOS = .InstancesOf("Win32_LogicalDisk") 可以获取所有逻辑分区的信息；Set SOS = .ExecQuery("Select * From Win32_LogicalDisk Where DeviceID ='D:'") 则可以只返回 D: 的信息。

13.2.5 WQL 查询语句

WQL 的全称是 WMI Query Language，用于 WMI 中的查询语言，语法上类似于数据库中的 SQL 语句。

WQL 的语法为：

Select 属性列表 From 类 Where 条件语句。

WMI 使用 SWbemService 对象的 ExecQuery 方法调用 WQL 语句，返回一个 SWbemObjectSet 对象集。

其中属性列表默认写成 *，表示选择所有属性列。根据需要也可以写成用逗号隔开的多个属性名。条件语句的构造可以用 = 或 Like 运算符，还可以用 % 通配符表示任意字符。

例如：

```
Set SOS = Service.ExecQuery("Select Caption,StartMode,Status,Description From
Win32_Service Where StartMode='Auto' And State='Running'")
    Debug.Print SOS.Count
```

上述代码从 Windows 服务中查询标题、启动模式、描述、状态，并且设置了两个限定条件。

13.2.6 实例对象集的遍历

获取实例对象集以后，肯定要提取出集合中的每个实例。遍历 SWbemObjectSet 时，形成的每个实例都是 SWbemObject 对象。有两种遍历方式：For...Each 结构方式和数字下标循环方式。

下面的程序用于遍历对象。

```
Sub 遍历对象()
    Set Service = Locator.ConnectServer()
    With Service
        Set SOS = .ExecQuery("Select * From Win32_LogicalDisk")
        For Each SO In SOS
            Debug.Print SO.Caption, SO.VolumeName
        Next SO
    End With
End Sub
```

运行上述程序，遍历所有逻辑分区信息。在立即窗口中输出的结果为：

```
A:            驱动
C:            系统
D:            教程
E:            文档
F:            软件
G:            Null
```

SWbemObjectSet 对象具有 ItemIndex 方法，可以返回指定序号的单个实例。例如，Set SO = SOS.ItemIndex(0) 返回首个实例对象。

下面的程序使用数字下标引用对象集。

```
Sub 使用数字下标引用对象集 ()
    Set Locator = New WbemScripting.SWbemLocator
    Set Service = Locator.ConnectServer()
    Set SOS = Service.ExecQuery("Select * From Win32_Process Where Name='Notepad.exe'")
    Debug.Print SOS.Count
    Dim i As Integer
    If SOS.Count > 0 Then
        For i = 0 To SOS.Count - 1
            Set SO = SOS.ItemIndex(i)
            Debug.Print SO.Name, SO.CommandLine
        Next i
    End If
End Sub
```

在很多情况下，符合条件的对象集中只有 1 个实例，这种情况写在循环结构中就有些效率低下。假设计算机中只打开了一个 QQ，可以使用 ItemIndex(0) 或 Get 直接得到目标实例。

例如：

```
Set SO = Service.Get("Win32_LogicalDisk.DeviceID='E:'")
Debug.Print SO.Caption, SO.Size / 1024 / 1024 / 1024
```

运行以上程序，可获取逻辑分区 E:，并且打印该分区的总容量。

13.2.7　实例对象的属性集和属性

WMI 中的实例对象是一种动态对象，它没有固定的属性和方法列表，实例对象的具体类型取决于查询时的子类。如果查询的是进程，那么实例对象的类型就是进程对象，该对象就具有 Handle、CommandLine 等属性，也具有 Terminate 方法。但是，在 VBA 编辑器中书写代码时，即使在 SWbemObject 对象后面输入小数点，也不能出现这些成员。

查看和获取实例对象具有哪些属性有两个方法：一是在代码运行期间进入中断模式，通过本地窗口查看对象的 "Properties_" 集合；二是在代码中直接遍历对象的 "Properties_" 集合。

第一个方法：在本地窗口中查看属性名及其值。首先在代码中获取第一个实例对象 SO，然后通过设置断点或 Stop 语句让代码暂停，在本地窗口中找到变量的 "Properties_"，在下面就会看到一个一个的 Item。例如，Item 1 表示该对象具有 Caption 属性，它对应的值是 QQ.exe，如图 13-13 所示。

按照这个方法，一个一个找，就可以知道进程对象具有哪些属性了。然后在代码中就可以直接写 Debug.Print SO.Caption 来访问该属性了。

第二个方法：直接遍历一个对象的所有属性对。

```
Sub 获取属性集和属性 ()
    Dim SPS As SWbemPropertySet, SP As SWbemProperty
    Set Service = Locator.ConnectServer()
```

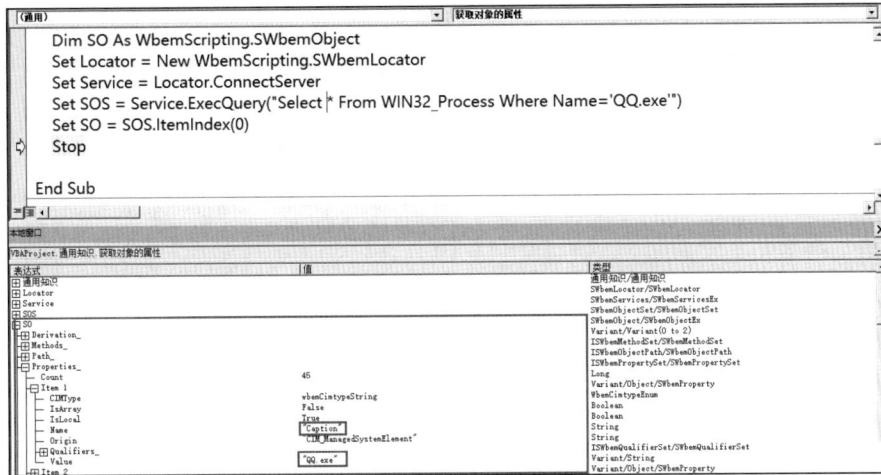

图 13-13　在本地窗口中查看对象的属性

```
With Service
    Set SO = .Get("Win32_LogicalDisk.DeviceID='E:'")
    Set SPS = SO.Properties_
    For Each SP In SPS
        Debug.Print SP.Name, SP.Value
    Next SP
End With
End Sub
```

在立即窗口中输出的结果如下：

```
Access                      0
Availability                Null
BlockSize                   Null
Caption                     E:
Compressed                  False
ConfigManagerErrorCode                  Null
ConfigManagerUserConfig                 Null
CreationClassName                       Win32_LogicalDisk
Description                 Local Fixed Disk
DeviceID                    E:
DriveType                   3
ErrorCleared  Null
ErrorDescription                        Null
ErrorMethodology                        Null
FileSystem                  NTFS
FreeSpace                   115370795008
InstallDate                 Null
LastErrorCode               Null
MaximumComponentLength                  255
MediaType             12
```

```
Name                    E:
NumberOfBlocks                      Null
PNPDeviceID         Null
PowerManagementCapabilities         Null
PowerManagementSupported            Null
ProviderName        Null
Purpose             Null
QuotasDisabled                      True
QuotasIncomplete                    False
QuotasRebuilding                    False
Size                269576302592
Status              Null
StatusInfo          Null
SupportsDiskQuotas                  True
SupportsFileBasedCompression        True
SystemCreationClassName             Win32_ComputerSystem
SystemName          RYUEIFU_VBA
VolumeDirty         False
VolumeName          文档
VolumeSerialNumber                  1AEFF9F6
```

从输出结果可以了解到驱动器的大小、可用空间、卷标等属性。

以上结果就是 Win32_LogicalDisk 这个类支持的属性列表。

最后讲述属性的访问方式，在代码中可以使用显式访问、隐式访问、CallByName 这三种方式。

下面的程序用于获取逻辑分区信息。

```
Sub 获取逻辑分区信息()
    Set Locator = New WbemScripting.SWbemLocator
    Set Service = Locator.ConnectServer()
    Set SOS = Service.ExecQuery("Select * From Win32_LogicalDisk Where
DeviceID='E:'")                                      '与上句等价
    Set SO = SOS.ItemIndex(0)
    Debug.Print SO.FreeSpace                          '显式
    Debug.Print SO.Properties_.Item("FreeSpace").Value    '隐式
    Debug.Print CallByName(SO, "FreeSpace", VbGet)       'CallByName
End Sub
```

后面三行代码的结果相同。

此外，还要注意某些属性是可读写属性。例如，卷标 VolumeName 就是一个可读写的属性，可以通过代码来修改。

下面的程序用于修改逻辑分区的卷标。

```
Sub 修改实例对象的属性()
    Dim SP As SWbemProperty
    Set Service = Locator.ConnectServer()
    With Service
        Set SO = .Get("Win32_LogicalDisk.DeviceID='D:'")
```

```
            Set SP = SO.Properties_.Item("VolumeName")
            SP.Value = " 测试 1"
            SO.Put_
            SO.VolumeName = " 测试 2"
            SO.Put_
        End With
    End Sub
```

运行上述程序，D 盘卷标变为"测试 2"，如图 13-14 所示。

图 13-14　修改逻辑分区的卷标

13.2.8　实例对象的方法集和方法

实例对象还包括若干方法，查看每一类实例对象具有哪些可以使用的方法有两种方式，既可以在本地窗口中查看，也可以遍历实例对象的"Methods_"集合。

下面的程序用于获取方法集和方法。

```
Sub 获取方法集和方法()
    Dim SMS As SWbemMethodSet, SM As SWbemMethod
    Set Service = Locator.ConnectServer()
    With Service
        Set SO = .Get("Win32_Process.handle=8944")
        Set SMS = SO.Methods_
        For Each SM In SMS
            Debug.Print SM.Name
        Next SM
    End With
End Sub
```

运行上述程序，在立即窗口中输出 Win32_Process 这个类支持的方法名称：

```
Create
Terminate
GetOwner
```

```
GetOwnerSid
SetPriority
AttachDebugger
```

其中，Terminate 是一个常用方法，用于终止进程。例如，SO.Terminate 方法用于终止一个进程。

13.3　使用 GetObject 函数返回不同类型的对象

在 VBA 中通过添加 WbemScripting 引用，使 WMI 编程更加方便、快捷。然而网上很多 WMI 资料是 VBS 版本或者以后期绑定方式书写的。微软公司使用 GetObject 函数结合 Moniker（绰号）字符串来获取 WMI 对象。

13.3.1　Moniker 字符串

Moniker 字符串是用反斜杠隔开的，用于表达目标计算机中指定的命名空间的 WMI。例如，winmgmts:\\.\root\cimv2 由三部分构成。

● 服务名称：winmgmts:。
● 计算机名称：本机是小数点，远程计算机是计算机名称或 IP 地址。
● 命名空间：默认是 root\cimv2。

13.3.2　返回 SWbemServices 对象

在前期绑定的情况下，先用 New 关键字创建一个 SWbemLocator，然后再用 ConnectServer 方法返回 SWbemServices 对象。

后期绑定时可以直接使用 Moniker 字符串返回 SWbemServices 对象。

下面的程序使用 GetObject 函数返回 SWbemServices。

```
Sub 使用GetObject函数返回SWbemServices()
    Dim Computer As String
    Dim NameSpace As String
    Dim Service As Object
    Computer = "."
    NameSpace = "root\cimv2"
    Set Service = GetObject("winmgmts:\\" & Computer & "\" & NameSpace)
    'Set Service = GetObject("winmgmts:\\.\root\cimv2")
    Debug.Print TypeOf Service Is WbemScripting.SWbemServices
End Sub
```

为了便于理解，上述代码使用了 Computer 和 NameSpace 两个字符串变量，分别表示计算机名称和命名空间。

如果访问需要提供用户名和密码的远程计算机，不能使用 GetObject 函数，仍需使用 ConnectServer 方法。

下面的程序可以连接到远程计算机。

```
Sub 连接到远程计算机()
    Dim Locator As Object
    Dim Service As Object
    Set Locator = CreateObject("WbemScripting.SWbemLocator")
    Set Service = Locator.ConnectServer(strServer:="192.168.1.3", strNameSpace:=
"root\CIMV2", strUser:="Zhangsan", StrPassword:="123456")
End Sub
```

13.3.3　返回 SWbemObject 对象

在 Moniker 字符串后面加上子类的名称以及筛选条件，GetObject 函数还可以直接返回一个实例对象。

下面的程序使用 GetObject 函数返回实例。

```
Sub 使用 GetObject 返回实例()
    Dim SO As WbemScripting.SWbemObject
    Set SO = GetObject("winmgmts:\\.\root\cimv2:CIM_DataFile.Name='D:\\Temp\\ 中
国城市列表 .xlsx'")
    SO.Delete
    Set SO = GetObject("winmgmts:\\.\root\cimv2:Win32_Process.handle=1580")
    SO.Terminate
End Sub
```

运行上述程序，首先获取磁盘上的一个 Excel 文件，然后删除。接下来获取到进程 ID 为 1580 的进程，最后终止该进程。

13.4　使用 WMI 特权

WMI 对象模型中的 SWbemPrivilegeSet 集合表示 SWbemServices 对象的所有特权属性，其中每个特权属性都是一个 SWbemPrivilege 对象。

特权属性用于启用或禁用特定的 Windows 特权。只有在代码中设置这些权限中的一种或几种，才能使用 WMI 执行特定任务。假设要通过 VBA 代码重启或关闭计算机，如果不增加特权，就会拒绝执行该操作。

本节主要讲解 WMI 编程中特殊权限的赋予和移除。

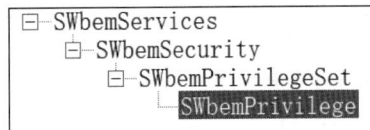

13.4.1　安全与特权对象模型

WMI 中安全与特权对象模型如图 13-15 所示。

```
□─SWbemServices
  □─SWbemSecurity
    □─SWbemPrivilegeSet
      └ SWbemPrivilege
```

图 13-15　安全与特权对象模型示意图

其中 SWbemPrivilegeSet 是特权集，表示多个特权属性。如果要访问其中一个特权，使用如下代码：

```
Dim SP As WbemScripting.SWbemPrivilege
Set SP = Service.Security_.Privileges.Item(WbemScripting.WbemPrivilegeEnum.
wbemPrivilegeShutdown)
```

上述代码中的 WbemPrivilegeEnum 是 WMI 中的一个枚举常量。

13.4.2 权限常量

WMI 一共有 27 个权限常量，分别用于实现不同的功能和目的，见表 13-1 所示。

表 13-1　WMI 权限常量

常　　量	值	显 示 名 称	字 符 串
wbemPrivilegeCreateToken	1	创建一个令牌对象	SeCreateTokenPrivilege
wbemPrivilegePrimaryToken	2	替换一个进程级令牌	SeAssignPrimaryTokenPrivilege
wbemPrivilegeLockMemory	3	锁定内存页	SeLockMemoryPrivilege
wbemPrivilegeIncreaseQuota	4	为进程调整内存配额	SeIncreaseQuotaPrivilege
wbemPrivilegeMachineAccount	5	将工作站添加到域	SeMachineAccountPrivilege
wbemPrivilegeTcb	6	以操作系统方式执行	SeTcbPrivilege
wbemPrivilegeSecurity	7	管理审核和安全日志	SeSecurityPrivilege
wbemPrivilegeTakeOwnership	8	取得文件或其他对象的所有权	SeTakeOwnershipPrivilege
wbemPrivilegeLoadDriver	9	加载和卸载设备驱动程序	SeLoadDriverPrivilege
wbemPrivilegeSystemProfile	10	配置文件系统性能	SeSystemProfilePrivilege
wbemPrivilegeSystemtime	11	更改系统时间	SeSystemtimePrivilege
wbemPrivilegeProfileSingleProcess	12	配置文件单一进程	SeProfileSingleProcessPrivilege
wbemPrivilegeIncreaseBasePriority	13	提高计划优先级	SeIncreaseBasePriorityPrivilege
wbemPrivilegeCreatePagefile	14	创建一个页面文件	SeCreatePagefilePrivilege
wbemPrivilegeCreatePermanent	15	创建永久共享对象	SeCreatePermanentPrivilege
wbemPrivilegeBackup	16	备份文件和目录	SeBackupPrivilege
wbemPrivilegeRestore	17	还原文件和目录	SeRestorePrivilege
wbemPrivilegeShutdown	18	关闭系统	SeShutdownPrivilege
wbemPrivilegeDebug	19	调试程序	SeDebugPrivilege
wbemPrivilegeAudit	20	生成安全审核	SeAuditPrivilege
wbemPrivilegeSystemEnvironment	21	修改固件环境值	SeSystemEnvironmentPrivilege
wbemPrivilegeChangeNotify	22	绕过遍历检查	SeChangeNotifyPrivilege
wbemPrivilegeRemoteShutdown	23	从远程系统强制关机	SeRemoteShutdownPrivilege
wbemPrivilegeUndock	24	从扩展坞上取下计算机	SeUndockPrivilege
wbemPrivilegeSyncAgent	25	同步目录服务数据	SeSyncAgentPrivilege
wbemPrivilegeEnableDelegation	26	信任计算机和用户账户可以执行委派	SeEnableDelegationPrivilege
wbemPrivilegeManageVolume	27	执行卷维护任务	SeManageVolumePrivilege

在表 13-1 中，前面两列是枚举常量，在代码中使用 Add 方法添加权限。最后一列"字符串"需要使用 AddAsString 方法添加权限。两种方法添加后的效果相同。

在以上 27 个权限常量中，本书以第 18 个（用于关闭系统的常量 wbemPrivilegeShutdown）为例进行讲解。

13.4.3　增加和移除特权

一般情况下，SWbemServices 对象中的特权集是空的，在编程过程中根据需要可以添加一个或多个特权。该对象的特权集 Privileges 具有 Add、AddAsString、Remove、DeleteAll 方法，用于添加和移除特权。

在编写代码时，只要用到权限常量的地方，VBA 就会自动弹出常量列表，从中选取即可，如图 13-16 所示。

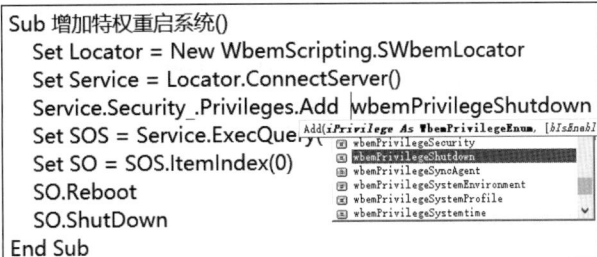

下面的程序用于增加和移除特权。

```
Sub 增加特权重启系统()
  Set Locator = New WbemScripting.SWbemLocator
  Set Service = Locator.ConnectServer()
  Service.Security_.Privileges.Add wbemPrivilegeShutdown
  Set SOS = Service.ExecQuery
  Set SO = SOS.ItemIndex(0)
  SO.Reboot
  SO.ShutDown
End Sub
```

图 13-16　VBA 智能提示

```vba
Option Explicit
Private Locator As WbemScripting.SWbemLocator
Private Service As WbemScripting.SWbemServices
Private SOS As WbemScripting.SWbemObjectSet
Private SO As WbemScripting.SWbemObject
Sub 增加特权()
    Dim SP As WbemScripting.SWbemPrivilege
    Set Locator = New WbemScripting.SWbemLocator
    Set Service = Locator.ConnectServer()
    Set SP = Service.Security_.Privileges.Add(iprivilege:=wbemPrivilegeShutdown,
bIsEnabled:=True)
    Set SP = Service.Security_.Privileges.AddAsString(strPrivilege:="SeShutdown
Privilege", bIsEnabled:=True)
    Debug.Print Service.Security_.Privileges.Count
    End Sub


Sub 移除特权()
    Dim SP As WbemScripting.SWbemPrivilege
    Set Locator = New WbemScripting.SWbemLocator
    Set Service = Locator.ConnectServer()
    Set SP = Service.Security_.Privileges.Add(iprivilege:=wbemPrivilegeShutdown,
bIsEnabled:=True)
    Set SP = Service.Security_.Privileges.Add(iprivilege:=wbemPrivilegeRemoteShutdown,
bIsEnabled:=True)
    Service.Security_.Privileges.Remove iprivilege:=23 'wbemPrivilegeRemoteShutdown
    Service.Security_.Privileges.DeleteAll
    Debug.Print Service.Security_.Privileges.Count
    End Sub
```

```
Sub 遍历特权()
    Dim i As Long
    Dim SP As WbemScripting.SWbemPrivilege
    Dim SPS As WbemScripting.SWbemPrivilegeSet
    Set Locator = New WbemScripting.SWbemLocator
    Set Service = Locator.ConnectServer()
    For i = 1 To 27
        Set SP = Service.Security_.Privileges.Add(iprivilege:=i, bIsEnabled:=True)
    Next i
    Set SPS = Service.Security_.Privileges
    For Each SP In SPS
        Debug.Print SP.DisplayName, SP.Identifier, SP.IsEnabled, SP.Name
    Next SP
End Sub
```

上述代码演示了如何增加、移除和遍历特权。

13.4.4 使用特权

添加了特权之后，就可以执行某些特定的功能。例如，要重启或关闭系统，就需要事先添加 wbemPrivilegeShutdown 特权。

下面的程序使用特权关闭系统。

```
Sub 使用特权()
    Dim SP As WbemScripting.SWbemPrivilege
    Set Locator = New WbemScripting.SWbemLocator
    Set Service = Locator.ConnectServer()
    'Set SP = Service.Security_.Privileges.Add(iprivilege:=wbemPrivilegeShutdown, bIsEnabled:=True)
    Set SOS = Service.ExecQuery("Select * From Win32_OperatingSystem")
    Set SO = SOS.ItemIndex(0)
    SO.Reboot
    SO.ShutDown
End Sub
```

13

如果把代码中 Set SP = Service.Security_.Privileges. Add 这行注释去掉，那么运行到 SO.Reboot 时，会出现 "没有相应特权" 的运行时错误，如图 13-17 所示。

反之，如果添加了特权，则可以顺利重启或关闭系统，利用这个功能，可以实现批量关闭多台远程计算机。

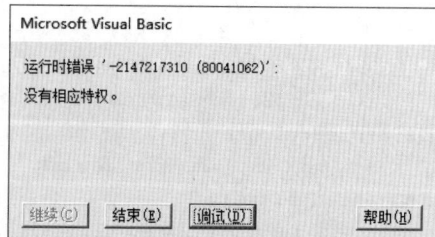

图 13-17 运行时错误

13.5 进程信息

进程（Process）是计算机中的程序关于某数据集合上的一次运行活动，是系统进行资源分配和调度的基本单位，是操作系统结构的基础。简单地理解，在屏幕上打开一个软件或程序，都会产生相应的进程。反之，如果关闭或退出屏幕上的一些软件窗口，相应的进程也会随之移除。Windows 系统有专门查看和管理进程的场所。

WMI 中的 Win32_Process 子类用于表示系统中的所有进程。

本节以进程管理为例，讲述 VBA 中 WMI 的各种经典用法。

13.5.1 进程的基本概念

进程可以理解为"运行中的程序或软件"，如果在计算机中打开了记事本，进程管理器中就会多一个 notepad.exe 的进程；如果正在使用 Excel，进程管理器中就相应地出现 EXCEL.EXE 这个进程。

查看进程列表的方法是，启动 Windows 系统的"任务管理器"，单击该窗口最左侧的"进程"选项卡，就可以看到正在运行的所有进程，如图 13-18 所示。

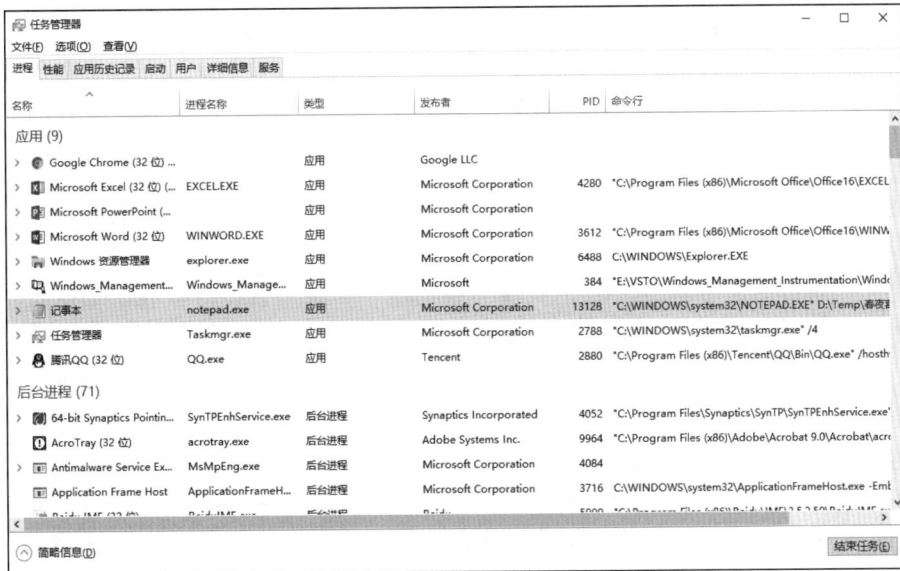

图 13-18　任务管理器

一个进程的基本属性包括：

- 进程名称（Name）。
- 进程 ID（Handle）。
- 命令行（CommandLine）。
- 创建时间（CreationDate）。

例如，双击磁盘上的一个文本文件"D:\Temp\春夜喜雨.txt"，会自动启动记事本软件，并且打开文本文件的内容，这样就产生了一个名称为 Notepad.exe 的进程。该进程的命令行是："C:\WINDOWS\system32\NOTEPAD.EXE" D:\Temp\春夜喜雨.txt。

进程 ID 是大多数操作系统的内核用于唯一标识进程的一个数值。这一数值可以作为许多函数调用的参数，以使调整进程优先级、利用程序终止进程成为可能。

13.5.2　获取所有进程

获取进程的目的在于了解当前运行着哪些软件和程序，以及每个进程是何时创建的。下面的程序用于获取所有进程。

```
Sub 获取所有进程()
    Set Locator = New WbemScripting.SWbemLocator
    Set Service = Locator.ConnectServer()
    'Set SOS = Service.InstancesOf("Win32_Process")
    Set SOS = Service.ExecQuery("Select * From Win32_Process")
    For Each SO In SOS
        'Do something on SO
        Debug.Print SO.Name, SO.Handle, SO.CommandLine, SO.CreationDate
    Next SO
End Sub
```

运行上述程序，可得到每个进程的名称、进程 ID、命令行、创建时间，如图 13-19 所示。

NO.	Name	Handle	CommandLine	CreationDate
1	System Idle Process	0		20210614090531.295945+480
2	System	4		20210614090531.295945+480
3	Registry	96		20210614090529.544806+480
4	smss.exe	368		20210614090531.310611+480
5	csrss.exe	520		20210614090537.888553+480
6	wininit.exe	592		20210614090538.219018+480
7	csrss.exe	600		20210614090538.224916+480
8	winlogon.exe	688	winlogon.exe	20210614090538.287423+480
9	services.exe	736		20210614090538.406604+480
10	Notepad.exe	13128	"C:\WINDOWS\system32\NOTEPAD.EXE" D:\Temp\春夜喜雨.txt	20210614134547.113953+480
11	svchost.exe	864	C:\WINDOWS\system32\svchost.exe -k DcomLaunch -p -s PlugP	20210614090538.878901+480
12	svchost.exe	888	C:\WINDOWS\system32\svchost.exe -k DcomLaunch -p	20210614090538.895481+480
13	fontdrvhost.exe	912	"fontdrvhost.exe"	20210614090538.921020+480
14	fontdrvhost.exe	908	"fontdrvhost.exe"	20210614090538.921019+480
15	svchost.exe	1004	C:\WINDOWS\system32\svchost.exe -k RPCSS -p	20210614090539.086500+480
16	svchost.exe	452	C:\WINDOWS\system32\svchost.exe -k DcomLaunch -p -s LSM	20210614090539.131494+480
17	dwm.exe	604	"dwm.exe"	20210614090539.283143+480
18	svchost.exe	1040	C:\WINDOWS\system32\svchost.exe -k NetworkService -s Term	20210614090539.412598+480
19	svchost.exe	1116	C:\WINDOWS\system32\svchost.exe -k LocalServiceNetworkRes	20210614090539.446194+480
20	svchost.exe	1124	C:\WINDOWS\system32\svchost.exe -k LocalSystemNetworkRes	20210614090539.448664+480
21	svchost.exe	1260	C:\WINDOWS\system32\svchost.exe -k LocalSystemNetworkRes	20210614090539.509507+480
22	svchost.exe	1292	C:\WINDOWS\system32\svchost.exe -k LocalSystemNetworkRes	20210614090539.520637+480
23	svchost.exe	1308	C:\WINDOWS\system32\svchost.exe -k netsvcs -p -s ProfSvc	20210614090539.527018+480

图 13-19　遍历所有进程

其中，20210614134547.113953+480 是把年、月、日和时、分、秒连在一起的结果，表示 2021 年 6 月 14 日 13:45:47。

13.5.3　创建新的进程

WMI 中的进程对象具有 Create 方法，可以创建一个全新的进程。调用该方法需要提供如下 4 个参数。

- CommandLine：可执行文件的命令行，决定了启动哪一个程序。
- CurrentDirectory：当前工作目录，如果不设置，则使用 Null。
- Win32_ProcessStartup：启动设置，如果不设置，则使用 Null。
- 进程 ID：Create 方法调用完成后返回进程 ID 到这个变量。

下面的程序用于创建进程。

```
Sub 创建进程 ()
    Dim Handle As Long
    Dim ReturnValue As Long
    Set Locator = New WbemScripting.SWbemLocator
    Set Service = Locator.ConnectServer()
    Set SO = Service.Get("Win32_Process")
    ReturnValue = SO.Create("explorer.exe D:\Temp", Null, Null, Handle)
    If ReturnValue = 0 Then Debug.Print Handle
End Sub
```

运行上述程序，看到屏幕上自动打开了文件资源管理器，并且显示 D:\Temp 文件夹中的内容。

如果要启动其他软件和程序，只需修改 Create 方法的第一个参数即可，假设启动计算器，代码修改为 SO.Create("Calc.exe", Null, Null, Handle) 即可。

另外，还可以预先设置进程启动方面的信息。下面的程序预先配置了 Startup 和 Config 两个变量。

```
Sub 创建进程 _ 带有启动设置 ()
    Dim Handle As Long
    Dim ReturnValue As Long
    Dim Startup As WbemScripting.SWbemObject
    Dim Config As WbemScripting.SWbemObject
    Set Locator = New WbemScripting.SWbemLocator
    Set Service = Locator.ConnectServer()
    Set Startup = Service.Get("Win32_ProcessStartup")
    Set Config = Startup.SpawnInstance_
    Config.ShowWindow = SW_SHOWMAXIMIZED
    Set SO = Service.Get("WIN32_Process")
    ReturnValue = SO.Create("explorer.exe C:\Windows\System32", Null, Config, Handle)
    If ReturnValue = 0 Then Debug.Print Handle
End Sub
```

上述程序中的 SW_SHOWMAXIMIZED 是 API 函数中的一个常量。运行上述程序，创建的进程是最大化显示的。

13.5.4 获取进程的拥有者

进程具有"身份"的概念，进程是由哪一个用户创建的，谁在使用这个进程，是全程跟踪的。对于用户打开的各种软件和窗口，进程的拥有者就是当前用户。如果是系统级别的后台进程，拥有者是 SYSTEM。

例如，进程列表中有一个 QQProtect.exe，从进程列表中可以看到用户名是 SYSTEM，如图 13-20 所示。

WMI 的进程对象具有 GetOwner 方法，可以一次性得到用户名和域的名称。

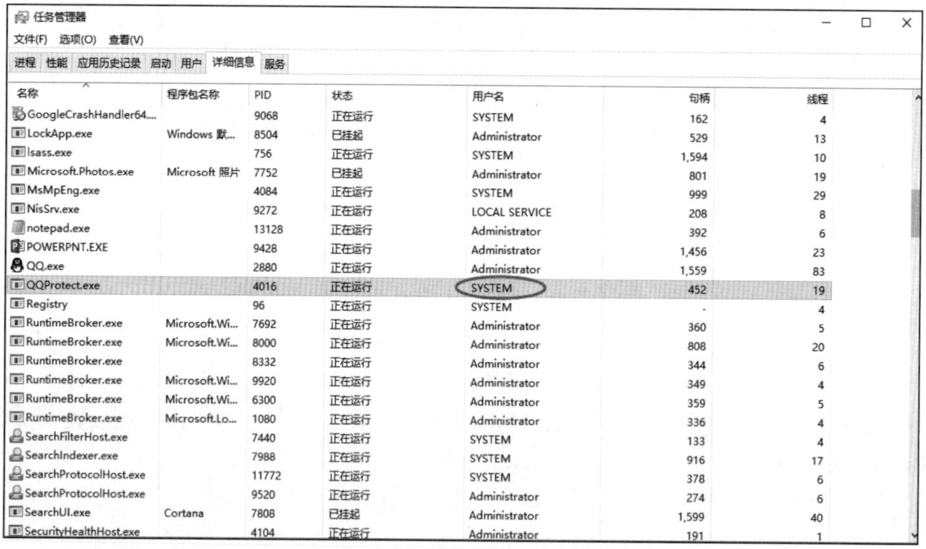

图 13-20　进程的用户名

下面的程序用于获取进程的拥有者。

```
Sub 获取进程的拥有者()
    Dim ReturnValue As Long
    Dim UserName As String, Domain As String
    Set Locator = New WbemScripting.SWbemLocator
    Set Service = Locator.ConnectServer()
    Set SOS = Service.ExecQuery("Select * From Win32_Process Where Name=
'QQProtect.exe'")
    Set SO = SOS.ItemIndex(0)
    ReturnValue = SO.GetOwner(UserName, Domain)
    If ReturnValue = 0 Then Debug.Print "用户名：" & UserName, "域：" & Domain
End Sub
```

运行上述程序，在立即窗口中输出的结果是：

```
用户名：SYSTEM          域：NT AUTHORITY
```

13.5.5　终止进程

进程对象具有 Terminate 方法，用于结束任务。如果要终止拥有者而不是进程，需要先给 Locator 设置特权。

下面的程序用于终止进程。

```
Sub 终止进程()
    Set Locator = New WbemScripting.SWbemLocator
    Locator.Security_.Privileges.AddAsString "sedebugprivilege", True
    Set Service = Locator.ConnectServer()
    Set SOS = Service.InstancesOf("Win32_Process")
```

```
        Set SOS = Service.ExecQuery("Select * From Win32_Process Where Name='Chrome.exe'")
        For Each SO In SOS
            SO.Terminate
        Next SO
    End Sub
```

对于终止一般的软件和窗口，使用上述代码没有问题。例如，Chrome 浏览器启动以后，会产生 8 个关联的进程，如果在遍历的过程中逐个终止，就会出现"找不到"的运行时错误，如图 13-21 所示。

这就需要在循环中反复检索，如果进程个数大于 0，就执行终止。修改后的代码如下：

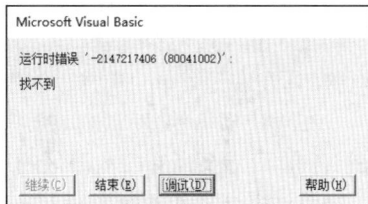

图 13-21 运行时错误

```
Sub 循环判断终止进程()
        Set Locator = New WbemScripting.SWbemLocator
        Locator.Security_.Privileges.AddAsString "sedebugprivilege", True
        Set Service = Locator.ConnectServer()
        Set SOS = Service.InstancesOf("Win32_Process")
        Do
        Set SOS = Service.ExecQuery("Select * From Win32_Process Where Name='Chrome.exe'")
            If SOS.Count > 0 Then
                Set SO = SOS.ItemIndex(0)
                SO.Terminate
            Else
                Exit Do
            End If
        Loop
    End Sub
```

13.6 逻辑磁盘信息

磁盘分区、目录（文件夹）、文件是 Windows 文件系统的三大组成部分。WMI 中的 Win32_LogicalDisk 子类用于获取逻辑磁盘信息。

在使用计算机的过程中，随着磁盘中文件和目录的增加和删除，磁盘分区的可用空间是动态变化的，如果可用空间非常小，可能造成后续安装其他软件失败等问题。因此在系统维护过程中，经常需要借助脚本或程序定期查询每个分区的使用情况。

本节讲解利用 WMI 技术获取和操作磁盘分区的方法。

13.6.1 磁盘分区的概念

计算机中主要的存储设备就是硬盘，但是硬盘不能直接使用，必须对硬盘进行分割，将硬盘分割成一块一块的区域就是磁盘分区。磁盘分区中可以存储操作系统、各种目录和文件。

磁盘分区的基本属性包括名称、文件系统、总空间、可用空间（自由空间）、卷标、卷序列号等。

在 Windows 系统中查看磁盘分区有多种方法，普通用户可以打开文件资源管理器查看"我的电脑"中有哪些磁盘分区。下面介绍通过"计算机管理"查看磁盘分区的方法。

在"文件资源管理器"窗口中选择"此电脑"或"我的电脑"，在右键菜单中选择"管理"选项，如图 13-22 所示。

在"计算机管理"窗口的左侧选择"磁盘管理"选项，在右侧即可看到所有磁盘分区的属性，如图 13-23 所示。

以"文档（E:）"为例，该分区的卷标是"文档"，文件系统是 NTFS，总空间为 251.06GB，可用空间为 63.88GB。

图 13-22　管理

另外，也可以选中"文档（E:）"，在右键菜单中选择"属性"选项，打开该分区的属性对话框，如图 13-24 所示。

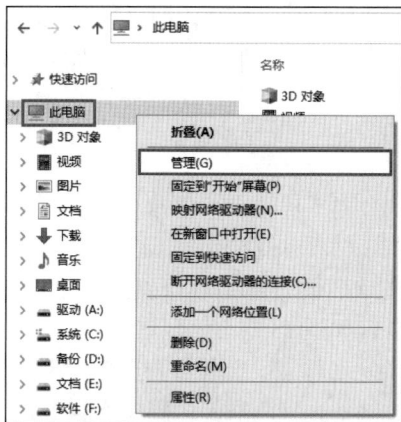

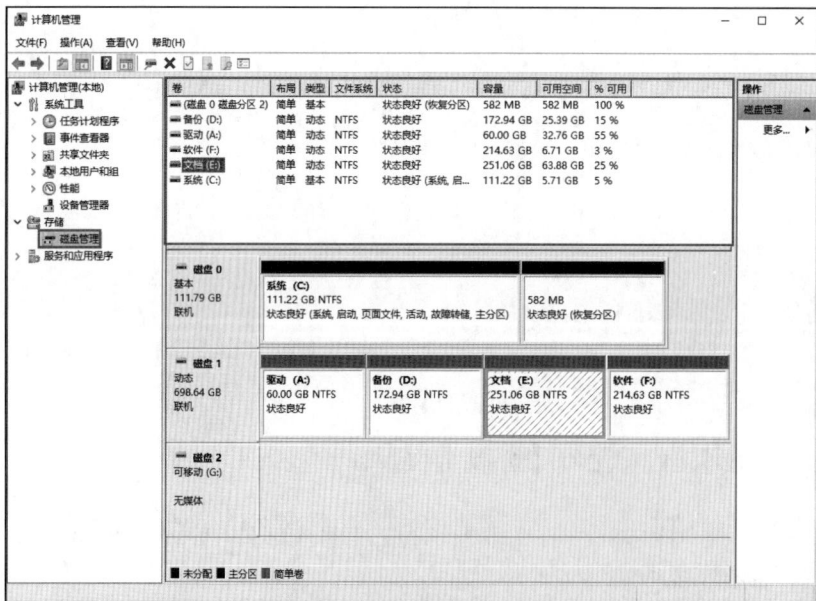

图 13-23　磁盘管理

图 13-24　逻辑分区的属性

在属性对话框中可以看到该分区的总空间（容量）、已用空间、可用空间，单位精确到字节。总空间等于已用空间加上可用空间。

13.6.2　获取磁盘分区的属性

在 Win32_LogicalDisk 子类中，磁盘分区的常用属性包括 Caption、DeviceID、DriveType、FileSystem、FreeSpace、Name、Size、VolumeName、VolumeSerialNumber 等。

其中 DriveType 属性描述的是磁盘分区的类型，取值从 1 到 6，分别是：

（1）没有根的目录。

（2）可移除的磁盘分区。

（3）本地磁盘分区。

（4）网络磁盘分区。

（5）光盘。

（6）随机存储分区。

如果要获取所有磁盘分区的信息，使用 InstancesOf("Win32_LogicalDisk") 或者 ExecQuery ("Select * From Win32_LogicalDisk")，都可以返回对象集。

下面的程序用于获取所有磁盘分区信息。

```
Private Locator As WbemScripting.SWbemLocator
Private Service As WbemScripting.SWbemServices
Private SOS As WbemScripting.SWbemObjectSet
Private SO As WbemScripting.SWbemObject

Sub 获取所有磁盘分区信息 ()
    Set Locator = New WbemScripting.SWbemLocator
    Set Service = Locator.ConnectServer()
    'Set SOS = Service.InstancesOf("Win32_LogicalDisk")
    Set SOS = Service.ExecQuery("Select * From Win32_LogicalDisk")  '与上句等价
    For Each SO In SOS
        Debug.Print SO.DeviceID, SO.Size
    Next SO
End Sub
```

运行上述代码，可以把所有磁盘分区的属性及其值汇总到表格中，如图 13-25 所示。

Caption	Compress	CreationClassName	Description	DeviceID	DriveType	FileSystem	FreeSpace	Maximum	MediaType	Name	Size	VolumeN	VolumeSerialNumber
A:	FALSE	Win32_LogicalDisk	本地固定磁盘	A:	3	NTFS	35181162496	255	12	A:	64428584960	驱动	A4B58831
C:	FALSE	Win32_LogicalDisk	本地固定磁盘	C:	3	NTFS	6129324032	255	12	C:	1.19E+11	系统	72DC73F5
D:	FALSE	Win32_LogicalDisk	本地固定磁盘	D:	3	NTFS	27266756608	255	12	D:	1.86E+11	备份	AF04E8E3
E:	FALSE	Win32_LogicalDisk	本地固定磁盘	E:	3	NTFS	68593520640	255	12	E:	2.70E+11	文档	1AEFF9F6
F:	FALSE	Win32_LogicalDisk	本地固定磁盘	F:	3	NTFS	7202193408	255	12	F:	2.30E+11	软件	5A694B51
G:		Win32_LogicalDisk	可移动磁盘	G:	2					G:			

图 13-25　获取磁盘分区的信息

DeviceID 是唯一甄别不同磁盘分区的属性，如果要获取某一个磁盘分区的信息，可以在 WQL 查询语句中使用 Where 子句，如 Select * From Win32_LogicalDisk Where DeviceID ='E:'。也可以使用 Get 方法直接得到对象。

下面的程序用于获取一个磁盘分区信息。

```
Sub 获取一个磁盘分区信息 ()
    Set Locator = New WbemScripting.SWbemLocator
    Set Service = Locator.ConnectServer()
    Set SO = Service.Get("Win32_LogicalDisk.DeviceID='E:'")
    Debug.Print SO.DeviceID, SO.Size, SO.FreeSpace, SO.VolumeName, SO.
VolumeSerialNumber
    End Sub
```

运行上述代码，直接获取到 E:，输出该磁盘分区的总空间、可用空间、卷标、序列号。结果为：

| E: | 269576302592 | 68593319936 | 文档 | 1AEFF9F6 |

13.6.3 修改逻辑分区的卷标

VolumeName 是一个可读可写的属性，可以通过 WMI 修改分区的卷标。

下面的程序用于修改逻辑分区卷标。

```
Sub 修改逻辑分区卷标()
    Set Locator = New WbemScripting.SWbemLocator
    Set Service = Locator.ConnectServer()
    Set SO = Service.Get("Win32_LogicalDisk.DeviceID='E:'")
    SO.VolumeName = "Document"
    SO.Put_
End Sub
```

在修改属性或执行对象的方法时，一定要在后面加上 SO.Put_ 这句代码，否则不会真正被提交。

如果 Excel 是以普通权限启动的，执行上述代码可能出现"拒绝访问"的错误，如图 13-26 所示。

这时需要以管理员身份启动 Excel，运行上述 VBA 过程，E: 的卷标名称修改为 Document，如图 13-27 所示。

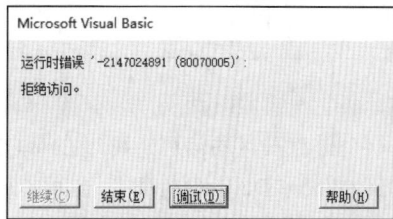

图 13-26　运行时错误

图 13-27　修改逻辑分区的卷标

13.6.4 执行磁盘检查

磁盘分区具有 chkdsk 方法，用于磁盘检查。

假设获取了磁盘分区 E: 并赋给了变量 SO，那么调用 SO.chkdsk 就可以执行磁盘检查。

13.7 目录信息

Windows 系统中的目录（Directory）也叫作文件夹（Folder），是一种可以容纳子目录和文件的容器。通常用路径字符串表示目录所在的位置。例如，D:\Temp 表示名称为 Temp 的文件夹。

WMI 中的 Win32_Directory 子类表示目录。

本节主要讲解使用 WMI 定位和获取文件夹，以及自动操作文件夹的方法。

13.7.1 定位文件夹

一般可根据文件夹的路径进行定位。例如，执行 WQL 查询：

```
Select * from Win32_Directory Where Name Like 'D:\\Download\\%'
```

上述语句中的 % 表示任意字符，意思是查询 D:\Download 文件夹下面的所有子文件夹。不过在定位目录时，最好使用 = 进行精确匹配。如果不使用 Where 子句而使用 Like，查询的过程会很慢。

下面这行语句可以唯一地确定一个文件夹，查询速度非常快。

```
Select * from Win32_Directory Where Name='E:\\ 微信 \\Random'
```

下面的程序用于遍历所有隐藏目录。

```
Sub 列举指定分区下所有隐藏目录 ()
    Set Locator = New WbemScripting.SWbemLocator
    Set Service = Locator.ConnectServer()
    Set SOS = Service.ExecQuery("Select * From Win32_Directory Where Drive='A:'
And Hidden =True")
    For Each SO In SOS
        Debug.Print SO.Name
    Next SO
End Sub
```

文件夹的 Drive 属性表示该目录所在的磁盘分区，Hidden 属性表示是否隐藏。

运行上述程序，输出 A 盘下所有的隐藏目录名称。

目录对象具有 Rename、Copy、Delete 方法，分别用于重命名、复制、删除文件夹。

13.7.2 重命名文件夹

下面的程序用于重命名文件夹。

```
Sub 重命名文件夹 ()
    Set Locator = New WbemScripting.SWbemLocator
    Set Service = Locator.ConnectServer()
    Set SO = Service.Get("Win32_Directory.Name='E:\\ 迅雷下载 \\ 临时文件夹 '")
    SO.Rename "E:\ 迅雷下载 \TempFolder"
End Sub
```

13.7.3　复制文件夹

在使用 Copy 方法复制文件夹时，会把源文件夹中的所有文件复制到目标文件夹，源文件夹中包含的子文件夹不会被复制。

下面的程序用于复制文件夹。

```
Sub 复制文件夹()
    Set Locator = New WbemScripting.SWbemLocator
    Set Service = Locator.ConnectServer()
    Set SO = Service.Get("Win32_Directory.Name='E:\\迅雷下载\\ExcelFunction'")
    SO.Copy "A:\EF"
End Sub
```

13.7.4　删除文件夹

Delete 方法用于删除指定的文件夹。

如果已成功删除，则返回 0；如果删除失败，则返回任何其他数字以指示错误，见表 13-2 所示。

表 13-2　错误号及其原因

返 回 值	原　　因
0	请求已成功
2	拒绝访问
8	出现未指定的错误
9	指定的名称无效
10	指定的对象已存在
11	文件系统不是 NTFS
12	平台不是 Windows
13	驱动器不同
14	目录不为空
15	发生共享冲突
16	指定的启动文件无效
17	不持有操作所需的特权
21	指定的参数无效

下面的程序用于删除文件夹。

```
Sub 删除文件夹()
    Dim ReturnValue As Long
    Set Locator = New WbemScripting.SWbemLocator
    Set Service = Locator.ConnectServer()
    Set SO = Service.Get("Win32_Directory.Name='A:\\Unlock2'")
    ReturnValue = SO.Delete
```

```
        If ReturnValue = 0 Then
            Debug.Print "删除成功"
        End If
    End Sub
```

13.8　文件信息

文件指的是存储在磁盘上的数据单元，文件的名称由文件名、扩展名、路径组成。例如，D:\Temp\草原.jpg，其中文件名是"草原"；扩展名是.jpg；路径是 D:\Temp。

本节主要讲述利用 WMI 查询文件，以及对文件进行操作的方法。

13.8.1　文件的基本属性

在文件资源管理器中选中一个文件，打开属性对话框，在"常规"选项卡中可以看到文件的常用属性，如图 13-28 所示。

文件的常用属性包括：

● 名称（Name）。

● 文件类型（FileType）。

● 文件名（FileName）。

● 扩展名（Extension）。

● 大小（FileSize）。

● 创建时间（CreationDate）。

● 修改时间（LastModifiedDate）。

● 访问时间（LastAccessed）。

图 13-28　文件的属性对话框

13.8.2　定位文件

一般根据 Name 属性直接定位一个文件。例如：

```
Select * From CIM_DataFile Where Name ='D:\\Temp\\草原.jpg'
```

也可以根据所在的磁盘分区、扩展名等其他属性进行组合查询。例如：

```
Select  *  From  CIM_DataFile  Where  Drive='D:'  And  Path='\\Temp\\'  And
Extension='docx'
```

上面的语句用于查询 D:\Temp 文件夹下的所有 Word 文档。

下面的程序用于定位文件。

```
Sub 定位文件()
    Set Locator = New WbemScripting.SWbemLocator
    Set Service = Locator.ConnectServer()
    Set SOS = Service.ExecQuery("Select * From CIM_DataFile Where Drive='D:' And
Path='\\Temp\\' And Extension='docx'")
```

```
    For Each SO In SOS
        Debug.Print SO.Name
    Next SO
    Set SO = Service.Get("CIM_DataFile.Name='D:\\Temp\\ 草原 .jpg'")  '定位一个文件
    Debug.Print SO.Name
End Sub
```

13.8.3　调用文件的方法

文件对象也具有 Copy、Delete、Rename 方法。

下面的程序用于删除文件。

```
Sub 删除文件 ()
    Set Locator = New WbemScripting.SWbemLocator
    Set Service = Locator.ConnectServer()
    Set SOS = Service.ExecQuery("Select * From CIM_DataFile Where Drive='D:' And
Path='\\Temp\\' And Extension='mp3'")
    For Each SO In SOS
        SO.Delete
    Next SO
End Sub
```

运行上述代码，删除了指定路径下所有扩展名是 .mp3 的文件。

13.9　环境变量信息

环境变量（Environment variables）一般是指在操作系统中用来指定操作系统运行环境的一些参数，如临时文件夹位置和系统文件夹位置等。

环境变量是操作系统中一个具有特定名字的对象，它包含了一个或者多个应用程序需要使用的信息。例如，Windows 系统中的 Path 环境变量，当要求系统运行一个程序而没有告诉它程序所在的完整路径时，系统除了在当前目录下寻找此程序外，还应到 Path 指定的路径中寻找。用户通过设置环境变量来更好地运行进程。

WMI 中的 Win32_Environment 子类表示 Windows 计算机系统中的环境或系统环境设置。

本节讲解利用 WMI 获取和修改环境变量的方法。

13.9.1　获取环境变量

一个环境变量主要包括变量名称和变量值，从计算机属性中可以查看计算机中的环境变量，如图 13-29 所示。

例如，ComSpec 就是一个环境变量名，对应的值是 %SystemRoot%\system32\cmd.exe。

下面的程序用于获取环境变量。

```
Sub 获取环境变量()
    Set Locator = New WbemScripting.SWbemLocator
    Set Service = Locator.ConnectServer()
    Set SOS = Service.ExecQuery("Select * From Win32_Environment")
    For Each SO In SOS
        Debug.Print SO.Name & " = "; SO.VariableValue
    Next SO
End Sub
```

运行上述程序,在立即窗口中输出每个环境变量的名称和对应的值,如图 13-30 所示。

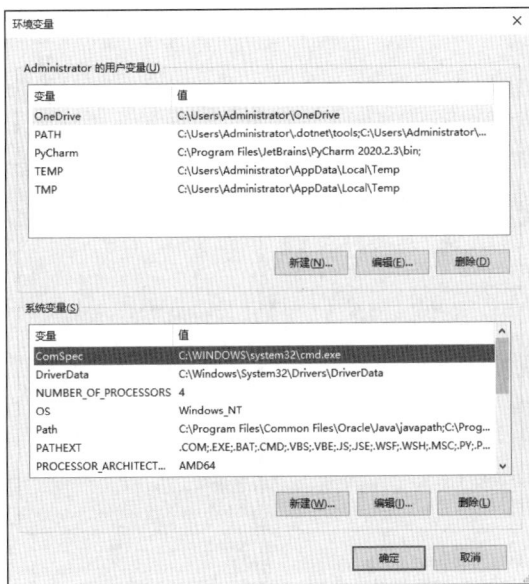

图 13-29 "环境变量"对话框

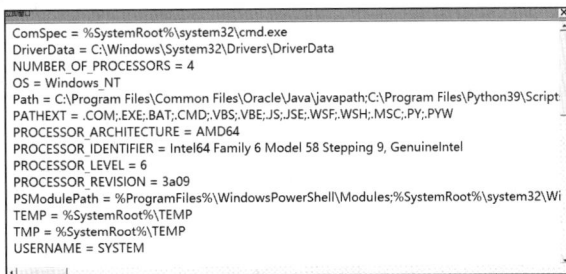

图 13-30 获取的环境变量

也可以返回指定名称的某个环境变量。

下面的程序用于获取一个环境变量。

```
Sub 获取一个环境变量()
    Set Locator = New WbemScripting.SWbemLocator
    Set Service = Locator.ConnectServer()
    Set SOS = Service.ExecQuery("Select * From Win32_Environment Where Name='OS'")
    Set SO = SOS.ItemIndex(0)
    Debug.Print SO.Name & " = "; SO.VariableValue
End Sub
```

13.9.2 修改环境变量

环境变量对象的 VariableValue 是一个可读、可写属性,可以通过 WMI 修改环境变量的值。

下面的程序用于修改环境变量的值。

```
Sub 修改环境变量的值()
    Set Locator = New WbemScripting.SWbemLocator
    Set Service = Locator.ConnectServer()
     Set SOS = Service.ExecQuery("Select * From Win32_Environment Where
Name='OneDrive'")
    Set SO = SOS.ItemIndex(0)
    SO.VariableValue = "D:\Temp"
    SO.Put_
End Sub
```

运行上述代码，再次打开"环境变量"对话框，可以看到 OneDrive 的值已被修改，如图 13-31 所示。

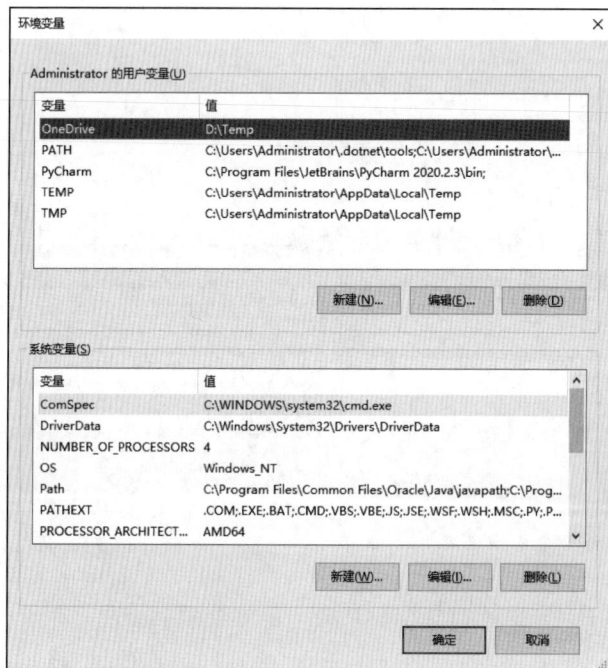

图 13-31 "环境变量"对话框

13.10 服务信息

Windows 系统中的服务（Service），是一种在计算机中长时间运行的、特殊的可执行应用程序的进程。这些服务可以在计算机启动时自动启动，可以暂停和重新启动而且不显示任何用户界面。系统在运行期间可能有上百个服务均处于运行状态，如果由于某种原因让正在运行的服务停止，可能导致系统中的某项功能不正常。

WMI 中的 Win32_Service 子类表示系统中的所有服务。本节讲述使用 WMI 技术获取服务信息，以及开启、停止服务。

13.10.1 服务的基本概念

服务可以设置为自动模式或手动模式。当设置为自动模式时，系统启动时自动启动一个服务；当设置为手动模式时，可以按需手动启动。

查看服务列表的方法是，在运行对话框中输入 Services.msc，弹出"服务"列表，如图 13-32 所示。

图 13-32 "服务"列表

一个服务的基本属性包括名称、显示名称、描述、状态、启动类型、可执行路径等。

在服务列表中任意选中一条，如 Windows Update，在右键菜单中选择"属性"选项，可以看到更详细的属性，如图 13-33 所示。

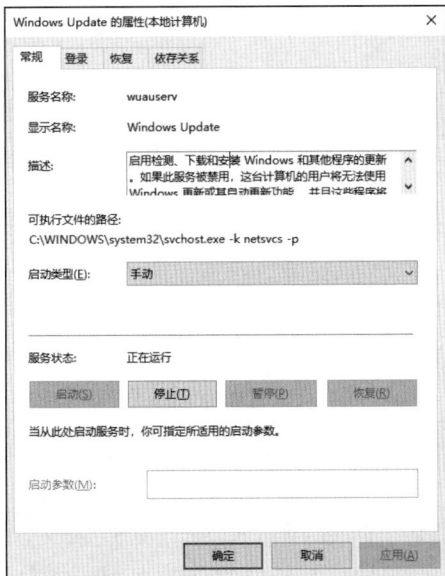

图 13-33 服务的详细属性

从属性对话框中可以看出这个服务的基本属性如下。

- 服务名称：wuauserv。
- 显示名称：Windows Update。
- 描述：启用检测、下载和安装 Windows 和其他程序的更新。
- 服务状态：正在运行。
- 启动类型：手动。
- 可执行文件的路径：C:\WINDOWS\system32\svchost.exe -k netsvcs -p。

13.10.2　获取服务信息

在 WMI 中可以使用 WQL 查询功能根据名称或其他属性进行条件检索。

下面的程序用于获取服务信息。

```
Sub 获取服务信息()
    Set Locator = New WbemScripting.SWbemLocator
    Set Service = Locator.ConnectServer()
    Set SOS = Service.ExecQuery("Select * From Win32_Service Where DisplayName=
'Windows Update'")
    Set SO = SOS.ItemIndex(0)
    With SO
        Debug.Print "服务名称 ", SO.Name
        Debug.Print "显示名称 ", SO.DisplayName
        Debug.Print "描述 ", SO.Description
        Debug.Print "服务状态 ", SO.State
        Debug.Print "启动类型 ", SO.StartMode
        Debug.Print "可执行文件的路径 ", SO.PathName
    End With
End Sub
```

利用上述程序查询显示名称为 Windows Update 的服务，输出各个属性。结果如下：

```
服务名称          wuauserv
显示名称          Windows Update
描述              启用检测、下载和安装 Windows 和其他程序的更新
服务状态          正在运行
启动类型          手动
可执行文件的路径  C:\WINDOWS\system32\svchost.exe -k netsvcs -p
```

13.10.3　启动和停止服务

在服务列表中，用户可以选中一个服务，在右键菜单中选择"启动""停止""暂停""恢复"等选项，从而修改服务的运行状态，如图 13-34 所示。

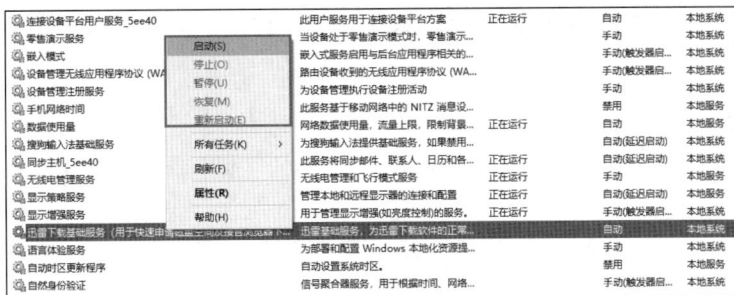

图 13-34　启动和停止服务

WMI 与之对应的方法如下。

- StartService：启动服务。
- StopService：停止服务。
- PauseService：暂停服务。
- ResumeService：恢复服务。

在以上 4 个方法中，启动与停止、暂停与恢复是成对使用的，需要根据服务的当前状态选择使用。如果当前服务处于"已停止"状态，只能调用 StartService，而不能调用 ResumeService。同理，如果当前服务处于"已暂停"状态，只能调用 ResumeService，而不能调用 StartService。调用这些方法时，均有返回值，如果返回值是 0，则说明操作成功；如果返回值是其他数字，请参考 MSDN 资料了解错误原因。

而且，并不是所有服务都支持暂停和恢复功能，需要事先判断服务对象的 AcceptPause 属性，如果是 True，则说明支持暂停。

下面的程序用于启动和停止服务。

```
Sub 启动和停止服务 ()
    Dim ReturnValue As Long
    Set Locator = New WbemScripting.SWbemLocator
    Set Service = Locator.ConnectServer()
    Set SOS = Service.ExecQuery("Select * From Win32_Service Where Name='WebClient'")
    Set SO = SOS.ItemIndex(0)
    If SO.State = "Stopped" Then
        ReturnValue = SO.StartService
        If ReturnValue = 0 Then Debug.Print " 启动成功 "
    End If
    Set SOS = Service.ExecQuery("Select * From Win32_Service Where Name='WebClient'")
    Set SO = SOS.ItemIndex(0)
    If SO.State = "Running" Then
        If SO.AcceptPause = True Then
            SO.PauseService
            Application.Wait Now + TimeSerial(0, 0, 5)
            SO.ResumeService
            Application.Wait Now + TimeSerial(0, 0, 5)
        End If
        SO.StopService
    End If
End Sub
```

运行上述程序，查询名称为 WebClient 的服务，先后进行了启动、暂停、恢复、停止操作。

13.10.4　更改服务的启动类型

一个服务的启动有自动（Automatic）、手动（Manual）、禁用（Disabled）三种类型，如图 13-35 所示。

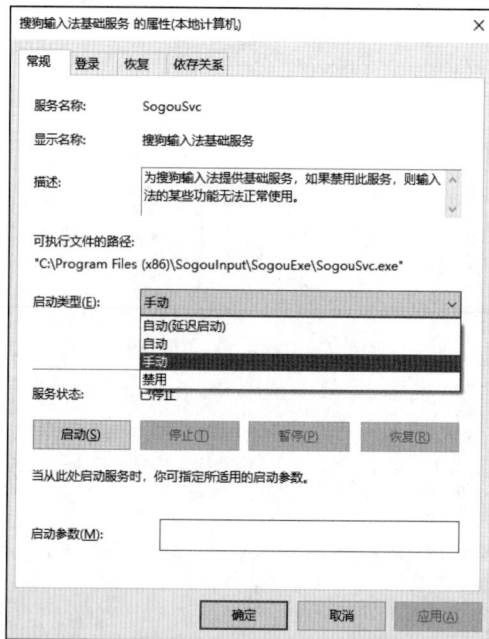

图 13-35　服务的启动类型

WMI 中服务类的 ChangeStartMode 属性用于设置启动类型，StartMode 属性用于获取启动类型。下面的程序用于更改服务的启动类型。

```
Sub 更改服务的启动类型()
    Dim ReturnValue As Long
    Set Locator = New WbemScripting.SWbemLocator
    Set Service = Locator.ConnectServer()
    Set SOS = Service.ExecQuery("Select * From Win32_Service Where Name= 'SogouSvc'")
    Set SO = SOS.ItemIndex(0)
    ReturnValue = SO.ChangeStartMode("Automatic")
    If ReturnValue = 0 Then Debug.Print " 修改成功。当前类型为：", SO.StartMode
End Sub
```

运行上述程序，查询到搜狗输入法的服务，然后设置为"自动"启动。

13.10.5　删除服务

WMI 中的服务类具有 Delete 方法，可以删除服务。删除之后在服务列表中看不到这个服务。

下面的程序用于删除服务。

```
Sub 删除服务 ()
    Dim ReturnValue As Long
    Set Locator = New WbemScripting.SWbemLocator
    Set Service = Locator.ConnectServer()
    Set SOS = Service.ExecQuery("Select * From Win32_Service Where Name=
'XLServicePlatform'")
    Set SO = SOS.ItemIndex(0)
    ReturnValue = SO.Delete
    If ReturnValue = 0 Then Debug.Print "删除成功"
    Set SOS = Service.ExecQuery("Select * From Win32_Service Where
Name='XLServicePlatform'")
    Debug.Print SOS.Count          ' 应该是 0
End Sub
```

运行上述程序，查询到"迅雷下载"的服务，然后执行了删除操作。删除之后，再次执行
WQL 查询，已查询不到该服务。

13.11 其他应用

本节讲解使用 WMI 处理常用的系统资源的方法。

13.11.1 获取网络适配器信息

网络适配器一般指网卡。网卡是用来允许计算机在计算机网络上进行通信的计算机硬件。
下面的程序用于获取网络适配器信息。

```
Sub 获取网络适配器信息 ()
    Set Locator = New WbemScripting.SWbemLocator
    Set Service = Locator.ConnectServer()
    Set SOS = Service.ExecQuery("Select * From Win32_NetworkAdapterConfiguration
Where MACAddress Is Not Null")
    For Each SO In SOS
        If IsNull(SO.IPAddress) = False Then
            Debug.Print SO.Caption, Join(SO.IPAddress, "/"), SO.MACAddress
        End If
    Next SO
End Sub
```

运行上述程序，在立即窗口中输出所有网络适配器的信息，如图 13-36 所示。

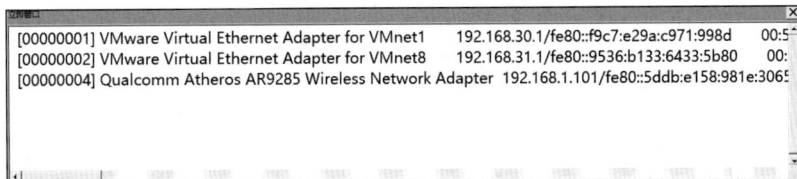

图 13-36 获取的网络适配器信息

13.11.2 获取打印机信息

打印机（Printer）是计算机的输出设备之一，用于将计算机的处理结果打印到相关介质上。WMI 中的 Win32_Printer 子类表示打印机。

一台计算机上可以有多台打印机，但只能有一台是默认打印机。默认打印机的图标上显示有绿色的√号。

在文档中按快捷键【Ctrl+P】，弹出"打印"对话框，从中可以看到打印机列表，如图 13-37 所示。

下面的程序用于遍历所有打印机。

```
Sub 遍历所有打印机()
    Set Locator = New WbemScripting.SWbemLocator
    Set Service = Locator.ConnectServer()
    Set SOS = Service.ExecQuery("Select * From Win32_Printer")
    For Each SO In SOS
        Debug.Print SO.DeviceID, SO.Default
    Next SO
End Sub
```

运行上述程序，在立即窗口中输出所有打印机的名称，如图 13-38 所示。

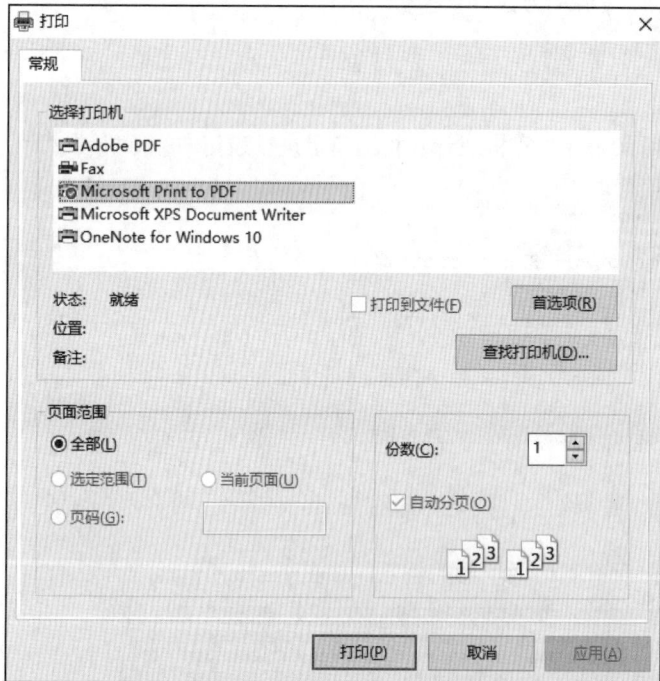

图 13-37 "打印"对话框

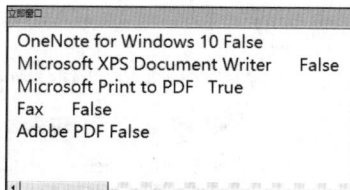

图 13-38 遍历打印机

打印机对象具有以下方法。

● CancelAllJobs：删除所有作业，包括当前从队列中打印的作业。

- Pause：暂停打印队列，在恢复队列之前，不会打印任何作业。
- PrintTestPage：打印测试页。
- RenamePrinter：重命名打印机。
- Resume：恢复暂停的打印队列。
- SetDefaultPrinter：设置默认打印机。

下面的程序用于设置默认打印机。

```
Sub 设置默认打印机 ()
    Set Locator = New WbemScripting.SWbemLocator
    Set Service = Locator.ConnectServer()
    Set SOS = Service.ExecQuery("Select * From Win32_Printer Where Name='Adobe
PDF' And Default=False")
    If SOS.Count = 1 Then
        Set SO = SOS.ItemIndex(0)
        SO.SetDefaultPrinter
    End If
End Sub
```

运行上述程序，首先检索到名称为 Adobe PDF 的打印机，然后将其设置为默认打印机。

13.11.3 操作系统信息

下面的程序用于获取操作系统信息。WMI 中的 Win32_OperatingSystem 子类用来表示安装在计算机上的基于 Windows 的操作系统。

```
Sub 获取操作系统信息 ()
    Set Locator = New WbemScripting.SWbemLocator
    Set Service = Locator.ConnectServer()
    Set SOS = Service.ExecQuery("Select * From Win32_OperatingSystem")
    Set SO = SOS.ItemIndex(0)
    Debug.Print "系统名称 ", SO.Caption
    Debug.Print "安装日期 ", SO.InstallDate
    Debug.Print "最后启动时间 ", SO.LastBootUpTime
    Debug.Print "位数 ", SO.OSArchitecture
    Debug.Print "系统路径 ", SO.SystemDirectory
End Sub
```

运行上述程序，在立即窗口中输出操作系统的常用属性，如图 13-39 所示。

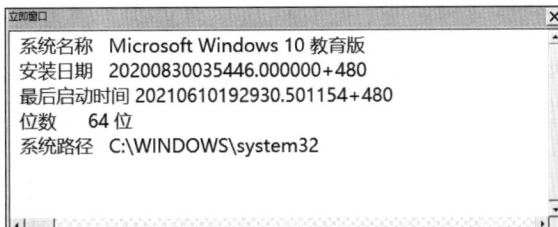

图 13-39　操作系统的常用属性

13.11.4　系统驱动程序信息

驱动程序一般是指设备驱动程序（Device Driver），是一种可以使计算机和设备进行相互通信的特殊程序。相当于硬件的接口，操作系统只有通过这个接口，才能控制硬件设备的工作，假如某设备的驱动程序未能正确安装，便不能正常工作。因此，驱动程序被比作"硬件的灵魂""硬件的主宰""硬件和系统之间的桥梁"等。

在命令提示符窗口中输入命令 DriverQuery /V，可以看到所有驱动程序的信息，如图 13-40 所示。

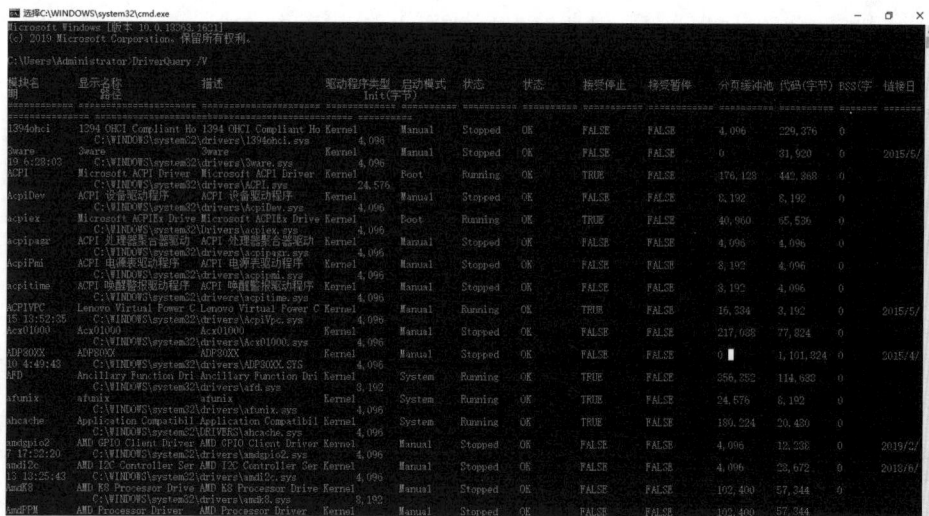

图 13-40　在命令提示符窗口中查看驱动程序

WMI 使用 Win32_SystemDriver 子类表示系统驱动程序。

下面的程序用于获取系统驱动程序信息。

```
Sub 获取系统驱动程序信息()
    Set Locator = New WbemScripting.SWbemLocator
    Set Service = Locator.ConnectServer()
    Set SOS = Service.ExecQuery("Select * From Win32_SystemDriver")
    For Each SO In SOS
    With SO
        Debug.Print SO.DisplayName, SO.PathName
    End With
    Next SO
End Sub
```

运行上述程序，打印每个系统驱动程序的名称、路径。

13.11.5　中央处理器信息

中央处理器（Central Processing Unit，CPU）作为计算机系统的运算和控制核心，是信息处理、程序运行的最终执行单元。

WMI 中的 Win32_Processor 子类用于描述中央处理器信息。

下面的程序用于获取中央处理器信息。

```
Sub 获取中央处理器信息 ()
    Set Locator = New WbemScripting.SWbemLocator
    Set Service = Locator.ConnectServer()
    Set SOS = Service.ExecQuery("Select * From Win32_Processor")
    Set SO = SOS.ItemIndex(0)
    With SO
        Debug.Print "名称", SO.Name
        Debug.Print "系统", SO.SystemName
        Debug.Print "核数", SO.NumberOfCores
        Debug.Print "架构", SO.Architecture
    End With
End Sub
```

运行上述程序，在立即窗口中输出中央处理器信息，如图 13-41 所示。

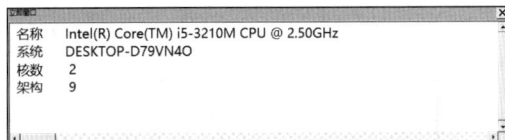

图 13-41 获取的中央处理器信息

其中，架构（Architecture）属性需要和下面括号中的数字对比，0 表示 x86 系统。本例中的架构是 9，说明是 x64 系统。

- x86 (0)。
- MIPS (1)。
- Alpha (2)。
- PowerPC (3)。
- ARM (5)。
- ia64 (6)。
- x64 (9)。

13.11.6 计算机信息

计算机信息包括计算机名、用户名、系统类型、内存等。

WMI 中的 Win32_ComputerSystem 表示计算机系统。

下面的程序用于获取计算机信息。

```
Sub 获取计算机信息 ()
    Set Locator = New WbemScripting.SWbemLocator
    Set Service = Locator.ConnectServer()
    Set SOS = Service.ExecQuery("Select * From Win32_ComputerSystem")
    Set SO = SOS.ItemIndex(0)
    With SO
        Debug.Print "域", SO.Domain
```

```
            Debug.Print "制造商 ", SO.Manufacturer
            Debug.Print "系统类型 ", SO.SystemType
            Debug.Print "物理内存 (GB)", SO.TotalPhysicalMemory / 1024 ^ 3
            Debug.Print "用户名 ", SO.UserName
        End With
    End Sub
```

运行上述程序，在立即窗口中输出计算机信息，如图 13-42 所示。

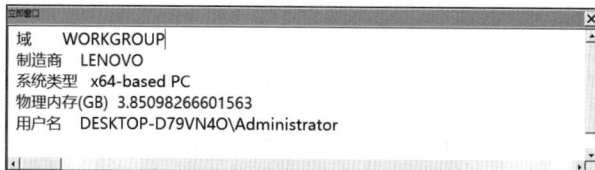

```
立即窗口                                                    [×]
域        WORKGROUP
制造商     LENOVO
系统类型   x64-based PC
物理内存(GB) 3.85098266601563
用户名     DESKTOP-D79VN4O\Administrator
```

图 13-42 获取的计算机信息

13.12 使用 StdRegProv 类操作注册表

StdRegProv 是位于 root\default 命名空间下的一个用于读写注册表的类。本节讲解使用 StdRegProv 类获取和修改注册表的方法。

13.12.1 创建注册表的 WMI 对象

StdRegProv 类的完整 Moniker 字符串为：

```
winmgmts:{impersonationLevel=impersonate}!\\.\root\default:StdRegProv
```

使用这个类之前，必须创建实例对象。

下面的程序用于创建注册实例对象。

```
Sub 创建注册表实例对象 1()
    Dim Reg As WbemScripting.SWbemObject
    Set Reg = GetObject("winmgmts:{impersonationLevel=impersonate}!\\" & "." & _
    "\root\default:StdRegProv")
    If Reg Is Nothing = False Then
        Debug.Print "对象创建成功。"
    End If
End Sub

Sub 创建注册表实例对象 2()
    Dim Locator As WbemScripting.SWbemLocator
    Dim Services As WbemScripting.SWbemServices
    Dim Reg As WbemScripting.SWbemObject
    Set Locator = New WbemScripting.SWbemLocator
    Set Services = Locator.ConnectServer(vbNullString, "root\default")
    Set Reg = Services.Get("StdRegProv")
    If Reg Is Nothing = False Then
        Debug.Print "对象创建成功。"
    End If
End Sub
```

以上两个过程均返回一个用于操作注册表的 SWbemObject 对象 Reg，之后就可以使用 Reg 变量读写注册表了。

13.12.2 注册表的构成

在运行窗口中输入 regedit.exe，即可打开注册表编辑器。注册表编辑器窗口中的左侧树形结构包括 5 个根键，每个根键都可以逐级展开，如图 13-43 所示。

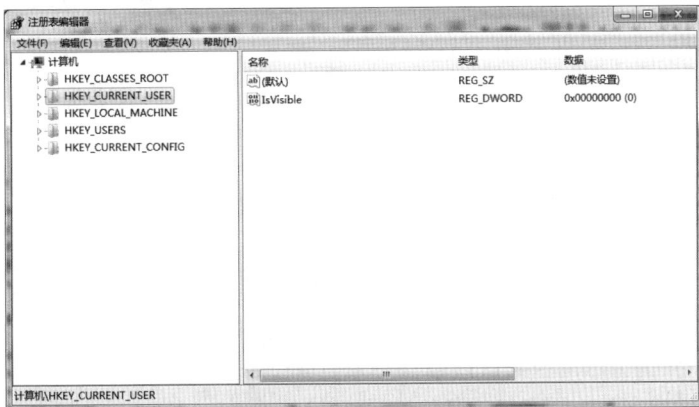

图 13-43　注册表编辑器

在任何一个键上右击，在右键菜单中选择"新建""项"选项，即可创建一个子键，如图 13-44 所示。

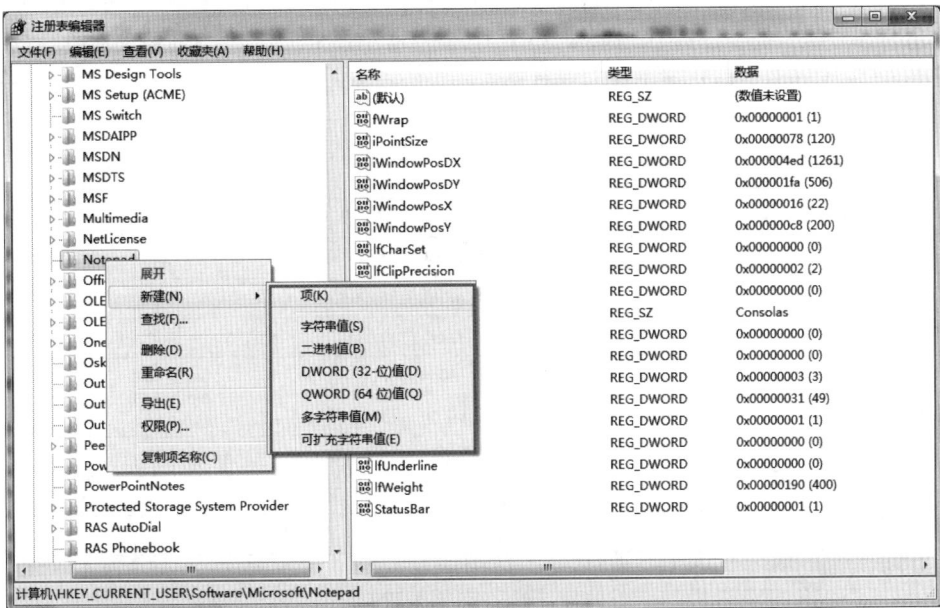

图 13-44　新建注册表项

注册表编辑器的右侧窗格是当前键对应的值列表视图。

13

值列表视图由名称、类型、数据三列组成。在右键菜单中选择"新建""字符串值"选项，即可创建一个字符串值。

13.12.3　注册表对象的主要方法

获取和更改注册表数据是通过 StdRegProv 类实例中的方法实现的，因此需要知道包含了哪些方法。下面的程序用于获取注册表对象的主要方法。

```
Sub 注册表对象的主要方法()
    Dim Reg As WbemScripting.SWbemObject
    Dim SMS As SWbemMethodSet, SM As SWbemMethod
    Set Reg = GetObject("winmgmts:{impersonationLevel=impersonate}!\\" & "." &
"\root\default:StdRegProv")
    Set SMS = Reg.Methods_
    For Each SM In SMS
        Debug.Print SM.Name
    Next SM
End Sub
```

运行上述代码，即可输出注册表对象可以使用的方法列表。其中，以 Get 开头的方法用于获取一个值；以 Set 开头的方法用于修改或设置一个值；EnumKey 用于列举指定键的所有子键名称；EnumValues 用于列举指定键的所有值的名称，见表 13-3 所示。

表 13-3　WMI 中注册表对象的主要方法

方法名称	功　　能
CreateKey	创建一个键
DeleteKey	删除一个键
EnumKey	枚举子键
EnumValues	枚举值
DeleteValue	删除值
SetDWORDValue	设置 DWORD 32 位整型值
SetQWORDValue	设置 DWORD 64 位整型值
GetDWORDValue	获取 DWORD 32 位整型值
GetQWORDValue	获取 DWORD 64 位整型值
SetStringValue	设置 SZ 字符串值
GetStringValue	获取 SZ 字符串值
SetMultiStringValue	设置多行字符串
GetMultiStringValue	获取多行字符串
SetExpandedStringValue	设置扩展字符串值
GetExpandedStringValue	获取扩展字符串值
SetBinaryValue	设置 BINARY 二进制值
GetBinaryValue	获取 BINARY 二进制值
CheckAccess	检查可访问性

13

13.12.4 创建子键

使用 CreateKey 方法可以在已有键的下面创建子键，该方法包含两个参数：根键和即将创建的子键路径，如果创建成功，则返回 0。

例如，Windows 系统中记事本的一些配置存储在如下注册表项中：

```
HKEY_CURRENT_USER\Software\Microsoft\Notepad
```

在对 WMI 中的注册表进行操作时，使用长整型常量来表示根键。为方便使用可以在模块顶部声明如下 5 个常量来表示根键：

```
Private Const HKEY_CLASSES_ROOT As Long = &H80000000
Private Const HKEY_CURRENT_USER As Long = &H80000001
Private Const HKEY_LOCAL_MACHINE As Long = &H80000002
Private Const HKEY_USERS As Long = &H80000003
Private Const HKEY_CURRENT_CONFIG As Long = &H80000005
```

假设要在 Notepad 下面创建子键 Key1，并在 Key1 下面继续创建 Key2，使用如下程序可以实现。

```
Sub 创建子键()
    Dim Reg As WbemScripting.SWbemObject
    Dim Result As Long
    Set Reg = GetObject("winmgmts:{impersonationLevel=impersonate}!\\" & "." & "\root\default:StdRegProv")
    Result = Reg.CreateKey(HKEY_CURRENT_USER, "Software\Microsoft\Notepad\Key1\Key2")
    If Result = 0 Then Debug.Print "创建成功。"
End Sub
```

如果不使用定义的枚举常量，上述过程中的 **CreateKey** 那行代码也可以写作：

```
Result = Reg.CreateKey(&H80000001, "Software\Microsoft\Notepad\Key1\Key2")
```

运行上述程序，在注册表编辑器中可以看到新建的子键，如图 13-45 所示。

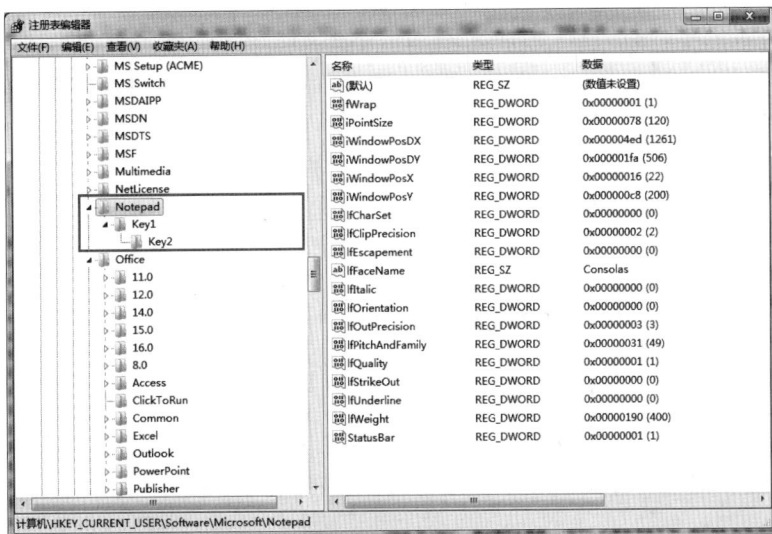

图 13-45 创建子键

13.12.5 删除子键

DeleteKey 方法可以删除一个不含子键的键，该方法的语法与 CreateKey 一样。

下面的程序尝试删除 Notepad 下面的 Key1（连同 Key2 一起删除），但是并没有删除成功。

```
Sub 删除子键()
    Dim Reg As WbemScripting.SWbemObject
    Dim Result As Long
    Set Reg = GetObject("winmgmts:{impersonationLevel=impersonate}!\\" & "." &
"\root\default:StdRegProv")
    Result = Reg.DeleteKey(HKEY_CURRENT_USER, "Software\Microsoft\Notepad\Key1")
    If Result = 0 Then Debug.Print "删除成功。"
End Sub
```

删除失败的原因是 Key1 中包含子键，需要先删除 Key2，再删除 Key1。

13.12.6 遍历子键名称

EnumKey 方法用于遍历指定键下面的所有子键。子键的名称形成一个字符串数组并存储在 EnumKey 方法的第 3 个参数中。

下面的程序用于遍历 HKEY_CURRENT_USER\Software\Microsoft\Office 这个注册表项下面的所有子键名称，将结果存储在变量 KeyNames 中。

```
Sub 遍历子键名称()
    Dim Reg As WbemScripting.SWbemObject
    Dim Result As Long
    Dim KeyNames As Variant
    Dim key As Variant
    Set Reg = GetObject("winmgmts:{impersonationLevel=impersonate}!\\" & "." &
"\root\default:StdRegProv")
    Result = Reg.EnumKey(HKEY_CURRENT_USER, "Software\Microsoft\Office", KeyNames)
    If Result = 0 Then
        Debug.Print UBound(KeyNames) - LBound(KeyNames) + 1        '打印数组元素个数
        For Each key In KeyNames
            Debug.Print key
        Next key
    End If
End Sub
```

运行上述程序，在立即窗口中的输出结果如下：

```
14
11.0
12.0
14.0
15.0
16.0
8.0
Access
```

```
ClickToRun
Common
Excel
Outlook
PowerPoint
Publisher
Word
```

13.12.7　遍历指定键下面的所有值的名称和类型

使用 EnumValues 可以遍历指定键下面的所有值的名称和类型。返回的名称形成字符串数组存储在第 3 个参数中，返回的类型形成数组存储在第 4 个参数中。

注册表中值的类型常量见表 13-4 所示。

表 13-4　注册表中值的类型常量

值 类 型	类型常量
字符串值（REG_SZ）	1
可扩充字符串值（REG_EXPAND_SZ）	2
二进制值（REG_BINARY）	3
32 位值（REG_DWORD）	4
多字符串值（REG_MULTI_SZ）	7
64 位值（REG_QWORD）	11

例如，HKEY_CURRENT_USER\Software\Microsoft\Notepad 注册表项下有很多值，如图 13-46 所示。

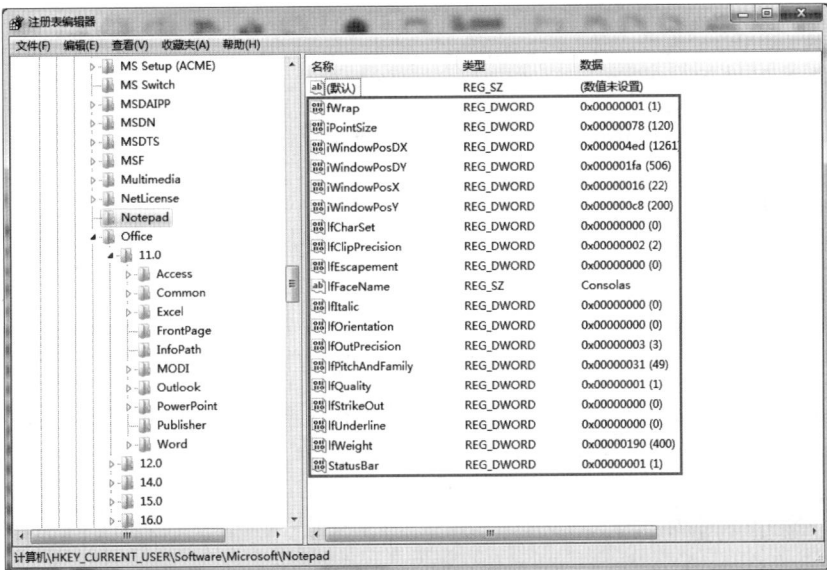

图 13-46　子项下面的值

下面的程序用于遍历指定键下面的所有值的名称和类型。为了方便对照，使用下标 i 同时遍历值的名称和类型。

```
Sub 遍历值的名称和类型()
    Dim Reg As WbemScripting.SWbemObject
    Dim Result As Long
    Dim ValueNames As Variant
    Dim ValueTypes As Variant
    Dim i As Integer
    Set Reg = GetObject("winmgmts:{impersonationLevel=impersonate}!\\" & "." & "\root\default:StdRegProv")
    Result = Reg.EnumValues(HKEY_CURRENT_USER, "Software\Microsoft\Notepad", ValueNames, ValueTypes)
    If Result = 0 Then
        For i = LBound(ValueNames) To UBound(ValueNames)
            Debug.Print ValueNames(i), ValueTypes(i)
        Next
    End If
End Sub
```

运行上述程序，在立即窗口中的输出结果如下（1 表示 REG_SZ；4 表示 REG_DWORD）：

```
iWindowPosX        4
iWindowPosY        4
iWindowPosDX       4
iWindowPosDY       4
fWrap              4
StatusBar          4
lfEscapement       4
lfOrientation      4
lfWeight           4
lfItalic           4
lfUnderline        4
lfStrikeOut        4
lfCharSet          4
lfOutPrecision     4
lfClipPrecision    4
lfQuality          4
lfPitchAndFamily   4
lfFaceName         1
iPointSize         4
```

如果要获取值的数据，则需要根据值的类型选择相应的方法。例如，lfFaceName 的数据是 Consolas，由于值的类型是字符串，所以，使用 GetStringValue 方法获取这个值的数据，使用 SetStringValue 方法修改这个值的数据。

13.12.8　设置值的数据

以 Set 开头的一些方法用于创建或修改值的数据，其中，SetStringValue、SetDWordValue、

SetQWordValue 只需把对应的数值赋给方法中的第 4 个参数即可。

例如：

```
Reg.SetStringValue(HKEY_CURRENT_USER, "SoftWare\ExcelTools", "Version", "V 1.0")
```

用于创建一个名称为 Version 的字符串值，值的数据是 V1.0。

SetBinaryValue、SetMultiStringValue 分别需要把整型数组、字符串数组作为第 4 个参数传递到方法中。

SetExpandedStringValue 方法用于创建可扩充字符串值，数据中允许使用环境变量。例如，%SystemRoot% 表示系统的根目录。

下面的程序首先在当前用户的 Software 注册表项下创建一个名为 ExcelTools 的键，然后在该键下创建不同类型的值，并且设置数据。

```
Sub 设置值 ()
    Dim Reg As WbemScripting.SWbemObject
    Dim Result As Long
    Set Reg = GetObject("winmgmts:{impersonationLevel=impersonate}!\\" & "." &
"\root\default:StdRegProv")
    Result = Reg.CreateKey(HKEY_CURRENT_USER, "Software\ExcelTools")
    Result = Reg.SetStringValue(HKEY_CURRENT_USER, "SoftWare\ExcelTools",
"Version", "V 1.0")
    Result = Reg.SetDwordValue(HKEY_CURRENT_USER, "SoftWare\ExcelTools",
"MaxLength", &H21)
    Result = Reg.SetQWordValue(HKEY_CURRENT_USER, "SoftWare\ExcelTools",
"Capacity", 320)
    Result = Reg.SetBinaryValue(HKEY_CURRENT_USER, "SoftWare\ExcelTools",
"SerialNumber", Array(&HFF, &H11, 200, &H88))
    Result = Reg.SetMultiStringValue(HKEY_CURRENT_USER, "SoftWare\ExcelTools",
"Author", Array("刘永富", "Christina", "Jacky"))
    Result = Reg.SetExpandedStringValue(HKEY_CURRENT_USER, "SoftWare\
ExcelTools", "Config", "%SystemRoot%\%UserName%\.xml")
End Sub
```

运行上述程序，在注册表编辑器中创建了 6 个值，每个值的类型都不相同，如图 13-47 所示。

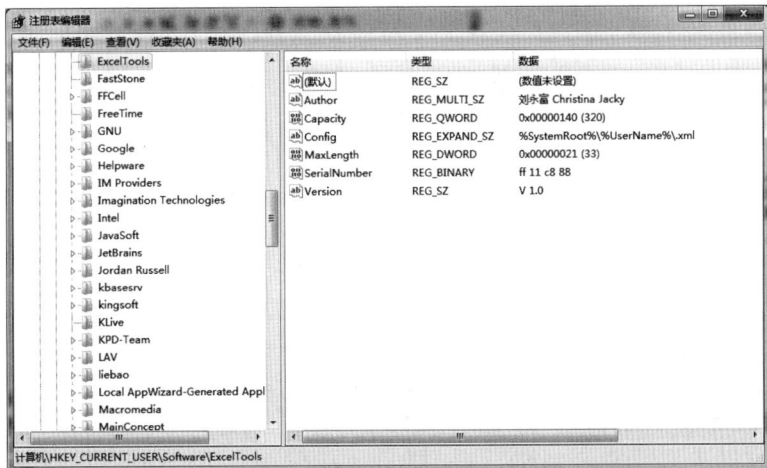

图 13-47　创建的值

13.12.9 获取值的数据

以 Get 开头的方法用于获取注册表中指定值的数据，这些方法恰好与以 Set 开头的方法对应。例如：

```
Reg.getStringValue(HKEY_CURRENT_USER, "SoftWare\ExcelTools", "Version", version)
```

用于获取 Version 这个值的数据，将返回的数据赋给变量 version。

使用 GetBinaryValue、GetMultiStringValue 方法获取的数据是数组，因此要用 Variant 类型变量来接收结果，接着可以用 For 循环遍历到每个元素。

下面的程序用于获取 SoftWare\ExcelTools 这个注册表项下的所有值的数据。

```
Sub 获取值()
    Dim Reg As WbemScripting.SWbemObject
    Dim Result As Long
    Set Reg = GetObject("winmgmts:{impersonationLevel=impersonate}!\\" & "." & "\root\default:StdRegProv")
    Dim version As String
    Result = Reg.GetStringValue(HKEY_CURRENT_USER, "SoftWare\ExcelTools", "Version", version)
    Debug.Print version
    Dim maxlength As Long
    Result = Reg.GetDwordValue(HKEY_CURRENT_USER, "SoftWare\ExcelTools", "MaxLength", maxlength)
    Debug.Print maxlength
    Dim capacity As Long
    Result = Reg.GetQWordValue(HKEY_CURRENT_USER, "SoftWare\ExcelTools", "Capacity", capacity)
    Debug.Print capacity
    Dim serialnumber As Variant
    Result = Reg.GetBinaryValue(HKEY_CURRENT_USER, "SoftWare\ExcelTools", "SerialNumber", serialnumber)
    Dim v As Variant
    For Each v In serialnumber
        Debug.Print v
    Next v
    Dim author As Variant
    Result = Reg.GetMultiStringValue(HKEY_CURRENT_USER, "SoftWare\ExcelTools", "Author", author)
    For Each v In author
        Debug.Print v
    Next v
    Dim config As String
    Result = Reg.GetExpandedStringValue(HKEY_CURRENT_USER, "SoftWare\ExcelTools", "Config", config)
    Debug.Print config
End Sub
```

运行上述程序，在立即窗口中的输出结果为：

```
V 1.0
 33
 442436420
 255
 17
 200
 136
刘永富
Christina
Jacky
C:\Windows\RYUEIFU_VBA$\.xml
```

可以看到 GetExpandedValue 返回的是环境变量被替换为具体字符串的结果。

13.12.10　删除值

使用 DeleteValue 方法删除一个值。该方法只需要提供三个参数，其中，第 3 个参数是要删除的值的名称。

下面的程序用于删除名为 Version 的值。

```
Sub 删除值()
    Dim Reg As WbemScripting.SWbemObject
    Dim Result As Long
    Set Reg = GetObject("winmgmts:{impersonationLevel=impersonate}!\\" & "." &
"\root\default:StdRegProv")
    Result = Reg.DeleteValue(HKEY_CURRENT_USER, "SoftWare\ExcelTools", "Version")
End Sub
```

13.12.11　判断对注册表的可访问性

CheckAccess 方法用于判断对注册表的可访问性，该方法需要提供 4 个参数。

第 3 个参数用于设置对注册表的访问类型。访问类型通常是由多个访问类型进行 Or 运算的叠加结果。例如，KEY_QUERY_VALUE Or KEY_SET_VALUE 表示是否可以查询值以及设置值。第 4 个参数用于返回可访问性，如果为 true，则表示可以访问。

具体程序如下：

```
Sub 判断对注册表的可访问性()
    Const KEY_QUERY_VALUE As Long = 1
    Const KEY_SET_VALUE As Long = 2
    Const KEY_CREATE_SUB_KEY As Long = 4
    Const KEY_ENUMERATE_SUB_KEYS As Long = 8
    Const KEY_NOTIFY As Long = 16
    Const KEY_CREATE As Long = 32
    Const DELETE As Long = 65536
    Const READ_CONTROL As Long = 131072
```

```
      Const WRITE_DAC As Long = 262144
      Const WRITE_OWNER As Long = 524288
      Dim Reg As WbemScripting.SWbemObject
      Dim Flag As Long
      Dim Accessible As Boolean
      Dim Result As Long
      Flag = KEY_QUERY_VALUE Or KEY_SET_VALUE
      Set Reg = GetObject("winmgmts:{impersonationLevel=impersonate}!\\" & "." &
"\root\default:StdRegProv")
      Result = Reg.CheckAccess(HKEY_CURRENT_USER, "SoftWare\ExcelTools", Flag, Accessible)
      If Accessible = True Then Debug.Print " 允许访问 "
   End Sub
```

13.12.12　遍历安装的程序列表

在 Windows 系统中，已安装软件的信息都保存在注册表中。

32 位系统存在以下位置：

HKEY_LOCAL_MACHINE\SOFTWARE\Microsoft\Windows\CurrentVersion\Uninstall

64 位系统在 32 位系统上多出一处，即 WOW6432Node 的节点下：

HKEY_LOCAL_MACHINE\SOFTWARE\WOW6432Node\Microsoft\Windows\CurrentVersion\Uninstall

这几个位置下面的每一项都代表系统中的一个软件或补丁，但是也有例外情况：

（1）如果注册表项下面有 SystemComponent 字段且值等于 1，则表示这是个系统组件，而不是应用软件。

（2）如果注册表项下面有 ParentKeyName 字段，则表示该项是系统更新，剩下的就是应用软件了。

在注册表编辑器中打开 Uninstall 注册表项，可以看到下面有一些以 GUID 命名的子键，虽然从子键的名称看不出是哪一个软件，但是在右侧的值列表中找到 DisplayName，可以看到该程序是 Microsoft Visual Studio Premium 2012，如图 13-48 所示。

根据上述规律，首先使用 EnumKey 方法遍历 Uninstall 下面的每一个子键，然后再用 GetStringValue 方法获取 DisplayName 这个字符串值的数据即可。

具体程序如下：

```
Sub 遍历所有安装的程序列表 ()
   On Error Resume Next
   Dim reg As WbemScripting.SWbemObject
   Dim ProgIDs As Variant
   Dim Result As Long
   Dim progid As Variant
   Dim Uninstall As String
   Dim Program As String
   Uninstall = "SoftWare\Microsoft\Windows\CurrentVersion\Uninstall\"
```

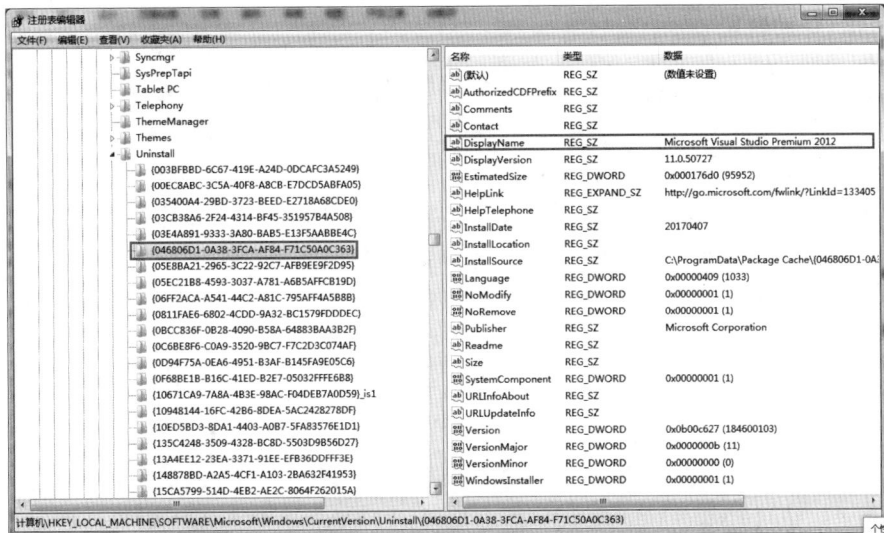

图 13-48　注册表编辑器

```
    Set reg = GetObject("winmgmts:{impersonationLevel=impersonate}!\\" & "." &
"\root\default:StdRegProv")
    Call reg.EnumKey(&H80000002, Uninstall, ProgIDs)
    For Each progid In ProgIDs
        Result = reg.GetStringValue(&H80000002, Uninstall & progid, "DisplayName",
Program)
        If Result <> 0 Then
            Result = reg.GetStringValue(&H80000002, Uninstall & progid, "QuietDisplayName",
Program)
        End If
        If Result = 0 And Program <> "" Then
            Debug.Print Program
        End If
    Next progid
End Sub
```

运行上述程序，一部分输出结果如下：

```
Microsoft SQL Server 2012 Transact-SQL ScriptDom
Microsoft SQL Server 2012 Data-Tier App Framework
Microsoft System CLR Types for SQL Server 2017
Microsoft Visual Studio Macro Tools - CHS Language Pack
Microsoft Help Viewer 2.0
VC Runtimes MSI
```

13.13　WMI 事件编程

本节讲解在 VBA 中如何订阅 WMI 事件，并以进程的启动和终止为例说明监控进程变化的实现过程。

13.13.1 使用事件的意义

通过前面的学习，已经理解了通过 WMI 可以按需获取当前类实例的情况。由于计算机中各种资源是动态变化的，如磁盘上的目录和文件、进程和服务，在使用计算机过程中经常发生增加、删除操作，所以运行 WMI 的代码只能获取运行代码时的状态。如果订阅 WMI 事件，只需运行一次VBA 中的程序，之后当类实例的数量发生增减时，会通知 VBA。例如，用户打开了 QQ，使用了一会儿又关闭了，这就发生了两个事件：进程的启动和终止。

WMI 中的 SWbemServices 具有 ExecNotificationQuery 和 ExecNotificationQueryAsync 两个方法，分别用于实现同步和异步事件监控。

13.13.2 ExecNotificationQuery 方法

ExecNotificationQuery 方法只需提供 WQL 查询语句即可创建事件，事件的所有代码均写在一个 VBA 过程中，使用 ExecNotificationQuery 方法返回 SWbemEventSource 对象，然后在循环结构中使用 NextEvent 迭代类实例，当过程中的循环结构执行结束时，监控也就结束了。

下面的程序使用了 WMI 的同步事件。

```
Private SES As WbemScripting.SWbemEventSource
Private Sub CommandButton1_Click()
    Dim i As Integer
    Set Locator = New WbemScripting.SWbemLocator
    Set Service = Locator.ConnectServer()
    Set SES = Service.ExecNotificationQuery("SELECT * FROM __InstanceCreationEvent
WITHIN 1 WHERE TargetInstance ISA 'Win32_Process'", "WQL")
    For i = 1 To 10
        Set SO = SES.NextEvent
        Me.ListBox1.AddItem "启动时间:" & Now & vbTab & SO.TargetInstance.Name
    Next i
End Sub
```

将上述程序书写在 VBA 的用户窗体中，启动窗体，单击"开始监控"按钮进入创建进程的监控中。在 For 循环中设置10 次，表示总共要监控 10 次进程的创建。在这之前，用户无法继续使用 Excel，如图 13-49 所示。

__InstanceCreationEvent 是用于创建类实例的子类。

可以看出，该方法的特点是启动事件和监控的代码都在一个 VBA 过程中，监控期间代码会卡在该过程的循环结构中，循环结构运行结束，监控功能也随之结束。

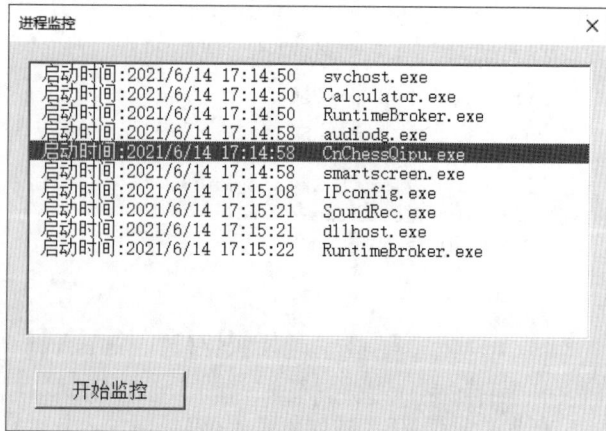

图 13-49　监控进程的启动和终止

13.13.3　ExecNotificationQueryAsync 方法

ExecNotificationQueryAsync 方法用于启动异步事件，使 VBA 程序进入监控状态，使监控生效。在监控期间，用户可以继续使用 Excel，如果遇到创建或终止进程的情形，会自动在 VBA 中通知。

该方法的典型代码实例如下：

```
Service.ExecNotificationQueryAsync CPE, "SELECT * FROM __InstanceCreationEvent
WITHIN 1 WHERE TargetInstance ISA 'Win32_Process'", "WQL"
```

其中，第 1 个参数 CPE 是 WMI 中支持事件编程的 WbemScripting.SWbemSink 对象，需要在类模块中声明该对象，并且订阅该对象支持的事件。

如果要取消监控功能，执行 SWbemSink 对象的 Cancel 方法即可。

下面以制作一个监控创建进程和删除进程的工具为例进行讲解。

向 VBA 工程中插入一个类模块，重命名为 WMIEvents。然后声明两个事件变量 CPE 和 DPE，在事件列表中选择 OnObjectReady，如图 13-50 所示。

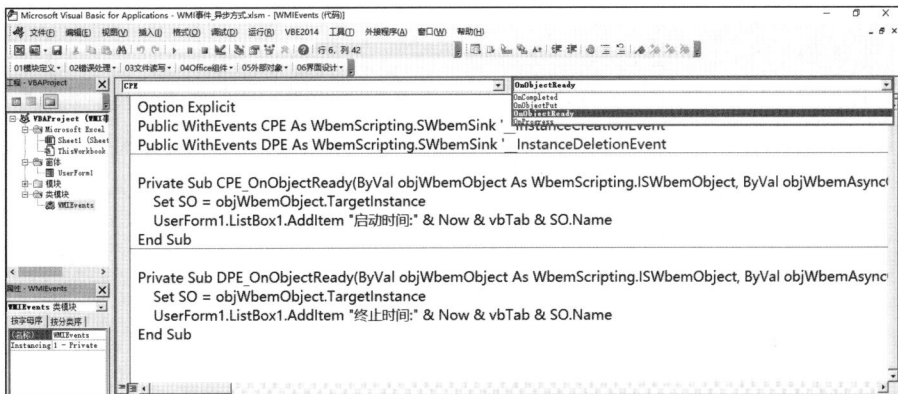

图 13-50　类模块中的代码

其功能是当创建进程时，会运行 CPE_OnObjectReady 事件中的代码，把新进程的名称加入列表框中。当删除一个已有进程时，会运行 DPE_OnObjectReady 事件中的代码，把新进程的名称加入列表框中。

接下来，在用户窗体中使用 CPE 和 DPE 事件变量。

```
Private Instance As WMIEvents
Private Sub CommandButton1_Click()
    Set Locator = New WbemScripting.SWbemLocator
    Set Service = Locator.ConnectServer()
    Set Instance.CPE = New WbemScripting.SWbemSink
    Service.ExecNotificationQueryAsync Instance.CPE, "SELECT * FROM __
InstanceCreationEvent WITHIN 1 WHERE TargetInstance ISA 'Win32_Process'", "WQL"
    Set Instance.DPE = New WbemScripting.SWbemSink
    Service.ExecNotificationQueryAsync Instance.DPE, "SELECT * FROM __
InstanceDeletionEvent WITHIN 1 WHERE TargetInstance ISA 'Win32_Process'", "WQL"
    End Sub
```

```
Private Sub CommandButton2_Click()
    Instance.CPE.Cancel
    Instance.DPE.Cancel
End Sub

Private Sub UserForm_Initialize()
    Set Instance = New WMIEvents
End Sub
```

对于上述三个过程，重点理解 CommandButton1_Click。

```
Service.ExecNotificationQueryAsync Instance.CPE, "SELECT * FROM __
InstanceCreationEvent WITHIN 1 WHERE TargetInstance ISA 'Win32_Process'", "WQL"
```

这一句代码的含义是，在 Win32_Process 的 WMI 类中监控是否有新的进程创建。与之对应的 __InstanceDeletionEvent 用于监控是否有进程被删除。

启动窗体，单击"开始监控"按钮，然后打开或关闭计算机中的任何软件，都会自动记录启动时间，如图 13-51 所示。

单击"结束监控"按钮，监控功能停止。

根据事件监控的特点，还可以制作限制使用某类软件的功能。如果把 OnObjectReady 中的代码修改为：

```
Private Sub CPE_OnObjectReady
    Set SO = objWbemObject.TargetInstance
    UserForm1.ListBox1.AddItem "启动时间:" & Now & vbTab & SO.Name
    If LCase(SO.Name) = "qq.exe" Then
        UserForm1.ListBox1.AddItem "※ QQ 被公司禁用，已自动终止。"
        SO.Terminate
    End If
End Sub
```

在监控期间，如果用户试图登录 QQ，将完全打不开，如图 13-52 所示。

图 13-51　监控进程的启动和终止

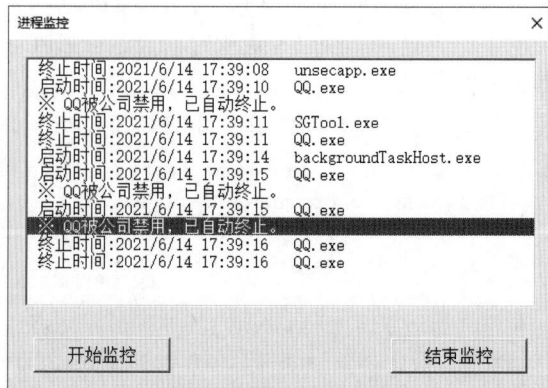

图 13-52　禁止使用某软件

13.14　本章习题

1. Win32_Printer 是管理打印机的 WMI 类，下面的程序用于查找名为"Microsoft Print To PDF"的打印机，然后获取属性。

```
Sub 获取打印机属性()
    Set Locator = New WbemScripting.SWbemLocator
    Set Service = Locator.ConnectServer()
    Set SOS = Service.ExecQuery("Select * From Win32_Printer Where Name='Microsoft
Print To PDF'")
    If SOS.Count = 1 Then
        Set SO = SOS.ItemIndex(1)
        Debug.Print SO.Name
    End If
End Sub
```

运行上述代码，当运行到 Set SO = SOS.ItemIndex(1) 这一行时出现了错误，如图 13-53 所示。

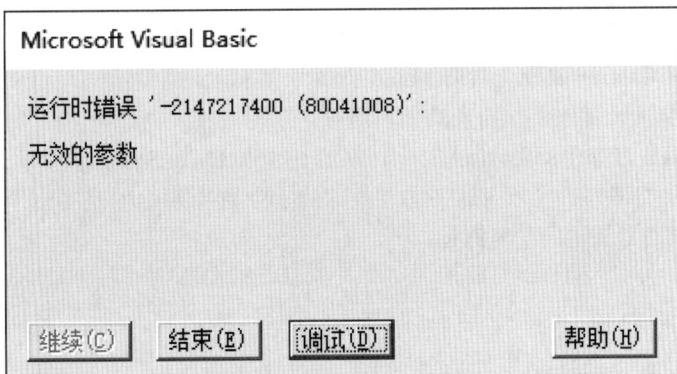

图 13-53　运行时错误

错误原因是（　　　）

A. 电脑上没有这个打印机

B. 变量 SOS 是 Nothing

C. ItemIndex 从 0 开始，不存在 ItemIndex(1) 这一项

D. 变量 SOS 下面没有 ItemIndex 这个成员

2. 下面的程序用于遍历所有进程。

```
Sub 获取所有进程()
    Set Locator = New WbemScripting.SWbemLocator
    Set Service = Locator.ConnectServer()
    Set SOS = Service.ExecQuery("Select Caption,Handle,CommandLine From WIN32_Process")
    For Each SO In SOS
        Debug.Print SO.Name, SO.Handle, SO.CommandLine, SO.CreationDate
    Next SO
End Sub
```

当上述程序运行到 Debug.Print 那一行时，出现了"对象不支持该属性或方法"的错误提示，如图 13-54 所示。

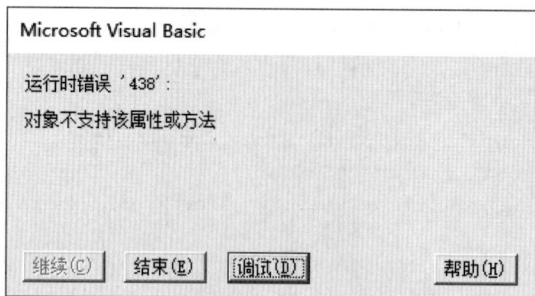

Microsoft Visual Basic

运行时错误 '438'：

对象不支持该属性或方法

| 继续(C) | 结束(E) | 调试(D) | 帮助(H) |

图 13-54　运行时错误

出现该错误可能的原因是（　　　）。

A. 有个别属性大小写拼写错误

B. 变量 SO 不具有 Name 和 CreationDate 属性

C. 某些属性值不是基本数据类型，无法用 Debug.Print 显示出来

D. 进程对象只有 Caption 属性，没有 Name 属性

3. Excel 的宏安全性设置位于注册表的如下路径：

HKEY_CURRENT_USER\Software\Microsoft\Office\16.0\Excel\Security

使用 StdRegProv 类编写一个程序，读取 Excel 的宏设置中勾选的是哪一个，以及是否勾选了"信任 VBA 工程对象模型的访问"复选框。

第 14 章　TLI 技术

TLI（Type Library Information）是一个能获取其他 COM 组件类型库信息的技术。VBA 程序中的一切对象、函数和方法及枚举常量都来源于特定的 COM 类型库。那么如何获取一个 COM 类型库中的内容呢？通过 TLI 技术就可以实现这一目的。

本章首先讲述 VBA 编程中 TLI 技术的引入，然后循序渐进地讲解类型库、类、类成员的获取方法。

本章用到的外部引用和重要对象如下：

➢ TypeLib Information 引用。

➢ TLIApplication 对象。

➢ TypeLibInfo 对象。

➢ TypeInfo 对象等。

14.1　TLI 概述

通常情况下，COM 类型库的作用是把接口暴露给开发人员，从而能在 VBA 中使用 COM 类型库中的功能。例如，在 VBA 中可以通过引入 ADODB 访问数据库、引入 RegExp 来使用正则表达式处理字符串的问题。ADODB、RegExp 这些技术都来源于类型库。

本节讲解类型库包含的内容，将 TLI 技术引入 VBA 的方法中。

14.1.1　类型库的主要内容

类型库通常是一个存储在磁盘上的文件，格式可能是 exe、dll 等。类型库文件是特殊的文件，内部往往定义了很多接口和函数，以便其他程序调用和访问。同时，类型库文件并不是一个孤立的文件，它在注册表中有相应的记录，通常记录了类型库的路径、版本、ProgID 等信息。

类型库中有哪些内容，从文件的外表是看不出来的。有一个方法是在 VBA 中添加对类型库的引用，从而能够在对象浏览器窗口中显示其组织结构。

假设向 VBA 工程中添加了 Microsoft Scripting Runtime 这个引用，在对象浏览器中就可以看到多出了一个 Scripting 的命名空间。

左侧窗格中列出了该命名空间下的类。例如，Scripting.Dictionary、Scripting.Drive 都是 CoClass 类，这种类的特点是在 VBA 中可以用 As 来声明。例如：

```
Dim drv As Scripting.Drive
```

还有一种枚举常量类，也可以使用 As 声明。例如：

```
Dim mode As Scripting.CompareMode
```

各种不同种类的类，前面的图标不一样，如图 14-1 所示。

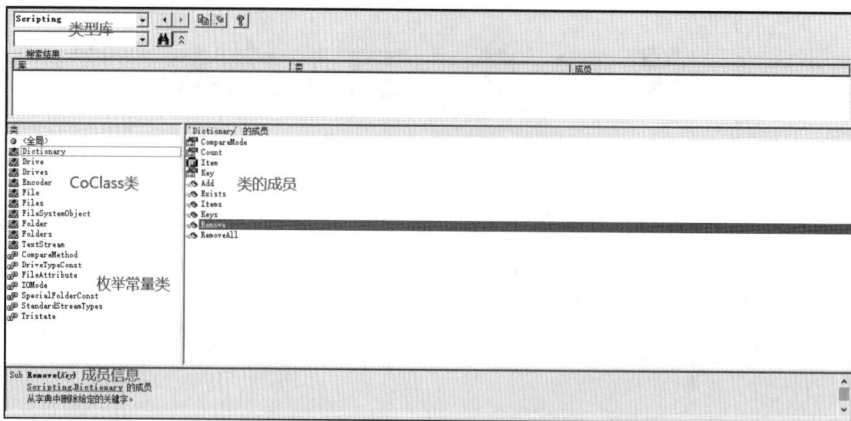

图 14-1　对象浏览器（Scripting）

对象浏览器右侧的列表中列出了左侧窗格中选中的类的所有成员。例如，在左侧窗格中选中了 Dictionary，右侧的列表中自动显示 Add、Remove 等成员。

同时还要注意，对象浏览器底部显示的是成员的详细信息，包括成员的定义和说明。

14.1.2　添加 TypeLib Information 引用

TLI 本身也是一个类型库，它提供了很多访问其他类型库的功能和方法。

在 VBA 工程中添加 TypeLib Information 引用，或者定位到系统文件夹下面的 TLBINF32.dll，均可添加成功，如图 14-2 所示。

添加引用之后，在对象浏览器窗口中选择 TLIApplication，可以看到该命名空间下的类及方法列表，如图 14-3 所示。

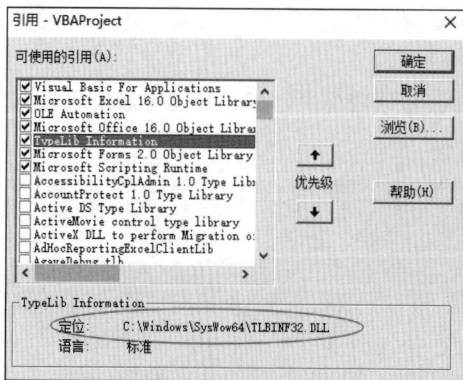

图 14-2　添加引用

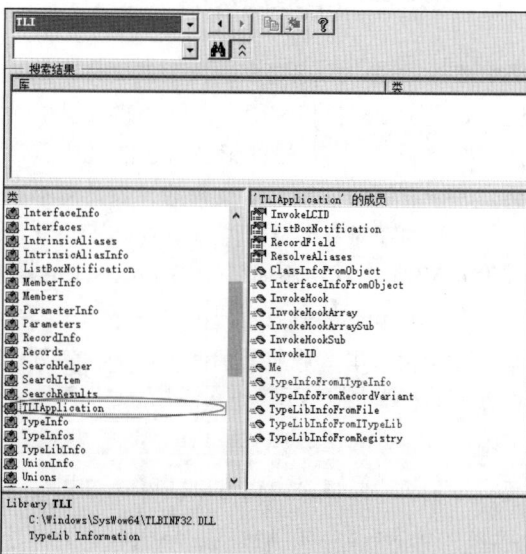

图 14-3　对象浏览器（TLI）

在诸多类中，TLIApplication 是顶级应用程序对象，通过该对象可以访问很多信息。在前期绑定的情况下，可以使用如下代码创建顶级应用程序对象。

```
Dim TA As TLI.TLIApplication
Set TA = New TLI.TLIApplication
```

如果 VBA 工程中未添加该引用，可以使用后期创建：

```
Dim TA As Object
Set TA = CreateObject("TLI.TLIApplication")
```

14.1.3　TLI 编程对象模型

TLI 的对象模型如图 14-4 所示。

其中有 4 个具有上下级的支柱对象。

● TypeLibInfo 对象：类型库对象，是所有类的父对象。

● TypeInfo（CoClassInfo 等）：表示类。

● MemberInfo 对象：类中的成员。

● ParameterInfo 对象：函数或方法中的参数列表。

TLIApplication 对象的主要功能是提供一些方法，用于返回类型库或类。

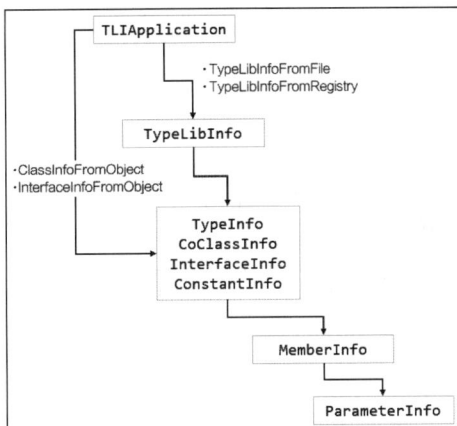

图 14-4　TLI 的对象模型

14.2　获取类型库信息

要获取一个类型库的信息，要先以返回的 TypeLibInfo 对象作为入口点。本节介绍几种返回类型库的方法。

14.2.1　从注册表获取类型库信息

所有的 COM 类型库在注册表中都有相关信息。例如，VBA 中经常用到的字典（Dictionary）和 FSO（FileSystemObject）都需要引用 Microsoft Scripting Runtime 这个类型库。从引用对话框中可以看到该类型库的文件路径是 C:\Windows\SysWow64\scrrun.dll，如图 14-5 所示。

启动注册表编辑器，选中 HKEY_CLASSES_ROOT 这个根键，按快捷键【Ctrl+F】查找 Scripting.Dictionary，查看

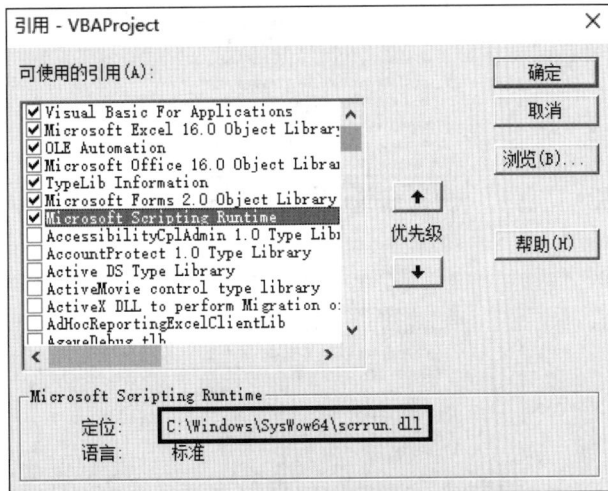

图 14-5　Microsoft Scripting Runtime 类型库

字典在注册表中的定义，如图 14-6 所示。

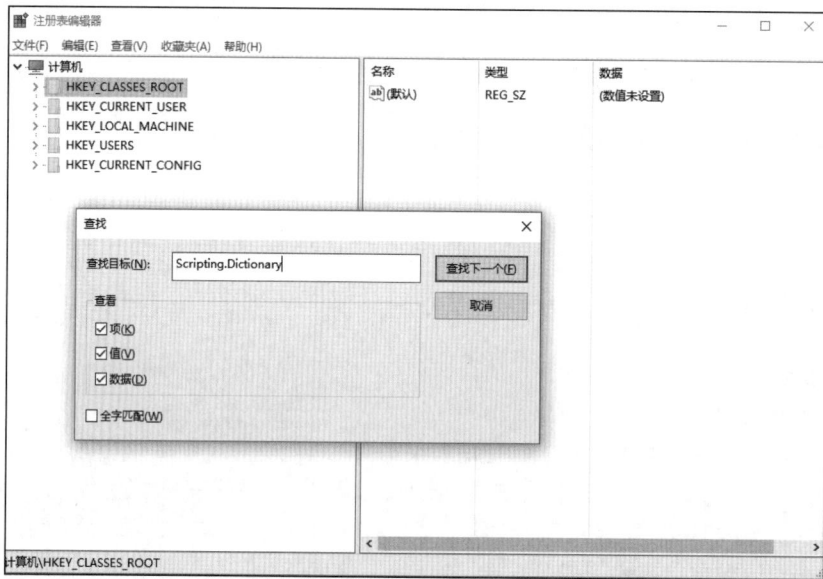

图 14-6　查找注册表项

可以定位到如下路径：

HKEY_CLASSES_ROOT\CLSID\{EE09B103-97E0-11CF-978F-00A02463E06F}

这个就是字典这个类的 CLSID，从注册表编辑器的右侧可以看到对应的 ProgID 是 Scripting.Dictionary，如图 14-7 所示。

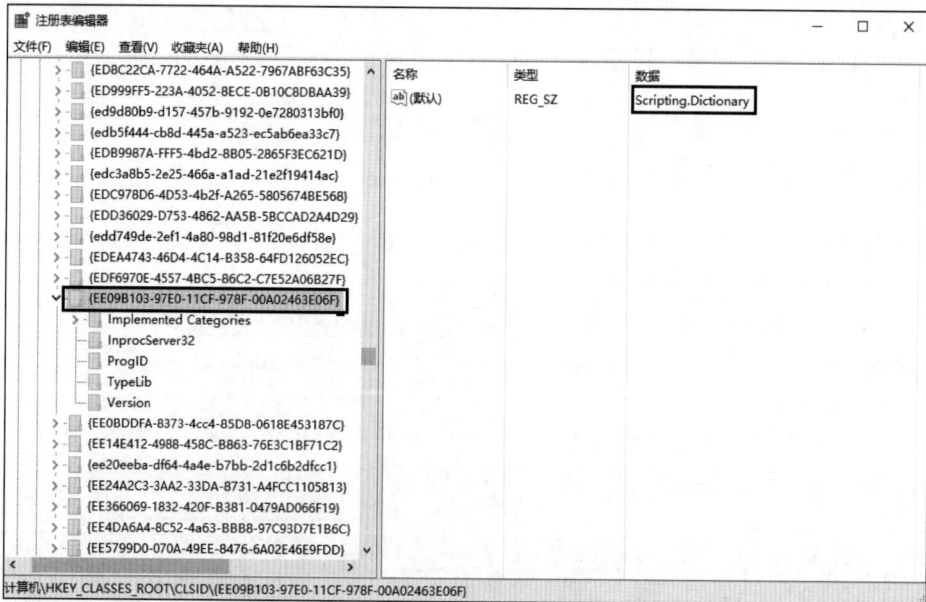

图 14-7　字典的 ProgID

那么字典所在的类型库在哪儿呢?

选中 TypeLib 键,可以看到右侧显示:{420B2830-E718-11CF-893D-00A0C9054228},这个就是类型库的 GUID 值,如图 14-8 所示。

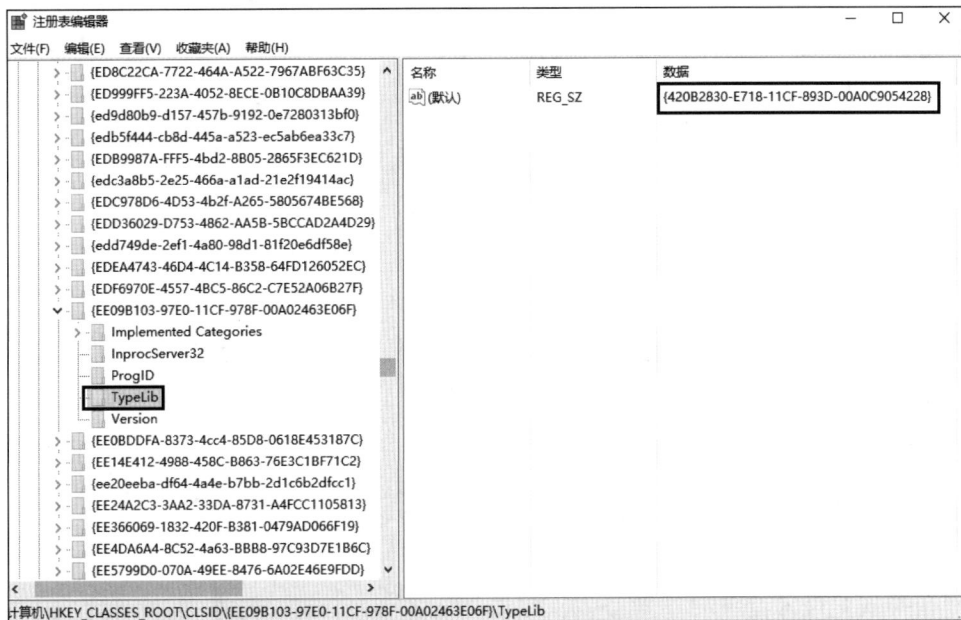

图 14-8　类型库的 GUID

接下来,继续回到根键,查找 {420B2830-E718-11CF-893D-00A0C9054228} 这个 GUID。为了快速找到目标,在搜索选项中只勾选"项"复选框,单击"查找下一个"按钮,如图 14-9 所示。

图 14-9　查找注册表项

很快定位到了如下路径：

HKEY_CLASSES_ROOT\TypeLib\{420B2830-E718-11CF-893D-00A0C9054228}

从注册表编辑器中看到该类型库的版本是 1.0，文件路径是 C:\Windows\SysWow64\scrrun.dll，如图 14-10 所示。

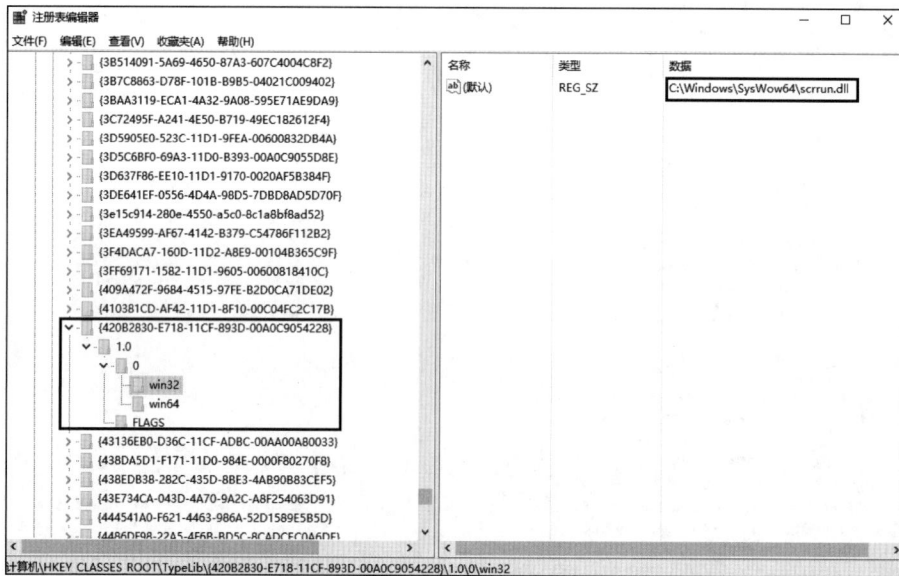

图 14-10　注册表值

通过以上操作，得出如下结论：

类型库是 scrrun.dll，下面包含若干类，Dictionary 和 FileSystemObject 是最常用的两个类，如图 14-11 所示。

图 14-11　scrrun.dll 中的两个类

在 TypeLib Information 对象模型中，TypeLibInfo 表示类型库的信息，该对象可以通过注册表或文件路径来创建。

下面的程序通过注册表中 Scripting 的 GUID 来获取该类型库的信息。

```
Sub 访问类型库 ()
    Dim TA As TLI.TLIApplication
    Dim LI As TLI.TypeLibInfo
    Set TA = New TLI.TLIApplication
    Set LI = TA.TypeLibInfoFromRegistry(TypeLibGuid:="{420B2830-E718-11CF-893D-
00A0C9054228}", MajorVersion:=1, MinorVersion:=0, lcid:=0)
Debug.Print "名称 ", LI.Name
    Debug.Print "GUID", LI.GUID
    Debug.Print "路径 ", LI.ContainingFile
End Sub
```

运行上述程序，在立即窗口中的输出结果是：

名称	Scripting
GUID	{420B2830-E718-11CF-893D-00A0C9054228}
路径	C:\Windows\SysWow64\scrrun.dll

14.2.2　CLSID 与 ProgID 之间的转换

CLSID 是一种表示类的 GUID。例如，Scripting.Dictionary 是一个类，它对应的 CLSID 是 {EE09B103-97E0-11CF-978F-00A02463E06F}。

ole32.dll 中的两个 API 函数 CLSIDFromProgID、ProgIDFromCLSID 可以实现 CLSID 与 ProgID 的互相转换。代码如下：

```
Option Explicit
Private Type UUID
    Data1 As Long
    Data2 As Integer
    Data3 As Integer
    Data4(7) As Byte
End Type
Private Declare Function CLSIDFromProgID Lib "ole32.dll" (ByVal lpszProgID As
Long, pClsid As UUID) As Long
    Private Declare Sub ProgIDFromCLSID Lib "ole32.dll" (CLSID As UUID, lplpszProgID
As Long)
    Private Declare Function CLSIDFromString Lib "ole32.dll" (ByVal lpszProgID As
Long, pClsid As UUID) As Long
    Private Declare Function StringFromCLSID Lib "ole32.dll" (pClsid As UUID,
lpszProgID As Long) As Long
    Private Declare Sub MoveMemory Lib "kernel32.dll" Alias "RtlMoveMemory" (ByRef
Destination As Any, ByRef Source As Any, ByVal Length As Long)
    Private MyUUID As UUID
```

下面是两个自定义函数。

```
Public Function CLSIDToProgID(ByVal CLSID As String) As String
    Dim ProgID As Long
    Dim StrOut As String * 255
    CLSIDFromString StrPtr(CLSID), MyUUID
    ProgIDFromCLSID MyUUID, ProgID
    If ProgID <> 0 Then
        StrFromPtrW ProgID, StrOut
        CLSIDToProgID = Left(StrOut, InStr(StrOut, vbNullChar) - 1)
    End If
End Function

Public Function ProgIDToCLSID(ByVal ProgID As String) As String
    Dim CLSID As Long
    Dim StrOut As String * 255
```

```
            CLSIDFromProgID StrPtr(ProgID), MyUUID
            StringFromCLSID MyUUID, CLSID
            If CLSID <> 0 Then
                StrFromPtrW CLSID, StrOut
                ProgIDToCLSID = Left(StrOut, InStr(StrOut, vbNullChar) - 1)
            End If
        End Function
        Private Sub StrFromPtrW(pOLESTR As Long, StrOut As String)
            Dim ByteArray(255) As Byte, i As Integer
            Dim intTemp As Integer, intCount As Integer
            intTemp = 1
            While intTemp <> 0
                MoveMemory intTemp, ByVal pOLESTR + i, 2
                ByteArray(intCount) = intTemp
                intCount = intCount + 1
                i = i + 2
            Wend
            MoveMemory ByVal StrOut, ByteArray(0), intCount
        End Sub
```

最后进行如下测试：

```
Sub 测试()
    Debug.Print ProgIDToCLSID("Scripting.Dictionary")
    Debug.Print CLSIDToProgID("{EE09B103-97E0-11CF-978F-00A02463E06F}")
End Sub
```

运行程序，在立即窗口中的输出结果是：

```
{EE09B103-97E0-11CF-978F-00A02463E06F}
Scripting.Dictionary
```

14.2.3 从文件路径获取类型库信息

从文件路径也可以返回类型库信息，一种方法是利用 TLIApplication 应用程序对象的 TypeLibInfoFromFile 方法，获取指定路径的类型库信息；另一种方法是使用 New 关键字新建一个 TypeLibInfo 对象，直接设置该对象的 ContainingFile 属性。其中文件的路径可以是动态链接库的路径，也可以是扩展名为 .exe、.ocx、.olb、.tlb 等文件名。

下面的程序通过文件名访问类型库。

```
Sub 通过文件名访问类型库()
    Dim TA As TLI.TLIApplication
    Dim LI As TLI.TypeLibInfo
    Set TA = New TLI.TLIApplication
    Set LI = TA.TypeLibInfoFromFile(Filename:="scrrun.dll")
    Debug.Print LI.Name, LI.GUID, LI.ContainingFile
    Set LI = New TLI.TypeLibInfo
    LI.ContainingFile = "E:\OfficeDll.dll"
    Debug.Print LI.Name, LI.GUID, LI.ContainingFile
End Sub
```

运行上述程序，分别获取 Scripting 类型库和其他用户开发的一个动态链接库的信息。在立即窗口中的输出结果是：

```
Scripting    {420B2830-E718-11CF-893D-00A0C9054228}    scrrun.dll
OfficeDll    {C7B9288C-6FEB-48EC-BA7B-587C9A1D4B24}    E:\OfficeDll.dll
```

14.3 访问类型库中的类信息

一个类型库（TypeLibInfo）通常包含多种不同的类：

- COM 类（CoClassInfo）。
- 枚举常量的类（ConstantInfo）。
- 声明类（DeclarationInfo）。
- 接口类（InterfaceInfo）。
- 通用的类（TypeInfo）。

其中，TypeInfo 包含上述所有类。其他的类都是 TypeInfo 类的子集。类的种类可以用 TypeKind 或 TypeKindString 属性来判断。

下面以分析 Scripting 类型库为例，讲解如何获取类型库中类的信息。

在 VBA 工程中添加 Microsoft Scripting Runtime 引用，然后按快捷键【F2】打开对象浏览器，选择 Scripting 类型库，可以看到该类型库的组成结构。

对象浏览器窗口分为左右两个区域，左侧窗格显示的就是当前类型库下的各种类。通常只显示 CoClassInfo 和 ConstantInfo 这两种类，如图 14-12 所示。

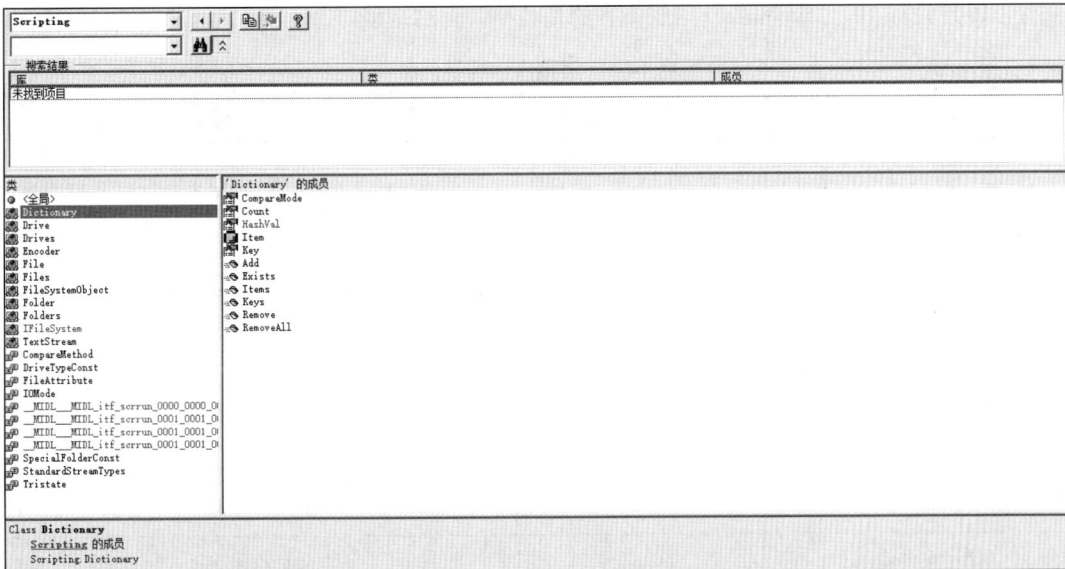

图 14-12　对象浏览器

右侧窗格显示的是处于选中状态的类的成员信息，如属性、函数列表或者枚举常量的成员列表。

14.3.1 遍历 TypeInfo

一个类型库中的所有 TypeInfo 用 TypeInfos 集合对象表示。

下面的程序用于遍历 scrrun.dll 的类型库中所有的 TypeInfo 信息。遍历过程中把每个类的信息写到工作表中。

```
Sub 遍历TypeInfo()
    Dim TA As TLI.TLIApplication
    Dim LI As TLI.TypeLibInfo
    Dim TI As TLI.TypeInfo
    Dim i As Long
    Set TA = New TLI.TLIApplication
    Set LI = TA.TypeLibInfoFromFile(Filename:="scrrun.dll")
    Debug.Print LI.TypeInfos.Count
    i = 0
    Range("A1:D1").Value = Array("Index", "Name", "TypeKind", "TypeKindString")
    For Each TI In LI.TypeInfos
        Range("A" & i + 2).Value = i
        Range("B" & i + 2).Value = TI.Name
        Range("C" & i + 2).Value = TI.TypeKind
        Range("D" & i + 2).Value = TI.TypeKindString
        i = i + 1
    Next TI
End Sub
```

运行上述程序，Excel 中的数据见表 14-1 所示。

可以看到共有 32 个 TypeInfo，这些类有的是枚举，有的是接口，还有的是 COM 类。

表 14-1　类型库中的类信息

Index	Name	TypeKind	TypeKindString
0	CompareMethod	0	enum
1	IOMode	0	enum
2	Tristate	0	enum
3	FileAttribute	6	alias
4	__MIDL___MIDL_itf_scrrun_0000_0000_0001	0	enum
5	IDictionary	4	dispinterface
6	Dictionary	5	coclass
7	IFileSystem	4	dispinterface
8	IDriveCollection	4	dispinterface
9	IDrive	4	dispinterface
10	DriveTypeConst	6	alias

Index	Name	TypeKind	TypeKindString
11	__MIDL___MIDL_itf_scrrun_0001_0001_0001	0	enum
12	IFolder	4	dispinterface
13	IFolderCollection	4	dispinterface
14	IFileCollection	4	dispinterface
15	IFile	4	dispinterface
16	ITextStream	4	dispinterface
17	SpecialFolderConst	6	alias
18	__MIDL___MIDL_itf_scrrun_0001_0001_0002	0	enum
19	IFileSystem3	4	dispinterface
20	StandardStreamTypes	6	alias
21	__MIDL___MIDL_itf_scrrun_0001_0001_0003	0	enum
22	FileSystemObject	5	coclass
23	Drive	5	coclass
24	Drives	5	coclass
25	Folder	5	coclass
26	Folders	5	coclass
27	File	5	coclass
28	Files	5	coclass
29	TextStream	5	coclass
30	IScriptEncoder	4	dispinterface
31	Encoder	5	coclass

注意第 4 列的内容，其中 enum 和 alias 为枚举类，可以在类型库的 Constants 集合中遍历每个 ConstantInfo。coclass 为可创建对象类，可以在类型库的 CoClasses 集合中遍历每个 CoClassInfo。dispinterface 为接口类，可以在类型库的 Interfaces 集合中遍历每个 InterfaceInfo。

14.3.2　获取其中一个 TypeInfo

除了可以使用 For 循环遍历每一个 TypeInfo 对象以外，还可以通过索引或名称直接定位一个 TypeInfo。下面的程序使用了多种方式定位表中索引为 27 的 File 类。

```
Sub 获取其中一个 TypeInfo()
    Dim TA As TLI.TLIApplication
    Dim LI As TLI.TypeLibInfo
    Dim TI As TLI.TypeInfo
    Dim i As Long
    Set TA = New TLI.TLIApplication
    Set LI = TA.TypeLibInfoFromFile(Filename:="scrrun.dll")
    Set TI = LI.TypeInfos.NamedItem("File")                  'File
    Set TI = LI.TypeInfos.IndexedItem(27)                    'File
    Set TI = LI.TypeInfos.Item(28)                           'File，Item 从 1 开始
    Set TI = LI.GetTypeInfo(27)                              'File
    Debug.Print LI.GetTypeInfoNumber("File")                 '返回 27
    Debug.Print LI.GetTypeKind(27) = TLI.TypeKinds.TKIND_COCLASS ' 返回 true
    Dim CCI As TLI.CoClassInfo
    If TI.TypeKind = TLI.TypeKinds.TKIND_COCLASS Then
        Set CCI = TI                                         ' 将 TypeInfo 转换为具体的类
    End If
End Sub
```

代码分析：

程序中连续写了 4 行 Set TI =，其实定位的是同一个对象。需要注意 Item 是 VBA 中的用法，下标总是从 1 开始，所以传递 28 才能把索引为 27 的 TypeInfo 获取到。

如果知道了 TypeInfo 的具体类型，则可以将其赋给另一个具体类型的变量。

14.3.3 遍历 CoClasses

TypeLibInfo 的 CoClasses 表示类型库中所有的 COM 类，每一个 COM 类是一个 CoClassInfo 对象。

下面的程序用于遍历 CoClasses。

```
Sub 遍历 CoClasses()
    Dim TA As TLI.TLIApplication
    Dim LI As TLI.TypeLibInfo
    Dim TI As TLI.TypeInfo
    Set TA = New TLI.TLIApplication
    Set LI = TA.TypeLibInfoFromFile(Filename:="scrrun.dll")
    Dim CCI As TLI.CoClassInfo
    For Each CCI In LI.CoClasses
        Debug.Print CCI.Name, CCI.TypeKindString
    Next CCI
End Sub
```

运行上述程序，在立即窗口中输出 Scripting 类型库中所有的 COM 类的名称和类型文本，如图 14-13 所示。

可以看到类型文本是一样的，而不像遍历 TypeInfo 那样各种类型混在一起。

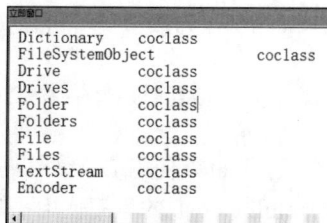

图 14-13 遍历 CoClasses

14.3.4 遍历 ConstantInfo

ConstantInfo 定义了类型库中的各种枚举常量。例如，xlUp、vbRed 都是枚举常量。TLI 中类型库的 Constants 表示所有枚举的类，每一个类都是一个 ConstantInfo 对象。下面的程序用于遍历 ConstantInfo。

```
Sub 遍历 ConstantInfo()
    Dim TA As TLI.TLIApplication
    Dim LI As TLI.TypeLibInfo
    Set TA = New TLI.TLIApplication
    Set LI = TA.TypeLibInfoFromFile(Filename:="scrrun.dll")
    Dim CI As TLI.ConstantInfo
    For Each CCI In LI.Constants
        Debug.Print CCI.Name, CCI.TypeKindString
    Next CCI
End Sub
```

运行上述程序，在立即窗口中输出当前类型库中的所有 ConstantInfo，如图 14-14 所示。

如果要访问 DeclarationInfo，可使用 DeclarationInfo 遍历 Declarations 集合。如果要访问 InterfaceInfo，可使用 InterfaceInfo 遍历 Interfaces 集合。

在 VBA 编程中，遇到最多的是 CoClassInfo 类，其包含众多的函数和方法。例如，Scripting.Dictionary 就是一个 CoClassInfo 类，下面包含 Add、RemoveAll 等方法。

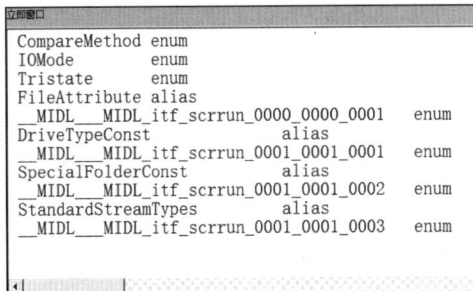

图 14-14 遍历 ConstantInfo

此外，枚举常量 ConstantInfo 这个类也比较重要，下面分别进行讲述。

14.4 访问 CoClassInfo 对象

coclass 是 C++ 语言中的一个术语，原始定义是：Creates a COM object, which can implement a COM interface。

描述一个 coclass 需要提供 uuid、version、helpstring 等属性。例如：

```
{
    uuid(1e196b20-1f3c-1069-996b-00dd010fe676),
    version(1.0),
    helpstring("A class"),
    helpcontext(2481), appobject
}
```

TLI 中的 CoClassInfo 对象用于处理一个 coclass 暴露的信息。一个 CoClassInfo 对象的常用属性如下。

- GUID：对应于 coclass 中的 uuid。
- Name：名称。
- HelpString：帮助信息。
- MajorVersion：主版本号。
- MinorVersion：次版本号。
- TypeKind：种类。

本节主要讲解 CoClassInfo 这一重要对象的定位、成员的遍历等内容。

14.4.1　定位其中一个 CoClassInfo

使用 For 循环可以遍历 CoClasses 中的每个 CoClassInfo 对象。如果要具体访问其中一个 CoClassInfo 对象，不用循环也可以直接获取。

例如，CoClasses.NamedItem("Dictionary") 通过名称可以获取 Scripting.Dictionary 类。

```
Sub 利用名称定位其中一个 CoClassInfo()
    Dim TA As TLI.TLIApplication
    Dim LI As TLI.TypeLibInfo
    Set TA = New TLI.TLIApplication
    Set LI = TA.TypeLibInfoFromFile(Filename:="scrrun.dll")
    Dim CCI As TLI.CoClassInfo
    Set CCI = LI.CoClasses.NamedItem("Dictionary")
    Debug.Print CCI.Name, CCI.GUID
End Sub
```

另外，还可以通过 VBA 代码中现有的对象直接返回 CoClassInfo 对象。

```
Sub 利用现有对象定位一个 CoClassInfo()
    Dim TA As TLI.TLIApplication
    Dim LI As TLI.TypeLibInfo
    Dim dic As Scripting.Dictionary
    Set dic = New Scripting.Dictionary
    Set TA = New TLI.TLIApplication
    Set LI = TA.TypeLibInfoFromFile(Filename:="scrrun.dll")
    Dim CCI As TLI.CoClassInfo
    Set CCI = TA.ClassInfoFromObject(dic)
    Debug.Print CCI.Name, CCI.GUID
End Sub
```

上述代码中的变量 dic 是一个字典对象，通过它可以返回 Scripting.Dictionary 类的信息。

14.4.2　遍历 CoClassInfo 中的成员

TLI 中的 MemberInfo 是一个通用的成员信息对象，可以在各种场合提取成员信息。

下面的程序可以返回 Scripting.Dictionary 类下面所有 CoClassInfo 中的成员。

```
Sub 遍历 CoClassInfo 中的成员 ()
    Dim TA As TLI.TLIApplication
    Dim LI As TLI.TypeLibInfo
    Set TA = New TLI.TLIApplication
    Set LI = TA.TypeLibInfoFromFile(Filename:="scrrun.dll")
    Dim CCI As TLI.CoClassInfo
    Set CCI = LI.CoClasses.NamedItem("Dictionary")
    Debug.Print CCI.DefaultInterface.Members.Count
    Dim MI As MemberInfo
    For Each MI In CCI.DefaultInterface.Members
        Debug.Print MI.Name, MI.InvokeKind
    Next MI
End Sub
```

运行上述程序，在立即窗口中输出 CoClassInfo 中成员的名称和成员类型 ID，如图 14-15 所示。

后面的数字是 TLI.InvokeKinds 枚举常量之一。在对象浏览器中可以看到这些常数。例如，数字 1 就是 INVOKE_FUNC，表示一个函数或方法，如图 14-16 所示。

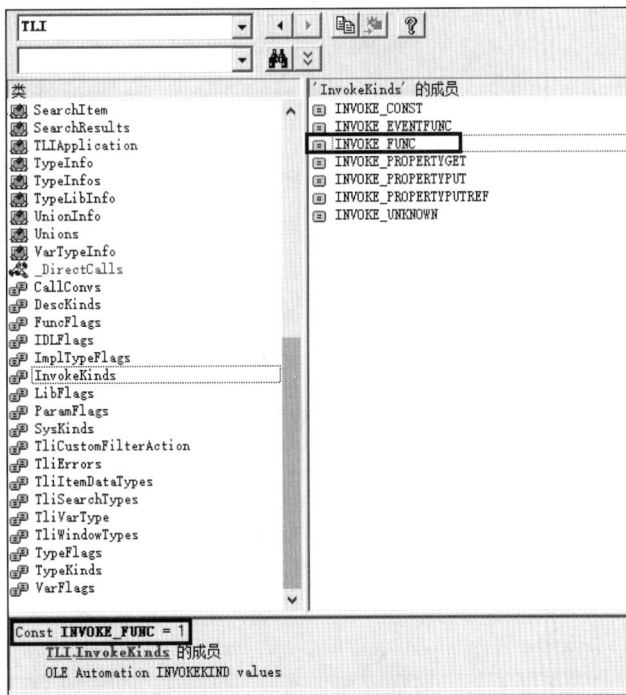

图 14-15　遍历 CoClassInfo 中的成员

图 14-16　枚举常量

14.4.3　访问函数信息

在对象浏览器的左侧选择一个类，右侧会出现该类中的所有函数和方法。例如，Scripting. FileSystemObject 下面有 DeleteFile 方法和 FileExists 等成员，如图 14-17 所示。

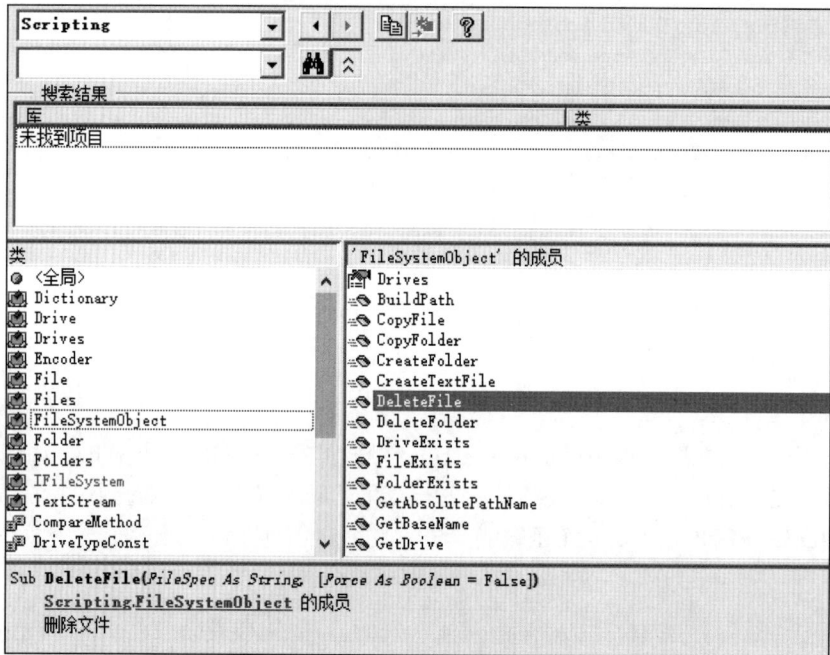

图 14-17 FileSystemObject 下面的方法与函数

一个函数或方法的常见成员有参数列表、返回值等。

下面的程序用于分别返回 FileSystemObject 下 DeleteFile 和 FileExists 这两个成员的信息。

```
Sub 访问函数信息()
    Dim TA As TLI.TLIApplication
    Dim LI As TLI.TypeLibInfo
    Set TA = New TLI.TLIApplication
    Set LI = TA.TypeLibInfoFromFile(Filename:="scrrun.dll")
    Dim CCI As TLI.CoClassInfo
    Set CCI = LI.CoClasses.NamedItem("FileSystemObject")
    Dim MI As MemberInfo
    Debug.Print "函数名称", "参数个数", "返回值类型"
    Set MI = CCI.DefaultInterface.GetMember("DeleteFile")
    Debug.Print MI.Name, MI.Parameters.Count, MI.ReturnType
    Set MI = CCI.DefaultInterface.GetMember("FileExists")
    Debug.Print MI.Name, MI.Parameters.Count, MI.ReturnType
End Sub
```

运行上述程序，在立即窗口中显示三列结果：

函数名称	参数个数	返回值类型
DeleteFile	2	24
FileExists	1	11

其中，最后一列返回值类型的数字是枚举常量 TLI.TliVarType 中的一个成员。例如，数字 11 对应的是 VT_BOOL，表示返回值是布尔值。同理，数字 24 对应的是 VT_VOID，表示没有返回值，说明 DeleteFile 是一个过程，不是函数，如图 14-18 所示。

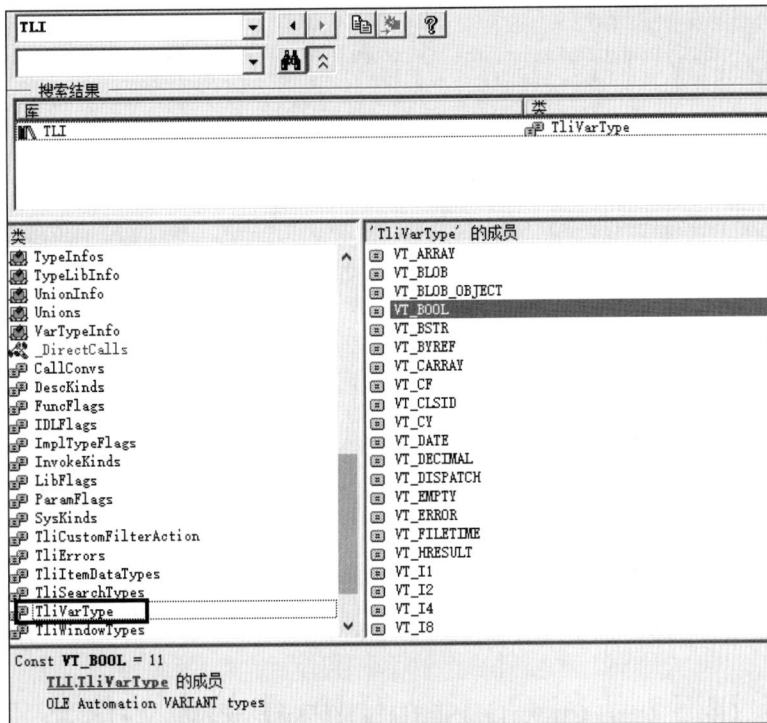

图 14-18　类型常量

一个函数或方法，往往包含一个以上的参数，参数信息也可以通过 TLI 技术获得。

14.4.4　访问函数的参数列表

在对象浏览器窗口中可以看到函数和方法的完整声明。例如，选中 Scripting.FileSystemObject 下面的 DeleteFile，可以看到它的声明如下：

```
Sub DeleteFile(FileSpec As String, [Force As Boolean = False])
```

这表示 DeleteFile 是一个无返回值的方法，有 FileSpec 和 Force 两个参数，后一个参数有默认值 False。

在 TLI 对象模型中，MemberInfo 的 Parameters 集合表示一个函数或方法括号内的全部参数信息，使用 ParameterInfo 对象来遍历。

下面的程序用于访问函数参数信息。

```
Sub 访问函数参数信息()
    Dim TA As TLI.TLIApplication
    Dim LI As TLI.TypeLibInfo
    Set TA = New TLI.TLIApplication
    Set LI = TA.TypeLibInfoFromFile(Filename:="scrrun.dll")
    Dim CCI As TLI.CoClassInfo
    Set CCI = LI.CoClasses.NamedItem("FileSystemObject")
```

```
        Dim MI As MemberInfo
        Set MI = CCI.DefaultInterface.GetMember("DeleteFile")
        Dim PI As TLI.ParameterInfo
        For Each PI In MI.Parameters
            If PI.Default = True Then      ' 有默认值
                Debug.Print PI.Name, PI.DefaultValue, PI.VarTypeInfo.VarType
            Else
                Debug.Print PI.Name,       " 无默认值 ", PI.VarTypeInfo.VarType
            End If
        Next PI
    End Sub
```

运行上述代码，在立即窗口中输出三列结果：

FileSpec	无默认值	8
Force	False	11

其中，最后一列的数字用来表示参数的数据类型，要与前面所述枚举常量 TLI.TliVarType 中的一个成员作比较。

例如，数字 8 对应于常量 VT_BSTR，表示 FileSpec 参数的类型是字符串。同理，11 表示布尔类型。

14.5　访问 ConstantInfo 中的成员信息

在 VBA 工程中添加外部引用以后，就可以使用该引用中的各种枚举常量了。有些场合需要把某个引用中的各类枚举都获取到，或者把枚举常量的名字及其值都列出来。

众所周知，vbRed 表示一个枚举常量，是红色。那么共有多少个颜色方面的枚举常量呢？这就需要用到 ConstantInfo 对象了。

14.5.1　遍历枚举类

在 VBA 工程中一般默认有 Office 和 VBA 两个最常用的引用。在对象浏览器中选择 Office，在左侧窗格中可以看到很多以 Mso 开头的枚举类，右侧则是对应的枚举常量 0。

枚举常量的类型通常为 Long。例如，msoControlComboBox 对应的数字是 4，如图 14-19 所示。下面的程序用于获取 Office 类型库下面所有的枚举类的列表。

```
Sub 遍历所有枚举类 ()
    Dim TA As TLI.TLIApplication
    Dim LI As TLI.TypeLibInfo
    Set TA = New TLI.TLIApplication
    Set LI = TA.TypeLibInfoFromFile(Filename:="C:\Program Files (x86)\Common
Files\Microsoft Shared\OFFICE16\MSO.DLL")
    Dim CI As TLI.ConstantInfo
    For Each CI In LI.Constants
        Debug.Print CI.Name, CI.TypeKindString
    Next CI
End Sub
```

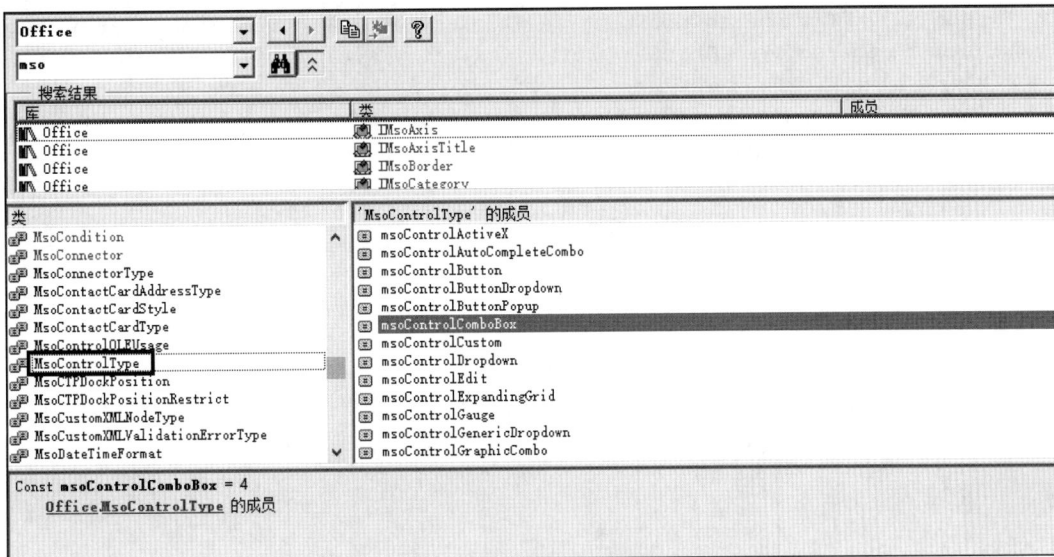

图 14-19　Office 枚举常量

运行上述程序，在立即窗口中输出该类型库中的所有枚举类，如图 14-20 所示。

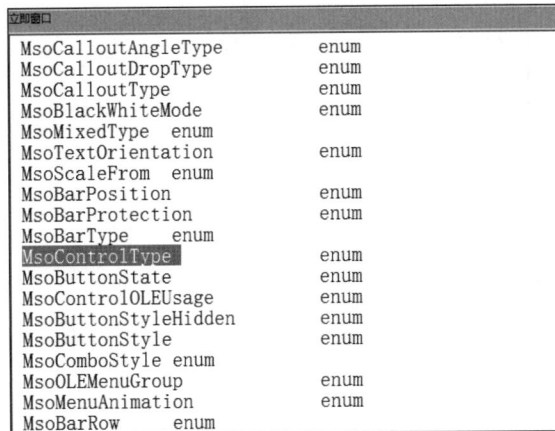

图 14-20　获取的枚举类

14.5.2　遍历枚举常量

每个枚举类都包含众多的枚举常量，在 TLI 中依旧使用 MemberInfo 对象遍历枚举类中的常量。下面的程序用于遍历所有枚举常量。

```
Sub 遍历所有枚举常量()
    Dim TA As TLI.TLIApplication
    Dim LI As TLI.TypeLibInfo
    Set TA = New TLI.TLIApplication
```

```
      Set LI = TA.TypeLibInfoFromFile(Filename:="C:\Program Files (x86)\Common
Files\Microsoft Shared\OFFICE16\MSO.DLL")
      Dim CI As TLI.ConstantInfo
      Set CI = LI.Constants.NamedItem("msoControlType")
      Dim MI As MemberInfo
      For Each MI In CI.Members
          Debug.Print MI.Name, MI.Value
      Next MI
  End Sub
```

代码分析：

变量 CI 是名称为 msoControlType 的一个枚举类。

运行上述程序，在立即窗口中输出该类下面的所有枚举常量及其对应数字，如图 14-21 所示。

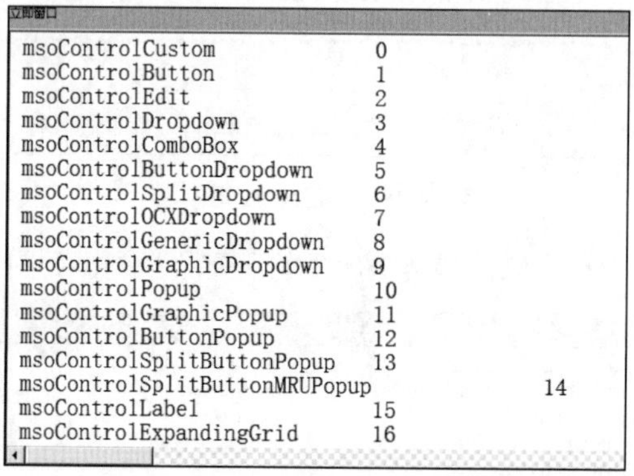

图 14-21　遍历枚举常量的值

以上是使用 For 循环遍历每个常量，如果要获取指定名称的一个常量，可以使用 GetMember。例如：

```
Set MI = CI.GetMember("msoControlButtonPopup")
Debug.Print MI.Name, MI.Value
```

14.6　本章习题

1. 系统文件 C:\Windows\system32\wbem\wbemdisp.TLB 是一个类型库，请使用 TLI 技术获取该类型库的 GUID 和版本号。

2. 编写一个程序，列举 VBA 中所有内置颜色常量的名称和值。

3. 使用 TLI 技术访问正则表达式 Microsoft VBScript Regular Expressions 5.5 的类型库信息，获取该类型库中的所有 CoClassInfo 信息。

第 15 章　SeleniumBasic 浏览器自动化技术

　　Selenium 是一个能够支持网页浏览器自动化的一系列工具和库的项目，如图 15-1 所示。

　　这是 Selenium 官方网站给出的准确定义。

　　用户在联网的计算机上通过浏览器打开网页，就可以了解外面的世界，打开不同的 url，足不出户就可以看到最新的资讯，下载最新的数据。

　　随着互联网技术的高速发展，各行各业的人因工作需要打开浏览器、打开网页，在网页上执行一系列操作之后关闭浏览

图 15-1　Selenium Logo

器。如今已经有很多技术可以把上述操作实现自动化，也就是能够使用程序代码驱使浏览器和网页，从而代替人们进行网页上的操作。Selenium 就是实现浏览器和网页自动化的主要技术之一。

　　SeleniumBasic 是一种可以在 VBA 中使用 Selenium 技术的解决方案。使用 SeleniumBasic 可以实现通过 VBA 代码启动浏览器、打开网页等自动化过程。

　　本章主要讲解 SeleniumBasic 的部署方法以及在 VBA 程序中的基本用法。

15.1　Selenium 简介

　　Selenium 是最广泛使用的开源 Web UI（用户界面）自动化测试套件之一。Selenium 支持跨不同浏览器、平台和编程语言的自动化。

　　支持的主流浏览器包括 Chrome、Mozilla Firefox、Internet Explorer、Microsoft Edge、Opera、Safari 等。

15.1.1　Selenium 的产生和发展历史

　　2004 年，Thought Works 公司一个名叫 Jason Huggins 的工程师，为了减少手动测试的工作量，发明了一套基于 JavaScript 的代码库。使用这套代码库可以进行页面的交互操作，并且可以重复地在不同浏览器上进行各种测试操作。

　　随着技术的不断进步，现在已经发展到了 Selenium 3.0，该版本去掉了 Selenium RC（Selenium Remote Control），并且不再提供默认浏览器支持，所有支持的浏览器均由浏览器官方提供相应的 driver 文件，由此提高了 Selenium 的稳定性。

15.1.2　Selenium 的功能与意义

Selenium 的核心是一个网页浏览器自动化的工具包，可以控制浏览器实例并且模拟用户与浏览器的交互。

它允许终端用户模拟一些普通的动作。例如，向文本域输入文本，选择组合框和复选框，点击文档中的超链接等。也提供了其他更多的控制，如模拟鼠标的移动、自动执行 JavaScript 脚本等。

也就是说，从浏览器的启动、页面的打开、元素的自动操作，到网页的关闭、浏览器的退出，都可以让 Selenium 自动完成。然而，Selenium 只是一个自动化的概念，并不是真正存在的物体。开发人员需要选择一门编程语言，创建一个项目，添加与 Selenium 有关的引用，然后按照预先设计好的流程编写浏览器和网页自动化方面的代码，这就是一个大致的 Selenium 开发流程。

Selenium 的官方网站是 https://www.selenium.dev/，说明文档位于 https://www.selenium.dev/documentation/en/。

15.1.3　浏览器概述

浏览器是用户查看网页的窗口。2021 年全球浏览器市场占有份额见表 15-1 所示。

表 15-1　2021 年全球浏览器市场占有份额

浏 览 器	占有份额
Google Chrome	77.03%
Safari	8.87%
Mozilla Firefox	7.69%
Microsoft Edge	5.83%
Opera	2.43%
Internet Explorer	2.15%
QQ	1.98%
Sogou Explorer	1.76%
Yandex	0.91%
Brave	0.05%

Google Chrome 是一款由 Google 公司开发的网页浏览器，该浏览器基于其他开源软件编写，目标是提升稳定性、速度和安全性，并创造出简单且有效的使用者界面，如图 15-2 所示。

本章以 Chrome 浏览器为例讲解 Selenium 技术。

图 15-2　Chrome 浏览器的 Logo

15.1.4　浏览器驱动的概念

Selenium 通过浏览器驱动可以向全部主流的浏览器提供自动化。

浏览器驱动是一个用于定义控制浏览器行为的 API 和协议，每个浏览器都有一个特定的 Driver 来支持。Driver 用于负责代理浏览器，并且处理 Selenium 与浏览器之间的通信。

具体来说，浏览器驱动是浏览器的一个 .exe 格式的驱动文件，程序代码通过该驱动文件来操作浏览器。对于 Chrome 浏览器，对应的驱动文件是 chromedriver.exe。

15.1.5 Selenium 支持的开发平台和编程语言

Selenium 可以在 Windows、Linux、MacOS 等操作系统中运行。

Selenium 支持的编程语言有 Java、Python、C# 等，如图 15-3 所示。

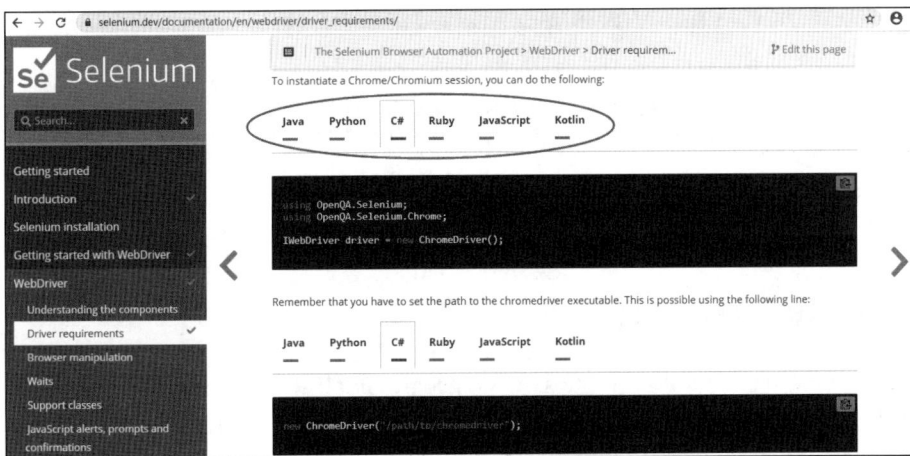

图 15-3 Selenium 支持的编程语言

其中，基于 .NET Framework 的编程语言 C#、VB.NET、PowerShell 都需要引用 WebDriver.dll 文件才能调用浏览器，如图 15-4 所示。

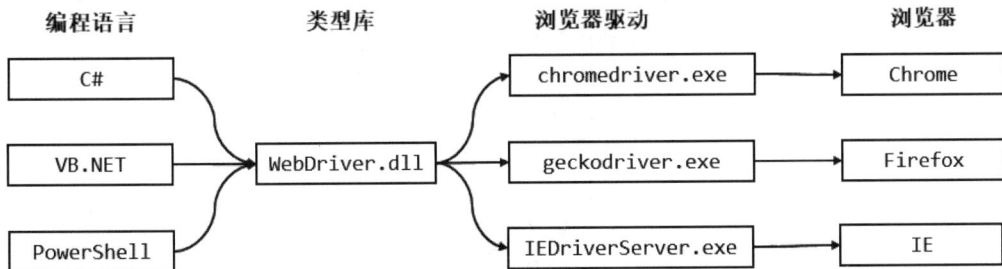

图 15-4 使用 .NET Framework 语言进行 Selenium 编程的工作原理

例如，使用 C# 语言通过 WebDriver.dll 可以自动操作 Chrome、Firefox、IE 等浏览器。

然而，Selenium 并未提供对非托管语言（VBA 等）的编程支持。作者对 WebDriver.dll 中的内容进行合理封装，开发了 SeleniumBasic 3.141.0.0。

SeleniumBasic 通过 SeleniumBasic.tlb 类型库文件间接调用了 WebDriver.dll（因为 VBA 不能直接引用 WebDriver.dll），如图 15-5 所示。

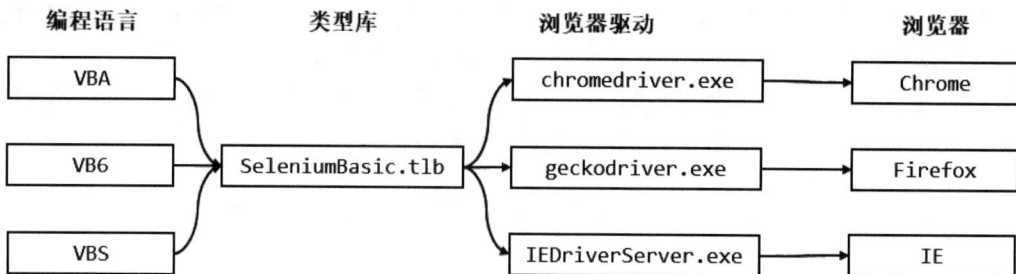

图 15-5　使用非托管语言进行 Selenium 编程的工作原理

这样就实现了 VBA、VB6、VBS 语言自动操作浏览器的目的。

15.2　编程之前的设定

在进行 SeleniumBasic 编程之前，必须搭建 Selenium 的基本运行环境。具体包括浏览器的下载和安装、浏览器驱动的下载和解压缩、SeleniumBasic 的注册和引用三个步骤。

15.2.1　浏览器的下载和安装

Chrome 浏览器的官方下载地址：https://www.google.cn/intl/zh-CN/chrome/。

在其他的浏览器中打开上述 URL，单击"下载 Chrome"按钮，如图 15-6 所示。

图 15-6　浏览器的下载

弹出一个对话框，如图 15-7 所示。

单击"接受并安装"按钮，稍后会下载一个 ChromeSetup.exe 文件（大小约 1.33MB），并且提示"感谢您下载 Chrome"。

图 15-7　对话框

接下来双击 ChromeSetup.exe 文件安装即可。一般情况下，Chrome 浏览器的安装目录位于 C:\Program Files\Google\Chrome\Application。

安装完成后，启动 Chrome 浏览器，单击右上角的三个黑点，展开菜单，选择"帮助"→"关于 Google Chrome"选项，如图 15-8 所示。

图 15-8　查看帮助菜单

在 Chrome 浏览器的设置画面中可以看到版本号是 78.0.3904.108，如图 15-9 所示。

查看浏览器版本号是为了在网上找到与之匹配的驱动文件。

图 15-9 查看浏览器版本号

15.2.2 浏览器驱动的下载和解压缩

Chrome 浏览器的驱动文件下载网址：http://chromedriver.storage.googleapis.com/index.html。

打开任何一款浏览器，输入以上网址，进入一个类似 FTP 的网站。单击并打开与 Chrome 浏览器版本相同或相近的文件夹，如图 15-10 所示。

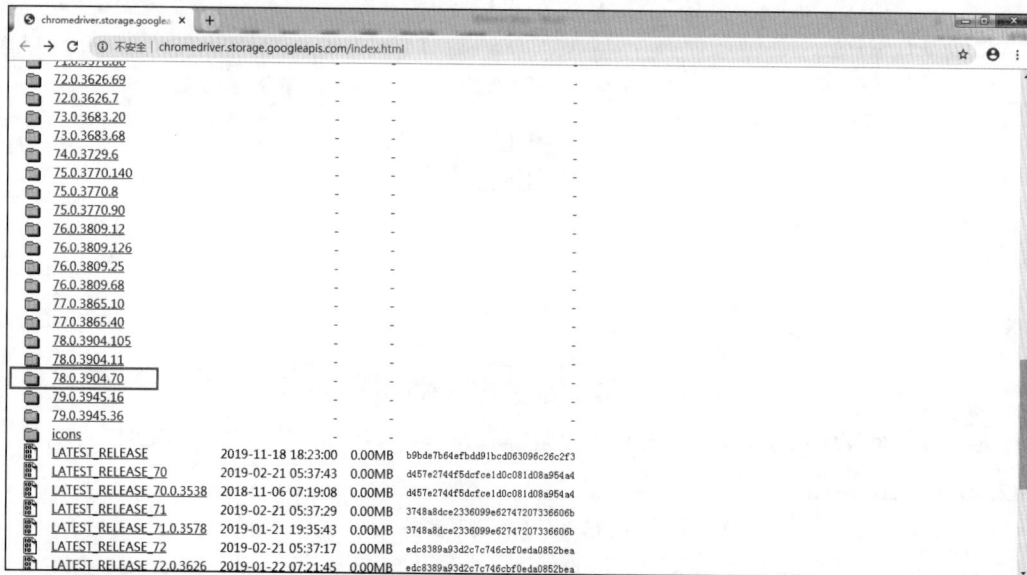

图 15-10 Chrome 浏览器的驱动下载

把 chromedriver_win32.zip 这个压缩包下载到本地文件夹中，如图 15-11 所示。

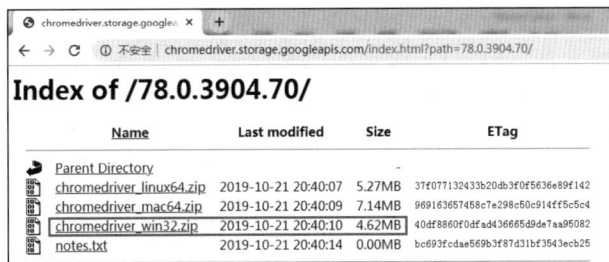

图 15-11　下载压缩文件

然后把压缩包内部的 chromedriver.exe 文件解压到任意路径下。例如，解压到 E:\Selenium\Drivers 文件夹，如图 15-12 所示。

图 15-12　解压驱动

15.2.3　SeleniumBasic 的注册与引用

本书配套资源中提供了 SeleniumBasic 所需的 SeleniumBasic.zip 文件，如图 15-13 所示。

图 15-13　SeleniumBasic.zip 文件

把上述文件解压到计算机中某个常用的路径下，选中 RegAsm.bat 文件右击，在右键菜单中选择"以管理员身份运行"选项，如图 15-14 所示。

图 15-14　以管理员身份运行 RegAsm.bat

以上操作执行结束后，重启 Excel，新建一个工作簿，打开 VBA 工程的"引用"对话框。在列表中可以看到 SeleniumBasic 这一项，勾选它之后就可以开始 Selenium 编程了，如图 15-15 所示。

在对象浏览器中可以看到 SeleniumBasic 中的类及其成员，如图 15-16 所示。

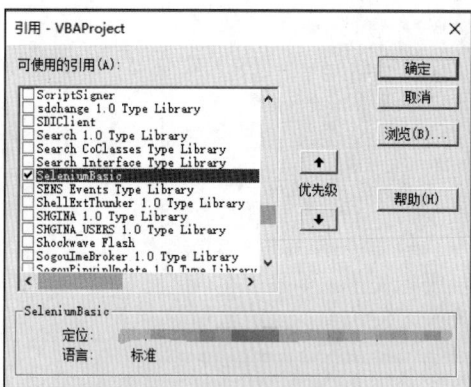

图 15-15　添加引用

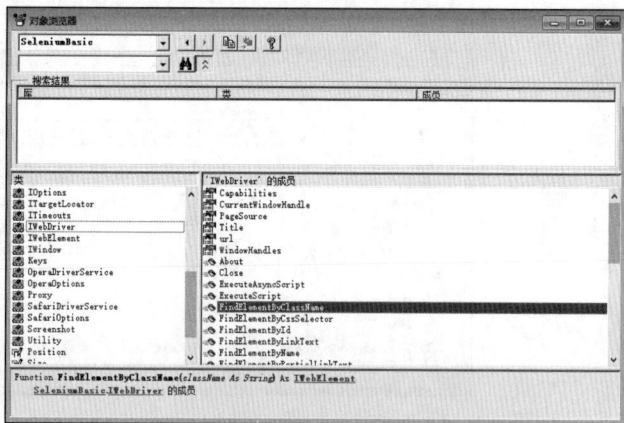

图 15-16　SeleniumBasic 中的类及其成员

15.3　第一个 Selenium 示例

Selenium 中最基本的对象是 IWebDriver 和 IWebElement，分别代表浏览器和网页元素。启动浏览器之前，需要先创建 ChromeDriverService 和 ChromeOptions。ChromeDriverService 用于设置驱动文件的各种属性；ChromeOptions 用于设置浏览器的各种属性。

下面的程序用于启动 Chrome 浏览器并打开百度。

```
Sub Baidu()
    On Error GoTo Err1
    Dim WD As IWebDriver
    Dim Service As ChromeDriverService
    Dim Options As ChromeOptions
    Set WD = New IWebDriver
    Set Service = New ChromeDriverService
    With Service
```

```
        .CreateDefaultService driverPath:="E:\Selenium\Drivers"
        .HideCommandPromptWindow = True
    End With
    Set Options = New ChromeOptions
    With Options
        .BinaryLocation = "C:\Program Files (x86)\Google\Chrome\Application\chrome.exe"
    End With
    WD.New_ChromeDriver Service:=Service, Options:=Options        ' 启动浏览器
    WD.URL = "https://www.baidu.com"
    Debug.Print WD.Title, WD.URL
    Debug.Print WD.PageSource
    MsgBox " 下面退出浏览器。", vbInformation
    WD.Quit
    Exit Sub
Err1:
    MsgBox Err.Description, vbCritical
End Sub
```

代码分析：

在上述程序中创建浏览器时用到了变量 Service 和 Options，分别指定了驱动文件的位置和 Chrome 浏览器的路径。对象变量 WD 是程序中的最顶级对象，代表浏览器。

正常情况下，运行上述程序后，屏幕弹出 Chrome 浏览器，并且打开百度首页，如图 15-17 所示。

图 15-17　SeleniumBasic 启动的浏览器

如果遇到浏览器自动升级，可能出现错误，如图 15-18 所示。

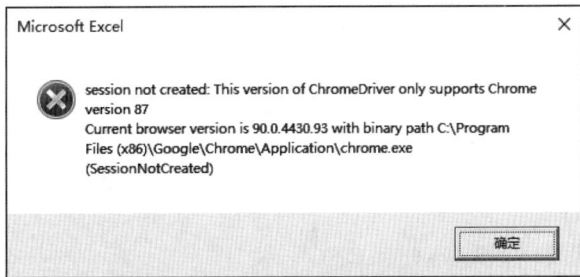

图 15-18　驱动文件版本不一致出现的错误

出现这种情况，需要重新下载与浏览器版本对应的驱动文件。

15.3.1 网页的跳转

当手动使用浏览器时，在 URL 输入栏中输入新的网址并按 Enter 键，当前网页会跳转到另一个页面。

利用 IWebDriver 对象的 Navigate 方法返回一个 INavigation 对象。

该对象有 GoToUrl、Back、Forward、Refresh 4 个方法，分别用于跳转到指定 URL、后退、前进、刷新。

下面的程序用于实现网页的跳转。

```
Dim U As Utility
WD.URL = "https://www.baidu.com"
Debug.Print WD.Title, WD.URL
Dim nav As INavigation
Set nav = WD.Navigate
nav.GoToUrl "http://www.163.com"        '跳转到网易 163
Set U = New Utility
U.Sleep 1000                            '等待 1 秒
nav.Back                                '后退到百度
U.Sleep 1000
nav.Forward                             '前进到网易 163
U.Sleep 1000
nav.Refresh
Debug.Print WD.Title, WD.URL
```

在上述程序中，浏览器的启动与退出的代码与入门示例相同，此处省略。

Utility 是一些实用工具。例如，U.Sleep 1000 可以等待 1 秒。如果不设置等待时间，浏览器切换太快，看不出变化的效果。对象变量 nav 是一个导航器，可以让浏览器自动后退、前进、刷新。

上述程序运行后，浏览器的网页从百度变成了网易 163，如图 15-19 所示。

图 15-19　网页的跳转

在立即窗口中输出网页的标题和网址：

网易　　https://www.163.com/

15.3.2　多个网页标签的切换

在一个 Chrome 浏览器进程中，可以打开多个网页标签，但是只有一个网页标签处于激活状态。

浏览器中每个网页标签都有一个"句柄"，这里的句柄是一个字符串，形式如 CDwindow-xxx。要想访问其他网页的内容，必须使用 ITargetLocator 对象的 Window 方法进行切换。

下面的程序用于实现网页标签的切换。

```
Dim U As Utility
Set U = New Utility
WD.URL = "https://www.baidu.com"
U.Sleep 1000
WD.ExecuteScript ("window.open('http://www.ip138.com/')")    ' 打开一个新窗口
U.Sleep 1000
WD.ExecuteScript ("window.open('http://www.jd.com/')")        ' 打开一个新窗口
U.Sleep 1000
Dim locator As ITargetLocator
Set locator = WD.SwitchTo
Dim windows() As String
Dim i As Integer
windows = WD.WindowHandles                                    ' 所有句柄构成一个数组
For i = 0 To UBound(windows)
    U.Sleep 1000
    locator.Window windows(i)                                 ' 切换窗口
    Debug.Print windows(i), WD.Title, WD.URL
Next i
```

运行上述程序，启动浏览器时打开了百度，然后通过执行脚本的方式再打开两个新窗口，一共三个标签，如图 15-20 所示。

图 15-20　多个网页的切换

然后在循环中遍历每一个句柄，切换到每一个网页，打印句柄、标题、网址，如图 15-21 所示。

图 15-21　打印结果

15.4　网页元素和 HTML 的基础知识

我们每天都在计算机上打开不同的网页，所有网页的主要框架都是一致的，形式如下：

```
<html>
    <head>
        <meta charset="utf-8"/>
        <title> 网页标题 </title>
    </head>
    <body>
        网页的主体内容
    </body>
</html>
```

可以看出，网页的根元素是 <html>，它包含 <head> 和 <body> 两个子元素。其中 <body> 与闭合标签 </body> 中间的部分就是呈现在浏览器上的内容。

15.4.1　元素的标签

网页元素由开始标签和闭合标签共同定义。例如：

```
<span id="s_kw_wrap">
    <input type="text" class="s_ipt" name="wd" id="kw" autocomplete="off">
    <a href="javascript:;" id="quickdelete" title="清空 "></a>
</span>
```

以上 4 行代码定义了 3 个标签：span、input、a。其中 span 是 input 和 a 的父元素。如果根据标签名称定位元素，写法类似于：

```
A = IWebDriver.FindElementByTagName("span")
B = A.FindElementByTagName("input")
C = A.FindElementByTagName("a")
```

15.4.2　元素的属性

在一个元素的开始标签部分允许定义 0 个以上的属性对。例如：

```
<input type="text" class="s_ipt" name="wd" id="kw" autocomplete="off">
```

这个 input 元素定义了 type、class、name、id、autocomplete 共 5 个属性。

但是并非每个属性都可以作为 Selenium 定位网页元素的依据。可以作为 Selenium 定位条件的属性包括 id、name、class 属性。

因此，定位上述元素可以有以下三种写法：

```
B = A.FindElementById("kw")
B = A.FindElementByName("wd")
B = A.FindElementByClassName("s_ipt")
```

通常情况下，同一个网页中每个网页元素的 id 属性是互不相同的，因此在已知网页元素 id 属性的情况下，优先使用 id 属性来定位，name 属性次之。

15.4.3　元素的文本

元素的文本是指元素的开始标签和闭合标签之间的文字内容，其实这些文字内容就是在浏览器中让用户看到的内容。例如，一个超链接的定义如下：

```
<a href="http://news.baidu.com" target="_blank" class="mnav">新闻 </a>
```

其中，新闻两个字就是这个超链接的文本。注意，文本不是网页元素的属性。

Selenium 可以通过超链接的文本或部分文本进行定位。例如：

```
A = IWebDriver.FindElementByLinkText(" 新闻 ")
```

或者

```
A = IWebDriver.FindElementByPartialLinkText(" 闻 ")
```

都可以用来定位上述元素。

15.4.4　使用开发工具查看网页元素定义

查看网页元素定义的方法有两个：一是在打开网页的前提下，在网页右键菜单中选择"查看源代码"选项，就可以在另一个窗口弹出该网页的 HTML 源代码；二是在浏览器中查看。对于比较大的网页，从成千上万行 HTML 代码中寻找目标元素的定义非常困难。目前比较常用的浏览器都具有开发工具。例如，在 Chrome 浏览器中按【F12】快捷键，即可打开当前网页对应的开发工具窗格。再如查看百度网的关键词输入框的 HTML 定义，打开开发工具后，切换到 Elements 窗格，用鼠标单击左上角的箭头，移动到目标网页元素上单击，下方的开发工具窗格立即跳转到该网页元素的 HTML 定义部分，如图 15-22 所示。

从开发工具窗格中可以清楚地看到，该 input 元素位于一个 id 为 form 的表单中，层级关系为 form/span/input。

📢 注意：

在浏览器最下方的状态栏中可以看到一排标签，其中 # 表示 id 属性，小数点表示 class 属性。

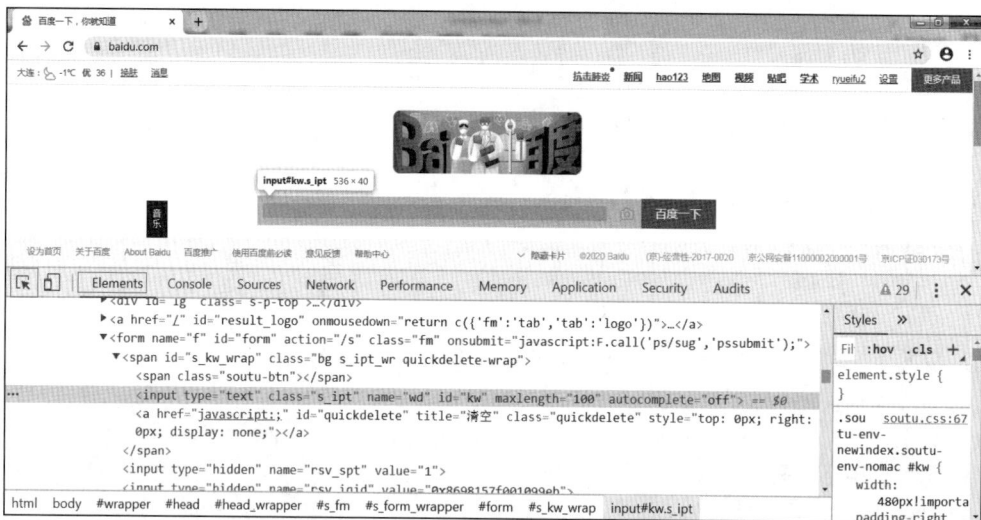

图 15-22　使用开发工具查看网页元素定义

其实这一排标签给出了 input 元素的完全路径，顶级元素是 html 和 body，其父元素是一个 id 为 s_kw_wrap 的元素。

15.4.5　元素的 XPath

在开发工具中定位到一个元素定义后，右击，在右键菜单中可以方便地把该元素的诸多属性复制到剪贴板上，如图 15-23 所示。

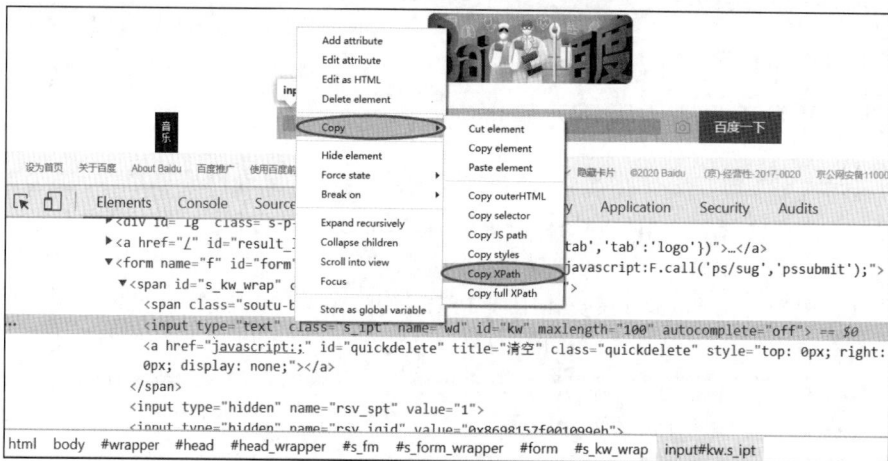

图 15-23　复制网页元素的 XPath

例如，选择 Copy XPath，则粘贴到的内容是：

```
//*[@id="kw"]
```

这是一种相对路径格式，表示从网页根元素开始的 id 为 kw 的一个元素。

如果选择 Copy Full XPath，则是绝对的完整路径：/html/body/div[2]/div[2]/div[5]/div[1]/div/form/span[1]/input。其中方括号内的数字表示索引。例如，div[2] 表示第二个 div 标签。

Selenium 可以通过元素的 XPath 进行定位。例如：

```
A = IWebDriver.FindElementByXPath("//*[@id='kw']")
```

注意要把 kw 两侧的双引号替换成单引号。

15.4.6　元素的 CSS 选择器

CSS 选择器（css selector）的思路与 XPath 大致相同，在开发工具窗格的一个元素右键菜单中选择 Copy selector 选项，可以把该元素的 CSS 选择器复制到剪贴板上。例如：

```
#kw
```

表示网页中 id 为 kw 的一个元素。

Selenium 使用如下方法通过 CSS 选择器定位元素。

```
A = IWebDriver.FindElementByCssSelector("#kw")
```

返回值赋给变量 A，那么 A 就是定位到的那个元素。

15.5　网页元素的定位

Selenium 的目的是模拟用户自动操作浏览器、自动获取网页元素属性、自动操作网页元素的方法，从而实现类似于手动单击网页的效果。

通过前面的讲解，已经学习了浏览器和网页的自动化操作，本节进一步学习如何深入访问网页内部的各个网页元素。所谓网页元素，指的是 HTML 语言中的标签。例如，<div> 文本 </div> 就是一个网页元素。Selenium 技术中各种类型网页元素的类型均为 IWebElement。

Selenium 的一个非常重要的技术就是在一个页面上查找元素，IWebDriver 对象和 IWebElement 对象通过 FindElement(s) 方法根据网页元素的属性等特征实现定位。

15.5.1　网页元素定位的代码写法

Selenium 只能通过 FindElement 和 FindElements 两个系列的方法定位元素，而且，这两个系列的方法必须根据被定位元素的某个属性作为定位依据。

具体的语法如下：

```
Set B = A.FindElementById("form")
```

其中，A 是一个浏览器对象或是一个已知的网页元素；B 是在 A 的范围中希望根据 id 属性定位的另一个网页元素。

同样：

```
Set C = B.FindElementsByTagName("input")
```

表示在网页元素 B 的范围内定位标签为 <input/> 的所有后代元素。注意使用的是 FindElements，返回的结果 C 是由多个网页元素形成的集合。

15.5.2　从 IWebDriver 对象开始定位网页元素

IWebDriver 就是浏览器对象，是一个网页中所有网页元素的顶级对象，网页的 <html> 标签也是 IWebDriver 的子元素。换言之，无论在哪个网页中定位元素，都要先从 IWebDriver 对象开始进行定位。

几乎所有的网页均有 html、head、body 这三个标签，因此可以通过下面的代码返回这三个网页元素。

```
html= Chrome1.FindElement(By.TagName("html"))
head = html.FindElement(By.TagName("head"))
body = html.FindElement(By.TagName("body"))
```

15.5.3　从一个元素定位其他元素

如果一个网页元素是另一个元素的父级或祖先，则可以由该元素出发定位它的子孙后代元素。下面是节选自百度网的一部分 HTML 代码：

```
<form id="form" name="f" action="/s" class="fm">
        <input id="kw" name="wd" class="s_ipt" value="" maxlength="255" autocomplete="off">
        <input type="submit" id="su" value="百度一下" class="bg s_btn">
</form>
```

可以看出，百度的关键字输入框和"百度一下"提交按钮都是 form 的后代元素。因此可以先定位 form，再由 form 进一步定位上述两个 input。总的原则是尽量在小的范围内进行定位，这样可以加快查找速度，并且提高定位的准确度。

下面的程序用于元素的定位。

```
WD.URL = "https://www.baidu.com"
Dim form As IWebElement
Dim keyword As IWebElement
Dim button As IWebElement
Set form = WD.FindElementById("form")
Set keyword = form.FindElementById("kw")
keyword.Clear
keyword.SendKeys "好看视频"
Set button = form.FindElementById("su")
button.Click
```

在 Selenium 中不管是哪一种类型的网页元素，使用 FindElement 方法得到的只能赋给 IWebElement 类型，表示一个网页元素。根据其 TagName 属性可以得知具体是什么类型的标签。

Clear 和 SendKeys 方法通常用于标签为 input 的文本框，作用是清空文本框原有内容，发送新的内容进去。

Click 用于标签为 input 的 Button 或 Submit 提交按钮。

在以上代码中，先从 IWeDriver 对象开始定位到 form，再从 form 定位该表单内部的其他网页元素。

运行上述代码，可以看到自动输入了搜索关键字，并且在页面中出现了搜索结果，如图 15-24 所示。

图 15-24 执行百度搜索

15.5.4 使用 FindElements 定位一组元素

FindElements 方法是根据元素的特征进行定位，返回的是一个网页元素数组。例如：

```
links = div.FindElementsByTagName("a")
```

用于定位某个 div 下面的所有超链接 a 标签，将返回的元素集合赋给变量 links。

例如，百度首页的左上角有若干超链接元素，在开发工具窗格中可以看到这些超链接位于一个 id 为 s-top-left 的 div 元素下，如图 15-25 所示。

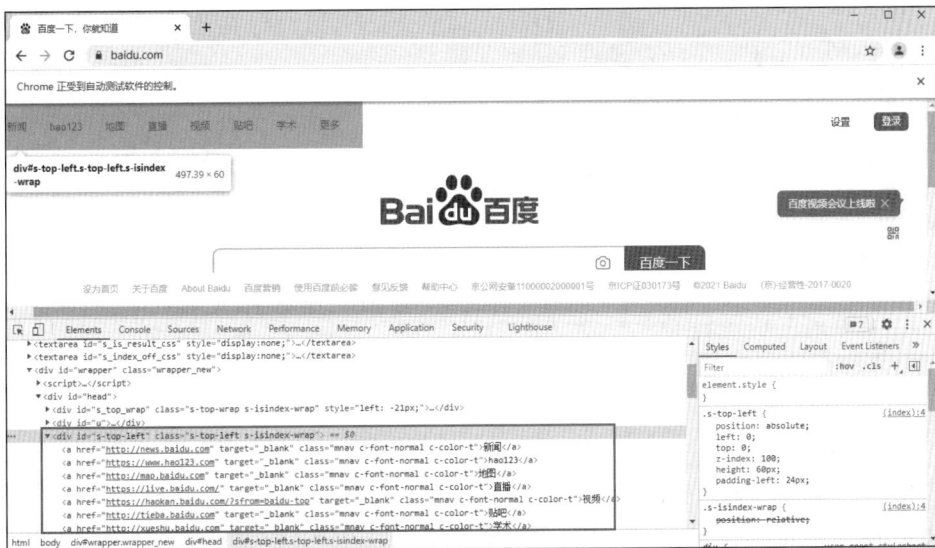

图 15-25 查看 HTML 网页元素

这些超链接元素的标签是 a，因此通过 TagName 等于 a 的特征来定位。

下面的程序用于定位一组网页元素。

```
WD.URL = "https://www.baidu.com"
Dim div As IWebElement
Dim links() As IWebElement
Dim link As IWebElement
Set div = WD.FindElementById("s-top-left")
links = div.FindElementsByTagName("a")
Dim i As Integer
For i = 0 To UBound(links)
    Debug.Print links(i).Text, links(i).GetAttribute("href")
Next i
```

在上述程序中，links 是一个网页元素数组。它的每个元素都是一个独立的网页元素，在立即窗口中输出每个超链接的文本和 URL，如图 15-26 所示。

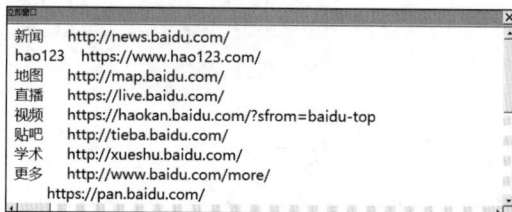

图 15-26　遍历所有超链接

15.6　网页和元素截图

SeleniumBasic 的 GetScreenshot 方法用于对网页或一个元素进行截图，截图的结果可以保存为本地图片、Base64 字符串，或者字节数组。

下面的程序用于实现网页和元素截图。

```
WD.URL = "https://www.baidu.com"
Dim pic As Screenshot
Set pic = WD.GetScreenshot
' 本地 png 图片
pic.SaveAsFile "D:\Temp\baidu.png", SeleniumBasic.ScreenshotImageFormat_Png
Dim button As IWebElement
Set button = WD.FindElementById("su")
Set pic = button.GetScreenshot
Debug.Print pic.AsBase64EncodedString          'Base64 字符串
Dim b() As Byte
b = pic.AsByteArray                            ' 字节数组
```

在上述程序中，首先把百度首页页面截图并另存为 png 图片，然后定位“百度一下”按钮，对该按钮截图后输出 Base64 字符串以及字节数组。

运行上述代码，磁盘产生了一个 Baidu.png 图片，使用画图工具打开的效果如图 15-27 所示。

图 15-27　网页截图

SeleniumBasic 还有很多其他的功能，限于篇幅此处不再逐一讲述，读者可以访问博客园中的 Selenium 专栏继续学习，网址为 https://www.cnblogs.com/ryueifu-VBA/category/1846536.html。

15.7　本章习题

1. 在 SeleniumBasic 中，表示网页元素的对象是（　　　）。

A. IWebDriver　　　　　　　　　　　　B. IWebElement

C. ChromeOptions　　　　　　　　　　　D. ChromeDriverService

2. 假设某网页有一个超链接，该元素的 HTML 定义是：

```
<a class="upload-txt" href="http://5sing.kugou.com/my/writing/add"> 上传 </a>
```

下面哪一个方法不能定位到该元素？（　　　）

A. FindElementByClassName("upload-txt")

B. FindElementByLinkText("http://5sing.kugou.com/my/writing/add")

C. FindElementByTagName("a")

D. FindElementByLinkText(" 上传 ")

3. 编写一个程序，使用 SeleniumBasic 启动 Chrome 浏览器，打开 http://5sing.kugou.com/index.html 网页，在搜索框中输入歌手名字，单击"搜索"按钮，如图 15-28 所示。把搜索结果的歌曲总数输出到立即窗口中。

图 15-28　搜索结果页

第五篇　COM 封装和
打包部分

　　VB6 是一门与 VBA 语法相近的编程语言，可以方便生成可执行文件。VB6 的动态链接库项目可以生成两类与 Excel 相关的文件，其一是包含自定义函数的动态链接库文件，其二是面向 Office 组件的 COM 加载项。COM 加载项中又可以包含自定义功能区、任务窗格等内容。

　　VBIDE 外接程序的开发与 Office COM 加载项的开发非常类似，项目类型都是 ActiveX dll 项目，不同之处主要有：

- 宿主应用程序不同；
- 两者的注册表位置有所不同；
- Office COM 加载项可以实现自定义功能区，VBIDE 外接程序只能使用自定义菜单。

　　Inno Setup 是一款功能强大的、免费的打包工具。Inno Setup 的基本功能是将需要打包的各个文件压缩成单独的可执行文件，当在另一台电脑安装该可执行文件时，会自动向电脑中释放出文件，并且按照指令对用户电脑进行有关注册表的注册操作。另外还可以选择是否创建桌面快捷方式和是否创建程序组等。

　　本书除了介绍 iss 脚本文件各节的书写方法以外，还讲解利用 Delphi 脚本对安装包进行更详细的自定义。

　　这部分的主要知识点如下所示。

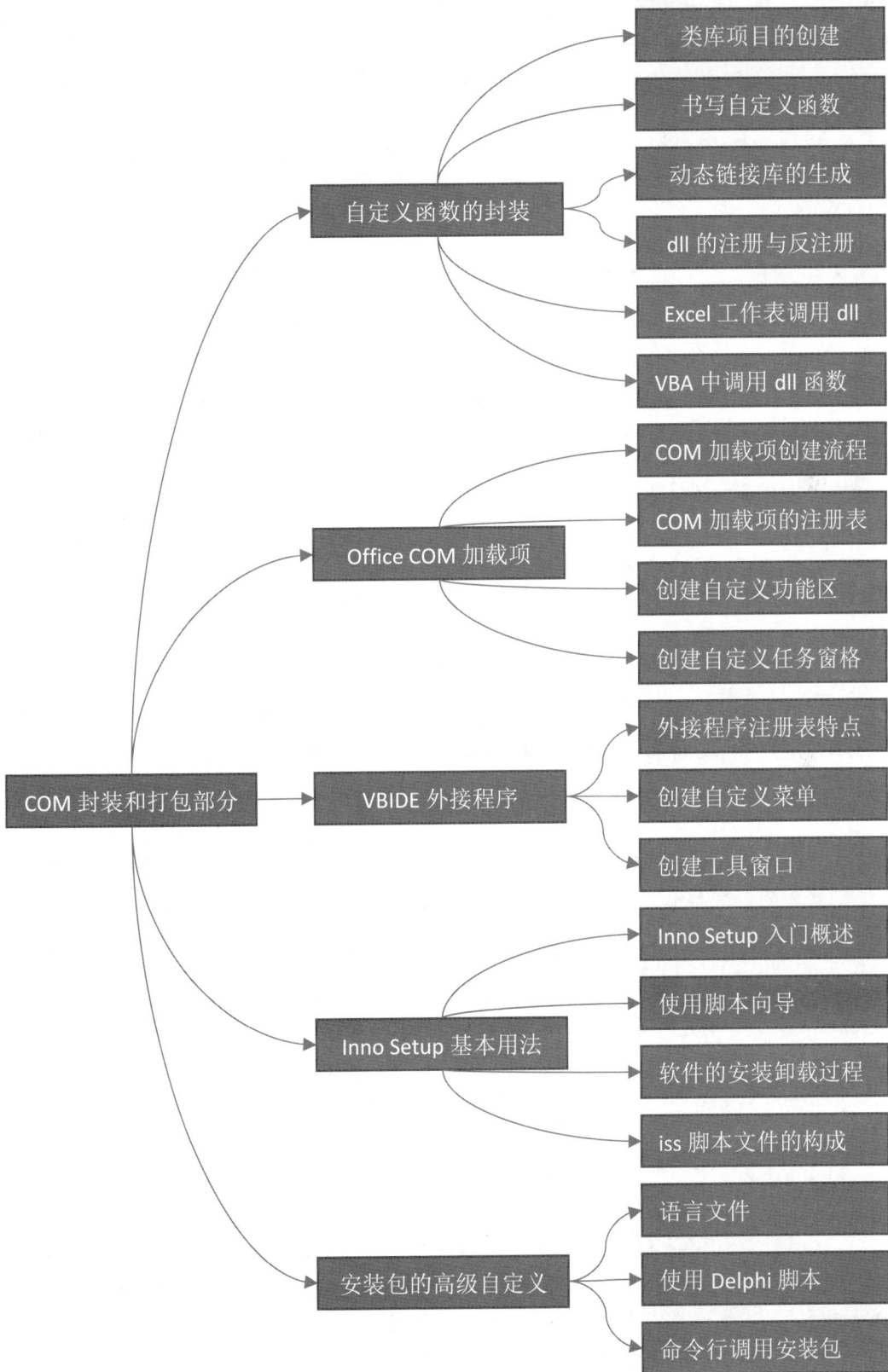

```
                                                ┌─────────────────┐
                                          ┌────▶│  类库项目的创建  │
                                          │     └─────────────────┘
                                          │     ┌─────────────────┐
                                          │ ┌──▶│  书写自定义函数  │
                                          │ │   └─────────────────┘
                                          │ │   ┌─────────────────┐
                   ┌──────────────┐       │ │ ┌▶│  动态链接库的生成 │
              ┌───▶│ 自定义函数的封装 │──────┤ │ │└─────────────────┘
              │    └──────────────┘       │ │ │ ┌─────────────────┐
              │                           │ │ ├▶│ dll 的注册与反注册 │
              │                           │ │ │ └─────────────────┘
              │                           │ │ │ ┌──────────────────┐
              │                           └─┼─┼▶│ Excel 工作表调用 dll │
              │                             │ │ └──────────────────┘
              │                             │ │ ┌──────────────────┐
              │                             └─┴▶│ VBA 中调用 dll 函数  │
              │                                 └──────────────────┘
              │                                 ┌──────────────────┐
              │                           ┌────▶│ COM 加载项创建流程  │
              │                           │     └──────────────────┘
              │                           │     ┌──────────────────┐
              │    ┌──────────────┐       │ ┌──▶│ COM 加载项的注册表  │
              ├───▶│ Office COM 加载项 │────┤ │   └──────────────────┘
              │    └──────────────┘       │ │   ┌──────────────────┐
              │                           ├─┼──▶│  创建自定义功能区   │
              │                           │ │   └──────────────────┘
              │                           │ │   ┌──────────────────┐
              │                           └─┴──▶│  创建自定义任务窗格  │
              │                                 └──────────────────┘
┌──────────────┐                                ┌──────────────────┐
│ COM 封装和打包部分 │─────┐                      ┌────▶│  外接程序注册表特点  │
└──────────────┘     │                      │     └──────────────────┘
              │    ┌──────────────┐         │     ┌──────────────────┐
              ├───▶│ VBIDE 外接程序  │─────────┼────▶│   创建自定义菜单    │
              │    └──────────────┘         │     └──────────────────┘
              │                             │     ┌──────────────────┐
              │                             └────▶│    创建工具窗口     │
              │                                   └──────────────────┘
              │                                   ┌──────────────────┐
              │                           ┌──────▶│ Inno Setup 入门概述 │
              │                           │       └──────────────────┘
              │                           │       ┌──────────────────┐
              │    ┌──────────────┐       │ ┌────▶│   使用脚本向导     │
              ├───▶│ Inno Setup 基本用法 │──┤ │     └──────────────────┘
              │    └──────────────┘       │ │     ┌──────────────────┐
              │                           ├─┼────▶│  软件的安装卸载过程  │
              │                           │ │     └──────────────────┘
              │                           │ │     ┌──────────────────┐
              │                           └─┴────▶│ iss 脚本文件的构成  │
              │                                   └──────────────────┘
              │                                   ┌──────────────────┐
              │                           ┌──────▶│     语言文件      │
              │    ┌──────────────┐       │       └──────────────────┘
              └───▶│ 安装包的高级自定义 │──────┤       ┌──────────────────┐
                   └──────────────┘       ├──────▶│   使用 Delphi 脚本  │
                                          │       └──────────────────┘
                                          │       ┌──────────────────┐
                                          └──────▶│  命令行调用安装包   │
                                                  └──────────────────┘
```

第16章 自定义函数的封装

　　VBA 工程的安全性是脆弱的，使用 VBA 开发的产品再好，即使设置了工程密码，也很容易被其他人查看到源代码。

　　Visual Basic 6.0（简称 VB6）是微软公司开发的一门面向对象的编程语言，使用 VB6 可以方便地开发和制作动态链接库（Dynamic Link Library）、实现 COM 接口。

　　一个 VBA 工程通常由若干个过程、函数、窗体构成。过程和函数通常是为了实现特定功能的代码段，统称为自定义函数（User Defined Functions）。

　　本章讲述通过 VB6 创建 ActiveX DLL 项目，封装自定义函数，并且在工作表函数中或 VBA 代码中调用 dll 文件中的自定义函数，从而达到保护代码的目的。同时，ActiveX DLL 项目的知识也是后面学习 COM 加载项开发的理论基础。

16.1 动态链接库的开发

　　动态链接库是微软公司在 Windows 操作系统中实现共享函数库概念的一种方式。这些库函数的扩展名通常为 .dll 或 .ocx。纯粹的代码通常封装为 dll 文件，包含窗体、用户控件等界面通常封装为 ocx 控件库。

　　一个动态链接库由一个以上的类构成，而每个类中可以书写多个过程、函数，因此，可以把动态链接库理解为按功能归类的函数库。其他编程语言可以通过引用动态链接库调用其中的函数。不过，动态链接库只向调用它的语言暴露类和函数的定义，而不暴露函数中具体的代码，这样就提高了代码的安全性。

　　动态链接库的另一个特点是共享和复用性。如果在一个工作簿的 VBA 过程中书写一个自定义函数，那么只有这个工作簿处于打开状态时才能使用这些函数，调用很不方便。而动态链接库是存储在磁盘上的一个文件，在其他代码中使用 CreateObject 或 New 关键字就可以动态生成一个对象，创建的对象来源于类的实例，互不影响。

　　动态链接库中的各个类在注册表中必须有相应的记录，否则不能被调用。也就是说 dll 文件必须配合注册表一起工作。

　　本节以实例的形式讲解在 VB6 中创建和生成动态链接库的方法。

16.1.1 创建 ActiveX DLL 项目

　　在开始菜单中找到 VB6 的启动图标，选中 "Microsoft Visual Basic 6.0 中文版" 并右击，如图 16-1 所示。

在右键菜单中依次选择"更多""以管理员身份运行"选项，如图 16-2 所示。

图 16-1　启动 Microsoft Visual Basic 6.0 中文版

图 16-2　以管理员身份运行 VB6

这是因为使用 VB6 生成动态链接库时，如果同时向注册表的 HKEY_LOCAL_MACHINE 根键中写入内容，则需要管理员权限，因此要以管理员身份启动 VB6。

启动 VB6 后弹出"新建工程"对话框（在 VB6 中，工程与项目是同一个概念，英文为 Project），选择 ActiveX DLL 并打开，如图 16-3 所示。

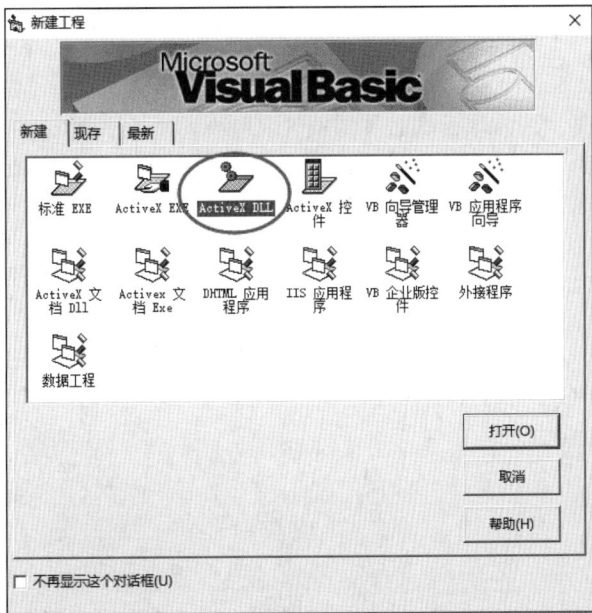

图 16-3　打开 ActiveX DLL 项目

这样就创建了一个默认名称是"工程 1"的 ActiveX DLL 项目，并且，默认有一个名为 Class1 的类。如前所述，动态链接库是由多个类构成的，因此根据需要还可以向该项目中添加标准模块、类、窗体等。为了便于说明问题，在右侧的工程资源管理器窗口中选中 Class1，右击，在右键菜单中选择"移除 Class1"选项，形成一个空白项目，如图 16-4 所示。

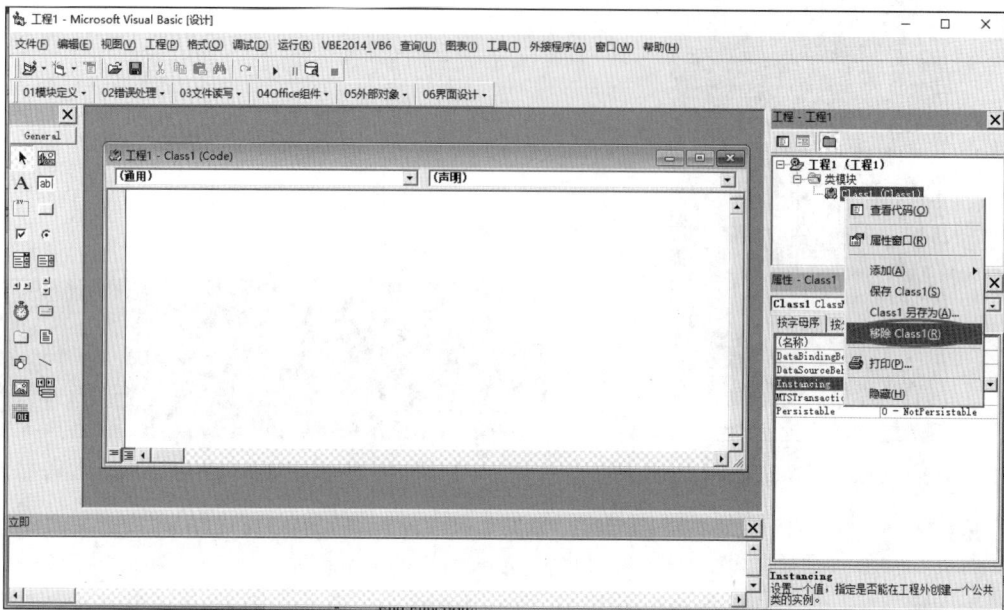

图 16-4　空白项目

16.1.2　更改项目属性

项目的名称非常重要，因为项目的名称与类的名称要写在注册表中，并且关系到调用动态链接库的语言中代码的书写，因此在开发之前需要想好项目、类、函数这三级对象的名称。

本小节要创建一个名称为 UDF 的 ActiveX DLL 项目，下面包含 Chinese 和 Maths 两个类，Chinese 类中包含一些与汉语相关的自定义函数，Maths 类中包含数学方面的函数，如图 16-5 所示。

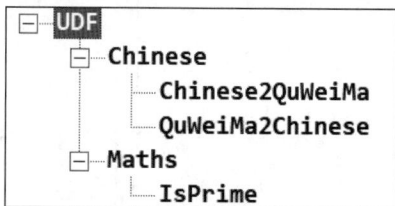

图 16-5　Chinese 和 Maths 类中的自定义函数示意图

在 VB6 中选中"工程 1"，在主菜单中依次单击"工程""工程 1 属性"，如图 16-6 所示。也可以在工程资源管理器窗口中选中"工程 1"节点，右击，在右键菜单中选择"工程 1 属性"选项。

在"UDF- 工程属性"对话框中，设置工程名称为 UDF，并且，启动对象保持默认的 None，如图 16-7 所示。

切换至"生成"选项卡，在版本信息处进行适当设定和修改，最后单击"确定"按钮，如图 16-8 所示。

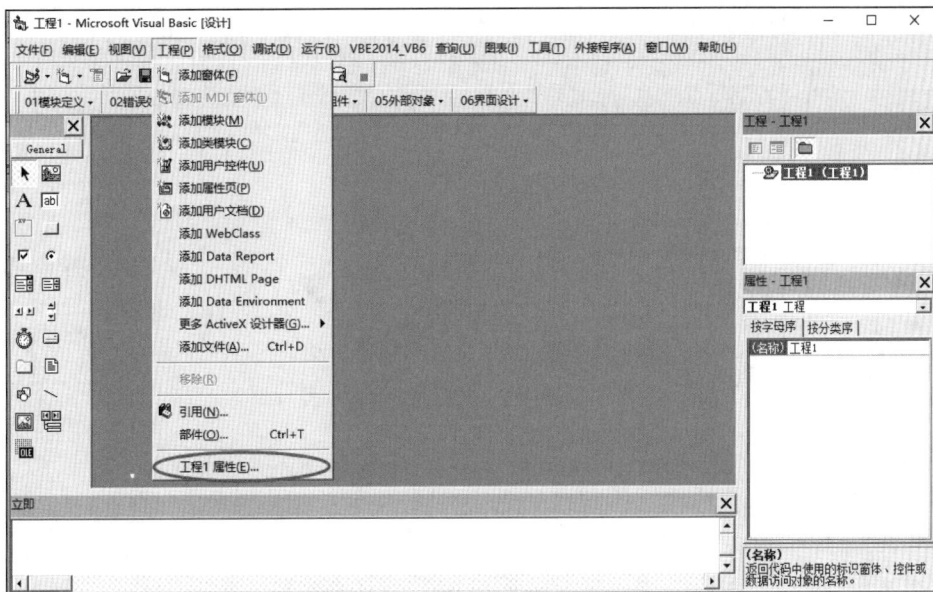

图 16-6 "工程 1 属性"菜单项

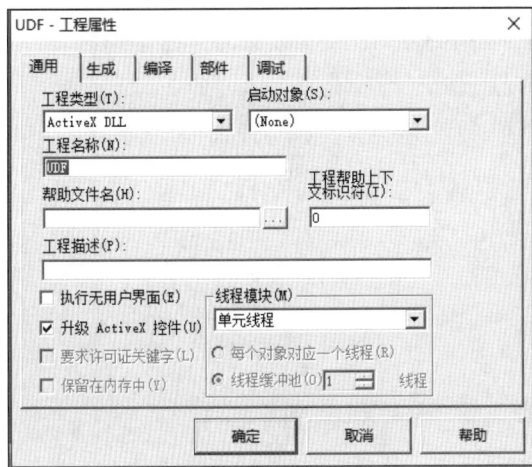

图 16-7 设置工程属性

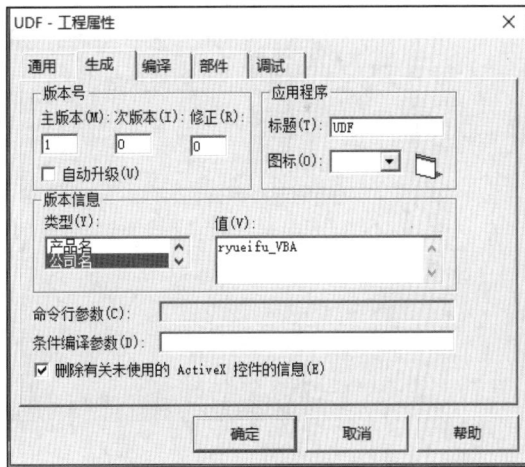

图 16-8 设置其他属性

16.1.3 添加类模块

ActiveX DLL 项目中至少要有一个类模块。如果要封装的自定义函数很多，可以按照类别把这些函数书写在多个类中。

在"工程"菜单中选择"添加类模块"选项，如图 16-9 所示。

这个操作会向当前项目中添加 Class1、Class2…这样默认名称的类。在属性窗口中把原来的名称 Class1 替换为 Chinese，Instancing 属性保持 5 – MultiUse，如图 16-10 所示。

图 16-9　添加类模块　　　　　　　　　　图 16-10　设置类属性

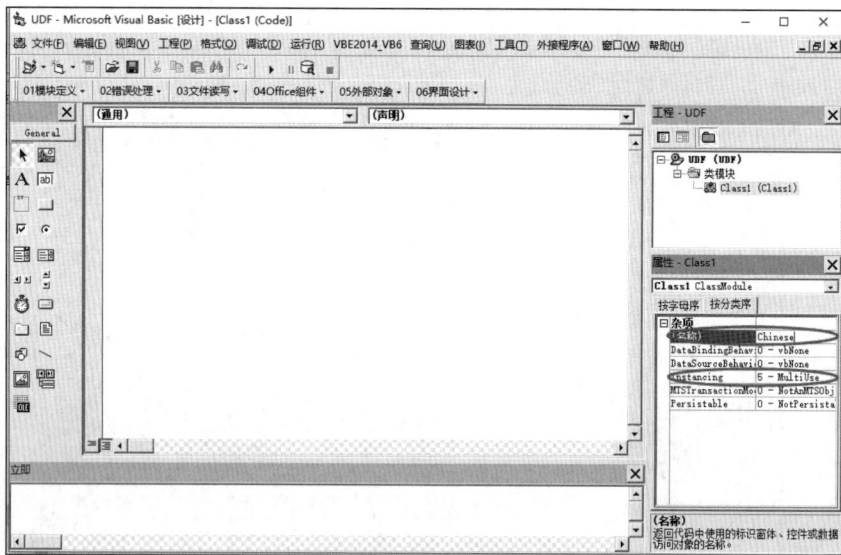

然后把两个用于汉字和区位码互相转换的函数书写在 Chinese 类的代码区域中，如图 16-11 所示。

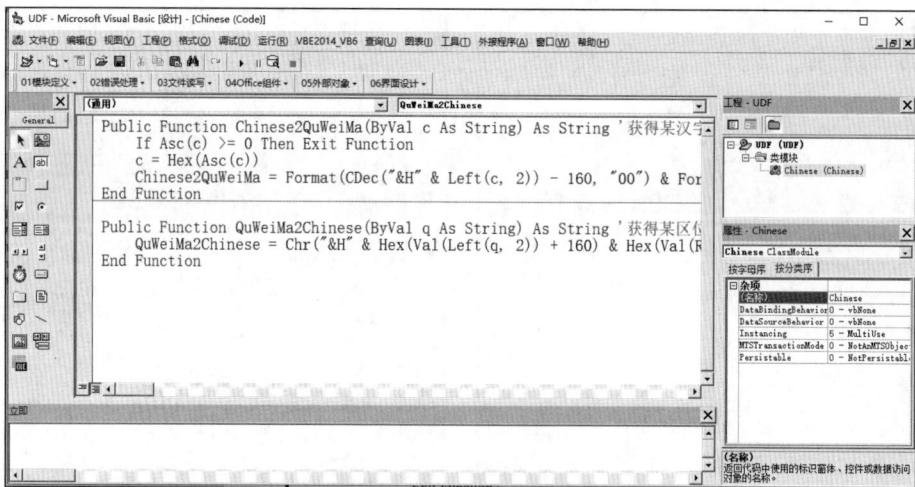

图 16-11　书写自定义函数

说明：区位码是一个四位的十进制数，每个国标码或区位码都对应着一个唯一的汉字或符号。例如，汉字"刘"的区位码是 3385

通过类似的操作再添加一个类模块，重命名为 Maths，在其中书写一个判断素数的函数，如图 16-12 所示。

◀)) 注意：

Function 或 Sub 前面使用 Public 表示可以暴露给调用动态链接库的外部程序，如果使用 Private，则只能被该项目内部调用。

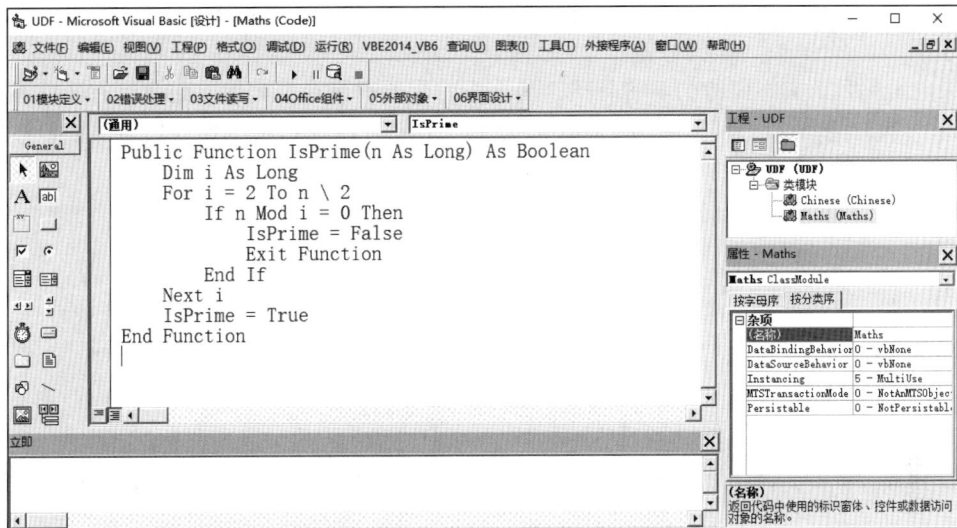

图 16-12　再书写一个自定义函数

16.1.4　保存项目

VBA 以工程的形式保存在 Office 文档中，但是 VB6 项目则以文件的形式保存在磁盘上。VB6 的项目文件扩展名是 .vbp，类文件扩展名是 .cls，标准模块扩展名是 .bas，窗体的扩展名是 .frm 和 .frx。

在编写代码的过程中，要经常保存项目，以免停电造成代码丢失。

在磁盘上预先创建一个名称为 UDF 的文件夹，如 E:\UDF。在 VB6 中单击菜单"文件""保存工程"，如图 16-13 所示。

把工程和类都保存到上述文件夹中，如图 16-14 所示。

图 16-13　保存工程

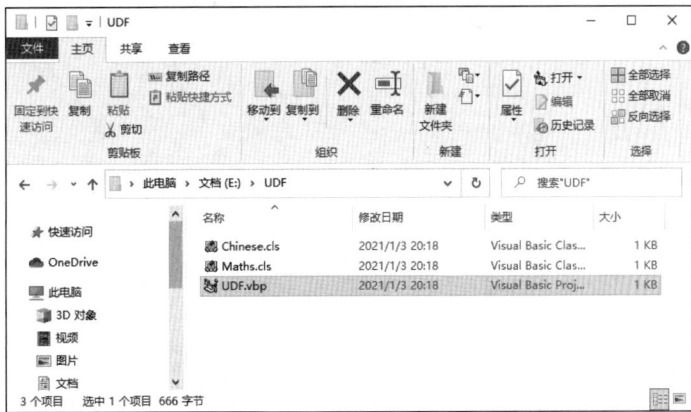

图 16-14　保存的工程文件

以上文件均可用记事本打开查看或修改。

16.1.5 生成动态链接库

如果确定项目、类、函数的名称正确，函数中的代码也不存在问题，而且没有额外添加的功能，就可以单击菜单"文件""生成 UDF.dll"，在"生成工程"对话框中单击"确定"按钮，如图 16-15 所示。

在项目所在目录中生成了 UDF.dll 文件，如图 16-16 所示。

图 16-15　生成动态链接库

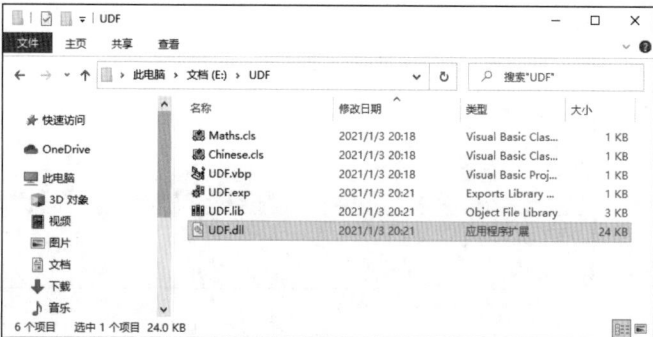

图 16-16　编译完成的动态链接库文件

16.1.6 确认注册表信息

在注册表编辑器中定位或查找路径：计算机 \HKEY_LOCAL_MACHINE\SOFTWARE\Classes\UDF.Chinese，可以看到生成了动态链接库以后，VB6 自动写入了两个类的注册表信息，如图 16-17 所示。其中，UDF.Chinese 和 UDF.Maths 称为 ProgID，对应的 Clsid 分别是 {3122F52F-E308-41F1-83AC-08606B74B73E} 和 {3B32E5E2-86B1-420E-A88A-40769C61F29A}。

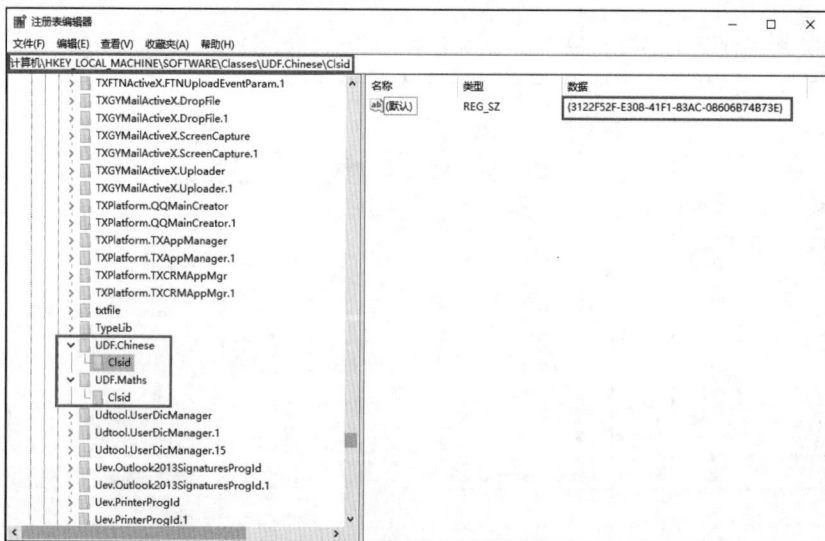

图 16-17　注册表编辑器

接下来定位到：计算机 \HKEY_LOCAL_MACHINE\SOFTWARE\Classes\CLSID\{3122F52F-E308-41F1-83AC-08606B74B73E}。

📢 **注意：**

如果是 64 位系统，32 位软件的注册表信息放在 WOW6432Node 节点下。

在这一簇中选中 InprocServer32 选项，可以看到该动态链接库的所在路径，如图 16-18 所示。

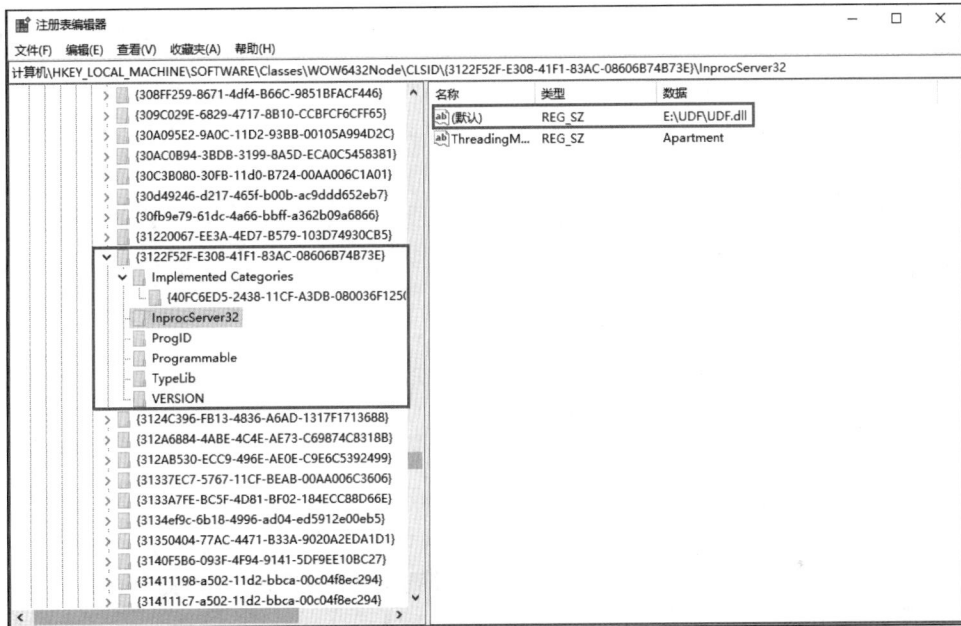

图 16-18　注册表编辑器

以上两处，就是动态链接库在计算机注册表中的体现。

16.2　功能测试

VB6 的最佳开发环境是 XP、Windows 7 的 32 位系统，由 VB6 开发的动态链接库只能用于 32 位 Office 及其 VBA 中。

下面分别在 Excel 公式和 VBA 中测试上述封装过的函数。

16.2.1　在 Excel 公式中调用自定义函数

在 Excel 中单击"Excel 加载项"按钮，如图 16-19 所示。

在"加载宏"对话框中单击"自动化"按钮，如图 16-20 所示。

在"自动化服务器"列表中找到 UDF.Chinese，选中后单击"确定"按钮，如图 16-21 所示。

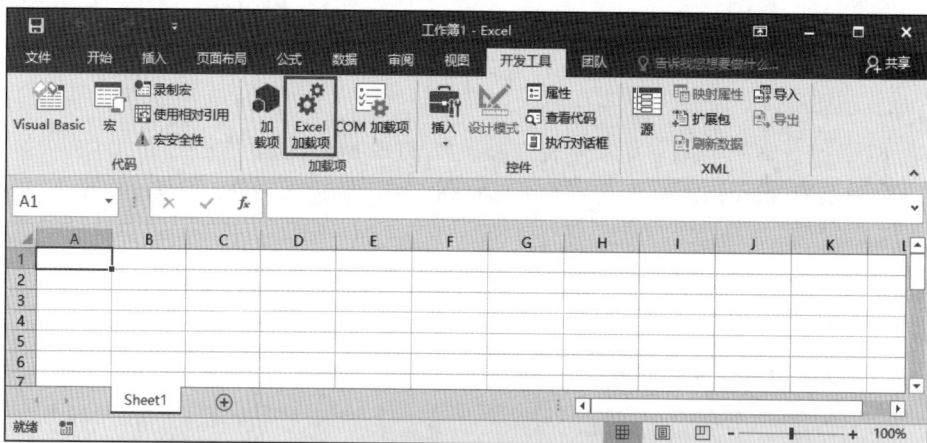

图 16-19 "Excel 加载项" 按钮

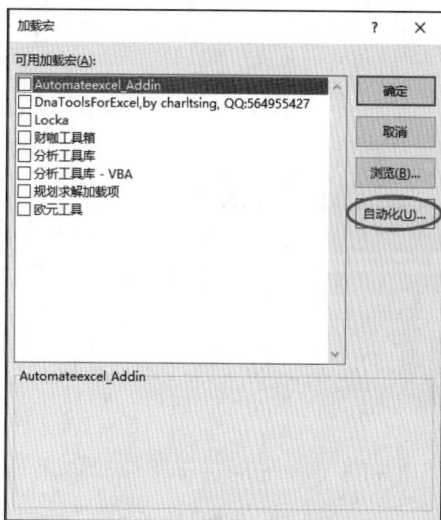

图 16-20 "自动化" 按钮

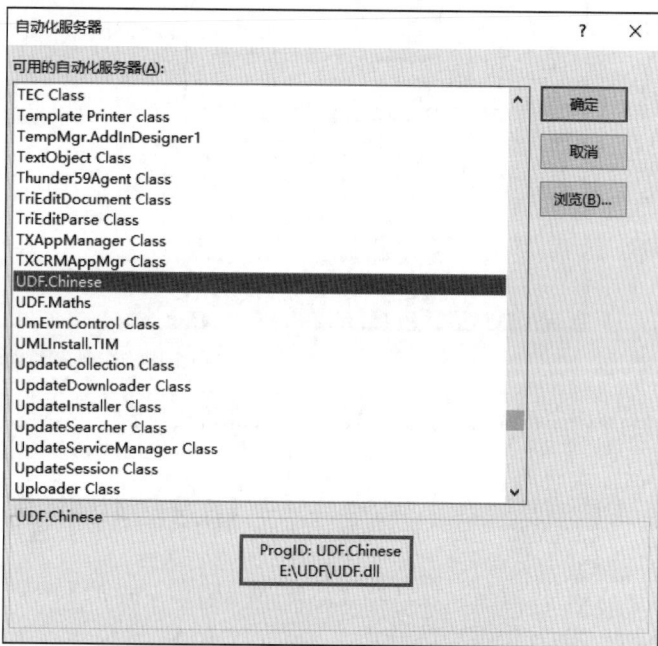

图 16-21 "自动化服务器" 对话框

加载宏列表中增加了一个加载宏，如图 16-22 所示。

继续单击 "确定" 按钮关闭对话框，回到工作表中。选择公式编辑栏旁边的 fx 选项，在 "或选择类别" 组合框中选择 UDF.Chinese 选项，可以看到暴露出来的两个函数，如图 16-23 所示。

在单元格中输入公式 =Chinese2QuWeiMa(B2) 即可得到汉字的区位码，如图 16-24 所示。

类似地，在 "自动化服务器" 列表中选择 UDF.Maths 选项，就可以在 Excel 中判断素数了，如图 16-25 所示。

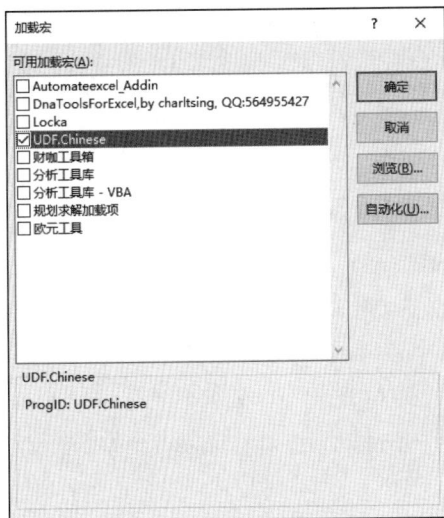

图 16-22 "加载宏"对话框

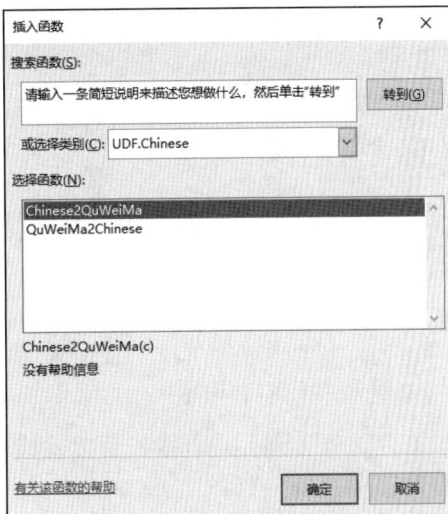

图 16-23 自定义函数

图 16-24 用自定义函数计算区位码

图 16-25 判断素数

16.2.2 在 VBA 中调用动态链接库

VB6 开发的动态链接库可以被 VB6、VBS、Office 各个组件的 VBA 所调用。既可以采用前期绑定，也可以后期创建对象。

下面以在 Word VBA 中调用区位码函数为例进行讲解。

新建一个 Word 文档，在其 VBA 工程中插入一个模块，在"引用"对话框中单击"浏览"按钮，如图 16-26 所示。

在弹出的"添加引用"对话框中找到 UDF.dll，单击"打开"按钮，如图 16-27 所示。

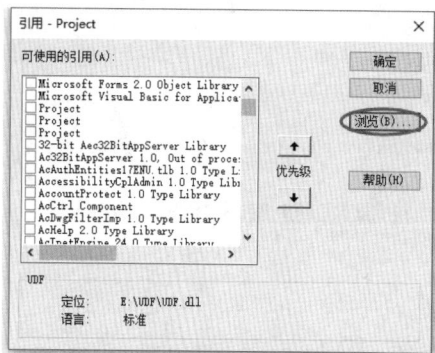

图 16-26　引用 UDF.dll

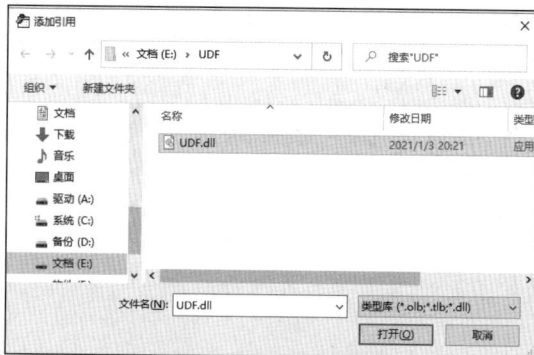

图 16-27　添加引用

引用添加成功以后，在 VBA 中按快捷键【F2】打开对象浏览器，可以看到 UDF 命名空间下的类和函数定义，如图 16-28 所示。

在模块中输入如下代码：

```
Private C As UDF.Chinese

Sub Test()
    Dim rg As Word.Range
    Dim s As String, t As String
    Dim i As Integer
    Set C = New UDF.Chinese
    Set rg = ThisDocument.Range
    s = "昨日像那东流水"
    rg.InsertAfter vbNewLine & s
    t = ""
    For i = 1 To Len(s)
        t = t & C.Chinese2QuWeiMa(Mid(s, i, 1)) & " "
    Next i
    Set rg = ThisDocument.Range
    rg.InsertAfter vbNewLine & t
End Sub
```

代码分析：

变量 C 就是类 UDF.Chinese 的一个实例，通过 C 可以引出两个自定义函数。在前期绑定的情况下使用 New 关键字实例化。

运行上述代码，在当前文档中插入了一行汉字，接着插入对应的区位码，如图 16-29 所示。

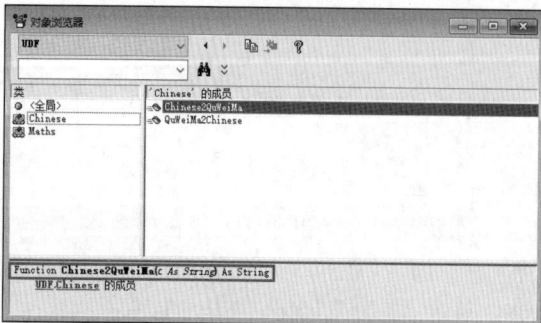

图 16-28　对象浏览器

图 16-29　VBA 调用 UDF.dll 中的函数

如果是后期绑定，就是不添加引用，只能用 CreateObject 创建对象。

下面的程序通过调用素数判断函数，把结果发送到 Word 文档中。

```
Sub LaterBind()
    Dim s As String
    Dim M As Object
    'Set M = CreateObject("UDF.Maths")
    Set M = CreateObject("new:{3B32E5E2-86B1-420E-A88A-
40769C61F29A}")
    Dim i As Long
    s = ""
    For i = 2 To 100
        s = s & i & vbTab & M.IsPrime(i) & vbNewLine
    Next i
    ThisDocument.Range.InsertAfter vbNewLine & s
End Sub
```

2	True
3	True
4	False
5	True
6	False
7	True
8	False
9	False
10	False
11	True
12	False

图 16-30　在后期绑定
方式下调用 UDF.dll

运行上述代码，在 Word 文档中输出两列，如图 16-30 所示。

16.2.3　类的 Initialize 和 Terminate 事件

类具有两个默认的事件 Initialize 和 Terminate，分别表示创建类实例和终止类实例时的事件，如果有必要，可以在类的代码中加上。

以前面讲过的 Maths 类为例，在该类左上方的组合框中选择 Class，即可在右侧的组合框中看到这两个事件，如图 16-31 所示。

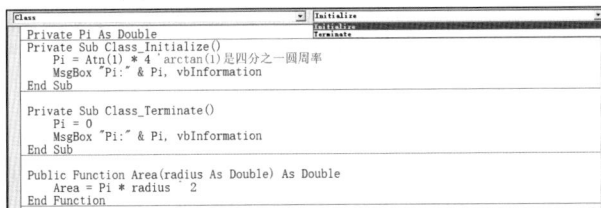

图 16-31　类的 Initialize 事件和 Terminate 事件

由于 VB 中没有圆周率这个常数，因此声明一个私有的变量 Pi，在创建类实例时为其赋值；销毁类实例时重置为 0，并且增加一个计算圆面积的函数 Area。

保存项目并重新生成 dll 文件，再次在 VBA 中调用。

📢 注意：

重新生成动态链接库文件时，事先关闭并退出调用它的所有程序和软件，否则拒绝生成。

在 VBA 中运行下面的代码，可以看到在创建类实例和终止类实例时分别弹出一个对话框。

```
Sub Test()
    Dim M As Object
    Set M = CreateObject("UDF.Maths")    '弹出对话框
    Debug.Print M.area(2)                '结果 12.56
    Set M = Nothing                      '弹出对话框
End Sub
```

16.2.4 ActiveX DLL 项目的调试

在开发大型的动态链接库时，可能包含非常多的函数和代码，如何知道每个函数的语法、逻辑是否正确呢？最好的做法就是在 VB6 中按快捷键【F8】逐步运行，运行期间观察和监视变量的值。然而，ActiveX DLL 项目没有启动对象，程序的入口既不是某个窗体，也不是 Main 函数。实际上，动态链接库项目的程序入口是创建类实例的时候，程序出口是销毁类实例的时候。下面讲述 VB6 与 VBA 联合调试的方法。

首先在 VB6 中打开 ActiveX DLL 项目，在"UDF- 工程属性"对话框中切换至"调试"选项卡，在"启动工程时"中选中"等待创建部件"单选按钮，表示在其他语言中创建类实例时可以交互调试，如图 16-32 所示。

关闭上述对话框，打开计划要调试的类的代码。例如，要调试 Maths 类下面的 Area 函数，在可能出现问题的代码行前面按快捷键【F9】或单击设置断点，如图 16-33 所示。

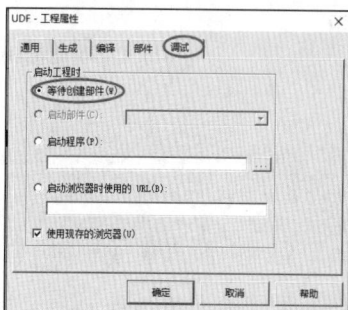

图 16-32 项目的调试设置　　　　　图 16-33 设置断点

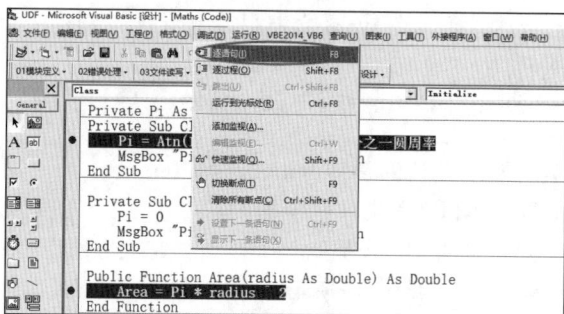

然后单击菜单"调试""逐语句"，或者按快捷键【F8】，也可以单击菜单"运行""启动"。此时 VB6 进入调试模式，并且等待其他程序创建它的实例。

重启 Excel 或其他 Office 组件，打开 VBA 环境，输入若干测试代码并且按快捷键【F8】或【F5】执行。执行的过程中可以看到 VBA 和 VB6 同步联动，在单步调试的过程中发现并找出问题，如图 16-34 所示。

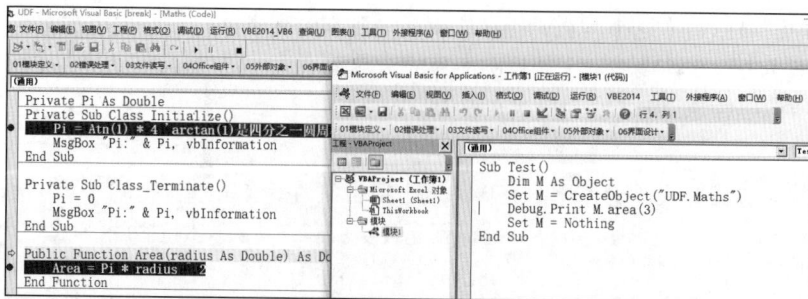

图 16-34 代码调试

当 VBA 中的 Test 过程运行结束后，回到 VB6，单击菜单"运行""结束"终止调试，如图 16-35 所示。

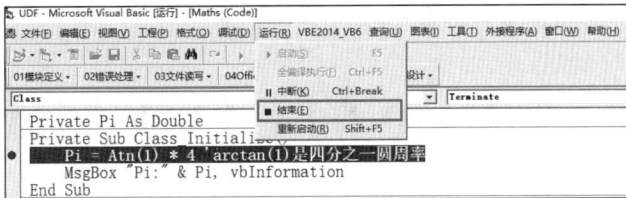

图 16-35　结束调试

16.2.5　动态链接库的注册

动态链接库开发完成后，必然要考虑如何把生成的 dll 文件部署到另一台计算机并且能被正常使用的问题。

如 16.1.6 小节所述，动态链接库被其他语言调用的前提是在注册表中有相应的注册信息。因此把一个开发完成的 dll 文件复制到另一台计算机是不能直接使用的，必须进行注册。下面讲述如何在另一台计算机调用动态链接库中的函数。

把 dll 文件复制到另一台计算机的某个路径下，如 E:\Test\UDF.dll，然后以管理员身份启动命令提示符窗口。输入命令 regsvr32.exe E:\Test\UDF.dll 并按 Enter 键，如图 16-36 所示。提示注册成功。这样就可以在 Excel 或 VBA 中使用动态链接库中的自定义函数了。

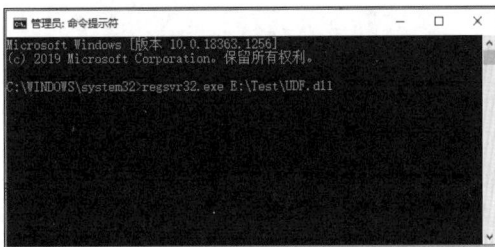

图 16-36　动态链接库的注册

以上是 32 位系统中的注册方法。如果客户机是 64 位系统，需要先用 cd 命令将工作目录切换到 SysWOW64 后再注册，如图 16-37 所示。

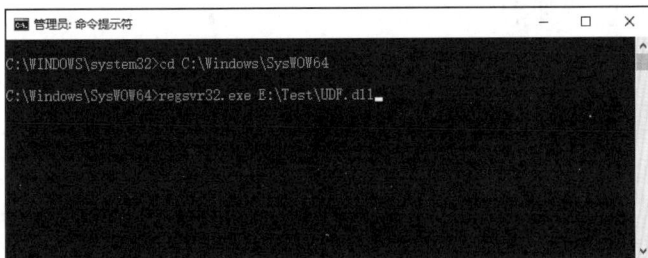

图 16-37　在 64 位系统中注册动态链接库

SysWOW64 是 64 位系统中针对 32 位应用程序的一个文件夹，在 32 位系统中没有。

第 17 章　Office 的 COM 加载项开发

COM 加载项（COM AddIn）是使用高级编程语言开发的一种特殊的动态链接库文件，这个文件通过注册表中的值向应用程序暴露接口，从而把动态链接库中的函数、窗体等元素显示在用户的应用程序中。

本章讲述利用 VB6 开发 Office 的 COM 加载项的方法，进一步阐述 customUI 和自定义任务窗格的实现原理。

17.1　COM 加载项概述

COM 加载项具有以下优势。

- 性能好、速度快：COM 加载项的 dll 文件是已编译的本机代码，而不是解释型代码。
- 安全性高：开发者把 dll 文件分发给终端用户，用户无法看到源代码。
- 多应用程序支持：COM 加载项必须在支持 COM 接口的应用程序中工作，为 COM 加载项提供运行环境的应用程序称为宿主程序（Host Application）。COM 加载项是一个公用的动态链接库，任何一个支持 COM 接口的应用程序都可以调用它。因此只需开发一个 COM 加载项，就可以被多个应用程序同时使用。
- 使用高级语言的功能：由于 COM 加载项是由高级编程语言编写的，因此可以在 COM 加载项中充分发挥高级语言的各种功能。例如，在 Office 中可以显示出 VB6 的窗体和控件等。

通俗地讲，COM 加载项就是植入在微软公司 Office 中的插件。

COM 加载项的学习包括如何使用 COM 加载项、如何开发与部署 COM 加载项这两个环节。

17.1.1　COM 加载项管理器

Office 的 COM 加载项是按照组件来划分的。例如，Excel、PowerPoint、Word 各个组件的 COM 加载项是相对独立的。但是，同一个 COM 加载项可以同时出现在多个 Office 组件中。例如，"百度网盘"或 Acrobat PDFMaker 这些插件可以用于多个组件。

以 PowerPoint 为例，对于一般用户，单击功能区中"开发工具"下的"COM 加载项"按钮，如图 17-1 所示。弹出"COM 加载项"管理器（也可以称为"COM 加载项"对话框），如图 17-2 所示。

从"COM 加载项"管理器中可以看到组件中有哪些 COM 加载项，哪些 COM 加载项是连接状态，哪些是断开状态。

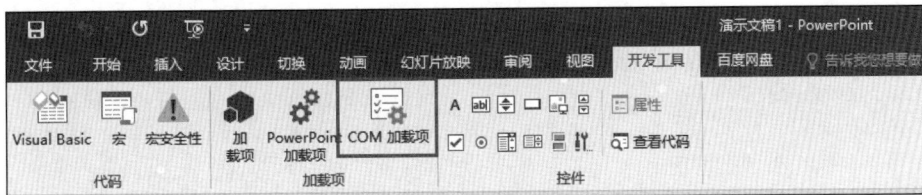

图 17-1 "COM 加载项"按钮

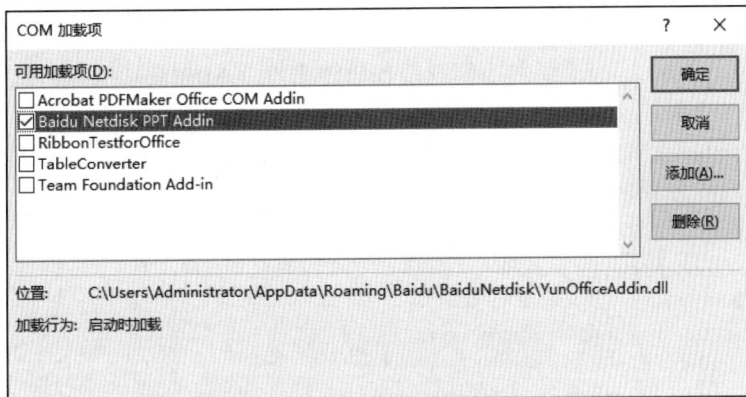

图 17-2 "COM 加载项"对话框

17.1.2 从 VBA 的角度访问 COM 加载项

Office 每个组件的 Application 对象下面的 COMAddIns 集合用来描述该组件中的所有 COM 加载项，COMAddIn 则表示某个 COM 加载项对象。

下面的程序用于遍历 PowerPoint 中的每个 COM 加载项，打印每个加载项的描述、ProgID、连接状态。

```
Sub 遍历COM加载项()
    Dim COM As Office.COMAddIn
    Debug.Print Application.COMAddIns.Count
    For Each COM In Application.COMAddIns
        Debug.Print COM.Description, COM.ProgID, COM.Connect
    Next COM
    Set COM = Application.COMAddIns.Item("YunOfficeAddin.YunPPTConnect")
    COM.Connect = False
End Sub
```

代码分析：

COMAddIns 是应用程序下面的集合成员，但是 COMAddIns 和 COMAddIn 类型定义在 Office 中，所以运行上述程序需要确保 VBA 的工程引用中包含 Microsoft Office x.0 Object Library 引用。

如果要定位某个特定的 COM 加载项，可以在 Item 中指定一个数字，也可以使用 ProgID 定位。例如，COMAddIns.Item("YunOfficeAddin.YunPPTConnect") 就定位到了百度网盘的 COM 加载项。

运行上述程序，在立即窗口中输出的结果是：

```
Acrobat PDFMaker Office COM Addin   PDFMaker.OfficeAddin              False
RibbonTestforOffice                 RibbonTestforOffice.Connect      False
TableConverter                      TableConverter.Connect           False
Team Foundation Add-in              TFCOfficeShim.Connect.15         False
Baidu Netdisk PPT Addin             YunOfficeAddin.YunPPTConnect     True
```

17.1.3　自动弹出"COM 加载项"对话框

在开发各种工具的过程中，经常需要利用代码调出"COM 加载项"对话框。下面介绍几种方法。

方法一：从 Ribbon XML 的角度（此方法用于 Office 2007 以上版本）。

开发工具、COM 加载项的 XML 定义如下：

```xml
<customUI xmlns="http://schemas.microsoft.com/office/2009/07/customui">
    <ribbon startFromScratch="false">
        <tabs>
            <tab idMso="TabDeveloper">
                <group idMso="GroupAddins">
                    <button idMso="ComAddInsDialog"/>
                </group>
            </tab>
        </tabs>
    </ribbon>
</customUI>
```

执行 VBA 代码 Application.CommandBars.ExecuteMso "ComAddInsDialog"，就可以弹出"COM 加载项"对话框。

方法二：从工具栏控件的角度（此方法用于 Office 2003）。

```
Application.CommandBars.FindControl(ID:=3754).Execute
```

17.1.4　COM 加载项与注册表的对应关系

COM 加载项与注册表设置息息相关，COMAddIn 可以分开两个单词来理解：COM 和 AddIn，也就是说，既要注册为 COM，还要注册为 AddIn 才能成为 Office 插件。

一个动态链接库文件能被 Office 组件识别为合法的 COM 加载项，在注册表中必须有相应的 COM 注册和 AddIn 注册。下面以探索百度网盘（ProgID 是 YunOfficeAddin.YunPPTConnect）的工作原理为例来说明。

● COM 的注册（位于 HKLM 根键下面，修改需要管理员权限）。

在注册表编辑器中找到如下两个路径，如图 17-3 所示。

```
HKEY_LOCAL_MACHINE\SOFTWARE\Classes\YunOfficeAddin.YunPPTConnect.1\CLSID
HKEY_LOCAL_MACHINE\SOFTWARE\Classes\CLSID\{C65A4A44-8AC0-417C-9CDF-
CE2799886EED}\ ProgID
```

图 17-3　注册表编辑器

说明已经完成了 COM 的注册。

- AddIn 的注册（位于 HKCU 根键下面，普通用户权限即可修改）。

在注册表编辑器中找到如下路径，如图 17-4 所示。

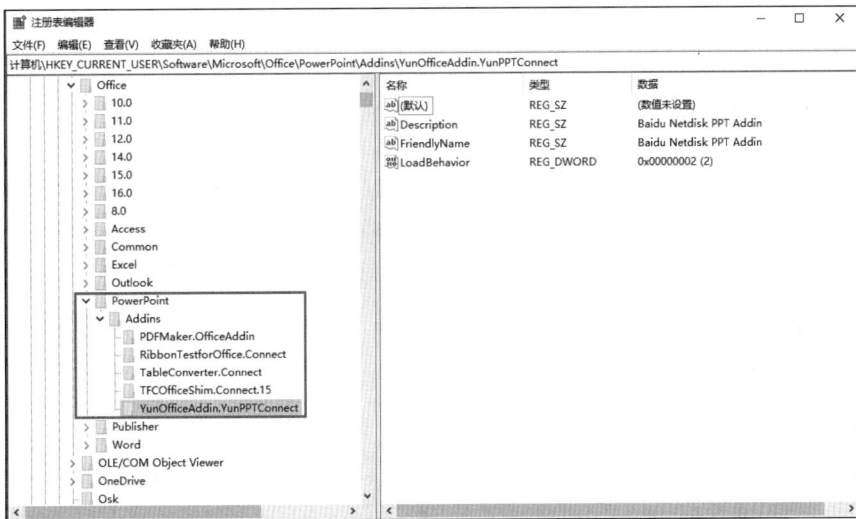

图 17-4　注册表编辑器

HKEY_CURRENT_USER\Software\Microsoft\Office\PowerPoint\Addins\YunOfficeAddin.
YunPPTConnect

可以看到该键存在，右侧有三个值：Description、FriendlyName、LoadBehavior。

以上两点，是"百度网盘"出现在 PowerPoint 插件列表中的原因。

反过来，假设故意修改或破坏以上两处注册表的设置，下次启动 PowerPoint 可能导致该 COM 加载项不出现或不能正常工作。

总而言之，合法的 COM 加载项是由动态链接库文件以及两处注册表设置构成的，缺一不可。

17.2 开发第一个 COM 加载项

本节开发一个最简单的 COM 加载项，该 COM 加载项的 ProgID 定为 Greeting.Connect。

当 Office 加载该 COM 时，弹出 Hello，断开该 COM 时弹出 Goodbye。

17.2.1 创建 ActiveX DLL 项目

首先在磁盘上创建一个空白文件夹，如 E:\Greeting。

以管理员身份启动 VB6，创建一个 ActiveX DLL 项目。在"Greeting- 工程属性"对话框中把工程名称修改为 Greeting，如图 17-5 所示。

然后把默认的类 Class1 重命名为 Connect（其他名称也可以，不过 COM 加载项的类一般为 Connect），如图 17-6 所示。

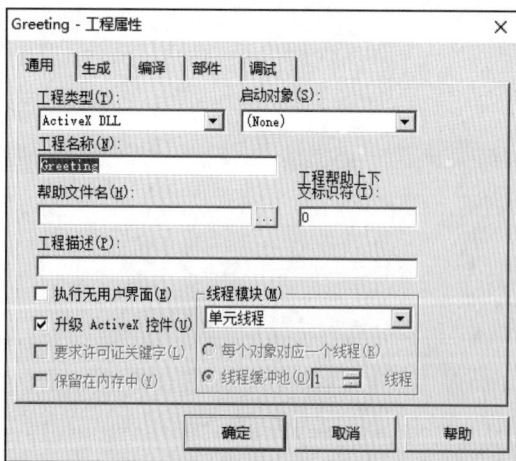

图 17-5 设置工程属性

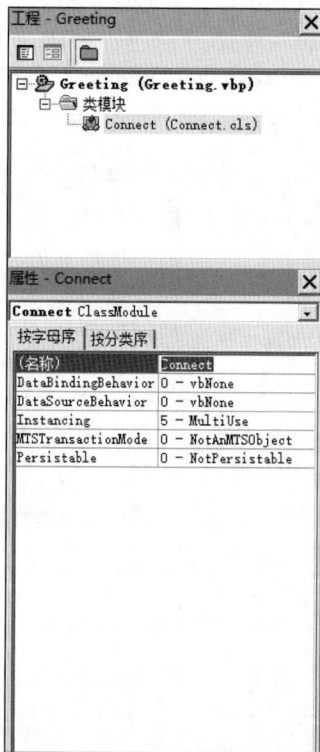

图 17-6 修改类的名称

最后保存项目以及代码文件到文件夹中，如图 17-7 所示。

图 17-7　保存工程文件

另外，还需要为项目添加两个重要的引用。

● Microsoft Add-In Designer：实现 AddIn 接口。

● Microsoft Office x.0 Object Library：提供 COMAddIn、Ribbon、CustomTaskpane 的类型定义。

单击 VB6 的菜单"工程""引用"，在列表中找到并勾选如下两个引用，如图 17-8 所示。

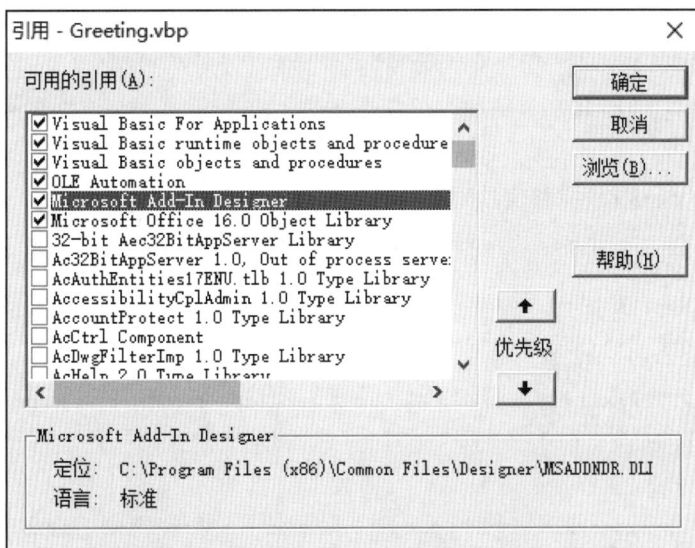

图 17-8　添加引用

17.2.2　AddIn 接口的实现

在 Connect 类的代码区顶部输入 Implements AddInDesignerObjects.IDTExtensibility2，然后在顶部左侧组合框中选择 IDTExtensibility2，右侧组合框中会出现 5 个事件，依次选择每个事件，VB6 自动完成这些事件的定义部分，如图 17-9 所示。

最重要的是 OnConnection 事件和 OnDisconnection 事件，分别表示 COM 加载项连接与断开时自动执行的代码。其余事件根据需要在其中书写代码，即使不写代码也输入单引号注释表示占位。

注意，OnConnection 事件过程包含多个回传参数。这些参数的含义如下。

- Application：宿主应用程序。
- ConnectMode：连接方式。
- AddInInst：COM 加载项自身，类型是 COMAddIn。
- custom()：其他数据。

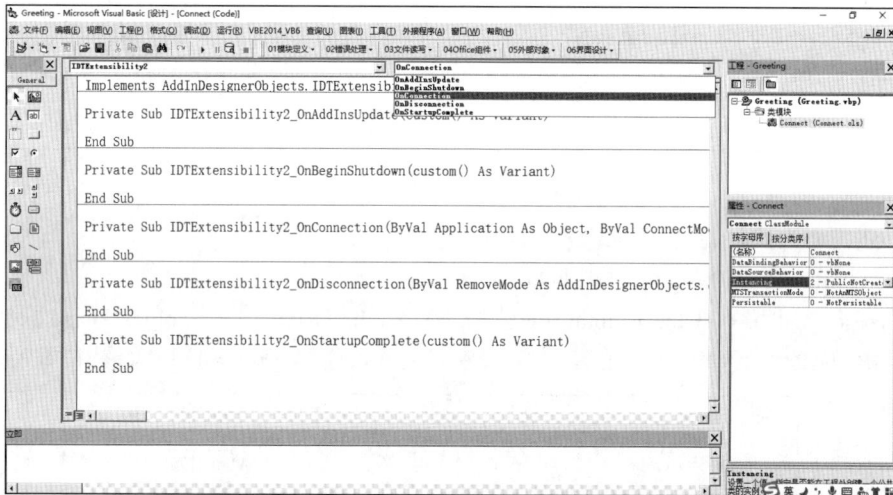

图 17-9　AddIn 接口的实现

适当修改后的 Connect 类完整代码如下。

```
Implements AddInDesignerObjects.IDTExtensibility2

Private HostApp As Object
Private ThisCOM As Office.COMAddIn

Private Sub IDTExtensibility2_OnAddInsUpdate(custom() As Variant)
    '
End Sub

Private Sub IDTExtensibility2_OnBeginShutdown(custom() As Variant)
    '
End Sub

Private Sub IDTExtensibility2_OnConnection(ByVal Application As Object, ByVal
ConnectMode As AddInDesignerObjects.ext_ConnectMode, ByVal AddInInst As Object,
custom() As Variant)
    Set HostApp = Application
    Set ThisCOM = AddInInst
    MsgBox "Hello " & ThisCOM.ProgId, vbOKOnly + vbInformation, HostApp.Name
End Sub

Private Sub IDTExtensibility2_OnDisconnection(ByVal RemoveMode As
AddInDesignerObjects.ext_DisconnectMode, custom() As Variant)
```

17

```
        MsgBox "GoodBye " & ThisCOM.ProgId, vbOKOnly + vbInformation, HostApp.Name
        Set HostApp = Nothing
        Set ThisCOM = Nothing
End Sub

Private Sub IDTExtensibility2_OnStartupComplete(custom() As Variant)
'
End Sub
```

代码分析：

HostApp 表示宿主应用程序，ThisCOM 表示 COM 加载项自身，这两个变量也可以定义在标准模块中。

保存工程。然后单击菜单"文件""生成 Greeting.dll"。在生成文件的同时，VB6 自动完成了 COM 的注册。在注册表编辑器中可以找到如下路径：HKEY_LOCAL_MACHINE\SOFTWARE\Classes\Greeting.Connect。

17.2.3　AddIn 的注册

AddIn 的注册需要手动完成，在运行对话框中输入命令 regedit 启动注册表编辑器。找到如下路径：HKEY_CURRENT_USER\Software\Microsoft\Office******\Addins。

上述 6 个 * 表示某个 Office 组件，如 PowerPoint。在 Addins 键上右击，在右键菜单中选择"新建""项"选项，如图 17-10 所示。

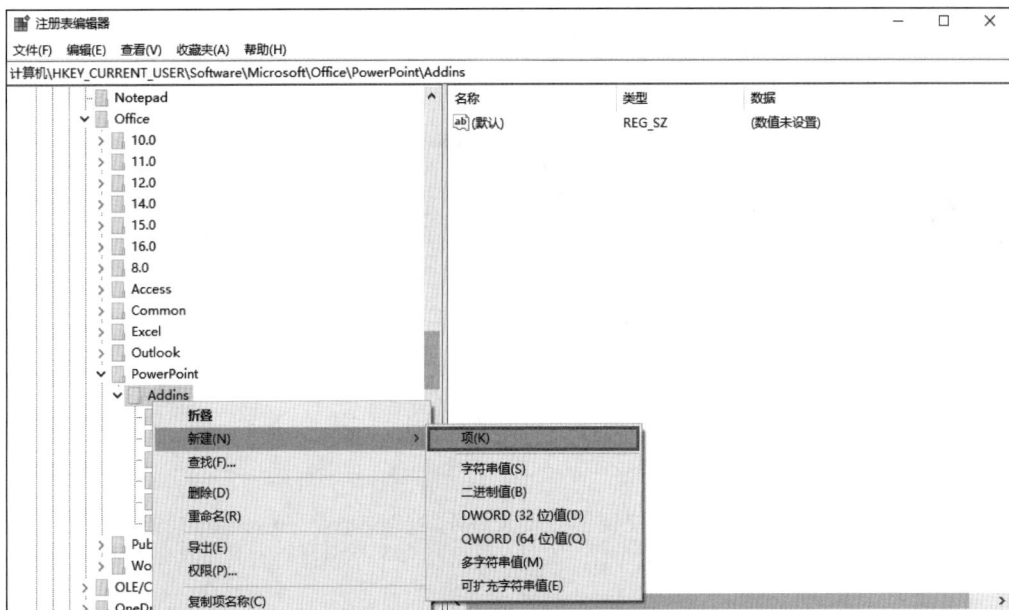

图 17-10　添加注册表项

重命名该项为 Greeting.Connect（也就是上述 ActiveX DLL 项目的 ProgID），然后在其右侧创建两个字符串值 Description 和 FriendlyName，取值都是 Greeting。再创建一个 DWORD 32 位值 LoadBehavior，取值为 3，如图 17-11 所示。

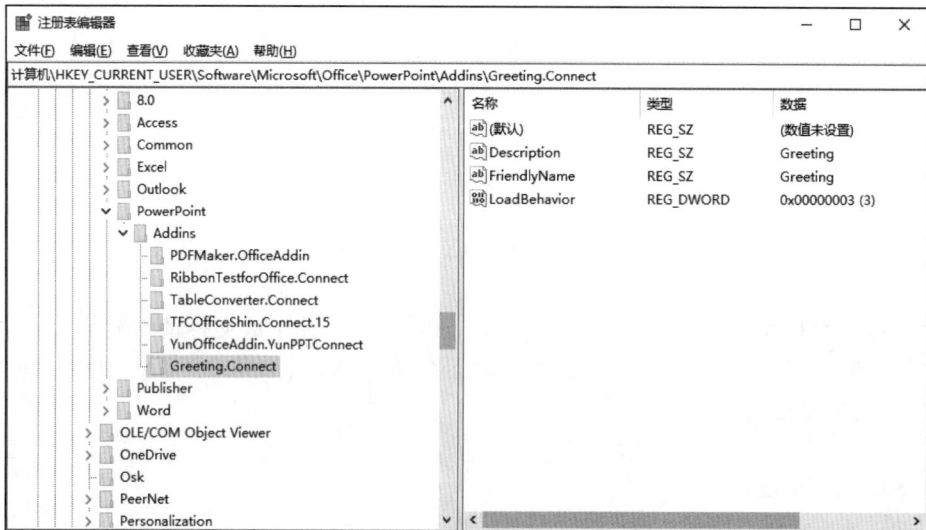

图 17-11　创建注册表的值

重启 PowerPoint，弹出一个 Hello 对话框，如图 17-12 所示。

然后打开"COM 加载项"对话框，可以看到多了一个 Greeting 选项，并且自动处于勾选状态，如图 17-13 所示。

图 17-12　COM 加载项测试的结果

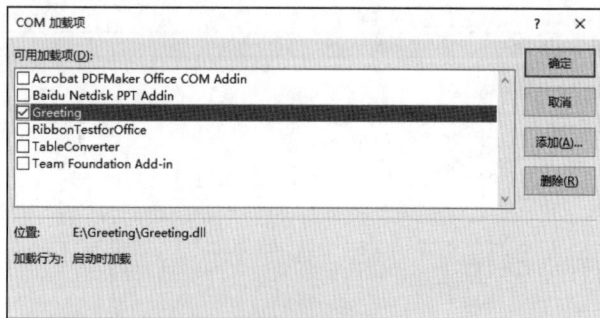

图 17-13　COM 加载项的确认

当取消勾选，或者完全退出 PowerPoint 时，弹出一个 Goodbye 对话框。

◁)) 注意：

如果想在 Outlook、Word 等组件中使用上述 COM 加载项，与 PowerPoint 进行相同的 AddIns 注册即可共享该 COM 加载项。

17.2.4　COM 加载项的调试

正常情况下需要通过调试才能看到加载的细节，从而发现存在的问题。

首先在 PowerPoint 的"COM 加载项"对话框中取消勾选该加载项，然后回到 VB6 中，在 Connect 类的有关代码前面加上断点，单击菜单"运行""启动"。如果弹出"工程属性"对话框，选中"等待创建部件"单选按钮，单击"确定"按钮即可，如图 17-14 所示。

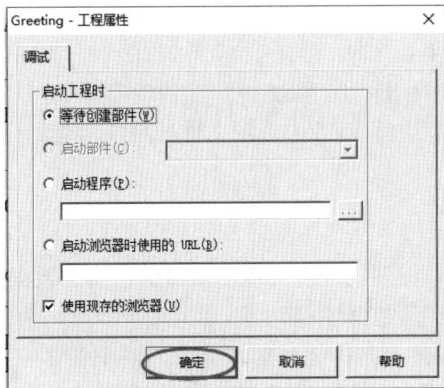

图 17-14　调试 COM 加载项

然后在 PowerPoint 中再次勾选连接该 COM 加载项，就会看到 VB6 中自动运行到断点的地方，如图 17-15 所示。

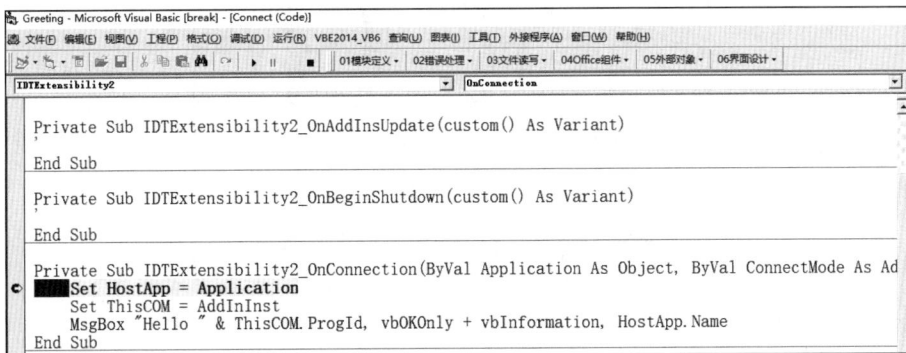

图 17-15　代码调试

按快捷键【F8】逐步调试完毕后，在 PowerPoint 中断开该 COM 加载项，回到 VB6 中单击工具栏中的方块终止调试即可。

上述这个实例虽然简单，却是一个完整的 COM 加载项开发过程，后面讲述的界面开发部分都是基于这个实例。

17.3　VB6 中资源文件的用法

在软件开发过程中，通常会用到大量的文本字符串、图片等数据。如果直接把很长的文本写在源代码中，后期的代码维护很不方便。如果把字符串以及图片保存成外部文件，那么发布软件后这些外部数据必须与软件一起出现在客户的计算机里，这样做容易暴露数据，客户如果任意修改这些数据，可能对软件造成破坏。

VB6 编程的资源文件完美地解决了这一问题。使用资源文件可以方便地把字符串、图片压缩到资源文件中，当编译生成软件时会把资源文件的内容一并嵌入生成的文件中，即发布软件时无须把资源文件发给客户。

VB6 的资源文件包括字符串、图标、光标、位图和用户定义的字节流，共 5 种类型的资源，每种资源的实例都有资源 ID 和语言 ID 两个属性。

本节以窗体应用程序为例，讲解 VB6 中资源文件的用法，作为学习自定义功能区的热身准备。

17.3.1　调出资源编辑器

资源文件的基本用法是，编程期间采用资源编辑器把需要的数据压入资源文件中，运行期间使用 LoadResString 之类的方法从资源文件中读出。

资源文件可以用于 VB6 创建的各种类型的项目中。由于窗体应用程序进行代码调试和功能测试最为简单方便，所以启动 VB6，在"新建工程"窗口中选择"标准 EXE"选项，也就是窗体应用程序项目，如图 17-16 所示。

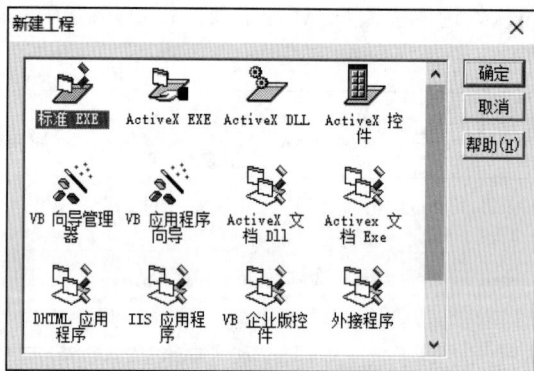

图 17-16　创建"标准 EXE"窗体应用程序

单击菜单"外接程序""外接程序管理器"，如图 17-17 所示。

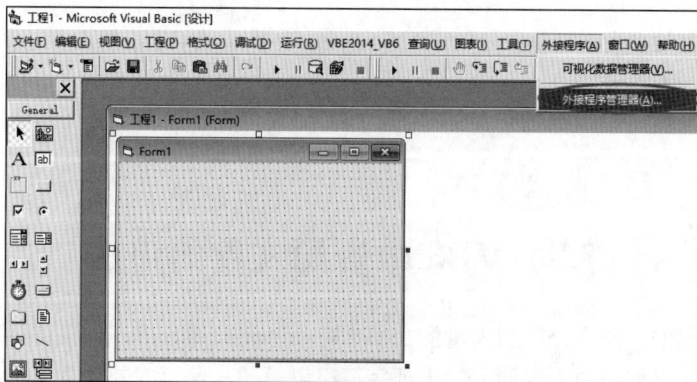

图 17-17　"外接程序管理器"菜单项

在"外接程序管理器"对话框中的"可用外接程序"中找到"VB 6 资源编辑器"这一项，勾选"加载行为"中的两个复选框，如图 17-18 所示。

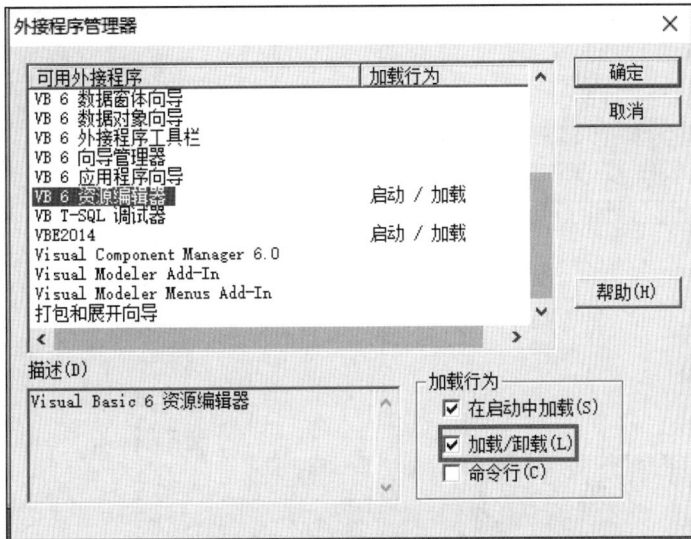

图 17-18 "外接程序管理器"对话框

关闭对话框后，既可以单击"编辑"工具栏中的"资源文件"图标，也可以单击菜单"工具""资源编辑器"，如图 17-19 所示。

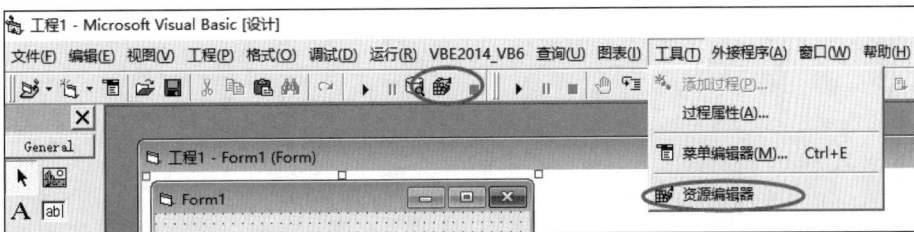

图 17-19 "资源编辑器"菜单项

弹出"VB 资源编辑器"窗口，在顶部右侧有 5 个按钮，依次是"字符串""光标""图标""位图""自定义资源"，如图 17-20 所示。

17.3.2 字符串的写入与读出

在下面的实例中，首先向资源文件中输入两首古诗，窗体启动后把古诗提取到文本框中显示。

单击资源编辑器中的 abc 工具栏，弹出"编辑字符串表"对话框。在右键菜单中选择"插入行"选项可以增加行，双击标识号右侧的单元格，可以把文本粘贴进去，如图 17-21 所示。

图 17-20 "VB 资源编辑器"中的 5 个按钮

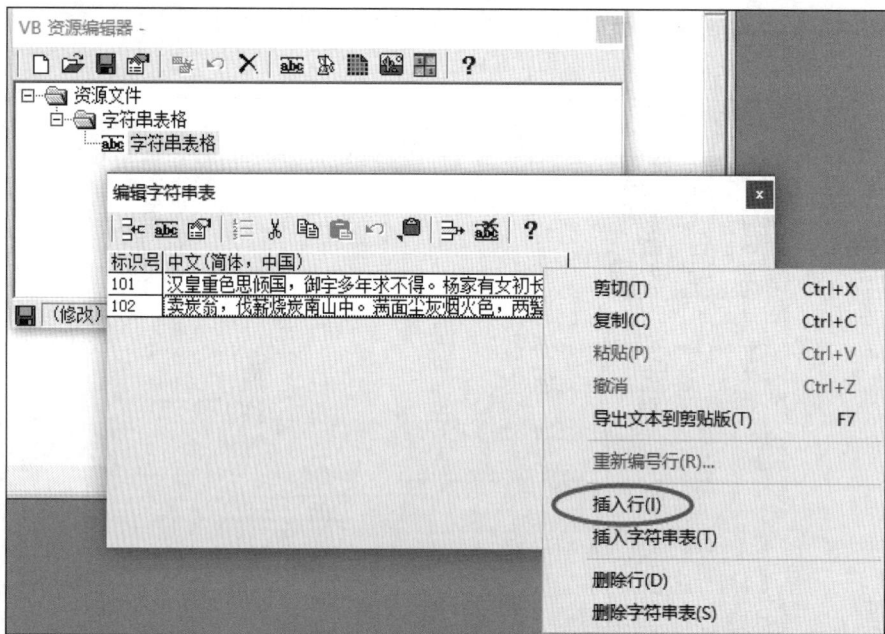

图 17-21　向资源文件中添加字符串

编辑完成后，保存工程，并且保存资源文件的修改。资源文件会保存为 .RES 文件。在窗体中添加两个文本框控件，设置 Multiline 为 True。在窗体的 Load 事件中使用 LoadResString 函数导入资源文件中的内容。代码如下：

```
Private Sub Form_Load()
    Me.Text1.Text = VB.LoadResString(id:=101)
    Me.Text2.Text = VB.LoadResString(id:=102)
End Sub
```

启动窗体，可以看到文本框中显示出古诗内容，如图 17-22 所示。

如果不使用资源文件，把古诗直接写在代码中，显然不是好办法。

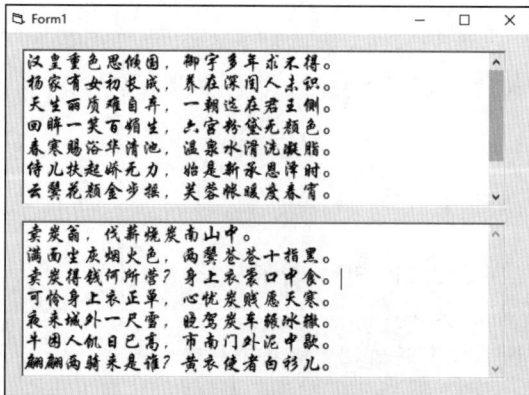

图 17-22　获得资源文件中的字符串

17.3.3　图标、图像的写入与读出

VB6 的资源文件还可以保存图标和图像。图标一般比较小，主要用于将文件显示在文件夹中，或者设置窗体的图标，其来源一般是扩展名为 .ico 的图标文件。

图像一般来源于计算机中扩展名为 .bmp 的位图文件，可以显示在 VB6 的窗体中，或者 PictureBox、Image 控件中。

以上两种形式的资源，通过 LoadResPicture 函数从资源文件中获取，并且返回 IPictureDisp 对象。

在下面的实例中，将计算机中预先准备好的一个 .ico 文件和两个 .bmp 文件存入资源文件，当窗体启动后，把图标和图像都显示在窗体上。

在资源编辑器中，单击"插入图标"按钮，弹出一个文件选择对话框，打开预先准备好的图标文件，如图 17-23 所示。

图 17-23　在资源文件中添加图标

然后单击右侧"插入位图"按钮，选中文件夹中的两个 .bmp 文件，如图 17-24 所示。

图 17-24　在资源文件中添加图片

添加完成的资源文件如图 17-25 所示。

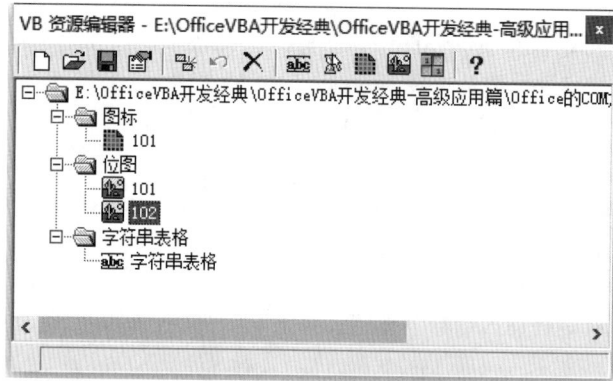

图 17-25　添加完成的资源文件

🔊 **注意：**

在资源编辑器中可以修改每个资源的标识号，默认从 101 开始。

在窗体中增加两个 Image 控件用于显示图像。窗体的启动事件修改如下：

```
Private Sub Form_Load()
    Me.Text1.Text = VB.LoadResString(id:=101)
    Me.Text2.Text = VB.LoadResString(id:=102)
    Me.Caption = "经典唐诗"
    Me.Icon=VB.LoadResPicture(id:=101,restype:=VBRUN.LoadResConstants.vbResIcon)
    Me.Image1.Picture = VB.LoadResPicture(id:=101, restype:=VBRUN.
LoadResConstants.vbResBitmap)
    Me.Image2.Picture = VB.LoadResPicture(id:=102, restype:=VBRUN.
LoadResConstants.vbResBitmap)
    End Sub
```

启动窗体，看到左上角的图标是笑脸，窗体中两个 Image 控件都正确地显示了图像，如图 17-26 所示。

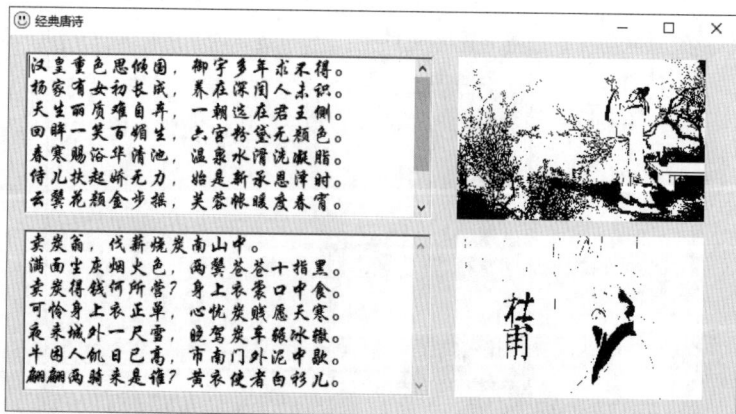

图 17-26　获取资源文件中的图标和图像

17.4　自定义功能区

从 Office 2007 以上版本开始，微软公司允许开发人员在 Office 的 COM 加载项中以 XML 代码的形式加入自定义界面（customUI），这种用于定义自定义元素的 XML 代码称为 Ribbon XML。

本节讲解在 VB6 创建的 COM 加载项中如何实现 customUI 以及处理控件的标题、图标、回调函数等核心内容。

17.4.1　在 COM 加载项中实现 customUI

customUI 不是 COM 加载项中必需的部分。为了让用户更好地体验 COM 加载项的功能，开发人员通过创建自定义工具栏或自定义功能区的形式，把自己设计的功能以控件的方式呈现在 Office 软件中。

COM 加载项必须在 Connect 类中通过 Office.IRibbonExtensibility 接口的 getCustomUI 函数把 Ribbon XML 字符串返回，当 COM 加载项连接时，Office 会自动根据返回的 XML 呈现出相应的界面。

下面从创建 ActiveX DLL 项目开始，分步讲解自定义功能区的设计。具体的目的是当 COM 加载项连接时，在 Excel 的"开发工具"选项卡中出现新的自定义组，组中有一个自定义按钮；当 COM 加载项被断开时，以上自定义部分自动消失。

第一步：创建项目

启动 VB6，创建一个 ActiveX DLL 项目，项目名称修改为 RibbonXML。将默认的类 Class1 删除，添加一个类模块，名称修改为 Connect，或者将默认的 Class1 重命名为 Connect。

第二步：添加引用

在工程中加入 Microsoft Add-In Designer 的引用，并在 Connect 类顶部使用 Implements AddInDesignerObjects.IDTExtensibility2 实现加载项接口。最终效果如图 17-27 所示。

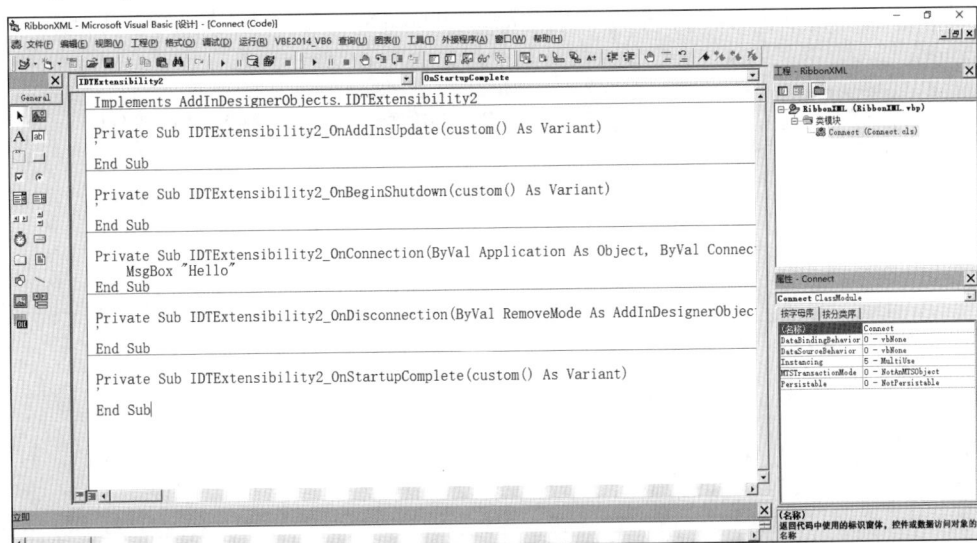

图 17-27　Connect 类中的代码

第三步：AddIn 的注册

在注册表编辑器中找到地址：HKEY_CURRENT_USER\Software\Microsoft\Office\Excel\Addins，添加子项 RibbonXML.Connect，并且添加 Description、FriendlyName、LoadBehavior 这三个值，如图 17-28 所示。

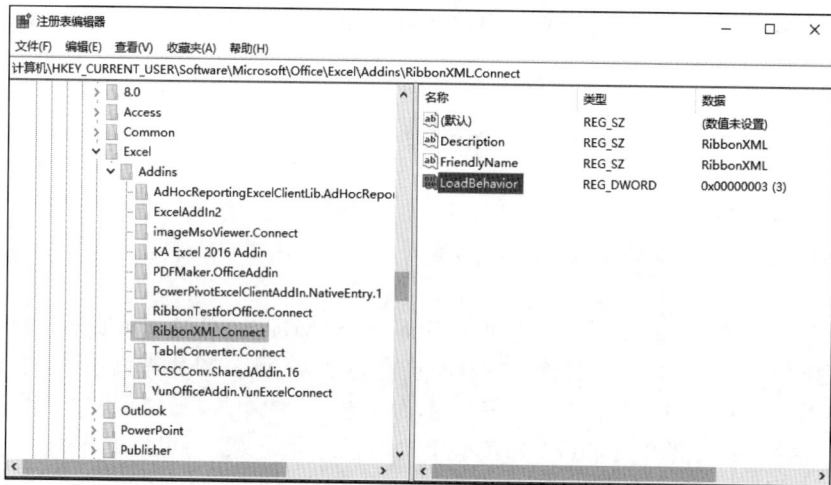

图 17-28　注册表编辑器

以上三步是 VB6 制作 COM 加载项的基本步骤。接下来在此基础上添加 customUI 的部分。

第四步：实现接口

为工程添加 Microsoft Office x.0 Object Library 引用。因为 IRibbonExtensibility 接口定义在 Office 中，并且以后用到的 IRibbonUI 以及 IRibbonControl 类型也定义在 Office 中，因此需要引用它。

第五步：生成函数体

在 Connect 类的顶部输入 Implements Office.IRibbonExtensibility，在右侧组合框中选择 GetCustomUI 选项，在代码区中会自动生成该函数，如图 17-29 所示。

图 17-29　GetCustomUI 函数

由于 XML 代码通常是多行的，而且包含大量的双引号，直接写在该函数中不可取。

第六步：使用资源文件存储 XML

利用资源编辑器，把以下写好的 XML 代码压入资源文件中，如图 17-30 所示。

```
<customUI xmlns="http://schemas.microsoft.com/office/2009/07/customui">
    <ribbon startFromScratch="false">
        <tabs>
            <tab idMso="TabDeveloper" visible="true">
                <group id="Group1" label=" 自定义组 ">
                <button id="Button1" label=" 自定义按钮 " imageMso="HappyFace" size="large"/>
                </group>
            </tab>
        </tabs>
    </ribbon>
</customUI>
```

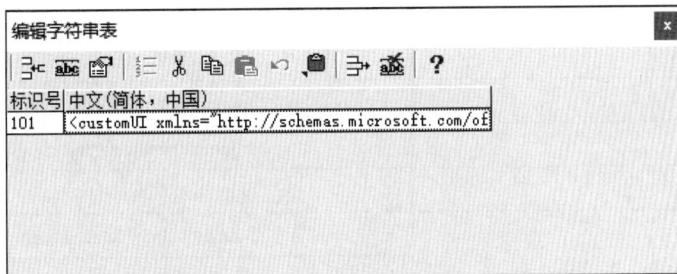

图 17-30　将 Ribbon XML 代码压入资源文件

第七步：修改 GetCustomUI 函数

```
Private Function IRibbonExtensibility_GetCustomUI(ByVal RibbonID As String) As String
    Dim Code As String
    Code = VB.LoadResString(101)
    IRibbonExtensibility_GetCustomUI = Code
End Function
```

第八步：重新生成并测试

保存资源文件和工程，生成 RibbonXML.dll 文件。

重启 Excel，在"开发工具"选项卡中可看到自定义的按钮，如图 17-31 所示。

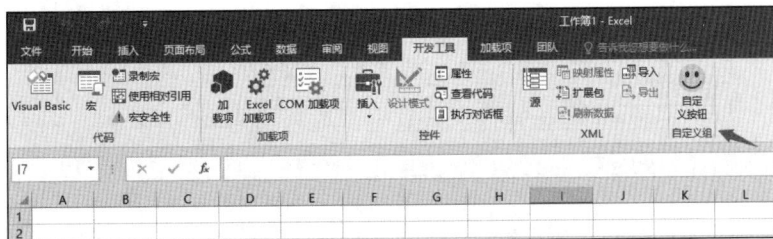

图 17-31　功能区测试效果

📢 注意：

如果 AddIns 注册在了 Word、PowerPoint 等组件下，会在这些组件中出现完全相同的自定义按钮。

17.4.2　按组件分别定义 XML

GetCustomUI 函数包含一个参数 RibbonID，该参数把使用该 COM 加载项的窗口 ID 通知到程序中，如果在 Excel 中连接了该 COM 加载项，那么 RibbonID 等于 Microsoft.Excel.Workbook。常见的 Office 组件的 RibbonID 见表 17-1 所示。

表 17-1　常见的 Office 组件的 RibbonID

组件或窗口	RibbonID
Access	Microsoft.Access.Database
Excel	Microsoft.Excel.Workbook
PowerPoint	Microsoft.PowerPoint.Presentation
Word	Microsoft.Word.Document
Project	Microsoft.Project.Project
Visio	Microsoft.Visio.Drawing
InfoPath	Microsoft.InfoPath.Designer
	Microsoft.InfoPath.Editor
	Microsoft.InfoPath.PrintPreview
Outlook 联系人	Microsoft.Outlook.Contact
Outlook 主窗口	Microsoft.Outlook.Explorer
Outlook 创建新邮件	Microsoft.Outlook.Mail.Compose

开发一个同时面向多个组件的 COM 加载项，可能需要在不同的组件中显示不同的 customUI 界面，可以根据 RibbonID 的值使用不同的 XML 代码。

为此，在资源文件中再插入 4 行，每行都是一个 customUI 的 XML 代码，如图 17-32 所示。

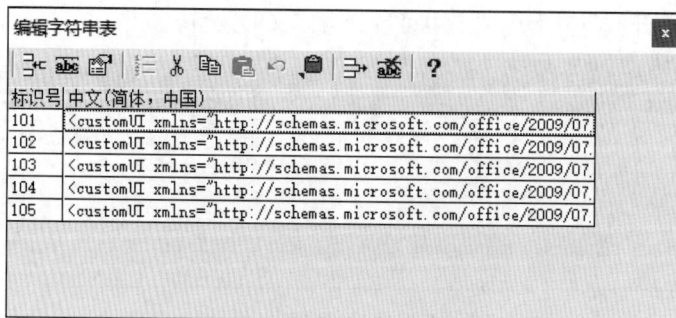

图 17-32　面向多组件的 Ribbon XML

以上 4 行的区别之处是定义按钮的那一行。

```
102: <button id="Button1" label=" 数据库 "imageMso="MicrosoftAccess"size="large"/>
103: <button id="Button1" label=" 表格 "imageMso="MicrosoftExcel"size="large"/>
104: <button id="Button1" label=" 幻灯片 "imageMso="MicrosoftPowerPoint"size="large"/>
105: <button id="Button1" label=" 邮件 "imageMso="MicrosoftOutlook"size="large"/>
```

还要注意，Access 与其他组件不一样，没有"开发工具"选项卡。因此标识号为 102 的字符串中需要使用 <tab idMso="TabAddIns" visible="true">。

相应地，GetCustomUI 函数修改如下：

```
Private Function IRibbonExtensibility_GetCustomUI(ByVal RibbonID As String)As String
    Dim Code As String
    Select Case RibbonID
    Case "Microsoft.Access.Database":              Code = VB.LoadResString(102)
    Case "Microsoft.Excel.Workbook":               Code = VB.LoadResString(103)
    Case "Microsoft.PowerPoint.Presentation":      Code = VB.LoadResString(104)
    Case "Microsoft.Outlook.Explorer":             Code = VB.LoadResString(105)
    Case Else
    End Select
    IRibbonExtensibility_GetCustomUI = Code
End Function
```

保存资源文件和工程，重新生成动态链接库文件。

在记事本中输入以上 4 个组件中进行 AddIn 注册的代码，另存为 AddIn_Reg.reg 文件，如图 17-33 所示。

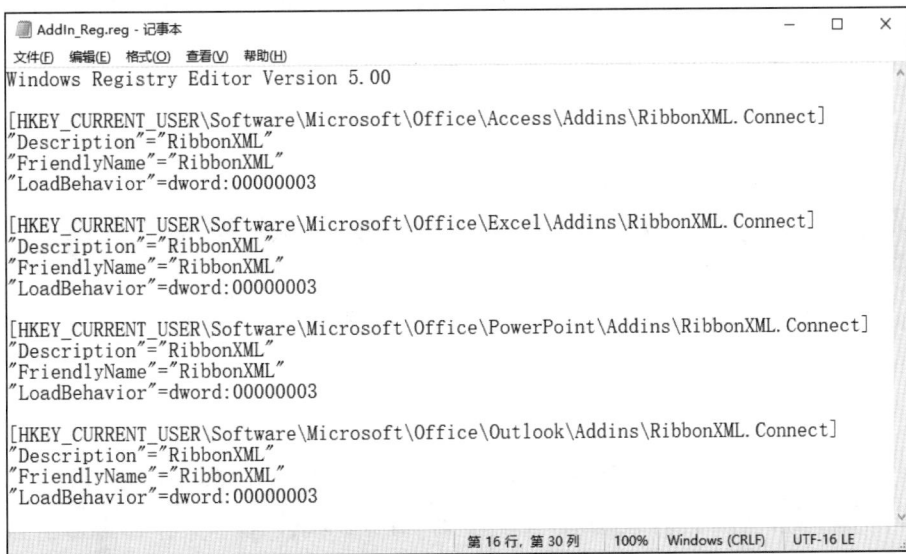

图 17-33　注册表文件

双击该文件，提示导入注册表，单击"是"按钮，如图 17-34 所示。

提示成功导入，如图 17-35 所示。

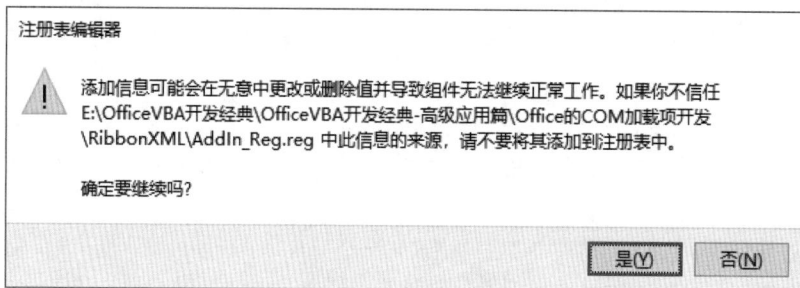

图 17-34　确认对话框

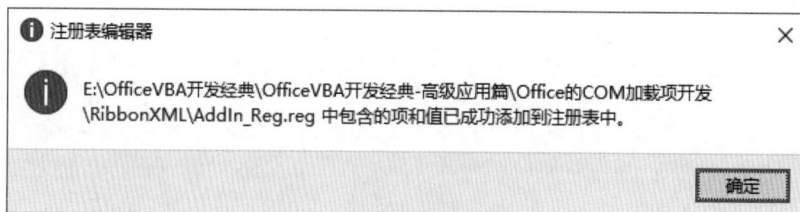

图 17-35　导入注册表成功

启动各个组件，可以看到在不同的应用中都出现了新的按钮，但是文字和图标各不一样，如图 17-36～图 17-39 所示。

图 17-36　Access 中的自定义功能区

图 17-37　Excel 中的自定义功能区

图 17-38　PowerPoint 中的自定义功能区

图 17-39　Outlook 中的自定义功能区

17.4.3　按 Office 界面语言分别定义 XML

当今时代已经走向全球国际化，软件产品兼容多国语言是很有必要的。开发 COM 加载项的过程中需要考虑目标用户的 Office 是哪国语言，如果把一个中文版的 COM 加载项提供给欧美用户使用，就会出现 COM 加载项的界面文字与客户 Office 界面不协调的情况。通过 Office 各个组件 Application 对象下面的 LanguageSettings 可以获知 Office 的语种。例如：

```
ExcelApp.LanguageSettings.LanguageID(Office.MsoAppLanguageID.msoLanguageIDUI)
```

返回一个 LanguageID，如果是 2052，说明是中文版 Office。

因此，可以根据目标 Office 的语种，分别定义 XML 代码。在资源文件中继续增加如下三个 XML，选项卡、组、按钮的标题文字分别使用中文、英文和日文。

```
106:
<customUI xmlns="http://schemas.microsoft.com/office/2009/07/customui">
    <ribbon startFromScratch="false">
        <tabs>
            <tab id="Tab1" visible="true" label=" 扩展功能 ">
                <group id="Group1" label=" 实用工具 ">
                    <button id="Button1"label=" 计算器 &#xA;"imageMso="Formula" size="large"/>
                    <button id="Button2"label=" 备忘录 &#xA;" imageMso="OtherActionsMenu"size="large"/>
                    <button id="Button3" label=" 服务&#xA;" imageMso="NewCall" size="large"/>
                    <button id="Button4"label=" 设置 &#xA;"imageMso="AddInManager"size="large"/>
                </group>
            </tab>
        </tabs>
    </ribbon>
</customUI>

107:
<customUI xmlns="http://schemas.microsoft.com/office/2009/07/customui">
    <ribbon startFromScratch="false">
        <tabs>
            <tab id="Tab1" visible="true" label="Extensions">
                <group id="Group1" label="Utilities">
                    <button id="Button1" label="Calculator&#xA;" imageMso="Formula" size="large"/>
```

```
                        <button id="Button2" label="Notes&#xA;" imageMso="OtherActionsMenu"
size="large"/>
                        <button id="Button3" label="Service&#xA;" imageMso="NewCall" size="large"/>
                        <button id="Button4" label="Setting&#xA;" imageMso="AddInManager"
size="large"/>
                    </group>
                </tab>
            </tabs>
        </ribbon>
    </customUI>

    108:
    <customUI xmlns="http://schemas.microsoft.com/office/2009/07/customui">
        <ribbon startFromScratch="false">
            <tabs>
                <tab id="Tab1" visible="true" label=" 拡張機能 ">
                    <group id="Group1" label=" 実用ツール ">
                        <button id="Button1" label=" 電卓&#xA;" imageMso="Formula" size="large"/>
                        <button id="Button2" label=" メモ帳 &#xA;" imageMso="OtherActionsMenu"
size="large"/>
                        <button id="Button3"label=" サービス &#xA;"imageMso="NewCall"size="large"/>
                        <button id="Button4"label=" 設定 &#xA;"imageMso="AddInManager"size="large"/>
                    </group>
                </tab>
            </tabs>
        </ribbon>
    </customUI>
```

另外，Office 组件的应用程序对象，必须从 COM 加载项的 OnConnection 事件中获取，因此需要向工程中添加一个标准模块 Module1，在该模块中声明一个最大作用范围的对象变量：

```
Public ExcelApp As Excel.Application
```

然后在 OnConnection 事件中把返回的 Application 赋给 ExcelApp。

```
Private Sub IDTExtensibility2_OnConnection(ByVal Application As Object, ByVal
ConnectMode As AddInDesignerObjects.ext_ConnectMode, ByVal AddInInst As Object,
custom() As Variant)
    Set Module1.ExcelApp = Application
End Sub
```

由于用到了 Excel 的对象模型，因此还需添加 Microsoft Excel x.0 Object Library 的外部引用。
最后在 GetCustomUI 函数中做如下修改：

```
Private Function IRibbonExtensibility_GetCustomUI(ByVal RibbonID As String) As String
    Dim Code As String
    Select Case ExcelApp.LanguageSettings.LanguageID(Office.MsoAppLanguageID.
msoLanguageIDUI)
        Case Office.MsoLanguageID.msoLanguageIDSimplifiedChinese        ' 简体中文 2052
        Code = VB.LoadResString(106)
```

```
        Case Office.MsoLanguageID.msoLanguageIDEnglishUS        '英语美国 1033
            Code = VB.LoadResString(107)
        Case Office.MsoLanguageID.msoLanguageIDJapanese         '日语 1041
            Code = VB.LoadResString(108)
        Case Else
    End Select
    IRibbonExtensibility_GetCustomUI = Code
End Function
```

代码分析:

当用户的 Office 是英文版，就提取资源文件中的 107 号作为 customUI 的 XML，以此类推。XML 中的
 表示按钮标题中间不换行。

重新生成动态链接库，分别发送到中文版、英文版、日文版的计算机中，在 Excel 中呈现的自定义界面如图 17-40～图 17-42 所示。

图 17-40　中文版自定义界面

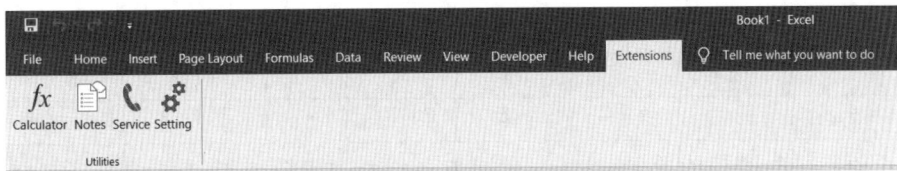

图 17-41　英文版自定义界面

图 17-42　日文版自定义界面

17.4.4　处理 XML 中的实体符号

自定义功能区中的选项卡、组、控件的标题通常是各国文字，但是某些场合下可能需要显示标点符号或希腊字母等特殊符号。XML 语言包含 5 个非法字符：小于号、大于号、单引号、双引号、&。这些符号放在双引号中，会造成 XML 不合法。如果用下面的代码自定义功能区，会产生失败的结果。

```
<tab id="Tab1" label="&">
    <group id="Group1" label="'">
        <button id="Button1" label="<"/>
    </group>
</tab>
```

如果标题中确实想要显示这些特殊字符，该怎么办呢？XML 采用数字字符实体可以解决这一问题。首先回顾一下 ASCII 码表，在 VBA 中 AscW 和 ChrW 是功能相反的函数，运行下面的代码可以生成一部分字符的 ASCII 码表，见表 17-2 所示。

```
Sub GenerateASCII()
    Dim i As Long
    For i = 1 To 127
        Range("A" & i).Value = i: Range("B" & i).Value = ChrW(i)
    Next i
End Sub
```

表 17-2 ASCII 码表

十进制数	字　符	十进制数	字　符	十进制数	字　符	十进制数	字　符	十进制数	字　符
1		31		61	=	91	[	121	y
2		32		62	>	92	\	122	z
3		33	!	63	?	93	]	123	{
4		34	"	64	@	94	^	124	|
5		35	#	65	A	95	_	125	}
6		36	$	66	B	96	`	126	~
7		37	%	67	C	97	a	127	
8		38	&	68	D	98	b		
9		39	'	69	E	99	c		
10		40	(	70	F	100	d		
11		41	)	71	G	101	e		
12		42	*	72	H	102	f		
13		43	+	73	I	103	g		
14		44	,	74	J	104	h		
15		45	–	75	K	105	i		
16		46	.	76	L	106	j		
17		47	/	77	M	107	k		
18		48	0	78	N	108	l		
19		49	1	79	O	109	m		
20		50	2	80	P	110	n		

十进制数	字　符	十进制数	字　符	十进制数	字　符	十进制数	字　符	十进制数	字　符
21		51	3	81	Q	111	o		
22		52	4	82	R	112	p		
23		53	5	83	S	113	q		
24		54	6	84	T	114	r		
25		55	7	85	U	115	s		
26		56	8	86	V	116	t		
27		57	9	87	W	117	u		
28		58	:	88	X	118	v		
29		59	;	89	Y	119	w		
30	–	60	<	90	Z	120	x		

从表 17-2 中找出 5 个特殊字符对应的 ASCII 码值：

双引号 =34
&=38
单引号 =39
小于号 =60
大于号 =62

于是，可以使用 > 表示大于号，使用 " 表示双引号，以此类推。

另外，对于一般的字符，也可以使用其 ASCII 码值来表示。例如，A 表示大写字母 A，刘 表示汉字刘。

📢 **注意：**

前面的 &# 和结尾的分号都不可以省略。

下面的 Ribbon XML 实现了在同一个按钮中显示上述 5 个特殊字符。

```
<customUI xmlns="http://schemas.microsoft.com/office/2009/07/customui">
    <ribbon startFromScratch="true">
        <tabs>
            <tab id="Tab1" label=" 特殊字符 ">
                <group id="Group1" label=" 特殊字符 ">
                    <button id="Button1" label="&#34; &#38;&#38; &#39; &#60; &#62;
&#xA;" imageMso="CustomEquationsGallery" size="large"/>
                </group>
            </tab>
        </tabs>
    </ribbon>
</customUI>
```

📢 **注意：**

在 Windows 系统中 & 是一个比较特殊的符号，在按钮标题中该符号表示它后面的字符为快捷键。

假设一个按钮标题是 File(&F)，实际上 & 无法显示出来。如果必须显示，就需要写两遍。

上述 XML 对应的界面如图 17-43 所示。

此外，不仅可以用 ASCII 值表示字符，还可以用十六进制的形式表示字符。例如，A 与 A 是等价的，因为十进制 65 对应的十六进制是 41。

如果在一个 Group 中定义以下三个按钮：

```
<button id="Button1" label=" 刘永富 "/>
<button id="Button2" label="&#21016;&#27704;&#23500;"/>
<button id="Button3" label="&#x5218;&#x6C38;&#x5BCC;"/>
```

将会显示出标题完全相同的按钮，如图 17-44 所示。

图 17-43　在功能区按钮中显示特殊字符　　　图 17-44　XML 语言中的多种表达方式

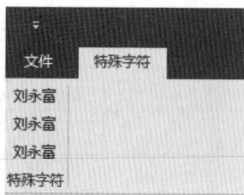

17.4.5　使用内置图标和自定义图标

customUI 中的某些控件的图标和标题可以同时显示，如 button 控件。控制既可以使用微软公司提供的内置图标，也可以使用用户自定义图标。

微软公司官网提供了各个 Office 版本的内置图标列表，作者将其整理成一个 COM 加载项：imageMsoViewer，从中可以查看 Office 2007 到 Office 365 的所有内置图标。例如，在 Excel 2016 中加载，功能区中出现 7 个组，打开每组可以看到大量的图标。如果单击左侧图标 Aa，会自动把该图标的 ID 字符串 MessageFormatRichText 放到剪贴板上，如图 17-45 所示。

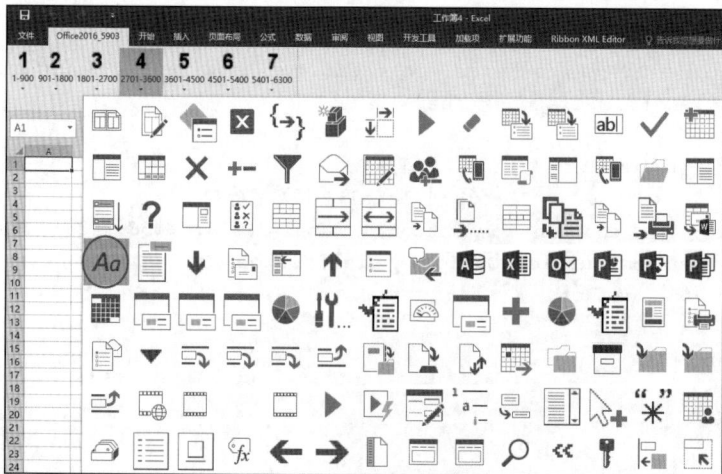

图 17-45　imageMsoViewer

在 Ribbon XML 中，通过 imageMso 属性来引用它。

```
button id="Button1" label=" 示例 " imageMso="MessageFormatRichText"
```

另外，COM 加载项中还可以使用自定义图标。在 Ribbon XML 中通过 getImage 函数指定该控件对应的回调函数，在回调函数中返回一个 IPictureDisp 对象即可。

在 VB6 语言中，可以用 LoadResPicture 函数把资源文件中的图标提取出来返回 IPictureDisp 对象。

下面继续在 Ribbon XML 这个 COM 加载项的基础上进行修改。

首先在资源文件中增加一个文本，用于存储 Ribbon XML 代码。

```
109:
<customUI xmlns="http://schemas.microsoft.com/office/2009/07/customui">
    <ribbon startFromScratch="false">
        <tabs>
            <tab id="Tab1" visible="true" label=" 扩展功能 ">
                <group id="Group1" label=" 实用工具 ">
                    <button id="Button1" label=" 错误 &#xA;" getImage="Button_GetImage"
size="large"/>
                    <button id="Button2" label=" 问题 &#xA;" getImage="Button_GetImage"
size="large"/>
                    <button id="Button3" label=" 警告 &#xA;" getImage="Button_GetImage"
size="large"/>
                    <button id="Button4" label=" 垃圾 &#xA;" getImage="Button_GetImage"
size="large"/>
                </group>
            </tab>
        </tabs>
    </ribbon>
</customUI>
```

上述代码中的 4 个按钮的图标是通过同一个回调函数 Button_GetImage 返回的。

然后把计算机中现有的 4 个图标文件压入资源文件中，如图 17-46 所示。

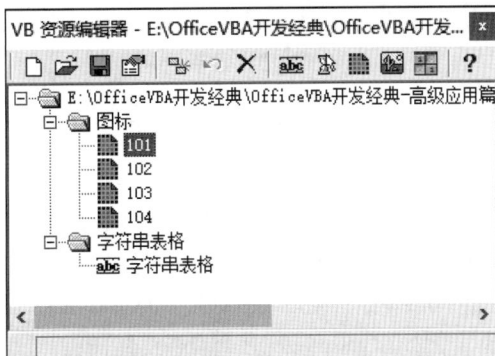

图 17-46　将图标压入资源文件中

接下来，修改 GetCustomUI 函数，使其获取资源文件中标识号为 109 的内容。

```
Private Function IRibbonExtensibility_GetCustomUI(ByVal RibbonID As String) As String
    Dim Code As String
    Code = VB.LoadResString(109)
    IRibbonExtensibility_GetCustomUI = Code
End Function
```

下面在 Connect 类中增加如下用于返回图标的回调函数。

```
Public Function Button_GetImage(control As Office.IRibbonControl) As IPictureDisp
    Dim Result As stdole.IPictureDisp
    Select Case control.Id
        Case "Button1": Set Result = VB.LoadResPicture(Id:=101, restype:=VBRUN.
LoadResConstants.vbResIcon)
        Case "Button2": Set Result = VB.LoadResPicture(Id:=102, restype:=VBRUN.
LoadResConstants.vbResIcon)
        Case "Button3": Set Result = VB.LoadResPicture(Id:=103, restype:=VBRUN.
LoadResConstants.vbResIcon)
        Case "Button4": Set Result = VB.LoadResPicture(Id:=104, restype:=VBRUN.
LoadResConstants.vbResIcon)
    End Select
    Set Button_GetImage = Result
End Function
```

代码分析：

由于多个按钮共享了同一个函数，因此需要用 Select 结构根据其 id 分别返回资源文件中的内容。

重新生成动态链接库，在 Excel 中连接该 COM 加载项，呈现出自定义图标，如图 17-47 所示。

图 17-47　在功能区显示自定义图标

17.4.6　使用回调函数

在用于 customUI 的 Ribbon XML 代码中允许设置回调函数。回调函数有很多种类，通常分为以 on 开头或 get 开头的，以 on 开头的回调函数在某个事件发生时触发。例如，customUI 被加载时触发 onLoad 对应的回调函数；button 控件被单击时触发 onAction 对应的回调函数。以 get 开头的回调函数用于返回或得到数据。例如，getImage 用于动态返回图标；getLabel 用于返回标题。

下面的程序在自定义功能区中创建了 4 个按钮，如果单击前面三个按钮，将会自动向 Excel 活动单元格中写入内容；如果单击最后一个按钮，则自动断开该 COM 加载项。

继续在 Ribbon XML 项目中进行修改，在资源文件中添加如下文本。

```
110:
<customUI xmlns="http://schemas.microsoft.com/office/2009/07/customui"
onLoad="customUI_OnLoad">
    <ribbon startFromScratch="false">
        <tabs>
            <tab id="Tab1" visible="true" label=" 扩展功能 ">
                <group id="Group1" label=" 实用工具 ">
                    <button id="Button1" label=" 错误 &#xA;" getImage="Button_GetImage"
onAction="Button_InsertLabel" size="large"/>
                    <button id="Button2" label=" 问题 &#xA;" getImage="Button_GetImage"
onAction="Button_InsertLabel" size="large"/>
                    <button id="Button3" label=" 警告 &#xA;" getImage="Button_GetImage"
onAction="Button_InsertLabel" size="large"/>
                    <button id="Button4" label=" 垃圾 &#xA;" getImage="Button_GetImage"
onAction="Button_Disconnect" size="large"/>
                </group>
            </tab>
        </tabs>
    </ribbon>
</customUI>
```

在上述 XML 中出现了三处回调处理：onLoad、getImage、onAction。不论哪一种回调，其回调函数都必须定义在 GetCustomUI 所在的类中，即写在 Connect 类中。而且，每个回调函数前面必须用 Public 声明。

首先在 Ribbon XML Editor 中输入上述 XML 代码，然后在代码区的右键菜单中选择"查看回调"VB6 VB.NET 选项，如图 17-48 所示。

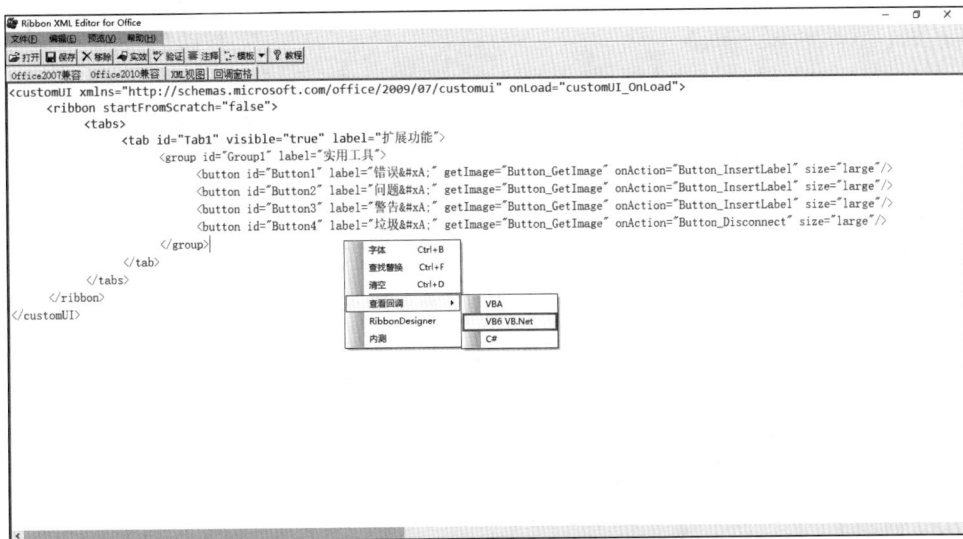

图 17-48　查看回调

该工具自动生成 VB6 语法的回调函数，如图 17-49 所示。

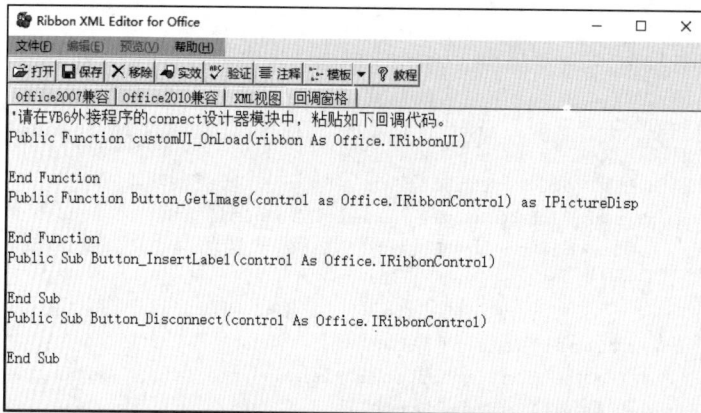

图 17-49　回调函数的代码

把上述代码粘贴到 Connect 类中，并且填充每个函数的具体内容。

```vb
Public Function customUI_OnLoad(ribbon As Office.IRibbonUI)
    Set Module1.R = ribbon
    R.ActivateTab "Tab1"
End Function

Public Function Button_GetImage(control As Office.IRibbonControl) As IPictureDisp
    Dim Result As stdole.IPictureDisp
    Select Case control.Id
        Case "Button1": Set Result = VB.LoadResPicture(Id:=101, restype:=VBRUN.LoadResConstants.vbResIcon)
        Case "Button2": Set Result = VB.LoadResPicture(Id:=102, restype:=VBRUN.LoadResConstants.vbResIcon)
        Case "Button3": Set Result = VB.LoadResPicture(Id:=103, restype:=VBRUN.LoadResConstants.vbResIcon)
        Case "Button4": Set Result = VB.LoadResPicture(Id:=104, restype:=VBRUN.LoadResConstants.vbResIcon)
    End Select
    Set Button_GetImage = Result
End Function

Public Sub Button_InsertLabel(control As Office.IRibbonControl)
    Dim Content As String
    Select Case control.Id
        Case "Button1": Content = " 错误 "
        Case "Button2": Content = " 问题 "
        Case "Button3": Content = " 警告 "
    End Select
    If Module1.ExcelApp.ActiveCell Is Nothing = False Then
        Module1.ExcelApp.ActiveCell.Value = Content
    End If
End Sub

Public Sub Button_Disconnect(control As Office.IRibbonControl)
    Module1.ThisCOM.Connect = False ' 断开自身
End Sub
```

代码分析：

在上述代码中新出现了三个变量，它们都单独定义在标准模块 Module1 中：

```
Public ExcelApp As Excel.Application
Public R As Office.IRibbonUI
Public ThisCOM As Office.COMAddIn
```

其中，ExcelApp 表示宿主应用程序；R 表示 customUI 的顶级对象；ThisCOM 表示 COM 加载项自身。为此，需要在 OnConnection 事件中对这些变量进行初始化。

```
Private Sub IDTExtensibility2_OnConnection(ByVal Application As Object, ByVal
ConnectMode As AddInDesignerObjects.ext_ConnectMode, ByVal AddInInst As Object,
custom() As Variant)
    Set Module1.ExcelApp = Application
    Set Module1.ThisCOM = AddInInst
End Sub
```

重新生成动态链接库，在 Excel 中连接该 COM 加载项。看到自动激活了"自定义"选项卡，当单击前面三个按钮时，单元格中出现相应的文字，如图 17-50 所示。

图 17-50　功能区按钮测试

如果单击"垃圾"按钮，该 COM 加载项将自动断开。

17.5　自定义任务窗格

自定义任务窗格（CustomTaskPane）是定义在 COM 加载项中的一种特殊的窗体，可以停靠在 Office 组件中，用户可以用鼠标改变其停靠位置及可见性，也可以调整任务窗格的大小。自定义任务窗格只能通过 COM 加载项实现，VBA 不能制作任务窗格。

由于 VB6 在创建任务窗格时必须提供一个现有 ocx 控件的 ProgID 作为参数，因此在创建任务窗格之前需要通过 ActiveX 项目创建一个 ocx 控件。

本节内容主要包括以下两部分：

● 通过 ActiveX 控件项目生成 ocx 控件。

● 在 COM 加载项中通过 ICustomTaskPaneConsumer 接口创建基于 ocx 控件的任务窗格。

17.5.1 ActiveX 控件的开发

在 VB 和 VBA 的在窗体上可以添加各种控件，这些控件的文件名称大多以 .ocx 结尾。开发人员还可以利用 VB6 制作自定义 ActiveX 控件，来满足实际编程的需要。

在使用 VB6 创建项目时，有一个 ActiveX 控件项目，这个项目主要包含的模块类型是用户控件（UserControl），根据需要还可以添加标准模块、类模块和窗体等。编译生成以后在磁盘上产生 ocx 文件，并且，生成 ocx 文件的同时会自动向注册表中写入每个 UserControl 的相关信息。

需要注意的是，ActiveX 控件不能单独运行，其主要作用是让其他编程语言在窗体设计时把该控件加入进去，可以理解为 ActiveX 控件是以界面的形式寄生在其他窗体中。与之相对应，ActiveX DLL 项目则可生成动态链接库，即以函数代码的形式被其他编程语言调用。

ActiveX 控件项目与 Office 无关，但由于自定义任务窗格的开发过程中需要用到 ocx 文件，因此下面开发一个名称为 Gallery.ocx 的文件，该项目中包含一个名称为 ExcelToolBox 的用户控件，因此，Gallery. ExcelToolBox 就是 ProgID，这样就可以在 COM 加载项中调用。下面分步骤讲解。

第一步：创建 ActiveX 项目

以管理员身份启动 VB6，新建项目时选择"ActiveX 控件"选项，如图 17-51 所示。

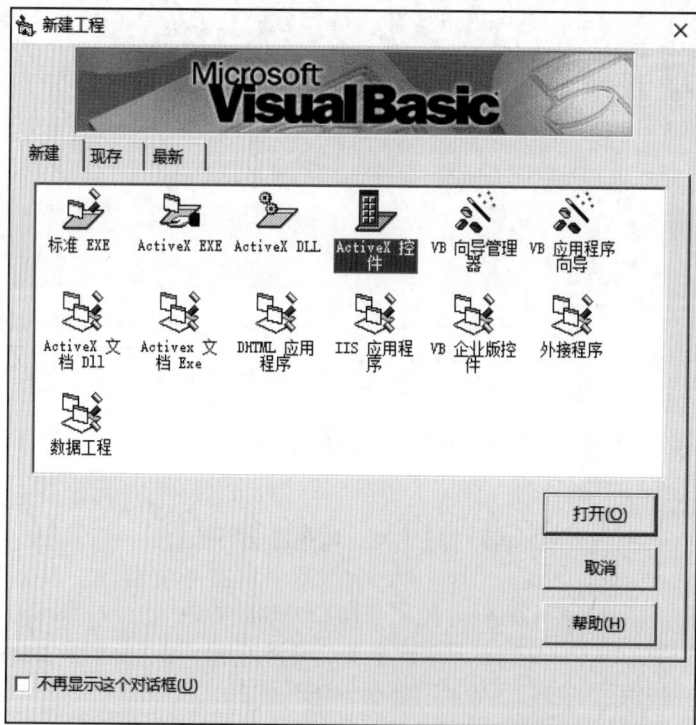

图 17-51　创建 ActiveX 控件项目

默认的工程名是"工程 1"，默认包含一个用户控件 UserControl1。根据实际情况修改工程名为 Gallery，用户控件可以删除后再添加，也可以直接使用原来的控件，名称修改为 ExcelToolBox，如图 17-52 所示。

图 17-52　修改工程名称

保存项目到本地磁盘。

ActiveX 控件项目在设计期间与窗体应用程序项目一样，也分为界面设计部分和事件代码部分。

从控件工具箱中的其他控件中找到 SSTab、ListView、ImageList，并且将其添加到用户控件上，适当调整各个控件的位置和大小，向 ImageList 中添加若干本地图片作为图标，并且设置 ListView 的图标来源是 ImageList。使用这些控件的目的是展现一个多标签的界面，并且以图标列表的形式呈现出来，如图 17-53 所示。

在用户控件的 Initialize 事件中，自动向 ListView 中添加图标。

```
Private Sub UserControl_Initialize()
    Dim LI As MSComctlLib.ListItem
    UserControl.ListView1.ListItems.Clear
    For i = 1 To 12
        Set LI = UserControl.ListView1.ListItems.Add()
        LI.Text = UserControl.ImageList1.ListImages(i).Tag
        LI.ForeColor = vbBlue
        LI.Icon = i
    Next i
End Sub
```

📢 注意：

在用户控件模块中，不能使用 Me 关键字，而应使用 UserControl 关键字。这是与窗体应用程序的不同之处。

在 Initialize 事件中书写上述代码的原因是，当其他编程语言使用该 ocx 文件时，将会自动显示数据。

第二步：生成 ocx 文件

保存所有更改，并且通过文件菜单生成 Gallery.ocx，如图 17-54 所示。

图 17-53　用户控件的设计

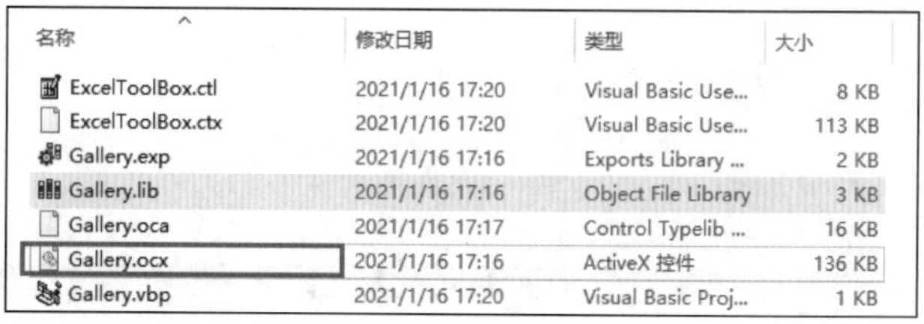

图 17-54　生成 Gallery.ocx 控件

第三步：在其他语言的窗体中调用该控件

在 VB6 窗体应用程序中、VBA 的用户窗体中，或者 Office 文档中均可添加该控件。例如，在 VBA 的 UserForm 中，在工具箱右键菜单中选择"附加控件"选项，如图 17-55 所示。

在附加控件列表中找到 Gallery.ExcelToolBox 这个 ProgID，勾选并且确定，如图 17-56 所示。

图 17-55　附加控件

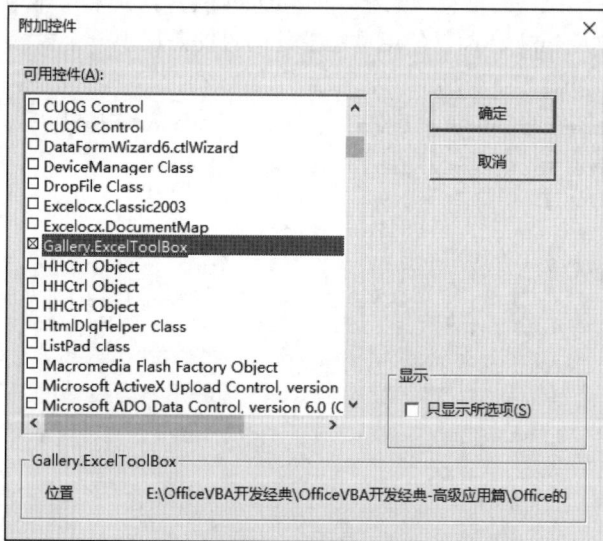

图 17-56　添加自定义控件到工具箱

向 UserForm 中添加该控件，设计期间就可以看到选项卡和图标列表都呈现出来了，如图 17-57 所示。

图 17-57　自定义控件效果

与动态链接库文件一样，如果将 ocx 文件发送到其他计算机中使用，同样需要使用 regsvr32 进行注册。

实际上，开发一个功能完善的 ocx 控件并非易事，以上讲解的只是最基本的操作。

接下来，利用制作完成的 ocx 控件开发 COM 加载项中的任务窗格。

17.5.2　在 COM 加载项中实现 CustomTaskPane

在 Connect 类中创建任务窗格，使用如下语句实现接口：

```
Implements Office.ICustomTaskPaneConsumer
```

之后会自动生成 ICustomTaskPaneConsumer_CTPFactoryAvailable 这个函数，使用其中的 CTPFactoryInst 对象的 CreateCTP 方法创建任务窗格。

通过 CreateCTP 方法返回一个 Office.CustomTaskPane 对象，也就是任务窗格对象。

下面从空白项目开始分步骤讲解任务窗格的实现。

第一步：创建动态链接库项目

在 VB6 中新建一个 ActiveX DLL 项目，项目名称为 CTP，将默认的 Class1 重命名为 Connect。

在"引用 -CTP.vbp"对话框中添加 Excel、Office、Add-In Designer 三个引用，如图 17-58 所示。

完成 Add-In Designer 接口部分以及 AddIn 的注册。此处不再重复讲解。

第二步：实现 CustomTaskPane

在 Connect 类顶部添加以下接口：

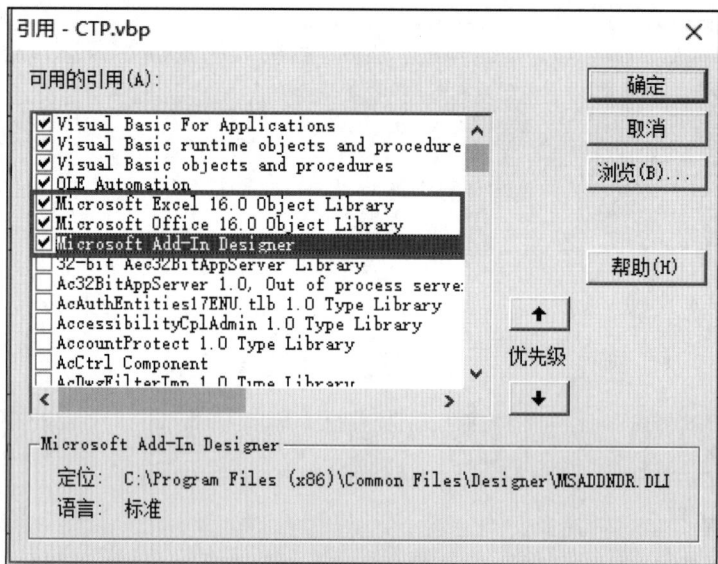

图 17-58　添加引用

```
Implements Office.ICustomTaskPaneConsumer
Private MyCTP As Office.CustomTaskPane
Private Sub ICustomTaskPaneConsumer_CTPFactoryAvailable(ByVal CTPFactoryInst As
Office.ICTPFactory)
    Set MyCTP = CTPFactoryInst.CreateCTP(CTPAxID:="Gallery.ExcelToolBox",
CTPTitle:="Excel 工具箱 ")
    With MyCTP
        .DockPosition = Office.MsoCTPDockPosition.msoCTPDockPositionLeft
        .DockPositionRestrict = Office.MsoCTPDockPositionRestrict.msoCTPDockPosit
ionRestrictNoHorizontal
        .Visible = True
    End With
End Sub
```

代码分析：

变量 MyCTP 是指创建的自定义任务窗格，创建它的主体对象是 CTPFactoryInst。CreateCTP 函数需要规定三个参数：ocx 控件中的一个 ProgID、显示在 Office 中任务窗格的标题文字以及用于规定任务窗格的所属窗口对象。第三个参数一般省略不写。

CustomTaskPane 对象具有 DockPosition、DockPositionRestrict、Visible 这三个重要属性，分别表示停靠位置、停靠位置限制、可见性，一般在创建任务窗格时设置。

当 COM 加载项被连接时，自动运行 ICustomTaskPaneConsumer_CTPFactoryAvailable 方法，但是并不意味着此时必须创建任务窗格。创建任务窗格可以在 COM 加载项运行期间的任何时刻创建，即 CreateCTP 函数可以在其他代码中执行。

另外，同一个 COM 加载项可以创建多个任务窗格，任务窗格一旦创建后，无论是通过手动还是代码都无法删除，只能隐藏。

第三步：生成 COM 加载项并进行测试

生成动态链接库文件，在 Excel 中连接，可以看到在 Excel 左侧出现了任务窗格，如图 17-59 所示。

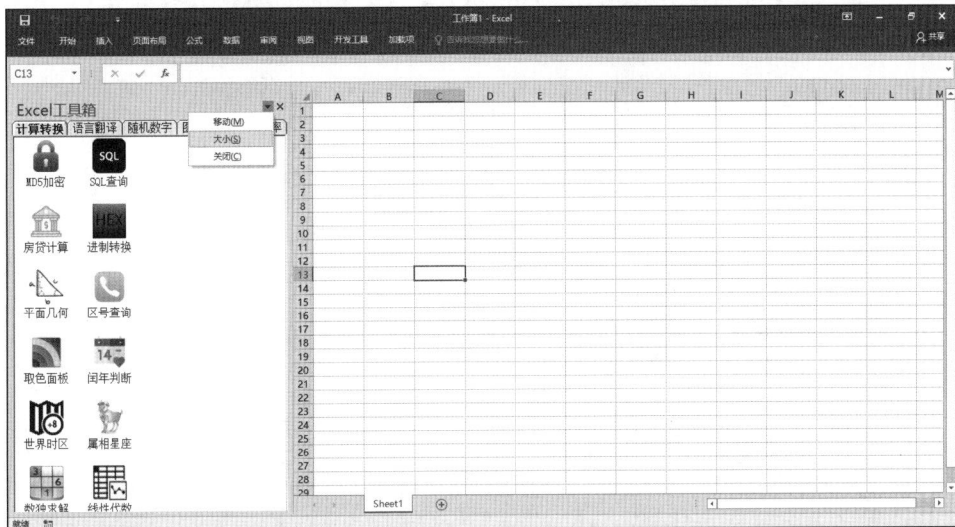

图 17-59　Excel 自定义任务窗格

以上实例是任务窗格的基本形式，没有实际功能，任务窗格中的控件也没有和 Excel 发生交互。接下来讲解更多的细节。

17.5.3　利用任务窗格的事件

CustomTaskPane 对象支持事件。可以在 Connect 类中使用 WithEvents 关键字声明该任务窗格变量：

```
Private WithEvents MyCTP As Office.CustomTaskPane
```

然后可以使用以下两个事件：

```
Private Sub MyCTP_DockPositionStateChange(ByVal CustomTaskPaneInst As Office.
CustomTaskPane)
    ExcelApp.StatusBar = "任务窗格当前停靠状态：" & CustomTaskPaneInst.DockPosition
End Sub


Private Sub MyCTP_VisibleStateChange(ByVal CustomTaskPaneInst As Office.
CustomTaskPane)
    If CustomTaskPaneInst.Visible Then
        ExcelApp.StatusBar = "任务窗格现在可见"
    Else
        ExcelApp.StatusBar = "任务窗格现在隐藏"
    End If
End Sub
```

再次生成测试，将任务窗格拖放到其他位置时，可以看到 Excel 状态栏文字随之自动发生变化。数字 4 表示浮动在 Excel 窗口上，如图 17-60 所示。

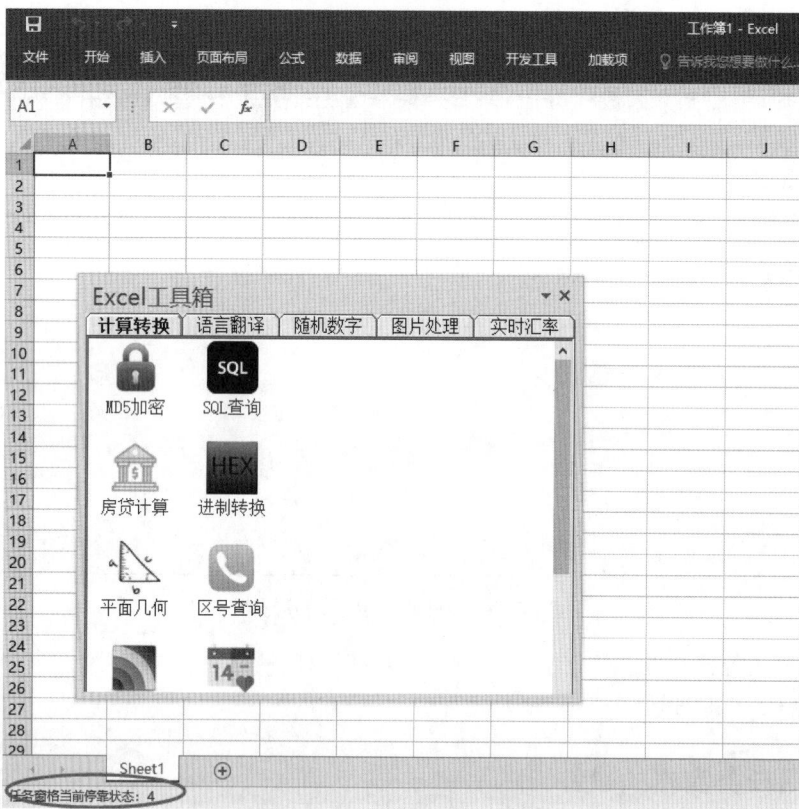

图 17-60　任务窗格的停靠事件

另外，任务窗格一旦被关闭了，必须通过代码设置其 Visible 为 True 才能再次显示出来，因此一个 COM 加载项中往往不只是一个单独的任务窗格，一般配合 customUI 一起使用，用户可以通过单击自定义功能区中的控件来创建任务窗格、显示任务窗格等。

17.5.4　与宿主应用程序交互

自定义任务窗格可以看作是用户控件的容器，作为 COM 加载项的部分，用户控件也需要和任务窗格的宿主应用程序进行交互。例如，通过单击任务窗格中的按钮改变 Excel 单元格的内容。

然而，COM 加载项通过 IDTExtensibility2_OnConnection 过程取得宿主应用程序对象，任务窗格中的用户控件要想也取得 COM 加载项中的这个 Application 对象，需要在开发 ocx 控件的项目中进行代码修改。即需要在 ActiveX 控件项目中访问 Excel，但是要求这个 Excel 要和 COM 加载项中的 Application 对象是同一个。

下面的程序在任务窗格中设计了一些选项，用户输入若干参数，可以把 Excel 工作表中的自选图形进行批量复制，并且自动按相同角度间隔环形排列，环形上的图形个数取决于数据区域中条目的个数。

具体原理是，可以在 Excel 的自选图形（文本框、圆角矩形等）中进行文字编辑，也可以设置自选图形的位置和大小，指定旋转角度。通过 Shape 对象的 Duplicate 方法可以对图形进行复制，最后可以对多个图形进行组合。假设工作表中已经加入了一个环形，数据区域中有 6 行内容，就把原始图形复制 6 个，两个图形之间的夹角是 60°。此外，每个图形中的文字内容就是数据区域中相应的内容。

图形的位置通过三角函数可以算出：

$$x = x_0 + r \times \cos\theta$$
$$y = y_0 + r \times \sin\theta$$

式中：x_0 和 y_0 是环形的中心坐标；r 是环形半径；θ 是图形的旋转角度。

上述实用程序逻辑比较复杂，容易出错，直接在 COM 加载项中进行开发编程很不方便。可以先在 Excel VBA 中开发和测试，然后把代码复制到 VB6 中进行适当调整即可快速完成开发。

第一步：在 ActiveX 项目中声明 Application 对象

打开前面用过的 Gallery 项目，由于环形排列的实际逻辑要写在该项目中，因此也需要向该项目中添加 Excel 的引用，然后在 UserControl 代码模块的顶部使用 Private 声明顶级应用程序对象：

```
Private ExcelApp As Excel.Application
```

然后为 UserControl 类添加一个 Application 属性：

```
Public Property Get Application() As Excel.Application
    Set Application = ExcelApp
End Property

Public Property Set Application(ByVal vNewValue As Excel.Application)
    Set ExcelApp = vNewValue
End Property
```

添加该属性的意义是可以通过任务窗格对象访问该类中的 ExcelApp。ExcelApp 被定义成 Private，在 UserControl 模块中使用该对象可以操作 Excel 的每个方面。

第二步：在 ActiveX 项目中进行工具的界面设计

在"图片处理"选项卡中，添加若干按钮、文本框、复选框等控件。其中，"选择数据区域"按钮可以方便用户用鼠标选择 Excel 单元格区域。由于在 VB 中无法使用 RefEdit 控件，因此本例调用 ExcelApp 的 InputBox 控件实现选择单元格的功能，如图 17-61 所示。

"执行排列"按钮就是向 Excel 当前工作表中复制图形的过程。

以上两个按钮的代码如下（由 Excel VBA

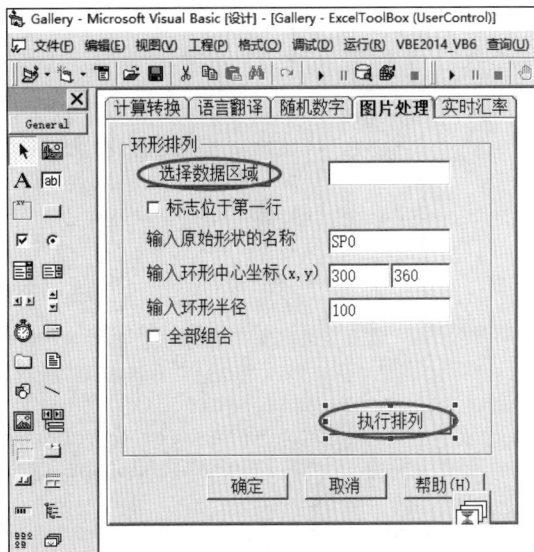

图 17-61　窗体设计

代码改写而成）：

```vba
Private Sub Command1_Click()
    '选择数据区域
    On Error Resume Next
    Dim DataRange As Excel.Range
    Set DataRange = ExcelApp.InputBox(prompt:="选择数据区域", Type:=8)
    UserControl.Text1.Text = DataRange.Address
End Sub

Private Sub Command2_Click()
    '执行排列
    Dim pi As Double
    Dim sp0 As Excel.Shape
    Dim sp As Excel.Shape
    Dim DataRange As Excel.Range
    Dim NeedGroup As Boolean
    Dim HasTitle As Boolean
    Dim Total As Integer
    Dim CenterX As Double
    Dim CenterY As Double
    Dim Radius As Double
    Set sp0 = ExcelApp.ActiveSheet.Shapes.Item(UserControl.Text2.Text)

    Dim i As Integer
    Dim Names() As String
    pi = Atn(1) * 4
    Set DataRange = ExcelApp.Range(UserControl.Text1.Text)
    HasTitle = UserControl.Check1.Value
    If HasTitle Then
        Set DataRange = DataRange.Offset(1).Resize(DataRange.Rows.Count - 1)
    End If
    CenterX = CDbl(UserControl.Text3.Text)
    CenterY = CDbl(UserControl.Text4.Text)
    Radius = CDbl(UserControl.Text5.Text)
    Total = DataRange.Cells.Count
    For i = 1 To Total
        Set sp = sp0.Duplicate
        With sp
            .Name = "SP" & i
            .Rotation = i * 360 / Total
            .Left = CenterX + Radius * Cos(.Rotation / 180 * pi)
            .Top = CenterY + Radius * Sin(.Rotation / 180 * pi)
            .TextFrame2.TextRange.Characters.Text = DataRange.Cells(i).Value
        End With
    Next i
    NeedGroup = UserControl.Check2.Value
    If NeedGroup Then
```

```
        ReDim Names(1 To Total)
        For i = 1 To Total
            Names(i) = "SP" & i
        Next i
        ExcelApp.ActiveSheet.Shapes.Range(Names).Group.Apply
    End If
End Sub
```

最后保存工程，并且重新生成 ocx 控件。

第三步：把 COM 加载项中的 ExcelApp 传递给 ActiveX 项目的 UserControl

在 VB6 中打开 COM 加载项的 CTP 项目，在项目的引用对话框中单击"浏览"按钮，如图 17-62 所示。

找到之前生成的 Gallery.ocx 文件，添加引用，如图 17-63 所示。

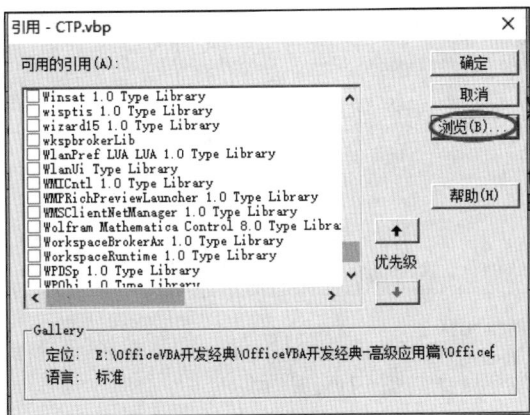

图 17-62 "浏览"按钮

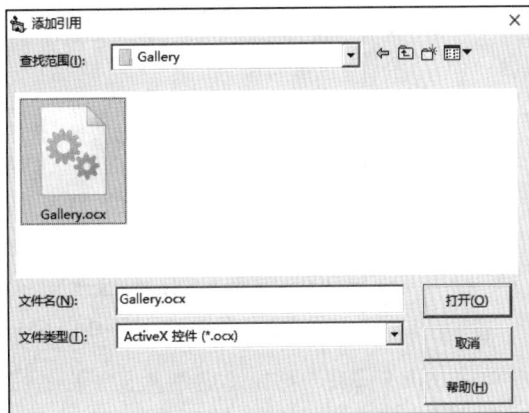

图 17-63 添加控件的引用

在 Connect 类顶部声明变量 CC，它的含义是 UserControl 的一个实例，并且在创建任务窗格的代码中设置该实例的 Application 属性为 COM 加载项中的宿主应用程序，这样就把 ActiveX 项目与 COM 加载项关联起来了，如图 17-64 所示。

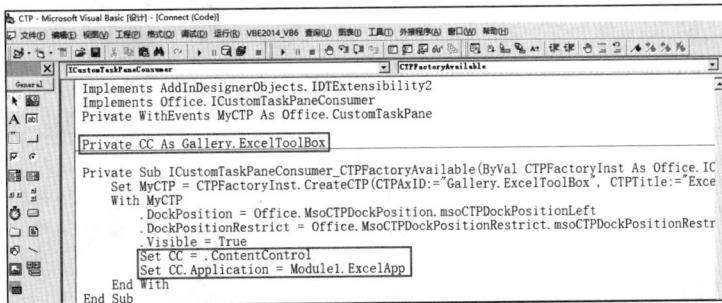

图 17-64 自定义控件的有关变量声明

第四步：生成动态链接库并测试

保存 CTP 项目，重新生成动态链接库文件，在 Excel 中连接。

在当前工作表中输入一些数据，插入一个自选图形作为模板，单击任务窗格中的"选择数据区域"按钮，可以选择单元格内容，如图 17-65 所示。

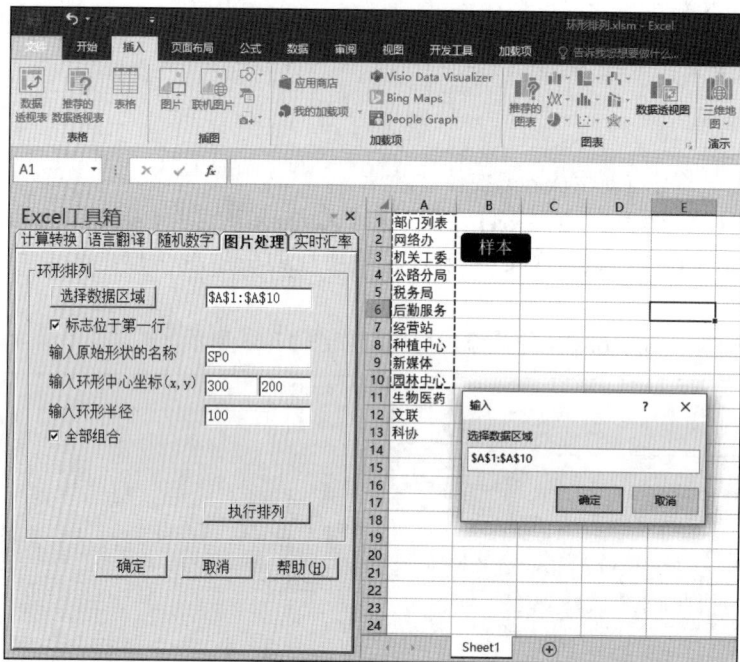

图 17-65　选择单元格

单击"执行排列"按钮，工作表上多了一个环形阵列，如图 17-66 所示。

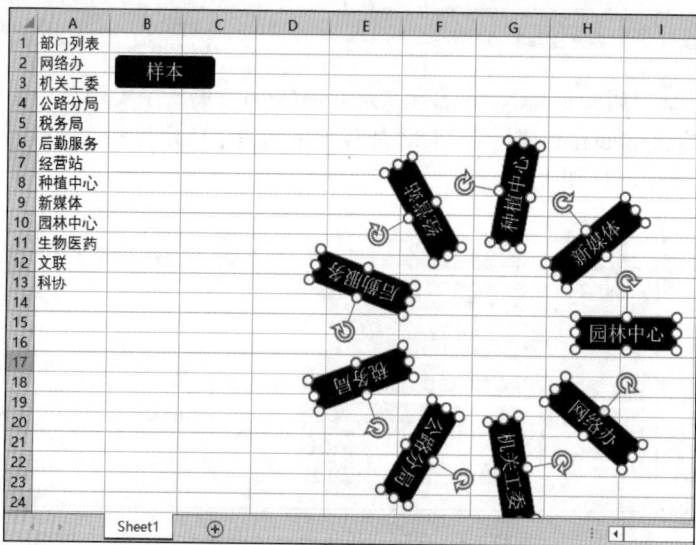

图 17-66　环形阵列

如果在任务窗格中勾选"全部组合"复选框，那么环形会重组为一个图形，如图 17-67 所示。

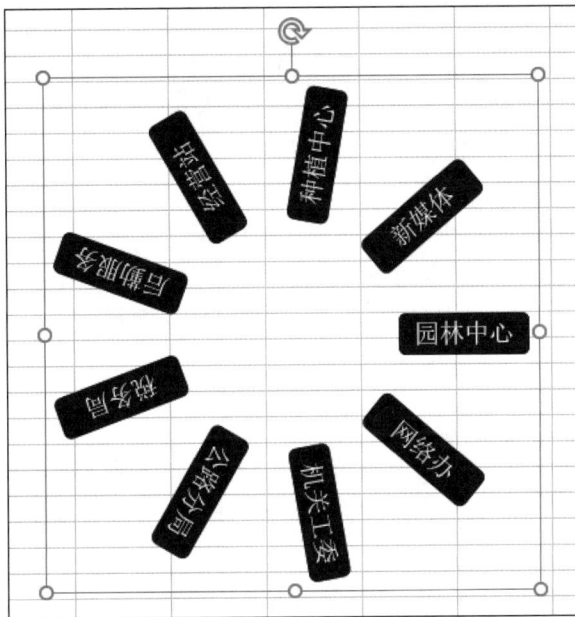

图 17-67　全部组合的环形阵列

17.6　Office 特定组件的编程

COM 加载项的意义是读写宿主应用程序中的内容，操作宿主应用程序的依据仍然是 Office VBA。

本节制作一个名为 WordEvents 的 COM 加载项，实现了在 Word 中选择一部分文字的同时，Word 窗口的状态栏中同步显示所选的文字内容，并且自动朗读所选内容。

17.6.1　Word 事件的声明和使用

Office 组件中的很多对象支持事件编程，事件需要在类模块中使用 WithEvents 关键字声明。

在 VB6 中创建一个名为 WordEvents 的 COM 加载项，添加 Microsoft Word 引用，然后再添加一个类模块，重命名为 ClsEvent。在类模块的顶部声明支持事件的 Word 应用程序对象：

```
Private WithEvents WordApp As Word.Application

Public Property Get Application() As Word.Application
    Set Application = WordApp
End Property

Public Property Set Application(ByVal vNewValue As Word.Application)
    Set WordApp = vNewValue
End Property
```

此时看到有很多事件可以使用，如图 17-68 所示。

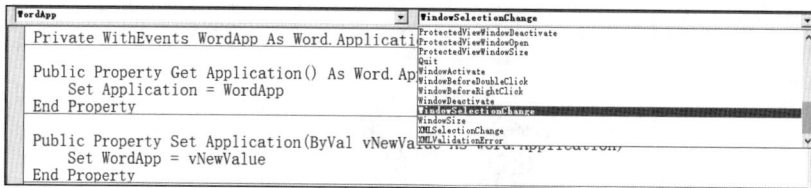

图 17-68　Word 应用程序的事件列表

比较常用的是 WindowSelectionChange 事件，在当前文档中发生选择时触发该事件，定义如下：

```
Private Sub WordApp_WindowSelectionChange(ByVal Sel As Word.Selection)
    WordApp.StatusBar = Sel.Range.Text
End Sub
```

其中，参数 Sel 就是目前处于选中的内容。

但是，这个类模块中的 WordApp 必须和定义 COM 加载项的 Connect 类取得联系，因此在 Connect 类中声明一个 ClsEvent 的实例变量 Instance，并且在 OnConnection 过程中对 Instance 进行初始化。代码如下：

```
Implements AddInDesignerObjects.IDTExtensibility2

Private Instance As ClsEvent
Private Sub IDTExtensibility2_OnConnection(ByVal Application As Object, ByVal
ConnectMode As AddInDesignerObjects.ext_ConnectMode, ByVal AddInInst As Object,
custom() As Variant)
    Set Instance = New ClsEvent
    Set Instance.Application = Application
End Sub
```

代码分析：

Instance.Application 中的 Application 来源于 ClsEvent 中定义的公开属性。

保存工程，生成动态链接库文件，在 Word 中加载并连接。虽然在 Word 中没看到任何界面的变化，但是当选择文档中的部分文字时，会看到状态栏中显示所选的内容，如图 17-69 所示。

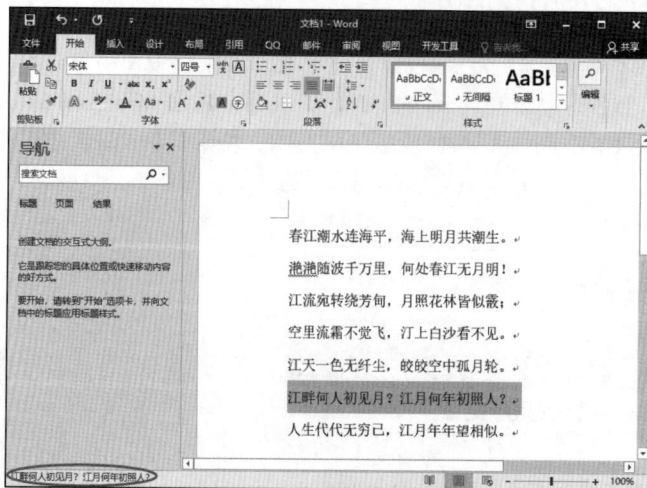

图 17-69　事件测试

这说明调用 Word 事件成功。

17.6.2　调用 Word 的朗读功能

Microsoft Word 具有朗读当前所选文字的功能，但是该功能并未体现在功能区中。开发人员可以使用 Application.CommandBars.ExecuteMso "PlaybackTipPlay" 调用该功能，其中，"PlaybackTipPlay" 是"朗读"功能区控件的 IdMso，ExecuteMso 方法相当于让用户直接单击了该控件。

下面讲述如何获取这个控件的 IdMso。

打开"Word 选项"对话框，切换到"自定义功能区"，在右侧的主选项卡中新建一个选项卡，再新建组，如图 17-70 所示。

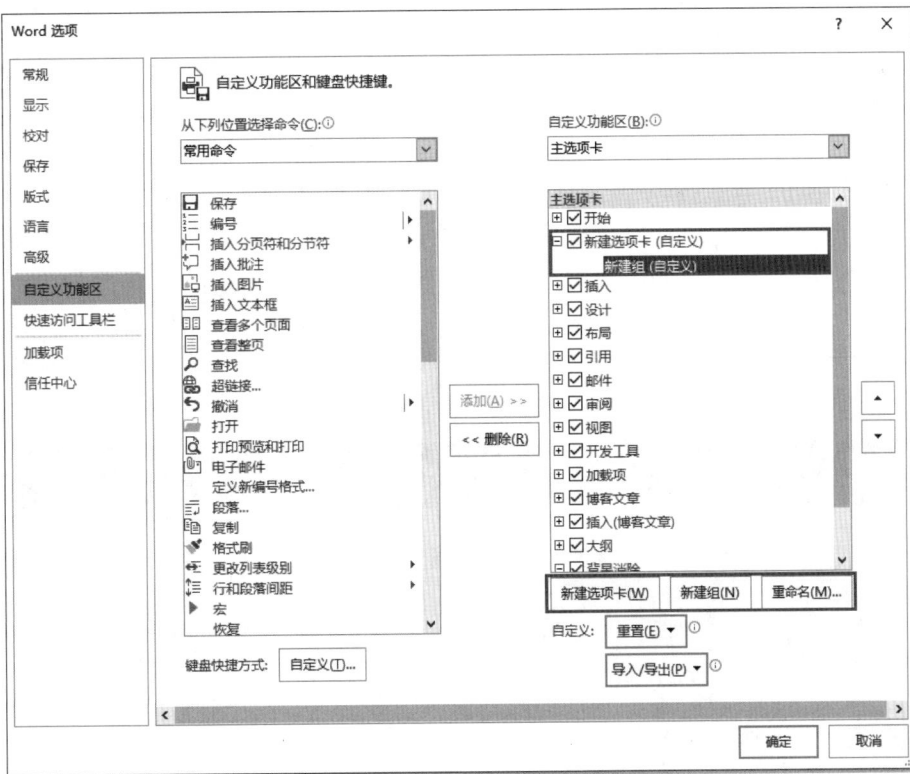

图 17-70　添加新组

在中间的组合框中切换到"不在功能区中的命令"选项，找到"朗读"按钮，将其添加到右侧的新建组中，如图 17-71 所示。

单击"确定"按钮，返回 Word 可以看到多了一个选项卡、一个组和一个按钮。选中一些文字，单击"朗读"按钮，可以听到播放的声音，如图 17-72 所示。

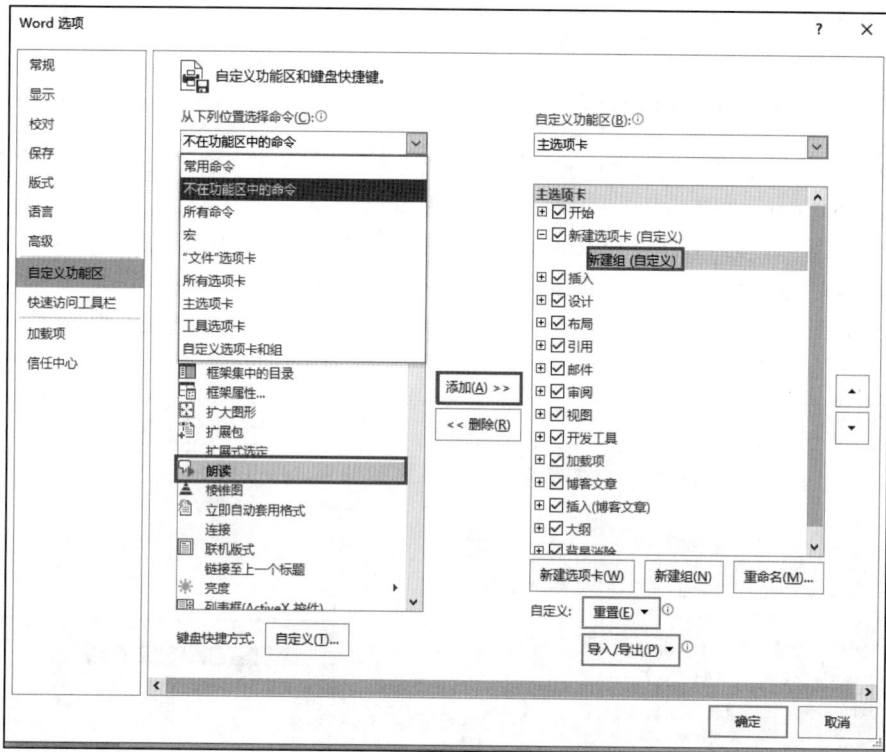

图 17-71　添加"朗读"按钮

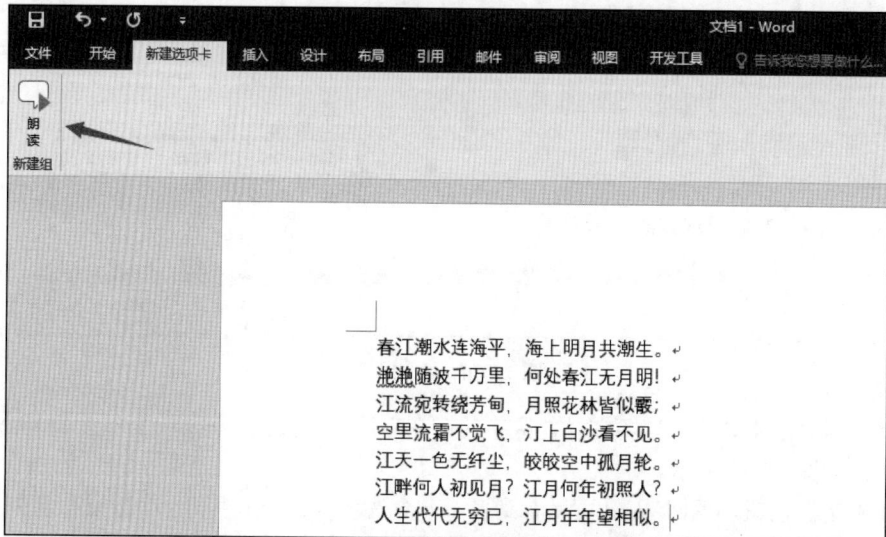

图 17-72　自动朗读文字

再次打开"Word 选项"对话框，选择右下角的"导入 / 导出""导出所有自定义设置"选项，如图 17-73 所示。

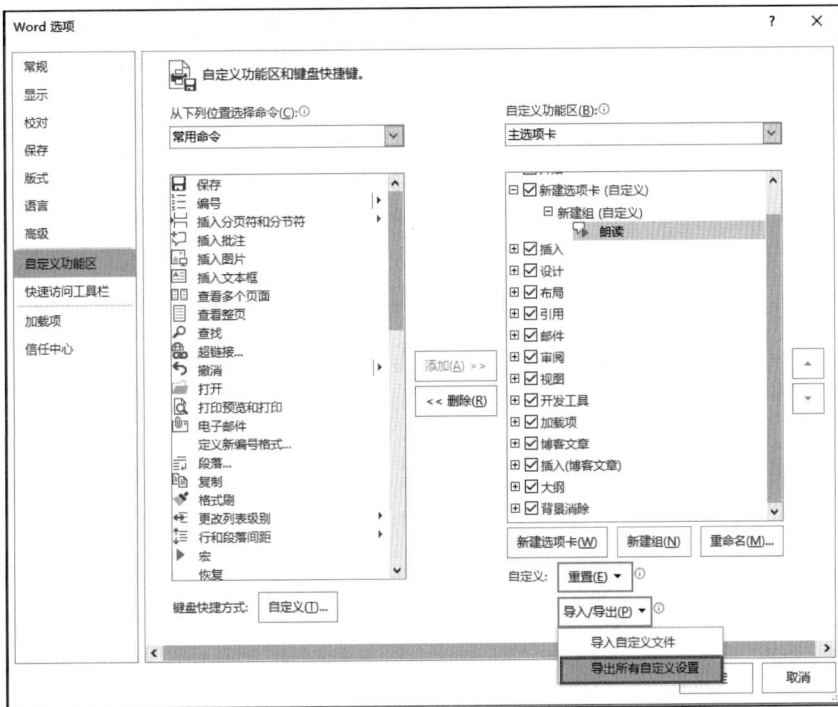

图 17-73　导出所有自定义设置

此时弹出一个"另存为"对话框。例如，文件名设置为 ABC.exportedUI，这样就把自定义设置保存到磁盘文件了。

接下来用记事本打开该文件，从中可以看到：<mso:control idQ="mso:PlaybackTipPlay" visible="true"/>，如图 17-74 所示。

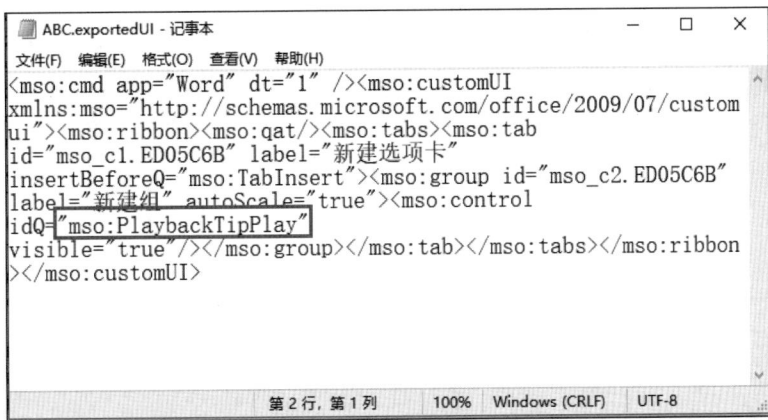

图 17-74　导出的文件内容

这样就实现了手动查找不常用控件的 IdMso。

接下来返回到 17.6.1 小节讲的 ClsEvent 类，修改事件代码如下：

```
Private Sub WordApp_WindowSelectionChange(ByVal Sel As Word.Selection)
    If Sel.Type = wdSelectionIP Or Sel.Type = wdNoSelection Then
    Else
        If Sel.Range.Text = "" Then
        Else
            WordApp.StatusBar = Sel.Range.Text
            WordApp.CommandBars.ExecuteMso "PlaybackTipPlay"
        End If
    End If
End Sub
```

再次生成动态链接库，在 Word 中进行测试。当用户选择一部分文字时，状态栏中显示所选内容的同时朗读文本。

第 18 章　VBIDE 的外接程序开发

VBIDE（Visual Basic Integrated Devolop Environment）是指 VB 集成开发环境，Office VBA 的编程窗口也属于 VBIDE。

VBIDE 的外接程序就是用于 VBA 编程环境的 COM 加载项，针对的用户主要是 VBA 开发人员。用户可以通过使用 VBIDE 外接程序对代码进行快速整理，或者批量插入模块、批量处理引用等重复性的操作。这是开发 VBIDE 外接程序的意义。

本章主要讲述利用 VB6 通过创建 ActiveX DLL 项目，制作 VBA 编程环境外接程序的方法。

18.1　VBIDE 外接程序的基本概念

VBIDE 外接程序的构成原理与 Office 的 COM 加载项的构成原理基本相同，开发方式也与第 17 章类似。在正式开发之前，首先了解一下这类 COM 加载项的用户界面和注册表信息。

18.1.1　VBIDE 外接程序管理器

VBA 窗口的顶级对象是 VBE，也就是说 VBIDE 外接程序的宿主应用程序是 VBE。首先介绍"外接程序管理器"对话框。

打开 VBA，单击菜单"外接程序""外接程序管理器"，如图 18-1 所示。

图 18-1　外接程序管理器

在"外接程序管理器"对话框中列出了所有可用的外接程序，选中任何一个外接程序，在右下角的"加载行为"中的各个复选框随之变化，如图 18-2 所示。

如果勾选"加载的/未加载的"复选框，则连接该外接程序；如果取消勾选，则断开外接程序。

如果勾选"启动时加载"复选框，当下次打开 VBA 时，该加载项自动被连接；如果取消勾选，当下次打开 VBA 时，该外接程序处于断开状态。

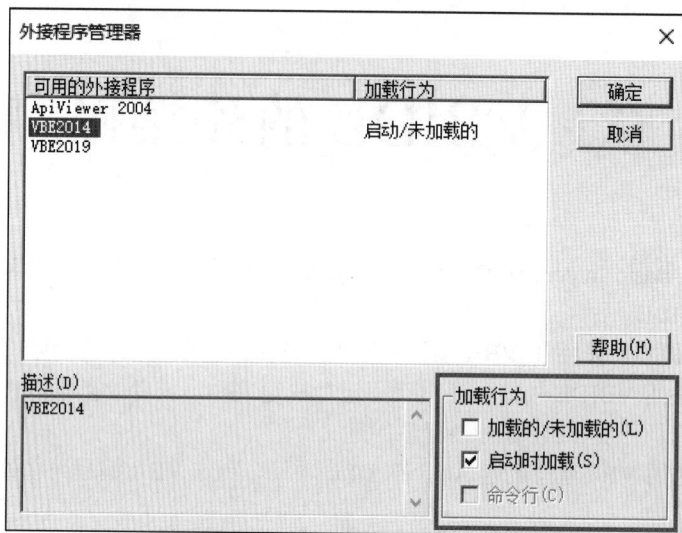

图 18-2 "加载行为"设置

18.1.2　VBIDE 外接程序的 AddIn 注册

　　VBIDE 外接程序的本质也是动态链接库文件，在注册表中也有相应的信息。

　　在注册表编辑器中，定位到如下路径：HKEY_CURRENT_USER\Software\Microsoft\VBA\VBE\6.0\Addins。可以看到 Addins 文件夹下包含了多个以 Connect 结尾的子项，这些子项是每个外接程序的 ProgID，如图 18-3 所示。

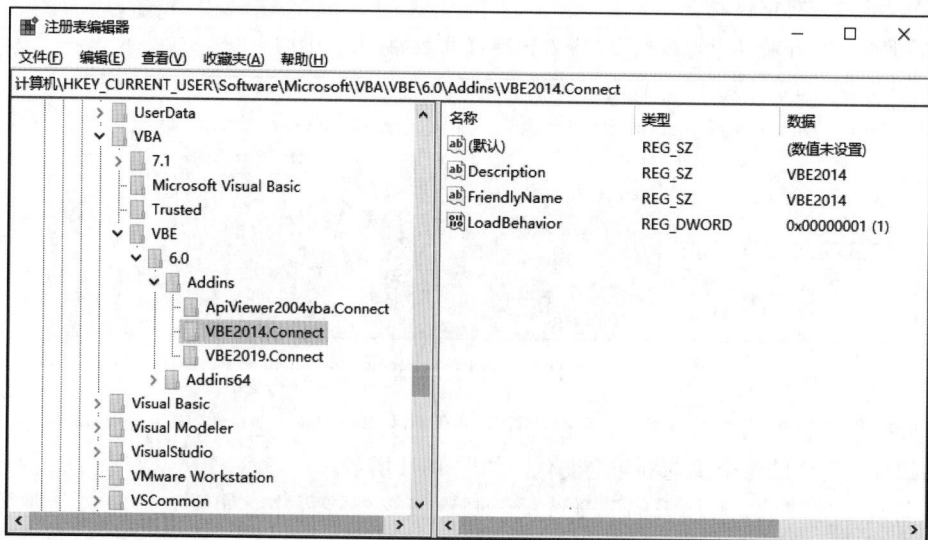

图 18-3　AddIn 注册表设置

　　之后开发的其他外接程序也需要在此处创建相应的注册表项。

18.2　VBIDE 外接程序允许添加的 UI 元素

开发一个 VBIDE 外接程序，必须考虑 VBA 用户该如何使用它，外接程序为用户提供了哪些界面接口。

本节简单讲述 VBIDE 外接程序提供给用户的主要 UI 元素。

18.2.1　菜单和工具栏

虽然 Office 从 2007 版开始界面由传统的工具栏变成了功能区，但是因为用于编程开发的 VBA 的界面一直是菜单和工具栏形式，所以在 VBIDE 外接程序项目中可以创建自定义菜单和工具栏。当外接程序断开时自动删除定义的菜单和工具栏，让 VBA 的界面恢复原貌。

具体的代码实现如下：

```
VBEApp.CommandBars
```

其中，VBEApp 是指 VBIDE 的应用程序对象；CommandBars 是 VBA 窗口中所有工具栏的集合，具体包含一般工具栏、右键菜单等。

18.2.2　自定义工具窗口

VBA 编程环境包含多个窗口，如主窗口、工程资源管理器窗口、属性窗口、立即窗口等，这些都是 VBA 自带的窗口。另外还允许开发人员在 VBIDE 外接程序中创建工具窗口（ToolWindow），当 VBA 中连接该外接程序时，工具窗口作为 VBA 的子窗口显示出来。

在工具窗口中可以放置各种控件，通常会把一些功能集成进去提供给 VBA 用户使用。

创建工具窗口的关键代码是：

```
VBEApp.Windows.CreateToolWindow
```

18.3　开发第一个 VBIDE 外接程序

在 VB6 中开发 VBIDE 外接程序的方法，与开发 Office COM 加载项基本一样。

本节以实例的形式讲解外接程序的开发步骤。

下面开发一个名为 VBE2021、用于 VBA 编程环境的 VBIDE 外接程序。当用户连接该外接程序时，可以看到 VBA 窗口自动最大化；当用户断开该外接程序时，弹出消息对话框。

在 VB6 中创建一个 ActiveX DLL 项目，项目名称重命名为 VBE2021，类 Class1 重命名为 Connect。

为该项目添加引用 Microsoft Add-In Designer，然后在 Connect 类中输入 Implements AddInDesignerObjects.IDTExtensibility2 实现 COM 加载项接口。并且在 OnConnection 和 OnDisconnection 过程中写入一些用于测试的代码，如图 18-4 所示。

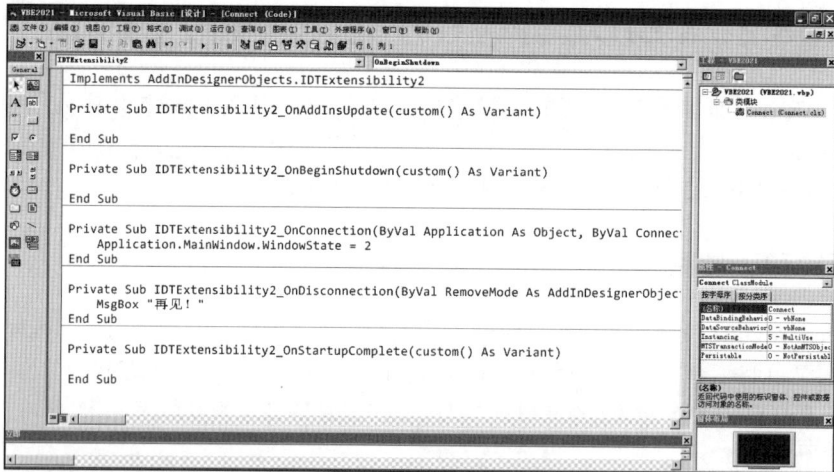

图 18-4　Connect 类模块

保存项目，并且生成 VBE2021.dll 文件。

接下来进行 AddIn 的注册。打开注册表编辑器，找到如下路径：HKEY_CURRENT_USER\
Software\Microsoft\VBA\VBE\6.0\Addins。

在该路径下新建一个子项，重命名为 VBE2021.Connect，在其下面再创建 Description、
FriendLyName、LoadBehavior 三个值，如图 18-5 所示。

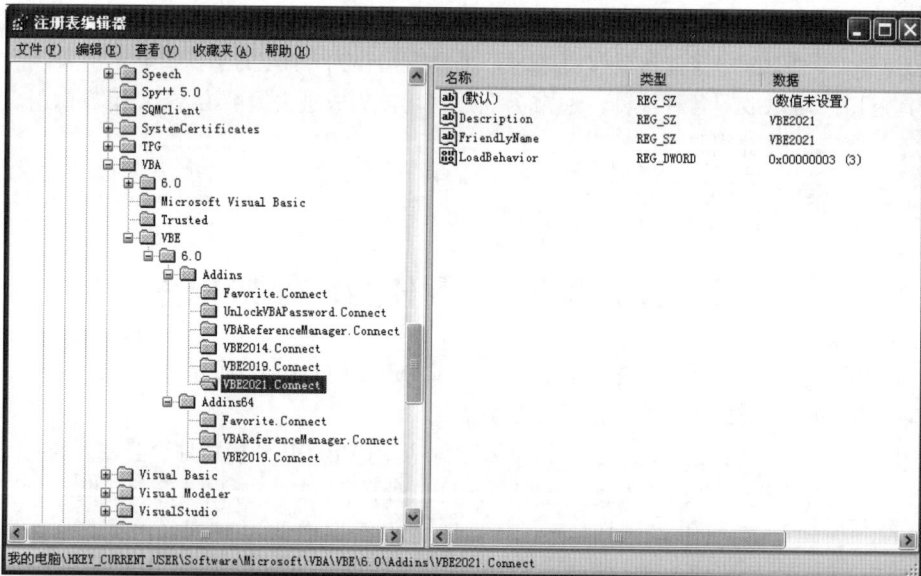

图 18-5　手动创建注册表项

LoadBehavior 等于 3，说明当下次打开 VBA 时会自动连接该外接程序。

以上设置完成后，打开 Office 任一组件的 VBA 编程环境，可以看到 VBA 窗口自动变成最大
化。打开"外接程序管理器"对话框，可以看到多了一个外接程序，如图 18-6 所示。

如果取消勾选"加载的/未加载的"复选框，将会断开该外接程序，同时弹出一个对话框，如图 18-7 所示。

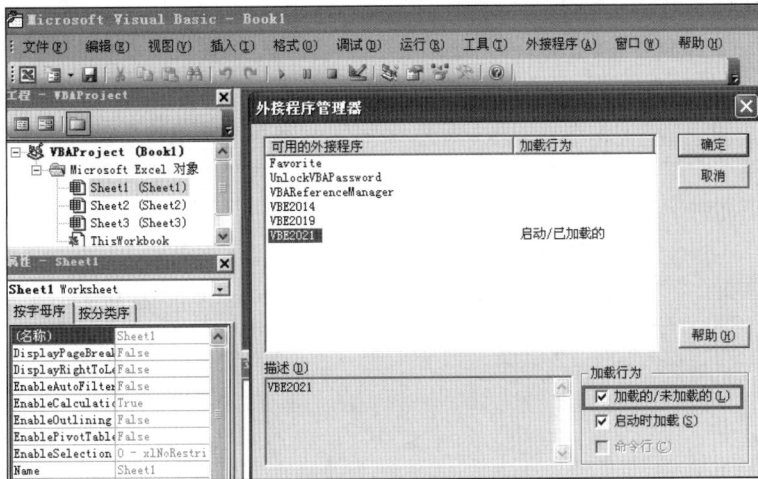

图 18-6　出现了一个新的外接程序　　　　图 18-7　测试对话框

以上设置成功创建了一个最简单的 VBIDE 外接程序。

18.3.1　访问宿主应用程序

VBIDE 外接程序的宿主应用程序是 VBE 对象，可以在标准模块或 Connect 类中声明这样的对象，在 OnConnection 事件中为该对象赋值即可。

此外，还需要为外接程序项目添加 VBIDE 对象库的引用 Microsoft Visual Basic for Applications Extensibility 5.3。

然后添加一个标准模块 Module1，在该模块中声明一个公有变量 VBEApp：

```
Public VBEApp As VBIDE.VBE
```

在 Connect 类的 OnConnection 过程中对 VBEApp 进行赋值：

```
Private Sub IDTExtensibility2_OnConnection(ByVal Application As Object, ByVal
ConnectMode As AddInDesignerObjects.ext_ConnectMode, ByVal AddInInst As Object,
custom() As Variant)
    Set Module1.VBEApp = Application
    Module1.VBEApp.MainWindow.WindowState=VBIDE.vbext_WindowState.vbext_ws_Maximize
End Sub
```

设置完成后，在该项目的任何位置都可以使用 Module1.VBEApp 操作外接程序所在的 VBA 环境。

18.3.2　自定义工具栏和右键菜单

自定义工具栏和右键菜单是 VBA 窗口中与用户交互最主要的方式，因此 VBIDE 外接程序中的界面设计也应从这方面入手。

要把自己设计的功能植入用户 VBA 界面中，一种方法是创建一个全新的工具栏，在该工具栏中添加一些按钮；另一种方法是在 VBA 内置工具栏中加入新的按钮。新的按钮必须考虑回调的问题，也就是用户单击按钮之后如何执行外接程序中的代码。

工具栏和按钮的对象模型来源于 Office，因此还需要为该项目添加 Microsoft Office x.0 Object Library 引用。

如果要把自己设计的功能放到 VBA 内置工具栏中，必须先查询和了解内置工具栏的名称。例如，要在代码窗口的右键菜单中追加一个"函数注释"新按钮，开发人员必须事先知道代码窗口的右键菜单的名称是什么。下面讲解通过 OfficeCommandBarViewer 辅助工具查看工具栏名称的方法。

下载本书配套资源中的 OfficeCommandBarViewer.rar，解压后双击打开主文件 OfficeCommand-BarViewer.exe，单击菜单"文件""打开 XML"，选择 VBE_CHN.xml 文件，如图 18-8 所示。

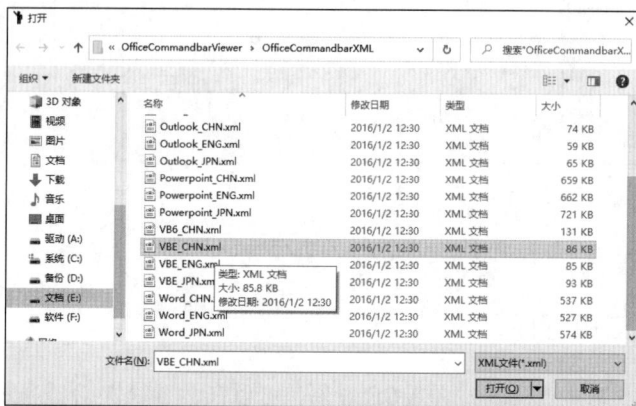

图 18-8　选择工具栏数据文件

在 OfficeCommandbarViewer 中显示一个树形结构，依次展开各级节点，可以发现 Code Window 下面的列表与 VBA 代码窗口右键菜单中的命令列表一致，如图 18-9 和图 18-10 所示。

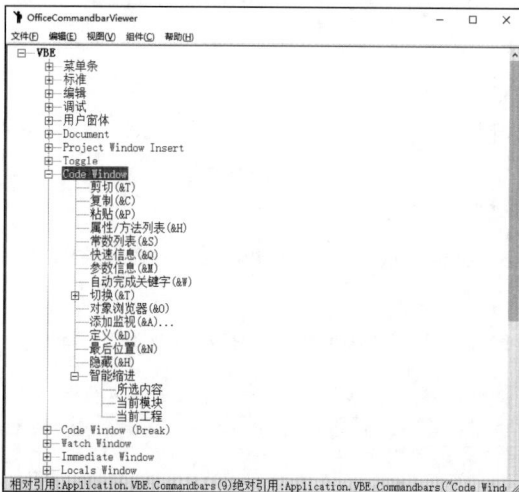

图 18-9　OfficeCommandbarViewer

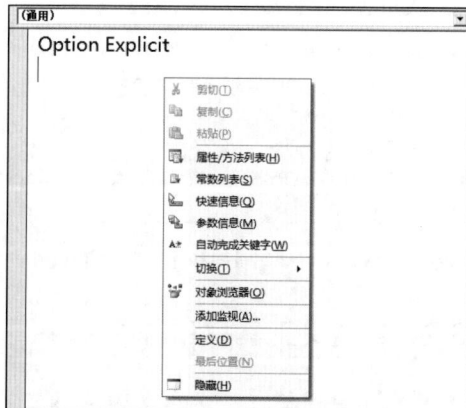

图 18-10　VBA 代码窗口的右键菜单

这样就知道了要把新的按钮添加在 Code Window 工具栏之下。

在 Connect 模块中使用 WithEvents 关键字声明一个 Office.CommandBarButton 变量，从而自动产生 Click 事件过程。Click 事件过程的作用是在光标处插入指定的注释内容。

完整代码如下：

```
Private cmb As Office.CommandBar
Private WithEvents Button1 As Office.CommandBarButton
Private acp As VBIDE.CodePane
Private cm As VBIDE.CodeModule
Private Sub Button1_Click(ByVal Ctrl As Office.CommandBarButton,CancelDefault As
Boolean)
    Dim r1 As Long, c1 As Long, r2 As Long, c2 As Long
    If Ctrl.Tag = "Function Comments" Then
        Set acp = VBEApp.ActiveCodePane
        Set cm = acp.CodeModule
        acp.GetSelection r1, c1, r2, c2
        cm.InsertLines r1, "'>>>函数功能：<<<" & vbNewLine & "'>>>参数列表：
<<<" & vbNewLine & "'>>>返回值   ：<<<"
        CancelDefault = True
    End If
End Sub


Private Sub IDTExtensibility2_OnConnection(ByVal Application As Object, ByVal
ConnectMode As AddInDesignerObjects.ext_ConnectMode, ByVal AddInInst As Object,
custom() As Variant)
    Set Module1.VBEApp = Application
    Set cmb = Module1.VBEApp.CommandBars.Item("Code Window")
    Set Button1 = cmb.Controls.Add(Type:=Office.MsoControlType.msoControlButton)
    With Button1
        .BeginGroup = True
        .Caption = "函数注释"
        .FaceId = 3078
        .Style = msoButtonIconAndCaption
        .Tag = "Function Comments"
    End With
End Sub
```

再次生成动态链接库，重启 VBA，在代码区右击，在右键菜单最下面多了一个按钮，如图 18-11 所示。

单击该按钮，在代码区中插入三行注释，如图 18-12 所示。

图 18-11　在右键菜单中添加按钮

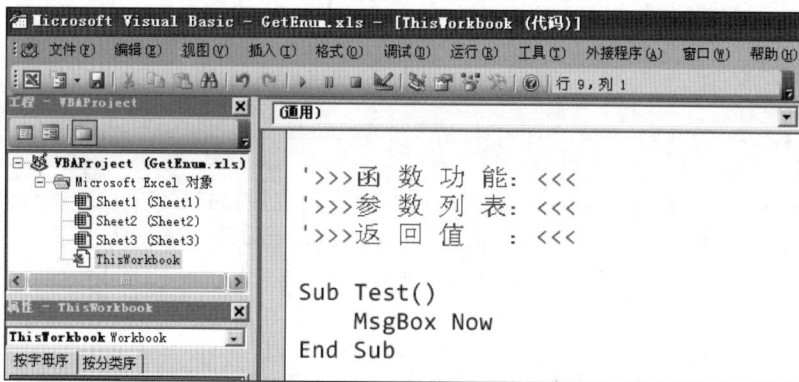

图 18-12　插入注释

18.3.3　创建工具窗口

VBA 窗口中的工具窗口类似于 Office 中的任务窗格，可以停靠在主窗口中。单击工具窗口右上角的关闭按钮，不会真正删除工具窗口，只是隐藏了该窗口。

使用 VB6 开发的 VBIDE 外接程序项目，通过添加用户文档就可以创建一个工具窗口，如图 18-13 所示。

添加的用户文档默认名称是 UserDocument1。用户文档在设计时与窗体的设计类似。下面在 UserDocument1 中添加一个 Image 控件以显示一幅风景图，如图 18-14 所示。

图 18-13　添加用户文档

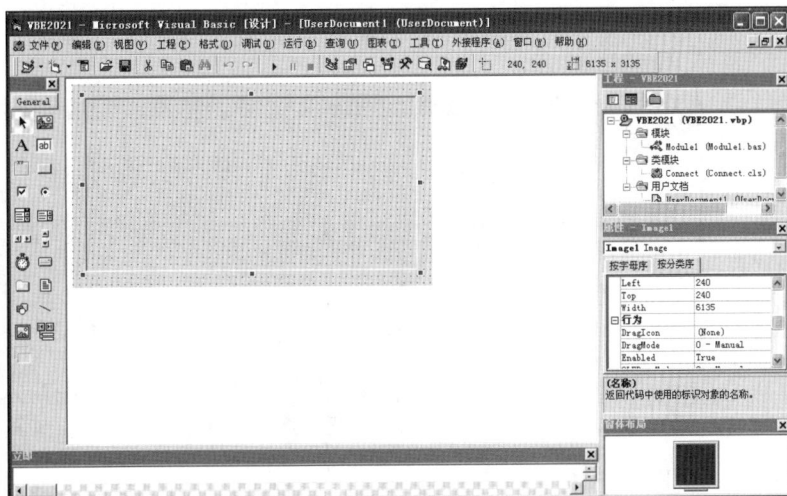

图 18-14　用户文档设计画面

由于工具窗口可能被用户拉伸而改变尺寸，所以需要利用 Resize 事件处理 Image1 图片控件与其容器的大小关系：

```
Private Sub UserDocument_Initialize()
    UserDocument.Image1.Picture = LoadPicture(App.Path & "\Fuji.jpg")
End Sub

Private Sub UserDocument_Resize()
    With UserDocument.Image1
        .Width = UserDocument.ScaleWidth - 480
        .Height = UserDocument.ScaleHeight - 480
    End With
End Sub
```

然后在 Connect 类顶部声明以下两个变量：

```
Private ToolWindow1 As VBIDE.Window
Private UD1 As UserDocument1
```

在 OnConnection 事件过程中创建工具窗口：

```
Private Sub IDTExtensibility2_OnConnection(ByVal Application As Object, ByVal
ConnectMode As AddInDesignerObjects.ext_ConnectMode, ByVal AddInInst As Object,
custom() As Variant)
    Set Module1.VBEApp = Application
    Set ToolWindow1 = VBEApp.Windows.CreateToolWindow(AddInInst, "VBE2021.
UserDocument1", "每日心情", "Fuji", UD1)
    VBEApp.MainWindow.LinkedWindows.Add ToolWindow1
    ToolWindow1.Visible = True
End Sub
```

保存项目，重新生成动态链接库，在 VBA 中连接。可以看到多了一个"每日心情"的工具窗口，如图 18-15 所示。

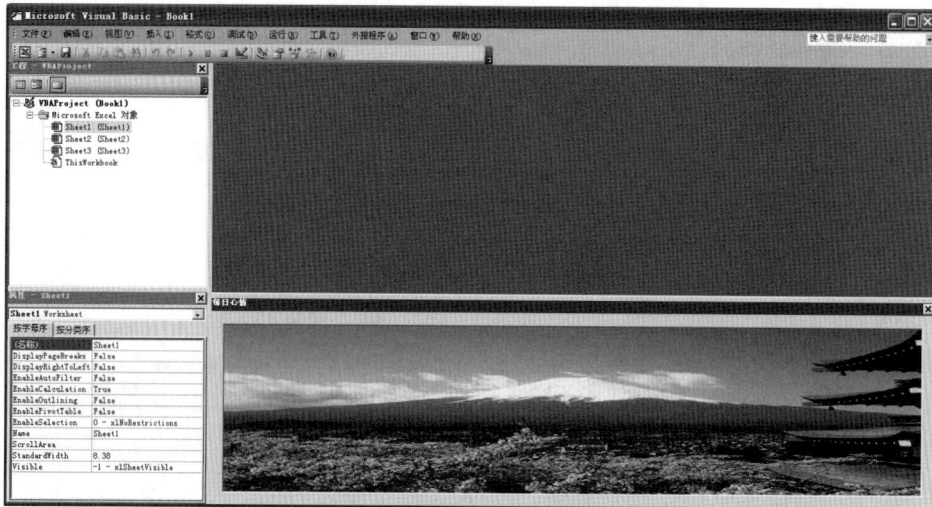

图 18-15　自定义任务窗格

第 19 章　Inno Setup 用法指南

当一个软件开发完成后，在生成的结果文件中，除了主程序以外，还有很多关联的文件。如果把这些文件直接分发到客户计算机中，未必能运行。因为软件的正常工作需要注册表等配置信息的配合。第三方控件或动态链接库在不同的计算机中表现出来的行为是不一样的，很重要的一个原因就是这些文件不能单独工作，必须要有注册表信息的支持。

为了把开发完成的软件产品复制到客户计算机，并且达到与开发计算机中一样的运行效果，最便捷的方法是制作软件安装包。

软件安装包，就是利用打包软件把开发软件生成的各种文件按照预先指定的规则压缩打包成一个 exe 可执行文件，客户计算机下载了安装包，双击之后将会以程序（Program）的方式安装到客户计算机中。安装软件时会把原先压缩进去的各种文件解压释放到客户的文件夹中，并且，把需要注册的内容写入注册表，这样就相当于构建了与开发计算机一样的运行环境。当客户不需要该软件产品时，可以从程序列表中卸载软件，卸载的过程中会把安装时写入的注册表信息恢复为原状。

本章以 VB6 开发的软件和产品作为打包对象，介绍利用 Inno Setup 制作安装包的过程和方法。

19.1　Inno Setup 简介

Inno Setup 是一个免费的 Windows 程序安装包制作工具，产生于 1997 年，主页是 http://www.jrsoftware.org/isdl.php。

主要特色如下。

- 支持几乎所有 Windows 版本，包括 XP、Windows 7、Windows 10 等。
- 兼容 64 位系统和 64 位应用程序。
- 可以创建一个易于发布的、单独的 exe 可执行文件。
- 标准的 Windows 向导界面。
- 可以自定义安装：完全安装，最小安装，自定义安装。
- 完整的卸载能力。
- 可以创建快捷方式：开始菜单，桌面。
- 自动创建注册表项。
- 在安装之前、安装中、安装之后自动运行其他程序。
- 支持多国语言。
- 支持使用密码加密。
- 静默安装和静默卸载。
- 所有源代码可用。

使用任何编程语言开发的应用软件，都可以通过 Inno Setup 制作成安装包。

19.1.1　Inno Setup 的下载和安装

目前，该工具的最新版本是 innosetup-6.0.2.exe。

通过浏览器进入 Inno Setup 主页：https://jrsoftware.org/isdl.php，切换至 Download 页面，找到 innosetup-6.0.2.exe 安装文件，选择 Random site 选项，单击超链接或在右键菜单中选择"目标另存为"选项，如图 19-1 所示。

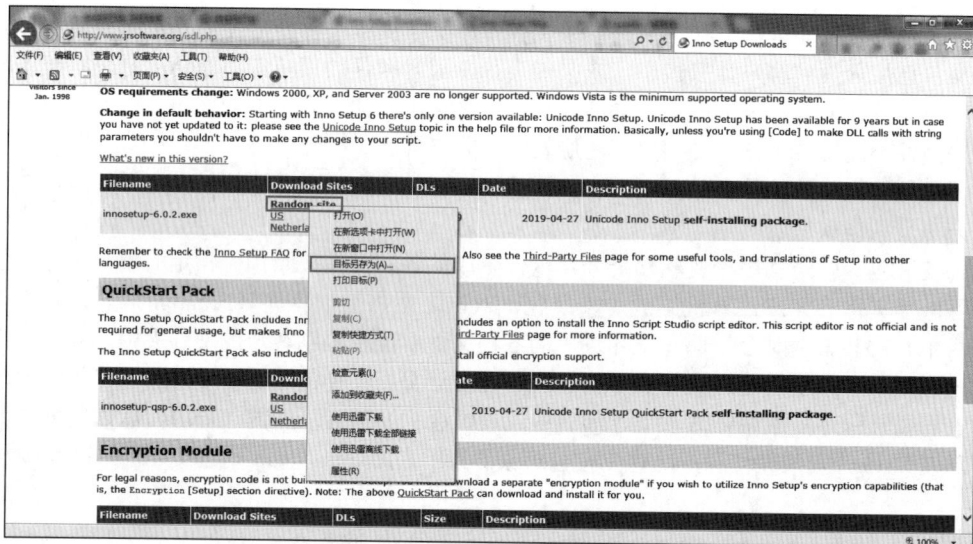

图 19-1　下载 Inno Setup 6.0.2

弹出保存对话框后，把 innosetup-6.0.2.exe 文件下载到任意文件夹中，双击该文件并且安装。选择 Install for all users（recommended）选项，如图 19-2 所示。

安装路径选择默认的 C:\Program Files\Inno Setup 6，如图 19-3 所示。

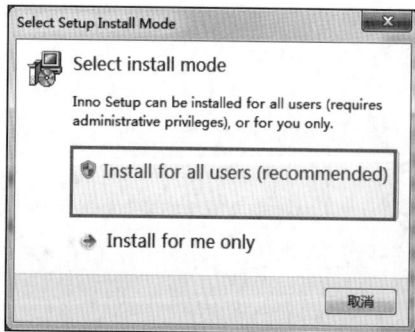

图 19-2　选择 Install for all users
（recommended）选项

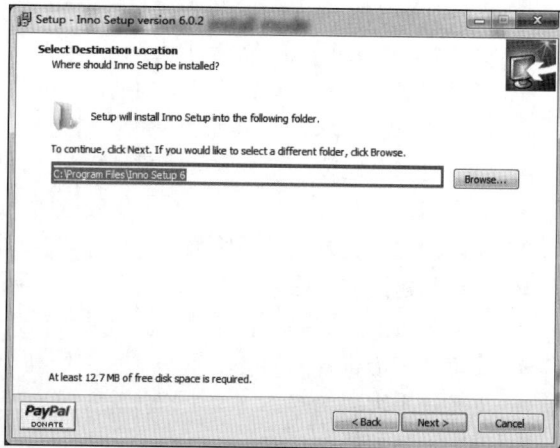

图 19-3　选择安装路径

　　连续单击 Next 按钮，直到出现完成对话框。在完成对话框中如果勾选 Launch Inno Setup 复选框，关闭对话框后会自动打开该工具，如图 19-4 所示。

　　安装结束后，在开始菜单中可以找到该软件的程序文件夹和图标。其中，Inno Setup Compiler 是工具的主程序；Inno Setup Documentation 是帮助文档，如图 19-5 所示。

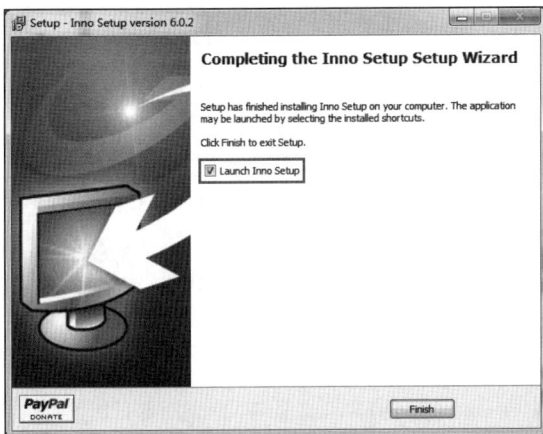

图 19-4　启动 Inno Setup

图 19-5　Inno Setup 程序组

　　打开该工具的安装路径 C:\Program Files\Inno Setup 6，可以看到以下几个重要文件，如图 19-6 所示。

图 19-6　安装后产生的文件

- Default.isl：默认语言包，即英文语言配置文件。
- ISetup.chm：帮助文档。
- Compil32.exe：Inno Setup 的主程序文件。

双击 Compil32.exe 应用程序，或者通过开始菜单单击 Inno Setup Compiler 即可启动 Inno Setup 软件，如图 19-7 所示。

在 Inno Setup 窗口中依次单击菜单 Help、About Inno Setup 打开"关于"对话框，显示 Inno Setup Compiler version 6.0.2(u)，如图 19-8 所示。

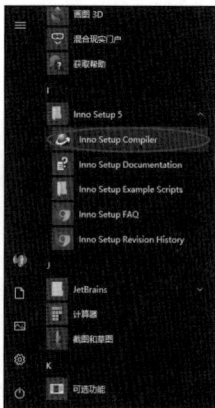

图 19-7　从开始菜单启动 Inno Setup 软件

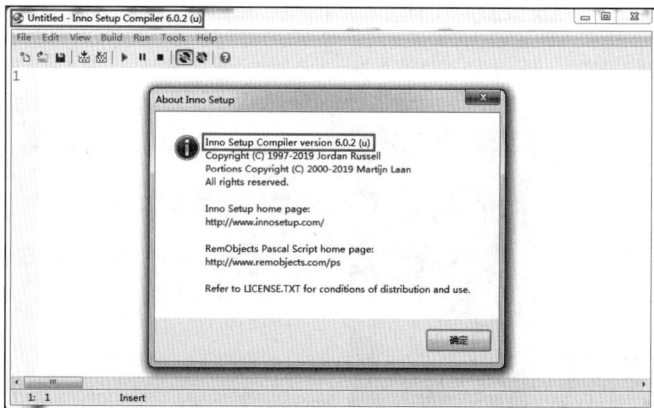

图 19-8　"关于"对话框

括号中的字母 u 表示 Inno Setup 工具是 Unicode 版本，此版本对于中文、日文等语言有非常好的支持。

对于 Inno Setup 5 及其以下版本，通常提供 ANSI 和 Unicode 两个版本的安装，如果安装了 ANSI 版本的 Inno Setup，打包中文软件可能出现乱码，使用 Inno Setup 6.0.2 就不存在这个问题。

19.1.2　Inno Setup 帮助系统

Inno Setup 提供了两种帮助系统：一种是对于没有安装该工具的用户，可以通过浏览器访问如下在线帮助系统：http://www.jrsoftware.org/ishelp/。

通过单击左侧的节点，了解各个命令的用法和示例，如图 19-9 所示。

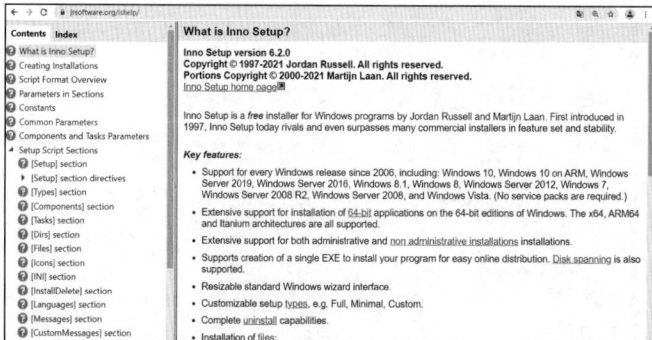

图 19-9　网页版帮助

另一种是对于安装了 Inno Setup 的用户，可以找到并打开安装路径下的 ISetup.chm 文件，内容与在线帮助系统一样，如图 19-10 所示。

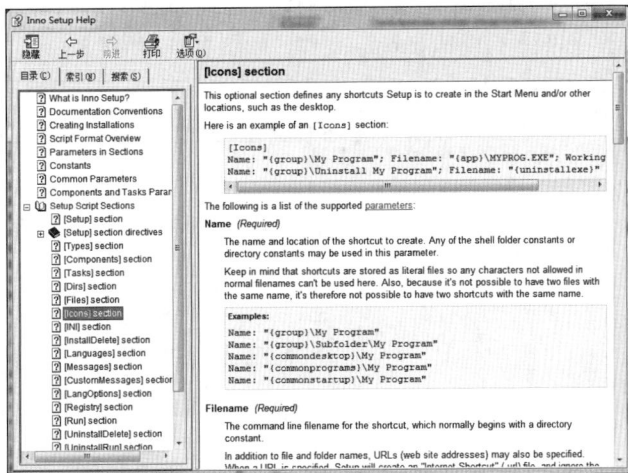

图 19-10　本地帮助文件

19.2　创建 iss 脚本文件

Inno Setup 使用代码文件作为打包的依据，这种代码文件称为"脚本文件"。

Inno Setup 脚本的扩展名是 .iss（inno setup script），在脚本文件中记载了软件安装和卸载过程中涉及的一切参数和设定。

本节以打包 SimpleForm 为例，讲解创建 Inno Setup 脚本文件的方法。

19.2.1　认识软件的安装过程

这里所说的软件，不是指 Inno Setup，而是开发人员开发出的软件产品，是被 Inno Setup 打包的对象。

Inno Setup 的作用是把开发计算机中与软件有关的文件打包成安装包，然后在客户计算机上运行这个安装包，从而把安装包中的文件释放到客户计算机的路径下，保证软件可以正常使用。

那么在脚本文件中，就必须指定要把哪些文件压缩到安装包中，用户安装时把这些文件释放到客户计算机的哪个路径下。

创建脚本文件有两种方式：

● 使用向导对话框。

● 创建空白脚本文件，输入代码。

无论使用以上哪种方式，结果都是一样的，都产生了一个 iss 脚本文件。

但是，创建脚本的前提是，必须事先准备一个开发完成的软件。为了便于讲解，下面用 VB6 开发一个简单的窗体应用程序作为打包的对象软件。

19.2.2 示例软件的制作

在 VB6 中创建一个窗体应用程序，工程名称修改为 SimpleForm，在"工程属性"对话框中，设置帮助文件名为应用程序路径下的 Help.chm 文件，如图 19-11 所示。

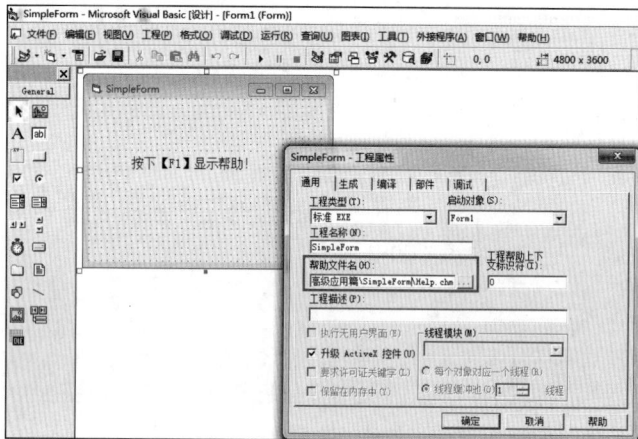

图 19-11　示例程序

然后生成可执行文件 SimpleForm.exe，如图 19-12 所示。

图 19-12　编译后生成的可执行文件

通过以上设置创建了一个测试用的软件，该软件的主程序文件是 SimpleForm.exe，帮助文件是 Help.chm。下面使用 Inno Setup 把这两个文件进行打包。

19.2.3 使用脚本向导

对于 Inno Setup 的初学者来说，脚本向导具有方便、快速创建脚本的功能，用户不需要输入任何代码就可以自动产生脚本。

启动 Inno Setup Compiler 软件，单击菜单 File、New，或者按快捷键【Ctrl+N】，弹出 Inno Setup Script Wizard 对话框，如图 19-13 所示。

图 19-13　打包向导

在该对话框的下方，有一个 Create a new empty script file 复选框。如果勾选此项，则不使用向导对话框，而是直接书写代码。因此，此处不勾选这个选项，直接单击 Next 按钮，进入应用程序信息的设置对话框，在该对话框中依次输入 Application name（软件名称）、Application version（版本号）、Application publisher（发布者）、Application website（主页信息），如图 19-14 所示。

图 19-14　安装向导设置对话框

单击 Next 按钮进入应用程序文件夹对话框，该对话框用于设置软件安装到客户计算机上的路径，一般使用默认的 Program Files 文件夹。

该软件将安装在客户计算机的 C:\Program Files\SimpleForm 文件夹下。如果勾选 Allow user to change the application folder 复选框，在进行安装时，客户可以修改安装路径，如图 19-15 所示。

单击 Next 按钮进入应用程序文件对话框，该对话框用于设置开发计算机中与测试软件有关的哪些文件被打包进去。

在 Application main executable file（主执行文件）中浏览到测试软件的主文件 SimpleForm.exe，如果希望客户计算机在安装结束后自动启动主程序文件，可以勾选 Allow user to start the application after Setup has finished 复选框。

如果打包的是动态链接库或 COM 加载项，主文件不是 exe 文件，这种情况可以勾选 The application doesn't have a main executable file 复选框。

在最下面的列表框中添加与软件相关的 Other application files（其他文件），此处选择预先准备好的帮助文件 Help.chm，如图 19-16 所示。

图 19-15　设置画面　　　　　　　　　　图 19-16　添加文件

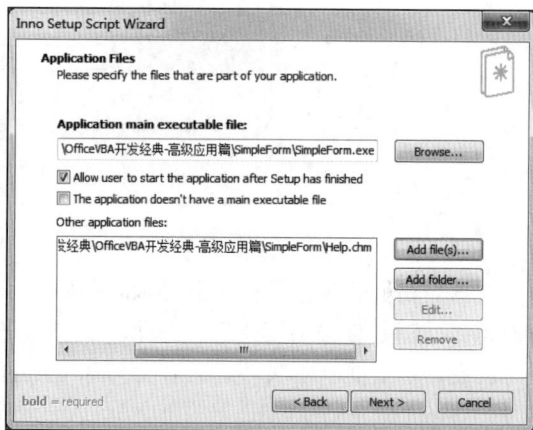

单击 Next 按钮进入应用程序快捷方式对话框，在该对话框中勾选 Create a shortcut to the main executable in the common Start Menu Programs folder 复选框，将会在客户计算机的开始菜单中创建该软件的文件夹。

如果勾选 Allow user to create a desktop shortcut 复选框，则安装后在桌面创建主程序文件的快捷方式，如图 19-17 所示。

单击 Next 按钮进入应用程序文档对话框，在该对话框中可以设置 License file（许可文件）、Information file shown before installation（安装前必读文件）、Information file shown after installation（安装后必读文件）。这些文件可以是 txt 或 rtf 文件，如图 19-18 所示。

暂时不设置，单击 Next 按钮进入安装模式对话框。

在该对话框中可以设置管理员权限安装还是非管理员权限安装。如果是非管理员权限安装，则该软件只对当前用户有效。

如果勾选 Ask the user to choose the install mode at startup 复选框，那么在安装之前可以选择安装给所有用户还是当前用户，如图 19-19 所示。

单击 Next 按钮进入安装语言对话框。

在该对话框中可以勾选一种以上的安装语言，如勾选 English 复选框、German 复选框和 Japanese 复选框，如图 19-20 所示。

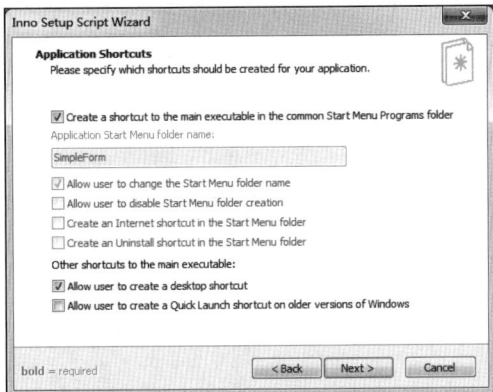

图 19-17 是否创建桌面快捷方式

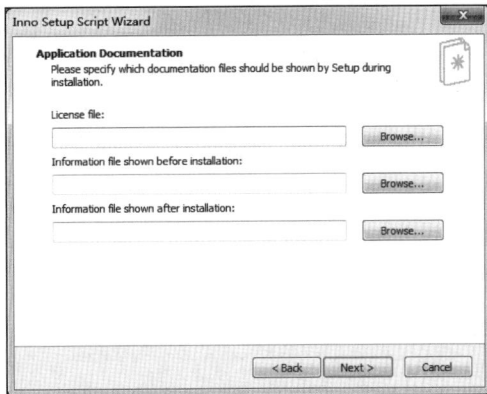

图 19-18 许可协议设置

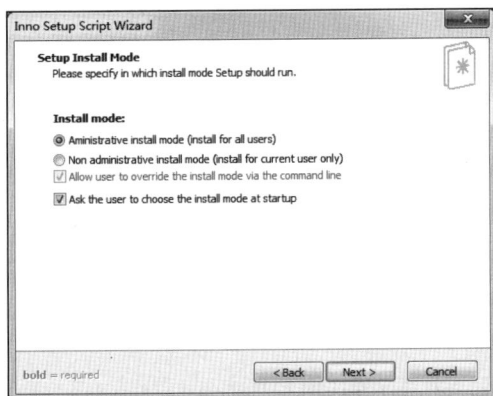

图 19-19 允许用户选择安装模式

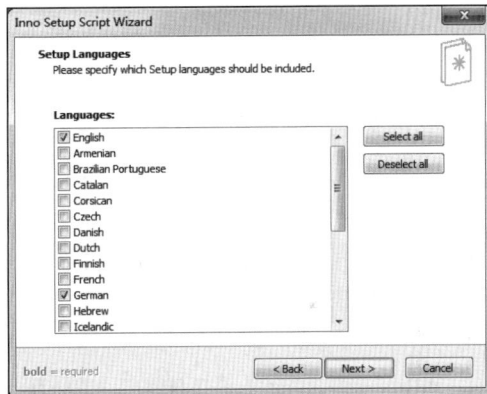

图 19-20 语言设置

单击 Next 按钮进入编译器设置对话框，在该对话框中设置生成的安装包输出到什么位置，还可以为安装包设置图标（预先准备一个 ico 的图标文件），根据需要也可以设置密码，如图 19-21 所示。

单击 Next 按钮，进入完成画面，提示已经成功完成了脚本向导，如图 19-22 所示。

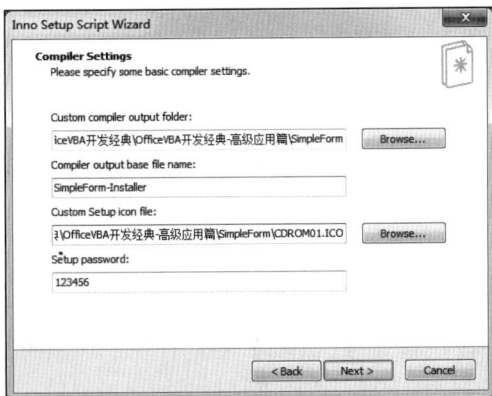

图 19-21 编译设置

图 19-22 向导完成

单击 Finish 按钮，关闭对话框。

然后单击菜单 File、Save 或按快捷键【Ctrl+S】，建议把生成的脚本保存到测试软件所在的路径下，命名为 Setup.iss，如图 19-23 所示。

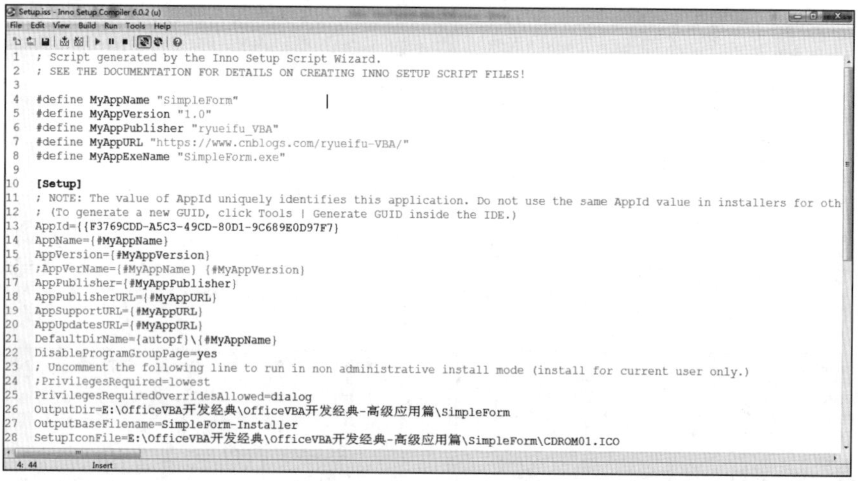

图 19-23　自动产生的安装脚本

实际上，使用向导对话框没有进行任何的修改操作，只是通过对话框产生了这些脚本代码。

根据需要，可以后期对脚本进行调整和完善。当然，这需要对 Inno Setup 脚本代码非常熟悉，否则错误的修改可能导致脚本无法使用。

19.3　软件的安装和卸载

安装包的制作，涉及打包、安装、卸载三个阶段。

（1）打包，是指使用 Inno Setup 把开发好的软件的相关文件打包成一个单独的 exe 安装文件。

（2）安装，是指把安装包分发到客户计算机，客户通过双击安装文件，经过一系列的安装向导完成安装。安装过程最主要的目的是把压缩在安装文件中的软件相关文件释放到客户计算机中。根据需要，在安装的过程中还涉及自动修改注册表、自动创建路径等操作。

（3）卸载，是安装的撤销操作过程，一般要把释放到安装路径下的软件相关文件删除，对注册表造成的修改恢复原样等。

制作脚本文件的目的就是生成安装包。下面介绍安装包的生成、在客户计算机进行安装和卸载的过程。

19.3.1　脚本文件的编译

启动 Inno Setup 软件，单击菜单 File、Open 或按快捷键【Ctrl+O】，打开上次制作的脚本 Setup.iss，然后单击菜单 Build、Compile 或按快捷键【Ctrl+F9】，对脚本进行编译，编译结束后在路径下生成一个 SimpleForm-Installer.exe 文件，这就是安装包，如图 19-24 所示。

图 19-24　生成的安装包

19.3.2　软件的安装

把编译好的安装包 SimpleForm-Installer.exe 复制到客户计算机的任何路径下，双击安装包开始安装。

出现的第一个界面就是选择安装模式，可以选择 Install for all users (recommended)，也可以选择 Install for me only，如图 19-25 所示。

选择其中一种安装模式后，进入选择安装语言的界面，此处选择 English，如图 19-26 所示。

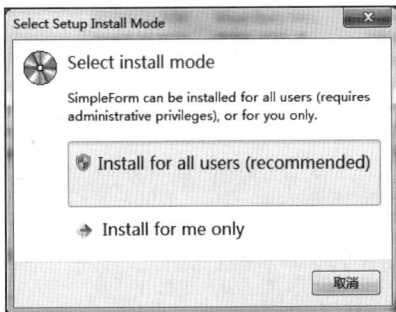

图 19-25　安装界面

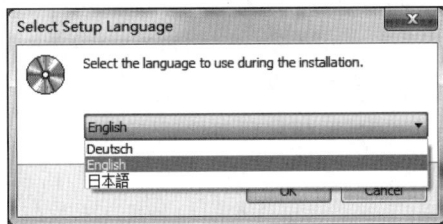

图 19-26　选择安装语言

接着，输入安装密码：123456，如图 19-27 所示。

单击 Next 按钮，进入选择安装路径对话框，默认安装在 C:\Program Files\SimpleForm 路径下，用户可以浏览其他路径。注意对话框的标题显示的是软件的名称和版本号：Setup – SimpleForm version 1.0，如图 19-28 所示。

单击 Next 按钮，询问是否创建桌面快捷方式，用户可以根据需要进行选择，如图 19-29 所示。

单击 Next 按钮，进入开始安装对话框，如图 19-30 所示。

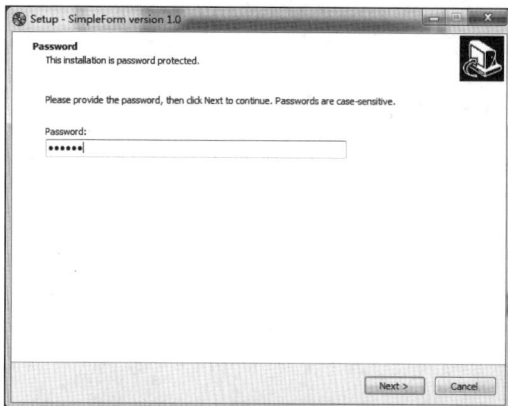

图 19-27　输入安装密码

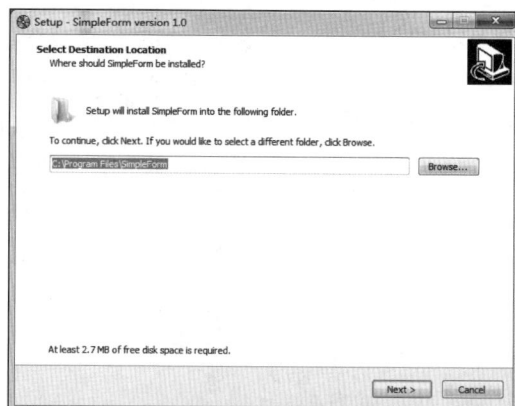

图 19-28　选择安装路径

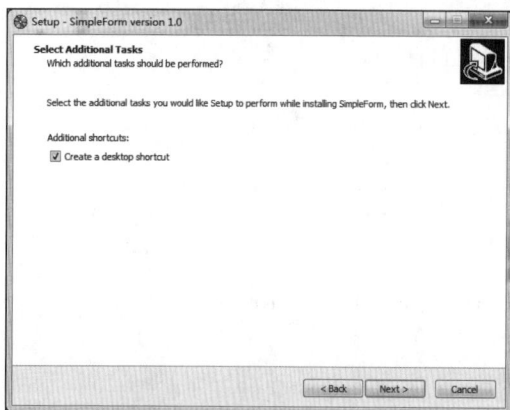

图 19-29　创建桌面快捷方式

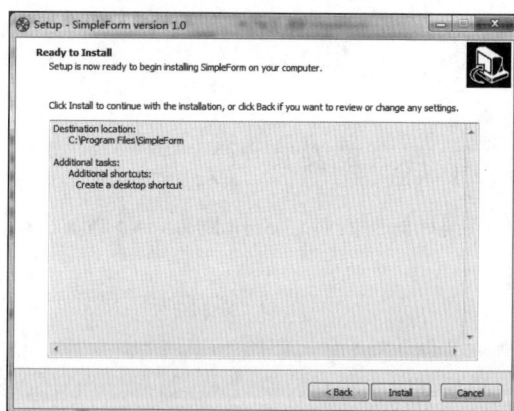

图 19-30　开始安装

单击 Install 按钮，出现安装进度界面，如图 19-31 所示。

安装结束后，可以勾选 Launch SimpleForm 复选框启动主程序文件，如图 19-32 所示。

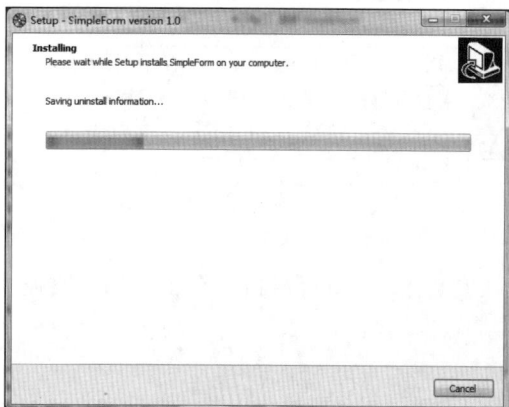

图 19-31　安装进行中

图 19-32　启动安装后的主程序文件

安装完成后，在客户计算机的如下三个位置可以确认该软件是否被正常安装：

● 开始菜单中。

● 桌面快捷方式。

● 安装路径中。

找到该软件的安装路径，可以看到有两个文件是打包进去的文件，另外两个与卸载有关，如图 19-33 所示。

图 19-33　安装软件后产生的文件

19.3.3　软件的卸载

Inno Setup 对卸载过程也可以进行设置，因此有必要了解卸载过程中出现的各种界面。

在控制面板中选择卸载或更改程序，在程序列表中找到 SimpleForm version 1.0（32-bit）软件，在右键菜单中选择"卸载"选项，如图 19-34 所示。

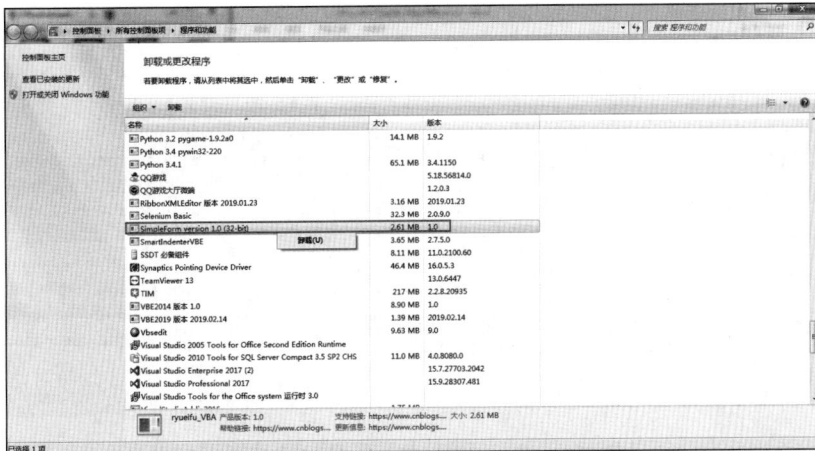

图 19-34　在控制面板中卸载软件

弹出确认对话框，单击"是"按钮，如图 19-35 所示。

在卸载状态对话框中，可以看到卸载的进度，如图 19-36 所示。

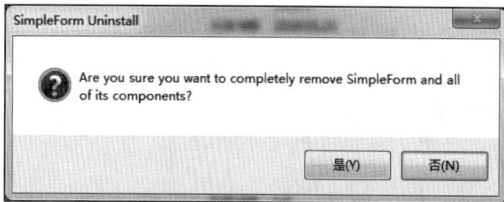

图 19-35　询问对话框

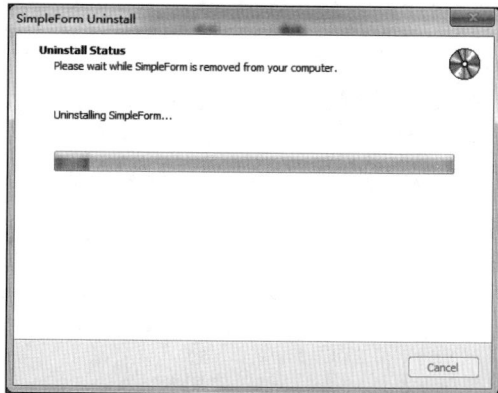

图 19-36　卸载中

最后，弹出卸载成功的对话框，如图 19-37 所示。

需要注意的是，在客户计算机中安装时选择什么语言，卸载该软件时就是什么语言。例如，安装时选择的是日语，如图 19-38 所示。

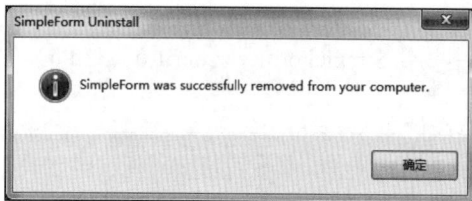

图 19-37　卸载成功

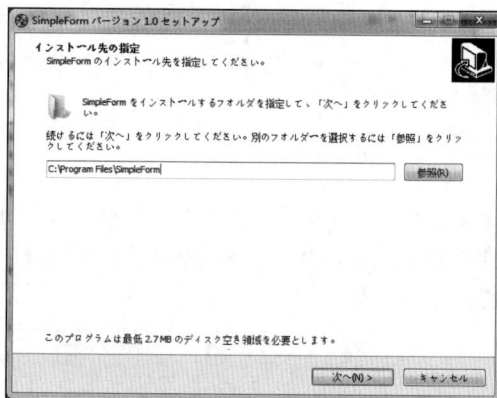

图 19-38　卸载语言与安装语言一致

那么卸载对话框中也是日语，如图 19-39 所示。

以上讲解了安装包的制作、安装、卸载的完整过程。需要注意的是，每个环节中的界面、弹出的各种对话框都与脚本文件中的代码有关。因此，学习 Inno Setup 打包的重点，就是要搞清楚 iss 脚本文件代码和表现出来的行为、界面之间的关系。

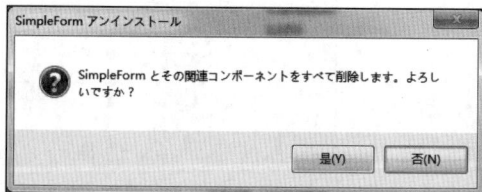

图 19-39　询问对话框

19.4　iss 脚本文件的构成

一个 iss 脚本文件由预定义常量部分和若干个节（Sections）构成。下面通过分析一个脚本文件实例，逐步介绍常量的定义和用法以及每一节的设置方法和作用。

下面是一个典型的 iss 脚本文件，其中以半角分号（;）开始的代码行是注释，不起任何作用。

```
; Script generated by the Inno Setup Script Wizard.
; SEE THE DOCUMENTATION FOR DETAILS ON CREATING INNO SETUP SCRIPT FILES!

#define MyAppName "SimpleForm"
#define MyAppVersion "1.0"
#define MyAppPublisher "ryueifu_VBA"
#define MyAppURL "https://www.cnblogs.com/ryueifu-VBA/"
#define MyAppExeName "SimpleForm.exe"

[Setup]
; NOTE: The value of AppId uniquely identifies this application. Do not use the
same AppId value in installers for other applications.
; (To generate a new GUID, click Tools | Generate GUID inside the IDE.)
AppId={{F3769CDD-A5C3-49CD-80D1-9C689E0D97F7}
AppName={#MyAppName}
AppVersion={#MyAppVersion}
;AppVerName={#MyAppName} {#MyAppVersion}
AppPublisher={#MyAppPublisher}
AppPublisherURL={#MyAppURL}
AppSupportURL={#MyAppURL}
AppUpdatesURL={#MyAppURL}
DefaultDirName={autopf}\{#MyAppName}
DisableProgramGroupPage=yes
; Uncomment the following line to run in non administrative install mode (install
for current user only.)
;PrivilegesRequired=lowest
PrivilegesRequiredOverridesAllowed=dialog
OutputDir=E:\OfficeVBA 开发经典 \OfficeVBA 开发经典 - 高级应用篇 \SimpleForm
OutputBaseFilename=SimpleForm-Installer
SetupIconFile=E:\OfficeVBA 开发经典 \OfficeVBA 开发经典 - 高级应用篇 \SimpleForm\CDROM01.ICO
Password=123456
Compression=lzma
SolidCompression=yes
WizardStyle=modern

[Languages]
Name: "english"; MessagesFile: "compiler:Default.isl"
Name: "german"; MessagesFile: "compiler:Languages\German.isl"
Name: "japanese"; MessagesFile: "compiler:Languages\Japanese.isl"

[Tasks]
Name: "desktopicon"; Description: "{cm:CreateDesktopIcon}"; GroupDescription:
"{cm:AdditionalIcons}"; Flags: unchecked

[Files]
Source: "E:\OfficeVBA 开发经典 \OfficeVBA 开发经典 - 高级应用篇 \SimpleForm\SimpleForm.
exe"; DestDir: "{app}"; Flags: ignoreversion
```

19

```
    Source: "E:\OfficeVBA 开发经典\OfficeVBA 开发经典-高级应用篇\SimpleForm\Help.chm";
DestDir: "{app}"; Flags: ignoreversion
    ; NOTE: Don't use "Flags: ignoreversion" on any shared system files

    [Icons]
    Name:"{autoprograms}\{#MyAppName}";Filename:"{app}\{#MyAppExeName}"
    Name:"{autodesktop}\{#MyAppName}";Filename:"{app}\{#MyAppExeName}";Tasks:
desktopicon

    [Run]
    Filename: "{app}\{#MyAppExeName}"; Description: "{cm:LaunchProgram,{#StringChange
(MyAppName, '&', '&&')}}"; Flags: nowait postinstall skipifsilent
```

19.4.1　脚本语法特点

脚本文件以代码行作为基本单位，规定在各节中的代码行通常有两种语法格式：

- propertyName=propertyValue
- propertyName1: propertyValue1; propertyName2: propertyValue2; propertyName3: propertyValue3

可以看出第一种是用等号把属性名和属性值连接起来；第二种是用冒号连接，并且每个属性之间用分号连接。

在 [Setup] 节中，通常使用等号连接。例如：

```
ShowLanguageDialog=yes
```

表示要显示语言选项。

在其他节中，通常使用冒号。例如，在 [Files] 节中：

```
Source: "自述文件.txt";DestDir:"{app}";Flags:ignoreversion isreadme;Components:Help
```

以上代码规定了一个文件的 4 个方面的属性：表示原始文件是 Source.txt；要复制到客户计算机的安装文件夹中；是一个 readme 文件；组件名称是 Help。

19.4.2　内置常量与自定义常量字符串

在 iss 脚本文件中可以使用内置常量和用户定义常量。

内置常量用花括号括起来，经常用到的内置常量有：

- {win} 表示 C:\Windows，即系统路径。
- {app} 表示软件安装的位置，与选择安装路径页中的选项有关。
- {src} 表示软件安装包的位置。
- {pf} 表示 Program Files 这个路径。
- {dotnet40} 表示 .Net Framework 4.0 所在路径。

内置常量不需要额外定义，直接使用就可以。此外，用户可以在脚本顶部使用 #define 关键字创建自定义常量。

假设在顶部声明了 #define MyAppPublisher "ryueifu_VBA" 这样一个自定义常量，那么脚本中 {win}\docs\{#MyAppPublisher} 就相当于 C:\Windows\docs\ ryueifu_VBA 这个路径。

19.4.3　节的基础知识

iss 脚本文件中常用的节及其作用列举如下。

- [Setup]：对安装包进行全局设置。
- [Languages]：安装语言选项的设置。
- [Tasks]：设置额外的任务，如创建桌面快捷方式。
- [Icons]：在开始菜单、桌面创建图标。
- [Dirs]：需要在客户计算机中创建的路径。
- [Files]：指定需要打包的文件，并且设置释放路径。
- [Messages]：对安装过程中的按钮等进行自定义。
- [Registry]：创建注册表项和值。
- [Run]：安装结束后自动运行的可执行文件。
- [UninstallRun]：卸载之前运行的可执行文件。
- [Code]：Delphi 程序段。

在以上各节中，只有 [Setup] 节是必需的，其他节都是可选的。

[Setup] 节用于对安装包进行全局设置，软件在安装过程中的各种选项都由该节来决定。语法是：**属性名 = 属性值**。例如：AppVersion=1.0。

下面讲解 [Setup] 节中的常用属性及其设置方法。

以 App 开头的属性用来设置被打包软件的信息。例如，AppName 应该设置为软件的名称。

在空白的 iss 脚本文件中输入 [Setup]，换行后接着输入 App 会出现智能提示列表，按快捷键【Tab】可以快速输入属性名称，如图 19-40 所示。

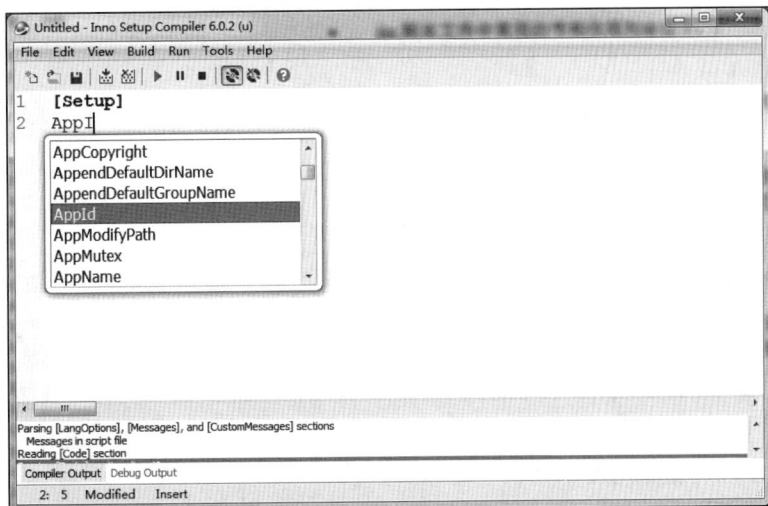

图 19-40　安装代码编辑画面

AppId 属性用来设置软件的 GUID，制作安装包时应该使用新的 AppId。

在 Inno Setup 中单击菜单 Tools、Generate GUID，弹出对话框，如图 19-41 所示。

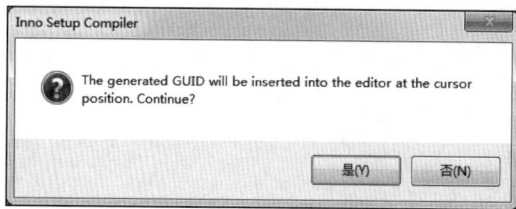

图 19-41　创建 GUID

对话框中提示是否在光标位置插入新的 GUID，单击"是"按钮，产生如下效果：

```
AppId={{0BF9DDAF-0204-4872-981D-E5550B2048A6}
```

📢 注意：

GUID 左侧是两个花括号。

以下两个属性用来设置默认程序路径和默认程序组名称。

```
DefaultDirName={pf}\{#MyAppName}
DefaultGroupName={#MyAppName}
```

以下两个属性用来设置编译后的安装包放在什么位置，以及安装包的名称。

```
OutputDir=.
OutputBaseFilename= SimpleForm-Installer
```

其中 OutputDir=. 表示输出路径与脚本文件所在路径为同一位置。

以下属性用来设置生成安装包的图标。

```
SetupIconFile=CDROM01.ICO
```

其中 CDROM01.ICO 是一个与脚本文件在同一路径的图标文件。

另外，有很多以 Disable 开头的属性用来禁用一些功能，以 Show 开头的属性用来显示或不显示某些界面。例如：

```
DisableDirPage=yes
DisableProgramGroupPage=yes
DisableFinishedPage=yes
DisableWelcomePage=yes
```

上述四个设置分别代表禁止用户选择安装路径、禁止显示程序组、禁止显示完成页、禁止显示欢迎页。

通过下面的设置可以禁止用户选择安装语言。

```
ShowLanguageDialog=no
```

在 [Setup] 节中，还可以设置用户使用协议和许可、安装前必读、安装后必读文件。格式如下：

```
LicenseFile=License.txt
InfoBeforeFile=Before.txt
InfoAfterFile=After.txt
```

但是，如果这样设置，安装过程中显示出的内容与安装语言无关，可能出现界面不一致的情况。以上三项最好在 [Languages] 节中设置。

还有一些属性与压缩方式相关。例如：

```
Compression=lzma
SolidCompression=yes
```

以 Wizard 开头的一些属性，与安装向导对话框中的图片有关。例如，以下两个设置用于自定义安装对话框中的两张图片。

```
WizardImageFile=1.bmp
WizardSmallImageFile=2.bmp
```

关于自定义图片的详细讲解参阅第 20 章。

19.4.4 文件路径的表示方法

在脚本文件中的各节中经常需要指定路径。例如，在 [Setup] 节中通过指定 SetupIconFile 的路径设置安装包的图标；在 [Files] 节中需要指定被复制的文件的路径；在 [Languages] 节中需要指定语言文件的路径。

在 iss 脚本文件中，允许使用绝对路径、相对路径、包含内置常量、自定义常量的路径等多种表示方法。

例如：

```
#define Images "E:\Chess\image"
[Setup]
SetupIconFile={#Images}\Logo.ico
[Languages]
Name: "english"; MessagesFile: "compiler:Default.isl"
[Files]
Source: "{sys}\TABCTL32.OCX"; DestDir: "{app}"; Flags: ignoreversion
Source: "Help.chm"; DestDir: "{app}"; Flags: ignoreversion
```

在上述代码中，{#Images}\Logo.ico 使用了自定义常量，其实是一个绝对路径，表达的是 E:\Chess\image\Logo.ico 这个文件。

compiler:Default.isl 中的 compiler: 表示 Inno Setup 编译器所在的位置，因此这个路径相当于 C:\Program Files\Inno Setup 6\Default.isl。

{sys}\TABCTL32.OCX 使用了内置常量，相当于 C:\Windows\System32\TABCTL32.OCX。

Help.chm 是一个相对路径，假设脚本文件保存在 C:\temp，那么 Help.chm 相当于 C:\temp\Help.chm。

第 20 章　安装包的高级自定义

利用 Inno Setup 制作安装包，通过丰富的选项来自定义每个环节，从而满足软件使用者的需求和感受。

对于 Inno Setup 的初学者，虽然可以利用打包向导，一句脚本代码也不用写就可以生成安装包，但是这种方法生成的安装包风格非常单一，而且不利于脚本的后期维护。为了做到每个方面都能进行微调，实现安装包的高级自定义，必须要理解和学会 Inno Setup 各节中每行代码的作用、每个标志位的取值和对应的功能。

由于知识点太多，不便于一一单独探讨讲解，本章首先提供一个功能比较丰富的脚本文件，再列举安装过程中每个阶段的截图，然后从截图的特点对照前面的代码，学习自定义安装包的方法。

20.1　安装包的制作

TreeviewEditor 是用 VB6 开发的一个桌面应用程序，该程序在开发的过程中用到了通用对话框、树形控件等第三方控件。要在另一台计算机中正常使用该程序，不仅要复制主文件 TreeviewEditor.exe，而且与之相关的 ocx 文件、dot 文件、chm 文件都需要复制过去，并且还需要对 ocx 控件进行注册。

20.1.1　准备要打包的源文件

原则上要打包的源文件可以放在不同的路径下，但为了便于操作和后期维护，通常将打包的文件放在同一个文件夹中。此外，还有一些辅助的文件，如图标、安装前后的说明、许可协议等文件，也需要事先制作完成，如图 20-1 所示。

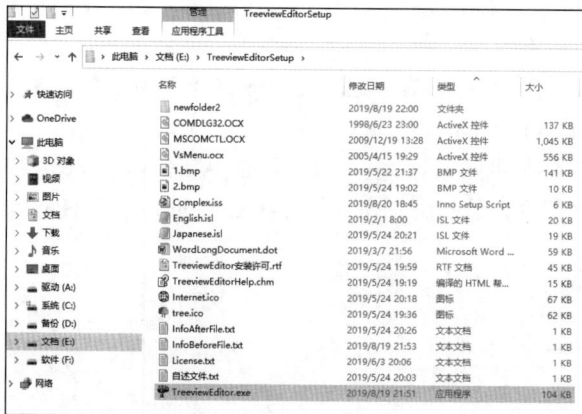

图 20-1　要打包的源文件

20.1.2 书写打包脚本

启动 Inno Setup，新建一个空白脚本文件，输入以下代码并且另存为 Complex.iss。
脚本文件 Complex.iss 的内容如下：

```
1.  [Setup]
2.  AppID ={{867E6CB0-7E38-4190-84F9-A3DEAE238F49}
3.  AppName=TreeviewEditor
4.  AppVersion=1.0
5.  AppPublisher=Ryueifu_VBA
6.  AppPublisherURL=https://www.cnblogs.com/ryueifu-VBA/
7.  AppSupportURL=https://www.cnblogs.com/ryueifu-VBA/
8.  AppUpdatesURL=https://www.cnblogs.com/ryueifu-VBA/
9.  AppCopyright="Copyright © 2019 ryueifu_VBA. All rights reserved."
10. DefaultDirName={pf}\TreeviewEditor
11. PrivilegesRequired=lowest
12. PrivilegesRequiredOverridesAllowed=dialog
13. DisableWelcomePage=no
14. ShowLanguageDialog=yes
15. DisableDirPage=no
16. DisableReadyPage=no
17. DirExistsWarning=no
18. DisableProgramGroupPage=no
19. DefaultGroupName=TreeviewEditor
20. DisableFinishedPage=no
21. UserInfoPage=yes
22. DefaultUserInfoName=
23. DefaultUserInfoOrg=ryueifu_VBA
24. DefaultUserInfoSerial=""
25. OutputDir=.
26. OutputBaseFilename=TreeviewEditor-ComplexInstaller
27. Compression=lzma
28. SolidCompression=yes
29. Password=123456
30. ArchitecturesInstallIn64BitMode=x64
31. SetupIconFile=tree.ico
32. Uninstallable=yes
33. AlwaysRestart=no
34. WindowShowCaption=yes
35. WindowResizable=no
36. WindowVisible=yes
37. WindowStartMaximized=yes
38. WizardImageFile=1.bmp
39. WizardSmallImageFile=2.bmp
40.
41. [LangOptions]
42. DialogFontName="Arial Black"
```

```
43.  DialogFontSize=12
44.  WelcomeFontName="Consolas"
45.  WelcomeFontSize=20
46.  TitleFontName="Comic Sans MS"
47.  TitleFontSize=24
48.  CopyrightFontName="Comic Sans MS"
49.  CopyrightFontSize=16
50.
```

51. [Languages]
```
52.  Name:"English";MessagesFile:"English.isl"
53.  Name:"Chinese";MessagesFile:"ChineseSimplified.isl"; LicenseFile:
"TreeviewEditor 安装许可 .rtf";InfoBeforeFile:"InfoBeforeFile.txt";InfoAfterFile:"InfoA
fterFile.txt"
54.  Name:"Japanese";MessagesFile:"Japanese.isl";LicenseFile:"TreeviewEditor 安 装
许可 .rtf";InfoBeforeFile:"InfoBeforeFile.txt";InfoAfterFile:"InfoAfterFile.txt"
55.
```

56. [Dirs]
```
57.  Name:{app}\newfolder1
58.  Name:{src}\newfolder2
59.
```

60. [Components]
```
61.  Name:Main;Description:" 主程序 ";Types:full compact custom;Flags:fixed
62.  Name:Documentation;Description:" 示例文档 ";Types:full
63.  Name:Help;Description:" 帮助中心 ";Types:full
64.
```

65. [Files]
```
66.  Source: "TreeviewEditor.exe";DestDir:"{app}";Flags:ignoreversion;Components:Main
67.  Source: "TreeviewEditorHelp.chm";DestDir:"{app}";Flags:ignoreversion;
Components:Help
68.  Source: "WordLongDocument.dot";DestDir:"{app}";Flags:ignoreversion;Components:
Documentation
69.  Source: " 自 述 文 件 .txt";DestDir:"{app}";Flags:ignoreversion isreadme;
Components:Help
70.  Source: "tree.ico";DestDir:"{app}";Flags:ignoreversion
71.  Source: "Internet.ico";DestDir:"{app}";DestName:"cnblogs.ico";
Flags:ignoreversion
72.  Source: "VsMenu.ocx";DestDir:"{app}";Flags:ignoreversion regserver;
Components:Main
73.  Source: "MSCOMCTL.ocx";DestDir:"{app}";Flags:ignoreversion regserver;
Components:Main
74.  Source: "COMDLG32.ocx";DestDir:"{app}";Flags:ignoreversion regserver;
Components:Main
75.
```

76. [Messages]
```
77.  BeveledLabel=Ryueifu_VBA
78.  WizardLicense= 授权协议
79.  LicenseLabel= 安装之前阅读如下重要信息。
```

80. LicenseAccepted= 接受 (&A)
81. LicenseNotAccepted= 不接受 (&D)
82.
83. **[Code]**
84. procedure InitializeWizard();
85.   begin
86.   WizardForm.LICENSEACCEPTEDRADIO.Checked:=True;
87.   WizardForm.BeveledLabel.Enabled:=True;
88.   WizardForm.BeveledLabel.Font.Color:=clBlue;
89.   end;
90. function CheckSerial(Serial: String): Boolean;
91.   begin
92.   if Serial='ABCD-5678' then
93.   Result:=True;
94.   end;
95. function NeedRestart(): Boolean;
96.   begin
97.   Result:=True;
98.   end;
99.
100. **[Icons]**
101. Name:"{commondesktop}\TreeviewEditor";Filename:"{app}\TreeviewEditor.exe";IconFilename:"{app}\tree.ico";WorkingDir:"{app}";Comment:"XML&Treeview";HotKey:"Ctrl+Alt+F9";Tasks:desktopicon
102. Name:"{group}\{cm:UninstallProgram,TreeviewEditor}";Filename:"{uninstallexe}"
103. Name:"{group}\TreeviewEditor";Filename:"{app}\TreeviewEditor.exe"
104. Name:"{userappdata}\Microsoft\Internet Explorer\Quick Launch\TreeviewEditor"; Filename: "{app}\TreeviewEditor.exe"; Tasks: quicklaunchicon
105. Name:"{group}\{cm:ProgramOnTheWeb,TreeviewEditor}";Filename:"https://www.cnblogs.com/ryueifu-VBA/";IconFilename:"{app}\cnblogs.ico";WorkingDir:"{app}"
106.
107. **[Tasks]**
108. Name: "desktopicon"; Description: "{cm:CreateDesktopIcon}"; GroupDescription: "{cm:AdditionalIcons}"; Flags: unchecked
109. Name: "quicklaunchicon"; Description: "{cm:CreateQuickLaunchIcon}"; GroupDescription: "{cm:AdditionalIcons}"; Flags: unchecked;
110.
111. **[Registry]**
112. Root:HKCU;Subkey:"Software\TreeviewEditor";Flags:uninsdeletekey
113. Root:HKCU;Subkey:"Software\TreeviewEditor";ValueName:"User";ValueType:string;ValueData:"{userinfoname}"
114. Root:HKCU;Subkey:"Software\TreeviewEditor";ValueName:"Organization";ValueType:string;ValueData:"{userinfoorg}"
115. Root:HKCU;Subkey:"Software\TreeviewEditor";ValueName:"SN";ValueType:string;ValueData:"{userinfoserial}"
116.

20

117. **[Run]**

118. Filename:"{app}\TreeviewEditor.exe";Parameters:"";WorkingDir:"{app}";
Description:"{cm:LaunchProgram,TreeviewEditor}";Flags: nowait postinstall
skipifsilent;StatusMsg:" 请稍等 "

119.

120. **[InstallDelete]**

121. Type:files;Name:"{src}*.xml"

122.

123. **[UninstallRun]**

124. Filename:"regsvr32";Parameters:"/u VsMenu.ocx";WorkingDir:"{app}";StatusMsg:
"Unreg VsMenu.ocx..."

125. Filename:"regsvr32";Parameters:"/u MSCOMCTL.ocx";WorkingDir:"{app}";StatusMsg:
"Unreg MSCOMCTL.ocx..."

126. Filename:"regsvr32";Parameters:"/u COMDLG32.ocx";WorkingDir:"{app}";StatusMsg:
"Unreg COMDLG32.ocx..."

127.

128. **[UninstallDelete]**

129. Type:files;Name:"{app}\VsMenu.ocx";

130. Type:files;Name:"{app}\MSCOMCTL.ocx";

131. Type:files;Name:"{app}\COMDLG32.ocx";

20.1.3 生成安装包

在 Inno Setup 中依次单击菜单 Build、Compile，如图 20-2 所示。

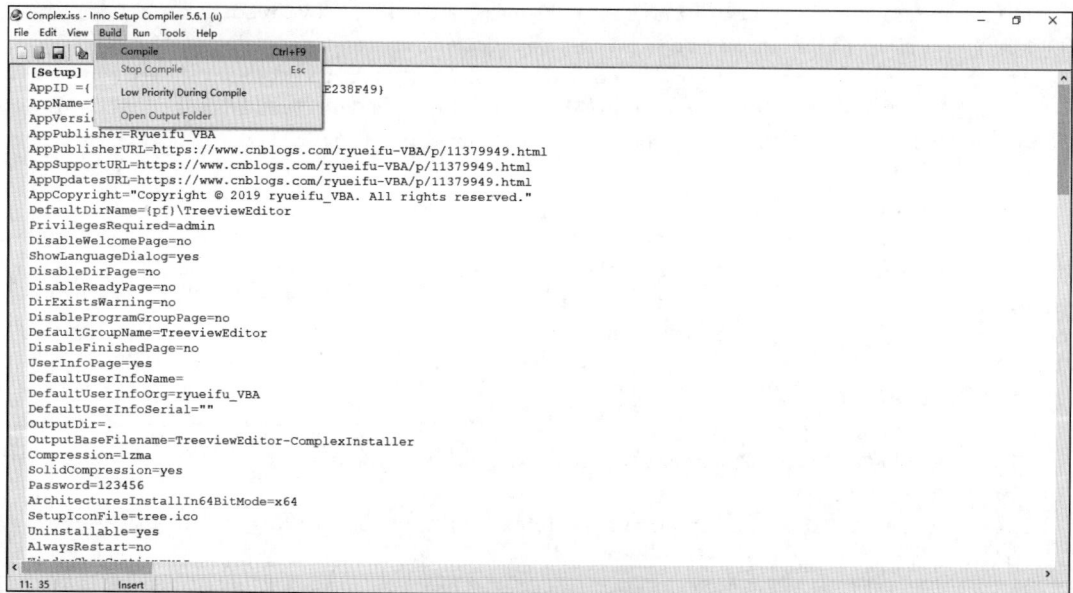

图 20-2　生成安装包

在当前文件夹中生成了安装包：TreeviewEditor-ComplexInstaller.exe。

20.2　安装包的测试

把生成的安装包发送到另一台计算机中进行测试，观察安装的过程、安装后的确认、卸载的过程是否正常。

20.2.1　安装的过程

双击 TreeviewEditor-ComplexInstaller.exe 文件，依次弹出十几个界面，如图 20-3～图 20-17 所示。

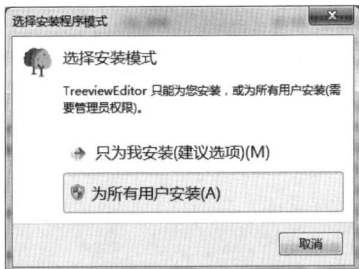

图 20-3　选择安装模式

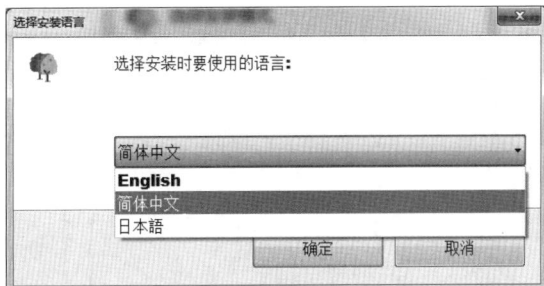

图 20-4　选择安装语言

图 20-5　欢迎对话框

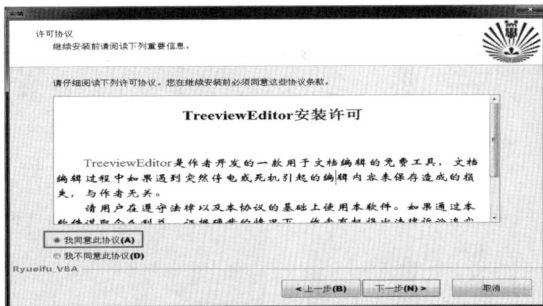

图 20-6　许可协议

图 20-7　输入密码

图 20-8　安装前必读

图 20-9　选择安装位置

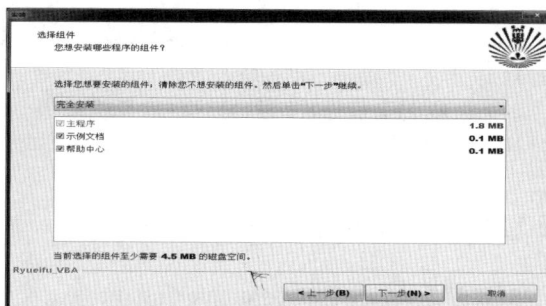

图 20-10　选择安装组件

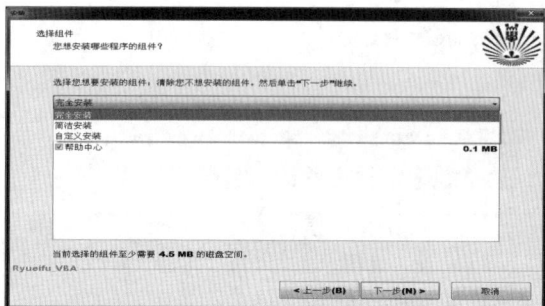

图 20-11　完全安装、简洁安装、自定义安装

图 20-12　选择开始菜单文件夹

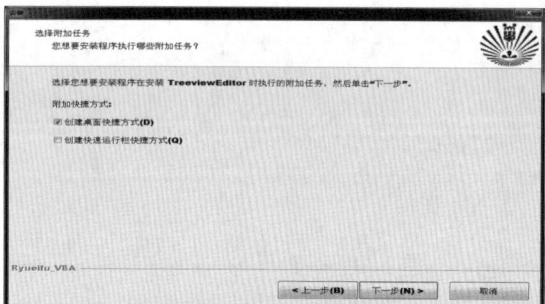

图 20-13　选择附加任务

图 20-14　准备安装

图 20-15　安装中

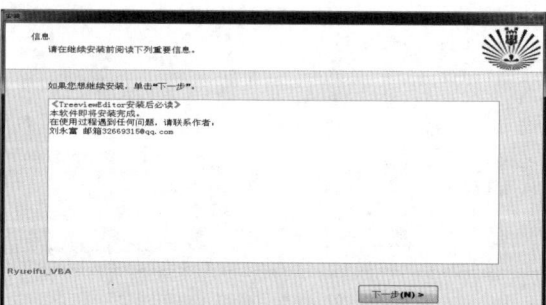

图 20-16　安装后必读

图 20-17　安装完成

至此，说明安装过程非常顺利。

20.2.2　安装后的确认

安装一个软件之后，计算机中最明显的变化有两处：一是磁盘中产生了新的文件夹和文件；二是注册表发生了变化。

在文件资源管理器中找到 C:\Program Files\TreeviewEditor，可以看到释放到这里的文件，如图 20-18 所示。

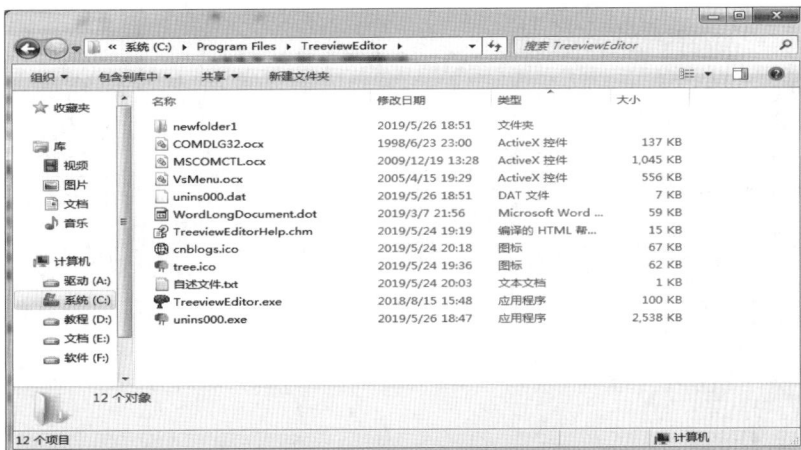

图 20-18　安装目标文件夹中的内容

另外，在开始菜单中，也可以看到 TreeviewEditor 程序文件夹，如图 20-19 所示。

在桌面上可以看到 TreeviewEditor 的快捷方式。在其属性窗口中可以看到设置了快捷键，如图 20-20 所示。

打开注册表编辑器，找到如下路径：HKEY_CURRENT_USER\Software\TreeviewEditor。可以看到新增了一个 TreeviewEditor 键，并且下面产生了三个值，如图 20-21 所示。

图 20-19　开始菜单中的程序文件夹

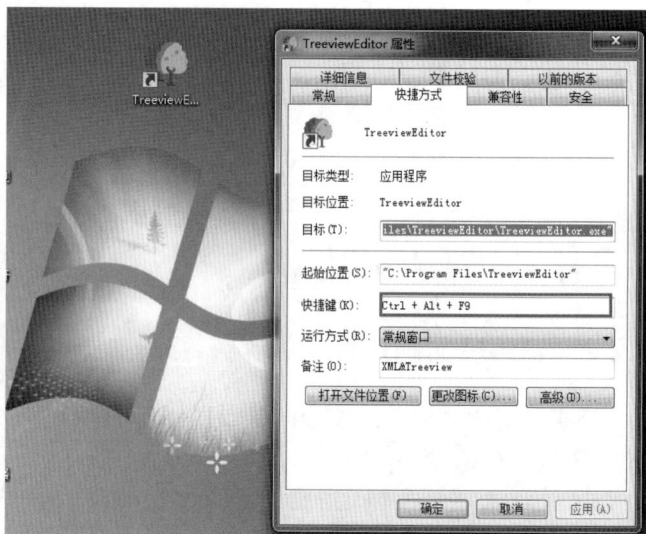

图 20-20　桌面快捷方式

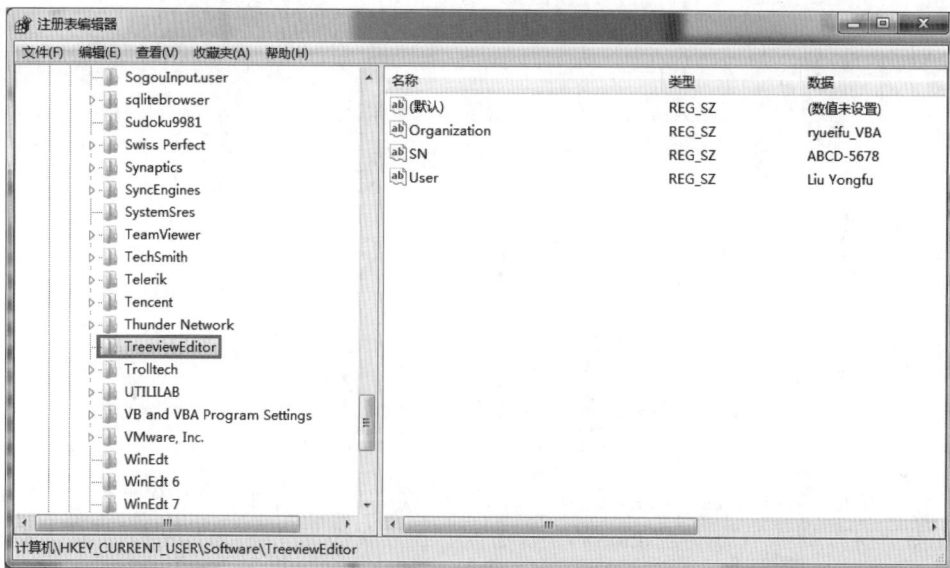

图 20-21　注册表项发生了变化

　　打开控制面板，选择"程序和功能"选项，可以看到程序列表中有一个"TreeviewEditor 版本 1.0"，右击，在右键菜中选择"卸载"选项可以卸载，如图 20-22 所示。

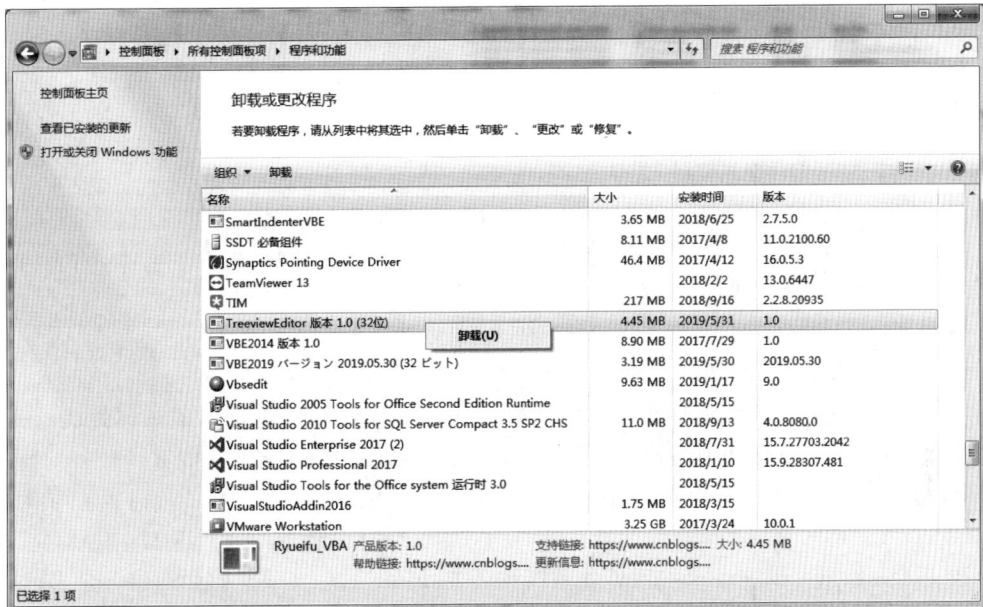

图 20-22　卸载

20.2.3　卸载的过程

可以通过多种方式卸载一个软件。例如，通过控制面板、开始菜单。但是最终都需要调用文件夹中的 unins000.exe 文件。

卸载时首先弹出一个询问对话框，如图 20-23 所示。

单击"是"按钮，进入卸载阶段，如图 20-24 所示。

最后提示"TreeviewEditor 已顺利地从您的电脑中删除"，如图 20-25 所示。

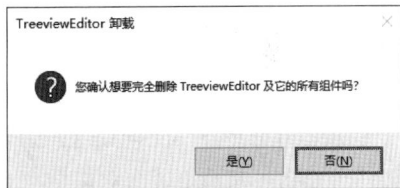

图 20-23　询问对话框

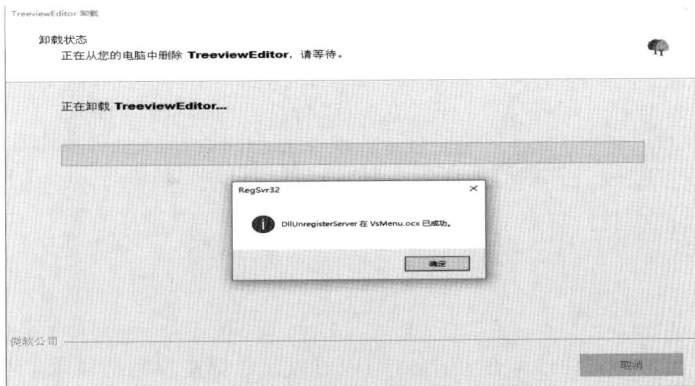

图 20-24　控件反注册成功

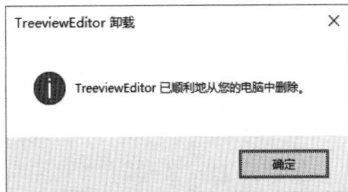

图 20-25　顺利卸载

20.3　代码的解释说明

本节对 Inno Setup 脚本文件 Complex.iss 中的代码及其功能进行解释说明。

20.3.1　指定安装权限

在安装包的过程中，可以提供"为所有用户安装"，还是"只为我安装（建议选项）"（图 20-3）。具体的控制语句为如下两行（位于脚本文件第 11 行和第 12 行）：

```
PrivilegesRequired=lowest
PrivilegesRequiredOverridesAllowed=dialog
```

其中，PrivilegesRequired 属性的取值为 admin 或 lowest，默认值是 admin。当该属性为 admin 时，将以管理员身份安装，如果当前用户不是管理员，则需要提供管理员密码才能继续安装。当该属性为 lowest 时，将以普通用户身份安装。除非保证以普通身份能够正常安装，否则尽量不要设置为 lowest。

将 PrivilegesRequiredOverridesAllowed 属性设置为 dialog 时，安装开始会弹出一个"选择安装模式"对话框，具体选择哪一种安装模式由用户来决定，从而覆盖 PrivilegesRequired 的取值。

20.3.2　选择安装语言

如果一个安装包要面向多个国家的用户，就需要设计多语种安装界面。在开始安装时，会弹出"选择安装语言"对话框（图20-4），用户可以从组合框中选择一种语言。一旦选择了安装语言，安装过程中出现的所有对话框，以及卸载过程中出现的对话框，显示的文字都是用户选择的那种语言。

[Setup] 节中的 ShowLanguageDialog 属性可以设置为 yes 或 no，默认值是 yes，表示安装过程中显示"选择安装语言"对话框。

"选择安装语言"对话框的组合框中的内容取决于 [Languages] 节的设置。例如，下面的代码为安装包设计了三国语言，其中 English 是默认选中的语言。

```
[Languages]
Name:"English";MessagesFile:"English.isl"
Name:"Chinese";MessagesFile:"ChineseSimplified.isl";LicenseFile:"TreeviewEditor
安装许可.rtf";InfoBeforeFile:"InfoBeforeFile.txt";InfoAfterFile:"InfoAfterFile.txt"
Name:"Japanese";MessagesFile:"Japanese.isl";LicenseFile:"TreeviewEditor 安装许可.
rtf";InfoBeforeFile:"InfoBeforeFile.txt";InfoAfterFile:"InfoAfterFile.txt"
```

以上设置位于脚本代码的第 14 行和第 52～54 行。

20.3.3　显示欢迎对话框

在软件的安装过程中，通常会弹出各种对话框。在 [Setup] 节中可以设置哪些对话框显示，哪些对话框隐藏。如果不作明确规定，则按照默认值处理。每个选项的默认值是多少，可以查看 Inno

Setup 的帮助文档，如图 20-26 所示。

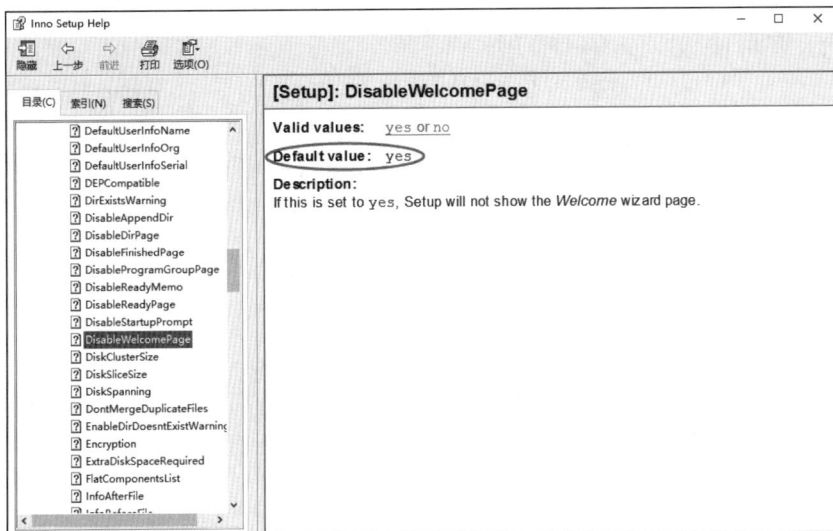

图 20-26　是否禁用欢迎对话框

与对话框显示 / 禁用有关的选项，通常以单词 Disable 或 Show 开头。例如：

DisableWelcomePage=no 表示不禁用欢迎对话框，也就是显示欢迎对话框；

ShowLanguageDialog=yes 表示显示"选择安装语言"对话框。

欢迎对话框是指选择安装语言后，单击"下一步"按钮进入的对话框（图 20-5），标题通常为"欢迎使用……"。是否出现欢迎对话框，取决于 [Setup] 节中 DisableWelcomePage 属性的值，该属性默认值是 yes，也就是默认不显示欢迎对话框。

当设置 DisableWelcomePage=no 时表示不禁用欢迎对话框。

以上设置位于脚本代码中第 13 行。

20.3.4　显示背景窗口

背景窗口是指显示在桌面上并且位于安装向导窗口之后的窗口。是否显示背景窗口取决于 [Setup] 节中 WindowVisible 的取值，该属性默认为 no，也就是通常不显示背景窗口。

当设置 WindowVisible=yes 时，在安装过程的各个阶段都一直显示背景窗口。背景窗口的左上角显示软件的名称，右下角显示版权信息（图 20-5）。

软件的名称由 AppName 属性决定，版权信息通过 AppCopyright 属性设置。

注意 [LangOptions] 节中的 8 行代码，后面的 4 行代码分别设置背景窗口中软件名称的字体和大小，以及版权信息的字体和大小。

```
TitleFontName="Comic Sans MS"
TitleFontSize=24
CopyrightFontName="Comic Sans MS"
CopyrightFontSize=16
```

以上设置位于脚本代码中第 3 行、第 9 行、第 46~49 行。

20.3.5　显示许可协议

软件的许可协议是一种用来明确用户与软件作者之间权责关系的文书，在 iss 脚本文件中，一个事先编辑好的 txt 文件或者用 Word 文档另存为 rtf 格式的文件都可以作为许可协议添加到安装包中。

在 [Setup] 节中通过设置 LicenseFile 属性可以为安装包设计一个全局的许可协议，也就是无论用户选择的是哪一种安装语言，安装过程中都会出现该许可协议（图 20-6）。例如：

```
[Setup]
LicenseFile=MyLicense.rtf
```

但是，为了考虑不同国家的用户，许可协议也应该准备多份，选择不同安装语言应该出现相应语种的许可协议。在 [Languages] 节中设置语言的同时，在后面规定相应的许可协议路径即可。例如：

```
[Languages]
Name:"Chinese";MessagesFile:"ChineseSimplified.isl";LicenseFile:"TreeviewEditor
安装许可.rtf";
```

其中，"TreeviewEditor 安装许可 .rtf" 是一个与 iss 脚本文件在同一路径的 rtf 文档。

此外，在安装包中还可以添加安装前必读（图 20-8）、安装后必读（图 20-16），设置场所及方法与许可协议相同，不再重复讲解。

20.3.6　设置安装密码

如果为安装包设置了密码，那么用户输入正确的密码才能继续安装（图 20-7）。

在 [Setup] 节中可以设置安装包密码。例如：

```
Password=123456
```

20.3.7　选择安装位置

软件的安装位置非常重要，它决定了安装包中文件释放到哪个场所。

[Setup] 节中的 DefaultDirName 属性用于设置默认安装位置。例如：

```
DefaultDirName={pf}\TreeviewEditor
```

表示安装在 C:\Program Files\TreeviewEditor 路径下，如果直接安装在 C:\Program Files 下，会导致大量文件释放到该路径而影响系统的整洁。因此一般要在 {pf} 常量后面写一个软件专用的文件夹。

与安装位置选择有关的另一个属性是 DisableDirPage，该属性可取的值有 auto、yes、no。

当设置 DisableDirPage=yes 时，安装过程将不弹出安装位置选择对话框。这种情况下不允许用户选择路径。

当设置 DisableDirPage=no 时，安装过程中用户可以根据情况修改安装位置（图 20-9），用户决定的路径会覆盖 DefaultDirName 属性。

在 64 位系统中存在以下两个用于程序安装的路径：

- C:\Program Files。
- C:\Program Files (x86)。

安装软件时常量 {pf} 默认为带有 (x86) 的路径。如果在 [Setup] 节中设置

```
ArchitecturesInstallIn64BitMode=x64
```

则会把软件安装到 C:\Program Files 中。

上述设置位于脚本文件中的第 10 行、第 15 行、第 30 行。

20.3.8 选择安装组件

使用 Inno Setup 还可以为不同的用户根据各自的需求，对同一个软件进行定制安装。

以 TreeviewEditor 软件为例，该软件能正常使用的基本条件是把主程序文件 TreeviewEditor.exe 和三个 ocx 部件复制到客户计算机上。WordLongDocument.dot 是一个示例文档，根据客户需要选择性地复制。TreeviewEditorHelp.chm 和自述文件 .txt 是两个帮助文件。因此可以大体划分为三种组件：主程序、示例文档、帮助中心。

在软件安装过程中，用户可以选择的组件类型通常包括完全安装、简洁安装、自定义安装（图 20-11）。具体的设置可以在 [Components] 节中规定。该节中每条命令的常用属性包括 Name、Description、Types、Flags。

- Name 属性用来为组件命名，之后可以在 [Files] 节或其他节中通过设置 Components:Main 标识为名称为 Main 的组件。
- Description 属性是出现在"选择组件"页面上的条目文本。
- Types 属性非常重要，用来设置每种组件应该出现在哪一个类型上。例如，Types:full compact custom；表示当用户无论选择完全安装、简洁安装，还是自定义安装，该组件都会出现并默认被自动勾选。Types:full 则表示只有选择完全安装时被勾选，选择其他类型时处于未勾选。
- Flags 属性用来设置很多标识符，其中 fixed 表示必选组件，用户不可以去掉前面的勾选，因为主程序是必须安装的，否则软件无法正常工作。

典型代码如下：

```
[Components]
Name:Main;Description:" 主程序 ";Types:full compact custom;Flags:fixed
Name:Documentation;Description:" 示例文档 ";Types:full
Name:Help;Description:" 帮助中心 ";Types:full
```

在上述代码中，当用户选择完全安装、简洁安装、自定义安装时都会默认勾选主程序。

当用户选择完全安装时，默认勾选"示例文档""帮助中心"。

当用户选择简洁安装或自定义安装时，默认不勾选"示例文档""帮助中心"，如图 20-27 所示。

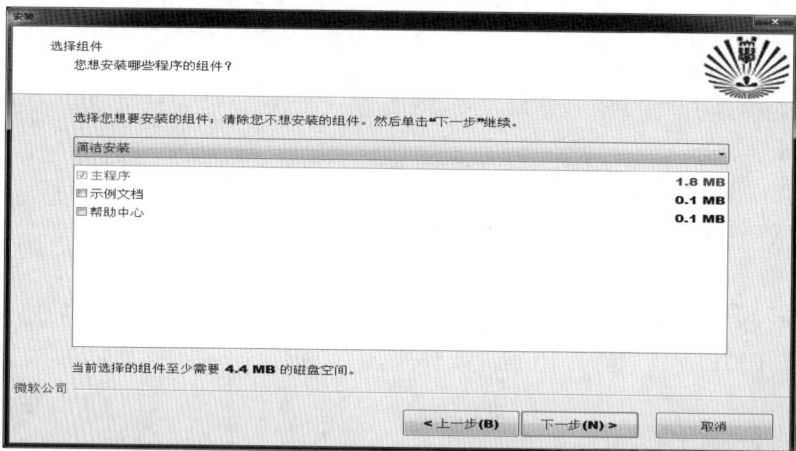

图 20-27　选择安装组件

这里必须搞清楚，用户在选择不同的安装类型、安装组件时，安装过程会有何差异。

以 [Files] 节为例，在每行命令后面可以添加 Components 属性。例如：

```
Source: "TreeviewEditorHelp.chm";DestDir:"{app}";Flags:ignoreversion;Components:Help
```

这里的 Components:Help 表示只有用户选择安装了"帮助中心"，才执行这条文件复制命令。因此在设计可选组件时，必须事先规划每种组件对应的文件有哪些。

典型代码如下：

```
[Files]
Source:"TreeviewEditor.exe";DestDir:"{app}";Flags:ignoreversion;Components:Main
Source:"TreeviewEditorHelp.chm";DestDir:"{app}";Flags:ignoreversion;Components:Help
Source:"WordLongDocument.dot";DestDir:"{app}";Flags:ignoreversion;Components:Documentation
Source:" 自述文件 .txt";DestDir:"{app}";Flags:ignoreversion isreadme;Components:Help
Source:"tree.ico";DestDir:"{app}";Flags:ignoreversion
Source:"Internet.ico";DestDir:"{app}";DestName:"cnblogs.ico";Flags:ignoreversion
Source:"VsMenu.ocx";DestDir:"{app}";Flags:ignoreversion regserver;Components:Main
Source:"MSCOMCTL.ocx";DestDir:"{app}";Flags:ignoreversion regserver;Components:Main
Source:"COMDLG32.ocx";DestDir:"{app}";Flags:ignoreversion regserver;Components:Main
```

通过以上代码可以看出，由于主程序是强制安装的，所以标有 Components:Main 是一定要复制过去的。还有一种情况是命令后面没有加 Components 属性，例如：

```
Source: "tree.ico";DestDir:"{app}";Flags:ignoreversion
```

此种情况说明该文件与选择哪一个组件无关，属于必须复制的文件。

20.3.9　选择开始菜单文件夹

在 [Setup] 节中，当 DisableProgramGroupPage=no 时，表示不禁用程序组对话框的出现，那么在安装过程中会弹出"选择开始菜单文件夹"的对话框，用户可以单击"浏览"按钮进行变更（图 20-12）。

当 DisableProgramGroupPage=yes 时，不弹出程序组对话框，将会根据如下属性的取值在开始菜单中创建文件夹：

```
DefaultGroupName=TreeviewEditor
```

当软件安装完成后，在开始菜单中可以找到与该软件有关的文件夹（图 20-19）。

以上设置位于脚本文件中的第 18 行和第 19 行。

20.3.10　创建图标与快捷方式

在 iss 脚本中，使用 [Icons] 节为安装的软件在桌面创建快捷方式，也可以在开始菜单的程序文件夹中增加图标。

使用 [Tasks] 节为安装过程设置额外的任务。所谓额外的任务，就是以对话框的形式让用户选择是否创建快捷方式和图标等。

在 [Icons] 节中的每一行结尾，如果与某个 Tasks 关联，那么这一行就是一个任务；如果未设置 Tasks 属性，则属于强制任务，直接创建图标。

如脚本文件中第 101～109 行代码所示。

第 101 行代码用于创建主程序文件 TreeviewEditor.exe 的桌面快捷方式，先后设置了快捷方式的图标、备注、快捷键等属性。最后与一个名为 desktopicon 的 Tasks 关联。注意第 108 行最后设置了 Flags:unchecked，表示这个额外任务初期状态为未勾选（图 20-13）。具体是否创建取决于用户的选择。

桌面快捷方式的实际效果如图 20-20 所示。

第 102、103、105 行代码都是向开始菜单文件夹中添加图标，常量 {group} 表示开始菜单中的 TreeviewEditor 文件夹。分别添加的是卸载、主程序文件、软件主页图标（图 20-19）。

20.3.11　文件的复制

打包的过程是在开发计算机上进行的，需要把软件的主程序以及必需的辅助文件压缩到安装包中。

安装的过程是在客户计算机上进行的，需要把安装包中的文件释放到指定的安装目录下。

以上两个过程都涉及文件的复制，在 iss 脚本中使用 [Files] 节来指定每个文件来自哪里，复制到哪里。该节中的每一行必须规定的属性是 Source 和 DestDir，分别指定开发计算机中的文件位置和复制到的目标位置。其他的属性如 DestName、Flags、Components 都是可选属性。

例如：

```
Source:"Internet.ico";DestDir:"{app}";DestName:"cnblogs.ico";Flags:ignoreversion
```

这行代码的功能是把与脚本文件在同一路径的 Internet.ico 这个图标放进安装包，在客户计算机中安装时把这个图标释放到软件的安装文件夹中。其中，{app} 表示软件的安装位置，具体取值决定于前面介绍过的 DefaultDirName 属性，或者用户选择的文件夹。DestName 用来修改文件名称，上述代码把图标文件释放后重命名为 cnblogs.ico。Flags 属性用来规定一些额外的属性说明标志，如果有多个标志，就用空格隔开连续书写。常见的 Flags 有 ignoreversion（忽略版本）、regserver

（注册）、isreadme（readme 文件）等。

例如，下面的代码可以在客户计算机上自动调用 regsvr32 注册 MSCOMCTL.ocx。

```
Source: "MSCOMCTL.ocx";DestDir:"{app}";Flags:ignoreversion regserver;
```

下面的代码在安装过程即将结束时，在安装完成对话框中显示是否查阅自述文件的复选框（图 20-17）。这是由于代码中使用了 isreadme 标志。

```
Source: "自述文件.txt";DestDir:"{app}";Flags:ignoreversion isreadme;
```

需要注意的是，Source 属性可以使用？或 * 作为通配符，从而能够表达多个具有类似特征的文件。还可以结合 Excludes 属性排除某些特征的文件。例如：

```
Source: "*.txt";Excludes:"Log.txt";DestDir:"{app}";Flags:ignoreversion
```

表示把脚本文件所在路径中所有 txt 的文件压缩到安装包中，但是名称为 Log.txt 的文件不是压缩对象。这样使用通配符，就可以使用一行代码操作多个文件。

在制作安装包的过程中，还经常把一个文件夹与里面的多个文件整体进行打包，安装时把这个文件夹释放到安装目录下。例如：

```
Source: "E:\CnChessQipu\IMAGES\*"; DestDir: "{app}\IMAGES"; Flags: ignoreversion
recursesubdirs createallsubdirs
```

上面代码的功能是把开发计算机中 IMAGES 文件夹下的所有内容释放到客户计算机自动创建的 IMAGES 文件夹下，也可以理解为把 IMAGES 文件夹进行了整体复制。

20.3.12　在客户计算机中创建文件夹

[Dirs] 节用于在客户计算机中创建文件夹。例如：

```
[Dirs]
Name:{app}\newfolder1
Name:{src}\newfolder2
```

当安装完成后，在软件的安装位置自动创建名为 newfolder1 的文件夹，并且在安装包所在位置创建文件夹 newfolder2。

当软件被卸载时，如果发现创建的文件夹仍然是空的，会自动删除。也可以在每行代码后面增加 Flags 参数来指定卸载时的删除方式。

20.3.13　显示准备安装和安装完成页

[Setup] 节中的 DisableReadyPage 属性用于设置在安装过程中是否禁用准备安装页（图 20-14），该属性默认值是 no，也就是不禁用。如果设置为 yes，则不显示准备安装页。

类似地，DisableFinishedPage 属性用于设置是否禁用安装完成页（图 20-17），默认值是 no。如果设置为 yes，则安装结束时不显示安装完成页。

以上两个属性位于脚本文件的第 16 行和第 20 行。

20.3.14　显示用户信息页

[Setup] 节中的 UserInfoPage 用于设置是否显示用户信息页，如图 20-28 所示，默认不显示。

当 UserInfoPage=yes 时，安装过程中在用户信息页中提示输入用户名和组织名称，但是没有序列号这一项。

如果要为安装包设置序列号，需要在 [Code] 节中写入如下函数：

```
[Code]
function CheckSerial(Serial: String): Boolean;
  begin
    if Serial='ABCD-5678' then
      Result:=True;
  end;
```

当用户输入的序列号与 ABCD-5678 一致时，才能继续单击"下一步"按钮进行安装。

在 [Setup] 节中，还可以设置默认的用户名、组织名称、序列号。例如：

```
DefaultUserInfoName=
DefaultUserInfoOrg=ryueifu_VBA
DefaultUserInfoSerial=""
```

如果 = 后面什么也不写，表示清空文本框中的内容，不设置默认值，如图 20-28 所示。

图 20-28　用户信息页

以上设置位于脚本文件的第 21～24 行和第 90～94 行。

20.3.15　修改注册表

在安装软件的过程中，有时候需要修改用户的注册表以满足软件运行的需求。

[Registry] 节用于修改注册表项和值。

创建一个注册表项需要用 Root 指定根键名称，用 Subkey 指定子键名称，根键和子键结合起来就是一个完整的注册表路径。5 个根键常量如下：

- HKCU (HKEY_CURRENT_USER)。
- HKLM (HKEY_LOCAL_MACHINE)。
- HKCR (HKEY_CLASSES_ROOT)。
- HKU (HKEY_USERS)。
- HKCC (HKEY_CURRENT_CONFIG)。

假设需要在注册表项 HKEY_CURRENT_USER\Software 下面创建一个新项 TreeviewEditor，那么根键是 HKCU，子键是 Software\TreeviewEditor。如果卸载软件时需要把创建的子键删掉，可以添加 Flags:uninsdeletekey。

如果要在注册表项下面添加值，需要用 ValueName 指定值的名称，用 ValueType 指定值的类型，用 ValueData 指定值的值。

有效的 ValueType 如下。

- none。
- string：字符串值。
- expandsz：可扩充字符串。
- multisz：多字符串值。
- dword：DWORD 32 位值。
- qword：DWORD 64 位值。
- binary：二进制值。

在注册表编辑器窗口中的右键菜单中选择"新建"选项，可以看到创建的值的类型，如图 20-29 所示。

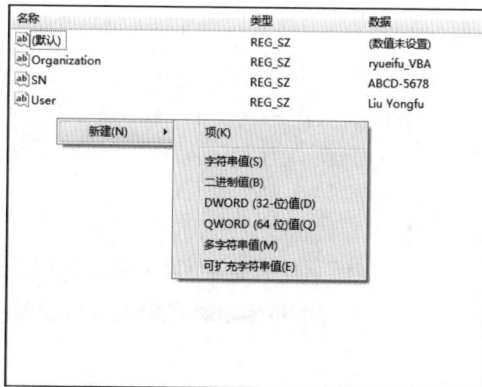

图 20-29　创建注册表项

例如，下面一行代码可以创建一个 DWORD 32 位值（类似于 VBA 中的 Integer），值的名称是 MaxLength，值是 16。

```
Root:HKCU;Subkey:"Software\TreeviewEditor";ValueName:"MaxLength";ValueType:dword;
ValueData:16
```

在 [Registry] 或 [Ini] 节中，还可以使用以下三个与用户信息页有关的常量。

- {userinfoname}：用户名。
- {userinfoorg}：组织名称。
- {userinfoserial}：序列号。

如果 [Registry] 节中有如下代码：

```
[Registry]
Root:HKCU;Subkey:"Software\TreeviewEditor";Flags:uninsdeletekey
Root:HKCU;Subkey:"Software\TreeviewEditor";ValueName:"User";ValueType:string;
ValueData:"{userinfoname}"
Root:HKCU;Subkey:"Software\TreeviewEditor";ValueName:"Organization";ValueType:
string;ValueData:"{userinfoorg}"
Root:HKCU;Subkey:"Software\TreeviewEditor";ValueName:"SN";ValueType:string;
ValueData:"{userinfoserial}"
```

软件安装完成后，注册表中自动创建了一个项和三个值，保存的内容恰好是用户信息页中用户填入的数据，如图 20-21 所示。

当卸载软件以后，对注册表的修改会自动恢复。

20.3.16 自定义安装向导图片

在安装过程中，会看到安装向导的左侧有一张图，安装向导的右上角有一张小图，如图 20-30 所示。默认情况下左图和小图使用的是 Inno Setup 安装路径下的两个 bmp 格式的图片。

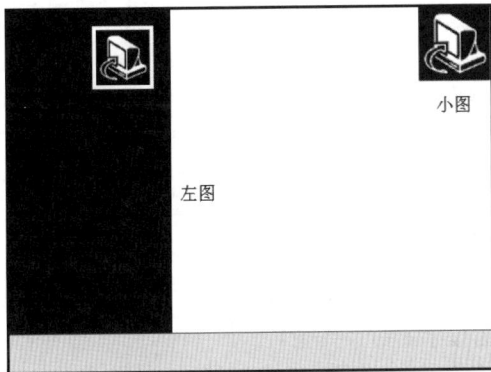

图 20-30 左图和小图

打开路径 C:\Program Files\Inno Setup 6，可以找到这两个图片文件，如图 20-31 所示。

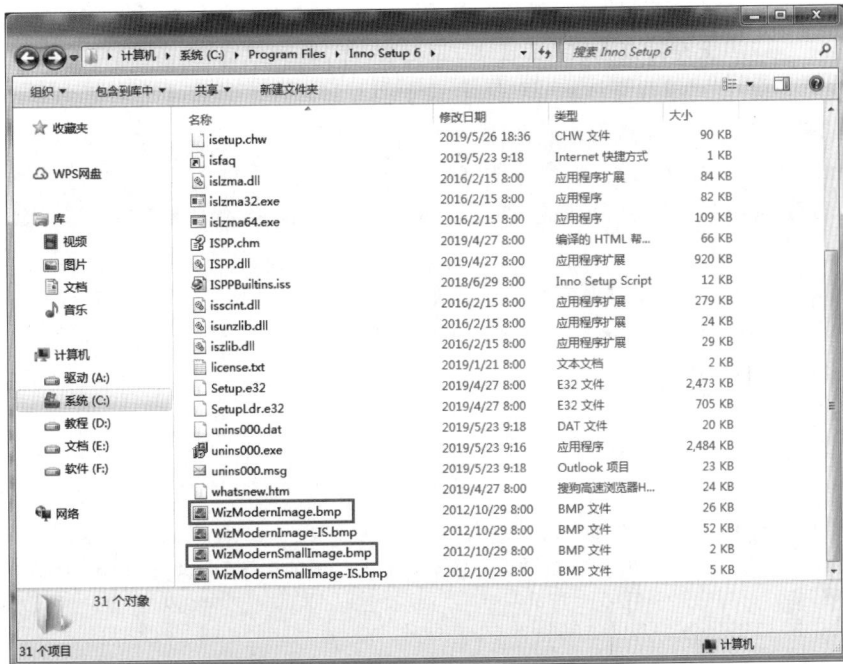

图 20-31 Inno Setup 默认的图片文件

通过 [Setup] 节可以更改安装向导中的左图和小图。具体步骤如下。

首先从网上或其他来源准备一张图片，然后用 Windows 系统自带的画图工具或者其他图片处理工具，把图片修改成 164×314 像素，并且另存为 bmp 格式，准备作为左图。

同样，再找一张图片，处理成 55×55 像素的 bmp 格式，准备作为小图。

假设以上两张图片都放在了 iss 脚本文件所在的路径下，那么在 [Setup] 节中设置以下两个属性：

```
WizardImageFile=1.bmp
WizardSmallImageFile=2.bmp
```

脚本文件编译之后进行安装，会看到左图是一个书法作品，小图是一个大学的校徽。效果如图 20-5 和图 20-6 所示。

20.3.17　自动运行其他程序或文件

在 [Run] 节中可以指定安装完成时自动执行的程序或文件，当成功安装并且在弹出"安装完成"页面之前依次运行 [Run] 节中的每行命令。每行命令可以包含的属性如下。

● FileName：被执行的程序或文件的路径。

● Description：显示在"安装完成"页面中的提示语。

● Parameters：被执行的程序的命令行参数。

● WorkingDir：被执行的程序的默认目录。

● Flags：使用标识符设定命令的其他行为，各个标识符用空格隔开。Flags 属性常用标识符含义如下。

■ hidewizard：用于设置该标识符，执行程序时隐藏安装向导对话框。

■ nowait：用于设置该标识符，无论执行的程序是否已运行完，都进入下一个界面。

■ postinstall：用于设置该标识符不会自动执行该程序，而是在安装完成界面中出现相应的复选框，用户勾选后才能运行。

■ runhidden：用于隐藏执行程序的窗口。

■ skipifdoesntexist：用于设置该标识符，如果指定路径的程序不存在，则跳过且不提示任何信息。

■ skipifsilent：如果是静默安装方式，则跳过且不执行程序。

■ skipifnotsilent：与 skipifsilent 含义相反，表示不是静默安装的时候跳过。

在 [UninstallRun] 节中可以指定卸载之前自动执行的程序或文件，该节中命令的书写方式和参数指定方式与 [Run] 节相同。

下面的一段代码可以说明上述参数的重要性。

```
[Run]
Filename:"{app}\TreeviewEditor.exe";Parameters:"";WorkingDir:"{app}";Description:
"{cm:LaunchProgram,TreeviewEditor}";Flags: nowait skipifsilent postinstall
    Filename:"{sys}\notepad.exe";Parameters:"用户须知 .txt";WorkingDir:"C:\temp";Description:
" 查看 用户须知 ";Flags:nowait skipifdoesntexist postinstall unchecked
```

代码解释：

上述代码的作用是，当软件安装完成时，让用户选择是否运行主程序、是否打开指定路径下的一个文本文件。其中，Description 属性用来设置显示在"安装完成"页面中的文字。例如，{cm: LaunchProgram,TreeviewEditor} 等价于"运行 TreeviewEditor"，cm 是 CustomMessages 的缩写，LaunchProgram 是语言文件中 CustomMessages 节中的一个属性名。用记事本打开 ChineseSimplified. isl 语言文件，在最下面可以看到：LaunchProgram= 运行 %1，如图 20-32 所示。

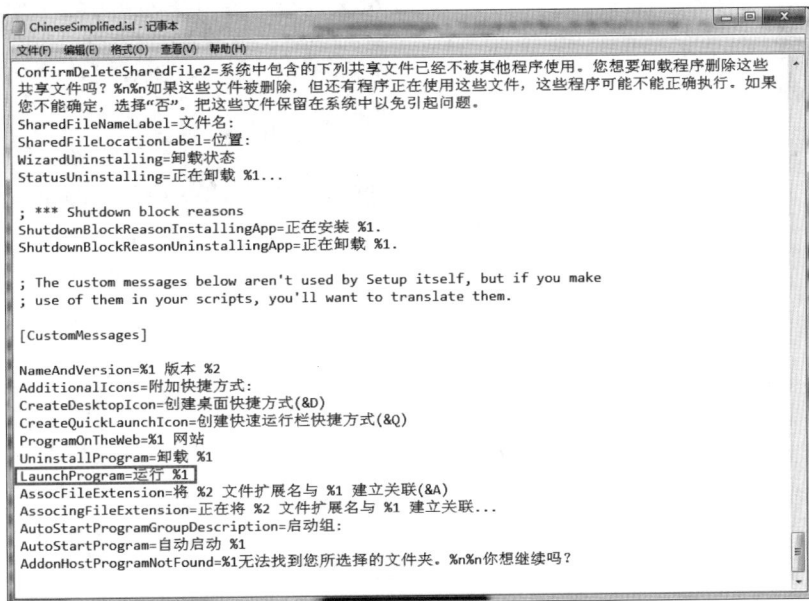

图 20-32　设置语句

"%1"是一个参数占位符，那么 {cm:LaunchProgram,TreeviewEditor} 中逗号后面的 TreeviewEditor 是第一个参数，也就是"%1"，cm:LaunchProgram 等价于"运行"，因此合起来就是"运行 TreeviewEditor"。

在第二行命令中，调用系统路径下的记事本程序，打开 C:\temp\ 用户须知 .txt 文件。如果把记事本的默认工作目录设置为 C:\temp，FileName 属性就可以使用相对路径。

以上两行命令均使用了 postinstall 标识符，因此都会出现在"安装完成"页面中，由于第二行命令使用了 unchecked 标识符，其相应的复选框默认不勾选，如图 20-33 所示。

为了更好地理解 Parameters 和 WorkingDir 参数，可以启动命令提示符窗口，输入命令 cd /d C:\temp 切换默认工作目录，然后执行 C:\Windows\System32\Notepad.exe 用户须知 .txt，按下 Enter 键后自动用记事本程序打开文本文件，如图 20-34 所示。

Parameters 和 WorkingDir 参数也是基于这个原理。

[UninstallRun] 节用来设置软件卸载时自动执行的命令。假设软件的安装目录是 C:\Program Files\TreeviewEditor，该目录下有一个 COMDLG32.ocx 文件。当软件卸载时，需要调用 regsvr32 命令对这个 ocx 文件进行反注册：

```
[UninstallRun]
Filename:"regsvr32";Parameters:" /u {app}\COMDLG32.ocx";
```

523

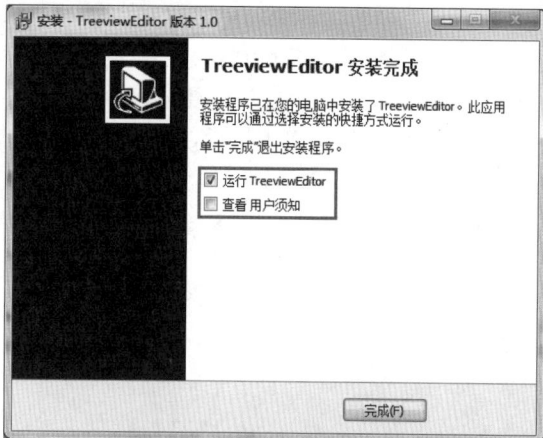

图 20-33　是否立即运行安装完成的软件

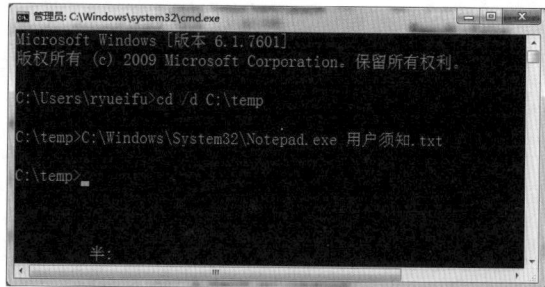

图 20-34　更改当前工作目录

以上代码相当于执行 regsvr32 /u C:\Program Files\TreeviewEditor\ COMDLG32.ocx。

当软件卸载时，弹出"找不到指定的模块"的异常对话框，如图 20-35 所示。原因是在 [UninstallRun] 节的 Parameters 中使用了绝对路径，而且该路径包含空格。为了解决空格造成的异常，在命令中加入 WorkingDir 属性以指定默认工作目录，然后使用相对路径。代码修改为：

```
[UninstallRun]
Filename:"regsvr32";Parameters:"/u COMDLG32.ocx";WorkingDir:"{app}"
```

再次卸载，可以看到 ocx 文件被成功反注册，如图 20-36 所示。

图 20-35　找不到指定的模块

图 20-36　ocx 文件被成功反注册

如果不希望弹出 RegSvr32 的提示框，可以修改参数为 Parameters:"/s /u COMDLG32.ocx"。

20.3.18　安装完成时是否重启电脑

当 [Setup] 节中设置 AlwaysRestart=yes 时，安装完成时提示是否重启电脑。如果用户选择"是，立即重新启动电脑（Y）"，并单击"完成"按钮，会自动重启电脑，如图 20-37 所示。

图 20-37　是否重启电脑

20.4　语言文件

语言文件是指扩展名为 .isl 的文本文件，用 Inno Setup 制作的安装包，在安装和卸载软件的过程中，每个对话框中出现的文字都来自指定的语言文件的定义。

当计算机中安装了 Inno Setup 工具以后，在编译器所在的路径，也就是 C:\Program Files\Inno Setup 6 路径下有一个名为 Default.isl 的文件，这个是 Inno Setup 默认的语言文件，即英文语言文件。

此外，编译器所在路径下还有一个名为 Languages 的文件夹，打开该文件夹可以看到里面有二十多个不同语种的语言文件，但是其中没有中文简体语言文件，如图 20-38 所示。

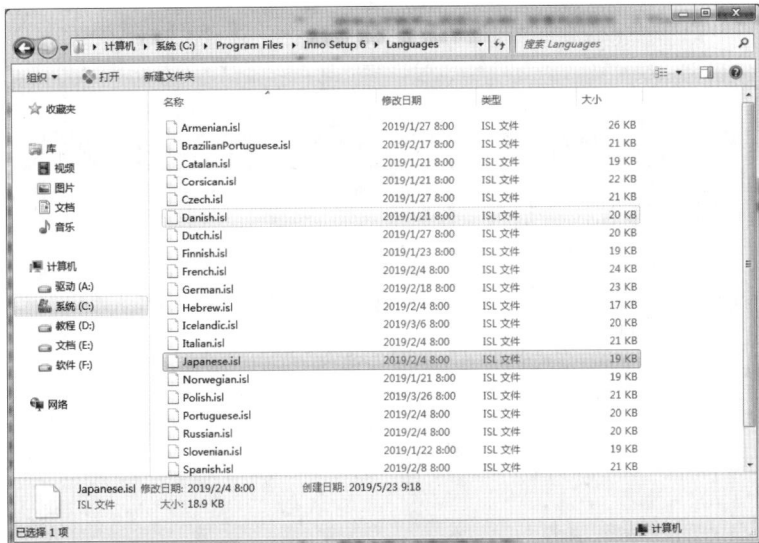

图 20-38　语言文件

如果要制作中文简体的安装包，需要在网页浏览器中输入 Inno Setup Translation 的 url：http://www.jrsoftware.org/files/istrans/。

在网页中找到 Unofficial translations 下面的表格，在 Chinese（Simplified）那一行右击，在右键菜单中选择"目标另存为"选项，就可以下载一个名为 ChineseSimplified.isl 的中文简体语言文件，保存位置可以选择计算机中的任意路径，如图 20-39 所示。

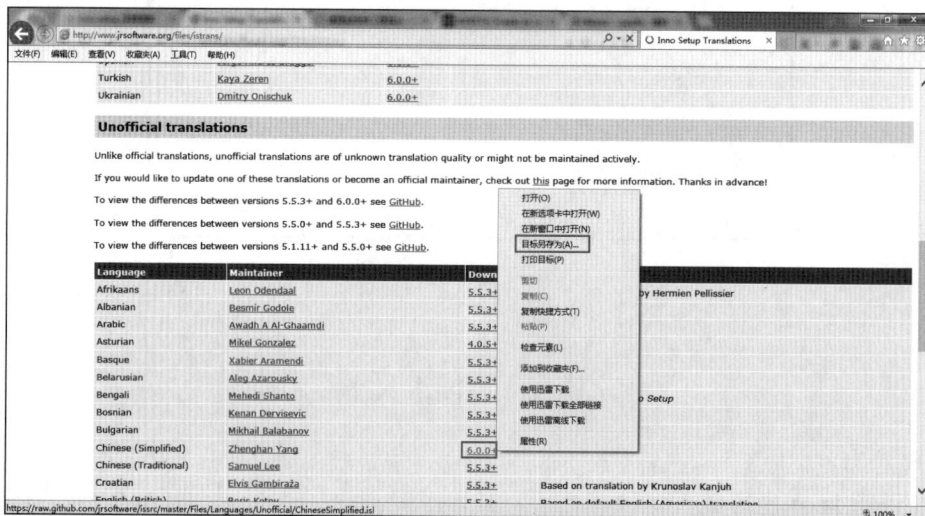

图 20-39　下载语言文件

语言文件影响到安装和卸载过程所有页面的文字显示，在软件安装包的设计过程中具有重要意义。

20.4.1　语言文件的构成

可以用记事本进行查看和编辑 isl 格式的语言文件。例如，使用记事本打开 ChineseSimplified.isl 文件，如图 20-40 所示。

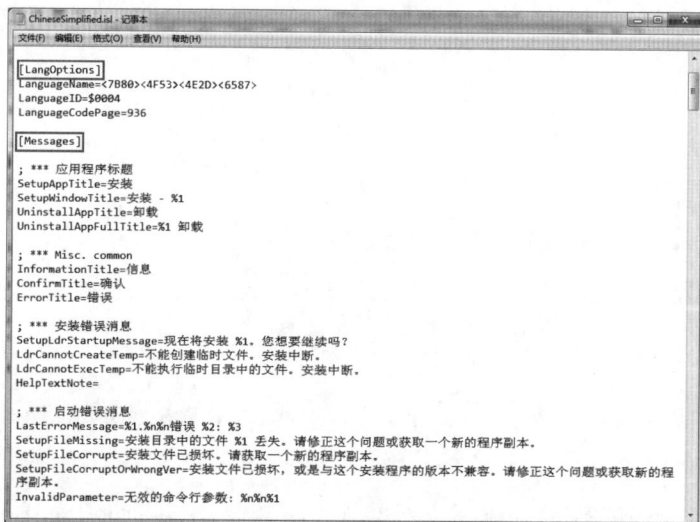

图 20-40　语言文件的构成

语言文件由三个节构成（[LangOptions] 节、[Messages] 节、[CustomMessage] 节），每个节下面包含多行设置，每行设置的书写格式为：**属性名 = 属性值**。

其中，[Messages] 节中的行数最多且最重要，记载了软件在安装过程中各个页面出现的文字，需要注意的是，不同语种的语言文件，属性名是固定不变的，属性值因语种而异。

下面是 ChineseSimplified.isl 文件中与按钮有关的定义：

```
; *** 按钮
ButtonBack=< 上一步 (&B)
ButtonNext= 下一步 (&N)>
ButtonInstall= 安装 (&I)
ButtonOK= 确定
ButtonCancel= 取消
ButtonYes= 是 (&Y)
ButtonYesToAll= 全是 (&A)
ButtonNo= 否 (&N)
ButtonNoToAll= 全否 (&O)
ButtonFinish= 完成 (&F)
ButtonBrowse= 浏览 (&B)...
ButtonWizardBrowse= 浏览 (&R)...
ButtonNewFolder= 新建文件夹 (&M)
```

如果用记事本打开 Default.isl 文件，也就是英文语言文件，同样可以找到与按钮有关的定义：

```
; *** Buttons
ButtonBack=<&Back
ButtonNext=&Next>
ButtonInstall=&Install
ButtonOK=OK
ButtonCancel=Cancel
ButtonYes=&Yes
ButtonYesToAll=Yes to &All
ButtonNo=&No
ButtonNoToAll=N&o to All
ButtonFinish=&Finish
ButtonBrowse=&Browse...
ButtonWizardBrowse=B&rowse...
ButtonNewFolder=&Make New Folder
```

不难发现，在上面两部分内容中，等号左侧的属性名是固定的。

再比如，在 ChineseSimplified.isl 文件中可以找到与"许可协议"相关的文字定义部分：

```
; *** "许可协议"向导页
WizardLicense= 许可协议
LicenseLabel= 继续安装前请阅读下列重要信息。
LicenseLabel3= 请仔细阅读下列许可协议。您在继续安装前必须同意这些协议条款。
LicenseAccepted= 我同意此协议 (&A)
LicenseNotAccepted= 我不同意此协议 (&D)
```

在英文语言文件中的内容如下：

```
; *** "License Agreement" wizard page
WizardLicense=License Agreement
LicenseLabel=Please read the following important information before continuing.
LicenseLabel3=Please read the following License Agreement. You must accept the
terms of this agreement before continuing with the installation.
LicenseAccepted=I &accept the agreement
LicenseNotAccepted=I &do not accept the agreement
```

其中，WizardLicense、LicenseAccepted 都是固定不变的属性名，类似于数据库中的字段名称。

当用户在安装软件时，如果选择的安装语言是中文简体，则整个安装过程中出现的各个页面都使用 ChineseSimplified.isl 文件中定义的文字。

20.4.2 在脚本文件中指定语言文件

在 [Languages] 节中可以加入一种以上的安装语言，每种安装语言需要指定 Name 属性和 MessageFile 属性。其中，Name 属性是一种标识符，用于在其他节中引用该语言文件；MessageFile 属性用于指定这种语言的语言文件所在的路径。例如：

```
[Languages]
Name:"English";MessagesFile:"compiler:\Default.isl"
Name:"Chinese";MessagesFile:"ChineseSimplified.isl";
Name:"Japanese";MessagesFile:"compiler:Languages\Japanese.isl";
```

以上代码表示用户可以选择英文、中文、日文三种安装语言，每个语言文件的所在路径可以在任何位置。在上述代码中，英文的语言文件位于编译器所在路径下的 Default.isl，中文语言文件在脚本文件所在路径下，而日文语言文件在编译器所在路径下的 Languages 文件夹中。

实际上，除了 Default.isl 文件以外，其他的语言文件都是该文件的翻译版本，因此可以根据个人喜好制作自定义的语言文件。不过为了 Inno Setup 工具的完整性，不建议直接修改编译器路径下的工具自带的语言文件，最好复制一份到脚本文件所在的路径，然后再自由修改。

20.4.3 使用 [Messages] 节自定义显示文本

除了直接修改语言文件实现自定义显示文本以外，还可以在 iss 脚本文件中的 [Messages] 节中对个别文本进行自定义。

例如，下面的代码可以对英文语言文件、中文语言文件的部分属性进行重新定义。

```
[Messages]
English.BeveledLabel=Microsoft Corporation
English.WizardLicense=License
English.LicenseLabel=Read following before installing
English.LicenseAccepted=Accept(&A)
English.LicenseNotAccepted=Reject(&R)

Chinese.BeveledLabel= 微软公司
Chinese.WizardLicense= 使用条款
Chinese.LicenseLabel= 安装之前阅读如下条款
Chinese.LicenseAccepted= 接受 (&A)
Chinese.LicenseNotAccepted= 拒绝 (&R)
```

在上述代码中，English.BeveledLabel 表示 [Languages] 节中 Name 为 English 的语言文件中的 BeveledLabel 属性，即覆盖了 Default.isl 文件中的这个属性。

BeveledLabel 是指安装页面左下角的文本；WizardLicense、LicenseLabel 是指许可协议页面左上角的两个文本；LicenseAccepted、LicenseNotAccepted 是指许可协议页面中的两个按钮。

基于上述代码制作成的安装包，当用户选择中文安装时，许可协议界面效果如图 20-41 所示。

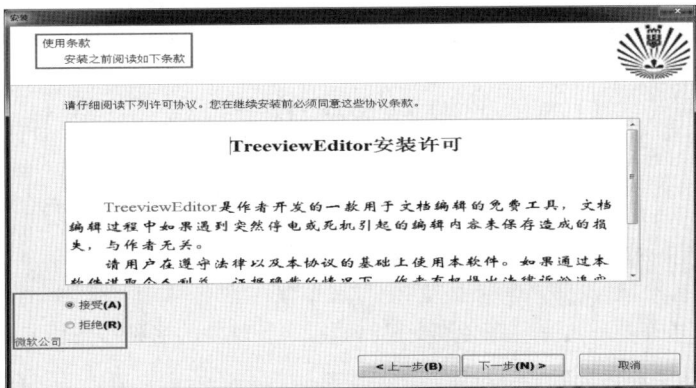

图 20-41　中文许可协议界面

当选择英文作为安装语言时，许可协议界面效果如图 20-42 所示。

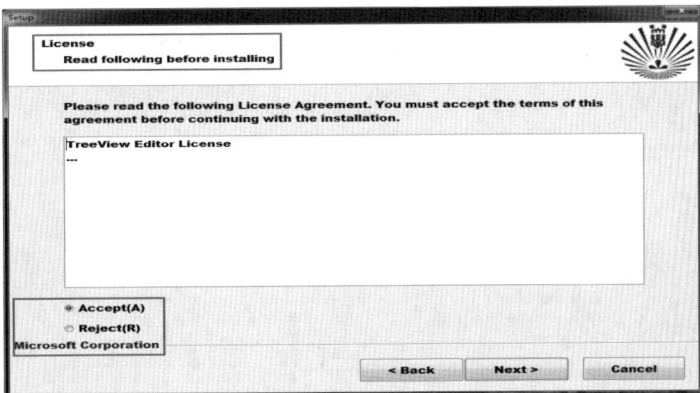

图 20-42　英文许可协议界面

对安装和卸载过程中出现的每个界面、每个对话框中显示的文本，都可以进行自定义。只需在语言文件中找到对应的属性名，然后直接修改语言文件中的属性值，或者在脚本文件中通过 [Messages] 节进行重新定义即可。

20.5　与卸载过程有关的属性设置

在脚本文件的 [Setup] 节中，有一些以 Uninstall 开头的属性名，这类属性在软件的卸载过程中发挥作用。

20.5.1 是否允许用户卸载软件

Uninstallable 属性表示是否可以卸载软件，该属性的默认值是 yes，当安装过程结束后，在安装路径中会自动产生 unins000.exe 这个用于卸载的文件。

如果设置 Uninstallable=no，则用户无法卸载软件。

20.5.2 卸载软件后是否重启电脑

如果在 [Setup] 节中设置 UninstallRestartComputer=yes，软件卸载结束时提示是否重启电脑。如果单击"是"按钮，会自动重启电脑，如图 20-43 所示。

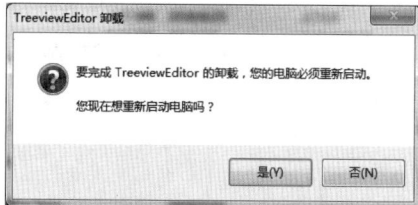

图 20-43　是否重启电脑

20.5.3 修改控制面板中软件的名称和图标

在 [Setup] 节中修改以下属性，将会改变控制面板中该软件的名称和图标。

```
UninstallDisplayName=TreeviewEditor 专业版
UninstallDisplayIcon=E:\ICO\QQ.ico
```

当安装软件后，在控制面板中可以看到一个名称为"TreeviewEditor 专业版"的软件，图标显示为 QQ，如图 20-44 所示。

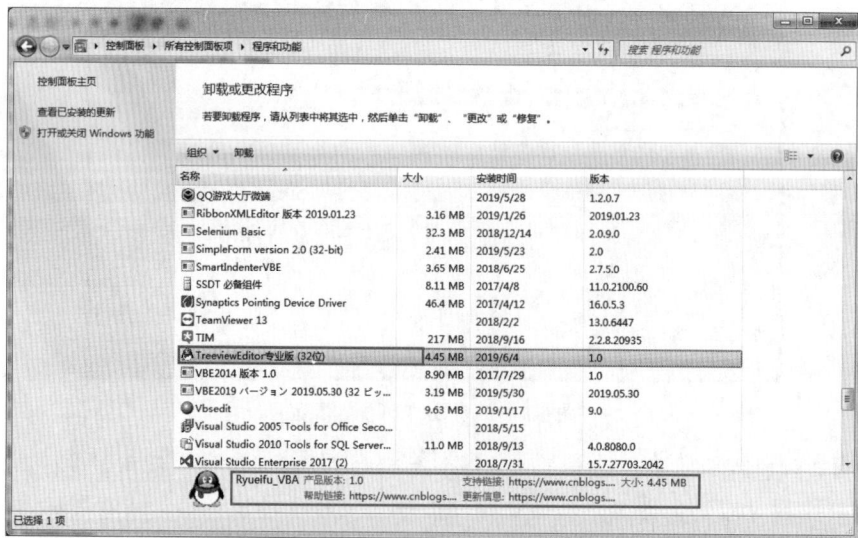

图 20-44　修改软件的图标

20.6　使用 Delphi 脚本

在 Inno Setup 脚本文件中可以添加 Delphi 语言书写的脚本代码，这些代码会在软件的安装或卸载过程中某一特定事件发生时自动执行。Delphi 脚本可以智能地判断客户计算机的环境，判断软件在安装过程中是否打开了某些特定的程序或软件，甚至可以在原有的安装向导页面上加入自定义的控件。

Delphi 脚本必须书写在 iss 脚本文件的 [Code] 节中。

理解和掌握 Inno Setup 脚本中的 Delphi 脚本，需要从以下两方面开始学习：

● 具备基本的 Delphi 语言的语法基础。

● 读懂 Inno Setup 帮助文件中 Pascal Scripting 节点中的内容。

在 Inno Setup 中依次单击菜单 Help、Inno Setup Documentation 或者按快捷键【F1】，均可打开帮助文件。在帮助文件中展开 Pascal Scripting 节点，可以看到对 Delphi 脚本比较详细的介绍，如图 20-45 所示。

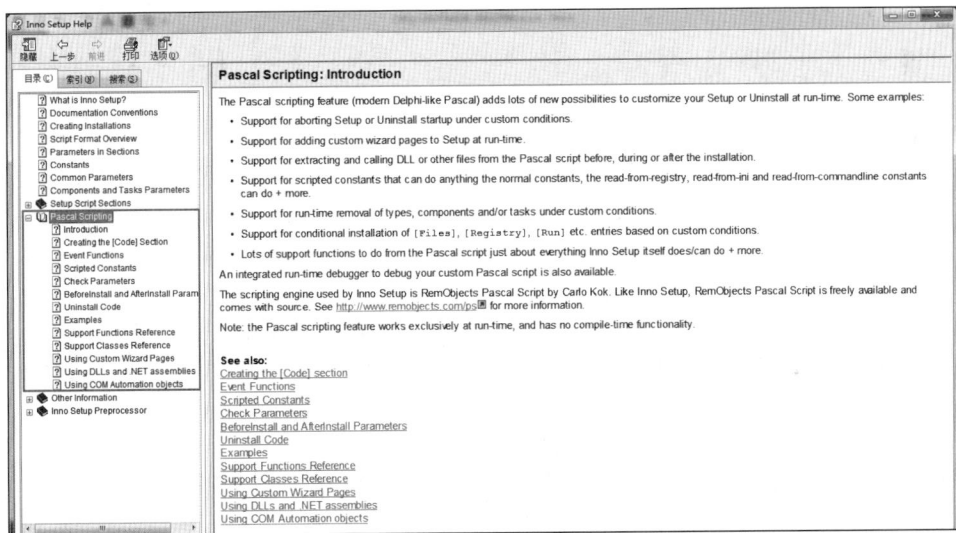

图 20-45　Delphi 脚本

本节首先讲述 Delphi 脚本在安装包中的运行原理，然后介绍 Delphi 语法基础，最后列举比较典型的 Delphi 脚本实例。

20.6.1　事件过程和事件函数

Inno Setup 脚本中的 Delphi 脚本是以过程或函数为单元的，过程用 procedure 表示，类似于 VB 中的 Sub，函数用 function 表示。过程没有返回值，函数有返回值，因此函数都要声明返回的类型。

在 Inno Setup 帮助文件中展开节点 Pascal Scripting\Event Functions，可以看到所有的事件过程和事件函数的声明格式。

这些事件过程和事件函数，是在某个特定的时刻自动被触发执行的。例如：

当安装向导启动时，自动执行 InitializeWizard 事件过程；当用户单击"下一步"按钮时，自动执行 NextButtonClick 函数等。

比较常用的事件过程和事件函数的格式和描述如下：

- procedure InitializeWizard()：当安装向导启动时自动执行，执行完该过程继续进入安装。
- function InitializeSetup(): Boolean：当安装向导启动时执行该函数，如果函数返回值为 True，继续安装；如果函数返回值为 False，则退出安装。
- function InitializeUninstall():Boolean：当卸载软件时，自动执行该函数，如果返回值为 False 时，退出卸载向导。
- function NextButtonClick(CurPageID: Integer): Boolean：当单击"下一步"按钮时，自动执行该函数，参数 CurPageID 返回的是当前页面常量。如果该函数返回值为 False，则无法进入下一页面。
- function BackButtonClick(CurPageID: Integer): Boolean：当单击"上一步"按钮时自动执行该函数。
- procedure CancelButtonClick(CurPageID: Integer; var Cancel, Confirm: Boolean)：当单击"取消"按钮时自动执行该过程。
- function NeedRestart(): Boolean：当安装完成时，执行该函数，如果函数的返回值是 True，则提示用户是否重启计算机；如果返回 False，则不会提示。
- function CheckSerial(Serial: String): Boolean：当安装向导运行到"用户信息"页面时，自动运行该函数，用于比对用户输入的序列号与指定的序列号是否一致。该函数返回 True 才能进入下一页面继续安装。

20.6.2　页面预定义常量

很多事件过程、事件函数带有 PageID 或 CurPageID 参数，这个参数表示的是页面 ID，页面预定义常量有 14 个，见表 20-1 所示。

表 20-1　页面预定义常量

预定义常量	整数值	含　义
wpWelcome	1	欢迎页面
wpLicense	2	许可协议页面
wpPassword	3	密码页面
wpInfoBefore	4	安装前必读页面
wpUserInfo	5	用户信息页面
wpSelectDir	6	选择安装路径页面
wpSelectComponents	7	选择安装组件页面
wpSelectProgramGroup	8	选择程序组页面
wpSelectTasks	9	选择额外任务页面
wpReady	10	准备安装页面
wpPreparing	11	准备页面
wpInstalling	12	安装中页面
wpInfoAfter	13	安装后必读页面
wpFinished	14	安装完成页面

20

20.6.3　第一个 Delphi 脚本

在 Inno Setup 中新建或打开一个已有的 iss 脚本文件，加入 [Code] 节，然后写一个 InitializeWizard 事件过程，用于在安装软件时弹出一个信息对话框；再写一个 NextButtonClick 事件函数，当用户单击"下一步"按钮时，对话框中弹出当前页面对应的页面预定义常量。

代码如下：

```
[Code]
procedure InitializeWizard();
  begin
     MsgBox(' 欢迎安装 '+'TreeviewEditor!',mbInformation,MB_OK);
  end;
function NextButtonClick(CurPageID: Integer): Boolean;
  begin
     MsgBox(' 现在的页面是：'+IntToStr(CurPageID),mbInformation,MB_OK);
     Result:=True;
  end;
```

写好以后编译脚本为安装包，在客户计算机中进行安装时，首先弹出消息对话框，如图 20-46 所示。

在安装过程遇到的每一个页面中单击"下一步"按钮，都会弹出消息对话框。例如，"现在的页面是：10"，数字 10 相当于 wpReady 常量，也就是准备安装页面，如图 20-47 所示。

图 20-46　安装文件中的消息对话框　　　　图 20-47　当前是第 10 个页面

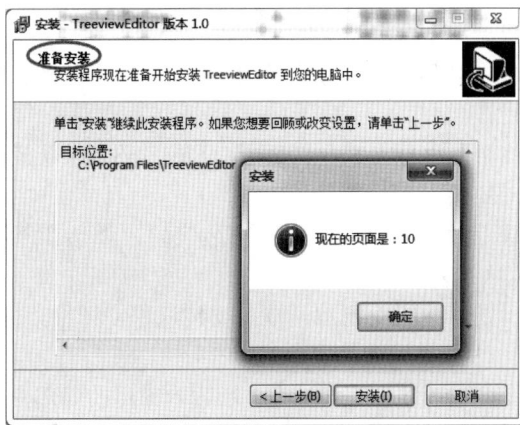

需要注意的是，事件函数一般在最后要加上 Result:=True;，表示函数的返回值是 True，可以继续安装。如果忘记书写或者写成 Result:=False;，会造成安装过程提前终止。

InitializeWizard 事件过程是在安装向导启动之前的初始化过程，通常用来检测安装环境等。无论这个过程执行结果如何，都不会影响继续安装。因为这是一个事件过程，没有返回值。利用这个特点，可以在该过程中书写一些 Delphi 代码作为测试运行，从而掌握 Delphi 的语法。

Delphi 的语法和关键字与 VB 比较类似，也不区分大小写，每行语句加一个分号表示结束。

Delphi 中常用的数据类型有 Integer、String、Boolean 等。字符串常量用单引号括起来，而不是双引号。Delphi 使用双斜杠或一对花括号表示注释内容。

20.6.4　声明变量和常量

使用 var 声明变量，使用 const 声明常量，使用 := 为变量赋值。

下面的程序用于计算指定半径的圆的周长和面积。

```
[Code]
const
  pi=3.14159;
  e=2.71828;
var
  radius:Integer;
  circle:Double;
  area:Double;
function InitializeSetup():Boolean;
  begin
    radius:=3;
    circle:=2*pi*radius;              // 计算周长
    area:=pi*radius*radius;{ 面积计算 }
    MsgBox(' 周长是: '+FloatToStr(circle)+#13#10+' 面积是: '+FloatToStr(area),
mbInformation,MB_OK);
    Result:=False;                    // 退出安装
  end;
```

代码分析：

上述程序在函数外部声明了两个常量和三个变量，都是全局变量。

Delphi 使用 + 进行字符串的连接，FloatToStr 可以把数字转换成字符串，#13#10 是换行符常量。

脚本编译后生成安装包，双击安装包时，弹出计算结果对话框，如图 20-48 所示。

图 20-48　运行结果

单击"确定"按钮关闭对话框，安装过程立即终止。这是因为 InitializeSetup 的返回值设置成了 False。

另外，变量也可以声明为过程、函数内部用的局部变量。例如，把上述代码中的三个变量移动到函数内部，修改后的代码如下：

```
[Code]
const
  pi=3.14159;
  e=2.71828;
function InitializeSetup():Boolean;
  var
    radius:Integer;
    circle:Double;
    area:Double;
  begin
    radius:=3;
```

```
circle:=2*pi*radius;          // 计算周长
area:=pi*radius*radius;{ 面积计算 }
MsgBox(' 周长是: '+FloatToStr(circle)+#13#10+' 面积是: '+FloatToStr(area),
mbInformation,MB_OK);
Result:=False;                // 退出安装
end;
```

20.6.5 条件选择语句

在 Delphi 中可以使用 if…else 语句实现双分支结构，但是不支持 else if。

条件选择语句的基本语法格式是：

```
if 条件 then
    语句1
else
    语句2
;
```

下面的程序演示了判断一个数字是正数、负数、零的过程。使用了嵌套条件选择语句。

```
[Code]
function InitializeSetup():Boolean;
  var
    number:Integer;
    message:String;
  begin
    number:=-5;
    if number>0 then
      message:=' 正数 '
    else
      if number<0 then
        message:=' 负数 '
      else
        message:=' 零 '
    ;
    MsgBox(IntToStr(number)+' 是一个 '+message,mbInformation,MB_OK);
    Result:=False;         // 退出安装
  end;
```

代码分析：

if 语句中包含的语句后面不要加分号，否则认为条件选择结构已经结束。

运行上述程序，弹出对话框，如图 20-49 所示。

如果 if 或 else 中包含的不只是一行代码，可以写成语句块的形式，多行代码形成的语句块外面需要加上 begin 和 end 作为开始和结束标记。

下面的程序声明一个 Boolean 类型的变量 Flag，然后根据 Flag 的取值

图 20-49 运行结果

进行赋值，并且弹出对话框。

```
[Code]
function InitializeSetup():Boolean;
  var
    Flag:Boolean;
    message:String;
  begin
    if Flag then
      begin
        message:=' 结果 1';
        MsgBox(message,mbInformation,MB_OK);
      end
    else
      begin
        message:=' 结果 2';
        MsgBox(message,mbInformation,MB_OK);
      end
    ;
    Result:=False;          // 退出安装
  end;
```

代码分析：

变量 Flag 声明为 Boolean 类型，那么默认值就是 False，因此上述代码中 if 分支不成立，执行 else 中的语句块。该语句块包含一行以上的代码，因此外面套上 begin…end。

编译并运行安装后，对话框中提示：结果 2。

20.6.6　支持的内置方法

在 Inno Setup 的帮助文件中展开 Pascal Scripting\Support Functions Reference 节点，可以看到所有支持的各类内置方法。例如，IntToStr、Msgbox 都是可以直接使用的方法。

20.6.7　MsgBox 对话框

MsgBox 与 VB 中的 Msgbox 类似，也分为两种用法。一种用法是弹出一个结果对话框，通常用于把计算结果呈现给用户，这种对话框没有返回值；另一种用法是对话框中提供多个可选的按钮，用户可以选择单击"是""否""取消"等按钮，根据用户单击的按钮执行后续的操作。

MsgBox 的原型是：

```
function MsgBox(const Text: String; const Typ: TMsgBoxType; const Buttons:
Integer): Integer;
```

语句中包括三个参数。

- Text：用于设置对话框中显示的文本内容。
- Typ：用于设置对话框样式。例如，显示警告图标、错误图标等。
- Buttons：用于设置对话框中出现哪些按钮。

其中，Typ 参数可以使用如下四个枚举常量之一：mbInformation、mbConfirmation、mbError、mbCriticalError，分别表示信息图标、确认图标、错误图标、严重错误图标。

Buttons 参数可以是以下枚举常量之一，或者多个常量之间使用 Or 运算：MB_OK、MB_OKCANCEL、MB_ABORTRETRYIGNORE、MB_YESNOCANCEL、MB_YESNO、MB_RETRYCANCEL、MB_DEFBUTTON1、MB_DEFBUTTON2、MB_DEFBUTTON3、MB_SETFOREGROUND。

例如，MB_YESNOCANCEL 表示对话框中出现三个按钮："是""否""取消"；MB_DEFBUTTON2 表示默认选中第 2 个按钮。

当用户在多个按钮中选择一个时，MsgBox 会返回一个整数值。例如，用户选择了"取消"按钮，那么 MsgBox 返回 IDCancel。

MsgBox 返回值为如下常量之一：IDOK、IDCANCEL、IDABORT、IDRETRY、IDIGNORE、IDYES、IDNO。

下面的程序演示了 Typ 参数为不同值时的运行结果。

```
[Code]
function InitializeSetup():Boolean;
  begin
      MsgBox(' 信息 ',mbInformation,MB_OK);
      MsgBox(' 确认 ',mbConfirmation,MB_OK);
      MsgBox(' 错误 ',mbError,MB_OK);
      MsgBox(' 严重错误 ',mbCriticalError,MB_OK);
      Result:=False;
  end;
```

运行程序，会依次弹出四个不同风格的对话框，如图 20-50～图 20-53 所示。

图 20-50　信息对话框　　　图 20-51　确认对话框　　　图 20-52　错误对话框　　　图 20-53　严重错误对话框

运行下面的程序，弹出的对话框中有"中止""重试""忽略"三个按钮，并且默认选中"重试"按钮。

```
[Code]
function InitializeSetup():Boolean;
  var CallBack:Integer;
  begin
    CallBack:=MsgBox(' 检测到C盘已满，真的要继续安装吗？ ',mbError,MB_AbortRetryIgnore
Or MB_DefButton2);
      If CallBack=IDIgnore then
```

```
      Result:=True
    else
      Result:=False
    ;
  end;
```

代码分析：

如果用户单击了"忽略"按钮，那么返回值就等于 IDIgnore 常量，然后将 Result 设置为 True，关闭该对话框后，安装过程会继续进行。

如果单击"中止"或"重试"按钮，InitializeSetup 函数的返回值是 False，安装过程将终止。

编译并运行安装包，弹出对话框，如图 20-54 所示。

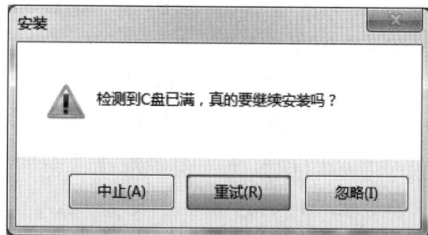

图 20-54　有三个按钮的对话框

20.6.8　根据类名或标题获取窗口句柄

软件在安装或者卸载之前，应该判断当时的运行环境。例如，某些软件在安装时需要先打开某个程序，某些软件在卸载时需要退出与 Office 有关的所有程序或窗口。可以使用以下两个内置方法来判断计算机中是否存在某个窗口。

● FindWindowByClassName：根据类名返回窗口句柄。
● FindWindowByWindowName：根据标题返回窗口句柄。

以上两个方法如果返回一个大于 0 的数字，说明存在这样的窗口；如果返回值为 0，则说明不存在这样的窗口。

Microsoft Excel 的窗口类名是 XLMain（不区分大小写），假设某个软件在安装时必须事先打开 Excel，那么可以使用如下代码来判断：

```
[Code]
function InitializeSetup():Boolean;
  begin
    if FindWindowByClassName('xlMain')=0 Then
      begin
        MsgBox(' 请打开 Excel 之后再安装 !',mbConfirmation, MB_OK);
        Result:=False;
      end
    else
      begin
        Result:=True;
      end
  end;
```

代码分析：

启动安装向导之前，会自动执行上述函数中的代码，如果 FindWindowByClassName('xlMain') 返回值是 0，说明没有打开 Excel，此时弹出对话框并终止安装过程；否则，继续安装，如图 20-55 所示。

图 20-55　根据类名检测
是否开启了 Excel

同理，假设卸载某个软件时发现使用记事本打开了"自述文件 .txt"文件，那么拒绝卸载。代码如下：

```
[Code]
function InitializeUninstall():Boolean;
  begin
    if (FindWindowByClassName('Notepad')>0) and (FindWindowByWindowName(' 自述文
件 .txt - 记事本 ')>0) Then
        begin
          MsgBox(' 请关闭自述文件后再卸载 !',mbConfirmation, MB_OK);
          Result:=False;
        end
      else
        begin
          Result:=True;
        end
  end;
```

代码分析：

注意上述代码中函数名称是 InitializeUninstall，当软件被卸载时自动执行。由于计算机上可能打开了多个记事本程序，因此还需要根据窗口标题进行 and 运算，才能判断正确。

如果"自述文件 .txt"文件处于打开状态，卸载软件时会弹出如下对话框，单击"确定"按钮，退出卸载过程，如图 20-56 所示。

如果未打开记事本文件，可以正常卸载。

还有一种处理方法是利用循环判断，下面的程序实现了安装之前判断 Outlook 是否已经打开，如果打开，则不能继续安装。

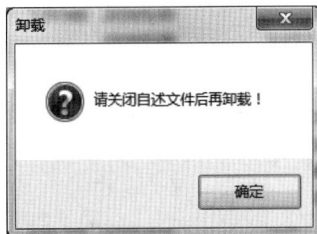

图 20-56 卸载时检测是否打开了自述文件

```
[Code]
function InitializeSetup():Boolean;
  var hOutlook:HWND;
  begin
    repeat
      hOutlook:=FindWindowByClassName('rctrl_renwnd32');
      if hOutlook=0 then
        begin
            Result:=true;
          end
        else
          begin
            if Msgbox('Outlook is running'#13#10'Please close Outlook and retry
again.', mbConfirmation, MB_RETRYCANCEL) = IDCANCEL then
                begin
                  Result:=false;
                  hOutlook:=0;
                end;
          end;
      until(hOutlook=0)
  end;
```

下面的程序段实现了卸载之前判断 Outlook 是否已经打开，如果已经打开，则不能卸载。

```
function InitializeUninstall():Boolean;
  var hOutlook:HWND;
  begin
  repeat
    hOutlook:=FindWindowByClassName('rctrl_renwnd32');
        if hOutlook=0 then
          begin
            Result:=true;
          end
        else
          begin
            if Msgbox('Outlook is running'#13#10'Please close Outlook and retry
again.', mbConfirmation, MB_RETRYCANCEL) = IDCANCEL then
                begin
                  Result:=false;
                  hOutlook:=0;
                end;
          end;
    until(hOutlook=0)
  end;
```

20.6.9 判断注册表项和值是否存在

Delphi 脚本支持很多与注册表操作的内置方法。例如，RegKeyExists 用于判断注册表项是否存在；RegValueExists 用于判断注册表值是否存在。

再如，某些软件的运行需要基于微软公司的 .NETFramework 4.0 框架，那么安装软件之前需要判断计算机中是否已有该框架。

在注册表编辑器中定位到如下路径：HKEY_LOCAL_MACHINE\SOFTWARE\Microsoft\.NETFramework\Policy\v4.0。

如果 Policy 下面有 v4.0 这个注册表项，就认为安装了该框架，如图 20-57 所示。

因此，在脚本代码中，通过判断注册表路径是否存在，进而判断 .Net 框架是否已安装。代码如下：

```
[Code]
function InitializeSetup: Boolean;
  var
    HasNet4:Boolean;
  begin
  HasNet4:=RegkeyExists(HKLM,'SOFTWARE\Microsoft\.NETFramework\Policy\v4.0');
  if HasNet4 then
    begin
      MsgBox(' 检测到 .NET Framework 4，继续安装。', mbInformation,MB_OK);
      Result:=true;
    end
  else
    begin
      MsgBox(' 未检测到 .NET Framework 4，退出安装。', mbError,MB_OK);
      Result:=false;
    end;
  end;
```

含有以上代码的 iss 脚本编译成安装包后，安装之前会弹出对话框，如图 20-58 所示。

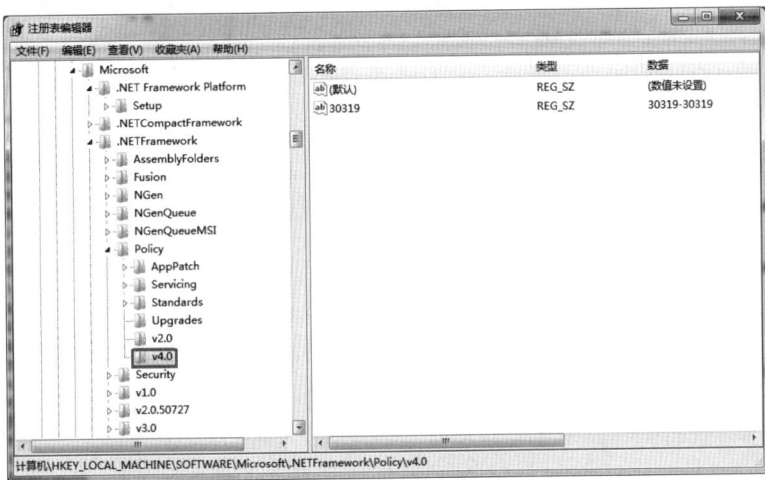

图 20-57　注册表编辑器

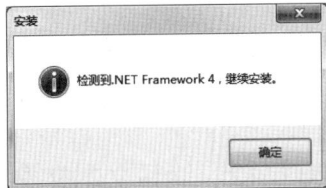

图 20-58　检测 .NET Framework 4

20.6.10　判断路径和文件是否存在

内置方法 DirExists 用于判断路径是否存在，FileExists 用于判断文件是否存在。

下面的程序分别判断计算机上是否存在指定的路径、文件。如果存在，则会弹出相应的对话框。

```
[Code]
function InitializeSetup():Boolean;
  var
      B1:Boolean;
      B2:Boolean;
  begin
      B1:=DirExists('C:\Program Files\TreeviewEditor');
      If B1 Then MsgBox(' 路径存在。',mbInformation,MB_OK);
      B2:=FileExists('C:\Windows\System32\SysTray.ocx');
      If B2 Then MsgBox(' 文件存在。',mbInformation,MB_OK);
      Result:=False;
  end;
```

20.6.11　判断两个文件是否相同

内置方法 GetMD5OfString 用于返回一个字符串的 MD5 值，GetMD5OfFile 用于返回一个文件的 MD5 值。

即使文件的名称和大小完全一样，也不能代表文件的内容是相同的，所以需要计算两个文件的 MD5 值，如果 MD5 值一样，就可以认为文件是一样的。

下面的程序用于计算两个 ocx 控件的 MD5 值，然后在对话框中弹出计算结果。

```
[Code]
function InitializeSetup():Boolean;
  var
      S1:String;
      S2:String;
  begin
    S1:=GetMD5OfFile('E:\TreeviewEditorSetup\MSCOMCTL.OCX');
    S2:=GetMD5OfFile('C:\Windows\System32\MSCOMCTL.OCX');
    MsgBox(S1 + #13#10 + S2,mbInformation,MB_OK);
    Result:=False;
  end;
```

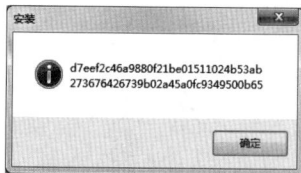

图 20-59　判断文件内容
是否相同

编译并运行安装包，在对话框中显示两行不同的计算结果，表明两个文件的内容不同，如图 20-59 所示。

20.6.12　读写文本文件

Delphi 脚本中与文本文件读写有关的内置方法有两个。

● SaveStringToFile：用于将程序中的变量、字符串写入文本文件中。

● LoadStringFromFile：用于从文本文件中读取字符串到变量。变量类型必须是 AnsiString。

SaveStringToFile 方法包含三个参数：第一个参数用来设置文本文件的路径；第二个参数用来设置要写入的字符串；第三个参数用来设置是否为追加模式。

例如：SaveStringToFile('D:\Log.txt', 'Test', True); 语句用来将 Test 这个字符串追加到文本文件末尾。

LoadStringFromFile 方法包含两个参数：第一个参数用来设置文本文件路径；第二个参数用来设置读出内容后赋给哪一个变量。该方法如果读取文件成功，则返回布尔值 True。

例如：Flag:=LoadStringFromFile('D:\Log.txt',Content); 语句用来读取文件中的全部内容，然后赋给变量 Content。

另外，在 Delphi 脚本中使用 ExpandConstant 方法展开特殊路径，如果要表示 C:\Program Files\Tencent 这个路径，在 Inno Setup 脚本中可以写成 {pf}\Tencent，在 Delphi 脚本中需要写成 ExpandConstant('{pf}') \Tencent。

下面的程序演示了将常用的一些路径依次写入 Log.txt 文件中，然后一次性读出该文件中的所有内容并赋给变量。代码如下：

```
[Code]
function InitializeSetup():Boolean;
  var
  src:string;
  sys:String;
      pf:String;
      txt:String;
      Flag:Boolean;
      Content:AnsiString;
  begin
```

```
src:=ExpandConstant('{src}');              // 安装包所在的路径
sys:=ExpandConstant('{sys}');              // 系统路径
pf:= ExpandConstant('{pf}');               // Program Files 所在路径
txt:=src + '\Log.txt';                     // 文本文件路径
SaveStringToFile(txt,src+#13#10,False);    // 写入文本文件
SaveStringToFile(txt,sys+#13#10,True);     // 第 3 个参数为 True 时表示 Append 内容
SaveStringToFile(txt, pf + #13#10, True);
Flag:=LoadStringFromFile(txt,Content);     // 从文本文件读出内容，赋给 Content
MsgBox(' 文件中内容是： ' + #13#10 + String(Content),mbInformation,MB_OK);
Result:=False;
end;
```

编译并运行安装包，对话框如图 20-60 所示。

在安装包的路径中可以看到产生了一个 Log.txt 文件，文件内容如图 20-61 所示。

图 20-60　读写文本文件

图 20-61　文件内容

20.6.13　支持的内置类

在 Inno Setup 的帮助文件中，定位到 Pascal Scripting\Support Classes Reference 节点，可以看到该节点下定义了很多类，其中 TWizardForm 类用于自定义安装向导对话框，如图 20-62 所示。

图 20-62　支持的内置类

通过修改该类下面的成员可以对安装向导的各个容器、控件进行自定义。

20.6.14　自定义 BeveledLabel

内置类 WizardForm 下面的 BeveledLabel 表示安装向导每个页面左下角的标签。使用 Delphi 脚本可以修改其标题文字、字体颜色、是否可用等属性。

下面的程序包含两个事件函数：NextButtonClick 函数和 BackButtonClick 函数。当用户单击"下一步"按钮时，自动执行 NextButtonClick 函数中的代码。类似地，当用户单击"上一步"按钮时，自动执行 BackButtonClick 函数。

左下角标签默认是灰色不可用的，当用户单击"下一步"按钮进入输入密码的页面，再次单击"下一步"按钮时，左下角标签变成可用，并且设置为蓝色字体。当用户在任何页面中单击"上一步"按钮返回上一个页面时，左下角标签自动变成不可用。

无论单击"上一步"按钮还是"下一步"按钮，都自动修改左下角标签的标题文字为"页面"再加一个数字，这个数字就是上一个页面对应的枚举常量。

代码如下：

```
[Code]
function NextButtonClick(CurPageID: Integer): Boolean;
  begin
    WizardForm.BeveledLabel.Caption:= '页面' + IntToStr(CurPageID); // 修改文字
    If CurPageID >= wpPassword Then //wpPassword = 3，表示密码输入页面
      begin
        WizardForm.BeveledLabel.Enabled:=True;
        WizardForm.BeveledLabel.Font.Color:=clBlue;
      end;
    Result:=true;
  end;
function BackButtonClick(CurPageID: Integer): Boolean;
  begin
    WizardForm.BeveledLabel.Caption:= '页面' + IntToStr(CurPageID);
    WizardForm.BeveledLabel.Enabled:=False;
    WizardForm.BeveledLabel.Font.Color:=clRed;
    Result:=true;
  end;
```

编译并运行安装包，当进入密码输入页面时，左下角标签为灰色不可用，如图 20-63 所示。

当用户输入正确的密码，单击"下一步"按钮进入下一个页面时，CurPageID 为 3，因此下一个页面左下角标签显示为"页面 3"，并且可用，如图 20-64 所示。

用户单击"上一步"按钮，左下角标签又变得不可用。

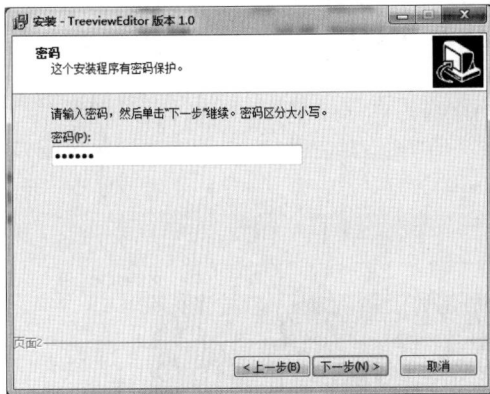

图 20-63　禁用左下角的标签　　　　　　　　图 20-64　启用左下角标签

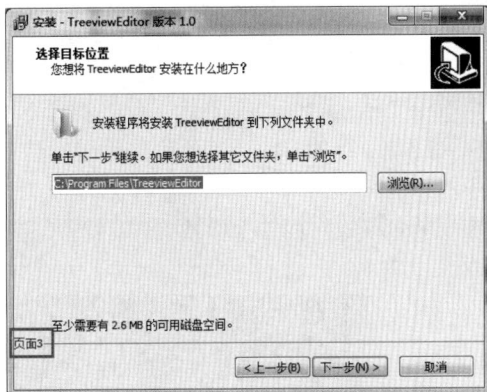

20.6.15　自动勾选许可协议

在许可协议页面中默认选中的是"我不同意此协议"单选按钮。通过修改 LicenseAcceptedRadio 的 Checked 属性，可以设置自动选中"我同意此协议"单选按钮。

以上代码既可以书写在 InitializeWizard 事件方法中，也可以写在"下一步"按钮的事件函数中。

如果设计成进入许可协议页面，就已经自动选中"我同意此协议"单选按钮，需要在许可协议页面之前页面的 NextButtonClick 函数中书写如下代码。

```
[Code]
function NextButtonClick(CurPageID: Integer): Boolean;
  begin
    If CurPageID<wpLicense Then WizardForm.LicenseAcceptedRadio.Checked:=True;
      Result:=true;
  end;
```

编译并运行安装包，进入许可协议页面时，已经自动选中"我同意此协议"单选按钮，如图 20-65 所示。

图 20-65　自动选中"我同意此协议"单选按钮

20.7　利用命令行方式调用安装包

用 Inno Setup 制作的安装包，一般情况下在客户计算机上通过双击安装文件进行安装。另外，还可以利用命令行的方式让其他程序调用安装文件，从而实现自动把一个软件安装到一台或多台计算机中的目的。

在安装包路径后面加上参数 /Help 或 /?，会弹出一个帮助信息框，如图 20-66 所示。

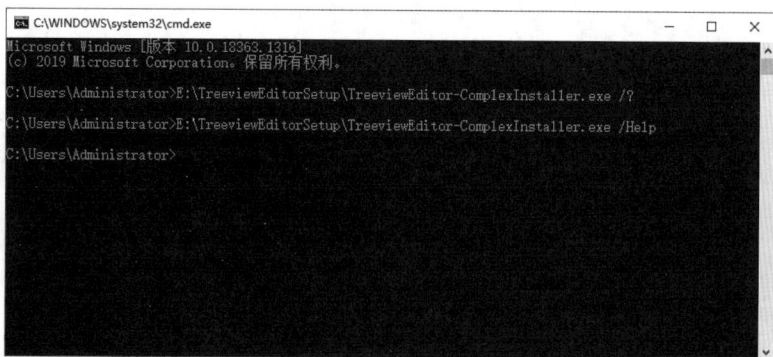

图 20-66　利用命令行方式安装

从帮助信息框中可以了解到加在安装文件命令行中的参数列表，如图 20-67 所示。

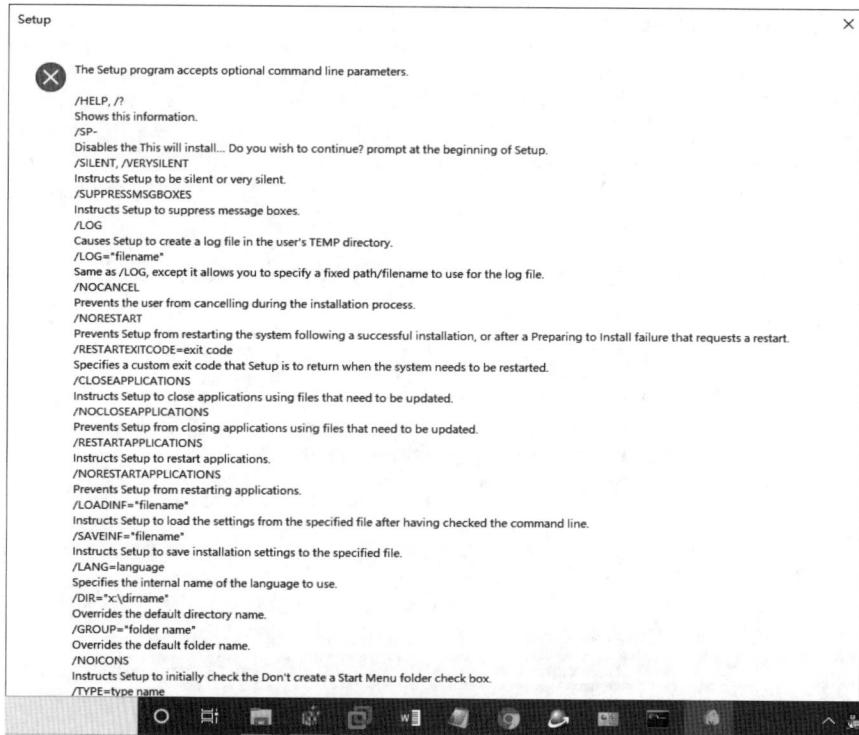

图 20-67　参数列表

20.7.1　静默安装

所谓静默安装，就是通过其他程序代码调用安装包，屏幕上不弹出任何窗口或对话框，用户无须单击"下一步"按钮就可以完成安装。

静默安装需要了解以下几个参数的含义。

- /Silent：静默安装，但是显示安装的进度条。当需要重启系统时还会弹出询问对话框。
- /VerySilent：更加安静，无论是否报错都不显示。当需要重启系统时不询问，直接重启。
- /NoRestart：表示不重启系统。
- /SuppressMsgBoxes：不弹出提示框。

以上几个参数可以组合使用。

例如，在命令提示符窗口中执行如下命令：

```
TreeviewEditor-ComplexInstaller.exe /Silent /SuppressMsgBoxes /Log="Log.txt"
```

代码执行完毕后，安装的细节会记录到 Log.txt 文件中，打开该文件发现安装出错，如图 20-68 所示。

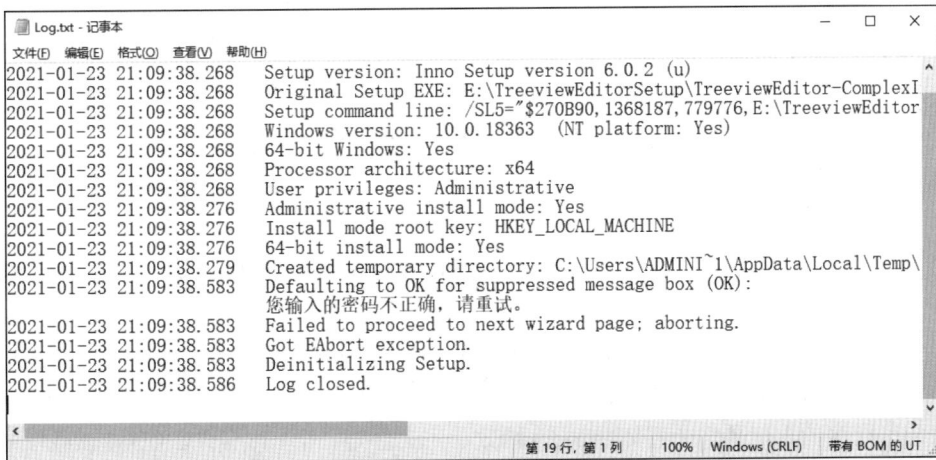

图 20-68　安装过程的日志

原因是在脚本文件中定义了大量的对话框，而且还需要输入密码才能安装。因此，为了实现静默安装的顺利进行，制作安装包时应尽量把各种对话框都禁用，其他选项也尽可能精简，从而减少与用户的交互。

把 Complex.iss 文件复制一份，另存为 Simple.iss 文件，经过各种精简之后生成新的安装包 TreeviewEditor-SimpleInstaller.exe，然后在命令行窗口中执行：

```
TreeviewEditor-SimpleInstaller.exe /VerySilent /SuppressMsgBoxes /Log="Log.txt"
```

执行命令后，从各个场所确认安装都是正常的。再打开日志文件，可以看到各项操作都是成功的，如图 20-69 所示。

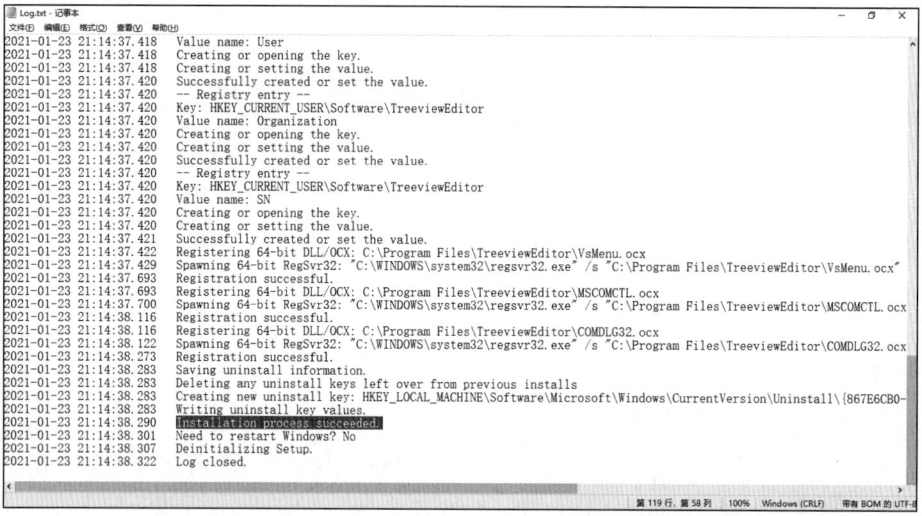

```
Log.txt - 记事本
文件(F) 编辑(E) 格式(O) 查看(V) 帮助(H)
2021-01-23 21:14:37.418   Value name: User
2021-01-23 21:14:37.418   Creating or opening the key.
2021-01-23 21:14:37.418   Creating or setting the value.
2021-01-23 21:14:37.420   Successfully created or set the value.
2021-01-23 21:14:37.420   -- Registry entry --
2021-01-23 21:14:37.420   Key: HKEY_CURRENT_USER\Software\TreeviewEditor
2021-01-23 21:14:37.420   Value name: Organization
2021-01-23 21:14:37.420   Creating or opening the key.
2021-01-23 21:14:37.420   Creating or setting the value.
2021-01-23 21:14:37.420   Successfully created or set the value.
2021-01-23 21:14:37.420   -- Registry entry --
2021-01-23 21:14:37.420   Key: HKEY_CURRENT_USER\Software\TreeviewEditor
2021-01-23 21:14:37.420   Value name: SN
2021-01-23 21:14:37.420   Creating or opening the key.
2021-01-23 21:14:37.420   Creating or setting the value.
2021-01-23 21:14:37.421   Successfully created or set the value.
2021-01-23 21:14:37.422   Registering 64-bit DLL/OCX: C:\Program Files\TreeviewEditor\VsMenu.ocx
2021-01-23 21:14:37.429   Spawning 64-bit RegSvr32: "C:\WINDOWS\system32\regsvr32.exe" /s "C:\Program Files\TreeviewEditor\VsMenu.ocx"
2021-01-23 21:14:37.693   Registration successful.
2021-01-23 21:14:37.693   Registering 64-bit DLL/OCX: C:\Program Files\TreeviewEditor\MSCOMCTL.ocx
2021-01-23 21:14:37.700   Spawning 64-bit RegSvr32: "C:\WINDOWS\system32\regsvr32.exe" /s "C:\Program Files\TreeviewEditor\MSCOMCTL.ocx
2021-01-23 21:14:38.116   Registration successful.
2021-01-23 21:14:38.116   Registering 64-bit DLL/OCX: C:\Program Files\TreeviewEditor\COMDLG32.ocx
2021-01-23 21:14:38.122   Spawning 64-bit RegSvr32: "C:\WINDOWS\system32\regsvr32.exe" /s "C:\Program Files\TreeviewEditor\COMDLG32.ocx
2021-01-23 21:14:38.273   Registration successful.
2021-01-23 21:14:38.283   Saving uninstall information.
2021-01-23 21:14:38.283   Deleting any uninstall keys left over from previous installs
2021-01-23 21:14:38.283   Creating new uninstall key: HKEY_LOCAL_MACHINE\Software\Microsoft\Windows\CurrentVersion\Uninstall\{867E6CB0-
2021-01-23 21:14:38.283   Writing uninstall key values.
2021-01-23 21:14:38.290   Installation process succeeded.
2021-01-23 21:14:38.301   Need to restart Windows? No
2021-01-23 21:14:38.307   Deinitializing Setup.
2021-01-23 21:14:38.322   Log closed.
第 119 行，第 58 列   100%   Windows (CRLF)   带有 BOM 的 UTF-8
```

图 20-69　安装日志

20.7.2　静默卸载

卸载操作必须调用安装后解压文件夹中的 unins000.exe 文件。具体代码是：

```
"C:\Program Files\TreeviewEditor\unins000.exe" /VerySilent /SuppressMsgBoxes
```

20.8　COM 加载项安装包的制作

Office 的 COM 加载项是一个 ActiveX DLL 项目，生成的是一个动态链接库文件，这种项目具有两个特点：没有主文件和需要注册。

一般应用程序的入口是一个窗体或 Main 函数，主文件是一个 exe 文件。COM 加载项是一种运行于宿主应用程序中的动态链接库，本身不是主文件，也没有独立的进程。因此在打包的过程中有几点需要注意。

本节主要讲解 COM 加载项安装包的制作过程。

COM 加载项本质上是一个动态链接库，只要满足“一个文件，两处注册”，就能够在另一台计算机上成功加载。

所谓的两处注册，一处是指动态链接库的 COM 注册，通常使用 Windows 系统自带的 regsvr32.exe 来注册 dll 文件。只要在 Inno Setup 脚本的 [Files] 节中书写的每个文件的后面加上 Flags: ignoreversion regserver，就表示复制的同时进行 COM 注册。另一处是指 Addin 注册，假设 COM 加载项的名称是 Greeting，那么要在注册表路径下新建一个子项 Greeting.Connect。

路径中的 xxx 可以是 Office 中的任何一个组件名称。在 Inno Setup 脚本的 [Registry] 节中书写 Addin 注册的部分即可。

20.8.1　创建脚本

假设已经开发了一个名称为 Greeting.dll 的动态链接库，该文件可以作为 Office 任一组件的 COM 加载项。在项目文件夹中新建一个 Greeting.iss 脚本文件，代码如下：

```
#define MyAppName "Greeting"
#define MyAppVersion "1.0"
#define MyAppPublisher "ryueifu_VBA"
#define PROGID1 "Greeting.Connect"

[Setup]
AppId={{F62A2FD9-1E1C-48A7-BE37-BE74CF1DF2C4}
AppName={#MyAppName}
AppVersion={#MyAppVersion}
AppPublisher={#MyAppPublisher}
DefaultDirName={pf}\{#MyAppName}
DefaultGroupName={#MyAppName}
OutputDir=.
OutputBaseFilename=GreetingInstaller
Compression=lzma
SolidCompression=yes

[Files]
Source: "Greeting.dll"; DestDir: "{app}"; Flags: ignoreversion regserver

[Registry]
Root: HKCU;Subkey: "Software\Microsoft\Office\Excel\Addins\{#PROGID1}";Flags:
uninsdeletekey
Root: HKCU;Subkey: "Software\Microsoft\Office\Excel\Addins\{#PROGID1}";ValueType:
string;ValueName: Description;ValueData: "{#MyAppName}"
Root: HKCU;Subkey: "Software\Microsoft\Office\Excel\Addins\{#PROGID1}";ValueType:
string;ValueName:FriendlyName;ValueData: "{#MyAppName}"
Root: HKCU;Subkey: "Software\Microsoft\Office\Excel\Addins\{#PROGID1}";ValueType:
dword;ValueName: LoadBehavior;ValueData: "3"
Root: HKCU;Subkey: "Software\Microsoft\Office\Word\Addins\{#PROGID1}";Flags:
uninsdeletekey
Root: HKCU;Subkey: "Software\Microsoft\Office\Word\Addins\{#PROGID1}";ValueType:
string;ValueName: Description;ValueData: "{#MyAppName}"
Root: HKCU;Subkey: "Software\Microsoft\Office\Word\Addins\{#PROGID1}";ValueType:
string;ValueName:FriendlyName;ValueData: "{#MyAppName}"
Root: HKCU;Subkey: "Software\Microsoft\Office\Word\Addins\{#PROGID1}";ValueType:
dword;ValueName: LoadBehavior;ValueData: "3"
[Icons]
Name: "{group}\{cm:UninstallProgram,{#MyAppName}}"; Filename: "{uninstallexe}"
```

编译上述脚本，生成 GreetingInstaller.exe 文件。

20.8.2 安装和卸载 COM 加载项

把安装包发送到另一台计算机，以管理员身份安装，如图 20-70 所示。

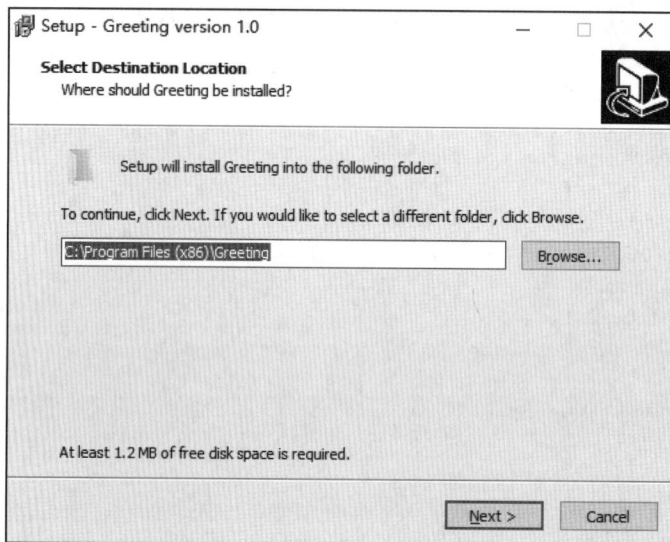

图 20-70　选择安装路径

稍后提示安装完成，如图 20-71 所示。

图 20-71　安装完成

打开 Excel 或 Word，在 COM 加载项对话框中均可看到加载成功，如图 20-72 所示。

通过控制面板的"程序和功能"卸载该程序，如图 20-73 所示。

提示从计算机中成功卸载，如图 20-74 所示。

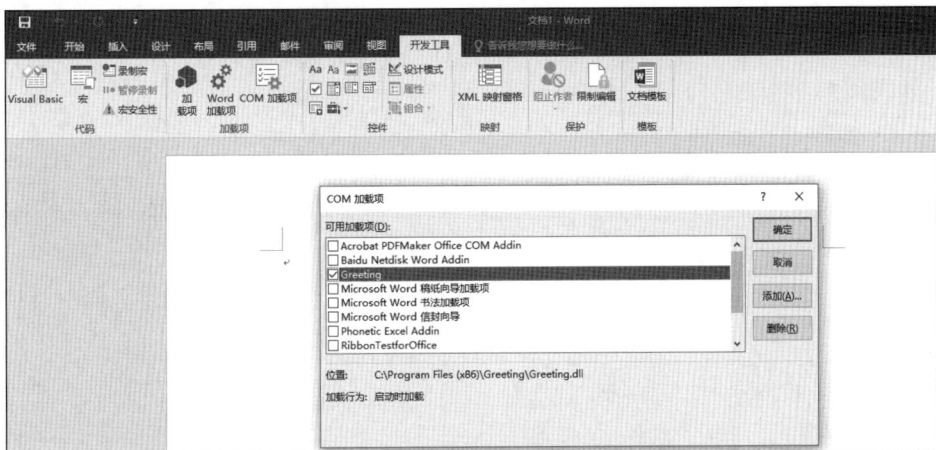

图 20-72　产生了新的 COM 加载项

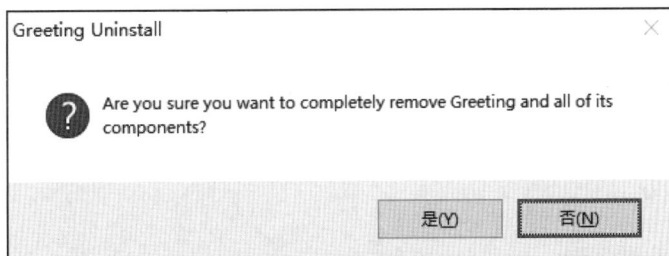

图 20-73　询问对话框

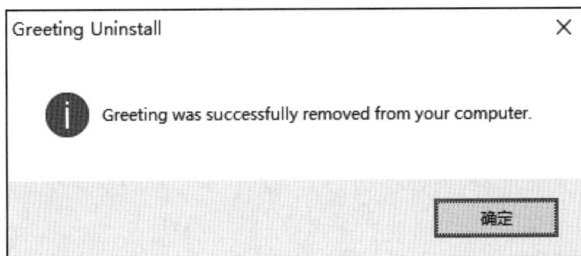

图 20-74　成功卸载

◀》注意：

　　如果 COM 加载项中涉及自定义任务窗格的制作，需要把制作任务窗格的 ocx 控件放在一起打包，并且进行注册。